新全兽药手册

（第6版）

胡功政　刘建华　主编

河南科学技术出版社

·郑州·

图书在版编目（CIP）数据

新全兽药手册/胡功政，刘建华主编 . — 6 版 . —郑州：河南科学技术出版社，2022.3
ISBN 978-7-5725-0734-2

Ⅰ.①新… Ⅱ.①胡… ②刘… Ⅲ.①兽用药-手册
Ⅳ.①S859.79-62

中国版本图书馆 CIP 数据核字（2022）第 025110 号

出版发行：河南科学技术出版社
　　　　　地址：郑州市郑东新区祥盛街 27 号　　邮编：450016
　　　　　电话：(0371) 65737028　65788613
　　　　　网址：www.hnstp.cn　编辑邮箱：hnstpnys@126.com
策划编辑：陈淑芹　杨秀芳
责任编辑：陈　艳
责任校对：牛艳春　丁秀荣
封面设计：张　伟
责任印制：朱　飞
印　　刷：河南瑞之光印刷股份有限公司
经　　销：全国新华书店
开　　本：850 mm×1 168 mm　1/32　印张：24.5　字数：800 千字
版　　次：2022 年 3 月第 6 版　2022 年 3 月第 43 次印刷
定　　价：48.00 元

如发现印、装质量问题，影响阅读，请与出版社联系。

内 容 提 要

本书针对畜牧兽医工作者、广大养殖专业户、养殖场技术人员的需要，介绍了兽医用药的基本知识及常用药物的理化性质、作用与用途、用法与用量、制剂、注意事项等，具有针对性强、新颖实用、易读易掌握等特点。本书力求把疾病防治与合理用药紧密结合起来，尽量避免笼统抽象的理论叙述，着重阐明兽药的主要适应证、在动物疾病防治中的合理使用等问题，除介绍了常用药物外，还介绍了近年投入使用的新兽药、新制剂及新的用法，是广大畜牧兽医工作者理想的工具书。

第6版编写人员名单

主　编　胡功政　刘建华

副主编　张春辉　吴　华　潘玉善　汤发银

编著者　（以姓氏笔画为序）

刘建华　匡秀华　汤发银　吴　华

陈鹏举　张春辉　胡功政　梁　军

潘玉善

第 6 版编写说明

本书第 5 版出版已 6 年多了，出版发行以来，受到广大读者的欢迎和好评，也有不少读者打电话、写信提出了好的修改意见和建议，在此表示由衷感谢。

本版根据"新（颖）、全（面）、实（用）、准（确）"的编写原则，对第 5 版进行了较大的修改补充。补充了中华人民共和国农业农村部近 6 年来批准的新药（西药）和进口药，收载了国内外一些即将上市的新药，主要以抗菌药、抗寄生虫药、解热镇痛抗炎药居多。还参考国外专著，对许多药物的用法用量进行了充实完善。鉴于饲料药物添加剂的管理使用有很大的改变，本版对该章做了较大幅度的增改。其他各章内容均不同程度地做了增补修改，淘汰了一些禁用药物和陈旧的不常用品种。为便于理解阅读，本版新增加激素类药物一章。考虑到我国已实行兽用处方药和非处方药分类管理制度，并发布了兽用处方药目录和《乡村兽医基本用药目录》，为规范兽医用药，本手册中在相应的药物右上角作了标识。兽医外用药物也作了相应标注。对一部分国外的新兽药、国外用于宠物（国内未批准）的药物品种，未作标注。

由于作者水平和经验有限，本版中难免存在不足，欢迎同行专家和广大读者批评指正。

编者

2021 年 3 月

新全实用兽药手册，2000年6月出版，重印8次

新全实用兽药手册（第二版），2002年9月出版，重印8次

新全实用兽药手册（第三版），2006年8月出版，重印5次

新全实用兽药手册（第4版），2009年9月出版，重印12次

新全兽药手册（第5版），2015年2月出版，重印10次

第 6 版前言

近年来，随着畜牧业的快速发展，用于防治畜禽疾病、提高生产性能的各种药品（如化学药品、中兽药、饲料药物添加剂等）层出不穷，若使用得当，可防病治病、提高动物生产性能、改善畜禽产品质量，最终提高养殖经济效益。但使用不当，如药不对症、配伍不合理等，则造成药物浪费、疗效不佳、贻误治疗时机，甚至使动物中毒死亡而造成经济损失。如何准确合理、安全有效地使用兽药，是广大畜牧兽医工作者、养殖场技术人员和养殖者十分关心的问题。

为满足兽医临床和畜牧养殖的用药需求，提高用药水平，我们从兽医临床和畜牧生产的用药实际出发，根据实用、新颖、科学、准确及突出针对性与可读性的编写要求，认真收集国内外资料，结合作者近年来的兽药研究与应用经验，编写了第 6 版《新全兽药手册》。

本书共十六章，分别介绍了兽医用药的基本知识、消毒防腐药、抗微生物药物、抗寄生虫药物、作用于内脏系统的药物、作用于中枢神经系统的药物、作用于外周神经系统的药物、解热镇痛抗炎药和糖皮质激素类药、激素类药物、体液补充和电解质平衡调节药物、常用营养药物、药物饲料添加剂、解毒药、抗过敏药与抗休克药、常用中兽药制剂、药物制剂常用附加剂等的理化性质、作用与用途、用法与用量、制剂、注意事项等，着重介绍了禽畜、宠物、水产动物的合理用药知识，并着重阐述生产实际中新出现的用药问题。

　　李荣誉教授、苑丽教授在本书第一版至第五版编写过程中付出了很多心血，并对第六版书稿进行了审改，谨此致以衷心的感谢。

　　本书由从事兽药研究与应用、动物疾病防治方面的专业人员编写。由于作者水平所限，书中如有不妥之处，敬请同行、专家及广大读者批评指正。

胡功政

2021 年 3 月

目　　录

第一章　基本知识 …………………………………………（1）

　第一节　药物的作用 ………………………………………（1）

　　一、兽药概述 ……………………………………………（1）

　　二、药物的作用 …………………………………………（1）

　　　（一）药物作用的类型 …………………………………（2）

　　　（二）药物作用的两重性 ………………………………（2）

　　　（三）药物作用的规律 …………………………………（4）

　第二节　药物的体内过程 …………………………………（5）

　　一、吸收 …………………………………………………（6）

　　二、分布 …………………………………………………（7）

　　三、代谢（生物转化）…………………………………（8）

　　四、排泄 …………………………………………………（9）

　第三节　兽药的剂型 ………………………………………（9）

　　一、液体剂型 …………………………………………（10）

　　二、固体剂型 …………………………………………（11）

　　　（一）群体给药固体剂型 ……………………………（11）

　　　（二）个体给药固体剂型 ……………………………（11）

　　三、半固体剂型 ………………………………………（11）

　　四、气体剂型 …………………………………………（12）

　第四节　给药方法 ………………………………………（12）

一、群体给药法 …………………………………………（12）

（一）混饮给药 ……………………………………（12）

（二）混饲给药 ……………………………………（14）

（三）气雾给药 ……………………………………（15）

二、个体给药法 …………………………………………（16）

（一）内服 …………………………………………（16）

（二）注射给药 ……………………………………（18）

第五节 合理用药 ……………………………………（20）

一、注意动物的种属、年龄、性别和个体差异 ……（21）

二、注意药物的给药方法、剂量与疗程 ……………（21）

三、注意药物的配伍禁忌 ……………………………（22）

四、注意药物在动物性食品中的残留 ………………（23）

第六节 兽药管理 ……………………………………（24）

一、我国兽药管理 ……………………………………（25）

二、《中华人民共和国兽药典》 ……………………（25）

三、兽用处方药与非处方药分类管理制度 …………（26）

四、兽药安全使用 ……………………………………（27）

第七节 兽药的贮存 …………………………………（28）

一、密封保存 …………………………………………（28）

二、避光存放 …………………………………………（28）

三、置于低温处 ………………………………………（29）

四、防止过期失效 ……………………………………（29）

第二章 消毒防腐药 ……………………………………（30）

第一节 消毒防腐药的概念 …………………………（30）

第二节 常用的消毒防腐药 …………………………（31）

一、酚类 ………………………………………………（31）

苯酚(石炭酸)(31) 甲酚皂溶液(甲酚、来苏儿)(32) 复

合酚(32) 复方煤焦油酸溶液(33) 氯甲酚溶液(33)

二、酸类 ………………………………………………（34）

硼酸(34) 乳酸(34) 醋酸(35) 水杨酸(柳酸)(36)
苯甲酸(36) 十一烯酸(36) 过醋酸(过氧乙酸)(36) 枸
橡酸苹果酸粉(速可净)(37)

三、碱类 ……………………………………………（38）
氢氧化钠(烧碱)(38) 氢氧化钾(苛性钾)(39) 氧化钙
(生石灰)(39) 炉甘石(40) 碳酸钠(苏打)(41)

四、醇类 ……………………………………………（41）
乙醇（酒精）(41)

五、醛类 ……………………………………………（43）
甲醛溶液(福尔马林)(43) 聚甲醛(多聚甲醛)(45) 复合
甲醛溶液(45) 戊二醛(46) 戊二醛苯扎溴铵溶液(46)
戊二醛癸甲溴铵溶液(47) 复方戊二醛溶液(47)

六、氧化剂 …………………………………………（48）
过氧化氢溶液(双氧水)(48) 高锰酸钾(48) 过硫酸氢钾
复合物粉(49)

七、卤素类 …………………………………………（50）
碘(50) 聚维酮碘(吡咯烷酮碘)(51) 碘伏(碘附)(51)
复合碘溶液(51) 碘酸混合溶液(52) 激活碘粉(53) 漂
白粉(53) 氯胺-T(氯亚明)(55) 二氯异氰尿酸钠(优氯
净)(55) 三氯异氰尿酸(56) 次氯酸钠(56) 次氯酸钠
溶液(57) 二氧化氯(57) 溴氯海因(58) 复合次氯酸钙
粉(59)

八、染料类 …………………………………………（60）
甲紫(龙胆紫)(60) 利凡诺(雷佛奴尔、乳酸依沙吖啶)
(61) 亚甲蓝(美蓝)(61) 中性吖啶黄(62)

九、表面活性剂 ……………………………………（62）
新洁尔灭(苯扎溴铵)(62) 洗必泰(氯己定)(63) 葡萄糖
酸氯己定溶液(泌乳期)(64) 消毒净(65) 度米芬(消毒
宁)(65) 创必龙(65) 菌毒清(辛氨乙甘酸溶液)(66)
癸甲溴铵溶液(67) 月苄三甲氯铵 (67)

十、其他消毒防腐剂 ………………………………（68）

环氧乙烷(68) 乙型丙内酯(68) 鱼石脂(依克度)(69)
硫柳汞(69) 氧化锌(70) 松馏油(70)

第三节 消毒防腐药的合理应用 ……………… (70)
一、消毒的方法和种类 …………………………… (70)
（一）消毒的方法 ……………………………… (70)
（二）消毒的种类 ……………………………… (71)
二、影响消毒效果的因素 ………………………… (72)
三、消毒药的应用 ………………………………… (74)

第三章 抗微生物药物 ……………………………… (77)
第一节 概述 ………………………………………… (77)
第二节 抗生素 ……………………………………… (78)
一、主要作用于革兰氏阳性菌的抗生素 ………… (78)
（一）青霉素类 ………………………………… (78)
青霉素 G(苄青霉素)(79) 氯唑西林(邻氯青霉素)(82)
苯唑西林(83) 氨苄西林(氨苄青霉素)(83) 阿莫西林
(羟氨苄青霉素)(85) 哌拉西林钠(87) 卡比西林(羧苄
青霉素)(87) 海他西林(缩酮氨苄青霉素)(88) 美西林
(88)
（二）头孢菌素（先锋霉素）类 ……………… (89)
噻孢霉素(头孢菌素Ⅰ、头孢噻吩)(89) 头孢氨苄(先锋霉
素Ⅳ)(90) 头孢羟氨苄(91) 头孢唑啉(先锋霉素Ⅴ)
(92) 头孢孟多(92) 头孢呋辛(93) 头孢噻肟(头孢氨
噻肟)(94) 头孢三嗪(头孢曲松)(95) 头孢他啶(95)
头孢噻呋(头孢替呋)(96) 头孢喹肟(头孢喹诺)(98) 头
孢哌酮钠(99) 头孢吡肟(马斯平)(100)
（三）β-内酰胺酶抑制剂 ……………………… (100)
克拉维酸(棒酸)(101) 舒巴坦(101) 他唑巴坦(102)
（四）大环内酯类 ……………………………… (103)
红霉素(103) 泰乐菌素(泰农)(105) 吉他霉素(北里霉
素、柱晶白霉素)(107) 替米考星(108) 泰万菌素(109)
酒石酸泰万菌素预混剂(爱乐新)(111) 泰拉霉素(111)

加米霉素(112) 泰地罗新(113) 克拉霉素(115) 阿奇霉素(116)

(五) 林可胺类（洁霉素类）(117)

林可霉素（洁霉素）(117) 克林霉素(118) 吡利霉素(119)

(六) 其他抗革兰氏阳性菌的抗生素 …………………… (119)

阿维拉霉素(119) 重组溶葡萄球菌酶(120) 盐酸万古霉素(121)

二、主要作用于革兰氏阴性菌的抗生素 ………… (122)

(一) 氨基糖苷类 ……………………………………… (122)

链霉素(122) 庆大霉素(124) 新霉素(125) 卡那霉素(127) 丁胺卡那霉素（阿米卡星）(128) 大观霉素（壮观霉素）(130) 安普霉素（阿普拉霉素）(132) 双氢链霉素(133) 庆大小诺霉素(134) 妥布霉素(134)

(二) 多黏菌素类 ……………………………………… (135)

多黏菌素 B(135) 多黏菌素 E（黏菌素、抗敌素）(136)

三、广谱抗生素 ……………………………………… (137)

(一) 四环素类 ……………………………………… (137)

土霉素（氧四环素）(138) 四环素(140) 金霉素（氯四环素）(141) 多西环素（强力霉素、脱氧土霉素）(142) 米诺环素(144)

(二) 酰胺醇类 ……………………………………… (145)

甲砜霉素（硫霉素）(146) 氟苯尼考（氟甲砜霉素、氟洛芬尼）(147)

(三) 利福霉素类 ……………………………………… (149)

利福昔明(149)

四、主要作用于支原体的抗生素 …………………… (150)

泰妙菌素（泰妙灵、支原净）(150) 沃尼妙林(151)

第三节 合成抗菌药物 ……………………………… (153)

一、氟喹诺酮类 ……………………………………… (153)

(一) 本类药物的共同特点 …………………………… (153)

（二）本类药物的合理使用 ……………………（154）

（三）常用药物 ………………………………（154）

氟甲喹(154)　环丙沙星(环丙氟哌酸)(155)　维生素 C 磷酸酯镁盐酸环丙沙星预混剂(157)　二氟沙星(双氟哌酸、帝氟沙星)(157)　恩诺沙星(乙基环丙沙星、乙基环丙氟哌酸)(158)　沙拉沙星(160)　达氟沙星(达诺沙星、单诺沙星)(161)　马波沙星(麻波沙星)(162)　奥比沙星(163)　普多沙星(164)　诺氟沙星(氟哌酸)(164)　氧氟沙星(氟嗪酸)(165)

二、磺胺类 ………………………………………（165）

（一）概述 ……………………………………（166）

（二）常用磺胺药 ……………………………（167）

磺胺嘧啶(167)　磺胺二甲嘧啶(169)　磺胺甲噁唑(新诺明)(170)　磺胺间甲氧嘧啶(磺胺-6-甲氧嘧啶、泰灭净)(172)　磺胺对甲氧嘧啶(磺胺-5-甲氧嘧啶)(174)　磺胺氯达嗪(175)　磺胺间二甲氧嘧啶(磺胺二甲氧嘧啶)(176)　磺胺邻二甲氧嘧啶(周效磺胺)(177)　磺胺甲氧嗪(磺胺甲氧达嗪)(177)　磺胺噻唑(178)　磺胺脒(磺胺胍)(178)　磺胺嘧啶银(烧伤宁)(179)　结晶磺胺(179)

三、二氨基嘧啶类（抗菌增效剂） ………………（179）

甲氧苄啶(180)　二甲氧苄啶(敌菌净)(181)　奥美普林(二甲氧甲基苄啶)(182)　巴喹普林(182)

四、其他合成抗菌药 ……………………………（183）

痢菌净(乙酰甲喹)(183)　喹烯酮(184)　甲硝唑(185)　乌洛托品(186)

第四节　从植物中提取的抗菌药 ………………（187）

牛至油(187)　黄连素(小檗碱)(187)　盐酸环丙沙星盐酸小檗碱预混剂(188)

第五节　抗真菌药 ………………………………（189）

（一）抗真菌抗生素 …………………………（189）

灰黄霉素(189)　制霉菌素(191)　两性霉素 B(芦山霉素)

（191）

（二）咪唑类抗真菌药 ………………………………（193）

克霉唑（三苯甲咪唑、抗真菌Ⅰ号）（193） 酮康唑（193）

咪康唑（195） 伊曲康唑（195） 氟康唑（196）

第六节 复方抗菌制剂 ………………………………（197）

第七节 抗微生物药及其合理选用 …………………（204）

一、治疗疾病时合理使用兽用抗菌药的原则 ……（205）

（一）选用抗菌药的前提 …………………………（205）

（二）经验性治疗 …………………………………（205）

（三）根据感染病原的种类及药物敏感试验结果选用

抗菌药 ………………………………………（205）

（四）抗菌药的药代动力学特点 …………………（205）

（五）制定恰当的治疗方案 ………………………（206）

二、预防疾病时合理使用兽用抗菌药的原则 ……（207）

第四章 抗寄生虫药物 ………………………………（210）

第一节 抗原虫药 ……………………………………（210）

一、抗球虫药 …………………………………………（210）

（一）合成抗球虫药 ………………………………（210）

二硝托胺（球痢灵）（211） 尼卡巴嗪（211） 地克珠利（杀

球灵）（212） 托曲珠利（甲基三嗪酮）（213） 磺胺喹噁啉

（214） 磺胺氯吡嗪（三字球虫粉）（215） 磺胺间甲氧嘧啶

预混剂（216） 氨丙啉（安宝乐）（216） 二甲硫胺（218）

氯苯胍（218） 氯羟吡啶（克球粉、球定、可爱丹）（219） 常

山酮（速丹）（220） 癸氧喹酯（221） 乙氧酰胺苯甲酯

（221）

（二）抗球虫抗生素 ………………………………（222）

莫能菌素（222） 盐霉素（优素精）（223） 甲基盐霉素

（224） 马杜霉素（马度米星）（225） 拉沙里菌素（拉沙洛

西）（225） 海南霉素钠（226） 赛杜霉素钠（227）

（三）抗球虫药物的合理应用 ……………………（227）

二、抗锥虫药 ···（229）

萘磺苯酰脲（那加诺、那加宁）（229）　氯化氮氨啡啶（锥灭定、沙莫林）（229）　喹嘧胺（安锥赛）（230）　新肿凡纳明（231）

三、抗梨形虫药 ···（231）

三氮脒（贝尼尔）（232）　双脒苯脲（232）　硫酸喹啉脲（阿卡普林）（233）　青蒿琥酯（234）　吖啶黄（234）　台盼蓝（235）

四、抗其他原虫药 ···（235）

硝唑尼特（235）　地美硝唑预混剂（236）

第二节　抗蠕虫药 ···（237）

一、驱线虫药 ···（237）

伊维菌素（害获灭）（237）　阿维菌素（阿灭丁、爱比菌素）（239）　赛拉菌素（240）　多拉菌素（241）　莫西菌素（242）乙酰氨基阿维菌素（243）　米尔贝肟（美贝霉素肟）（243）阿苯达唑（丙硫咪唑、抗蠕敏、肠虫清）（245）　氧阿苯达唑（246）　甲苯咪唑（246）　氟苯达唑（氟苯咪唑、氟苯诺）（247）　芬苯达唑（248）　奥芬达唑（249）　氧苯达唑（奥苯达唑）（249）　非班太尔（250）　左旋咪唑（左咪唑、左噻咪唑）（251）　精制敌百虫（252）　哌嗪（253）　潮霉素 B 预混剂（254）　越霉素 A（254）　碘硝酚（254）

二、抗绦虫药 ···（255）

吡喹酮（255）　氯硝柳胺（灭绦灵）（256）　硫双二氯酚（别丁）（257）　氢溴酸槟榔碱（258）　氯硝柳胺哌嗪（258）

三、抗吸虫药 ···（258）

硝氯酚（259）　溴酚磷（蛭得净）（259）　硝碘酚腈（260）碘醚柳胺（261）　氯氰碘柳胺钠（261）　三氯苯达唑（262）双酰胺氧醚（地芬尼泰）（262）

第三节　杀虫药 ···（263）

一、有机磷化合物 ···（263）

敌敌畏（263）　精制马拉硫磷（264）　二嗪农（螨净）（265）

蝇毒磷(265) 甲基吡啶磷(蝇必净)(266) 巴胺磷(266)
倍硫磷(267) 浓辛硫磷溶液(267)

二、拟除虫菊酯类杀虫药 ················(268)
溴氰菊酯(268) 氰戊菊酯(速灭杀丁)(269)

三、有机氯化合物 ····················(270)
氯芬新(270)

四、其他杀虫药 ·····················(270)
双甲脒(特敌克)(270) 环丙氨嗪(271) 升华硫(272)
非泼罗尼(272)

第四节 复方抗寄生虫药物 ··············(273)
阿福拉纳米尔贝肟咀嚼片(274) 禽宁(276) 复方氯羟
吡啶预混剂(276) 复方马度米星铵预混剂(马度米星铵
尼卡巴嗪预混剂)(276) 尼卡巴嗪、乙氧酰胺苯甲酯预混
剂(277) 阿苯达唑伊维菌素预混剂(278) 联磺甲氧苄
啶预混剂(278) 复方磺胺氯吡嗪钠预混剂(279) 复方
磺胺间甲氧嘧啶预混剂(280) 磺胺喹噁啉二甲氧苄啶预
混剂(280) 磺胺对甲氧嘧啶二甲氧苄啶预混剂(281)

第五章 作用于内脏系统的药物 ·············(283)
第一节 强心药与血液循环系统药 ··········(283)
一、强心药 ·······················(283)
洋地黄(毛地黄叶)(283) 地高辛(狄戈辛)(284) 洋地黄
毒苷(狄吉妥辛)(285) 毒毛旋花子苷 K(毒毛苷)(286)

二、止血药 ·······················(286)
维生素 K$_3$(亚硫酸氢钠甲萘醌)(286) 安络血(安特诺新)
(287) 凝血酸(止血环酸)(287) 酚磺乙胺(止血敏)
(288)

三、抗凝血药 ·····················(288)
枸橼酸钠(柠檬酸钠)(288) 肝素钠(289)

四、抗贫血药 ·····················(290)
硫酸亚铁(290) 复方卡铁注射液(290) 右旋糖酐铁注射
液(20%)(291) 葡聚糖铁钴注射液(铁钴注射液)(291)

维生素 B$_{12}$(292) 叶酸(292)

第二节 作用于消化系统的药物 …………………… (293)

一、健胃药 ……………………………………… (293)

龙胆酊(293) 橙皮酊(293) 复方大黄酊(294) 姜酊
(294) 人工盐(294)

二、助消化药 …………………………………… (295)

稀盐酸(295) 乳酸(295) 胃蛋白酶(296) 胰酶(296)
干酵母(297) 乳酶生(表飞鸣)(297)

三、抗酸及治疗消化道溃疡药 ………………… (298)

碳酸氢钠(小苏打)(298) 氢氧化铝(298) 硫糖铝(299)
氧化镁(299) 西咪替丁(299) 雷尼替丁(呋喃硝胺)
(300) 法莫替丁(愈疡宁)(300) 溴丙胺太林(普鲁本辛)
(300) 奥美拉唑(301)

四、催吐药与止吐药 …………………………… (301)

(一) 催吐药 …………………………………… (301)

硫酸铜(301) 阿朴吗啡(去水吗啡)(302)

(二) 止吐药 …………………………………… (302)

苯海拉明(苯那君)(302) 茶苯海明(晕海宁)(303) 氯丙
嗪(冬眠灵)(303) 甲氧氯普胺(304)

五、制酵药与消沫药 …………………………… (304)

(一) 制酵药 …………………………………… (304)

鱼石脂(依克度)(305)

(二) 消沫药 …………………………………… (305)

二甲硅油(305)

六、泻药 ………………………………………… (305)

液状石蜡(石蜡油)(306) 硫酸钠(芒硝)(306) 硫酸镁
(泻盐)(307) 蓖麻油(307) 甘油(丙三醇)(308) 酚酞
(308)

七、止泻药 ……………………………………… (308)

次硝酸铋(308) 次碳酸铋(309) 鞣酸蛋白(309) 药用
炭(309) 白陶土(高岭土)(310) 颠茄酊(310) 地芬诺

酯(苯乙哌啶、止泻宁)(310) 洛哌丁胺(易蒙停)(311)

　第三节　作用于呼吸系统的药物 ……………………………(312)

　　一、祛痰药 ……………………………………………………(312)

氯化铵(312)　碘化钾(313)　痰易净(乙酰半胱氨酸)
(313)　溴己新(必嗽平)(314)　氨溴索(溴环己胺醇)
(314)

　　二、镇咳药 ……………………………………………………(315)

咳必清(喷托维林)(315)　可待因(甲基吗啡)(315)　二氧
丙嗪(克咳敏)(316)

　　三、平喘药 ……………………………………………………(316)

氨茶碱(317)　二羟丙茶碱(喘定)(317)　麻黄碱(麻黄素)
(318)　胆茶碱(318)　色甘酸钠(咽泰)(318)

　第四节　作用于泌尿系统的药物 ……………………………(319)

　　一、利尿药 ……………………………………………………(319)

氢氯噻嗪(双氢克尿噻)(319)　呋塞咪(速尿、呋喃苯胺酸)
(320)　利尿酸(依他尼酸)(321)　安体舒通(螺旋内酯)
(321)　氨苯蝶啶(三氨蝶啶)(322)

　　二、脱水药 ……………………………………………………(322)

甘露醇(322)　山梨醇(323)

　第五节　作用于生殖系统的药物 ……………………………(323)

垂体后叶素(脑垂体后叶素)(323)　催产素(缩宫素)(324)
麦角(325)　麦角新碱(325)　地诺前列素(325)　氯前列
醇钠(326)　氨基丁三醇前列腺素 $F_{2\alpha}$ 注射液(327)

第六章　作用于中枢神经系统的药物 ……………………………(328)

　第一节　中枢神经兴奋药 ……………………………………(328)

咖啡因(咖啡碱)(328)　樟脑磺酸钠(水溶性樟脑)(329)
尼可刹米(可拉明)(330)　戊四氮(可拉佐、卡地阿唑)
(330)　回苏灵(331)　美解眠(贝美格)(331)　山梗菜碱
(洛贝林)(331)　印防己毒素(苦味毒)(332)　士的宁(番
木鳖碱)(332)

　第二节　全身麻醉药 …………………………………………(333)

一、吸入性麻醉药 …………………………………………（334）

乙醚(麻醉乙醚)(334)　氟烷(三氟乙烷、福来生)(335)
甲氧氟烷(甲氧氟氯乙烷)(336)　环丙烷(336)

二、非吸入性麻醉药 ………………………………………（337）

水合氯醛(337)　戊巴比妥钠(338)　硫喷妥钠(戊硫巴比
妥钠)(339)　硫萨利妥钠(丙烯硫喷妥钠)(340)　氯醛糖
(340)　氯胺酮(开他敏)(341)　赛拉嗪(盐酸二甲苯胺噻
嗪、隆朋)(342)　赛拉唑(盐酸二甲苯胺噻唑、静松灵)
(342)

第三节　镇静催眠药、安定药与抗惊厥药 …………（343）

一、镇静催眠药 ……………………………………………（343）

巴比妥(佛罗拿)(343)　苯巴比妥(鲁米那)(344)　戊巴比
妥钠(344)　异戊巴比妥钠(阿米妥钠)(345)　司可巴比妥
钠(速可眠)(345)　溴化钠(345)　溴化钾(346)　溴化铵
(346)　溴化钙(346)

二、安定药 …………………………………………………（347）

奋乃静(羟哌氯丙嗪)(347)　地西泮(安定、苯甲二氮卓)
(347)　安宁(甲丙氨酯、眠尔通)(348)　氟哌啶(348)　氟
哌啶醇(349)　氟苯哌丁酮(350)

三、抗惊厥药 ………………………………………………（350）

硫酸镁(350)　苯妥英钠(大仑丁)(351)　扑痫酮(去氧苯
巴比妥)(351)　三甲双酮(352)

第四节　镇痛药 ……………………………………………（352）

哌替啶(杜冷丁)(352)　芬太尼(352)　镇痛新(戊唑星)
(353)　盐酸美散痛(盐酸美沙酮)(353)　盐酸埃托啡(盐
酸乙烯啡)(354)　延胡索乙素(四氢巴马汀)(354)

第七章　作用于外周神经系统的药物 ………………………（355）

第一节　拟胆碱药 …………………………………………（355）

甲酰胆碱(氯化碳酰胆碱)(355)　氢溴酸槟榔碱(356)　毛
果芸香碱(匹罗卡品)(356)　氯化氨甲酰甲胆碱(比赛可
灵)(357)　新斯的明(357)　吡啶斯的明(358)　加兰他敏

（358）

　　第二节　抗胆碱药 ……………………………（359）

　　　一、N₂胆碱受体阻断药 …………………………（359）

　　　琥珀胆碱（司可林）（359）　三碘季铵酚（弛肌碘）（360）

　　　二、M胆碱受体阻断药 …………………………（360）

　　　阿托品（360）　东莨菪碱（362）　山莨菪碱（362）　颠茄酊（362）

　　第三节　拟肾上腺素药 …………………………（363）

　　　肾上腺素（363）　去甲肾上腺素（364）　异丙肾上腺素（喘息定、治喘灵）（364）　麻黄碱（365）　重酒石酸间羟胺（阿拉明）（365）　盐酸苯肾上腺素（新福林、去氧肾上腺素）（366）

　　第四节　抗肾上腺素药 …………………………（366）

　　第五节　局部麻醉药 ……………………………（366）

　　　盐酸普鲁卡因（盐酸奴佛卡因）（367）　盐酸氯普鲁卡因（纳塞卡因）（368）　盐酸丁卡因（盐酸地卡因）（369）　盐酸利多卡因（盐酸赛罗卡因）（369）　盐酸美索卡因（370）　盐酸卡波卡因（甲哌卡因）（370）　苯甲醇（371）

第八章　解热镇痛抗炎药和糖皮质激素类药 …………（372）

　　第一节　解热镇痛抗炎药 ………………………（372）

　　　一、苯并噻嗪类 …………………………………（373）

　　　美洛昔康（373）　吡罗昔康（374）

　　　二、有机酸类 ……………………………………（375）

　　　（一）水杨酸类 …………………………………（375）

　　　水杨酸钠（375）　阿司匹林（乙酰水杨酸）（377）　卡巴匹林（378）

　　　（二）乙酸类 ……………………………………（379）

　　　吲哚美辛（消炎痛）（379）　苄达明（炎痛静、消炎灵）（379）

　　　（三）噻吩酸类 …………………………………（379）

　　　双氯芬酸钠（双氯灭痛）（379）

（四）丙酸类 ······························ （381）
布洛芬(381) 酮洛芬(381) 卡洛芬(382) 芬布芬(383)
萘普生(消痛灵)(384)

（五）芬那酸类 ·························· （385）
甲灭酸(扑湿痛)(385) 甲氯灭酸(甲氯芬那酸、抗炎酸)
(385) 氯灭酸(抗风湿灵)(386) 氟灭酸(386) 托芬那
酸(387) 氟尼辛葡甲胺(388)

三、苯胺类 ································ （389）
对乙酰氨基酚(扑热息痛)(389)

四、吡唑酮类 ····························· （391）
安乃近(391) 氨基比林(匹拉米洞)(391) 保泰松(392)
羟保泰松(393)

五、其他类 ······························· （394）
替泊沙林(394) 维他昔布(394) 非罗考昔(395) 罗本
考昔(396)

第二节 糖皮质激素类药 ··················· （396）
氢化可的松(397) 醋酸可的松(皮质素)(398) 醋酸泼尼
松(强的松)(399) 氢化泼尼松(强的松龙、泼尼松龙)
(400) 地塞米松(400) 倍他米松(402) 曲安西龙(去炎
松、氟羟氢化泼尼松)(402) 醋酸氟轻松(肤轻松)(403)
促肾上腺皮质激素(促皮质素)(403)

第九章 激素类药物 ······················· （405）
第一节 性激素及促性腺激素 ··············· （405）
（一）雌激素 ·························· （405）
雌二醇(405)

（二）孕激素 ·························· （406）
黄体酮(孕酮)(406) 甲地孕酮(去氢甲孕酮)(406) 烯丙
孕素内服溶液(四烯雌酮)(407)

（三）雄激素及同化激素 ·················· （407）
睾酮(407) 苯丙酸诺龙(408)

（四）促性腺激素 ······················ （409）

卵泡刺激激素(促卵泡素)(409)　黄体生成素(促黄体激素)
(409)　孕马血清(马促性腺激素)(410)　绒毛膜促性腺激
素(410)　促性腺激素释放激素(黄体生成素释放激素)
(411)

第二节　其他激素类药物 …………………………………(411)
(一)胰岛激素及其他影响血糖的药物 ………………(411)
胰岛素(411)　精蛋白锌胰岛素(长效胰岛素)(412)　低精
锌胰岛素(中效胰岛素)(412)　胰高血糖素(412)
(二)甲状腺激素及抗甲状腺药物 ……………………(413)
甲状腺粉(干甲状腺)(413)　甲碘安(三碘甲状腺氨酸钠)
(413)　甲巯咪唑(他巴唑)(413)　碘化钾(414)

第十章　体液补充和电解质平衡调节药物 …………………(415)
第一节　水和电解质平衡药 ………………………………(415)
氯化钠(415)　氯化钾(416)　口服补液盐(417)
第二节　酸碱平衡药 ………………………………………(417)
碳酸氢钠(418)　乳酸钠(419)
第三节　能量补充药 ………………………………………(419)
葡萄糖(419)
第四节　血容量补充药 ……………………………………(420)
右旋糖酐 40(421)　右旋糖酐 70(中分子右旋糖酐)(422)

第十一章　常用营养药物 …………………………………(423)
第一节　维生素 ……………………………………………(423)
一、脂溶性维生素 ………………………………………(423)
维生素 A(423)　维生素 D(424)　维生素 E(生育酚)(425)
维生素 K(426)
二、水溶性维生素 ………………………………………(426)
维生素 B_1(盐酸硫胺)(426)　维生素 B_2(核黄素)(427)
烟酰胺与烟酸(维生素 PP)(427)　维生素 B_6(428)　维生
素 B_{12}(428)　复合维生素 B(429)　泛酸(遍多酸)(429)
维生素 C(抗坏血酸)(429)
三、其他 …………………………………………………(430)

二氢吡啶(430) 氯化胆碱(431) 盐酸甜菜碱(431)

第二节 钙、磷与微量元素 …………………………… (432)

一、钙、磷制剂 ………………………………………… (432)

氯化钙(432) 葡萄糖酸钙(433) 碳酸钙(433) 乳酸钙
(433) 磷酸氢钙(434) 磷酸二氢钠(434) 骨粉(434)

二、微量元素 …………………………………………… (434)

亚硒酸钠(435) 亚硒酸钠维生素 E 预混剂(435) 氯化钴
(436) 硫酸铜(437) 硫酸锌(437) 硫酸锰(437)

第十二章 药物饲料添加剂 ………………………… (439)

第一节 抗菌药物饲料添加剂 ………………………… (440)

金霉素预混剂(440) 吉他霉素预混剂(440)

第二节 抗球虫药物饲料添加剂 ……………………… (441)

一、抗球虫药物添加剂 ………………………………… (441)

二硝托胺预混剂(442) 马度米星铵预混剂(442) 地克珠
利预混剂(443)盐酸氨丙啉乙氧酰胺苯甲酯预混剂(444)
盐酸氨丙啉乙氧酰胺苯甲酯磺胺喹噁啉预混剂(445) 海南
霉素钠预混剂(445) 莫能菌素预混剂(446) 盐霉素预混
剂(447) 盐霉素钠预混剂(448) 甲基盐霉素预混剂(禽
安® Monteban®100)(448) 甲基盐霉素、尼卡巴嗪预混剂
(449) 盐酸氯苯胍预混剂(450) 氯羟吡啶预混剂(451)
拉沙洛西钠预混剂(球安 Avatec)(451) 尼卡巴嗪预混剂
(尼卡球 Koffozin)(452)

第三节 中药类药物饲料添加剂 ……………………… (453)

山花黄芩提取物散(453) 博落回散(453)

第四节 酶制剂 ………………………………………… (454)

一、概述 ………………………………………………… (454)

二、常用酶制剂及其作用 ……………………………… (454)

三、酶制剂的合理使用 ………………………………… (455)

四、常用酶制剂 ………………………………………… (456)

纤维素酶(456) 植酸酶(456) 葡萄糖氧化酶(457) 抑
肽酶(胰蛋白酶抑制剂)(458) 辅酶 A(458) 三磷酸腺苷

（458）

五、饲料防霉剂 ……………………………………（459）

第五节　微生态制剂 ………………………………（461）

一、微生态制剂的主要作用 ………………………（461）

二、主要应用的微生态制剂 ………………………（462）

三、微生态制剂的合理使用 ………………………（462）

脆弱拟杆菌、粪链球菌、蜡样芽孢杆菌复合菌制剂（463）　枯
草芽孢杆菌活菌制剂（TY7210株）（464）　蜡样芽孢杆菌、粪
链球菌活菌制剂（465）　蜡样芽孢杆菌活菌制剂（DM423）
（465）　蜡样芽孢杆菌活菌制剂（SA38）（466）　酪酸菌活菌
制剂（467）　乳酸菌复合活菌制剂（467）　双歧杆菌、乳酸
杆菌、粪链球菌、酵母菌复合活菌制剂（468）

第十三章　解毒药 ……………………………………（470）

第一节　有机磷中毒的解毒药 ……………………（471）

碘解磷定（派姆）（471）　氯磷定（472）　双解磷（472）　双
复磷（473）　阿托品（473）　东莨菪碱（473）

第二节　有机氟中毒的解毒药 ……………………（473）

乙酰胺（解氟灵）（474）

第三节　亚硝酸盐中毒的解毒药 …………………（474）

美蓝（亚甲蓝、甲烯蓝）（474）

第四节　氰化物中毒的解毒药 ……………………（476）

亚硝酸钠（476）　硫代硫酸钠（大苏打、次亚硝酸钠）（477）

第五节　金属与类金属中毒的解毒药 ……………（477）

二巯基丙醇（478）　二巯丙磺钠（479）　二巯基丁二酸钠
（479）　依地酸钙钠（479）　青霉胺（480）　去铁胺（481）

第六节　对乙酰氨基酚中毒的解毒药 ……………（482）

乙酰半胱氨酸（483）

第十四章　抗过敏药与抗休克药 ……………………（484）

第一节　抗过敏药 …………………………………（484）

一、概述 ……………………………………………（484）

（一）抗组胺药 ·················· （484）

（二）糖皮质激素 ·················· （485）

（三）拟肾上腺素药和氨茶碱 ·········· （485）

（四）钙剂 ·························· （485）

（五）其他 ························· （485）

二、抗组胺药 ··························· （485）

马来酸氯苯那敏（扑尔敏）（486） 苯海拉明（苯那君）（486）

扑敏宁（去敏宁、吡苄明、曲吡那敏）（487） 异丙嗪（非那

根）（488） 克敏嗪（去氯羟嗪、克喘嗪）（488） 息斯敏（氯

雷他定）（489）

第二节 抗休克药 ···················· （490）

一、抗休克的血管活性药物 ············ （490）

（一）扩血管药 ····················· （490）

多巴胺（3-羟酪胺）（490） 多巴酚丁胺（杜丁胺）（491） 异

丙肾上腺素（喘息定）（491）

（二）缩血管药 ····················· （491）

去甲肾上腺素（491） 去氧肾上腺素（新福林、苯肾上腺素）

（492） 间羟胺（阿拉明）（493）

二、糖皮质激素 ······················· （493）

第十五章 常用中兽药制剂 ················ （494）

第一节 中兽药的概述 ················ （494）

第二节 常用中兽药制剂 ·············· （496）

一、解表剂 ························· （496）

麻黄桂枝散（496） 荆防败毒散（496） 茵陈木通散（496）

银翘散（497） 银翘片（497） 桑菊散（497） 柴葛解肌散

（497） 荆防解毒散（497） （南）柴胡注射液（498） 八姊

金花散（498） 玉屏风口服液（498） 板青颗粒（499） 板

蓝根片（499） 忍冬黄连散（499） 苦木注射液（499） 金

芩芍注射液（500） 注射用双黄连（500） 贯连散（500）

茵陈金花散（500） 穿板鱼连丸（501） 柴辛注射液（501）

银柴注射液(501) 鱼腥草芩蓝口服液(501) 麻黄止咳平喘口服液(502)

二、清热剂 ……………………………………… (502)

清瘟败毒散(502) 苍术香连散(502) 白头翁散(503) 止痢散(503) 鸡痢灵散(503) 清胃散(503) 清热健胃散(504) 七味胆膏散(504) 洗心散(504) 白龙散(504) 解暑抗热散(505) 雏痢净(505) 普济消毒散(505) 香薷散(505) 喉炎净散(506) 二紫散(506) 七味石榴皮散(506) 七清败毒片(506) 七清败毒颗粒(507) 三子散(507) 三花当归灌注液(507) 三味拳参口服液(507) 三味拳参片(508) 三味拳参散(508) 三黄双丁片(508) 三黄双丁散(508) 三黄苦参散(509) 三黄金花散(509) 三黄翁口服液(509) 三黄散(509) 三黄痢康散(510) 大蒜苦参注射液(510) 马连苍术散(510) 鸡痢灵片(510) 双丁注射液(511) 公英青蓝合剂(511) 公英青蓝颗粒(511) 双黄连片(511) 双黄连口服液(512) 双黄连可溶性粉(512) 双黄连注射液(512) 双黄连散(512) 双黄苦苋散(513) 双黄败毒颗粒(513) 双黄穿苦丸(513) 双黄穿苦片(514) 双黄穿苦散(514) 甘矾解毒片(514) 甘胆口服液(514) 石香颗粒(515) 石穿散(515) 龙胆泻肝散(515) 龙硝散(515) 归芪乳康散(516) 四味穿心莲片(516) 四味穿心莲散(516) 四黄止痢颗粒(516) 四季青注射液(517) 四黄二术散(517) 四黄白莲散(517) 四黄豆根散(517) 白马黄柏散(518) 白龙苍术散(518) 白头翁口服液(518) 白头翁痢康散(518) 白莲藿香片(519) 白莲藿香散(519) 白榆散(519) 加味白头翁散(520) 地丁菊莲注射液(520) 冰雄散(520) 连参止痢颗粒(520) 鸡痢灵丸(521) 肝胆颗粒(521) 青蒿末(521) 苦参注射液(521) 苦参麻黄注射液(522) 板二黄丸(522) 板二黄片(522) 板二黄散(522) 板芪苓花散(523) 板青败毒口服液(523) 板金止咳散(523) 板金痢康散(523) 板黄败毒片(524)

板黄败毒散(524) 板翘芦根片(524) 板翘芦根散(524) 板蓝根注射液(525) 郁黄口服液(525) 金石翁芍散(525) 金黄连板青颗粒(526) 金葛止痢散(526) 鱼金注射液(526) 鱼腥草末(526) 鱼腥草注射液(527) 胆膏(527) 穿心莲末(527) 穿心莲注射液(527) 穿甘苦参散(528) 穿白地锦草散(528) 穿白痢康片(528) 穿白痢康丸(528) 穿白痢康散(529) 穿苦功劳片(529) 穿苦功劳散(529) 穿苦颗粒(529) 穿虎石榴皮散(530) 金根注射液(530) 穿参止痢散(530) 莲矾散(530) 莲黄颗粒(531) 翁连片(531) 翁连散(531) 翁柏解毒丸(531) 翁柏解毒片(532) 翁柏解毒散(532) 黄马白凤丸(532) 黄马白凤片(532) 黄马白凤散(533) 黄马莲散(533) 黄白散(533) 黄花白莲颗粒(533) 黄芩解毒散(534) 黄金二白散(534) 黄栀口服液(534) 黄藤素注射液(535) 梅香片(535) 梅香散(535) 救黄丸(535) 救黄片(536) 救黄散(536) 银黄可溶性粉(536) 银黄提取物口服液(536) 银黄提取物注射液(537) 银黄板翘散(537) 银黄注射液(537) 清热散(537) 清瘟止痢散(538) 清瘟败毒丸(538) 清瘟败毒片(538) 清瘟败毒散(538) 清瘟解毒口服液(539) 博落回注射液(539) 葛根连芩散(539) 葛根连柏散(540) 蒲青止痢散(540) 锦板翘散(540) 廖苋散(540) 翘叶清瘀散(541) 痢喘康散(541) 清解合剂(541) 紫花诃子散(541) 黄连解毒散(542) 黄连解毒片(542) 黄连解毒微粉(542) 加味知柏散(542) 黄芩可溶性粉(543) 黄芩地锦草散(543) 清暑散(543) 金荞麦片(543) 莲胆散(544) 穿苦黄散(544) 秦艽散(544) 茵栀解毒颗粒(544) 金叶清瘟散(545) 板蓝根当归散(545) 郁金散(545) 芩连注射液(545) 芩黄口服液(546) 芩黄颗粒(546) 芪板青颗粒(546) 芪蓝囊病饮(546) 复明蝉蜕散(547) 拨云散(547) 决明散(547)

三、泻下剂 ·· (548)

大承气散(548) 大戟散(548) 无失散(548) 当归苁蓉散(548) 三白散(549) 通肠散(549)

四、补益剂 ································· (549)
白术散(549) 健鸡散(549) 降脂增蛋散(550) 六味地黄散(550) 巴戟散(550) 四君子散(550) 补中益气散(551) 补肾壮阳散(551) 参苓白术散(551) 百合固金散(551) 壮阳散(552) 强壮散(552) 伤力散(552) 七补散(552) 理中散(553) 健脾散(553) 防己散(553) 黄芪多糖注射液(553) 黄芪多糖粉(554) 黄芪多糖口服液(554) 八珍片(554) 八珍散(555) 万乳康(555) 五味贞芪散(555) 五味健脾合剂(555) 四物散(556) 扶正解毒散(556) 芪芍增免散(556) 芪贞增免颗粒(556) 芪参散(557) 杜仲山楂散(557) 补益清宫散(557) 益母增蛋散(557) 蛋鸡宝(558) 芪苓绞股蓝散(558) 母仔安散(558) 归芪益母口服液(558) 地黄散(559) 芪草乳康散(559) 芪藿散(559) 藿芪灌注液(559) 人参茎叶总皂苷颗粒(560) 五加芪粉(560) 紫锥菊颗粒(560) 玉屏风颗粒(560) 扶正解毒颗粒(561) 北芪五加颗粒(561) 芪术玄参微粉(561) 黄藿口服液(561)

五、消导剂 ································· (562)
木香槟榔散(562) 木槟硝黄散(562) 消食平胃散(562) 山大黄末(562) 健胃散(563) 猪健散(563) 健猪散(563) 大黄末(563) 大黄酊(564) 大黄芩鱼散(564) 龙胆末(564) 复方大黄酊(564) 复方龙胆酊(苦味酊)(565) 龙胆酊(565) 龙胆碳酸氢钠片(565) 胃肠活(565) 钩吻末(566) 多味健胃散(566) 保健锭(566) 肥猪菜(566) 奶牛反刍散(567) 利胃散(567) 曲麦散(567) 建曲(567) 促反刍散(568) 健胃消积散(568) 消积散(568) 健脾理中散(568) 多味健胃散(569) 消食健胃散(569) 山花黄芩提取物散(569) 曲明散(569) 博落回散(570)

六、理气剂 ································· (570)

橘皮散(570) 厚朴散(570) 陈皮酊(570) 温脾散(571)
三香散(571) 蜘蛛香胶囊(571)

七、理血剂 …………………………………………………… (571)
槐花散(571) 跛行镇痛散(572) 十黑散(572) 当归散
(572) 益母生化合剂(572) 益母生化散(573) 红花散
(573) 消肿解毒散(573) 益母红灌注液(574)

八、治风剂 …………………………………………………… (574)
五虎追风散(574) 天麻散(574) 五味石榴皮散(574)
千金散(575) 破伤风散(575)

九、温里剂 …………………………………………………… (575)
四逆汤(575) 茴香散(575) 姜酊(576) 复方豆蔻酊
(576) 肉桂酊(576) 颠茄酊(576) 阳和散(577) 桂心
散(577)

十、祛湿剂 …………………………………………………… (577)
藿香正气口服液(577) 藿香正气散(578) 五皮散(578)
滑石散(578) 五苓散(578) 猪苓散(579) 平胃散(579)
杨树花片(579) 杨树花口服液(579) 马钱子酊(番木鳖
酊)(580) 二苓车前子散(580) 二苓石通散(580) 八正
散(580) 木通海金沙散(581) 化湿止泻散(581) 仔痢
宁散(581) 通肠芍药散(581) 豆苓散(582) 金钱草散
(582) 健脾止泻散(582) 香葛止痢散(582) 风湿活血
散(583) 独活寄生散(583) 防风散(583)

十一、化痰止咳平喘剂 ……………………………………… (584)
二母冬花散(584) 二陈散(584) 止咳散(584) 清肺散
(584) 清肺颗粒(585) 定喘散(585) 理肺止咳散(585)
理肺散(585) 镇喘散(586) 辛夷散(586) 止喘注射液
(586) 甘草颗粒(586) 加味麻杏石甘散(587) 金花平
喘散(587) 青黛紫菀散(587) 板术射干散(587) 板陈
黄注射液(588) 板青连黄散(588) 鱼枇止咳散(588)
柏麻口服液(588) 复方麻黄散(589) 穿鱼金荞麦散
(589) 桔百颗粒(589) 桔梗栀黄散(589) 桑仁清肺口

服液(590) 远志酊(590) 白矾散(590) 半夏散(590)
银翘清肺散(591) 麻杏二膏丸(591) 麻杏二膏片(591)
麻杏二膏散(591) 麻杏石甘片(592) 麻杏石甘散(592)
麻杏石甘口服液(592) 麻杏石甘注射液(592) 麻杏石甘
颗粒(593) 麻黄鱼腥草散(593) 清肺止咳散(593) 麻
杏苦参散(593) 麻黄葶苈散(594) 镇咳涤毒散(594)
镇喘片(594) 银翘豆根散(594) 黄芪红花散(595) 加
减清肺散(595) 百部射干散(595)

十二、和解剂 ……………………………………… (595)
小柴胡散(595)

十三、固涩剂 ……………………………………… (596)
乌梅散(596) 牡蛎散(596) 四神散(596) 金锁固精散
(596)

十四、胎产剂 ……………………………………… (597)
保胎无忧散(597) 催情散(597) 生乳散(597) 促孕灌
注液(597) 催奶灵散(598) 山楂子宫灌注液(598) 山
楂乳房灌注液(598) 通乳散(598) 助孕散(599) 泰山
盘石散(599) 加味激蛋散(599) 激蛋散(599) 银藿散
(600) 蒲芪青王散(600) 芪参催乳颗粒(600)

十五、驱虫剂 ……………………………………… (600)
驱虫散(600) 肝蛭散(601) 肥猪散(601) 三味抗球颗
粒(601) 五味常青颗粒(601) 鸡球虫散(602) 驱球止
痢合剂(602) 驱球止痢散(602) 驱球散(602) 青蒿常
山颗粒(603) 苦参地榆散(603) 贯楝散(603) 铁风抗
球散(603) 常青克虫散(604) 常青球虫散(604) 常青
散(604)

十六、疮黄剂 ……………………………………… (604)
公英散(604) 茵陈蒿散(605) 如意金黄散(605) 消疮
散(605) 加减消黄散(605) 消黄散(606) 雄黄散(606)
清热解毒散(606)

十七、安神剂 ……………………………………… (607)

朱砂散(607) 镇痫散(607) 镇心散(607) 消暑安神散
(607) 枣胡散(608)

十八、开窍剂 ………………………………………… (608)

通关散(608) 蟾胆片(608)

十九、外用剂 ………………………………………… (608)

青黛散(608) 擦疥散(609) 桃花散(609) 生肌散(609)
白及膏(609) 防腐生肌散(610) 松节油搽剂(610) 紫
草膏(610) 香连溶液(610)

二十、水产用制剂 ………………………………… (611)

虾蟹脱壳促长散(611) 七味板蓝根散(611) 三黄散
(611) 大黄末(611) 大黄芩蓝合剂(612) 大黄侧柏叶合
剂(612) 大黄五倍子散(612) 大黄碳酸氢钠片(612)
山青五黄散(613) 五倍子末(613) 石知散(613) 龙胆
泻肝散(613) 加减消黄散(614) 扶正解毒散(614) 连
翘解毒散(614) 驱虫散(614) 黄连白贯散(615) 青板
黄柏散(615) 青莲散(615) 苦参末(615) 板蓝根大黄
散(616) 板黄散(616) 板蓝根末(616) 虎黄合剂(616)
虾康颗粒(617) 穿梅三黄散(617) 根莲解毒散(617)
柴黄益肝散(617) 黄连解毒散(618) 银翘板蓝根散
(618) 脱壳促长散(618) 清热散(618) 博落回散(619)
蒲甘散(619) 蚌毒灵散(619) 六味地黄散(619) 苍术
香连散(620) 大黄解毒散(620) 六味黄龙散(620) 双
黄白头翁散(620) 双黄苦参散(621) 地锦草末(621)
地锦鹤草散(621) 清健散(621) 肝胆利康散(622) 驱
虫散(622) 川楝陈皮散(622) 百部贯众散(622) 雷丸
槟榔散(623)

二十一、蚕用制剂 ………………………………… (623)

仁香散(623) 蚕用蜕皮液(623)

二十二、蜂用制剂 ………………………………… (624)

蜂螨酊(624) 黑风散(624)

第十六章 药物制剂常用附加剂 ………………… (625)

第一节　液体制剂常用附加剂 ……………………（625）

一、非水溶剂 ………………………………………（625）

乙醇（625）　丙三醇（625）　丙二醇（625）　正丁醇（626）
聚乙二醇类（626）　苯甲酸苄酯（626）　α-吡咯烷酮（627）
N,N-二甲基乙酰胺（627）　二甲基亚砜（627）　甘油三乙酯
（627）　甘油缩甲醛（627）　N,N-二甲基甲酰胺（628）　碳
酸丙烯酯（628）

二、注射用油（酯） …………………………………（628）

玉米油（628）　大豆油（629）　花生油（629）　棉籽油（629）
蓖麻油（629）　油酸乙酯（630）

三、增溶剂 …………………………………………（630）

吐温类（630）　聚氧乙烯单硬脂酸酯（630）　胆酸钠（631）
蓖麻油类（聚氧乙烯蓖麻油和聚氧乙烯氢化蓖麻油）（631）
蔗糖的高级脂肪酸酯（蔗糖酯和蔗糖月桂酸酯）（631）　阿
洛索 OT（632）　色氨酸（632）　酪氨酸（632）

四、乳化剂 …………………………………………（632）

十二烷基硫酸钠（632）　大豆磷脂（633）　泊洛沙姆（633）
平平加 0（633）　司盘类（633）　油酸类（634）　甲基纤维素
（634）　甘氨酸（634）　明胶（634）　阿拉伯胶（635）　单硬
脂酸甘油酯（（635）　油酰聚氧乙烯甘油酯（635）　卡泊沫
（635）　脱氧胆酸钠（636）　蛋黄卵磷脂（636）　聚氧乙烯
（35）蓖麻油（636）

五、助悬剂 …………………………………………（636）

聚乙二醇 400（636）　异丙醇（637）　正丁醇（637）　羧甲基
纤维素钠（637）　羟乙基纤维素（638）　西黄蓍胶（638）
硫酸铝（638）

六、抗氧剂 …………………………………………（638）

二丁基羟基甲苯（638）　亚硫酸氢钠（638）　甲醛合次硫酸
氢钠（吊白块）（639）　亚硫酸钠（639）　焦亚硫酸钠（639）
硫代硫酸钠（640）　硫脲（640）　维生素 C（640）　叔丁基
对羟基茴香醚（640）　没食子酸丙酯（641）　α-生育酚

（641）　抗坏血酸棕榈酸酯（641）　硫甘油（642）　硫代乙
二醇（642）

七、抑菌防腐剂　…………………………………………（642）
苯甲酸钠（642）　山梨酸钾（642）　尼泊金类（643）　氯甲
酚（643）　氯己定（洗必泰）（643）　山梨酸（644）　苯甲酸
（644）　马来酸（644）　辛酸及辛酸钠（644）　苯扎氯铵
（645）　苯甲醇（645）　羟苯基酯类（645）　硫酸羟喹啉
（645）　氯甲酚（645）　麝香草酚（645）

八、pH 值调节剂　……………………………………………（646）
二氧化碳（646）　丙氨酸（646）　丙酸（646）　盐酸（646）
氢氧化钠（钾）（646）　碳酸钠（647）　碳酸氢钾（647）　无
水碳酸氢钠（647）　无水枸橼酸（647）　稀硫酸（647）　稀醋
酸（648）　稀磷酸（648）　浓氨溶液（648）　醋酸与醋酸钠
（648）　马来酸（648）　乳酸（649）　磷酸（649）　琥珀酸
（649）　酒石酸（649）　枸橼酸和枸橼酸钠（649）　磷酸二氢
钠和磷酸氢二钠（650）　磷酸氢二铵（650）　三乙醇胺（650）
乙醇胺（650）　乙二胺（651）　硼酸（651）　四硼酸二钠
（651）　氨丁三醇（651）　谷氨酸钠（651）　硫酸铵（651）

九、局部止痛剂　………………………………………………（652）
苯甲醇（652）　盐酸普鲁卡因（652）　三氯叔丁醇（652）
盐酸利多卡因（652）　氯化镁（653）　氨基甲酸乙酯（乌拉
坦）（653）

十、增溶剂　……………………………………………………（653）
门冬氨酸（653）　门冬酰胺（653）　乙酰胺（653）　牛磺酸
（654）　月桂酰聚氧乙烯（12、32、6 或 8）甘油酯（654）　油
酸钠（654）　组氨酸（654）　亮氨酸（654）　精氨酸（654）
缬氨酸（655）　烟酰胺（655）　尿素（655）

十一、螯合剂　…………………………………………………（655）
乙二胺四乙酸（655）　依地酸钙二钠（656）　依地酸二钠
（656）　二羟乙基甘氨酸（656）　酒石酸钠（656）　没食子
酸（657）

十二、缓释剂及其他 ·················· （657）
　　乙交酯丙交酯共聚物（5050、7525、8515）（657）　十六醇
　　（657）
第二节　固体制剂和固体分散、包合技术中常用附加
　　　　剂 ···························· （658）
一、固体制剂中常用附加剂 ················ （658）
　　（一）填充剂 ······················· （658）
　　葡萄糖类（658）　乳糖（658）　水溶性淀粉（658）　可溶性
　　淀粉（658）　小麦淀粉（659）　无水硫酸钠（659）　无水磷
　　酸氢钙（659）　马铃薯淀粉（659）　木薯淀粉（659）　玉米
　　淀粉（659）　氯化钠（660）　磷酸钙（660）　水溶性麦芽糊
　　精（660）　利多粉（660）　辅美粉（660）　壳聚糖（661）　加
　　益粉（661）　低取代羟丙纤维素（661）　硅化微晶纤维素
　　（661）　氧化锌（661）　氧化镁（662）　预胶化羟丙基淀粉
　　（662）　羧甲纤维素钙（662）
　　（二）抗结块剂 ····················· （662）
　　三硅酸镁（662）　柠檬酸亚铁铵（662）　二氧化硅类（380
　　目、300目、200目）（663）　硬脂酸钙（663）　十二烷基硫酸
　　镁（663）　亮氨酸（663）　聚乙二醇类（PEG4000、PEG6000、
　　PEG12000、PEG20000等）（664）　微粉硅胶（664）
二、固体分散和包合技术中常用附加剂 ··········· （664）
　　（一）固体分散技术常用附加剂 ············ （664）
　　聚乙二醇类（664）　聚乙烯吡咯烷酮（665）　泊洛沙姆
　　（665）　糖类（葡萄糖、蔗糖、半乳糖、右旋糖酐等）（665）
　　（二）包合技术常用附加剂 ·············· （666）
　　β-环糊精（666）　微晶蜡（666）　醋酸羟丙基纤维素琥珀酸
　　酯（666）
三、包衣材料及其他 ··················· （666）
　　乙基纤维素（666）　乙基纤维素水分散体（667）　丙烯酸乙
　　酯-甲基丙烯酸甲酯共聚物水分散体（667）　羟丙甲纤维素
　　邻苯二甲酸酯（667）

四、矫味剂及甜味剂 ……………………………………（667）
　　三氯蔗糖(667)　D-木糖(668)　木糖醇(668)　麦芽酚
　　(668)　丁香油(668)　薄荷脑(668)　阿司帕坦(669)　海
　　藻糖(669)　淀粉水解寡糖(669)

五、黏合剂及其他 ………………………………………（669）
　　甲基纤维素(669)　海藻酸(669)　磷酸淀粉钠(670)　可
　　可脂(670)　硬脂酸锌(670)　滑石粉(670)　焦糖(670)

附录 ………………………………………………………（671）

　附录一　常用药物的配伍禁忌简表 ……………………（671）

　附录二　兽药停药期规定 ………………………………（677）

　附录三　允许作治疗使用，但不得在动物性食品中
　　　　　检出残留的兽药 ………………………………（686）

　附录四　禁止使用，并在动物性食品中不得检出残留的
　　　　　兽药 ……………………………………………（687）

　附录五　常用医用计量单位换算表 ……………………（688）

　附录六　家畜体重估测法（仅供参考）………………（689）

　附录七　不同动物用药量换算表（仅供参考）………（690）

　附录八　不同动物对矿物质元素的需要量和饲料中
　　　　　最高限量 ………………………………………（691）

　附录九　常见农药及毒物中毒急救一览表 ……………（693）

　附录十　兽用处方药目录 ………………………………（696）

　附录十一　基层兽医用药目录 …………………………（703）

　中文索引 …………………………………………………（710）

　英文索引 …………………………………………………（732）

第一章　基本知识

第一节　药物的作用

一、兽药概述

兽药是指用于预防、治疗和诊断动物疾病，或有目的地调节动物生理功能，能促进动物生长、繁殖和提高生产效能的化学物质。兽药包括血清制品、疫（菌）苗、诊断液等生物制品，微生态制剂，兽用的中药材、中成药，化学原料药及其制剂，抗生素、生化药品、放射性药品，以及外用杀虫剂、消毒剂等。饲料添加剂是指为满足特殊需要而加入动物饲料中的微量营养性或非营养性物质。饲料药物添加剂则指饲料添加剂中的药物成分，亦属广义兽药的范畴。

兽药在应用适当时，可达到防病治病或促进动物生长等目的，但大多数兽药如果用法不当或用量过大，则成为毒物，会损害动物机体的健康。例如，适量的马度米星拌料可预防肉鸡的球虫病，但用量过大会引起鸡中毒，严重者引起死亡。此外，某些药物如维生素、矿物质等为动物生长必需的营养成分，当动物因缺乏这些成分而引起缺乏症时，应用这些药物可达到预防或治疗相应疾病的目的。因此，食物、药物、毒物之间并无绝对的界限。在畜牧生产及兽医临床上，必须具备比较系统的兽药方面的知识，才能安全合理地选用药物，提高养殖经济效益。

二、药物的作用

药物的作用是指药物对机体（包括病原体）的影响。药物对机体的作用主要是引起生理功能的加强（兴奋）或减弱（抑制），即药物作用的两种基本形式。有些药物可使动物的生理功能加强，如尼可刹米能兴奋呼吸中枢，可用于麻醉药过量或严重疾病引起的呼吸抑制的解救。而另外一些药物可使动物的生理功能减弱，如咳必清具有轻度抑制咳嗽中枢作用，可用于剧烈干咳的对症治疗；又如平喘药氨茶碱可松弛支气管平滑肌，可用于治疗支气管喘息。药物对病原体的作用，主要是通过干扰其代谢而抑制其生长繁殖，如四环素、红霉素通过抑制细菌蛋白质的合成而产生抗菌作用。此外，补充机体维生素、氨基酸、微量元素等的不足，或增强机体的抗病力等都属于药物的作用。

（一）药物作用的类型

1. 局部作用和吸收作用　根据药物作用部位的不同，在用药局部呈现作用的称为局部作用，如普鲁卡因的局部麻醉作用。而在药物吸收进入血液循环后呈现作用的，则称为吸收作用或全身作用，如肌内注射安乃近后产生的解热镇痛作用。

2. 直接作用和间接作用　从药物作用的顺序来看，药物进入机体后首先发生的原发作用，称为直接作用。由于药物直接作用所产生的继发性作用，称为间接作用。例如，强心苷能直接作用于心脏，加强心肌的收缩力（直接作用）；由于心脏机能加强，血液循环改善，肾血流量增加，从而间接产生利尿作用（间接作用）。

（二）药物作用的两重性

药物的作用都是一分为二的，用药之后既可产生防治疾病的有益作用，亦会产生与防治疾病无关，甚至对机体有毒性的作用，前者称为治疗作用，后者则称为不良反应。

1. 治疗作用　分为对因治疗作用和对症治疗作用，前者旨在消除疾病的病因（治本），后者则是改善或减轻症状（治标）。例如，使用抗生素、氟喹诺酮类抗菌药、抗寄生虫药等杀灭、抑制入侵动物机体的细菌、支原体和寄生虫及补充氨基酸、维生素等治疗某些代谢病等，都属于对因治疗；解热镇痛药解热镇痛、止咳药减轻咳嗽、利尿药促进排尿等，则都属于对症治疗。对症治疗不能从根本上消除病因，但在某些危重症状，如休克、心力衰竭、窒息、惊厥等出现时，却是有效的暂时治疗措施。

对散养的动物疾病，通常采取对因、对症结合的综合性疗法。根据病情轻、重、缓、急决定治疗方法。"急则治其标，缓则治其本"，即对急性、危重病例，应首先用药控制某些严重症状以解除急危症，再进行对因疗法；

而对慢性病例，则应找出病因，对因治疗进行根治。对集约化饲养动物的感染性疾病，如细菌性、支原体性传染病或寄生虫病等，应着重对因治疗，以消除入侵机体的病原体；而对某些暂无有效对因治疗药物的疾病，如某些病毒病、中毒病等，则可进行对症治疗，以降低死亡率，减少经济损失。

2. 不良反应　大多数药物都或多或少地有一些不良反应，包括副作用、毒性作用、过敏反应、继发性反应等。药物在治疗剂量时出现的与治疗目的无关的作用，称为副作用。它属于药物本身的固有属性，一般反应较轻，常可预知并可设法消除或纠正。一种药物的作用往往有多种，当用其某一作用为治疗目的时，其他作用就成为副作用；若改变用途，副作用亦可变为治疗作用。如阿托品解除肠道平滑肌痉挛时，会出现腺体分泌减少、口腔干燥的副作用；若用阿托品防治腺体分泌过多症（如预防反刍动物静脉注射水合氯醛引起的支气管腺体分泌）时，这一副作用就成为治疗作用，而其解除胃肠平滑肌痉挛等作用就是副作用。毒性作用是指药物对机体的损害作用，通常是由使用不当，如剂量过大或使用时间过长引起，故应特别注意避免。毒性作用往往是药理作用的延伸，如回苏灵对延髓呼吸中枢有强烈的兴奋作用，但过量时则可引起惊厥毒性。

药物作用不仅有种属差异，而且还存在个体差异。过敏反应是某些动物个体对某种药物表现出的特殊不良反应，用药后动物表现出诸如皮疹、皮炎、发热、哮喘及过敏性休克等异常免疫反应，一般只发生于少数个体。由于药物治疗作用的结果而间接带来的不良反应，称为继发性反应。例如，长期应用广谱抗生素，抑制了胃肠道内许多敏感菌株，而某些抗药性菌株和真菌却大量繁殖，使肠道正常的菌群平衡被破坏，引起消化功能紊乱、继发性肠炎或真菌病等新的疾病，这一继发性反应亦称为"二重感染"。

此外，药物在动物可食用组织或动物性产品如肉、蛋、奶中的残留，可引起人中毒、过敏等不良反应，间接危害人类健康，许多国家现已对一些药物制定了允许残留量和休药期的规定，使用时应注意。

俗话说："是药三分毒"，真正完全无毒性的药物是很少的，中药、营养性添加剂如维生素、微量元素等亦不例外，使用过多或滥用，都可引起不良后果。故兽医临床用药，既要考虑治疗效果，又要保证用药安全，不可滥用。

（三）药物作用的规律

1. 选择性与差异性

（1）选择性。药物进入机体后对各组织器官的作用并不一样，在适当剂量下对某一组织或器官的作用强，而对其他组织或器官的作用弱或没有作用，此即药物作用的选择性。例如，磺胺药能选择性地抑制细菌的四氢叶酸合成，而对家禽体内四氢叶酸代谢没有明显影响。药物作用的选择性又是相对的，如青霉素主要作用于革兰氏阳性菌，在较高浓度时也能对革兰氏阴性菌产生作用。选择性高的药物，往往不良反应较少，疗效较好，可有针对性地选用来治疗某些疾病。如化学治疗（以下简称化疗）药可选择性地抑制或杀灭入侵动物体内的病原体（细菌或寄生虫），而对动物机体没有明显的作用，故可用来治疗相应的感染性疾病。而选择性低的药物，往往不良反应多，毒性较大。如消毒药选择性很低，可直接影响一切或组织中的原生质，亦称为原生质毒或原浆毒，只能用于体表或环境、器具的消毒，不能体内应用。

（2）差异性。差异性包括种属差异、生理差异和个体差异。不同种属的动物，因解剖结构、生理机能、生化代谢等不同，对同一药物的反应可表现出很大的差异。如恩诺沙星在禽、狗、兔体内的代谢速率高，即脱乙基产生较多的活性代谢物环丙沙星，而在猪、马体内的代谢速率较低；禽类对呋喃类、有机磷类很敏感，但对阿托品可耐受较大的剂量。生理差异是指性别、年龄、体重和机能方面的差异。性别不同对药物的反应没有质的不同，但对产蛋期母禽用药须慎重，有些药物可经输卵管排泄形成蛋中药物残留。体重不同的动物，对同量药物的反应不同，按每 1 kg 体重计算用药剂量较每头份计算用药剂量更准确合理。

肝肾功能不良、脱水、营养缺乏或过剩，都能对药物的作用产生影响。个体差异则是指少数个体对药物的高敏性或耐受性，高敏性个体对药物很敏感，应用小剂量即可引起毒性反应；而耐受性个体对药物特别不敏感，必须给予大剂量才能产生应有的疗效。

2. 构效关系

药物的化学结构与药理作用之间的相互关系称为构效关系。多数药物的药理作用与其化学结构密切相关，这样的药物称为特异性药；反之，则称为非特异性药物。特异性药物的化学结构决定着作用的特异性，化学结构相似的药物，往往具有类似的（拟似药）或相反的（拮抗药）药理作用。例如，氟喹诺酮类抗菌药物具有 6-氟-7-哌嗪-4-喹诺酮结构，因而均具有相似的抗病原体作用；而组胺与抗组胺药物、磺胺药与对氨基苯甲酸，虽结构相似，但药理作用相反。有的药物结构式相同，但其光学异构体的药物效用差异很大，一般左旋异构体的药理作用强，右旋异构体的药理作用弱或无效用，如左氟沙星、左旋咪唑等。

3. 量效关系 随着剂量的增大，药物效应呈现由无到有、由弱到强、由治疗作用到出现毒性、死亡这种量变到质变的规律性变化，称为药物的量效关系。药物剂量过小，不产生任何效应，称为无效量；能引起药物效应的最小剂量，称为最小有效量。达到最大效应的剂量，称为极量。药物的常用量就是介于最小有效量和极量之间的最适宜的防治剂量。极量为用药量的最大限度，超过极量就有可能中毒。刚好引起中毒的最低剂量，称为最小中毒量，随着剂量的增大引起中毒死亡的剂量，称为致死量。

4. 时效关系 从给药开始到效应出现、达到高峰、逐渐减弱直至消失，都要经过一段时间，这种药理效应随时间的变化而变化的关系称为时效关系。时效关系一般分为三期：从用药开始到出现效应称为潜伏期，主要反映药物的吸收与分布过程；维持基本疗效的时间即从效应出现到效应消失称为持续期，其中包括血药浓度和效应的高峰，持续期的长短主要取决于药物的吸收和消除速度；从药效消失到体内药物完全消失这段时间称为残留期，在这段时间仍有一定量的药物或其代谢物残留于机体或蛋奶中，是公共卫生方面的突出问题。在残留期重复用药，要注意防止蓄积中毒。

第二节 药物的体内过程

药物进入机体后，一方面作用于机体引起某些组织器官功能的改变，另一方面药物在机体的影响下发生一系列的转运和转化。药物自给药部位吸收（静脉注射除外）进入血液循环，然后随血液循环分布到全身，在肝脏等器官发生化学变化（生物转化），最后通过肾脏等多种途径排出体外（排泄）。药物的体内过程就是药物在体内的吸收、分布、代谢和排泄过程，是一个动态的变化过程，即药物在体内的量或浓度随着时间的变化而变化。了解药物的体内过程，对认识药物的作用、特点，以及合理用药有着重要的实际意义。

一、吸收

药物从用药部位进入血液循环的过程，称为吸收。除静脉注射时药物直接进入血液循环立即产生药效外，其他给药途径都要经过生物膜的转运过程才能吸收。一般而言，药物经不同途径吸收快慢的顺序为气雾吸入>注射（腹腔注射、肌内注射或皮下注射）>内服>皮肤给药。

1. 气雾给药的吸收　脂溶性药物的简单扩散方式是从呼吸道吸收，气体、挥发性液体、分散于空气中的微滴或固体颗粒均可由肺泡吸收。肺泡表面积大，并有丰富的毛细血管，故气雾给药时，药物既可直接到达鼻腔黏膜、气管、支气管或肺部产生局部作用，亦可通过肺泡快速吸收产生全身作用，即具有"速效定位"的特点。气雾给药既适用于呼吸系统疾病，亦适用于全身感染的治疗。

气雾给药时，雾粒大小与药物的滞留与吸收及用药效果有直接关系。雾化微粒通过呼吸系统（鼻腔、咽喉、气管、支气管、肺泡）的滞留和吸收，受三个物理过程的影响。第一个过程是同呼吸道壁的惰性碰撞，主要滞留大粒子，直径大于 25 μm 的微粒能滞留于鼻腔、咽喉和气管之内；第二个过程是沉降，直径在 10~25 μm 的微粒主要沉降于肺泡内；第三个过程是扩散，如果微粒直径小于 0.5 μm，会明显表现出扩散作用。但直径在 0.1~0.001 μm 的粒子，往往不会沉降，大部分被呼出。哺乳动物呼吸器官能滞留和吸收被吸入气雾剂的35%，家禽为 20%~23%。

2. 注射给药的吸收　静脉注射时，药物直接进入血液循环，迅速呈现作用，故无吸收过程。腹腔注射时，药物可通过腹腔大量的毛细血管迅速被吸收。皮下注射或肌内注射时，药物可通过局部毛细血管和淋巴管吸收，吸收方式主要是扩散（脂溶性药物）或滤过（非脂溶性或水溶性的小分子）。吸收速度与水溶性有关，水溶液吸收快，乳剂次之，油剂较慢。

3. 内服给药的吸收　胃肠道黏膜属类脂质膜，内服药物多以被动转运方式吸收。相对分子质量愈小、脂溶性愈高或非解离型的药物容易吸收，而解离型药物则难以吸收。整个消化道均具吸收能力，胃和小肠是药物吸收的主要部位。胃与小肠比较，胃的吸收面积小，药物在胃内的滞留时间短，故药物被吸收的量较小；小肠吸收面积大，有丰富的绒毛，血流量大，是吸收药物的最主要器官。

药物的解离度是影响药物吸收的主要因素之一。例如，在酸性胃液中，弱酸性药物以非离子型存在，可在胃内被吸收；而弱碱性药物部分解离成离子，在胃中难以被吸收。各种动物胃内的 pH 值差异很大，马为 1.1~6.8，牛与羊瘤胃为 5.5~6.5，真胃为 3.0，犬、猫、猪为 1~2。故弱酸性药物或中性药物在猪、犬、猫胃中容易完全被吸收，在反刍动物的胃中较少被吸收。在小肠弱碱性环境中，弱碱性药物多以非离子型存在，故容易被吸收；而酸性药物大部分解离成离子则难以被吸收。剂型不同，吸收速率亦有差异。一般来说，溶液剂吸收较快，散剂吸收较慢，片剂、丸剂的吸收就更慢。此外，药物溶解的程度和速度、胃内容物的组分和充盈度、胃排空和肠蠕动的速率等都可影响药物的吸收。

4. 皮肤给药的吸收 动物的皮肤自外向内分为表皮、真皮及皮下组织三层。药物的透皮吸收首先要通过表皮的角质层屏障。角质细胞膜是含有类脂质的半透性膜，是药物吸收的主要通道，吸收的主要方式是被动扩散。表皮下的真皮是由疏松结缔组织构成的，内有丰富的血管、淋巴管等，对药物穿透的阻力小，透入真皮的药物易被血管及淋巴管吸收。

完整的皮肤药物透皮吸收率较低，常需借助透皮促进剂（如氮酮、二甲亚砜等）、某些赋形剂（如聚乙二醇、丙二醇等）或透皮操作（如清洗、按压、摩擦等）来促进吸收。在温暖的环境中皮肤的血管扩张，比在寒冷环境中的皮肤吸收药物多。一般而言，动物耳后、肢间、腹下等皮肤软薄的部位比其他硬而厚的区域容易透皮吸收。当皮肤的表皮损伤时，药物的吸收量可增大几倍至十几倍。

药物本身的理化特性、药物与皮肤接触的面积与时间亦对药物透皮吸收具有影响。低相对分子质量水溶性和脂溶性很高的药物对表皮的透入性最大。难溶或不溶的药物需溶解于赋形剂中才能被吸收。药物在皮肤上接触与停留的有效时间越长，则吸收量越多。

二、分布

药物随血液循环转运到全身各种组织器官的过程，称为药物的分布。药物在体内的分布一般是不均匀的，如碘主要分布于甲状腺中，全身麻醉药分布于中枢神经系统较多等。药物的分布既与药物的疗效密切相关，也与药物的贮存及不良反应等有关。例如，新型大环内酯类抗菌抗支原体药泰地罗新在动物肺组织中的浓度高于血浆数十倍甚至数百倍，故非常适合治疗畜禽的呼吸系统感染；许多脂溶性高的药物在脂肪组织中分布很多，脂肪组织仅是一个贮存库，这些药物并不在此产生作用；又如汞、锑、砷等在肝、肾分布较多，当用量过大而引起中毒时，肝、肾就要受到损害。但药物的分布与其作用并不成正比，如强心苷在横纹肌和肝脏分布较多，但却选择性地作用于心肌细胞。

多数有机药物进入血液循环后，一部分与血浆蛋白结合，一部分呈游离型，只有游离型药物才能向组织分布，具有药理作用。药物在到达作用部位时，需通过不同的屏障，如血脑屏障和胎盘屏障等。脂溶性药物如乙醚、硫喷妥钠等，易通过血脑屏障进入脑脊液，而水溶性药物则难以通过；高脂溶性非离子型药物（如巴比妥类），还易通过胎盘进入胎儿体内，故对妊娠动物用药时还需考虑对胎儿的影响。

三、代谢（生物转化）

药物进入机体后，除极少数以原形状态从动物体内排出外，大多数都要在体内发生化学变化，这一过程称为药物代谢或生物转化。药物代谢的主要器官是肝脏，代谢转化的方式有氧化、还原、水解和结合等。多数药物经过代谢后，其药理作用或毒性减弱，但亦有一些药理作用或毒性增强。前者称为解毒或代谢灭活，后者则称为代谢活化。例如，非那西汀代谢产生对乙酰氨基酚，呈现明显的解热镇痛作用；对硫磷在体内氧化为对氧磷，毒性增强。一般来说，代谢使药物的极性或水溶性提高，易于从体内排出。当肝功能不全时，药物的代谢就会受到影响，容易中毒。故对患肝病的动物，应注意选择药物和掌握适当的剂量。

药物在体内的生物转化是在两类酶系统的催化下完成，即肝脏微粒体混合功能氧化酶系统和非微粒体药物代谢酶系统，前者简称为肝药酶或药酶，主要存在于肝细胞的滑面内质网上，除催化氧化、还原反应外，还参与某些药物的水解和结合反应；后者所催化的反应主要在肝脏进行，也可在血浆、消化道及肾脏等器官进行，除催化葡萄糖醛酸结合反应外，亦可催化其他结合反应及部分药物的氧化、还原、水解等反应。

许多化学物质可以影响肝药酶的活性，直接影响药物的代谢。现已发现有些药物可抑制肝药酶的活性，可使其他药物的代谢受阻、血药浓度升高、药效或毒性增强。例如，氯霉素可抑制双香豆素的代谢，联用时可导致出血；丙丙沙星可严重抑制茶碱的代谢，联用时可引起茶碱的严重不良反应，甚至死亡。而另一些药物则可增强肝药酶的活性，使其他药物代谢加快，药效减低或失效。如苯巴比妥可使多西环素的代谢加速，联用时使后者的抗菌作用减弱。这些药物因能影响药酶的活性，故联合用药时应予以注意。

四、排泄

排泄是指药物或其代谢物从体内排出的过程。药物主要通过肾脏从尿中排泄，还可经粪便、胆汁、乳汁、汗液及肺的呼出气体等途径从体内排出。肾脏是大多数药物排泄的主要器官，故肾功能不良时，肾脏排泄药物的能力降低，需酌情降低用药剂量或适当延长给药间隔时间。

1. 肾脏排泄 除了与血浆蛋白结合的药物外，游离的药物及其代谢物，均能通过肾小球滤过进入肾小管。多数药物在肝脏转化为极性大的和水溶性的代谢产物，在肾小管不易被吸收，因而易于排泄。尿液的 pH 值是影响药物排泄速率的重要因素，在酸性尿液中一般碱性药物排泄较多，而在碱性尿液中酸性药物易于排出。这一规律可用于某些药物中毒的治疗。例如，阿司匹林（乙酰水杨酸）为弱酸，同服碳酸氢钠使尿液碱化，其排泄可增加 3~5 倍。故在阿司匹林过量中毒时，给予碳酸氢钠可有一定的解毒效果。而内服氯化铵等酸性药可使尿液酸化，可用来促进碱性药物的排泄。

2. 粪便及胆汁排泄 内服后未被吸收的药物多随粪便排泄，被吸收的药物亦可从粪便中排泄。有些药物经肝脏排入胆汁，随胆汁进入肠腔，再部分地被重新吸收（如洋地黄），形成"肝肠循环"而使药物排泄减慢，作用时间延长。

3. 其他排泄途径 药物还可部分地经乳汁、汗液、唾液及肺呼出的气体排泄。有的药物如青霉素可部分地从奶牛乳腺中排出，故奶牛泌乳期应禁用青霉素，以免引起人的过敏反应。

第三节 兽药的剂型

兽药剂型是指药物经过加工，制成具有一定形状和性质，便于使用、保存和运输的一种形式。兽药制剂是把原料药按某种剂型制成一定规格的药剂。

兽药的剂型按给药途径和应用方法，可分为经胃肠道给药的剂型和不经胃肠道给药的剂型两大类。前者如散剂、颗粒剂、丸剂、片剂、糊剂、胶囊剂、糖浆剂、合剂等内服剂型及直肠给药的灌肠剂等；后者可分为注射给药剂型（如注射剂）、黏膜给药剂型（如滴鼻剂、滴眼剂等）、皮肤给药剂型（如涂皮剂、洗剂、擦剂、乳头浸剂、软膏剂等）及呼吸道给药剂型（如吸入剂、气雾剂等）。

按分散系统可把剂型分为溶液型（如内服溶液剂）、胶体型（如胶浆剂）、乳剂型（如内服乳剂）、混悬型（如混悬剂）、气体分散型（如气雾剂）、固体分散型（如片剂、粉剂、颗粒剂等）及微粒分散型（如微囊制剂、微球制剂等）。

根据给药的特点，可分为群体给药剂型（如粉剂、预混剂等）、个体给药剂型（如注射剂、片剂等）、既可群体给药又可个体给药剂型（如口服液等）。而根据形态可分为液体剂型、固体剂型、半固体剂型、气体剂型四大类。

一、液体剂型

1. 溶液剂　溶液剂一般多为不挥发性药物的透明水溶液，供内服或外用，如恩诺沙星溶液、高锰酸钾溶液；另外，还有由中药提取而得的口服溶液（也称口服液，如咳喘停口服液）；合剂系指溶质为两种或两种以上药物制成的液体药剂，如三溴合剂、复方甘草合剂等。

2. 汤剂、流浸膏剂和浸膏剂　汤剂是指生药加水煮沸一定时间去渣所得的溶液，也称煎剂。流浸膏剂、浸膏剂是指药材用适宜的溶剂提取，蒸去部分或全部溶剂，调整至规定浓度而制成的制剂。

3. 酊剂　酊剂是指生药或化学药物用不同浓度的乙醇浸出或溶解而得到的溶液，如碘酊、龙胆酊等。

4. 注射剂　注射剂亦称针剂，是指灌封于特定容器中灭菌的药物溶液（水剂或油剂）、混悬液、乳浊液或粉末。如恩诺沙星注射液、庆大霉素注射液、注射用青霉素 G 钾，以及供静脉输注的"大输液"，如 5% 葡萄糖注射液等。

5. 乳剂　乳剂是指两种互不相溶的液相（水相及油相）加入乳化剂后制成的乳状悬浊液。通常是一种液相的小滴分散在另一种液相中形成的。若油为分散相，水为分散媒，水包于油滴之外，称水包油乳剂，可用水稀释，多供内服或混饮；反之则为油包水乳剂，可用油稀释，多供外用。

二、固体剂型

固体剂型按用药特点分为群体给药固体剂型和个体给药固体剂型两类。

（一）群体给药固体剂型

1. 粉剂、散剂、预混剂

（1）粉剂：是指将一种或多种药物与适宜的辅料经粉碎、均匀混合制成的干燥粉末状制剂。粉剂按用途主要分为内服粉剂和局部用粉剂。内服粉剂中，能溶于水、可用于混饮给药的称为可溶性粉剂；局部用粉剂主要用于皮肤、黏膜和创伤，亦称撒粉。

（2）散剂：几种中药粉末的混合物称为散剂，可拌料给药。

（3）预混剂：是指将药物与适宜的辅料经粉碎、均匀混合制成的适当稀释后混饲给药的干燥粉末状或颗粒状制剂。

2. 颗粒剂：颗粒剂是指将药物与适宜的辅料混合制成干燥颗粒状的内服制剂。中药颗粒剂亦称冲剂，如板蓝根冲剂、甘草颗粒等。

（二）个体给药固体剂型

1. 丸剂 丸剂是由药物与赋形剂制成的球状内服固体制剂。中药丸剂可分为蜜丸、水丸等。

2. 片剂 片剂是指将一种或多种药物与赋形剂混匀后制成颗粒，用压片机压制成圆片状的制剂，如对乙酰氨基酚片等。

3. 胶囊剂 胶囊剂是指将药物盛于空胶囊内制成的剂型，如环丙沙星胶囊、头孢氨苄胶囊等。

三、半固体剂型

1. 软膏剂 软膏剂是指将药物与适宜的基质混合均匀，制成容易涂抹于皮肤或黏膜上的半固体外用制剂，如咪康唑软膏等。

2. 乳膏剂 乳膏剂是指药物溶解或分散于乳状液型基质中制成的均匀的半固体外用制剂。

3. 凝胶剂 凝胶剂是指药物与能形成凝胶的辅料制成均一、混悬或乳剂的胶状稠厚液体或半固体制剂，主要供外用。

4. 糊剂 糊剂是指将大量粉状药物（25%以上）与脂肪性或水溶性基

质混匀，制成的半固体制剂，如芬苯达唑糊剂、氟苯达唑糊剂等。

5. 舔剂　舔剂是指将药物与适宜的辅料（如淀粉、米粥等）混合调制成粥状或糊状的剂型，适用于投喂少量对口腔无刺激性的苦味健胃药。

四、气体剂型

气雾剂是将药物和抛射剂（液化气体或压缩气体）包装于特制的耐压容器中制成的。气雾剂以雾状、微粉或烟雾状喷出，以液体微粒或固体微粒的形式分散在气体介质中。气雾剂可以通过吸入给药治疗呼吸系统疾病，具有速效定位的特点，亦可用于皮肤黏膜给药及空间消毒。

第四节　给药方法

一、群体给药法

（一）混饮给药

混饮给药是指将药物溶解到饮水中，让畜禽通过饮水摄入药物，适用于传染病、寄生虫病的预防及畜群、禽群发病时的治疗，特别适用于食欲明显降低而仍能饮水的病畜禽。可分为自由混饮法、口渴集中混饮法两种给药方法。

1. 自由混饮法　将药物按一定浓度加入饮水中混匀，供自由饮用，适用于在水溶液中较稳定的药物。此法用药时，药物的吸收是一个相对缓慢的过程，其摄入药量受气候、饮水习惯的影响较大。当用抗菌药物治疗动物细菌性疾病时，该用药方法较适合时间依赖型抗菌药物，以及治疗慢性、死亡率较低的病例。

2. 口渴集中混饮法　适于集约化饲养的鸡群。在用药前鸡群禁水一定时间（寒冷季节 3~4 h，炎热夏季 1~2 h），使鸡处于口渴状态，再喂以加有药物的饮水，根据需要，药液量以鸡只在 1~2 h、3~4 h 或 6~8 h 内饮完为宜，饮完药液后换饮清水。对一些在水中容易破坏或失效的药物如弱毒疫苗，采用口渴集中混饮给药，可减少药物损失，保证药效；对一些抗生素及合成抗菌药（一般将一天治疗量药物加入全天饮水量的 1/5 水中，供口渴鸡只 1 h 左右饮完），可取得高于自由混饮法的血药浓度和组织药物浓度，更适用于较严重的疾病治疗。

3. 注意事项 混饮给药时，应注意：

（1）掌握药物的混饮浓度。混饮浓度一般以百分浓度或每1 L水含药的毫克数表示，亦有以每1 kg体重多少毫克的个体给药量，间接表示群体用药量。此时首先要算出整群动物的总体重，后算出全部用药总量并混入当天要消耗的饮水中混匀。

亦可根据个体内服剂量推算出群体混饮剂量，下面以肉鸡为例说明混饮剂量的确定与计算：

设 d 为个体内服剂量（mg/kg体重），W 为肉鸡1 d（24 h）每1 kg体重的饮水量，t 为1 d（24 h）内服药物的次数，D 为混饮剂量（每1 L饮水中添加药物的克数或毫克数），则 $D = d \times t / W$。

由于肉鸡的品种不同、生长期不同，其 W 也不同。W 受环境温度（季节）、水温、水质及日龄组成等的影响。

如1 kg肉鸡内服恩诺沙星的剂量为每1 kg体重 5~10 mg，每天2次，即 $d = 5 \sim 10$ mg，$t = 2$，$W = 200$ mL $= 200 \times 10^{-3}$ L，则该药在肉鸡饮水中的添加剂量 $D = （5 \sim 10）\times 2 / 200 \times 10^{-3} = 50 \sim 100$ mg/L水。

还须注意，一种药物的混饮浓度与混饲浓度多数不同，不能互相套用。对鸡来说，其饮水量一般多于消耗的饲料量，故药物混饮浓度一般低于拌料浓度，如鸡混饮环丙沙星的浓度为每1 L饮水 50 mg，而拌料浓度则为每1 kg饲料 100 mg。

（2）药物的溶解度。混饮给药应选择易溶于水且不易被破坏的药物，某些不溶于水或在水中溶解度很小的药物，则需采取加热或加助溶剂的办法以提高溶解度。一般来说，加热时药物的溶解度增加，但有些药物加热时虽然溶解度增加，而当溶液温度降低时又会析出沉淀，故加热后应尽可能在短期内用完。加热仅适用于对热稳定、安全性好的药物。某些毒性大、溶解度低的药物，不宜混饮给药，也不宜加热助溶后混饮给药。如喹乙醇对鸡毒性较大，难溶于水，加热时溶解度增加，但当稀释后混饮时，因温度下降会很快析出沉淀，此时可使一部分鸡摄入过量药物引起中毒，而另一部分鸡摄入药量不足而难以取得治疗效果。

（3）酸碱配伍禁忌。某些本身不溶或难溶于水的药物，其市售品多为可溶性的酸性或碱性盐，混饮给药尤其是同时混饮两种或两种以上药物时，应注意同时用药的酸碱配伍禁忌，如盐酸环丙沙星在水溶液中呈酸性，而当与碱性药物如碳酸氢钠、碳酸钠、氨茶碱同时混饮时，可因溶解度改变而析出沉淀。要避免酸碱配伍禁忌，最好的办法是分开先后饮用，如上午饮用一种药物，下午再饮用另外一种药物。

（4）掌握混饮药液量。自由混饮用药时应根据饮水量，严格按规定的用药浓度配制药液，以避免浓度过低无效，或浓度过高引起中毒。供畜禽饮用的药液量，以当天基本饮完为宜。夏季饮水量增多，配药浓度可适当降低，但药液量应充足，以免引起缺水；冬季饮水量一般减少，配给药量则不宜过多。

（5）口渴集中混饮给药时要考虑适口性和疾病的种类。一般说来，适口性好的药物或治疗急性病例可集中饮水时间短一些（如鸡1~2 h），适口性差的药物或治疗慢性病例、肠道疾病可集中饮水时间长一些（如鸡6~8 h）。

（二）混饲给药

混饲给药是指将药物均匀混入饲料中，让动物采食时同时摄入药物，是现代集约化养猪业、养禽业常用的给药方法之一。该法简便易行，既适合于细菌性传染病、寄生虫病等预防用药，也适用于尚有食欲的猪群、禽群的治疗用药。但对重病动物，食欲明显降低甚至废绝时不宜使用。

混饲用药时，应注意：

（1）掌握药物的混饲拌料浓度。混饲浓度常用百分浓度、每1 kg多少毫克或每吨多少克表示，亦有以每1 kg体重多少毫克的个体给药量，间接表示群体混饲用药量。此时首先要算出整群动物的总体重，后算出全部用药总量并拌入当天要采食的饲料中混合拌匀，拌药的饲料量以当天食完为宜，不宜过多或过少。

亦可根据个体内服剂量推算出群体混饲剂量，下面以猪为例说明混饲剂量的确定与计算：

设 d 为个体内服剂量（mg/kg体重），W 为猪1 d（24 h）每1 kg体重的摄食量，t 为1 d（24 h）内服药物的次数，D 为混饲剂量（单位饲料量中添加药物的克数或毫克数），则 $D=d\times t/W$。

由于猪的品种不同、生长期不同或用途不同，其 W 也不同。仔猪每天（24 h）的摄食量占其体重的6%~8%（平均7%），即每1 kg体重1 d进食量为70 g；育肥猪每天的摄食量占其体重的5%，即每1 kg体重1 d进食量为50 g；种猪（包括种公猪、种母猪）体重较大，每天进食量占其体重的

2%~4%（平均 3%），即每 1 kg 体重 1 d 进食量为 30 g。

如仔猪内服乙酰甲喹的剂量为每 1 kg 体重 5~10 mg，每天 2 次，即 $d=$ 5~10 mg，$t=2$，$W=70\ g=70\times10^{-3}\ kg$，则该药在仔猪饲料中的添加剂量 $D=$ （5~10）×2/70×10⁻³ = 143~286 mg/kg 料。

又如育肥猪内服土霉素的剂量为每 1 kg 体重 10~25 mg，每天 2~3 次，即已知 $d=20\sim25$ mg，$t=2$，$W=50\ g=50\times10^{-3}\ kg$，则土霉素在育肥猪饲料中的添加量 $D=$ （10~25）×2/50×10⁻³ = 400~1 000 mg/kg 料。一种药物的混饲浓度与混饮浓度多数不同，对鸡来说，其消耗的饲料量通常低于饮水量，故药物拌料浓度一般要高于混饮浓度。

（2）药物与饲料必须混匀，这是保证整群动物摄入药量基本均等、达到安全有效用药目的的关键。尤其是对一些用量小、安全范围窄的药物，如马杜霉素、喹乙醇等，一定要与饲料混合均匀，否则就会引起一部分动物因摄入药量过多而中毒，而另一部分动物因吃不到足量的药物，达不到应有的防治效果。饲料混药一般采用逐级混合法，即把全部用量的药物加入少量的饲料中混匀，然后再拌入所需的全部饲料中混匀。大批量饲料混药时，宜多次逐级递增混合。

（三）气雾给药

气雾给药是指使用相应器械，使药物气雾化，分散成一定直径的微粒，弥散到空间中，让动物通过呼吸道吸入体内，或作用于动物体表（皮肤、黏膜）的一种给药方法，体外气雾给药也适用于畜舍、禽舍周围环境及用具的消毒。这里仅介绍呼吸道吸入给药。该法特别适用于治疗犊牛和仔猪的支气管肺炎、猪喘气病、猪肺疫、猪传染性胸膜肺炎、鸡慢性呼吸道病及传染性鼻炎，也适用于防治鸡白痢、禽大肠杆菌病、巴氏杆菌病、传染性喉气管炎及其并发症。尤其适合于大型养殖场使用，但需要一定的气雾设备，同时用药期间畜舍、禽舍应密闭。

气雾用药时，要注意下列问题：

（1）应选择适宜的药物。要求选择对动物呼吸道无刺激性，且能溶解于呼吸道分泌物中的药物，否则不宜使用。

（2）掌握气雾用药的剂量。气雾给药的剂量与其他给药途径不同，一般以每立方米空间用多少药来表示。如硫酸新霉素对鸡的气雾用药剂量为每立方米 100 万 u，鸡只吸入 1.5 h。为准确掌握气雾用药量，首先应计算畜舍、禽舍空间的体积，再计算出总用药量。

（3）严格控制雾粒大小，确保用药效果。微粒愈小，愈容易进入肺泡，但与肺泡表面的黏着力小，容易随呼气排出；微粒越大，则大部分落在空间或停留在上呼吸道的黏膜表面，不易进入肺的深部，则吸收较差。临床应根据用药目的，适当调节气雾微粒大小。如果要治疗深部呼吸道或全身感染，气雾微粒直径宜控制在 0.5~5 μm，故应使用雾粒直径较小的雾化器；若要治疗上呼吸道炎症或使药物主要作用于上呼吸道，则应选择雾粒较大的雾化器。如治疗鸡传染性鼻炎时，气雾微粒直径宜控制在 10~30 μm。

二、个体给药法

个体给药法主要有内服、注射、涂皮、子宫灌注、乳房注入、点眼、滴鼻等，以内服、注射给药最为常用。

（一）内服

内服是指将片剂、丸剂、胶囊剂、粉剂或溶液剂经口腔或食管投入胃肠，使药物作用于胃肠或经胃肠作用于全身的给药方法。内服的优点是安全、经济、剂量容易掌握，既适合于肠道寄生虫病或肠道细菌性炎症的治疗，也适合于全身疾病的治疗；缺点是吸收较慢，且不规则，吸收过程受酸碱度和消化道内各种酶的影响。常用的内服法有如下 3 种。

1. 胃管投药法　较适合于投服大量的液体药物，当动物患有咽喉疾病时不宜使用。投服前将动物保定，尤其要固定好头部。禽、兔、猫可用医用导尿管（兔、猫须用开口器）投药，牛、马、猪、犬则可选用不同粗细和长度且软硬适宜的橡胶管或塑料管投药（猪须用开口器）。

不同动物的投药方法如下。

（1）禽：将喙拨开后，将医用导尿管沿口腔正中缓缓插入，判定导管插入食管后用不带针头的注射器连接导管并注入药液。

（2）犬、猫、兔、猪：可将纺锤形开口器从口角一侧插入口腔，再持胃管（橡胶管、塑料管或医用导尿管），自开口器中间的小孔内插入（开口器的圆孔应位于口腔正中），在舌的背面向咽部推进，随着动物的吞咽动作，趁势将胃管插入食管内。插入一定深度后，将胃管的末端放入盛有水的烧杯内，如无规律性气泡产生，则说明胃管插入位置正确，可接上注射器针筒或漏斗将药液灌下。若自胃管的末端向外冒出规律性气泡，则说明胃管误插入气管，应立即拔出重插。

（3）牛、马：可一手握住牛的鼻中隔或马的一侧鼻翼软骨，另一手持胃管沿对侧下鼻道缓慢插入。当胃管前端抵达咽部时可感觉有阻挡，轻轻来回移动胃管，待发生吞咽动作时趁势插入。若动物不吞咽，可由助手捏压咽部诱发吞咽动作。胃管通过咽部后，立即检查胃管是在食管还是在气管。方法是用橡皮吸球向胃管吹气，若吹得动，且在左侧颈沟部看到波动且压扁的橡皮球插入胃管不鼓起来，则位置正确；若吹得动，但在颈部看不到波动，压扁的橡皮球插入胃管后很快鼓起来，则可能误入气管。此外，胃管在食管内，可在颈部看到胃管向下移动，将胃管外端浸入水盆内无规律性气泡出现；胃管若误入气管，可有明显的呼出气流，水盆内出现有规律性气泡。须注意，牛经常有嗳气，用压扁橡皮球判定，其结果尚不明确，还需根据胃管内排出的气体有无酸臭味和与呼吸动作是否一致来判断。若胃管在食管内，排出的气体有酸臭味，与呼吸不一致；反之，则证明误入气管。确定胃管插入食管后，再将胃管稍向下推进至颈部食管的中 1/3 时，将胃管用手固定于鼻孔，接上漏斗倒入药液，倒完后高举漏斗使其超过动物头部，使胃管内药液全部进入食管。

胃管投药时应注意：胃管插入、抽出时应缓慢，不应粗暴；应确保胃管插入食管后再灌药，严防药液误入气管引起异物性肺炎；牛、马鼻咽黏膜损伤出血时，应暂停操作，将动物头部高吊，用冷水浇浸额部，一般即可制止出血。若出血不止，则应采取其他止血措施，如注射止血药等。

2. 器具投药法　主要用于给家畜投服少量有异味的药物，如溶液，或将粉剂、研碎的片剂加适量水调制成的半固体、溶液或混悬液及中药的煎剂等。

（1）牛：先把药液装入橡皮瓶或长颈玻璃瓶，由助手用鼻钳将牛保定，并稍高抬牛头部，术者将瓶子从一侧口角插入口腔，然后把药液徐徐倒入口内，使其咽下。

（2）马、骡：将动物站立保定，由助手固定头部并保持稍仰姿势，术者一手持药盆置于口下（接取从口角流出的药物）；另一手拿盛满药液的灌角，自一侧口角插入口腔并送至舌面后部，反转灌角、高抬柄部将药灌入。直接投服片剂、丸剂时，则将动物保定好后，术者一手持装好药片（丸）的丸剂投药器，另一手从一侧口角处伸入口腔，先将舌拉出口角外握住，将投药器沿硬腭送至舌根部，将舌松开，托住下颌并稍抬其头，待药咽下后松开。

（3）猪：体格小的猪灌服少量药液时用药匙（汤匙）或注射器（不接针头），体格大的猪可用橡皮瓶或长颈瓶灌药。由助手双腿夹住猪的颈部，两手抓住两耳并稍向上提取头部，术者一手用开口器或木棒打开口腔；另一手持药匙或药瓶，将药液缓缓倒入口腔。每次灌药量不宜过多，切勿过急，以防误咽。灌药过程中，当病猪发生强烈咳嗽时，应暂停灌药，使其头部低下，让药液咳出。

（4）犬、猫：先将片剂、丸剂研碎后加少许温水，调制成泥膏状或稀糊状，将犬、猫保定并打开口腔，将药抹于圆钝头的竹板上，直接将药涂于舌根部；或用小汤匙将稀糊状的药物倒入口腔深部或舌根上，让犬、猫自行咽下。对已废食的犬，则可将药研细后加水调成混悬液，术者一手持瓶或金属注射器；另一手自一侧打开口角，自口角缓缓倒进药液，让其自咽。

3. 直接投服法　此法适用于给成年禽内服片剂、丸剂和粉剂等固体药剂及剂量较小的液体药剂。用左手食指伸入舌基部，将舌尽量拉出，右手将药物投入；或左手拇指、食指抓住禽冠，使头部仰起，当喙张开时用右手将药物滴入，让禽自行咽下。

（二）注射给药

1. 皮下注射　皮下注射是指将药液注射于皮下结缔组织内，使药液经毛细血管、淋巴管吸收进入血液循环。此法适用于易溶解、无强刺激性的药品及菌苗。

（1）注射部位：禽通常在颈部、胸部和腿部皮下，猪在耳根或股内侧皮下，牛在颈侧或肩胛后方的胸侧皮下，羊在颈部、背部或股内侧，马、骡在颈部皮下，犬、猫一般在肩部或大腿外侧，猫还可在腹中线两侧皮下注射。

（2）注射方法：局部剪毛消毒后，左手拇指及食指提取皮肤使其成一皱褶，右手持注射器将针头沿皱褶的基部垂直刺入 1.5～2 cm。左手放开皮肤，右手抽动注射器活塞未见回血时即可注入药液，注完后以乙醇棉球或聚维酮碘棉球压迫针孔，拔出注射针头，最后用5%碘伏消毒。

（3）注意事项：正确刺入皮下时，针头可在皮下自由活动；注射前先抽动活塞，若有回血，则说明针头刺入血管，应稍稍拔针不见回血时再注入药液；当注射药量较大时，可分点注射。

2. 肌内注射 肌内注射是指将药液注射于肌肉内。肌肉内血管分布较多，药液吸收较皮下注射快，刺激性小和难吸收的药液（如油剂、混悬剂）及某些疫苗均可肌内注射，但刺激性很强的药物如氯化钙等不能进行肌内注射。

（1）注射部位：凡肌肉丰满或无大血管通过的肌肉部位，均可进行肌内注射。注射部位家禽可在翼根内侧肌肉、胸部肌肉及腿部外侧肌肉，猪、羊多在颈部，大型家畜在臀部、颈部，犬、猫多在臀部、大腿部或脊柱两旁的腰部肌肉。

（2）注射方法：局部剪毛消毒后，左手固定皮肤，右手持注射器垂直皮肤刺入肌肉，回抽活塞确认无回血时，即可注入药液。注射完毕，拔出针头，用乙醇或碘伏局部消毒。

（3）注意事项：针刺深度应适宜，大、中型家畜为 2~4 cm，小型家畜、家禽为 1~2 cm，针头不要全刺入，以免折断或损伤血管。家禽进行胸肌注射时，针头斜刺入肌肉即可，不宜过深，要避免刺入胸腔或刺伤内脏引起死亡。

3. 静脉注射 静脉注射是指将药液直接注入血管，药物随血流快速分布到全身，其特点是奏效迅速，药物排泄较快，作用时间短。该法适用于补液、输血和对局部刺激性大的药液如氯化钙、高渗糖盐水等的注射，也适用于急性严重病例的急救。

（1）注射部位：鸡为翼根静脉或翼下静脉，鸭为肱静脉，猪为耳大静脉或前腔静脉，牛、羊、马为颈静脉，犬、猫为前肢的外侧静脉或后肢外侧的小隐静脉上，犬还可选择颈静脉（颈部上 1/3 与中 1/3 交界处），兔为耳缘静脉。

（2）注射方法：局部剪毛消毒后，左手按压注射点近心端的静脉血管，使静脉怒张，右手持注射针头，沿与静脉纵轴平行迅速刺入血管，见血液流出时，松开左手，连接好注射器或输液管，检查有回血后徐徐注入或滴注药液。注药完毕，左手拿乙醇棉球紧压针孔，拔出针头，最后涂以碘伏消毒。

（3）注意事项：看准静脉后再刺入针头，避免多次扎针而引起血肿；鸡的翼下静脉游离性大，易引起大面积皮下渗血而无法注射，应先将带注射器的针头沿与静脉平行方向从静脉一侧将针头刺入皮下，再斜刺入血管，确保针头进入血管后再注入药液。注药完毕后，应用乙醇棉球充分按压。注射前应排尽注射器或输液管中空气，严防气泡进入血管。混悬液、油类制剂及能引起溶血或凝血的物质，均不宜静脉注射。

4. 腹腔注射　腹腔注射是将药液注入腹膜腔内，适用于腹腔脏器疾患的治疗。腹膜吸收能力强，吸收速度快，当心脏衰弱、血液循环障碍、静脉注射有困难时，可通过本法进行补液。多用于猪、犬、猫等中小型动物，大型家畜有时亦可采用。

（1）注射部位：猪为耻骨前缘前方 3～5 cm 腹白线的侧方；马、骡常选在剑状软骨后方 10～15 cm，避开正中线 2～3 cm 处；犬、猫为脐和骨盆前缘连线中点，避开腹白线一侧。

（2）注射方法：猪可提取或横卧保定，马、骡可站立保定，犬、猫保定后使其仰卧，呈前低后高姿势或直接将两后肢提起。局部消毒后，将注射针头垂直皮肤刺入，依次穿透腹肌及腹膜。当针头刺入腹腔时，顿觉无阻力，有落空感，然后回抽注射器针栓，观察是否刺入脏器或血管。如无血液或尿液，表示未伤及肝、肾、膀胱等脏器，即可进行注射。

（3）注意事项：腹腔注射的药液量较大时，应加热至 37～38 ℃，不然温度过低会刺激肠管引起痉挛性腹痛。为利于吸收，药液一般应为等渗或低渗液。如发现膀胱积尿时，应轻压腹部，促进排尿，待排完后再注射。若针头刺入肠管，应捏住针头胶管取针，防止肠内容物渗入腹腔。

5. 气管内注射　气管内注射是将药液直接注入气管，常用于治疗犬支气管炎、肺炎及肺脏驱虫，也常用于治疗禽的气管疾患或鸡气管交合线虫病。

（1）注射部位：犬为颈部气管的上 1/3 或颈部中央处；禽为喉下，颈部腹侧偏右，气管的软骨环之间。

（2）注射方法：剪毛消毒后，针头沿气管环间隙垂直刺入，刺入气管后阻力消失，回抽有气体，然后缓慢注入药液。

（3）注意事项：药液应加温至 37 ℃左右，以免刺激气管引起咳嗽。药液应为可溶性并易吸收，每次用药量不宜过多。

第五节　合理用药

兽医临床用药，既要做到有效地防治畜禽的各种疾病，又要避免对动物机体造成毒性损害或降低动物的生产性能，故必须全面考虑动物的种属、年龄、性别等对药物作用的影响，选择适宜的药物、适宜的剂型、给药途径、剂量与疗程等，科学合理地加以使用。

一、注意动物的种属、年龄、性别和个体差异

多数药物对各种动物都能产生类似的作用，但由于各种动物的解剖结构、生理机能及生化反应的不同，对同一药物的反应存在一定差异，即种属差异。种属差异多为量的差异，少数表现为质的差异。如反刍兽对二甲苯胺噻唑比较敏感，剂量较小即可出现肌肉松弛镇静作用，而猪对此药则不敏感，剂量较大也达不到理想的肌肉松弛镇静效果；酒石酸锑钾能引起犬、猪呕吐，但对反刍动物则呈现反刍促进作用；又如对乙酰氨基酚对羊、兔等动物是安全有效的解热药，但用于猫即使很小剂量也会引起明显的毒性反应；禽对双氯芬酸钠极为敏感，易引起中毒死亡，故禽不宜使用。此外，家禽对呋喃唑酮、喹乙醇、敌百虫等敏感，牛对汞剂比较敏感，马属动物对盐霉素、莫能菌素比较敏感，必须注意。

家畜的年龄、性别不同，对药物的反应亦有差异。一般来说，幼龄、老龄动物的药酶活性较低，对药物的敏感性较高，故用量宜适当减少；雌性动物比雄性动物对药物的敏感性要高，在发情期、妊娠期和哺乳期用药，除了一些专用药外，使用其他药物必须考虑母畜的生殖特性。如泻药、利尿药、子宫兴奋药及其他刺激性强的药物，使用不慎可引起流产、早产和不孕等，要尽量避免使用。有些药物如四环素类、氨基糖苷类等可通过胎盘或乳腺进入胎儿或新生动物体内而影响其生长发育，甚至致畸，故妊娠期、哺乳期要慎用或禁用。某些药物如青霉素肌内注射后可渗入牛奶、羊奶中，人食用后可引起过敏反应，故泌乳牛、泌乳羊应禁用。在年龄、体重相近的情况下，同种动物中的不同个体，对药物的敏感性也存在差异，称为个体差异。如青霉素等药物可引起某些动物的过敏反应等，临床用药时应予以注意。

二、注意药物的给药方法、剂量与疗程

不同的给药途径可直接影响药物的吸收速度和血药浓度的高低，从而决定着药物作用出现的快慢、维持时间长短和药效的强弱，有时还会引起药物作用性质的改变。如硫酸镁内服致泻，而静脉注射则产生中枢神经抑制作用；又如新霉素内服可治疗细菌性肠炎，因很少被吸收，故无明显的

肾脏毒性，肌内注射给药时对肾脏毒性很大，严重者会引起死亡，故不可注射给药。气雾给药时可用于鸡传染性鼻炎等呼吸系统疾病的治疗。故临床上应根据病情缓急、用药目的及药物本身的性质来确定适宜的给药方法。对危重病例，宜采用注射给药；治疗肠道感染或驱除肠道寄生虫时，宜内服给药；对集约化饲养的畜禽，一般应采用群体用药法，以减轻应激反应；治疗呼吸系统疾病，最好采用呼吸道给药如气雾给药。

药物的剂量是决定药物效应的关键因素，通常是指防治疾病的用量。用药量过小不产生任何效应，在一定范围内，剂量越大作用越强，但用量过大则会引起中毒甚至死亡。临床用药要做到安全有效，就必须严格掌握药物的剂量范围，用药量应准确，并按规定的时间和次数用药。对安全范围小的药物，应按规定的用法用量使用，不可随意加大剂量。如马杜霉素用于预防肉鸡球虫病时，规定的混饲浓度为每 1 kg 饲料添加 4~6 mg，当用量增至 9 mg 时即影响增重，达到 15 mg 时可出现中毒甚至死亡。

为达到治愈疾病的目的，大多数药物都要连续或间歇性地反复用药一段时间，称之为疗程。疗程的长短多取决于动物饲养情况、疾病性质和病情需要。一般而言，对散养的动物常见病，对症治疗药物如解热药、利尿药、镇痛药等，一旦症状缓解或改善，可停止使用或进一步对因治疗；而对集约化饲养的动物感染性疾病如细菌或支原体性传染病，一定要用药至彻底杀灭入侵的病原体，即治疗要彻底，疗程要足够，一般用药需 3~5 d。疗程不足或症状改善即停止用药，一是易导致病原体产生耐药性，二是疾病易复发。某些疾病如雏鸡球虫病的预防，用药疗程更长，其目的在于避免易感期感染球虫，须按有关药物规定的疗程使用。

三、注意药物的配伍禁忌

临床上为了提高疗效，减少药物的不良反应，或治疗不同的并发症，常需同时或短期内先后使用两种或两种以上的药物，称联合用药。由于药物间的相互作用，联用后可使药效增强（协同作用）或不良反应减轻，也可使药效降低、消失（拮抗作用）或出现不应有的不良反应，后者称之为药理性配伍禁忌。联合用药合理，可利用增强作用提高疗效，如磺胺药与增效剂联用，抗菌效能可增强数倍至几十倍；亦可利用拮抗作用来减少副作用或解毒，如用阿托品对抗水合氯醛引起的支气管腺体分泌的副作用，用中枢兴奋药解救中枢抑制药过量中毒等。但联用不当，则会降低疗效或对机体产生毒性损害。如氟喹诺酮类抗菌药与氟苯尼考同时应用，则疗效降低；含钙、镁、铝、铁的药物与四环素合用，因可形成难溶性的络合物，而降低四环素的吸收和作用；又如苯巴比妥可诱导肝药酶的活性，可使同用的维生素 K 减效，并可引起出血。故联合用药时，既要注意药物本身的作用，还要注意药物之间的相互作用。

当药物在体外配伍如混用时，亦会因相互作用而出现物理化学变化，导致药效降低或失效，甚至引起毒性反应，这些称为理化性配伍禁忌。如阿司匹林与碱性药物配成散剂，在潮湿时易引起分解；维生素 C 溶液与苯巴比妥钠配伍时，能使后者析出，同时前者亦部分分解；吸附药与抗菌药配合，抗菌药被吸附而使疗效降低等；还有药物配合时出现产气、变色、燃烧、爆炸等。此外，水溶剂与油溶剂配合时会分层；含结晶水的药物相互配伍时，由于条件的改变使其中的结晶水析出，使固体药物变成半固体或泥糊状态；两种固体混合时，可由于熔点的降低而变成溶液（液化）等。理化性配伍禁忌，主要是酸性、碱性药物间的配伍问题。

无论是药理性还是理化性配伍禁忌，都会影响到药物的疗效与安全性，必须引起足够的重视。通常一种药物可有效治疗的，就不应使用多种药物，少数几种药物可解决问题的，不必使用许多药物进行治疗，即做到少而精、安全有效，避免盲目配伍。

四、注意药物在动物性食品中的残留

在集约化养殖业中，药物除了防治动物疾病的传统用途外，有些还作为饲料添加剂以促进生长，提高饲料报酬，改善畜产品质量，提高养殖的经济效益。但在产生有益作用的同时，药物往往又残留在动物性食品（肉、蛋、奶及其产品）中，间接危害人类的健康。所谓药物残留，是指给动物应用兽药或饲料添加剂后，药物的原形及其代谢物蓄积或贮存在动物的组织、细胞、器官或可食性产品中。残留量以每 1 kg（或每 1 L）食品中的药物及其衍生物残留的重量表示，如 mg/kg 或 mg/L、μg/kg 或 μg/L。兽药残留对人类健康主要有三个方面的危害：一是对消费者的毒性作用。主要有致畸、致突变或致癌作用（如硝基呋喃类、砷制剂已被证明有致癌作用，许多国家已禁用于食品动物）、急性和慢性毒性（如人食用含有盐酸克伦特罗的猪内脏可发生急性中毒等）、激素样作用（如人吃了含有雌激素或同化激素的食品则会干扰人的激素功能）、过敏反应等。二是对人类肠道微生物的不良影响，使部分敏感菌受到抑制或被杀死，致使平衡破坏。有些条件性致病菌（如大肠杆菌）可能大量繁殖，或导致体外病原菌侵入，损害人类健康。三是使人类病原菌耐药性增加。抗菌药物在动物性食品中的残留可能使人类的病原菌长期接触这些低浓度的药物，从而产生耐药性；再者，食品动物使用低剂量抗菌药物作促生长剂时容易产生耐药性。临床致病菌耐药性不断地增加，使抗菌药的药效降低，使用寿命缩短，故养殖生产中应避免使用抗菌药物用于促生长。

为保证人类的健康，许多国家对用于食品动物的抗生素、合成抗菌药、抗寄生虫药、激素等规定了最高残留限量（MRL）和休药期。最高残留限量原称允许残留量，是指允许在动物性食品表面或内部残留药物的最高量。具体地说，是指在屠宰及收获、加工、贮存和销售等特定时期，直到被人消费时，动物性食品中药物残留的最高允许量。如违反规定，肉、蛋、奶中的药物残留量超过规定浓度，则将受到严厉处罚，故给食品动物用药时，必须注意有关药物的休药期规定。所谓休药期，系指允许屠宰畜禽及其产品（乳、蛋）允许上市前的停药时间，如二甲氧苄啶对肉鸡的休药期为10 d，即肉鸡宰前10 d 即要停用该药。规定休药期，是为了减少或避免畜禽食品中药物的超量残留，由于动物种属、药物种类、剂型、用药剂量和给药途径不同，休药期长短亦有很大差别，故在食品动物或其产品上市前的一段时间内，应遵守休药期规定停药一定时间（详见附录二），以免造成出口产品的经济损失或影响人们的健康。对有些药物，还提出有应用限制，如有些药物禁用于犊牛，有些禁用于产蛋鸡群或泌乳牛等，使用药物时都需十分注意。

为了保证动物性产品的安全，近年来各国都对食品动物禁用药物品种做了明确的规定，我国兽药管理部门也规定了禁用药品。兽医师和食品动物饲养人员均应严格执行这些规定，严禁非法使用违禁药物。为避免兽药残留，还要严格执行兽药使用的登记制度，兽药及养殖人员必须对使用兽药的品种、剂型、剂量、给药途径、疗程或添加时间等进行登记，以备检查；还应避免标签外用药，以保证动物性食品的安全。

第六节 兽药管理

兽药作为防治动物疾病的特殊商品，既要保障动物疾病得到有效的治疗，又要保障动物和人的安全。广义的兽药安全不仅包括兽药对靶动物的安全，也包括对生产、使用兽药的人的安全，对动物源食品的消费者的安全（即兽药残留的控制问题），以及对环境的安全。

兽药与人用药品本质上是一样的，其生产和质量要求也应该是一样的，必须保证安全、有效、质量可控。兽药与人用药品的最大区别是食品安全和环境污染方面。随着集约化养殖业的发展，兽药用于动物主要是群体用药，若不注意应用限制或按休药期停药，可造成兽药在动物性食品中的残留，给食品安全、消费者健康及公共卫生带来威胁，也即相当于健康人及患病动物均在摄入药物；而人用药品一般仅限于患者人体用药。大量使用兽药还会带来环境问题。兽药从动物排泄物进入环境，给局部（动物养殖场周围）甚至大面积（通过施肥、水产用药等）带来污染，故必须对兽药的研制、生产、经营、进出口、使用等环节依法进行监督、管理。

一、我国兽药管理

我国实施法制化管理兽药是从 1987 年开始的。1987 年由国务院颁布的《兽药管理条例》，标志着兽药的管理步入法制化轨道。2004 年，国务院颁布了新的《兽药管理条例》（以下简称《条例》），标志着我国的兽药管理进入了法制管理的新阶段。

新《条例》规定，国务院兽医行政管理部门负责全国的兽药监督管理工作，县级以上人民政府兽医行政管理部门负责本行政区域内的兽药监督管理工作。新《条例》对新兽药研制、兽药生产、兽药经营、兽药进出口、兽药使用、兽药监督管理、法律责任等，都做出了明确的规定。根据新《条例》的规定，为完全保障条例的实施，与之配套的法规还有《兽药注册管理办法》《处方药与非处方药管理办法》《生物制品管理办法》《兽药标签和说明书管理办法》《兽药广告管理办法》《兽药生产质量管理规范（GMP）》《兽药经营质量管理规范（GSP）》《兽药非临床研究质量管理规范（GLP）》和《兽药临床试验质量管理规范（GCP）》等。

为进一步强化兽药产品质量安全监管，近年来农业农村部利用国家兽药产品追溯系统，实施兽药产品电子追溯码（二维码）标识制度。

二、《中华人民共和国兽药典》

2004 年的新《条例》规定，兽药只有国家标准，不再存在地方标准。

根据新《条例》规定，由国家兽药典委员会拟定的、国务院兽医行政管理部门颁布的《中华人民共和国兽药典》（以下简称《中国兽药典》）和由国家兽药典委员会制定、修订，由国务院兽医行政管理部门审批发布，尚未收入《中国兽药典》的其他兽药标准都为兽药的国家标准。《中国兽药典》是兽药的强制性国家标准，是国家为保证兽药产品质量而制定的具有强制约束力的技术法规，是兽药生产、经营、进出口、使用、检验和监督管理部门共同遵守的法定依据。

到目前为止，我国已颁布了《中国兽药典》六版，即 1990 年版、2000 年版、2005 年版、2010 年版、2015 年版和 2020 年版，六版《中国兽药典》的颁布并实施，对规范我国兽药的生产、检验及临床应用起到了显著效果，为我国兽药生产的标准化、管理规范化，提高兽药产品质量、保证动物用药的安全有效、保障畜牧养殖业健康发展都起到了积极的作用。

三、兽用处方药与非处方药分类管理制度

为保障用药安全和人的食品安全，新《条例》规定，"国家实行兽用处方药和非处方药分类管理制度"。所谓兽用处方药，是指凭兽医处方方可购买和使用的兽药；兽用非处方药，是指由国务院兽医行政管理部门公布的、不需要凭兽医处方就可以自行购买并按照说明书使用的兽药。非处方药在国外又称为"可在柜台上买到的药物"（over the counter，OTC）。

实施处方药管理制度，从法律上确定了兽医处方在使用兽用处方药中的法律地位。处方药管理的最基本原则就是凭兽医开具的处方方可购买和使用。因此，对于实行处方药管理的兽药，未经兽医开具处方，任何人都不得销售、购买和使用。

实施处方药和非处方药分类管理制度，是防止细菌对抗生素产生耐药性，保障动物性产品安全的一项基本用药制度。通过兽医开具处方后使用兽药，可以防止滥用人用药品、细菌产生耐药性、动物产品中发生兽药残留等问题，达到保障动物用药规范、安全有效的目的。

为规范乡村兽医用药活动，根据《兽用处方药和非处方药管理办法》有关规定，农业部组织制定了《乡村兽医基本用药目录》，自 2014 年 3 月 1 日起施行。兽用处方药第一批包括抗微生物药、抗寄生虫药、中枢神经系统药物、外周神经系统药物、抗炎药、生殖系统药物、抗过敏药、局部用药物、解毒药等九类；第二批包括部分抗微生物药（抗生素与合成抗菌

药)、部分中枢神经系统药物、杀虫药；第三批包括部分抗微生物药、泌尿生殖系统药、抗炎药和局部用药物。乡村兽医基本用药包括：兽用非处方药所有品种及兽用处方药品种目录（第一批）中的有关品种。

四、兽药安全使用

兽药安全使用是指兽药使用既要保障动物疾病的有效治疗，又要保障动物和人的安全。建立用药记录是防止临床滥用兽药，保障遵守兽药的休药期，以避免或减少兽药残留，保障动物产品质量的重要手段。新《条例》明确要求兽药使用单位要遵守国务院兽医行政管理部门制定的兽药安全使用规定，并建立用药记录。

兽药安全使用规定是指原农业部发布的关于安全使用兽药以确保动物安全和人的食品安全等方面的有关规定，如饲料药物添加剂使用规范、食品动物禁用的兽药及其他化合物清单，动物性食品中兽药最高残留限量、兽用休药期规定，以及兽用处方药和非处方药分类管理办法等文件。用药记录是指由兽药使用者所记录的关于动物疾病的诊断、使用的兽药名称、用法用量、疗程、用药开始日期、预计休药日期、产品批号、兽药生产企业名称、处方人、用药人等的书面材料和档案。

为确保动物性产品的安全，饲养者除了应遵守休药期规定外，还应确保动物及其产品在用药期、休药期内不用于食品消费。如泌乳期奶牛在发生乳腺炎而使用抗菌药等进行治疗期间，其所产牛奶应当废弃，不得用作食品。

新《条例》规定，禁止在饲料和动物饮水中添加激素类药品和国务院兽医行政管理部门规定的其他禁用药品。经批准可以在饲料中添加的兽药，应当由兽药生产企业制成药物饲料添加剂后，再由饲料厂经过稀释后方可用于动物的饲料添加，养殖者不得自行稀释添加，以免稀释搅拌不匀造成中毒。

新《条例》还规定，禁止将原料药直接添加到饲料及动物饮水中或者直接饲喂动物。因为，将原料药直接添加到动物饲料或饮水中，一是剂量难以掌握或是稀释不均匀有可能引起动物中毒死亡，二是国家规定的休药期一般都是针对制剂规定的，原料药没有休药期数据会造成严重的兽药残留问题。

第七节 兽药的贮存

要确保畜禽用药的安全，必须注意兽药的质量。兽药的稳定性即性质是否容易变化，是反映兽药质量的重要方面，性质不易发生变化的兽药稳定性强，反之则稳定性差。药品的稳定性主要取决于药品的成分、化学结构以及剂型等内在因素，外界因素如空气、温度、湿度、光线等是引起药品性质发生变化的条件。药品在贮存过程中有可能发生某些性质变化，应认真做好兽药的贮存保管工作。

各种兽药在购入时，除应注意有无二维码标识、有无完整正确的标签（包括品名、规格、生产厂名、地址、注册商标、批准文号、批号、有效期等）及说明书（应有有效成分及含量、作用与用途、用法与用量、毒副反应、禁忌、注意事项等）外，不立即使用的还应特别注意包装上的贮存方法和有效期。兽药的贮存方法主要有以下几种：

一、密封保存

1. 原料药　凡易吸潮发霉变质的原料药如葡萄糖、碳酸氢钠、氯化铵等，应密封于干燥处存放；许多抗生素类及胃蛋白酶、胰酶、淀粉酶等，不仅易吸潮，且受热后易分解失效，应密封于干燥凉暗处存放；有些含有结晶水的原料药，如硫酸钠、硫酸镁、硫酸铜、硫酸亚铁等，在干燥的空气中易失去部分或全部结晶水，应密封于阴凉处存放，但不宜存放在过于干燥或通风的地方。

2. 散剂　散剂的吸湿性比原料药大，一般均应在干燥处密封保存。但含有挥发性成分的散剂，受热后易挥发，应在干燥阴凉处密封保存。

3. 片剂　除另有规定外，片剂都应密闭在干燥处保存，防止发霉变质。中药、生化药物或蛋白质类药物的片剂易吸潮松散，发霉虫蛀，更应密封于干燥阴凉处保存。

二、避光存放

某些原料药（如恩诺沙星、盐酸普鲁卡因）、散剂（如含有维生素 D、维生素 E 的添加剂）、片剂（如维生素 C、阿司匹林片）、双黄连口服液、注射剂（如氯丙嗪、肾上腺素注射液）等，遇光、遇热可发生化学变化而生成有色物质，出现变色变质，导致药效降低或毒性增加，应放于避光容器内，密封于干燥处保存。片剂可保存于棕色瓶内，注射剂可放于遮光的纸盒内。

三、置于低温处

受热易分解失效的原料药，如抗生素、生化制剂（如 ATP、辅酶 A、胰岛素、垂体后叶素等注射剂），最好放置于 2~10 ℃低温下。易爆易挥发的药品如乙醚、挥发油、氯仿、过氧化氢等，以及含有挥发性药品的散剂（受热后易挥发），均应密闭于阴凉干燥处存放。

各种生物制品如疫苗、菌苗等，应按规定的温度贮存。许多生物制品的适宜保存温度为 -15 ℃，如冻干菌苗；高免血清、高免卵黄液等的适宜保存温度为 0~4 ℃，若需长期保存，亦应保存于 -15 ℃。

四、防止过期失效

有些药品如抗生素、生物制品、动物脏器制剂等稳定性差，贮存一定时间后，药效可能降低或毒性增加，为确保兽医临床用药的安全有效，对这些药品都规定了有效期。有效期是指药品在一定的贮存条件下能保持质量的期限，一般是从药品的生产日期（以生产批号为准）起计算。如某药的有效期是两年，生产批号为 170624，是指该药可以用到 2019 年 6 月 23 日；有些兽药的标签则写明有效期的终止时期（即失效期），如某药的有效期为 2022 年 8 月，是指该药可以用到 2022 年 8 月。凡超过有效期的药品不应使用。对有有效期的药品，应按规定的贮存条件贮存，并定期检查以防过期失效。

第二章 消毒防腐药

第一节 消毒防腐药的概念

微生物是广泛分布于自然界中的一群肉眼看不到的微小生物，包括真菌、细菌、支原体、放线菌、螺旋体、立克次氏体、衣原体和病毒等。有些微生物对动物是有益的，是动物正常生长发育所必需的；另一些对动物则是有害的，可以引起各种各样的疾病，常被称为病原微生物或致病微生物。如病原微生物侵入动物机体，不仅会引起各种传染病的发生和流行，亦会引起皮肤、黏膜（如眼、鼻黏膜等）等部位的局部感染。所以，病原微生物的存在是畜禽生产的大敌。要消灭和根除病原微生物，必不可少的办法就是消毒。消毒是兽医卫生防疫工作中的一项重要工作，是预防和扑灭传染病最重要的措施。

1. 灭菌　灭菌是指杀死一切病原微生物、非病原微生物及其芽孢和孢子，经灭菌后，在物体表面、内部均无任何活的微生物存在。如注射器等小件器械可通过煮沸、药液浸泡等方法进行灭菌。

2. 消毒　消毒是指使用物理、化学或生物的方法杀灭物体中及环境中的病原微生物，而对非病原微生物及其芽孢、孢子并不严格要求全部杀死。通常用化学药品——消毒剂（药）进行化学消毒。

3. 防腐　防腐是指使用化学药品或其他方法抑制病原微生物的繁殖和发育。用于防腐的化学药品称为防腐剂（药）。防腐和消毒在概念上区别很大，但在实际临床应用方面却无明显界限，因同一种化学药品往往在低浓度时呈防腐作用，而在高浓度时却呈消毒作用。

消毒防腐药与抗生素、磺胺类等治疗药物不同，其选择性低，不但对病原微生物有抑杀作用，而且对畜禽机体也有一定的损害，所以一般只供外用。同时在应用消毒防腐药时，应严格注意使用浓度、作用时间、作用对象，以免影响动物的正常生长发育或损坏器具。

严格消毒是消灭病原微生物、杜绝传染病发生的根本措施。随着畜牧业的迅速发展，个体小群饲养逐渐减少，而集约化养殖不断增加，同时，由于畜禽生产周期缩短，商品化扩大，地区间与国家间交往频繁，各种传染病的传播途径也日趋复杂，这就对畜牧业的卫生防疫工作提出了更高、更严格的要求，而使用环境消毒药则是卫生防疫工作的重要一环。通过环境消毒，可消灭畜禽生长环境中（饲养设备、禽舍、孵化房、运输车辆及周围环境）的病原微生物，切断各种传播病原微生物的途径，预防各种传染病，对保证畜禽的成活率和正常生长、繁殖具有重要的作用。

第二节　常用的消毒防腐药

一、酚类

酚类是以羟基取代苯环上的氢原子而形成的化合物，根据苯环上含羟基的多少可以分为一元酚、二元酚、三元酚等。酚类药理作用的强弱与化学结构有密切的关系，一般随着羟基的增加，其作用逐渐变弱，所以多用一元酚。如在酚分子苯环上引入烃基（如甲基）或卤族原子（如氯原子）时，其消毒作用明显增强。酚类亦可和其他类型的消毒药混合制成复合型消毒剂，从而明显提高消毒效果。但猫对酚类敏感，故酚类禁用于猫的消毒。

苯酚（石炭酸）Phenol

【理化性质】本品为无色或淡红色针状结晶，有特殊臭味，有潮解性可溶于水，水溶液呈弱酸性。易溶于醇、甘油及油等。遇光或露置空气中颜色变深。

【作用与用途】苯酚可使蛋白质变性，故有杀菌作用。由于其对组织有腐蚀性和刺激性，故已被更有效且毒性低的酚类衍生物所代替，但仍可用石炭酸系数来表示杀菌强度。如酚的石炭酸系数为1，当甲酚对伤寒杆菌的石炭酸系数为2时，则表示甲酚的杀菌能力是酚的2倍。本品在0.1%~1%的浓度范围内可抑制一般细菌的生长，1%浓度时可杀死细菌，但要杀灭葡萄球菌、链球菌则需3%浓度，杀死霉菌需1.3%以上浓度。芽孢和病毒对本品的耐受性很强，所以一般无效。

【用法与用量】常用2%~5%浓度进行房屋、禽畜舍、场地等环境的消毒，3%~5%浓度进行用具、器械消毒。应用方法为喷洒或浸泡，用具、器械浸泡消毒应为30~40 min，但食槽、饮水器浸泡消毒后应用清水冲洗后，方能使用。

【注意事项】

（1）1%的苯酚即可麻痹皮肤、黏膜的神经末梢，高浓度时会产生腐蚀作用，并且易透过皮肤、黏膜而引起中毒，其中毒症状是中枢神经系统先兴奋后抑制，最后可引起呼吸中枢麻痹而死亡，所以用时应注意。

（2）因有特殊臭味，肉、蛋的运输车辆及贮藏仓库不宜使用。

（3）不可与碘制剂合用；且碱性环境、脂类、皂类能减弱其杀菌作用。

甲酚皂溶液（甲酚、来苏儿）Soaponated Cresol Solution

【理化性质】本品为黄棕色至红棕色的黏稠澄清液体，有甲酚的臭味，能溶于水和醇中，含甲酚50%。

【作用与用途】杀菌力强于苯酚2倍，对大多数病原菌有强大的杀灭作用，也能杀死某些病毒及寄生虫，但对细菌的芽孢无效。对机体毒性比苯酚小。可用于畜禽舍、场地、用具和排泄物及饲养人员手臂的消毒。

【用法与用量】50%甲酚肥皂乳化液即煤酚皂溶液，又称来苏儿。用于畜禽舍、用具的消毒浓度为3%~5%，用于排泄物消毒的浓度为5%~10%，用于手臂皮肤消毒的浓度为1%~2%，用于冲洗创伤或黏膜可用0.1%~0.2%的水溶液。

【注意事项】

（1）甲酚有特异臭味，不宜用于肉、蛋、奶或肉、蛋库的消毒。

（2）有颜色，不宜用于棉毛织品的消毒。

（3）对皮肤有刺激性，注意保护。

复合酚 Composite Phenol

【理化性质】本品为酚、酸类及十二烷基苯磺酸等组成的复合型消毒剂，含酚41%~49%，醋酸22%~26%，呈深红褐色黏稠液体，有特异臭味。

【作用与用途】本品可杀灭细菌、霉菌和病毒，对多种寄生虫卵也有杀灭作用。还能抑制蚊、蝇等昆虫和鼠害的滋生。主要用于畜禽舍、笼具、饲养场地、运输工具及排泄物的消毒。

【用法与用量】喷洒消毒时用0.35%~1%的水溶液，浸洗消毒时用

1.6%~2%的水溶液。稀释用水的温度应不低于 8 ℃。在环境较脏、污染较严重时，可适当增加药物浓度和用药次数。

【注意事项】

（1）切忌与其他消毒药或碱性药物混合应用，以免降低消毒效果。

（2）严禁使用喷洒过农药的喷雾器械喷洒本品，以免引起畜禽意外中毒。

（3）对皮肤、黏膜有刺激性和腐蚀性。

复方煤焦油酸溶液 Compound Tar Acid Solution

【理化性质】本品为淡黑色或深褐色黏性液体。其中含高沸点煤焦油酸39%~43%，醋酸 18.5%~20.5%，十二烷基苯磺酸 23.5%~25.5%，具有煤焦油和醋酸的特异酸臭味。

【作用与用途】同复合酚。

【用法与用量】本品多以喷雾法和浸洗法应用。1%~1.5%的水溶液用于喷洒畜禽舍的墙壁、地面，1.5%~2%的水溶液用于器具的浸泡及车辆的浸洗或用于种蛋的消毒。

【注意事项】同复合酚。

氯甲酚溶液 Chlorocresol Solution

【理化性质】本品为无色或淡黄色透明液体，有特殊臭味，水溶液呈乳白色。主要成分是 10%的 4-氯-3-甲基苯酚和表面活性剂。

【作用与用途】氯甲酚能损害菌体细胞膜，使菌体内含物逸出并使蛋白变性，呈现杀菌作用；还可通过抑制细菌脱氢酶和氧化酶等酶的活性，呈现抑菌作用。氯甲酚杀菌作用比非卤化酚类强 20 倍。

【用法与用量】本品主要用于畜禽栏舍、门口消毒池、通道、车轮、带畜车体体表的喷洒消毒。日常喷洒用 200~400 倍液；暴发疾病时紧急喷洒，用 66~100 倍液。

【注意事项】

（1）本品在 pH 值较低时，杀菌效果较好；对皮肤及黏膜有腐蚀性。

（2）现用现配，稀释后不宜久置。

二、酸类

酸类消毒药包括无机酸和有机酸两类。无机酸的杀菌作用取决于解离的氢离子，包括硝酸、盐酸和硼酸等。2%的硝酸溶液具有很强的抑菌和杀菌作用，但浓度大时有很强的腐蚀性，使用时应特别注意。硼酸的杀菌作用较弱，常用1%～2%浓度于黏膜如眼结膜等部位的消毒。有机酸是靠不电离的分子透过细菌的细菌膜而对细菌起杀灭作用，如甲酸、醋酸、乳酸和过氧乙酸等均有抑菌或杀菌作用。

硼酸 Boric Acid

【理化性质】本品为无色微带珍珠状光泽的鳞结晶片状或白色疏松粉末，有滑腻手感，无臭，易溶于水、醇、甘油等，水溶液呈弱酸性。

【作用与用途】本品仅抑制细菌生长，无杀菌作用，对真菌亦有极弱的抑制作用。因刺激性较小，又不损伤组织，临床上常用于冲洗消毒较敏感的组织如眼结膜、口腔黏膜等。

【用法与用量】用2%～4%的溶液冲洗眼、口腔黏膜等；3%～5%溶液冲洗新鲜未化脓的创口。也可用硼酸磺胺粉（1∶1）治疗创伤；硼酸甘油（31∶100）治疗口、鼻黏膜炎症；硼酸软膏（5%）治疗皮肤创伤、溃疡、压疮等。

【制剂】10%硼酸软膏；3%硼酸溶液。

【注意事项】

（1）一般外用毒性不大，但用于大面积损害时，吸收后可发生急性中毒，早期症状为呕吐、腹泻、中枢神经系统先兴奋后抑制，严重时发生循环衰竭或休克。

（2）由于本品排泄慢，反复应用可产生蓄积，导致慢性中毒。

乳酸 Lactic Acid

【理化性质】本品为无色或淡黄色澄清黏稠液体，无臭，味酸，能与水或醇任意混合。有吸湿性，应密闭保存。

【作用与用途】本品对伤寒沙门菌、大肠杆菌等革兰氏阴性菌和葡萄球菌、链球菌等革兰氏阳性菌均具有杀灭和抑制作用，它的蒸气或喷雾用于消毒空气，能杀死流感病毒及某些细菌。乳酸用于空气消毒有廉价、毒性低的优点，但杀菌力不强。

【用法与用量】

（1）以本品的蒸气或喷雾作空气消毒，用量为每 100 m³ 空间用 6~12 mL，加水 24~48 mL，使其稀释为 20%的浓度，消毒 30~60 min。

（2）用乳酸蒸气消毒仓库或孵化器（室），用量为每 100 m³ 空间用 10 mL乳酸，加水 10~12 mL，使其稀释为 33%~50%的浓度，加热蒸发。室舍门窗应封闭，作用 30~60 min。

【注意事项】本品对皮肤黏膜有刺激性和腐蚀性，避免接触眼睛。

醋酸 Acetic Acid

【理化性质】本品为无色透明的液体，味极酸，有刺鼻臭味，能与水、醇或甘油任意混合。

【作用与用途】本品对细菌及其芽孢、真菌和病毒均有较强的杀灭作用。杀菌、抑菌作用与乳酸相同，但消毒效果不如乳酸。刺激性小，消毒时畜禽不需移出室外。用于空气消毒，可预防感冒和流感。另外，还可防治鱼类小瓜虫、车轮虫等寄生虫病或调节池水 pH 值。

【用法与用量】市售醋酸含纯醋酸 36%~37%，常用稀醋酸含纯醋酸 5.7%~6.3%，食用醋含纯醋酸 2%~10%。稀醋酸加热蒸发用于空气消毒，每 100 m³ 用 20~40 mL，如用食用醋加热熏蒸，每 100 m³ 用 300~1 000 mL。

以 1 份本品加 3 份过氧化氢（H_2O_2）混合后，以 0.01%~0.02%的浓度浸浴病鱼 30~60 min，连续 4~7 d，可治疗鲤鱼和鲑鳟鱼类的小瓜虫病。在水温 17~22 ℃时，每立方米水体用本品 167 g 浸浴病鱼 15 min，每隔 3 d 浸浴 1 次，2~3 次为 1 个疗程，可防治观赏鱼类小瓜虫病。用本品 0.1%的浓度浸浴数分钟，可防治鲑鳟鱼类小瓜虫病、车轮虫病和鱼波豆虫病。用 0.025%浸浴 7~10 min，隔 1~2 d 重复 1 次，可防治香鱼斜枝虫病。将患三毛金藻病鱼的池水 pH 值用本品调到 6.5~7.5，即可解除三毛金藻毒素的毒性。当绿毛龟养殖池的池水 pH 值在 7.5 以上时，碱性过强，可滴入少量醋酸将 pH 值调到 7.5，可防治绿毛龟衰败症。

【注意事项】

（1）本品有刺激性，避免接触眼睛。

（2）有腐蚀性，避免与金属器材接触。

水杨酸（柳酸）Salicylic Acid

【理化性质】本品为白色细微针状结晶或结晶性粉末，无臭，味微甜。微溶于水，水溶液显酸性，易溶于乙醇。

【作用与用途】本品杀菌作用较弱，但有良好的杀灭和抑制霉菌作用，还有溶解角质的作用。

【用法与用量】5%~10%乙醇溶液，用于治疗霉菌性皮肤病。5%~20%溶液能溶解角质，促进坏死组织脱落。5%水杨酸乙醇溶液或纯品用于治疗蹄叉腐烂等。

水杨酸能促进表皮生长和角质增生，常制成1%软膏用于肉芽创的治疗。

【注意事项】皮肤破损处禁用。

苯甲酸 Benzoic Acid

【理化性质】本品为白色或黄色细鳞片或针状结晶，无臭或微有香气，易挥发。在冷水中溶解度小，易溶于沸水和乙醇。

【作用与用途】本品有抑制霉菌的作用，可用于治疗霉菌性皮肤病或黏膜病。在酸性环境中，1%即有抑菌作用，但在碱性环境中成盐而效力大减。在 pH 值低于 5 时杀菌效力最大。

【用法与用量】常与水杨酸等配成复方苯甲酸软膏或复方苯甲酸涂剂等，治疗皮肤霉菌病。

十一烯酸 Undecylenic Acid

【理化性质】本品为黄色油状液体，难溶于水，易溶于乙醇，容易和油类相混合。

【作用与用途】本品主要具有抗霉菌作用。

【用法与用量】常用5%~10%乙醇溶液或20%软膏，治疗皮肤霉菌感染。

过醋酸（过氧乙酸）Peracetic Acid

【理化性质】本品为无色透明液体，具有很强的醋酸臭味，易溶于水、乙醇和硫酸。易挥发，有腐蚀性。当过热、遇有机物或杂质时本品容易分解。急剧分解时可发生爆炸；但浓度在40%以下时，于室温贮存不易爆炸。

宜密闭避光低温保存。

【作用与用途】本品具有高效、速效、广谱抑菌和灭菌作用。对细菌的繁殖体、芽孢、真菌和病毒均具有杀灭作用。作为消毒防腐剂，其作用范围广，毒性低，使用方便，对畜禽刺激性小，除金属制品外，可用于大多数器具和物品的消毒，常用于畜禽消毒，也可用于饲养人员手臂消毒。

【用法与用量】

（1）浸泡消毒：0.04%～0.2%溶液用于饲养用具和饲养人员手臂消毒。

（2）空气消毒：可直接用20%成品，每立方米空间1～3 mL。最好将20%成品稀释成4%～5%溶液后，加热熏蒸。

（3）喷雾消毒：5%浓度用于实验室、无菌室或仓库的喷雾消毒，每立方米2～5 mL。

（4）喷洒消毒：用0.5%浓度对室内空气和墙壁、地面、门窗、笼具等表面进行喷洒消毒。

（5）带畜禽消毒：0.3%浓度用于畜禽消毒，每立方米30 mL。

（6）饮水消毒：每1 L饮水加20%过氧乙酸溶液1 mL，让畜禽饮服，30 min用完。

【制剂】浓度为20%过氧乙酸溶液。

【注意事项】

（1）因本品性质不稳定，容易自然分解，因此水溶液应新鲜配制，一般配制后可使用3 d。

（2）因增加湿度可增强本品杀菌效果，因此进行空气消毒时应增加孵化器（室）或畜禽舍内相对湿度。当温度为15 ℃时，以60%～80%的相对湿度为宜；当温度为0～5 ℃，相对湿度应为90%～100%。

（3）进行空气和喷雾消毒时应密闭孵化器（室）、畜禽舍或无菌室的门窗、气孔和通道，空气消毒密封1～2 h，喷雾消毒密封30～60 min。

（4）对金属有腐蚀性，勿用于金属器械的消毒。

枸橼酸苹果酸粉（速可净）Citric Acid and Malic Acid Powder

【理化性质】本品为淡蓝色结晶性粉末，无毒、无刺激性，有清香味。

【作用与用途】用于厩舍、空气和饮水的消毒。

【用法与用量】

（1）普通设备的清洁或消毒：足量的喷雾，使设备完全湿润即可。

（2）水管和输水管消毒：投入稀释的本品放置至少 30 min，然后清洗。

（3）动物围栏表面喷雾消毒：按 10 mL/m² 的比例，用喷雾装置喷于围栏表面。

（4）病毒消毒：按 1∶1 000~1∶3 000 稀释（相当于本品 1 g 加水 1~3 L）。

（5）细菌消毒：按 1∶1 000~1∶2 000 稀释（相当于本品 1 g 加水 1~2 L）。

（6）饮水消毒：按 1∶5 000~1∶10 000 稀释（相当于本品 1 g 加水 5~10 L）。

【注意事项】

（1）严格按照推荐的浓度使用。

（2）避免直接接触眼睛和皮肤，避免吸入和食入，避免儿童和动物接触。操作人员应戴上口罩和手套。

三、碱类

碱类的杀菌作用取决于解离的氢氧根离子浓度，浓度越大，杀灭作用越强。由于氢氧根离子可以水解蛋白质和核酸，使微生物的结构和酶系统受到损害，同时还可以分解菌体中的糖类，因此碱类对微生物有较强的杀灭作用，尤其是对病毒和革兰氏阴性杆菌的杀灭作用更强。预防病毒性传染病较常用。

氢氧化钠（烧碱）Sodium Hydroxide

【理化性质】本品为白色块状、棒状或片状结晶，吸湿性强，容易吸收空气中的二氧化碳气体形成碳酸钠或碳酸氢钠。极易溶于水，易溶于乙醇，应密封保存。

【作用与用途】本品对细菌的繁殖体、芽孢和病毒都有很强的杀灭作用，对寄生虫卵也有杀灭作用，浓度增加和温度升高可明显增强杀菌作用，但低浓度时对组织有刺激性，高浓度有腐蚀性。常用于预防病毒或细菌性传染病的环境消毒或污染畜禽场的消毒。

【用法与用量】2% 热溶液用于被病毒和细菌污染的畜禽舍、饲槽和运输车船等的消毒；3%~5% 溶液用于炭疽杆菌的消毒；5% 溶液用于腐蚀皮肤赘生物、新生角质等。2% 溶液洗刷被美洲幼虫和囊状幼虫污染的蜂箱和巢箱，消毒后用清水冲洗干净。

【注意事项】

（1）高浓度氢氧化钠溶液可灼伤组织，对铝制品、棉毛织物、漆面等具有损坏作用，使用时应特别注意。

（2）粗制烧碱或固体碱含氢氧化钠94%左右，一般为工业用碱，由于价格低廉，故常代替精制氢氧化钠作消毒剂应用，效果良好。

氢氧化钾（苛性钾）Potassium Hydroxide

本品的理化性质作用与用途用法与用量均与氢氧化钠大致相同。因新鲜草木灰中含有氢氧化钾及碳酸钾，故可代替本品使用。通常用30 kg新鲜草木灰加水100 L，煮沸1 h后去渣，再加水至100 L，用来代替氢氧化钾进行消毒，可用于畜禽舍地面、出入口处等部位的消毒，宜在溶液温度70 ℃以上喷洒，隔18 h后再喷洒1次。

氧化钙（生石灰）Calcium Oxide

【理化性质】本品为白色或灰白色块状或粉末，无臭，易吸水，加水后即成为氢氧化钙，俗称熟石灰或消石灰。氧化钙属强碱，吸湿性强，吸收空气中二氧化碳后变成坚硬的碳酸钙失去消毒作用。

【作用与用途】氧化钙加水后，生成氢氧化钙，其消毒作用与解离的氢氧根离子和钙离子浓度有关。氢氧根离子对微生物蛋白质具有破坏作用，钙离子也使细菌蛋白质变性而起到抑制或杀灭病原微生物的作用。

本品对大多数细菌的繁殖体有效，但对细菌的芽孢和抵抗力较强的细菌如结核杆菌无效。因此常用于地面、墙壁、粪池和粪堆以及人行通道或污水沟的消毒。

【用法与用量】

（1）一般加水配成10%~20%石灰乳，涂刷畜禽舍墙壁、畜栏和地面消毒。

氧化钙1 kg加水350 mL，生成消石灰的粉末，可撒布在阴湿地面、粪池周围及污水沟等处消毒。

（2）生石灰是池塘养鱼常用的消毒剂和底质改良剂。

1）干法清塘：先灌水将池塘浸透，并留蓄6~10 cm深的水，按照池底面积每亩（非法定计量单位，1亩约为667 m^2）用60~75 kg生石灰。先将池底挖几个小坑，将生石灰放入坑中溶解，趁热全池均匀泼撒。

一般每亩用生石灰 50~75 kg，可迅速清除野生鱼、大型水生生物、细菌，尤其是致病菌。对虾池底泥中的弧菌杀灭可达 80%~99.8%，24 h 内 pH 值达 11 左右，4 d 后浮游生物大量繁殖，第 8 d 达最高峰。

2）带水清塘：一般水深 1 m，每亩用生石灰 50~250 kg。具体用量视淤泥多少、土质酸碱度而定。多年养鳗的池塘每亩 60~70 kg，水体浸泡 15~20 d，同时每亩用漂白粉 13~20 kg，可防治鱼池老化。鲤鱼池每亩用生石灰 17 kg 和硫酸铵 13 kg，分别溶解后混合，立即全池泼洒，边泼洒边搅拌水体，1 周后经试水无毒性后可放养，此法可提高成活率。虾池每亩用 230~250 kg 全池泼洒，1~2 d 后注入新水，再过 3~5 d 可放虾。新开池塘，为降低池中重金属毒性，应先满水浸泡 10 d 以上，排去水后，每亩用 100 kg 全池泼洒。在兼养鱼类的稻田保护沟中每亩用 150 kg，可防鱼、蛙暴发性细菌病。原池越冬的鳖池在越冬前水温 20 ℃ 左右时大量换水提高水位，并每亩用本品 50 kg 全池泼洒。

（3）生石灰也是一种水质改良剂，在池塘里每月施 1~2 次生石灰，每亩每米深用 15~20 kg。

（4）石灰浆可杀灭病毒性软化病病毒等。用 1% 石灰浆每 100 m² 喷洒 25 kg，消毒蚕具、蚕室等。

（5）生石灰配成 10%~25% 的石灰乳，用于消毒养蜂场地、越冬室。

【注意事项】

（1）生石灰应干燥保存，以免潮解失效。

（2）石灰乳宜现用现配，配好后最好当天用完，否则会吸收空气中二氧化碳变成碳酸钙而失效。

炉甘石 Calamina

【理化性质】本品是含有少量氧化铁的碱式碳酸锌，为棕红色或粉红色的无定形粉末，无臭，味微涩。不溶于水，可溶于盐酸。

【作用与用途】本品有收敛、保护作用，用于治疗皮肤瘙痒、皮炎、湿疹及目赤肿痛等症状。

【用法与用量】

（1）制成洗剂使用，由 15 mg 的炉甘石，辅以 5~10 mg 的氧化锌和 5 mg 的甘油加蒸馏水至 100 mL 配制而成。该洗剂是一种混悬液，使用前充分摇匀，使用时取适量涂于患处，每天 3~4 次，具有良好的消炎、散热、吸湿、止痒、收敛和保护作用。

（2）常和制霉菌素片联用，治疗湿疹、奶癣有特效。具体用法：制霉菌素片 3 片，研成粉末，加入炉甘石洗剂，摇匀后即可使用。

【注意事项】

（1）本品为外用药，不能内服。

（2）避免接触眼睛和其他黏膜（如口、鼻黏膜等）。

碳酸钠（苏打）Sodium Carbonate

【理化性质】本品为白色粉状结晶，无臭，有风化性，水溶液遇酚酞指示液显碱性反应。本品在水中易溶，在乙醇中不溶。

【作用与用途】本品用于器械煮沸消毒和清洁皮肤、去除痂皮等。

【用法与用量】外用清洁皮肤或去除痂皮时，配成 0.5%~2% 溶液；器械煮沸消毒，配成 1% 溶液。

【注意事项】密闭保存。

四、醇类

醇类具有杀菌作用，随相对分子质量增加，杀菌作用增强。如乙醇的杀菌作用比甲醇强 2 倍，丙醇比乙醇强 2.5 倍，但醇相对分子质量再继续增加，水溶性降低，难以使用。实际生活中应用最广泛的是乙醇。

乙醇（酒精）Alcohol（Ethanol）

【理化性质】本品为无色透明的液体，易挥发、易燃烧。能与水、醚、甘油、氯仿、挥发油等任意混合。

【作用与用途】乙醇主要通过使细菌菌体蛋白质凝固并脱水而发挥杀菌或抑菌作用。以 75% 乙醇杀菌能力最强，可杀死一般病原菌的繁殖体，但对细菌芽孢无效。浓度超过 75% 时，由于菌体表层蛋白迅速凝固而妨碍乙醇向内渗透，杀菌作用反而降低。

乙醇对组织有刺激作用，浓度越大，刺激性越强。因此，用本品涂擦皮肤，能扩张局部毛细血管，增强血液循环，促进炎性渗出物的吸收，减轻疼痛。用浓乙醇涂擦或热敷，可治疗急性关节炎、腱鞘炎、肌炎等。

【用法与用量】常用 75% 乙醇用于皮肤、手臂、注射部位、注射针头及小件医疗器械的消毒，不仅能迅速杀灭细菌，还具有清洁局部皮肤、溶解皮脂的作用。

临床上常用95%医用乙醇配制成各种浓度的乙醇，简便配制方法见表2-1。

表2-1 各种浓度乙醇的简便配制方法

乙醇浓度（%，V/V）	蒸馏水（mL）	95%乙醇体积（mL）
95	0.0	100.0
90	5.3	94.7
85	10.5	89.5
80	15.8	84.2
75	21.1	78.9
70	26.3	73.7
65	31.6	68.4
60	36.8	63.2
55	42.1	57.9
50	47.4	52.6
45	52.6	47.4
40	57.9	42.1
35	63.2	36.8
30	68.4	31.6
25	73.7	26.3
20	78.9	21.1
15	84.2	15.8
10	89.5	10.5
5	94.7	5.3
0	100.0	0.0

五、醛类

醛类作用与醇类相似，主要通过使蛋白质变性发挥杀菌作用，但其杀菌作用较醇类强，其中以甲醛的杀菌作用最强。但醛类不宜用于犬、猫的消毒。

甲醛溶液（福尔马林）Formaldehyde Solution（Formalin）

【理化性质】纯甲醛为无色气体，易溶于水，水溶液为无色或几乎无色的透明液体。40%的甲醛溶液即福尔马林，有刺激性臭味，与水或乙醇能任意混合。长期存放在冷处（9 ℃以下），因聚合作用而混浊，常加入 10% ~ 12%甲醇或乙醇防止聚合变性。

【作用与用途】甲醛在气态或溶液状态下，均能凝固细菌菌体蛋白和溶解类脂，还能与蛋白质的氨基酸结合而使蛋白质变性，是一种广泛使用的防腐消毒剂。本品杀菌谱广且作用强，对细菌繁殖体及芽孢、病毒和真菌均有杀灭作用。主要用于畜禽舍、孵化器、种蛋、鱼（蚕、蜂）具、仓库及器械的消毒。本品还具有硬化组织的作用，可用于固定生物标本、保存尸体。

【用法与用量】5%甲醛乙醇溶液，可用于术部消毒。10% ~ 20%甲醛溶液可用于治疗蹄叉腐烂。10% ~ 20%福尔马林，相当于 4% ~ 8%甲醛溶液，可用作喷雾、浸泡消毒，也可用作熏蒸消毒。

1. 消毒 甲醛（熏蒸消毒）可作为室内、用具消毒剂。消毒时每立方米空间用甲醛溶液 20 mL，加等量水，然后加热使甲醛变为气体，室温不低于 15 ℃，相对湿度为 60% ~ 80%，消毒时间为 8 ~ 10 h。

（1）雏鸡体表熏蒸消毒：每立方米空间用福尔马林 7 mL，水 3.5 mL，高锰酸钾 3.5 g，熏蒸 1 h。

（2）种蛋熏蒸消毒：对刚产下的种蛋每立方米空间用福尔马林 42 mL、高锰酸钾 21 g、水 7 mL，熏蒸消毒 20 min。对洗涤室、垫料、运雏箱则需熏蒸消毒 30 min。入孵第一天的种蛋用福尔马林 28 mL、高锰酸钾 14 g、水 5 mL，熏蒸 20 min。

（3）福尔马林对鱼类疾病的防治：用量随水温不同而不同。对淡水鱼类，一般在 10 ℃以下每立方米水体 250 g，10 ~ 15 ℃每立方米水体 200 g，15 ℃以上每立方米水体 166 g，均为每天浸浴 1 ~ 60 min。在池塘或水箱中，每立方米水体用 10~30 g，全池泼洒，隔天 1 次，直到完全控制病情为止。但不同病原和不同鱼类其用量也不尽相同。

1）真菌病：鳗鱼或乌鳢水霉病和鳃霉病 30 g/m³ 全池泼洒，停止流水 0.5~12 h，或在流水中 70~100 g/m³ 全池泼洒。大鳞大马哈鱼的鱼卵水霉病 500~1 000 g/m³ 浸浴 15 min。罗非鱼水霉病 15~20 g/m³ 水体全池泼洒。

2）细菌病：鳗鱼烂尾病 20~30 g/m³ 全池泼洒。

3）病毒病：0.8 g/m³ 全池泼洒，3 天后再 0.2 g/m³ 全池泼洒，可使鲤鱼痘疮病病灶白膜脱落痊愈。

（4）福尔马林对水生甲壳类等的疾病防治：

1）对虾真菌性烂眼病、丝状细菌病：20~30 g/m³ 全池泼洒，12~24 h 后大量换水，隔 1~2 d 重复 1 次。对虾蟹类真菌病、丝状藻病和黑鳃病治疗，5~10 g/m³ 全池泼洒，隔天 1 次，连用 3~5 d，并在饲料中添加土霉素和脱壳素。鳖毛霉病治疗，在鳖种下池前 20 g/m³ 浸浴 20~30 min，用消毒纱布擦干，在病灶上涂磺胺软膏，放入隔离池中暂养，每天用药 1 次，约连续 4 d。治好后放回原池。

2）对虾褐斑病、头胸甲烂死病和红腿病：治疗 20~30 g/m³ 全池泼洒 2 次（隔日 1 次），体质差的对虾可浸浴 1~5 h 或结合用抗生素泼洒或投喂。

（5）鱼池设施、器具消毒：对虾等育苗或越冬设施消毒，每立方米水体用福尔马林 18 mL，加热水 10 mL 及高锰酸钾 10 g（或漂白粉 12~16 g）熏蒸。仓库用浓度 3%~4% 福尔马林熏蒸，渔具用浓度 1% 福尔马林喷雾。福尔马林用于蚕室、贮桑叶室及各种用具的消毒，每 100 m² 喷洒 2% 溶液 13 L。预防蜜蜂病虫害，常用 4% 福尔马林溶液或蒸气消毒蜂箱和巢箱。

2. 内服　甲醛溶液内服可作为防腐止酵剂，治疗肠臌胀。马：每次 5~20 mL；牛：每次 8~25 mL；羊：每次 1~5 mL；猪：每次 1~3 mL。均加水稀释至 20~30 倍液。

3. 其他

10% 福尔马林可用于固定标本和尸体。

【注意事项】用甲醛溶液熏蒸消毒时，应与高锰酸钾混合。两者混合后立即发生反应，沸腾并产生大量气泡，所以，使用的容器容积要比应加甲醛的容积大 10 倍以上。使用时应先加高锰酸钾，再加甲醛溶液，而不要把高锰酸钾加到甲醛溶液中。熏蒸时消毒人员应离开消毒场所，将消毒场所密封。此外，甲醛的消毒作用与甲醛的浓度、温度、作用时间、相对湿度和有机物的存在量有直接关系。在用甲醛进行熏蒸消毒时，应先把欲消毒的室（器）内清洗干净，排净室内其他污浊气体，再关闭门窗或排气孔，并保持 25 ℃左右温度、60%～80% 相对湿度。使用甲醛治疗鱼病，水温不应低于 18 ℃。

聚甲醛（多聚甲醛）Paraformaldehyde

【理化性质】本品为甲醛的聚合物，带甲醛臭味，系白色疏松或结晶性粉末，熔点 120～170 ℃，不溶或难溶于水，但可溶于稀酸和稀碱溶液。

【作用与用途】聚甲醛本身无消毒作用，但在常温下可缓慢放出甲醛分子呈杀菌作用。如加热至 80～100 ℃时即释放大量甲醛分子（气体），呈强大杀菌作用。由于本品使用方便，近年来应用较多。常用于杀灭细菌、真菌和病毒。

【用法与用量】多用于熏蒸消毒，常用量为每立方米 3～5 g，消毒时间为 10 h。如用于大面积鸡舍和孵化室时可增加用量至每立方米 10 g。消毒时室内温度最好在 18 ℃以上，相对湿度最好在 80%～90%，最低不应低于70%。

复合甲醛溶液 Compound Formaldehyde Solution

【理化性质】本品为蓝色澄清液体，有特臭。

【作用与用途】用于厩舍及器具消毒。

【不良反应】浓度过高对皮肤和黏膜有一定的刺激作用，内服有毒性。

【用法与用量】厩舍、物品、运输工具消毒：1:（200～400）倍稀释液；发生疾病时消毒：1:（100～200）倍稀释液。

【制剂】本品为甲醛、乙二醛和苯扎氯铵与适宜辅料配制而成的水溶液。

【注意事项】

（1）由于本品对皮肤和黏膜有一定的刺激作用，操作人员要做好防护措施。

（2）切勿内服。

（3）当温度低于 5 ℃时，可适当提高使用浓度。

（4）禁与肥皂及其他离子表面活性剂、盐类消毒剂、碘化物和过氧化物等合用。

戊二醛 Glutaraldehyde

【理化性质】本品为无色透明油状液体，沸点 187~189 ℃，带有甲醛刺激性气味，易溶于水和乙醇，呈酸性反应。

【作用与用途】戊二醛具有广谱、高效和速效的杀菌作用。对繁殖期革兰氏阳性菌和革兰氏阴性菌作用迅速，对耐酸菌、芽孢、某些霉菌和病毒也有抑制作用。在酸性溶液中较为稳定，在 pH 值为 7.5~8.5 时杀菌作用最强。

【用法与用量】浓戊二醛溶液、稀戊二醛溶液均用于橡胶、塑料物品及手术器械消毒。常用 2% 碱性溶液（加 0.3% 碳酸氢钠），用于浸泡橡胶或塑料等不宜加热消毒的器械或制品，浸泡 10~20 min 即可达到消毒目的。也可加入双长链季铵盐阳离子表面活性剂，添加增效剂配成复方戊二醛溶液，主要用于动物厩舍及器具的消毒。

【制剂】

（1）浓戊二醛溶液：2%、5%。

（2）稀戊二醛溶液：0.78%。

【注意事项】

（1）本品在碱性溶液中杀菌作用强，但稳定性差，2 周后即失效。

（2）避免接触皮肤和黏膜。

戊二醛苯扎溴铵溶液 Glutaral and Benzalkonium Bromide Solution

【理化性质】本品为无色至淡黄色的澄清液体，有特臭。

【作用与用途】本品中戊二醛具有广谱、高效和速效的杀菌作用，对繁殖期革兰氏阳性菌和革兰氏阴性菌作用迅速，对耐酸菌、芽孢、某些霉菌和病毒也有抑制作用。在酸性溶液中较为稳定，在 pH 值为 5~8.5 时杀菌作用最强。苯扎溴铵为阳离子表面活性剂，对细菌有较好的杀灭作用，对细菌芽孢仅有抑制作用，对亲脂性病毒有一定的杀灭作用，二者联合后扩大了抗菌谱，杀菌作用更强，腐蚀性和刺激性降低。

【用法与用量】喷洒：每平方米 9 mL。用于动物厩舍、器具的消毒，1∶100 倍稀释。

【制剂】溶液：每 500 mL 含戊二醛 50 g，苯扎溴铵 50 g。

【注意事项】

（1）易燃。使用时须谨慎，以免被灼烧，避免接触皮肤和黏膜，避免吸入其挥发气体，在通风良好的场所稀释。

（2）使用时要配备防护设备如防护衣、手套、护面和护眼用具等。

（3）禁与阴离子类活性剂及盐类消毒药合用。

（4）不宜用于膀胱镜、眼科器械及合成橡胶制品的消毒。

戊二醛癸甲溴铵溶液 Glutaral and Deciquam Solution

【理化性质】本品为无色至淡黄色澄清液体，有刺激性特臭。

【作用与用途】本品中戊二醛为醛类消毒药，可杀灭细菌的繁殖体和芽孢、真菌、病毒。癸甲溴铵为双长链阳离子表面活性剂，其季铵阳离子能主动吸引带电荷的细菌和病毒并覆盖其表面，阻碍细菌代谢，导致膜的通透性改变，协同戊二醛更易进入细菌、病毒内部，破坏蛋白质和酶活性，达到快速高效的消毒作用。用于养殖场、公共场所、设备器械及种蛋等消毒。

【用法与用量】临用前用水按一定比例稀释。喷洒：常规环境消毒，1：（2 000~4 000）倍稀释；疫病发生时环境消毒，1：（500~1 000）倍稀释；浸泡：器械、设备等消毒，1：（1 500~3 000）倍稀释。

【制剂】溶液：每100 mL含戊二醛5 g，癸甲溴铵5 g。

【注意事项】禁与阴离子表面活性剂混合使用。

复方戊二醛溶液 Compound Glutaral Solution

【理化性质】本品为淡黄色的澄清液体，有刺激性特臭。

【作用与用途】本品为戊二醛、癸甲氯铵（也可以由戊二醛与苯扎氯铵、双季铵盐等产品中的一种复配）。戊二醛：具有广谱、高效和速效的杀菌作用。对细菌繁殖体、芽孢、病毒、结核杆菌和真菌等均有很好的杀灭作用。烃铵盐：本品为阳离子表面活性剂，对细菌如化脓杆菌、肠道菌等有较好的杀灭能力，对革兰氏阳性菌的杀灭能力要比革兰氏阴性菌强。对病毒的作用较弱，对亲脂性病毒如流感、牛痘、疱疹等病毒有一定杀灭作用；对亲水性病毒无效。对结核杆菌与真菌的杀灭效果甚微；对细菌芽孢只能起到抑制作用。主要用于厩舍、养殖器具、养殖水体等消毒。

【用法与用量】动物厩舍：1：100倍稀释，喷洒，每平方米9 mL；涂刷：无孔材料表面每平方米100 mL，有孔材料表面每平方米200 mL。

【制剂】溶液：每 500 mL 含戊二醛 50 g，烃铵盐 50 g（戊二醛 10%、烃铵盐 10%）。

【注意事项】

（1）易燃。使用时须谨慎，以免被烧伤，避免接触皮肤和黏膜，避免吸入其挥发气体，在通风良好的场所稀释。

（2）使用时要配备防护设备如防护衣、手套、护面和护眼用具等。

（3）禁与阴离子表面活性剂及盐类消毒药合用。

（4）不宜用于膀胱镜、眼科器械及合成橡胶制品的消毒。

（5）勿用金属容器盛装。

六、氧化剂

氧化剂是一些含不稳定的结合氧的化合物，遇有机物或酶即释出初生态氧，破坏菌体蛋白质或酶呈杀菌作用，但同时对组织、细胞也有不同程度的损伤和腐蚀作用。本类药物主要对厌氧菌作用强，其次是对革兰氏阳性菌和某些螺旋体也有一定效果。

过氧化氢溶液（双氧水）Hydrogen Peroxide Solution

【理化性质】本品为含3%过氧化氢（H_2O_2）的无色澄明液体，有类似臭氧气味，味微酸，遇有机物可迅速分解产生泡沫，加热或遇光即分解变质，故应棕色瓶密封，在避光阴凉处保存。通常保存的浓双氧水为含27.5%~31%的浓过氧化氢溶液，临用时再稀释成3%的浓度。

【作用与用途】过氧化氢与组织中过氧化氢酶接触后即分解出初生态氧而呈杀菌作用，具有消毒、防腐、除臭的功能，但作用时间短、穿透力弱、易受有机物影响。主要用于清洗创面、窦道或瘘管等。

【用法与用量】清洗化脓创面用 1%~3%溶液，冲洗口腔黏膜用0.3%~1%溶液。3%以上高浓度溶液对组织有刺激性和腐蚀性。

【注意事项】

（1）因可产生刺激性灼伤，应避免与皮肤接触。

（2）不可与碱、碘化物、高锰酸钾等较强的氧化剂配伍使用。

高锰酸钾 Potassium Permanganate

【理化性质】本品为黑紫色柱状结晶，无臭，易溶于水，溶液依其浓度不同而呈粉红色至暗紫色。与还原剂（如甘油）研合可发生爆炸、燃烧，应密封避光保存。

【作用与用途】本品为强氧化剂，遇有机物时即放出初生态氧而呈杀菌作用，因无游离状氧原子放出，故不出现气泡。本品的抗菌除臭作用比过氧化氢溶液强而持久，但其作用极易因有机物的存在而减弱。本品还原后所生成的二氧化锰，能与蛋白质结合成盐，在低浓度时呈收敛作用，高浓度时有刺激和腐蚀作用。低浓度高锰酸钾溶液（0.1%）可杀死多数细菌的繁殖体，高浓度（2%~5%）时在 24 h 内可杀死细菌芽孢。在酸性条件下可明显提高高锰酸钾杀菌作用，如在 1% 的高锰酸钾溶液中加入 1% 盐酸，30 s 即可杀死许多细菌芽孢。

【用法与用量】

（1）0.1% 溶液可用于鸡群饮水消毒，杀灭肠道病原微生物。

（2）本品与福尔马林合用可用于畜禽舍、孵化室等空气熏蒸消毒。2%~5% 溶液用于浸泡病禽污染的食桶、饮水器，或洗刷食槽、饮水器、浸泡器械，以及消毒被污染的器具等。0.1% 溶液外用冲洗黏膜及皮肤创伤、溃疡等，1% 溶液冲洗毒蛇咬伤的伤口。

（3）内服 0.1% 溶液可治疗马急性胃肠炎、腹泻等，还可用于生物碱、氰化物中毒洗胃。内服量：马、牛每头每次 5~10 g，猪、羊每头每次 0.3~0.5 g，配成 0.1%~0.5% 溶液。用 0.01%~0.05% 溶液洗胃，用于某些有机物中毒。

（4）全鱼池泼洒：每 1 L 水 2~3 mg 高锰酸钾溶液，治疗鱼水霉病及原虫、甲壳类等寄生虫病。每 1 L 水 100 mg 浓度药浴 30 min，治疗大马哈鱼卵膜软化症。

（5）常用 0.1%~0.12% 溶液消毒被病毒和细菌污染的蜂箱和巢箱。

【注意事项】

（1）因其强氧化性，严格控制溶液浓度和配伍。

（2）本品粉末遇福尔马林、甘油等易发生剧烈燃烧，与活性炭或碘等还原性物质共同研合时可发生爆炸。

（3）本品溶液宜现配现用，久置易还原失效。

过硫酸氢钾复合物粉 Compound Peroxymonosulphate Powder

【理化性质】本品为浅红色颗粒状粉末，有柠檬气味。

【作用与用途】用于畜禽舍、空气和饮用水等的消毒。

【用法与用量】

（1）浸泡、喷雾：畜舍环境、饮水设备及空气消毒、终末消毒、孵化场消毒、脚踏盆消毒，可按 1：200 倍浓度稀释。

（2）饮用水消毒，可按 1：1 000 倍浓度稀释。对于特定病原体，大肠杆菌、金黄色葡萄球菌、猪水泡病、法氏囊按 1：400 倍稀释，链球菌按 1：800 倍稀释；禽流感按 1：1 600 倍稀释；口蹄疫按 1：1 000 倍稀释。

【注意事项】

（1）现配现用。

（2）不得与碱类物质混存或合并使用。

（3）产品用尽后，包装不得乱丢，应集中处理。

七、卤素类

卤素类中，能作消毒防腐药的主要是氯、碘，以及能释放出氯、碘的化合物。它们能氧化细菌原浆蛋白质活性基团，并和蛋白质的氨基酸结合而使其变性。

碘 Iodine

【理化性质】本品为灰黑色、蓝黑色带金属光泽的片状结晶或颗粒，质重、脆，有挥发性，有特臭，难溶于水，溶于乙醇及甘油，在碘化钾的水溶液或乙醇溶液中易溶解。

【作用与用途】碘通过氧化和卤化作用而呈现强大的杀菌作用，可杀死细菌及其芽孢、霉菌和病毒。碘对黏膜和皮肤有强烈的刺激作用，可使局部组织充血，促进炎性产物的吸收。

【用法与用量】

（1）5%碘酊：碘 50 g、碘化钾 10 g，蒸馏水 10 mL，加 75%乙醇至 1 000 mL组成。主要用于手术部位及注射部位等消毒。

（2）10%浓碘酊：碘 100 g、碘化钾 20 g、蒸馏水 20 mL，加 75%乙醇至 1 000 mL组成。主要作为皮肤刺激药，用于慢性腱炎、关节炎等。

（3）1%碘甘油：将 1 g 碘化钾加少量水溶解后，加 1 g 碘，搅拌溶解后加甘油至 100 mL。可用于鸡痘、鸽痘的局部涂擦。

（4）5%碘甘油：碘 50 g、碘化钾 100 g、甘油 200 mL，加蒸馏水至

1 000 mL组成。刺激性小，作用时间较长，常用于治疗黏膜的各种炎症。

（5）复方碘溶液（鲁格液）：将碘 50 g、碘化钾 100 g，加蒸馏水至 1 000 mL组成。用于治疗黏膜的各种炎症，或向关节腔、瘘管等内注入。

【注意事项】

（1）不应与含汞药物配伍，以免出现中毒。

（2）长时间浸泡金属器械，会产生腐蚀性。

聚维酮碘（吡咯烷酮碘）Povidone-Iodine（Isodine Betadine）

【理化性质】本品是1-乙烯基-2-吡咯烷酮与碘的复合物，为黄棕色无定形粉末或片状固体，微有特臭，含有效碘 9%～12%，可溶于水，水溶液呈酸性。

【作用与用途】遇组织中还原物时，本品缓慢放出游离碘。对病毒、细菌及其芽孢均有杀灭作用，毒性低、作用持久。除用作环境消毒剂外，还可用于手术部位、皮肤和黏膜的消毒。

【用法与用量】皮肤消毒，5%溶液；奶牛乳头浸泡，0.5%～1%溶液；黏膜及创面冲洗，0.1%溶液。

碘伏（碘附）Iodophor

【理化性质】本品是碘、碘化钾、硫酸、磷酸等配成的水溶液。为棕红色液体，含有效碘 2.7%～3.3%。

【作用与用途】本品杀菌作用持久，能杀死病毒、细菌及其芽孢、真菌及原虫等。在使用含有效碘为每 1 L 50 mg 时，10 min 能杀死各种细菌；含有效碘为每 1 L 150 mg 时，90 min 可杀死芽孢和病毒。本品可用于畜禽舍、饲槽、饮水、皮肤和器械等的消毒。

【用法与用量】5%溶液喷洒消毒畜禽舍，每立方米用药 3～9 mL；5%～10%溶液刷洗或浸泡消毒室内用具、孵化用具、手术器械、种蛋等；每 1 L 饮水中加原药液 15～20 mL，饮用 1～2 d，防治禽类肠道传染病。

【注意事项】长时间浸泡金属器械，会产生腐蚀性。

复合碘溶液 Complex Iodine Solution

【理化性质】本品为碘、碘化物与磷酸配制而成的水溶液，含有效碘 1.8%～2.2%，磷酸 16.0%～18.0%。呈褐红色黏性液体，未稀释液体可存放数年,稀释后应尽快用完。

【作用与用途】本品有较强的杀菌消毒作用,对大多数细菌、霉菌、病毒有杀灭作用。可用于畜禽舍、运输工具、饮水器皿、孵化器（室）、器械消毒和污物处理等。

【用法与用量】

(1) 孵化器（室）及设备消毒:需进行 2 次消毒,第一次应用 0.45% 溶液消毒,待干燥后,再用 0.15% 的溶液消毒 1 次即可。

(2) 产蛋房、箱、禽舍地面消毒:用 0.45% 溶液喷洒或喷雾消毒,消毒后应定时再用清水冲洗。

(3) 饮水消毒:饮水器用 0.5% 溶液定期消毒,饮水可用每 10 L 饮水加 3 mL 本品消毒。

(4) 畜禽舍入口消毒池:用 3% 溶液浸泡消毒垫用于出入畜禽舍人员消毒。

(5) 运输工具、器皿、器械消毒:应将消毒物品用清水彻底冲洗干净,然后用 1% 溶液喷洒消毒。

【注意事项】本品在低温时,消毒效果显著,应用时温度不能高于 40 ℃,不能与强碱性药物及肥皂水混合使用。

碘酸混合溶液 Iodine and Acid Mixed Solution

【理化性质】本品为碘、碘化物、硫酸及磷酸制成的水溶液,含有效碘 2.75% ~ 2.8%,含酸量 28.0% ~ 29.5%,呈深棕色的液体,有碘特臭味,易挥发。

【作用与用途】本品有较强的杀灭细菌、病毒及真菌的作用,用于外科手术部位、畜禽舍、畜产品加工场所及用具等的消毒。

【用法与用量】用 1∶100 ~ 1∶300 浓度溶液杀灭病毒类,1∶300 浓度用于手术室及伤口消毒,1∶400 ~ 1∶600 浓度用于畜禽舍及用具消毒,1∶500 浓度用于牧草消毒,1∶2 500 浓度用于畜禽饮水消毒。

【注意事项】

(1) 禁止接触皮肤和眼睛,皮肤对本品有过敏现象。

(2) 稀释时,不宜使用超过 43 ℃的热水。

(3) 因对鱼类和其他水生微生物有害,禁止将使用过的溶液排入鱼塘。

(4) 不可与其他化学药品混合使用。

激活碘粉 Active Iodine Powder

本品由 A 组分和 B 组分组成。A 组分中含碘化钠（NaI）、碘酸钾（KIO_3），B 组分为山梨醇、枸橼酸、食用色素、十二烷基磺酸钠及辅料适量。本品的活性成分为游离碘（I_2）。

【理化性质】本品 A 组分为类白色粉末，B 组分为粉红色粉末。A、B 组分均无臭、无味，易吸潮，在水中易溶。

【作用与用途】本品常用于奶牛乳头皮肤消毒，对金黄色葡萄球菌、大肠杆菌、链球菌等病原微生物具有杀灭和抑制作用，可预防和控制细菌性乳腺炎的发生。

【用法与用量】外用，奶牛乳头药浴，每 1 L 水加本品 30 g。

【注意事项】将本品一次性全部加入规定体积（如每 600 g 加水 20 kg）的水中，充分搅拌使之溶解，静置 40 min 后使用，溶液有效期为 20 d。

漂白粉 Bleaching Powder

【理化性质】本品是次氯酸钙、氯化钙与氢氧化钙的混合物，为白色颗粒状粉末，有氯臭，微溶于水和乙醇，遇酸分解，外露在空气中能吸收水和二氧化碳而分解失效，故应密封保存。

【作用与用途】本品的有效成分为氯，国家规定漂白粉中有效氯的含量不得少于 25%。漂白粉水解后产生次氯酸，而次氯酸又可以放出活性氯和初生态氧，呈现抗菌作用，并能破坏各种有机质，对细菌及其芽孢、病毒及真菌都有杀灭作用。本品杀菌作用强，但不持久，在酸性环境中杀菌作用强，在碱性环境中杀菌作用弱。此外，杀菌作用与温度亦有重要关系，温度升高时增强。本品主要用于畜禽舍、饮水、用具、车辆及排泄物的消毒及水生生物的细菌性疾病防治。

【用法与用量】

（1）饮水消毒：每 1 000 L 水加粉剂 6~20 g 拌匀，30 min 后可饮用。

（2）喷洒消毒：1%~3%澄清液可用于饲槽、饮水槽（器）及其他非金属用品的消毒；用含 1%有效氯的混乳液，取上清液每平方米喷雾 0.225 L，保湿 30 min，消毒蚕室、蚕具；10%~20%乳剂可用于畜禽舍和排泄物的消毒。

（3）撒布消毒：直接用干粉撒布或与病畜粪便、排泄物按 1∶5 均匀混合，进行消毒。

1）清塘消毒。由于漂白粉性状不稳定，失效快，适用于急用池塘的消毒。一般带水清塘 20 g/m³ 全池遍撒，杀灭细菌、寄生虫等病原体、野生鱼和其他敌害生物。用本品遍撒后，若搅拌池水，经 2~3 d 后排干池水，日晒 10 d 左右，注入新水，其清塘效果更好。养蛙田进水后，按 1 g/m³ 遍撒，3 d 后放养蛙种，可防治蛙类细菌性暴发病。本品效果与其使用浓度、水温高低有关。当水温在 23.4~26 ℃ 时，用 100 g/m³ 可杀灭虾池底 90% 的弧菌；31~34 ℃ 和 1~3 g/m³ 时可杀灭 79%~96.8%。

2）养殖水体消毒。①在疾病流行季节，养鱼池常用量为 1 g/m³ 或 1.5 g/m³；也可与干黄土拌匀全池遍撒，第二天再用苦参煎汁以 1.12~1.5 g/m³ 遍撒，防治鱼类细菌性烂鳃病、白皮病、赤皮病、打印病、疖疮病、洞穴病等。治疗 2.0~2.5 cm 的鲢白尾病，在 6 d 中，分别用 1.0 g/m³、0.75 g/m³ 和 0.5 g/m³ 全池遍撒，隔天使用。在网箱养鱼中，每隔 7~15 d，2~3 g/m³ 全箱遍洒 1 次，防治细菌性疾病。②0.8~2 g/m³ 全池遍撒，治疗对虾瞎眼病、黑白斑病、黑鳃病、烂鳃病、弧菌病及河蟹水肿病、蛙细菌性暴发病等。每隔 15 d 用 1.5 g/m³ 全池遍撒，每天 1 次，连用 2~3 d，可防治鳖腐皮病、疖疮病、白眼病。2~3 g/m³ 遍撒，防治紫菜丝状体黄斑病。1.7 g/m³ 遍撒，隔 24 h 和 48 h 后再各用 1.5 g/m³ 泼撒一半水体，防治卵甲藻病。用含氯 25% 的本品 1.5~2.0 g/m³ 遍撒，用药后换水，3 d1 个疗程，再结合使用生石灰 15~30 g/m³ 遍撒，并投喂鲜活饵料，可控制对虾附着生物、单细胞藻和软壳病等。③在养鱼池中定期用 1~2 g/m³ 遍撒可改良水质环境，增加溶氧，沉淀有机物，降低氨氮与硫化氢的浓度和耗氧量。

3）鱼、虾等体表消毒。在鱼种放养前，10~20 g/m³ 用量浸浴鱼种 10~20 min（具体用量根据当时的水温高低和鱼虾活动情况灵活掌握），预防鱼、虾等体表和鳃部的细菌和真菌病等。10 g/m³ 用量浸浴鱼鳖 1~5 h，防治鳖毛霉病、红脖子病和白斑病；将病鳖每周用 2~3 g/m³ 浸浴，反复 2~4 次，约 1 个月后，可放回原池，以防治烂皮病、洞穴病等。

【注意事项】

（1）本品应密闭贮存于阴凉干燥处，不可与易燃易爆物品放在一起。使用时，正确计算用药量，现用现配，宜在阴天或傍晚施药，避免接触眼睛和皮肤，避免使用金属器具。

（2）1.5 g/m³ 用量对养殖池中的鳗和轮虫不安全。斑点叉尾用 10 g/m³

浸浴 30 min 危险，15 g/m³浸浴 30 min 易引起死亡。

（3）在 pH 值 7.5~8.0，水温 20~22 ℃时，用 30 g/m³浸浴 2 h 可引起种鳖或成蟹死亡，低于 20 g/m³时活动正常。安全浓度：对虾成虾在充气条件下为 10 g/m³，淡水白鲳在水温 20 ℃以上时为 0.699 g/m³，加州鲈鱼苗为 1.2 g/m³，中华鳖稚鳖为 35.9 g/m³。

（4）本品忌与酸、铵盐、硫黄和许多有机化合物配伍，遇盐酸释放氯气（有毒）。

氯胺-T（氯亚明）Chloramine-T

【理化性质】本品又称为对甲苯磺酰氯胺钠，为白色或淡黄色晶状粉末，有氯臭，露置空气中逐渐失去氯而变黄色，含有效氯 24%~26%。溶于水，遇醇分解。

【作用与用途】本品遇有机物可缓慢放出氯而呈现杀菌作用，杀菌谱广。对细菌繁殖体、芽孢、病毒、真菌孢子都有杀灭作用，作用较弱但持久，对组织刺激性也弱，特别是加入铵盐，可加速氯的释放，增强杀菌效果。

【用法与用量】用于饮水消毒时，用量为每 1 000 L 水加入 2~4 g；0.2%~0.3%溶液可用作黏膜消毒；0.5%~2%溶液可用于皮肤和创伤的消毒；3%溶液用于排泄物的消毒。

鱼病防治：在 pH 值 7.5~8.0 以下时，18~20 g/m³浸浴 2~3 d，防治细菌性疾病；4 g/m³全池泼撒，连用 3 d，治疗鲫鳃霉病；5 g/m³遍撒可防治各种虾、蟹丝状细菌病。

【注意事项】

（1）不得与任何裸露的金属容器接触，以防降低药效和产生药害。

（2）本品应避光、密闭、阴凉处保存。

（3）贮存超过 3 年时，使用前应进行有效氯测定。

二氯异氰尿酸钠（优氯净）Sodium Dichloroisocyanurate

【理化性质】本品为白色结晶性粉末，有氯臭，含有效氯约 60%，性质稳定，室内保存半年后仅降低有效氯含量 0.16%，易溶于水，水溶液不稳定。

【作用与用途】本品为新型高效消毒药，对细菌繁殖体、芽孢，病毒，真菌孢子均有较强的杀灭作用。可用于水、食品厂的加工器具及餐具、食品、车辆、畜禽舍、蚕室、鱼塘、用具等的消毒。

【用法与用量】

（1）消毒浓度（以有效氯含量计）鱼塘每 1 L 水用 0.3 mg；饮水每 1 L 用 0.5 mg；食品加工厂、畜禽舍、蚕室、用具、车辆等消毒浓度为每 1 L 水含有效氯 50~100 mg。

（2）可采用喷洒、浸泡和擦拭方法消毒，也可直接用干粉处理排泄物或其他污染物。

【注意事项】吸潮性强，贮存时间过久应测定有效氯含量。

三氯异氰尿酸 Trichloroisocyanuric Acid（TCCA）

【理化性质】本品为白色结晶状粉末或粒状固体，具有强烈的次氯酸刺激味，含有效氯在 85% 以上，在水中溶解度为 1.2%，遇酸或碱易分解。

【作用与用途】本品是一种极强的氯化剂和氧化剂，具有高效、广谱、安全等特点，对球虫卵囊也有一定的杀灭作用。可用于环境、饮水、畜禽饲槽、鱼塘、蚕房等的消毒。

【用法与用量】一般制成粉剂。饮水消毒每 1 L 水用 4~6 mg，喷撒消毒每 1 L 水用 200~400 mg。按每 1 L 水 4~10 mg 带水清塘，10 d 后可放鱼苗。按每 1 L 水 0.3~0.4 mg 全池泼撒，防治鱼病。

【注意事项】

（1）不可和氧化剂、还原剂混贮，禁止与液氨、氨水等含有氨、胺、铵的无机盐和有机物混放，否则易爆炸或燃烧。

（2）不可和非离子表面活性剂接触，否则易燃烧。

次氯酸钠 Sodium Hypochlorite

【理化性质】固体为白色粉末，水溶液为微黄色，含 5% 次氯酸钠，均有氯气的气味。性质不稳定，见光易分解，应避光密封保存。

【作用与用途】本品有强大的杀菌作用，对组织有较大的腐蚀性，故不用作创伤消毒剂。常用于畜禽用具、畜禽舍及环境消毒。

【用法与用量】次氯酸钠溶液 0.01%~0.02% 水溶液用于畜禽用具、器械的浸泡消毒，消毒时间为 5~10 min；0.3% 水溶液每立方米空间 30~50 mL 用于禽舍内带鸡气雾消毒；1% 水溶液每立方米空间 200 mL 用于畜禽舍及周围环境喷洒消毒。

次氯酸钠溶液 Sodium Hypochlorite Solution

【理化性质】本品为淡黄色澄清溶液，含有效氯不少于 5.0%；受高热分解产生有毒的腐蚀性烟气。具有腐蚀性。具有强氧化性，可氧化 Fe^{2+}、CN^- 等离子；溶于水。

【作用与用途】用于厩舍和器具及环境的消毒。

【用法与用量】厩舍、器具消毒：$1:50 \sim 100$ 倍稀释；禽流感病毒疫源地消毒：$1:100$ 倍稀释；口蹄疫病毒疫源地消毒：$1:50$ 倍稀释；常规消毒：$1:1\,000$ 倍稀释。

【注意事项】

（1）对金属有腐蚀作用，对织物有漂白作用。

（2）本品可伤害皮肤，置于儿童不能触及处。

二氧化氯 Chlorine Dioxide

【理化性质】本品在常温下为淡黄色气体，具有强烈的刺激性气味，其有效氯含量高达 26.3%。常态下，本品在水中的饱和溶解度为 5.7%，是氯气的 $5 \sim 10$ 倍，且在水中不发生水解。本品有很强的氧化作用。

【作用与用途】本品为广谱杀菌消毒剂、水质净化剂，安全无毒，无致畸、致癌作用，其主要作用是氧化作用，对芽孢、真菌、原虫及病毒等均有强大的杀灭作用，并且有除臭、漂白、防霉、改良水质等作用。主要用于畜禽舍、饮水、环境、排泄物、用具、车辆、种蛋及鱼池的水体消毒。

【用法与用量】养殖业中应用的二氧化氯有两类：一类是稳定性二氧化氯溶液（即加有稳定剂的合剂），无色、无味、无臭的透明水溶液，腐蚀性小，不易燃，不挥发，在 $-5 \sim 95$ ℃下较稳定，不易分解，含量一般为 5% ～ 10%，用时需加入固体活化剂（酸活化），即释放出二氧化氯。另一类是固体二氧化氯，为二元包装，其中一包为亚氯酸钠，另一包为增效剂及活化剂，用时分别溶于水后混合，即迅速产生二氧化氯。

（1）稳定性二氧化氯溶液，也叫复合亚氯酸钠，含二氧化氯 10%，临时用与等量活化剂混匀应用，单独使用无效。

1）空间消毒：按 $1:250$ 浓度，每立方米 10 mL 喷洒，使地面保持潮湿 30 min。

2）饮水消毒：每 100 kg 水加本制剂 5 mL，搅拌均匀，作用 30 min 后即可饮用。

3）排泄物、粪便除臭消毒：按100 kg水加本制剂5 mL，对污染严重的可适当加大剂量。

4）禽肠道细菌病辅助治疗：按1∶500~1∶1 000浓度混饮，用1~2 d。

5）鱼池消毒：在阴天或早、晚无强光照下，每立方米水体0.5~2.0 mL全池泼洒，防治细菌病或病毒病。

（2）固体二氧化氯。为A、B两袋，规格分别为100 g、200 g，内装A、B袋药各50 g、100 g。按A、B两袋各50 g，分别混水1 000 mL、500 mL，搅拌溶解制成A、B液，再将A液与B液混合静置5~10 min，即得红黄色液体作母液，按用途将母液稀释使用，见表2-2。

表2-2 二氧化氯的用法

消毒对象	母液稀释倍数	用法
禽畜舍	600~800	喷洒或喷雾
带禽消毒	200~300	喷雾
常规饮用水处理	3 000~4 000	定期或长期
治疗（肠道病）时饮水消毒	500~600	用1~2 d
种蛋	400~600	浸泡30 min
器具	100~200	浸泡、擦洗

鱼池消毒每立方米水体全池泼洒。

【注意事项】

（1）配制溶液时，不宜用金属容器。

（2）消毒液宜现配现用，久置无效。

（3）宜在露天、阴凉处配制消毒液，配制时面部避开消毒液。

（4）忌与酸类、有机物、易燃物混放。

溴氯海因 Bromochlorodimethyl Hydantoin

【理化性质】本品为类白色或淡黄色结晶性粉末，有轻微的刺激性气味。微溶于水，溶于乙醇、氯仿等有机溶剂。在强酸或强碱中易分解，干燥时稳定。

【作用与用途】本品是一种高效、广谱、安全低毒的有机溴氯复合型消毒剂，可杀灭水中的细菌及其芽孢、真菌与病毒。作用机制为次氯酸的氧化作用、新生氧作用和卤化作用。

本品使用后不破坏水色，可维护水体浮游生物优良种群，且不受水体肥瘦、pH 值等因素的影响。常规含氯消毒剂在使用时，效果受 pH 值影响很大，而本品在 pH 值 5~9 范围内均有良好的杀菌效果。常规杀菌消毒剂在使用时，杀菌效果还受到水体肥瘦（即有机物）的强烈影响。较肥的水体用常规氯制剂后，杀菌效果不稳定。本品由于有效阻止有机物对于卤素的消耗，因此在各种不同类型的水体中使用，均可取得令人满意的效果。

本品主要用于动物厩舍、运输工具等消毒，也广泛用于治疗各种虾、蟹、鳖、鳗、蛙等的细菌性和病毒性疾病。

（1）虾类：白皮、白斑、褐斑、红体、红腿、黑鳃、烂眼、烂鳃、烂肢、肠炎等。

（2）蟹类：蟹抖、上岸、甲壳溃疡、水肿、脱皮障碍症等。

（3）鱼类：烂鳃、肠炎、赤皮、坚鳞、暴发性出血病等。

（4）蛙类：腐皮、红腿、烂眼、出血及蝌蚪的烂鳃病等。

【用法与用量】

（1）预防：水深 1 m 用 100~120 g/亩，每 10~20 d 施用 1 次。

（2）治疗：水深 1 m 用 150~200 g/亩，病情严重用药 2 d。

（3）喷洒、擦洗或浸泡：环境或运载工具消毒，溴氯海因粉对不同病毒需不同倍数稀释，口蹄疫病毒、猪水疱病病毒按 1：（200~400）倍稀释；猪瘟病毒按 1：600 倍稀释，猪细小病毒按 1：60 倍稀释，鸡新城疫、法氏囊按 1：1 000 倍稀释，细菌繁殖体按 1：4 000 倍稀释。

（4）配伍：复方溴氯海因是以 30% 的纯品溴氯海因加 70% 无水硫酸钠配制而成，同时溴氯海因与二溴海因、富溴及多种表面活性剂均有良好的配伍性。

【注意事项】

（1）正常使用范围内无腐蚀性，但高浓度时对金属有腐蚀性。

（2）本品对炭疽芽孢无效。

复合次氯酸钙粉 Composite Calcium Hypochlorite Powder

本品为配合型制剂。由 A 包（包含次氯酸钠钙、硅酸钠和溴化钠）与B 包（包含丁二酸和三聚磷酸钠）组成。

【理化性质】 A、B 包均为白色颗粒状粉末。取本品 1 袋配制成 10 L 的溶液，溶液应澄清，略带有次氯酸的刺激性气味。

【作用与用途】本品常用于杀灭细菌繁殖体、病毒、芽孢等病原微生物，也可用于空舍、周边环境喷雾消毒和禽类饲养全过程的带禽喷雾消毒，饲养器具的浸泡消毒和物品表面的擦洗消毒。

【用法与用量】

（1）配制消毒母液：打开外包装后，先将 A 包内容物溶解到 10 L 水中，待搅拌完全溶解后，再加入 B 包内容物，搅拌，至完全溶解。

（2）喷雾：空厩舍和环境消毒，1：（15～20）倍稀释，150～200 mL/m³ 作用 30 min；带鸡消毒，预防和发病时分别按 1：20 倍和 1：15 倍稀释，50 mL/m³ 作用 30 min。

（3）浸泡、擦洗饲养器具，1：30 倍稀释，按实际需要量作用 20 min。

（4）对特定病原体如大肠杆菌、金黄色葡萄球菌 1：140 倍稀释，巴氏杆菌、禽流感病毒 1：30 倍稀释，法氏囊病毒 1：120 倍稀释，新城疫病毒 1：480 倍稀释，口蹄疫病毒 1：2 100 倍稀释。

【注意事项】

（1）配制消毒母液时，袋内的 A 包与 B 包必须按顺序一次性全部溶解，不得增减使用量。配制好的消毒液应在密封金属容器中贮存。

（2）配制消毒液的水温不得超过 50 ℃，不得低于 25 ℃。

（3）若母液不能一次用完，应放于 10 L 桶内，密闭，置凉暗处，可保存 60 d。

（4）禁止内服。

八、染料类

染料可分碱性和酸性两大类。它们的阳离子或阴离子，能分别与细菌蛋白质的羧基和氨基相结合，从而影响其代谢，呈抗菌作用。常用的碱性染料对革兰氏阳性菌有效，而一般酸性染料的抗菌作用则微弱。

甲紫（龙胆紫）Methylrosanilinium Chloride

【理化性质】本品为碱性染料，为氯化四甲基-氯化五甲基-氯化六甲基-副玫瑰苯胺的混合物，为暗绿色带金属光泽的粉末或碎片，微臭，水中略溶，可溶于氯仿和乙醇。

【作用与用途】本品对革兰氏阳性菌有选择性抑制作用，对霉菌也有作用。其毒性很小，对组织无刺激性，有收敛作用。

【用法与用量】常用 1%~3% 溶液：取本品 1~3 g 于适量乙醇中，待其溶解后加蒸馏水至 100 mL。2%~10% 软膏剂，取甲紫或结晶紫 2~10 g，加 90~98 g 凡士林均匀混合后即成。主要用于治疗皮肤、黏膜创伤及溃疡。1% 水溶液也可用于治疗烧伤。

利凡诺（雷佛奴尔、乳酸依沙吖啶）Rivanol（Ethacridine Lactate）

【理化性质】本品为鲜黄色结晶状粉末，无臭，味苦，略溶于水，易溶于热水，水溶液呈黄色，对光观察可见绿色荧光，且水溶液不稳定，遇光渐变色，难溶于乙醇。应置褐色玻璃瓶中，密闭，阴凉处保存。

【作用与用途】本品为外用杀菌防腐剂，属于碱性染料，是染料类中最有效的防腐药。其碱基在未解离成阳离子之前不具抗菌活性，仅当本品解离出依沙吖啶后才对革兰氏阳性菌及少数阴性菌有强大的抑菌作用，但作用缓慢。本品对各种化脓菌均有较强的作用，其中魏氏梭状芽孢杆菌和化脓链球菌对本品最敏感。抗菌活性与溶液的 pH 值和药物的解离常数有关。在治疗浓度时对组织无刺激性，毒性低，穿透力较强，且作用持续时间可达 24 h，当有机物存在时，本品的抗菌活性增强。

【用法与用量】可用 0.1%~0.3% 水溶液冲洗或湿敷感染疮；1% 软膏用于小面积化脓疮。

【注意事项】

（1）水溶液在保存过程中，尤其曝光下，可分解生成剧毒产物，若肉眼观察溶液呈褐绿色，则证实已分解，不可再用。

（2）本品与碱类或碘液混合易析出沉淀。

（3）长期使用本品可能延缓伤口愈合。

亚甲蓝（美蓝）Methylenum（Coeruleum，Methylene Blue）

【理化性质】本品为深蓝色有光泽的柱状结晶性粉末，易溶于水和醇。

【作用与用途】本品可防治小瓜虫、斜管虫、口丝虫、三代虫等鱼的寄生虫，还可用作动物亚硝酸盐中毒之解毒药。

【用法与用量】全鱼池遍撒法。依病情轻重，每立方米水含本品 1~4 g，隔1d用1次。治疗鳗鱼水霉病每立方米水用2~3g，隔2~3d用1次。

【注意事项】

（1）本品刺激性强，禁止皮下或肌内注射（可引起组织坏死）。

（2）由于亚甲蓝溶液与多种药物为配伍禁忌，因此不得将本品与其他药物混合注射。

中性吖啶黄 Acridine Yellow Neutral

【理化性质】本品为深橙色粒状粉末，溶于水，其水溶液呈橙红色，稀释时显现荧光性。

【作用与用途】本品具有较广的抗菌谱，对革兰氏阳性菌有较强杀灭作用，对革兰氏阴性菌也有一定杀菌作用，可用于消毒、鱼病防治等。

【用法与用量】全鱼池遍撒，每立方米水10g治疗小瓜虫病、烂鳍病和水霉病等。每1L水500mg，浸洗30min，消毒鱼卵和伤口。用0.1%水溶液与碎肉混合投喂幼鲑，可防治六鞭毛虫病。

九、表面活性剂

表面活性剂是一类能降低水和油的表面张力的物质，又称除污剂或清洁剂。此外，此类物质能吸附于细菌表面，改变菌体细胞膜的通透性，使菌体内的酶、辅酶和代谢中间产物逸出，因而呈杀菌作用。这类药物分为阳离子表面活性剂、阴离子表面活性剂与不游离的非离子表面活性剂3种。常用的为阳离子表面活性剂，其抗菌谱较广，显效快，并对组织无刺激性，能杀死多种革兰氏阳性菌和革兰氏阴性菌，对多种真菌和病毒也有作用。阳离子表面活性剂抗菌作用在碱性环境中作用强，在酸性环境中作用弱，故应用时不能与酸类消毒剂及肥皂、合成洗涤剂合用。阴离子表面活性剂仅能杀死革兰氏阳性菌。非离子表面活性剂无杀菌作用，只有除污和清洁作用。

新洁尔灭（苯扎溴铵）Bromo-Geramine（Benzalkonium Bromide）

【理化性质】本品为季铵盐消毒剂，是溴化二甲基苄基烃胺的混合物。无色或淡黄色胶状液体，低温时可逐渐形成蜡状固体，味极苦，易溶于水，水溶液为碱性，摇时可产生大量泡沫。本品易溶于乙醇，微溶于丙酮，不溶于乙醚和苯。耐加热加压，性质稳定，可保存较长时间效力不变。对金属、橡胶、塑料制品无腐蚀作用。

【作用与用途】本品有较强的消毒作用，对多数革兰氏阳性菌和革兰氏阴性菌，接触数分钟即能杀死。对病毒效力差，不能杀死结核杆菌、霉菌和炭疽芽孢。可应用于术前手臂皮肤、黏膜、器械、养禽用具、种蛋等的消毒。

【用法与用量】本品有 3 种制剂，浓度分别为 5%、10%、20% 和 45%，瓶装分为 500 mL 和 1 000 mL 2 种。

（1）0.1% 溶液：消毒手臂、手指，应将手浸泡 5 min，亦可浸泡消毒手术器械、玻璃、搪瓷等，浸泡时间为 30 min。0.1% 溶液以喷雾或洗涤形式用于蛋壳消毒，药液温度为 40~43 ℃，浸泡时间最长为 3 min。

（2）0.15%~2% 溶液：可用于禽舍内空间的喷雾消毒。

（3）0.01%~0.05% 溶液：用于黏膜（阴道、膀胱黏膜等）及深部感染伤口的冲洗。

（4）养蚕生产用新洁尔灭稀释液与石灰粉配成混合消毒剂，用于丝茧生产的蚕室、蚕具消毒。

（5）应用 0.1% 溶液消毒被美洲幼虫腐臭病和欧洲幼虫腐臭病污染的蜂箱和巢箱。

【注意事项】

（1）忌与碘、碘化钾、过氧化物盐类消毒药及其他阴离子活性剂等配伍应用。

（2）不可与普通肥皂配伍，术者用肥皂洗手后，务必用水冲洗干净后再用本品。

（3）浸泡器械时应加入 0.5% 亚硝酸钠，以防生锈。

（4）不适用于消毒粪便、污水、皮革等，其水溶液不得贮存于聚乙烯制作的容器内，以避免药物失效。

（5）本品有时会引起人体药物过敏。

洗必泰（氯己定）Chlorhexidine（Hibitane）

【理化性质】本品有醋酸洗必泰和盐酸洗必泰两种，均为白色结晶性粉末，无臭，有苦味，微溶于水（1∶400）及乙醇，水溶液呈强碱性。

【作用与用途】本品有广谱抑菌、杀菌作用，对革兰氏阳性菌和革兰氏阴性菌及真菌、霉菌均有杀灭作用，毒性低，无局部刺激性。用于手术前消毒，创伤冲洗，烧伤感染，亦可用于食品厂器具、禽舍、手术室等环境消毒，本品与新洁尔灭联用对大肠杆菌有协同杀菌作用，两药的混合液呈相加消毒效力。

【用法与用量】醋酸或盐酸洗必泰粉剂，每瓶 50 g；片剂，每片 5 mg。

（1）0.02%溶液：用于术前泡手，3 min 即可达消毒目的。

（2）0.05%溶液：用于冲洗创伤，0.05%乙醇溶液用于术前皮肤消毒。

（3）0.1%溶液：浸泡器械（其中应加 0.1%亚硝酸钠），一般浸泡 10 min 以上。

（4）0.5%溶液：喷雾或涂擦无菌室、手术室、禽舍、用具等。

【注意事项】

（1）药液使用过程中效力可减弱，一般应每两周换 1 次。

（2）长时间加热可发生分解。

（3）其他注意事项同新洁尔灭。

葡萄糖酸氯己定溶液（泌乳期）Chlorhexidine Gluconate Solution（Lactating Cow）

【理化性质】本品为无色或淡黄色几乎透明略为黏稠的液体。

【作用与用途】本品为消毒防腐药，有广谱抑菌、杀菌作用，对革兰氏阳性菌和革兰氏阴性菌及真菌、霉菌均有杀灭作用，毒性低，无局部刺激性。用于术前抗菌、创伤清除、预防和治疗由大肠杆菌、无乳链球菌、金黄色葡萄球菌等引起的奶牛乳腺炎。

【用法与用量】每次挤奶后，将泌乳牛至少 3/4 的乳头用该溶液浸蘸，连用 3~4 d，下次挤奶之前彻底清洗干净乳房和乳头。

【制剂】0.5%、2%、5%的溶液。

【注意事项】

（1）本品与肥皂、碘化钾等配伍禁忌。0.05%浓度的本品与硼砂、碳酸氢盐、碳酸盐、氧化物、枸橼酸盐、磷酸盐和硫酸盐配伍禁忌，因为可形成低溶解度的盐在 24 h 后沉淀下来。

（2）本品不能吞服，仅供外用。避免接触眼睛、耳朵和黏膜。

（3）盛放本品的容器不能用软木塞，以免本品失活。

（4）长时间加热可发生分解。其他注意事项同洗必泰。

消毒净 Myristy Lpicolinie Bromide

【理化性质】本品为白色结晶性粉末，无臭，味苦，微有刺激性，易受潮，易溶于水和乙醇，水溶液易起泡沫，对热稳定，应密封保存。

【作用与用途】抗菌谱同洗必泰，但消毒力较洗必泰弱而较新洁尔灭强。常用于手、皮肤、黏膜、器械、禽舍等的消毒。

【用法与用量】0.05%溶液可用于冲洗黏膜，0.1%溶液用于手指和皮肤的消毒，亦可浸泡消毒器械（如为金属器械，应加入0.5%亚硝酸钠）。

【注意事项】

（1）不可与合成洗涤剂或阴离子表面活性剂接触，以免失效。

（2）在水质硬度过高的地区应用时，药物浓度应适当提高。

度米芬（消毒宁）Domiphen Bromide

【理化性质】本品为白色或微黄色片状结晶，味极苦，能溶于水及乙醇，振荡水溶液会产生泡沫。

【作用与用途】本品为表面活性广谱杀菌剂。由于能扰乱细菌的新陈代谢而产生杀菌作用。对革兰氏阳性菌及革兰氏阴性菌均有杀灭作用，对芽孢、抗酸杆菌、病毒效果不明显，有抗真菌作用。本品在碱性溶液中效果增强，在酸性、有机物、脓、血存在条件下则减弱。用于口腔感染的辅助治疗和皮肤消毒。

【用法与用量】

（1）0.02%~1%溶液：用于皮肤、黏膜消毒及局部感染湿敷。

（2）0.05%（加0.05%亚硝酸钠）溶液：用于器械消毒，还可用于食品厂、奶牛场用具设备的贮藏消毒。

【注意事项】

（1）禁与肥皂、盐类和无机碱配伍。

（2）避免使用铝制容器盛装。

（3）消毒金属器械时需加入0.5%亚硝酸钠防锈。

（4）可能引起人接触性皮炎。

创必龙 Triclobisonium

【理化性质】本品为白色结晶性粉末，几乎无臭，有吸湿性，在空气中稳定，易溶于乙醇和氯仿，几乎不溶于水。

【作用与用途】本品为双季铵盐阳离子表面活性剂，对一般抗生素无效的金黄色葡萄球菌、链球菌和白色念珠菌以及皮肤癣菌等均有抑制作用。

【用法与用量】0.1%乳剂或0.1%油膏用于防治烧伤后感染、术后创口感染及白色念珠菌感染等。

【注意事项】局部应用对皮肤产生刺激性，偶有皮肤过敏反应。

菌毒清（辛氨乙甘酸溶液）Octicine Solution

【理化性质】本品是由甘氨酸取代衍生物加适量的助剂配制而成，为黄色透明液体，有微腥臭味，微苦，强力振摇时产生大量泡沫。

【作用与用途】本品为双离子表面活性剂，是高效、低毒、广谱杀菌剂。作用机制是凝固病菌蛋白质，破坏细胞膜，抑制病菌呼吸，使细菌酶系变性，从而杀死细菌。本品对化脓球菌、肠道杆菌及真菌有良好的杀灭作用，对细菌芽孢无杀灭作用，对结核杆菌1%的溶液需作用12 h，杀菌效果不受血清、牛奶等有机物的影响。本品适用于畜禽饲养舍、食槽、饮水器、育雏器、运输工具、种蛋等的消毒及带鸡消毒等。

【用法与用量】

（1）鸡舍消毒：对曾发生过传染病或其他疾病的鸡舍及旧鸡舍按下列消毒程序进行。先用本品500倍稀释液，按每立方米0.5 L全舍喷洒→消除粪便、垃圾→用高压水进行全舍冲洗→通风干燥→500倍稀释液按每立方米1.5 L全舍喷雾消毒→通风干燥→最后以500倍稀释液喷雾消毒→进鸡。共需7~9 d。

鸡舍带鸡消毒程序为：清除粪便→水洗→用500倍稀释液喷雾消毒。平时每隔1~2周带鸡消毒1次。

（2）饲养设备、器具消毒：食槽、饮水器先用清水洗刷干净，然后用500倍稀释液浸泡10 min；育雏器（室）、运雏箱、运蛋箱等先用自来水冲刷干净，用500倍稀释液喷雾消毒，待干燥后再进行喷雾消毒1次；运输工具用500倍稀释液喷雾消毒1次即可；种蛋于采集后2 h或孵化前用500倍稀释液，在41~43 ℃温度下浸洗2~3 min即可；禽舍入口消毒池的消毒水为500倍稀释液，每天更换1次。

（3）病鸡治疗：将本品用清水稀释1 000~1 500倍，供鸡饮水或拌料饲喂。

【注意事项】

（1）本品不能与其他消毒剂合用。

（2）本品毒性虽低，但不能直接接触食物，应用本品消毒过的餐具还要用清水洗净后方可使用。

（3）本品不适于粪便及排泄物的消毒。

（4）本品应贮存于 9 ℃以上的阴冷干燥处，因气温较低出现沉淀时，应加热溶解再用。

癸甲溴铵溶液 Deciquan Solution

【理化性质】本品主要成分是溴化二甲基二癸基烃胺，为无色或微黄色的黏稠性液体，振摇时产生泡沫，味极苦。

【作用与用途】本品是一种双链季铵盐消毒剂，对多数细菌、真菌、病毒和藻类有杀灭作用。作用机制是解离出季铵盐阳离子，与细菌胞浆膜磷脂中带负电荷的磷酸基结合，低浓度时抑菌，高浓度时杀菌。溴离子使分子的亲水性和亲脂性大大增加，可迅速渗透到胞浆膜脂质层及蛋白质层，改变膜的通透性，起到杀菌作用。本品广泛应用于厩舍、饲喂器具、孵化室、种蛋、饮水和环境等消毒。

【用法与用量】

（1）用于厩舍、奶牛场、孵化室、运输车辆、器具的常规消毒时，每 1 L 水中加入 0.5 mL，完全浸湿需消毒的物件。

（2）用于饮水消毒时，每 100 L 水中加入 10 mL，连用 3 d，停用 3 d。

（3）用于毛巾、盛奶罐、挤奶器的消毒时，每 15 L 水中加入 10 mL。

【注意事项】

（1）原液对皮肤、眼睛有刺激性，如溅及，立即用大量清水冲洗。

（2）不可内服，一旦误服，可饮用大量水或牛奶，并尽快就医。

月苄三甲氯铵 Halimide

【理化性质】本品常温下为黄色胶状体，味苦，水溶液振摇时能产生大量泡沫，在水或乙醇中易溶。

【作用与用途】本品为阳离子型表面活性剂，具有较强的杀菌作用，对新城疫病毒、口蹄疫病毒及细小病毒亦有杀灭作用，其水溶液主要用于畜禽舍及器具消毒。

【用法与用量】本品水溶液含烃铵盐 10%。畜禽舍消毒，1：300 倍稀释；器具浸洗按 1：1 000 倍稀释。

十、其他消毒防腐剂

环氧乙烷 Ethylene Oxide

【理化性质】本品在低温时为无色透明液体，易挥发（沸点 10.7 ℃）。遇明火易燃烧、易爆炸，在空气中，其蒸气达 3%以上就能引起燃烧。能溶于水和大部分有机溶剂，有毒。

【作用与用途】本品为广谱、高效杀菌剂，对细菌及其芽孢、真菌、立克次体和病毒，以及昆虫和虫卵都有杀灭作用，同时还具有穿透力强、易扩散、消除快、对物品无损害无腐蚀等优点，主要适用于忌热、忌湿物品的消毒，如精密仪器、医疗器械、生物制品、皮革、饲料、谷物等的消毒，亦可用于畜禽舍、仓库、无菌室、孵化室等空间消毒。

【用法与用量】本品常用于杀灭繁殖型细菌，每立方米用 300~400 g，作用 8 h；消毒细菌芽孢和霉菌污染的物品，每立方米用 700~950 g，作用 24 h。一般置消毒袋内进行消毒。消毒时相对湿度为 30%~50%，温度不低于 18 ℃，最适温度为 38~54 ℃。

【注意事项】本品对人畜有一定毒性，应避免接触。贮存或消毒时禁止有火源，应将 1 份环氧乙烷和 9 份二氧化碳的混合物贮于高压钢瓶中备用。

乙型丙内酯 Beta-propiolactone

【理化性质】按化学结构来说，本品是 β-羟基丙酸环状醚，在室温下是无色黏稠液体，具微弱甜味，沸点为 162.3 ℃，在水中的溶解度是 37%（25 ℃，容积比）。

【作用与用途】本品是一种作用强大的广谱杀菌剂，可以杀灭细菌繁殖体、芽孢、真菌、病毒和立克次体等各种微生物。作用机制是因其有 4 价内酯环，反应能力较强，能与含羧基、羟基、氨基、硫氢基的物质起反应，主要与蛋白质反应，并且可以和微生物的 RNA 和 DNA 发生反应，导致微生物灭活。本品的液体和气体均有消毒作用，但用途不同。液体多用于血浆、血液和移植组织等的灭菌。气体主要用于室内空气和表面的消毒灭菌，有时也用于医疗器械的灭菌。

【用法与用量】

(1) 灭菌：对血浆和血液灭菌时，加入 0.25% 的乙型丙内酯，在室温下作用 30 min，能灭活血中的大肠杆菌、金黄色葡萄球菌等。对外科移植活组织时，将取自新鲜尸体的动脉、骨等，放置于 1% 乙型丙内酯盐水溶液中，在 4 ℃ 以下消毒 4 h 以上，可达到灭菌效果。

(2) 用喷雾法或加热蒸发可制得乙型丙内酯气体。在室温下，每立方米用 2~5 g，作用 2 h，足以杀灭空间内的细菌芽孢，也可用于医疗器械的灭菌，在密闭容器中进行，用药量为 13~15 mg/L，作用 1 h。

【注意事项】

(1) 液体和气体均对皮肤有刺激作用，接触后应立即冲洗。

(2) 消毒浓度的乙型丙内酯气体对一般物品无损害，对金属亦无腐蚀性。水溶液对塑料、油漆有一定的损害，并可使铜轻微氧化。

鱼石脂（依克度）Ichthammol

【理化性质】本品为棕黑色黏稠性液体，在水中溶解，有特殊臭味。

【作用与用途】本品具有温和的刺激性，并具有消炎防腐作用，可消炎、消肿、抑制分泌，用于皮肤炎症、疖肿、痤疮等。

【用法与用量】

(1) 内服：一次量，马和牛 10~30 g，猪 1~5 g，先加倍量乙酸溶解，再加水稀释成 3%~5% 溶液。

(2) 外用时：常制成 10% 鱼石脂软膏，涂于患处，每天 2 次。

【注意事项】

(1) 鱼石脂遇酸生成树脂状团块，与碱性物质配合可放出氨气，故忌与酸、碱、生物碱和铁盐配合。当受高温时易膨胀炭化，在制备制剂时应注意。

(2) 应于 15~30 ℃ 密闭保存。

(3) 用后出现发红、疼痛、肿胀等症状时，停止使用。

硫柳汞 Thiomersalatum

【理化性质】本品是黄色或微黄色结晶性粉末，稍有臭味，遇光易变质。本品在乙醚或苯中几乎不溶，乙醇中溶解，水中易溶解。

【作用与用途】本品是一种有机汞（含乙基汞）的消毒防腐药，对细菌和真菌都有抑制作用。可用于皮肤、黏膜的消毒，刺激性小。也常用于生物制品（如疫苗）的防腐，浓度为 0.05%~0.2%。

氧化锌 Zinc Oxide

【理化性质】本品为白色至极微黄白色的无砂性细微粉末，无臭，在空气中能缓缓吸收二氧化碳，在水或乙醇中不溶，在稀酸或氢氧化钠溶液中溶解。

【作用与用途】本品具有收敛和抗菌作用，常用于皮炎、湿疹和溃疡等的治疗。

【制剂】氧化锌软膏。

松馏油 Pine Tar Oil

【理化性质】本品为黑棕色或类黑色极黏稠的液体，薄层半透明，但历时稍久，即析出结晶变成不透明；有似松节油的特异臭味，带焦性；饱和水溶液显酸性反应。

本品在水中微溶，与乙醇、乙醚、冰醋酸、脂肪油或挥发油能任意混合。

【作用与用途】主要用于治疗蹄病，如蹄叉腐烂等。

【用法与用量】外用，适量，涂于患处。

【注意事项】对皮肤有局部刺激作用，不能用于有炎症或破损的皮肤。

第三节　消毒防腐药的合理应用

一、消毒的方法和种类

（一）消毒的方法

常用的消毒方法大致可分为三类：物理消毒法、化学消毒法和生物学消毒法。

1. 物理消毒法　物理消毒法是指用物理因素杀灭或消除病原微生物及其他有害微生物的方法，其特点是作用迅速、消毒物品不遗留有害物质。常用的物理消毒法有自然净化、机械除菌、热力灭菌和紫外线辐射等。

2. 化学消毒法　化学消毒法是指用化学药品进行消毒的方法。化学消毒法使用方便，不需要复杂的设备，但某些消毒药品有一定的毒性和腐蚀性，为保证消毒效果，减少毒副作用，须按要求的条件和使用说明严格执行。

3. 生物学消毒法　生物学消毒法是利用某些生物消灭致病微生物的方法，特点是作用缓慢，效果有限，但费用较低。多用于大规模废物及排泄物的卫生处理。常用的方法有生物热消毒技术和生物氧化消毒技术。

（二）消毒的种类

根据消毒的目的不同，消毒可以分为预防消毒、临时消毒和终末消毒三类。

1. 预防消毒　没有明确的传染病存在，对可能受到病原微生物或其他有害微生物污染的场所和物品进行的消毒称为预防消毒。结合平时的饲养管理对畜禽舍、场地、用具和饮水等进行定期消毒，以达到预防一般传染病的目的。预防消毒通常遵照拟订的消毒制度按期进行，常用的消毒方法是清扫、洗刷，然后喷洒消毒药物，如 10%～20% 石灰水、10% 漂白粉、热的草木灰水等。此外，在畜牧生产和兽医诊疗中的消毒，如对种蛋、孵化室、诊疗器械等进行的消毒处理，也是预防性消毒。

2. 临时消毒　当传染病发生时，对疫源地进行的消毒称为临时消毒，其目的是及时杀灭或清除传染源排出的病原微生物。

临时消毒是针对疫源地进行的，消毒的对象包括病畜、病禽停留的场所、房舍，病畜、病禽的各种分泌物和排泄物，剩余饲料、管理用具以及管理人员的手、鞋、口罩和工作服等。

临时消毒应尽早进行，消毒方法和消毒剂的选择取决于消毒对象及传染病的种类。一般细菌引起的，选择价格低廉、易得、作用强的消毒剂，由病毒引起的则应选择碱类、氧化剂中的过氧乙酸、卤素类等。病畜、病禽舍，隔离舍的出入口处，应放置浸泡消毒药液的麻袋片或草垫。

3. 终末消毒　在病畜、病禽解除隔离、痊愈或死亡后，或者在疫区解除封锁前，为了彻底地消灭传染病的病原体而进行的最后消毒称为终末消毒。大多数情况下，终末消毒只进行 1 次，不仅病畜、病禽周围的一切物品、畜禽舍等要进行消毒，有时连痊愈畜禽的体表也要消毒。消毒时，先用消毒液如 3% 的来苏儿溶液进行喷洒，然后清扫畜禽舍。最后，畜禽舍如为水泥地面，就用消毒液仔细刷洗；如为泥土地，则深翻地面，撒上漂白粉（每平方米用 0.5 kg），再以水湿润压平。

二、影响消毒效果的因素

在消毒过程中，不论是物理方法、化学方法或是生物学方法，它们的效果都受很多因素的影响。掌握了这些因素，利用它们可以提高消毒效果；反之，处理不当，只会导致消毒的失败，造成巨大的经济损失。本节只讨论影响消毒药物作用的因素。

1. 消毒药物的选择　消毒药对微生物有一定选择性，针对所要杀灭的微生物的特点，选择合适的消毒剂是消毒工作成败的关键。如果要杀灭细菌芽孢，则必须选择高效的化学消毒剂才能取得可靠的消毒效果。季铵盐类是阳离子表面活性剂，因杀菌作用的阳离子具有亲脂性，而革兰氏阳性菌的细胞壁含类脂多于革兰氏阴性菌，故革兰氏阳性菌更易被季铵盐类消毒剂灭活。

2. 消毒剂的配合　消毒剂的正确配合运用也是有效使用消毒剂的关键。洗必泰和季铵盐类消毒剂用70%乙醇配制比用水配制穿透力强，杀菌效果更好。酚在水中的溶解度低，制成甲酚的肥皂溶液，可杀灭大多数细菌繁殖体，对结核杆菌亦能在15 min内杀灭。

3. 消毒剂的浓度　一般来说，消毒剂的浓度和消毒效果成正比，即消毒剂越浓，其消毒效力越强。如石炭酸的浓度降低 1/3，其效力降低 1/729~1/81，但也不能一概而论，如70%乙醇比其他浓度乙醇消毒效力都强。但浓度越大，对机体或器具的损伤或破坏作用也越大。因此，在配制消毒剂时，要按消毒对象的重量或体积计算选择最有效而又安全的浓度，不可随意加大或减少药物浓度。

4. 环境温度、湿度和酸碱度

（1）温度：一般来说，消毒剂随温度升高其杀菌能力增强。温度每升高 10 ℃，石炭酸的消毒作用可增加 5~8 倍，金属盐类增加 2~5 倍。

（2）湿度：对许多气体消毒剂的作用也有明显影响。这种影响来自两个方面：一是消毒物品的湿度，它直接影响到微生物的含水量。用环氧乙烷消毒时，若细菌含水量太多，则需要延长消毒时间；细菌含水量太少时，消毒效果亦明显降低；完全脱水的细菌用环氧乙烷很难将其杀灭。二是消毒环境的相对湿度，每种气体消毒剂都有其适应的相对湿度范围。如甲醛以相对湿度大于 60% 为宜，用过氧乙酸消毒时要求相对湿度不低于 40%，以 60%~80% 为宜。直接喷撒消毒剂干粉处理地面时，需要有较高的相对湿度，使药物潮解后才能充分发挥作用。

（3）酸碱度：可以从两个方面影响杀菌作用，一是对消毒剂的作用，可以改变其溶解度、离解程度和分子结构；二是对微生物的影响，微生物能生长的 pH 值为 6~8，pH 值过高或过低对微生物的生长均有影响。酚、次氯酸、苯甲酸是以非离解形式起杀菌作用，所以在酸性环境中杀菌作用强。戊二醛在酸性环境中稳定，而在碱性环境中杀菌作用加强。在碱性环境中，细菌带的负电荷增多，有利于阳离子表面活性剂发挥作用。

5. 有机物的存在　常见的有机物如血清、血液、脓液、痰液、蛋清、粪便、饲料残渣等，对病原菌具有机械性保护作用。所以在使用消毒剂时应先用清水将地面、器具、墙壁、皮肤或创伤面等清洗干净，再使用消毒剂。

消毒剂受有机物影响的程度是不同的。在有机物存在时，氯消毒剂的杀菌作用显著降低；季铵盐类、汞类、过氧化物类消毒剂的消毒作用也明显地受到影响。但烷基化消毒剂，如环氧乙烷、戊二醛及碘则受有机物的影响比较小。对于大多数消毒剂来说，当有机物存在时，需要适当加大药物剂量或延长作用时间。

6. 接触时间　细菌与消毒剂接触时间越长，细菌死亡越多。杀菌所需时间与药物浓度也有关系，升汞浓度每增加 1 倍，杀菌时间减少一半；石炭酸浓度增加 1 倍，则杀菌时间缩短到 1/64。

7. 消毒剂的物理状态　只有溶液才能进入微生物体内，发挥应有的消毒作用，而固体和气体则不能进入微生物细胞中，因此固体消毒剂必须溶于水中，气体消毒剂必须溶于细菌周围的液层中，才能发挥杀菌作用。如使用福尔马林和高锰酸钾进行熏蒸消毒时，若适当提高室内湿度，可以明显增强杀菌效果。

8. 微生物的种类、数量和状态　不同种类的微生物如细菌、真菌、病毒、支原体、衣原体等，即使同一种类中不同类群如细菌中的革兰氏阳性菌与革兰氏阴性菌对各种消毒剂的敏感性并不完全相同，因此，选择消毒剂时要考虑到消毒对象。如为杀死病毒，应选用对病毒消毒效果好的碱性消毒剂。

在同样条件下，微生物的数量不同，对同一种消毒药的消毒效果也不同。一般来说，细菌的数量越多，要求消毒剂浓度越大或消毒时间越长。

同一种微生物所处的不同状态对消毒剂的敏感性也不同。如同一种细菌的繁殖体比其芽孢对化学药品的抵抗力弱得多。生长期的细菌比静止期的细菌对消毒剂的抵抗力也低。

9. 消毒制度和责任心 生产中各个环节的消毒工作，必须制定严格的制度，如定期消毒制度，发生疫情时的消毒制度，各种常规消毒制度等，以保证和维持消毒效果。在进行消毒时，应有高度的责任心，严格执行消毒操作规程和要求，认真、仔细、全面完成消毒任务，杜绝由于操作不当或马虎而影响消毒效果的现象。

三、消毒药的应用

由于畜牧业的高度集约化发展，消毒防疫工作在畜禽养殖中也就显得更加重要。消毒是防治和扑灭各种动物传染病的重要措施，也是兽医综合卫生工作中的一个重要环节。

1. 空气消毒 畜禽舍、库房、实验室等的空气消毒，可采用紫外线照射等，亦可采用药物熏蒸或喷雾进行消毒。如畜禽舍、孵化室、育雏室、贮藏室的地面和墙壁可用 2%氢氧化钠或来苏儿喷洒消毒，门窗、室顶可用 0.01%新洁尔灭消毒，然后再用熏蒸消毒。若室温在 16 ℃以上，可用乳酸、过氧乙酸或甲醛熏蒸消毒，还可用漂白粉干粉撒在地上，每隔 3 天淋水 1 次，让氯挥发出来进行空气消毒，但不能带动物消毒。若室温在 0 ℃以下，可用 2%~4%次氯酸钠，再加 2%碳酸钠，然后喷雾或喷洒在室内，密闭 2 h 以上通风换气。若消毒食品库、冷库的食品有腐败臭味，可将库内食品清出后，用 2%甲醛溶液或 5%~20%漂白粉澄清液喷洒。

2. 饮水消毒 如用河水、塘水作为饮用水时，必须经过过滤或用明矾沉淀后，再按每吨水加含有效氯 21%的漂白粉 2~4 g 消毒后，方可饮用。未经过滤和沉淀的水，应加入漂白粉 6~10 g，并过 10 min 后方可饮用。也可用氯胺消毒，每 1 L 水用 2~4 mg。此外，饮水消毒还可用 0.1%高锰酸钾或每 1 L 水加入 2%碘酊 5~6 滴，亦可应用威岛牌消毒剂、抗毒威、百毒杀等。但需注意饮水免疫时，不能向饮水中加消毒剂，以免影响免疫效果。

3. 畜禽舍的消毒 畜禽舍消毒时先应将舍内所有部位的灰尘、垃圾清扫干净，然后选用消毒剂进行消毒。喷洒消毒时，消毒液的用量一般是每平方米 1 L。消毒时应按一定的顺序进行，一般从离门远处开始，以地面、墙壁、顶壁的顺序喷洒，最后再将地面喷洒 1 次。喷洒后应将畜禽舍门窗关闭 2~3 h，然后打开窗通风换气，再用清水冲洗食槽、地面等，将残余的消毒剂清除干净。畜禽舍消毒常用的消毒液有 20%石灰乳、5%~20%漂白粉溶液、30%草木灰水、1%~4%氢氧化钠溶液、3%~5%来苏儿溶液（猫舍禁用）、4%福尔马林溶液（犬、猫舍禁用）。

4. 运动场地消毒 畜禽运动场地，一般应半年进行1次清理消毒，每月用2%氢氧化钠溶液或10%~20%石灰乳喷洒消毒1次。清理消毒时，宜将场地表层土清除5~10 cm，然后用10%~20%漂白粉溶液喷洒或撒上漂白粉（每平方米用0.5~2.5 kg），再加上干净土压平。亦可用农福、复方碘溶液等喷洒消毒。

5. 畜禽饲养场及畜禽舍出口处的消毒 畜禽饲养场及畜禽舍门口应设计消毒池（槽），以对出入人员和进出车辆进行严格消毒。消毒池内盛放2%氢氧化钠溶液、10%~20%石灰乳或5%来苏儿溶液（猫、犬舍消毒池禁用）。亦可应用500倍稀释的环中菌毒清溶液、3%复方碘溶液等。消毒池的长度不小于轮胎的周长，宽度与门宽相同，池内消毒液应注意添换，使用时间最长不要超过1周。

6. 饲养设备的消毒 食槽、饮水器、铁笼、蛋架、蛋箱等一般应冲洗干净后，选用含氯制剂或过氧乙酸，以免因消毒剂的气味而影响畜禽采食或饮水。消毒时，通常将其浸于1%~2%漂白粉澄清液或0.5%的过氧乙酸中30~60 min，或浸入1%~4%氢氧化钠溶液中6~12 h。消毒后应用清水将食槽、水槽、饮水器等冲洗干净。对食槽、水槽中剩余的饲料和饮水等也应进行消毒。

7. 畜禽体表的消毒 事实上，不管畜禽舍消毒得多么彻底，如果忽略了畜禽体表的消毒，也不可能防止以后病原微生物的侵入。因为大部分病原体来自畜禽自身，如果不消毒畜禽体表，即使在进雏、入栏前对畜禽舍进行彻底消毒，其效果也只能维持1~2周时间。而且，只要有畜禽存在，畜禽舍的污染程度就会日益加重。因此，畜禽体表消毒除可杀灭畜禽体表及舍内和空气中的细菌、病毒等，防止疫病的感染和传播外，还具有清洁畜禽体表和畜禽舍、沉降畜禽舍内飘浮的尘埃、抑制畜禽舍内氨气的发生和降低氨气浓度等功效。

畜禽体表喷雾消毒的关键是选择杀菌作用强而对畜禽无害的消毒剂。适用于畜禽体表的消毒剂有0.1%新洁尔灭、0.1%过氧乙酸、500倍稀释的环中菌毒清、超氯、速效碘、必灭杀、百毒杀等。

8. 种蛋的消毒 蛋壳表面的微生物来源有内源性污染及外源性污染两个途径，内源性污染是患病鸡或隐性感染鸡所产蛋，在通过输卵管和泄殖腔时被污染的；外源性污染主要是由于蛋产出后被不洁产蛋箱、垫料、粪便等污染。对种蛋消毒以对刚产出的蛋立即进行消毒效果最好。

种蛋消毒可选用过氧乙酸气体消毒或甲醛熏蒸消毒，也可用 0.1% 新洁尔灭，在 40~50 ℃温度下浸泡 3 min 消毒，亦可选用其他消毒剂如菌毒清、超氯、百毒杀等进行消毒。种蛋消毒后应立即上孵或放入无菌的房间及容器中，以防重复污染。

9. 粪便消毒　常用的为生物消毒法，即堆积粪便利用生产的生物热进行消毒，亦可应用漂白粉、生石灰、草木灰等消毒。

附：消毒药物选用一览表

消毒种类	选用药物
畜禽舍室内空气消毒	高锰酸钾、甲醛、过氧乙酸、乳酸、醋酸、聚甲醛
饮水消毒	漂白粉、氯胺、过氧乙酸、高锰酸钾、二氧化氯、二氯异氰尿酸钠
畜禽舍地面消毒	石灰乳、漂白粉、草木灰、氢氧化钠、二氯异氰尿酸钠、溴氯海因
运动场地消毒	漂白粉、石灰乳、农福、百菌清
消毒池消毒	氢氧化钠、石灰乳、来苏儿、菌毒清
饲养设备消毒	漂白粉、过氧乙酸、百毒消、高锰酸钾、菌毒清
带禽消毒	菌毒清、聚维酮碘、氯甲酚、二氧化氯、二氯异氰尿酸钠
种蛋消毒	过氧乙酸、甲醛、新洁尔灭、菌毒清、癸甲溴铵、农福、碘伏、二氧化氯
粪便消毒	漂白粉、生石灰、草木灰、甲酚、克辽林
鱼池消毒	高锰酸钾、漂白粉、生石灰、二氯异氰尿酸钠、美蓝、中性吖啶黄、溴氯海因、二氧化氯
养蚕、养蜂消毒	新洁尔灭、甲醛、高锰酸钾

第三章　抗微生物药物

第一节　概述

　　抗微生物药物是指能抑制或杀灭细菌、支原体、真菌等病原微生物的各种药物，包括抗菌药、抗支原体药、抗螺旋体药、抗真菌药、抗衣原体药和抗病毒药等。它们在控制畜禽感染性疾病、提高养殖经济效益等方面具有极为重要的作用。其中抗菌药根据其来源主要包括抗生素（天然抗生素及半合成抗生素）、合成抗菌药、抗菌中草药等。

　　临床中抗菌药的分类方式较多。按照其抑制或杀灭病原微生物的范围可将其进一步分为广谱抗菌药和窄谱抗菌药，前者是指能同时对多种病原微生物发挥作用，即抑杀病原微生物的范围广，如土霉素就能同时对细菌、支原体、衣原体、螺旋体、立克次体和原虫发挥抑杀作用；而后者指仅能对某种或某几种少数病原微生物有作用，如青霉素 G 钠仅对革兰氏阳性菌和螺旋体有效，对其他病原微生物作用不明显。按照其抗菌活性的高低又可将抗菌药分为抑菌药和杀菌药，其中前者仅能抑制病原微生物的生长繁殖（如四环素），而后者不仅在较低浓度时能抑制病原微生物的生长繁殖，在较高浓度时还能杀灭病原微生物（如阿莫西林）。

　　病原微生物如果在后天的生长繁殖过程中有机会反复多次接触某种抗菌药物，就可能对该种药物产生耐药，结果导致此药的疗效下降甚至消失，此种现象即为耐药性（又称为抗药性），相应的细菌就称为耐药菌。如果一个细菌同时对某一类抗菌药的不同品种药物同时耐药，那此菌株即为交叉耐药菌；同理，如果一个细菌同时对多类（一般指三类及以上）抗菌药耐药，那其就为多重耐药菌；目前临床中已出现了更为严重的耐药菌，如泛耐药菌和全耐药菌等。

第二节　抗生素

抗生素曾称为抗菌素，主要是由微生物产生的，以低微浓度能选择性抑制或杀灭病原体的代谢产物和次级代谢产物。目前，抗生素主要从放线菌、细菌、真菌等微生物的培养液中提取，有些已能半人工合成或全人工合成。近十年来，人们从某些植物和海洋生物的提取物中及海洋微生物的培养物中也陆续获得了一些新型的抗生素，此外，利用现代生物合成技术和遗传学新技术，还可产生新的抗生素或性能更优异的抗生素类似物。抗生素不仅对细菌、真菌、放线菌、螺旋体、支原体、某些衣原体和立克次体等有作用，而且某些抗生素还有抗寄生虫和杀灭肿瘤细胞的作用。

应用于畜牧生产和兽医临床的抗生素种类繁多，根据其抗菌范围或作用对象（即抗菌谱）及应用范围，主要可分为下列几类：

（1）主要作用于革兰氏阳性菌的抗生素：包括青霉素类、头孢菌素类、β-内酰胺酶抑制剂、林可胺类、大环内酯类、杆菌肽等。

（2）主要作用于革兰氏阴性菌的抗生素：包括氨基糖苷类、多黏菌素等。

（3）主要作用于支原体的抗生素：如大环内酯类、截短侧耳素类等。

（4）广谱抗生素：包括四环素类、酰胺醇类，不仅对革兰氏阳性菌和革兰氏阴性菌有作用，而且对某些支原体、螺旋体、衣原体和立克次体亦有作用。

（5）抗真菌抗生素：如灰黄霉素、制霉菌素、两性霉素 B 等。

（6）抗寄生虫抗生素：如越霉素 A、伊维菌素、盐霉素、莫能菌素、马杜霉素等。

上述分类是相对的，如主要作用于革兰氏阴性菌的链霉素对支原体亦有作用，主要作用于支原体的北里霉素对革兰氏阳性菌亦有较强的作用。某些抗生素如泰妙菌素、泰乐菌素、离子载体类等为动物专用的抗生素。

一、主要作用于革兰氏阳性菌的抗生素

（一）青霉素类

本类抗生素在化学结构上属 β-内酰胺类抗生素，其作用机制是抑制细

菌细胞壁的合成，使细菌细胞壁缺损而失去屏障保护作用，引起菌体膨胀、变形，最后破裂、溶解、死亡。本类抗生素主要影响正在繁殖的细菌细胞，故也称为繁殖期杀菌剂，包括由发酵液得到的天然青霉素和半合成青霉素两类。前者（最常用的是青霉素 G）杀菌力强、疗效高、毒性低、价格低廉，是治疗许多敏感细菌感染的首选药物，但抗菌谱窄，在水溶液中极不稳定，易被胃酸和青霉素酶（β-内酰胺酶）水解破坏。后者则是对天然青霉素进行结构改造即半合成而得，具有广谱、耐酸和抗假单胞菌的特点，常用的有氨苄西林、阿莫西林和羧苄西林等。

青霉素 G（苄青霉素）Penicillin G（Benzylpenicillin）[处][乡]

【理化性质】青霉素 G 为有机酸，难溶于水，可与金属离子或有机碱结合成盐，临床常用的有钠盐、钾盐、普鲁卡因盐和苄星盐。青霉素 G 钠（钾）盐为白色结晶性粉末，易溶于水，但在水溶液中极不稳定，遇酸、碱或氧化剂即迅速失效。普鲁卡因青霉素为白色结晶性粉末，微溶于水。苄星青霉素为青霉素 G 的二苄基乙二胺盐，系白色结晶性粉末，难溶于水。青霉素 G 钠 0.6 μg 为 1 u，1 mg 相当于 1 670 u；青霉素钾 0.625 μg 为 1 u，1 mg 相当于 1 598 u。

【作用与用途】本品为窄谱抗生素，主要在细菌繁殖旺盛期起杀菌作用。对多种革兰氏阳性菌（包括球菌和杆菌）、部分革兰氏阴性球菌、螺旋体、梭状芽孢杆菌（如破伤风杆菌）、放线菌等有强大的作用，但对革兰氏阴性杆菌作用很弱，对结核杆菌、立克次体、病毒等无效。

本品作用机制主要是抑制细菌细胞壁黏肽的合成。由于革兰氏阳性菌的细胞壁主要由黏肽组成（达 65%~95%），而革兰氏阴性菌细胞壁的主要成分是磷脂（黏肽仅占 1%~10%），故本品对革兰氏阳性菌作用很强，而对革兰氏阴性菌作用很弱。由于细菌在繁殖旺盛时会不断生成新的细菌，而新的细菌就需要形成新的完整的细菌壁，故本品对生长旺盛期的敏感菌作用强大，而对静止期或生长繁殖受到抑制的细菌效果较差，对已形成的细胞壁无作用。一般细菌对青霉素不易产生耐药，但金黄色葡萄球菌可渐进性地产生耐药性。耐药的金黄色葡萄球菌能产生青霉素酶（β-内酰胺酶），使青霉素 G 的 β-内酰胺环水解失效。

青霉素 G 钠（钾）不耐酸，内服易被胃酸和消化酶破坏，仅有少量吸收，故不宜内服。肌内注射或皮下注射后吸收迅速，一般 30 min 可达血药峰浓度，有效血浓度仅维持 3~8 h；消除迅速，大部分由尿液排泄。临床上主要用于革兰氏阳性菌引起的各种感染，如败血症、肺炎、肾炎、乳腺炎、子宫内膜炎、创伤感染、猪丹毒、猪淋巴结肿胀、兔禽葡萄球菌病、链球菌病、炭疽、恶性水肿、气肿疽、马腺疫等，也可用于治疗放线菌及钩端螺旋体病。还可局部应用，如乳管内、子宫内及关节腔内注入以治疗乳腺炎、子宫内膜炎及关节炎等。另外，我国有人用本品与链霉素合用，注射产后青鱼，防治继发性感染。

青霉素 G 钠（钾）为短效制剂，每天须注射 3~4 次。普鲁卡因青霉素、苄星青霉素（长效西林）为长效制剂，肌内注射后吸收缓慢，药物在体内维持时间长，但血药浓度较低，仅适用于轻度或慢性感染，不能用于危重感染。此外，苄星青霉素亦用于需长期用药的疾病，如牛肾盂肾炎、肺炎、子宫炎、复杂骨折及预防长途运输时呼吸道感染等。复方苄星青霉素（三效青霉素）含有苄星青霉素、普鲁卡因青霉素及青霉素 G 钾，具有速效、高效、长效的特点，作用与用途同苄星青霉素，但对急重病例首次用药时，宜同时注射青霉素 G 钾。

【不良反应】

(1) 较少，注射给药对肌肉有一定的刺激性。

(2) 最常见、最严重的不良反应是由免疫反应引起的过敏，过敏严重者甚至会引起过敏性休克，犬、猫多见，其他动物亦偶有发生。

【用法与用量】

(1) 青霉素钠（钾）：肌内注射一次量，每 1 kg 体重，马、牛 1 万~2 万 u，羊、猪、驹、犊 2 万~3 万 u，犬、猫 3 万~4 万 u，禽 5 万 u。每天 2~3 次，连用 2~3 d。

(2) 普鲁卡因青霉素：肌内注射一次量，每 1 kg 体重，马、牛 1 万~2 万 u，羊、猪、驹、犊 2 万~3 万 u，犬、猫 3 万~4 万 u，每天 1 次，连用 2~3 d。

(3) 苄星青霉素：肌内注射一次量（以苄星青霉素计），每 1 kg 体重，马、牛 2 万~3 万 u，羊、猪 3 万~4 万 u，犬、猫 4 万~5 万 u，必要时隔 3~4 d 重复 1 次。

(4) 复方苄星青霉素：深部肌内注射一次量，每 1 kg 体重，各种家畜 1 万~2 万 u，每隔 1~2 d 注射 1 次。

(5) 乳房灌注：牛挤乳后每个乳室 10 万 u，每天 1~2 次。

【制剂】

（1）注射用青霉素 G 钠（钾）：每支（瓶）40 万 u、80 万 u、100 万 u、160 万 u、400 万 u。临用时用注射用水溶解，严重病例可用灭菌生理盐水稀释成 1 mL 含 1 万 u 的溶液，静脉滴注。

（2）注射用普鲁卡因青霉素：本品为普鲁卡因青霉素与青霉素 G 钾（钠）加适量悬浮剂、缓冲剂制成的灭菌粉末。每瓶 40 万 u，含普鲁卡因青霉素 30 万 u 及青霉素 G 钾（钠）10 万 u，每瓶 80 万 u，含普鲁卡因青霉素 60 万 u 及青霉素 G 钾（钠）20 万 u，160 万 u 含普鲁卡因青霉素 120 万 u 及青霉素 G 钾（钠）40 万 u，400 万 u 含普鲁卡因青霉素 300 万 u 及青霉素 G 钾（钠）100 万 u。临用前用适量注射用水，制成混悬液供肌内注射。

普鲁卡因青霉素注射液：5 mL 含普鲁卡因青霉素 742 mg（75 万 u）；10 mL 含 2 967 mg（300 万 u），4 451 mg（450 万 u）。

（3）注射用苄星青霉素：每瓶 30 万 u、60 万 u、120 万 u。临用前加适量注射用水，制成混悬液肌内注射。

（4）注射用复方苄星青霉素：每瓶 120 万 u（含苄星青霉素 60 万 u、普鲁卡因青霉素和青霉素 G 钾各 30 万 u）。临用前加注射用水适量，剧烈振摇制成混悬液，深部肌内注射。

【注意事项】

（1）青霉素在干燥条件下稳定，遇湿即加速分解，在水溶液中极不稳定，放置时间越长分解越多，不仅药效降低，且致敏物质亦增多。宜在临用前溶解配制并尽快用完，若一次用不完，可暂存于 4 ℃冰箱，但须当日内用完，以保证药效和减少不良反应。

（2）青霉素在近中性（pH 值为 6~7）溶液中较为稳定，酸性或碱性增强，均可使之加速分解，临床严禁将碱性药液（如碳酸氢钠等）与其配伍。青霉素遇重金属盐即分解或沉淀失效，也应避免配伍。此外，本品溶于葡萄糖中亦有一定程度的分解，临床最好用注射用水或生理盐水溶解。

（3）本品毒性较小，较严重的反应是过敏性休克，发生过敏反应可立即注射肾上腺素、糖皮质激素等进行急救。

（4）本品注射液与酸性药（如维生素 C、盐酸氯丙嗪、盐酸林可霉素等）混合可产生混浊、絮状物或沉淀，不能合用。

（5）青霉素钠（钾）100 万 u 含钠/钾离子 0.039 g/0.065 g，大剂量注射可能会出现高钠血症或高钾血症，对肾功能减退或心功能不全患畜会产生不良后果，其中钾离子对心脏的不良作用更严重。

(6) 治疗破伤风时宜与破伤风抗毒素合用。

(7) 休药期。注射用青霉素钠（钾）：0 d，弃奶期 3 d。普鲁卡因青霉素注射液：牛 10 d，羊 9 d，猪 7 d，弃奶期 2 d。注射用苄星青霉素和注射用普鲁卡因青霉素：牛、羊 4 d，猪 5 d，弃奶期 3 d。

【药物相互作用】本品与四环素类、酰胺醇类、大环内酯类联用呈拮抗作用，药效下降，临床不宜联合应用。

氯唑西林（邻氯青霉素）Cloxacillin[处][乡]

【理化性质】本品钠盐为白色粉末或结晶性粉末，微臭，味苦，有引湿性，易溶于水，微溶于乙醇，不溶于乙酸乙酯。

【作用与用途】本品为耐酸、耐青霉素酶的半合成青霉素。对青霉素耐药的菌株有效，尤其对耐青霉素的金黄色葡萄球菌有很强的杀灭作用，主要用于耐青霉素葡萄球菌感染，如乳腺炎、皮肤和软组织感染等。

本品耐胃酸，内服吸收快但不完全，受胃内容物影响可降低其生物利用度，故宜空腹给药。吸收后全身分布广泛，部分可代谢为活性和无活性代谢物，与原形药一起迅速经肾随尿液排泄，犬的半衰期为 0.5 h。

【不良反应】主要为过敏反应，多数家畜均会过敏，局部症状以注射部位水肿、疼痛为主，全身症状为荨麻疹、皮疹等，严重的可引起休克甚至死亡。

【用法与用量】

(1) 内服：一次量，每 1 kg 体重，马、牛、羊、猪 10~20 mg；犬、猫 20~40 mg，每天 3 次。

(2) 肌内注射：一次量，每 1 kg 体重，马、牛、猪、羊 5~10 mg；犬、猫 20~40 mg，每天 3 次。

(3) 乳管内注入：注射用氯唑西林钠，一次量，奶牛每个乳室 200 mg，每天 1 次。苄星氯唑西林乳房注入剂，干乳期奶牛，每乳室 0.5 g。

【制剂】

(1) 胶囊：每粒 0.125 g，0.25 g，0.5 g。

(2) 注射用氯唑西林钠：每瓶 0.5 g（效价）。

(3) 苄星氯唑西林乳房注入剂：10 mL 含 0.5 g，250 mL 含 12.5 g。

【注意事项】休药期：①注射用氯唑西林钠，牛 10 d，弃奶期 2 d。

②苄星氯唑西林乳房注入剂，牛 28 d，弃奶期：产犊后 4 d。

苯唑西林 Oxacillin[处][乡]

【理化性质】本品为白色粉末或结晶性粉末，无臭或微臭，在水中易溶，在丙酮或乙醇中极微溶解，在醋酸乙酯或石油醚中几乎不溶解。

【作用与用途】本品能耐受耐药菌产生的青霉素酶，故对产酶金黄色葡萄球菌仍然有效，但对不产酶菌株和其他对青霉素敏感的革兰氏阳性菌的抗菌作用不如青霉素。粪肠球菌对本品耐药。

本品耐酸，内服不为胃酸灭活，但吸收不完全。肌内注射吸收迅速，在体内分布广泛，肝、肾、肠、脾、胆汁、胸水、关节液和腹水均可达到有效治疗浓度，但不能透过正常的血脑屏障。本品在体内可部分代谢为活性和无活性代谢物，主要经肾随尿液排泄。临床主要用于耐青霉素金黄色葡萄球菌和表皮葡萄球菌所致败血症、肺炎、乳腺炎和烧伤创面感染等。

【不良反应】参见氯唑西林。

【用法与用量】肌内注射：一次量，每 1 kg 体重，马、牛、羊、猪 10~15 mg；犬、猫 15~20 mg，每天 2~3 次，连用 2~3 d。

【制剂】注射用苯唑西林钠：每支 0.5 g、1 g、2 g。

【注意事项】

（1）苯唑西林钠水溶液不稳定，易水解，且水解速度与温度成正比，故需现配现用，室温下仅能保存 1 d，必须保存时，可在冰箱中（2~8 ℃）保存 7 d。

（2）本品大剂量注射可出现高血钠症，肾功能减退或心功能不全患畜慎用。

（3）休药期：牛、羊 14 d，猪 5 d；弃奶期 3 d。

氨苄西林（氨苄青霉素）Ampicillin[处][乡]

【理化性质】本品为白色结晶性粉末，微溶于水，其游离酸含 3 分子结晶水（内服用），其钠盐（注射用）易溶于水。

【作用与用途】本品为半人工合成广谱抗生素，对革兰氏阳性菌的作用与青霉素相近或略差，对多数革兰氏阴性菌如大肠杆菌、沙门菌、变形杆菌、巴氏杆菌、副溶血性嗜血杆菌等的作用与氯霉素相似或略强，但不及卡那霉素、庆大霉素和多黏菌素；本品对铜绿假单胞菌、耐药金黄色葡萄球菌无效。

本品耐酸、不耐酶，内服或肌内注射均易吸收，主要用于敏感菌所引起的败血症，呼吸道、消化道及泌尿生殖道感染，如幼驹及犊牛肺炎、猪胸膜肺炎、犊牛白痢、仔猪白痢、牛巴氏杆菌病、乳腺炎、鸡白痢、禽伤寒、猫传染性腹膜炎等。

本品内服给药，单胃动物可吸收 30%~55%，但胃肠道内容物可降低吸收程度和速率，且反刍动物吸收差，绵羊内服的生物利用度仅为 2.1%。本品肌内注射吸收好，生物利用度大于 80%，吸收后能广泛分布到各种组织，包括肝、肺、肌肉、胆汁、腹腔积液、胸腔积液和关节液。表观分布容积犬为 0.3 L/kg，猫为 0.167 L/kg。本品与血浆蛋白结合率约为 20%，吸收后在奶中含量低，能透过血脑屏障和胎盘屏障，当用于患脑膜炎动物时，其在脑脊髓液中的浓度可达血清浓度的 10%~60%。本品吸收后主要通过肾小管消除，部分被水解为无活性的青霉噻唑酸后经尿液排出。马、水牛、黄牛、奶山羊和猪肌内注射本品的半衰期分别为 1.2~2.2 h、1.26 h、0.98 h、0.92 h 和 0.57~1.06 h。犬和猫的半衰期为 45~80 min。丙磺舒可以延缓本品的排泄，使血药浓度提高，半衰期延长。

【不良反应】 较少，个别家畜偶可出现过敏反应，如皮疹、发烧、嗜酸性细胞增多、白细胞和血小板减少、水肿、贫血、淋巴结病等，过敏反应与青霉素 G 之间有一定的交叉性，但多数动物过敏反应症状较轻。

【用法与用量】

(1) 混饮：每 1 L 水，鸡 60 mg，连用 3~5 d。

(2) 内服：一次量，每 1 kg 体重，马、牛 4~15 mg，羊、猪 5~20 mg，犬、猫、兔 11~22 mg，每天 1~2 次；家禽 5~20 mg，每天 2 次；鸽 25~120 mg，每天 1~2 次。复方氨苄西林片或粉，一次量，每 1 kg 体重，鸡 20~50 mg（以氨苄西林计），每天 1~2 次。

拌饵投喂，鱼，一次量，每 1 kg 体重 12 mg，连喂 5 d。

(3) 静脉注射或肌内注射：注射用氨苄西林钠，一次量，每 1 kg 体重，家畜 10~20 mg（以氨苄西林钠计），每天 2~3 次，连用 2~3 d。注射用氨苄西林钠、氯唑西林钠（临用前用适量灭菌注射用水或氯化钠注射液溶解），一次量，每 1 kg 体重，家畜 20 mg，一天 2~3 次，连用 3 d。

(4) 肌内注射：一次量，每 1 kg 体重，鸸鹋、鹤 15~20 mg，每天 2 次；鹰 15 mg，每天 2 次；鸽、黑水鸡 25 mg，每天 3 次；鹦鹉，局部感染，

50 mg，每天 3~4 次，全身感染，100 mg，每 4 h 注射 1 次。

（5）乳管内注入：每个乳室，牛 75 mg。

【制剂】

（1）氨苄西林可溶性粉：5%、10%。氨苄西林钠可溶性粉：10%。片剂或胶囊剂：每片（粒）0.25 g，0.5 g。

（2）内服悬液：每 5 mL 含 0.1 g、0.125 g、0.25 g、0.5 g。

（3）注射用氨苄西林钠：每支 0.5 g，1 g，2 g。

（4）复方氨苄西林片：每片含氨苄西林 40 mg 和海他西林 10 mg。

（5）复方氨苄西林粉：每 100 g 含氨苄西林 80 g 和海他西林 20 g。

（6）注射用氨苄西林、钠氯唑西林钠：每支或瓶 0.5 g（氨苄西林 0.25 g 和氯唑西林 0.25 g），1 g（氨苄西林 0.5 g 和氯唑西林 0.5 g），2 g（氨苄西林 1 g 和氯唑西林 1 g）。

【注意事项】

（1）本品在水溶液中很不稳定，应临用前现配现用，并尽快用完。

（2）本品在酸性溶液中分解迅速，宜用中性溶液作溶剂。

（3）休药期：注射用氨苄西林钠，牛 6 d、猪 15 d，弃奶期 2 d。可溶性粉和复方氨苄西林片：鸡 7 d，产蛋鸡禁用。

【药物相互作用】本品与庆大霉素等氨基糖苷类抗生素联用疗效增强。

阿莫西林（羟氨苄青霉素）Amoxicillin[处][乡]

【理化性质】本品为类白色结晶性粉末，微溶于水，对酸稳定，在碱性溶液中易被破坏。

【作用与用途】本品抗菌谱与氨苄西林相似，作用快而强。内服吸收良好，优于氨苄西林。当两药同等剂量内服后，阿莫西林血清浓度比氨苄西林高 1.5~3 倍。本品对肺部细菌感染有较好疗效，临床主要用于敏感菌所引起的呼吸道、消化道、泌尿道及软组织感染，亦可用于治疗乳腺炎及子宫内膜炎，如用于治疗禽伤寒、霍乱、鸡白痢、肺炎、支气管炎、输卵管炎、畜禽大肠杆菌病、仔猪白痢、猪胸膜肺炎、犊牛白痢等病症。

本品对胃酸相当稳定，单胃动物内服后 74%~92% 吸收，胃肠道内容物影响其吸收速率，但不影响其吸收程度，故可混饲给药。马、牛、山羊、绵羊、犬和猫的半衰期分别为 0.66 h、1.5 h、1.12 h、0.77 h、0.75 h、1.5 h。

【不良反应】本品对胃肠道正常菌群有较强的干扰作用。

【用法与用量】

（1）混饲，每1 kg软饲料，白玉鸟和小雀300~500 mg。

（2）混饮：每1 L水，鸡60 mg（以阿莫西林计），连用3~5 d；白玉鸟和小雀200~400 mg。复方阿莫西林粉，每1 L水，鸡0.5 g（以本品计），每天2次，连用3~7 d。

（3）内服：一次量，每1 kg体重，猪、绵羊、牛5~10 mg，犬、猫11~22 mg，每天2~3次；鸡20~30 mg，每天2次，连用5 d；鸽150 mg，每天4次。

（4）皮下或肌内注射：一次量，每1 kg体重，家畜5~10 mg。每天2次，连用3~5 d。

肌内注射：一次量，每1 kg体重，鸽150 mg。

（5）乳管注入：复方阿莫西林乳房注入剂，泌乳期奶牛，挤奶后每乳室3 g，每天2次，连用3次。

【制剂】

（1）可溶性粉：5%、10%。片剂：每片10 mg。

（2）注射用阿莫西林钠：每支含0.5 g，1 g，2 g，4 g。

（3）复方阿莫西林粉：50 g（阿莫西林5 g+克拉维酸1.25 g）。

（4）复方阿莫西林片：每片含阿莫西林50 mg和克拉维酸12.5 mg，阿莫西林100 mg和克拉维酸25 mg，阿莫西林200 mg和克拉维酸50 mg，阿莫西林300 mg和克拉维酸75 mg。

（5）复方阿莫西林乳房注入剂（3 g）：含阿莫西林三水物0.2 g（以阿莫西林计），克拉维酸钾50 mg（以克拉维酸计）和泼尼松龙10 mg。

（6）阿莫西林硫酸黏菌素可溶性粉：100 g含阿莫西林10 g和硫酸黏菌素2 g。

【注意事项】

（1）注射用复方阿莫西林不宜与葡萄糖、氨基糖苷类抗生素混合。

（2）蛋鸡产蛋期禁用。

（3）对青霉素耐药的革兰氏阳性菌感染不宜使用本品；对氨苄西林耐药的细菌感染也不宜使用本品。

（4）复方阿莫西林粉水溶液不稳定，需现用现配。

（5）休药期：片、可溶性粉和复方阿莫西林粉：鸡7 d。注射用复方阿莫西林，牛、猪14 d，弃奶期2.5 d。

哌拉西林钠 Piperacillin Sodium

【理化性质】本品为白色粉末，在水中极易溶解，在无水乙醇中溶解，有引湿性。

【作用与用途】本品对革兰氏阳性菌的作用与氨苄西林相似，对革兰氏阴性菌的作用较强，对铜绿假单胞菌、大肠杆菌、变形杆菌的活性优于阿莫西林、氨苄西林。本品内服不吸收，单独或与他唑巴坦配伍静脉或肌内注射，用于敏感菌引起的败血症及呼吸道、泌尿生殖道感染。

【用法与用量】肌内注射：一次量，每 1 kg 体重，畜禽 50 mg，每天 3 次。

【制剂】注射用哌拉西林钠：每瓶含 0.5 g、1.0 g。

卡比西林（羧苄青霉素）Carbenicillin

【理化性质】本品常以钠盐形式使用，其钠盐为白色结晶性粉末，易溶于水，对酸、热不稳定。

【作用与用途】本品为半合成的抗假单胞菌青霉素，抗菌谱与氨苄西林相似，但作用较弱。其特点是对铜绿假单胞菌和变形杆菌有较强抗菌活性。用于铜绿假单胞菌感染时，因其毒性小，不损害肾脏，故比庆大霉素和多黏菌素优越，但本品单用时，细菌易产生耐药性。与庆大霉素联用有协同作用，但联合应用时不宜混合注射，以免使庆大霉素效价降低。

本品内服不吸收，必须静脉注射或肌内注射给药。常与庆大霉素联用，用于铜绿假单胞菌所引起的系统感染、严重感染。

【不良反应】本品与青霉素有交叉过敏反应，用药前应做过敏试验，阳性反应者禁用。本品毒性较低，偶有发热、皮疹。

【用法与用量】

（1）静脉或肌内注射：一次量，每 1 kg 体重，家畜 33 mg，每天 3~4 次；鹦鹉 100~200 mg，每天 2~4 次。

（2）内服：每 1 kg 体重，鹦鹉 100~200 mg，每天 1~2 次，片剂磨碎后拌入饲料。

（3）气管内注射：治疗鹦鹉肺炎（与注射用氨基糖苷类配合），每 1 kg 体重，100 mg，每天 1~2 次。

（4）喷雾给药：治疗鹦鹉肺炎（与注射用氨基糖苷类配合），将本品

200 mg 溶于 10 mL 生理盐水中，喷雾。

【制剂】粉针：每瓶 0.5 g，1 g。片剂：每片含卡比西林 382 mg。

海他西林 （缩酮氨苄青霉素） Hetacillin

【理化性质】本品为白色或类白色结晶性粉末或结晶，在水、乙醇和乙醚中不溶，其钾盐易溶于水。本品由氨苄西林与丙酮发生缩合反应而成。按无水物计算，含氨苄西林不少于 80%。

【作用与用途】本身无抗菌活性，在中性 pH 值液体或稀释水溶液中迅速水解为氨苄西林而发挥作用。所以本品进入动物体内后可在体液中迅速水解为氨苄西林发挥抗菌效果，其作用与应用同氨苄西林，内服的血药峰浓度比氨苄西林高，但肌内注射的血药浓度远低于氨苄西林。

【用法与用量】内服：一次量，每 1 kg 体重，鸡 5 ~ 10 mg，每天 1 ~ 2 次。

【制剂】

（1）复方氨苄西林片：每片 0.1 g 含氨苄西林 40 mg 和海他西林 10 mg。

（2）复方氨苄西林粉：100 g 含氨苄西林 80 g 和海他西林 20 g。

【注意事项】

（1）蛋鸡产蛋期禁用。

（2）鸡休药期 7 d。

美西林 Mecillinam

【理化性质】本品为白色或几近白色的结晶性粉末，易溶于水，略溶于无水乙醇，为两性化合物，10% 水溶液透明，pH 值为 4.0 ~ 6.2。

【作用与用途】本品为一种新型的半合成窄谱抗革兰氏阴性杆菌的青霉素类抗生素。本品抗菌作用的靶位蛋白为 PBP-2，PBP-2 被结合后变成圆形而不能维持正常形态。主要作用于革兰氏阴性菌，对某些肠杆菌科细菌有较强的活性，对革兰氏阳性菌作用差。对大肠杆菌的抗菌活性较氨苄西林强十倍至数十倍，对痢疾杆菌、伤寒杆菌、肺炎杆菌及流感杆菌也有较强作用，但对铜绿假单胞菌、变形杆菌、假单胞菌、粪链球菌及其他革兰氏阳性菌均无效。由于本品仅作用于细胞靶蛋白 PBP-2，故单独应用杀菌作用不强，若与其他作用于 PBP-1 或 PBP-3 的 β-内酰胺类抗生素联用治疗阴性杆菌感染，可明显提高杀菌作用。

临床主要用于肠杆菌属及克雷伯菌属等敏感菌所致的急、慢性单纯和复杂性尿路感染及由此引起的败血症。本品与其他青霉素或头孢菌素联用可起协同作用，联合治疗革兰氏阴性杆菌所致的败血症、脑膜炎、心内膜炎、骨髓炎、下呼吸道感染、腹腔感染及皮肤感染等。

【不良反应】

（1）多见皮疹、药热等过敏反应，偶见过敏性休克。

（2）偶见恶心、呕吐、腹泻、腹痛等胃肠道反应。

（3）长期用药可出现二重感染。

【用法与用量】静脉注射或深部肌内注射：一日量，马、牛 2.5~5 g，羊、猪 1 g，鸡 0.11 g，犬、猫 0.2~0.5 g，分两次应用。

【制剂】粉针：每瓶 0.5 g、1 g。

【注意事项】

（1）与氨基糖苷类抗生素溶液配伍可发生化学反应，且抗菌活性降低，故不宜混合静脉滴注。

（2）水溶性不稳定，溶解后应立即使用。

（3）单独应用杀菌作用不强，若与 β-内酰胺类（其他青霉素、头孢菌素）药物联用，可明显提高杀菌作用。

（二）头孢菌素（先锋霉素）类

头孢菌素类是以头孢菌的培养液提取的头孢菌素 C 为原料，经催化水解得到 7-氨基头孢烷酸，通过侧链改造而得到的半合成抗生素，其作用机制、临床应用与青霉素类相似。本类药具有抗菌谱广、对酸和 β-内酰胺酶较青霉素类稳定、毒性小等优点。按发明先后和抗菌效能的不同，可分为第一代、第二代、第三代和第四代头孢菌素，价格较昂贵，国内兽医以第一代品种如头孢氨苄、头孢羟氨苄、头孢唑啉等，第三代动物专用品种头孢噻呋和第四代动物专用品种头孢喹肟等应用较多。

噻孢霉素（头孢菌素 I、头孢噻吩）Cephalothin（Cefaloin）

【理化性质】本品常以钠盐形式使用，其钠盐为白色结晶性粉末，易溶于水。

【作用与用途】本品抗菌谱广，对革兰氏阳性菌作用较强，对革兰氏阴性菌作用较弱，对钩端螺旋体较为敏感，主要用于耐药金黄色葡萄球菌和部分革兰氏阴性菌（如大肠杆菌等）引起的呼吸道和泌尿道感染，亦用于治疗犬、猫的钩端螺旋体病。

【不良反应】

（1）青霉素过敏者部分对本品过敏，可引起过敏性休克、血清病、皮疹等。应在本品皮试阴性后用药。

（2）对肝肾功能有轻度影响，偶见白细胞减少。

（3）肌内注射常引起疼痛。

（4）与氨基糖苷类合用，可加重肾损害。

【用法与用量】 静脉注射、肌内注射或皮下注射：一次量，每 1 kg 体重，犬、猫 20~40 mg，每天 3 次。

【制剂】 注射用头孢噻吩钠：每瓶 0.5 g、1 g。

头孢氨苄（先锋霉素Ⅳ）Cefalexin（Cephalexin）[处]

【理化性质】 本品为白色或乳黄色结晶性粉末，微溶于水，不溶于乙醇、氯仿或乙醚。

【作用与用途】 本品为可内服的头孢菌素，对金黄色葡萄球菌（包括耐青霉素 G 菌株）、溶血性链球菌、肺炎球菌、大肠杆菌、变形杆菌、沙门菌、志贺菌、克雷伯杆菌和肺炎杆菌等均有抗菌作用，但对肠球菌作用弱。本品内服吸收良好，用于上述敏感菌所引起的呼吸道、泌尿生殖道及软组织等部位感染。内服后，头孢氨苄能够迅速而完全地被机体吸收。犬和猫体内的半衰期为 1~2 h，生物利用度约为 75%。

【不良反应】

（1）恶心、呕吐、腹泻和腹部不适较为多见。

（2）皮疹、药物热等过敏反应，偶见过敏性休克。

（3）大剂量或长期使用会引起神经毒性、嗜中性粒细胞减少症、粒细胞缺乏症、血小板减少症、肝炎、Coomb's 试验阳性、间质性肾炎和肾小管坏死等。

【用法与用量】

（1）内服：一次量，每 1 kg 体重，马 22 mg，犬、猫 10~35 mg，每天 3~4 次；家禽、鸽、鹤、鹑、鸸鹋 35~50 mg，每天 4 次。

（2）静脉注射、肌内注射或皮下注射：一次量，每 1 kg 体重，马 10 mg，每天 2~3 次。

（3）肌内注射：头孢氨苄注射液，一次量，每1 kg体重，猪10 mg，每天1次。

（4）乳管内注入：一次量，每乳室200 mg，每天2次，连用2 d。

【制剂】

（1）片（胶囊）剂：每片（粒）0.125 g，0.25 g。

（2）头孢氨苄混悬液：每100 mL含2 g。

（3）头孢氨苄注射液：10 mL含1 g。

（4）盐酸头孢氨苄-水合物片剂：每片0.5 g。

【注意事项】

（1）对青霉素和头孢菌素类过敏的动物慎用。

（2）头孢氨苄注射液临用前应先振摇均匀。

（3）休药期：头孢氨苄注射液，猪28 d。

头孢羟氨苄 Cefadroxil

【理化性质】本品为白色或类白色结晶性粉末，可溶于水，微溶于乙醇，水溶液在弱酸性条件下稳定。

【作用与用途】本品为可内服的头孢菌素，其抗菌谱与头孢氨苄相似，内服吸收良好，主要用于敏感菌引起的犬、猫呼吸道、泌尿生殖道、皮肤及软组织感染。犬内服后吸收良好，受内容物影响小；血浆蛋白结合率约为20%，半衰期为2 h；在猫体内的血药消除半衰期为3 h；主要通过尿液排泄。

【不良反应】

（1）本品的不良反应较低，且发生频率相对低。

（2）用药后出现的过敏性反应与剂量无关，可表现为皮疹、发热、嗜酸粒细胞增多、淋巴结病或者严重的过敏反应。

（3）内服给药可引起胃肠道不适。

（4）大剂量或长期使用可引起下列不良反应：神经毒性、嗜中性粒细胞减少症、粒细胞缺乏症、血小板减少症、肝炎、Coomb's试验阳性、间质性肾炎和肾小管坏死等。

【用法与用量】内服：一次量，每1 kg体重，犬、猫20 mg，每天2次。

【制剂】片（胶囊）剂：每片（粒）0.125 g、0.25 g。

头孢唑啉（先锋霉素 V） Cefazolin

【理化性质】本品常用其钠盐，为白色或黄白色结晶性粉末或冻干固状物，易溶于水，微溶于乙醇。水溶液稳定，室温下可保存 24 h。

【作用与用途】本品抗菌谱与头孢氨苄相似，但对链球菌、大肠杆菌、肺炎杆菌、痢疾杆菌等的作用较强。临床用于敏感菌所引起的犬、猫败血症及呼吸道、泌尿生殖道、皮肤软组织和关节等的感染。

【不良反应】参见头孢羟氨苄。

【用法与用量】静脉注射、肌内注射或皮下注射：犬、猫 15～30 mg，猛禽 50～100 mg，每天 2 次。

【制剂】

（1）粉针：每瓶 0.5 g。

（2）注射剂：每 50 mL 含头孢唑啉 500 mg。

【注意事项】

（1）不可和氨基苷类抗生素混合同时注射，以免降效。

（2）肝肾功能不全者慎用。

（3）对青霉素过敏者慎用。

（4）供肌内注射用的粉针剂内含利多卡因，不可注入静脉。

头孢孟多 Cefamandole

【理化性质】本品又名头孢羟唑（Cefadole），为白色或浅黄色粉末，易溶于水。

【作用与用途】本品是一种广谱高效的第二代新型头孢菌素，兼有第一代和第三代头孢菌素的某些优点，对革兰氏阴性杆菌的抗菌作用较第一代头孢菌素明显增强，对大多数革兰氏阳性菌的抗菌作用又明显优于第三代头孢菌素。对革兰氏阴性杆菌如大肠杆菌、奇异变形杆菌、流感嗜血杆菌、沙门菌等的抗菌作用较第一代头孢菌素强，特别对嗜血杆菌属，本品有高效。此外，本品对大部分厌氧菌及消化道球菌亦具有抗菌作用。由于本品在尿液中浓度高，对尿路感染有高效。

本品内服吸收差，临床注射采用的制剂为头孢孟多甲酯钠，此酯化物进入体内数分钟即转化为头孢孟多。吸收后在体内分布良好，在肾脏、骨组织及胆汁中的浓度较高。该制剂主要用于动物敏感菌所致的各种感染，如呼吸道、泌尿道、胆管和肠道、皮肤软组织感染，引起腹膜炎、败血症等。

【不良反应】

（1）偶可致过敏反应，有荨麻疹及发热等，对头孢菌素过敏者禁用，过敏体质或对青霉素过敏者慎用。

（2）肾功能不全者，应减量使用。

（3）孕畜及 3 个月以内幼畜慎用。

（4）肌内注射可致局部疼痛，偶可产生血栓性静脉炎。

【用法与用量】肌内注射：一次量，每 1 kg 体重，马 22 mg，犬、猫 10~35 mg，每天 2~3 次。也可用生理盐水、葡萄糖注射液或乳酸钠注射液稀释后供静脉滴注或将本品溶于 10 mL 生理盐水中，于 3~5 min 内静脉注射。

【制剂】粉针：每瓶 0.5 g、1 g。

【注意事项】

（1）肾毒性大的药物如氨基糖苷类抗生素可增加本品对肾脏的毒性，不宜联用。

（2）与强效利尿药如呋塞米、依他尼酸等不宜联用，可增强肾毒性。

（3）因本品注射液中含碳酸钠，与含钙、镁的溶液混合有配伍禁忌。若必须联用，应分开在不同容器中给药。

（4）本品制成溶液后，在室温（25 ℃）保存 24 h 稳定，5 ℃ 以下保存 4 d。

头孢呋辛 Cefuroxime

【理化性质】本品又名头孢呋肟、西力欣（Zinacef），为白色至淡黄色的粉末，味苦，略有异臭。本品的钠盐易溶于水，其水溶液视浓度和溶剂的不同，由浅黄色至琥珀色。

【作用与用途】本品是第二代头孢菌素的杰出代表，其对革兰氏阳性菌的抗菌作用稍低于或接近于第一代头孢菌素。突出优点是对产酶耐药的葡萄球菌及阴性杆菌有较强抗菌活性，对阴性菌产生的 β-内酰胺酶高度稳定，其稳定性远远超过第一代和其他第二代头孢菌素，乃至某些第三代头孢菌素。本品对部分厌氧菌也有抗菌作用，但铜绿假单胞菌、变形杆菌、不动杆菌、产碱杆菌、枸橼酸杆菌和肠球菌对本品耐药。

本品在动物体内分布广泛，各组织液中包括骨、滑膜液、胆汁、痰液、胸腔积液及房水中均可超过抑制常见致病菌所需浓度。主要用于动物敏感菌所致呼吸道、泌尿道、皮肤和软组织、骨和关节感染以及败血症、中耳炎、疖、脓皮病等。

【不良反应】不良反应较少，与其他头孢菌素一样发生皮疹反应，但少见。偶见一过性转氨酶升高。

【用法与用量】静脉注射：一次量，每 1 kg 体重，犬、猫 10～15 mg，每天 2～3 次。

【制剂】粉针：每瓶 0.75 g、1.5 g。

【注意事项】

（1）与氨基糖苷类药物、呋塞米不宜联用，可致肾损害。

（2）长期大剂量应用可引起二重感染。

（3）对青霉素类过敏或其他头孢菌素类药物过敏的动物禁用；妊娠早期、肾功能不良、哺乳期慎用。

（4）食物可促进吸收，可以与食物同用。

头孢噻肟（头孢氨噻肟）Cefotaxlme

【理化性质】本品钠盐为白色结晶性粉末，无味，微溶于水，水溶液在 5 ℃可保存 1 周。微溶于乙醇。

【作用与用途】本品对革兰氏阳性菌及革兰氏阴性菌均有抗菌作用，其特点是对革兰氏阳性菌的作用与第一代头孢菌素相近或较弱，对革兰氏阴性菌如大肠杆菌、变形杆菌、沙门菌、肺炎杆菌等的作用强大，尤其是对肠杆菌科细菌的活性很强。本品常用于敏感菌所致的呼吸道、泌尿道、皮肤和软组织、腹腔、消化道感染，败血症及化脓性脑膜炎等。

【不良反应】参见头孢羟氨苄。

【用法与用量】静脉注射：一次量，每 1 kg 体重，马 20～30 mg，每天 3 次；山羊 20～40 mg，每天 2 次。肌内注射或皮下注射，每 1 kg 体重，山羊、犬、猫 20～40 mg，每天 2～3 次；鸟类 50～100 mg，每天 3～4 次。

【制剂】粉针：每瓶 0.5 g、1 g。

【注意事项】使用前，加灭菌注射用水适量溶解后立即使用，静脉注射和滴注应在 30 min 内结束。幼畜不宜用肌内注射。

头孢三嗪（头孢曲松）Ceftriaxone（Rocephin）

【理化性质】本品常用其钠盐，为白色至黄色的结晶性粉末，溶于水，水溶液因浓度不同而显黄色至琥珀色。

【作用与用途】本品抗菌谱与头孢噻肟相似，对革兰氏阳性菌有中度的抗菌作用，对革兰氏阴性菌作用强大。适用于肺炎、气管炎、腹膜炎、胸膜炎，以及泌尿生殖系统感染，也可用于脓毒症、败血症、脑膜炎及皮肤软组织感染等。

【用法与用量】静脉注射或肌内注射：一次量，每 1 kg 体重，马25 mg，每天 2 次；犬、猫 25 mg，每天 1~2 次。

肌内注射：每 1 kg 体重，鹦鹉 75~100 mg，每 4~8 h 1 次。

【制剂】粉针：每瓶 0.25 g、1 g、2 g。

头孢他啶 Ceftazidime

【理化性质】本品又名头孢噻甲羧肟，为无色或微黄色粉末，微溶于水（5 mg/kg），不溶于乙醇、氯仿和乙醚。因浓度不同，药液呈浅黄色至琥珀色。0.5%水溶液的 pH 值在 3~4。

【作用与用途】本品为半合成的第三代头孢菌素，对革兰氏阳性菌的作用不及第一代和第二代头孢菌素。最大优点是对革兰氏阴性菌（包括产酶菌）的抗菌活性强，对 β-内酰胺酶有高度的稳定性。本品对大肠杆菌、沙门菌、枸橼酸杆菌、奇异变形杆菌、流感嗜血杆菌（包括耐氨苄西林菌株）、脑膜炎球菌等有良好的抗菌作用，对铜绿假单胞菌的作用强，超过头孢哌酮、头孢曲松、氨基糖苷类及其他广谱 β-内酰胺类药物。临床应用本品治疗铜绿假单胞菌（包括耐其他药物的菌株）所致的脑膜炎、败血症、尿路感染、骨髓炎等。

本品内服不吸收，肌内注射后能迅速广泛地分布于全身各脏器组织及体液中，包括骨骼和脑脊液。犬皮下注射的生物半衰期是 0.8 h；按 30 mg/kg 的剂量给药，可以使本品浓度在高于铜绿假单胞菌 MIC 的情况下维持 4.3 h。当以 4.1 mg/（kg·h）恒定速率静脉输入时（首次用药剂量为 4.4 mg/kg 体重），平均血药浓度可维持在165 μg/mL 以上。头孢他啶在体内分布广泛，包括骨骼和脑脊液。在体内不代谢，主要经肾小球过滤后以原型随尿液排出体外，故尿中的药物浓度高。主要用于动物敏感菌，尤其耐其他药的阴性杆菌所致的严重的呼吸道、泌尿道、胃肠道、腹腔、胸腔、盆腔、骨关节、皮肤软组织等感染以及烧伤、创伤、术后感染、败血症、脓毒血症、脑膜炎等。本品在爬行类动物体内的生物半衰期长，因此对此类动物的革兰氏阴性菌感染尤其有效。

【不良反应】犬经皮下注射可引起胃肠道反应；肌内注射和皮下注射可产生疼痛。

【用法与用量】肌内注射：一次量，每 1 kg 体重，马、牛 10～25 mg，犬、猫 25～50 mg，每天 2～3 次。

【制剂】

（1）注射用头孢他啶粉（含碳酸氢钠）：每瓶 500 mg、1 g、2 g、6 g。

（2）注射用头孢他啶粉（含精氨酸）：每瓶 1 g、2 g、10 g。

【注意事项】

（1）对头孢菌素过敏者忌用。

（2）头孢他啶与氨基糖苷类药物（庆大霉素、阿米卡星）合用对肠杆菌科细菌具有协同杀菌作用，但肾毒性增强。

（3）头孢他啶与克拉维素等合用具有抗耐药增效协同作用。

（4）呋塞米可增加头孢菌素的肾毒性反应。

（5）氟康唑与头孢他啶配伍可立即生成沉淀，应禁止混合使用；头孢他啶遇碳酸氢钠不稳定，不可配伍。

头孢噻呋（头孢替呋）Ceftiofur[处][乡]

【理化性质】本品为白色至灰黄色粉末，常用其钠盐或盐酸盐。易溶于水，水溶液冷冻可保存 8 周，2～8 ℃可保存 7 d，15～30 ℃可保存 12 h，其干燥粉末较为稳定，有效期可达 2 年以上。

【作用与用途】本品为动物专用的第三代头孢菌素类抗生素，其抗菌谱广，抗菌活性强，对革兰氏阳性菌、革兰氏阴性菌及厌氧菌均有强大的抗菌活性，其对革兰氏阳性菌的作用与第一代头孢菌素相近或较弱，对革兰氏阴性菌如大肠杆菌、沙门菌、巴氏杆菌等具有强大的抗菌活性。适用于各种敏感菌引起的呼吸道、泌尿道等感染，尤其适用于防治大肠杆菌、沙门菌、铜绿假单胞菌、葡萄球菌等引起的鸡苗早期死亡，1 日龄仔猪的大肠杆菌性黄痢及剪脐带、打耳号、剪齿、剪尾等引起的伤口感染，以及放线杆菌引起的猪传染性胸膜肺炎、牛的支气管肺炎等，也用于防治由金黄色葡萄球菌、停乳链球菌和乳房链球菌引起的干乳期奶牛亚临床型乳腺炎。

【不良反应】参见头孢羟氨苄。

【用法与用量】

（1）静脉注射：一次量，每 1 kg 体重，马 2.2~4.4 mg，每天 1~2 次。

（2）肌内注射：一次量，每 1 kg 体重，马 2.2~4.4 mg，牛 1.1~2.2 mg，猪 3~5 mg，每天 1 次，连用 3 d。

（3）皮下注射：一次量，1 日龄雏鸡，每羽 0.1 mg（颈部皮下）。

（4）乳管注入：干乳期奶牛，每个乳室注入 1 支。给药前先用温热的、适宜的消毒剂溶液彻底清洗乳头。待乳头完全晾干后，用力挤出乳房中的剩余乳汁。然后，用酒精棉签擦拭感染的乳头及其边缘，在擦拭过程中不同的乳头不可使用同一个酒精棉签。最后，按选择的注射方式（全插入或部分插入）将注射器插管插入乳头小管，推动注射器并按摩乳房将药物注入乳腺泡中。

【制剂】

（1）注射用头孢噻呋：每瓶 0.1 g、0.2 g、0.5 g、1 g。

（2）注射用头孢噻呋钠：每瓶 0.1 g、0.2 g、0.5 g、1 g、4 g。

（3）盐酸头孢噻呋混悬注射液：每 100 mL 含 0.5 g，5 g。

（4）盐酸头孢噻呋乳房注入剂（干乳期）：每支 10 mL 含 0.5 g。

（5）盐酸头孢噻呋注射液：每 20 mL 含 2 g；50 mL 含 2.5 g，5 g；100 mL 含 5 g，10 g；250 mL 含 12.5 g。

【注意事项】

（1）对头孢菌素过敏动物禁用，对青霉素过敏动物慎用。

（2）马在应激条件下应用本品可伴发急性腹泻，可致死，一旦发生应立即停药，并采取相应治疗措施。

（3）肾功能不全动物注意调整剂量。

（4）注射用头孢噻呋钠临用前以注射用水溶解，使每毫升含头孢噻呋 50 mg。稀释后的溶液在 2~8 ℃冰箱可保存 7 d，在 15~30 ℃室温可保存 12 h，冷冻保存可达 8 周。临用前摇匀。

（5）注射用混悬液，使用前充分摇匀，不宜冷冻，第一次使用后需在 14 d 内用完。

（6）盐酸头孢噻呋乳房注入剂（干乳期）仅用于干乳期奶牛。

（7）休药期：注射用头孢噻呋，猪 1 d。注射用头孢噻呋钠，牛、猪

4 d，弃奶期 12 h。盐酸头孢噻呋混悬液，牛 2 d。盐酸头孢噻呋乳房注入剂（干乳期），产犊前 30 d 给药，牛 16 d，弃奶期 0 d。

头孢喹肟（头孢喹诺）Cefquinome[处]

【理化性质】本品常用其硫酸盐，为类白色至淡黄色结晶性粉末，易溶于水。

【作用与用途】本品为动物专用的头孢菌素类抗生素，抗菌谱广，抗菌活性强，对革兰氏阳性菌、革兰氏阴性菌如溶血性或多杀性巴氏杆菌、沙门菌、大肠杆菌、链球菌、葡萄球菌、棒状杆菌、睡眠嗜血杆菌、黏质沙雷菌属、化脓放线菌、克雷伯菌、变形菌属、梭菌属、大叶性肺炎放线菌属、猪丹毒杆菌等均有很强的杀灭作用。主要用于治疗牛巴氏杆菌或胸膜肺炎放线杆菌引起的呼吸道感染、具有全身症状的急性大肠杆菌性乳腺炎、趾部皮炎、传染性坏死和急性趾间坏死杆菌病（蹄腐烂）、犊牛大肠杆菌性败血症、猪的细菌性呼吸道感染、母猪子宫炎—乳腺炎—无乳综合征（MMA）、顽固性禽大肠杆菌感染，以及葡萄球菌、链球菌、隐秘杆菌、大肠杆菌等引起的奶牛急性、慢性子宫内膜炎等。

【用法与用量】

（1）肌内注射：一次量，每 1 kg 体重，猪 2~3 mg，每天 1 次，连用 3~5 d。

（2）乳管内注入：泌乳期奶牛，挤奶后每个乳室 1 支，间隔 12 h 注入 1 次，连用 3 次。

（3）子宫内灌注：一次量（以硫酸头孢喹肟子宫注入剂计），牛 25 g（1 瓶），必要时隔 3 d 追加给药一次，用前摇匀，使用前应进行直肠按摩清除恶露，阴道口及会阴部分进行清洗消毒。

【制剂】

（1）注射用硫酸头孢喹肟：每支 50 mg、0.1 g、0.2 g、0.5 g。

（2）硫酸头孢喹肟注射液：5 mL 含 0.125 g；10 mL 含 0.1 g、0.25 g；20 mL 含 0.5 g；30 mL 含 0.75 g；50 mL 含 1.25 g；100 mL 含 2.5 g。

（3）硫酸头孢喹肟乳房注入剂（泌乳期）：每支 8 g 含 75 mg。

（4）硫酸头孢喹肟子宫注入剂：每支 25 g 含 0.9 g。

【注意事项】

（1）可与禽马立克疫苗同时使用，防治雏鸡细菌病，1 日龄雏鸡用量每羽 0.1 mg。

（2）使用前将药液摇匀，瓶装药品启封后应在 4 周内用完。粉剂要现用现配。

（3）避免同一部位肌肉多次注射。

（4）注射用硫酸头孢喹肟溶解时会产生气泡，操作过程应注意。

（5）休药期：注射用硫酸头孢喹肟，猪 3 d。硫酸头孢喹肟注射液，牛 5 d，弃奶期 1 d。硫酸头孢喹肟乳房注入剂（泌乳期），弃奶期 12 h。硫酸头孢喹肟子宫注入剂，弃奶期 7 d。

头孢哌酮钠 Cefoperazone Sodium

【理化性质】本品为白色结晶性粉末，易溶于水，水溶液因浓度不同由无色到浅黄色，微溶于乙醇。

【作用与用途】头孢哌酮钠是第三代头孢菌素，含有抗假单胞菌活性的哌嗪侧链。其保留了第一代和第二代头孢菌素抗革兰氏阳性菌的活性，而且还增加了抗革兰氏阴性菌的活性。主要用于治疗各种敏感菌所致的呼吸道、泌尿道、腹膜、皮肤和软组织、骨和关节、五官等部位的感染，还可用于败血症和脑膜炎等，尤其适用于对其他药物不敏感而对本药敏感的肠杆菌科细菌或不宜使用氨基糖苷类药物（由于其潜在毒性）来治疗的情况。

本品内服不吸收，必须注射给药；吸收后在体内分布广泛，可通过胎盘，也可少量进入乳汁，但不易透过正常的血脑屏障。

【不良反应】

（1）本品相对安全，在动物上很少发生过敏反应。

（2）胃肠的反应一般较轻，如腹泻。

（3）对头孢菌素过敏者禁用。

【用法与用量】肌内注射：每 1 kg 体重，犬、猫 20 mg，每天 3~4 次。

【制剂】注射用头孢哌酮粉：每瓶含 1 g、2 g。

【注意事项】

（1）由于含有硫甲基四氮唑侧链，可能偶尔导致低凝血酶原血症。

（2）本品与 β-内酰胺酶抑制剂如克拉维酸或氨基糖苷类抗生素（如庆大霉素、阿米卡星）合用可对一些肠杆菌科细菌产生协同作用。由于本品与氨基糖苷类抗生素接触可使其失活，故不应将两者在同一注射器或静脉注射袋中混合。

头孢吡肟（马斯平）Cefepime（Maxipime）

【理化性质】本品又名马斯平、头孢匹美，第四代半合成头孢菌素，为白色至淡黄色粉末，几乎无臭，有引湿性。

【作用与用途】本品抗菌谱广，对革兰氏阳性菌和革兰氏阴性菌包括肠杆菌属、铜绿假单胞菌、嗜血杆菌属、奈瑟淋球菌属、葡萄球菌及链球菌（除肠球菌外）都有较强抗菌活性。本品对耐药菌产生的 β-内酰胺酶稳定。临床主要用于各种严重感染如呼吸道感染、泌尿系统感染、胆道感染及败血症等。

【不良反应】不良反应少而轻，主要为腹泻、皮疹、呕吐及瘙痒、便秘等，偶有发热、口腔及阴道念珠菌感染、假膜性肠炎、局部疼痛及静脉炎发生。

【用法与用量】肌内注射、静脉注射或静脉滴注：每 1 kg 体重，马驹 11 mg，每天 2~3 次；犬，40 mg，每天 3~4 次。

【制剂】针剂：0.5 g、1.0 g。

【注意事项】

（1）对头孢菌素过敏者禁用。

（2）哺乳期母畜慎用。

（3）与氨基糖苷类有协同作用。

（三）β-内酰胺酶抑制剂

细菌对青霉素类、头孢菌素类等 β-内酰胺类抗生素耐药的主要机制是产生了 β-内酰胺酶（β-lactamase），水解抗生素的 β-内酰胺环而使其失去抗菌活性。β-内酰胺酶抑制剂（β-lactamase inhibitors）是一类能与革兰氏阳性菌和革兰氏阴性菌所产生的 β-内酰胺酶发生结合而抑制酶活性的药物。根据其作用方式，β-内酰胺酶抑制剂可分为竞争性和非竞争性两类，其中后者发现很少；而竞争性抑制剂又可分为可逆性和不可逆性两种，目前临床上常用的抑制剂克拉维酸、舒巴坦和他唑巴坦均属于不可逆性抑制剂，此类抑制剂作用强，对葡萄球菌和多数革兰氏阴性菌产生的 β-内酰胺酶均有作用。

克拉维酸（棒酸）Clavulanic Acid[处][乡]

【理化性质】本品常用其钾盐，为白色或无色针状结晶，微臭，易溶于水，但水溶液不稳定，微溶于乙醇，不溶于乙醚，易吸湿失效，应于密闭低温干燥处保存。

【作用与用途】本品自身仅有微弱的抗菌活性，临床上一般不单独使用，常与其他β-内酰胺抗生素（如阿莫西林、氨苄西林）以1：2或1：4比例合用以扩大不耐酶抗生素的抗菌谱，增强抗菌活性及克服细菌的耐药性。实践证明，对两药合用敏感的细菌有：金黄色葡萄球菌、链球菌、化脓棒状杆菌、大肠杆菌、变形杆菌、沙门菌、巴氏杆菌及丹毒杆菌等。

本品内服吸收良好，也可肌内注射给药。可透过血脑屏障和胎盘屏障，尤其当有炎症时可促进本品的扩散，在体内主要以原形从肾排出，部分也通过粪及呼吸道排出。

【不良反应】本品毒性小，临床应用不良反应小。对青霉素等过敏者慎用。

【用法与用量】

（1）内服：一次量，每1 kg体重，家畜10~15 mg（以阿莫西林计），每天2次。阿莫西林克拉维酸钾混悬口服液，每1 kg体重，鸽125 mg，每天1次；鹦鹉125 mg，每天3次。

（2）皮下或肌内注射：一次量，每1 kg体重，家畜6~7 mg（以阿莫西林计），每天1次。

【制剂】

（1）阿莫西林克拉维酸钾片：每片0.125 g，其中阿莫西林0.1 g，克拉维酸钾0.025 g。

（2）注射用阿莫西林克拉维酸钾：每支含1.2 g，其中阿莫西林1 g，克拉维酸钾0.2 g。

（3）阿莫西林克拉维酸钾混悬口服液：每1 mL含50 mg阿莫西林+12.5 mg克拉维酸钾。

【注意事项】同阿莫西林。

舒巴坦 Sulbactam

【理化性质】本品在临床上常用其钠盐，为白色或类白色结晶性粉末，微有臭味，味微苦，易溶于水，且水溶液较稳定，微溶于甲醇，不溶于乙醇。

【作用与用途】本品对革兰氏阳性菌和革兰氏阴性菌（铜绿假单胞菌除外）所产生的β-内酰胺酶均有抑制作用，但单用时抗菌活性很弱。一般不单独使用，临床上常与阿莫西林或氨苄西林合用。与阿莫西林以 1∶2 合用可扩大阿莫西林的抗菌谱，大大增强阿莫西林对革兰氏阴性菌的作用；与氨苄西林合用可增强对葡萄球菌、嗜血杆菌、巴氏杆菌、大肠杆菌及沙门菌等的抗菌作用，并对耐氨苄西林的菌株也有效。本品内服吸收很少，肌内注射后能迅速分布到各组织中，其中心、肝、肺及肾中药物浓度较高，主要经肾排泄，尿中药物浓度较高。临床主要用来治疗由敏感菌引起的呼吸道、消化道、泌尿道及皮肤软组织的感染及败血症等。

【不良反应】本品可引起过敏反应，如皮疹，药热，气喘，过敏性休克等。实验室检查异常者有转氨酶、碱性磷酸酶、乳酸脱氢酶升高等。

【用法与用量】

（1）内服：一次量，每 1 kg 体重，犬 20~40 mg（以氨苄西林计），每天 2 次。

（2）肌内注射：一次量，每 1 kg 体重，犬 10~20 mg（以氨苄西林计），每天 1 次。

【制剂】

（1）注射用舒他西林（氨苄西林∶舒巴坦钠＝2∶1），每支 0.75 g、1.5 g。

（2）氨苄西林—舒巴坦甲苯磺酸盐片，每片 0.125 g、0.25 g、0.375 g。

【注意事项】舒巴坦和氨苄西林禁用于对青霉素类抗生素过敏的动物。

他唑巴坦 Tazobactam

【理化性质】本品为舒巴坦的衍生物，白色或类白色粉末，无臭，味微苦，在二甲基甲酰胺中极易溶解，在水中微溶，钠盐易溶于水。

【作用与用途】本品与克拉维酸、舒巴坦相似，本身无抗菌活性，与头孢菌素等联合应用可明显地抑制酶活性保护抗生素，从而对抗生素起增效作用。性质比克拉维酸稳定，且不会产生诱导酶，比舒巴坦抑酶谱广，是目前最有应用前景的β-内酰胺酶抑制剂，联合三代头孢菌素，用于耐β-内酰胺类抗生素致病菌引起的中、重度感染，非复杂性及复杂性皮肤及软组织感染。

【制剂】哌拉西林钠/他唑巴坦钠注射粉针：2.25 g 含哌拉西林钠 2 g，他唑巴坦钠 0.25 g。

【注意事项】本品禁用于对青霉素类、头孢菌素类抗生素药物或 β-内酰胺酶抑制剂过敏动物。

(四) 大环内酯类

红霉素 Erythromycin[处][乡]

【理化性质】本品为白色或类白色碱性晶体物质，微有引湿性。极微溶于水，易溶于甲醇、乙醇或丙酮，遇酸成盐（如乳糖酸盐或硫氰酸盐）则易溶于水。本品在碱性溶液中抗菌作用较强，当 pH 值低于 4 时，抗菌作用几乎完全消失。

【作用与用途】本品抗菌谱与苄青霉素相似，对革兰氏阳性菌中的金黄色葡萄球菌、链球菌、肺炎球菌等作用较强，对革兰氏阴性菌中的巴氏杆菌、布氏杆菌也有一定作用。此外，本品还对支原体、立克次体、钩端螺旋体、放线菌、诺卡菌有效，但对大肠杆菌、沙门菌属等肠道阴性杆菌无作用。主要用于耐药金黄色葡萄球菌、溶血性链球菌所引起的严重感染，如肺炎、败血症、子宫内膜炎、乳腺炎等；对支原体所引起的家禽慢性呼吸道病、猪支原体肺炎也有较好疗效；还用于犬、猫诺卡菌病的治疗；可以防治青鱼、草鱼、鲢鱼、鳙鱼等鱼苗和鱼种的白头白嘴病，草鱼、青鱼细菌性烂鳃病，鲢鱼、鳙鱼等鱼的白皮病及罗非鱼的链球菌病等。同时本品喷洒桑叶还可用于防治家蚕的黑胸败血病。

内服红霉素在小肠上部吸收，其中剂型、胃肠道酸度、胃中的食物和胃排空时间可影响红霉素的生物利用度。红霉素吸收后分布到全身的大部分体液和组织，包括前列腺、巨噬细胞和白细胞，也可透过胎盘和乳腺，乳汁浓度为血清浓度的 50%，但脑脊液中浓度很低。红霉素在犬体内的表观分布容积为 2 L/kg，马驹为 3.7~7.2 L/kg，母马为 2.3 L/kg，牛为 0.8~1.6 L/kg。泌乳牛乳汁与血浆中药物浓度比率为 6~7。红霉素主要以原型通过胆汁排泄，部分在肝脏代谢为无活性的代谢产物，部分药物通过胆汁排泄后重吸收，仅 2%~5% 的药物以原型通过尿液排泄。

【不良反应】

(1) 小动物、猪、绵羊或牛应用红霉素后出现不良反应相对较少。肌内注射给药后在给药部位可出现局部反应和疼痛。

(2) 内服红霉素会引起胃肠道功能紊乱，如腹泻、厌食，偶尔发生呕吐。猪使用红霉素可能引起直肠水肿和部分脱肛。

(3) 注射剂型易引起血栓性静脉炎，因此静脉注射时速度需缓慢。

(4) 本品应用于反刍动物，可诱发严重的腹泻，应禁用。

(5) 本品用于幼驹，仅偶尔诱发轻度自限性腹泻；如用于成年马，会产生严重甚至是致命的腹泻。

(6) 本品用作促动力剂可刺激更大的食物颗粒排空进入肠道，从而增加肠功能紊乱症状。

【用法与用量】

(1) 混饮：每1 L水，鸡2.5 g（以硫氰酸红霉素可溶性粉计），连用3~5 d。

(2) 内服：一次量，每1 kg体重，犬、猫10~20 mg，每天2次，连用3~5 d。仔猪、羔羊、犊牛、马驹2.2 mg，每天3~4次；鱼、虾、贝类50 mg，每天1次，连续5~7 d。

(3) 静脉注射（乳糖酸盐）：一次量，每1 kg体重，马、牛、羊、猪1~5 mg，犬、猫5~10 mg，家禽20 mg，每天2次，连用2~3 d。

(4) 肌内注射（硫氰酸盐）：一次量，每1 kg体重，禽20~30 mg，猪、羊、马、牛3~5 mg，犬、猫5~10 mg，每天2次，连用2~3 d。

(5) 鱼池全池泼洒：每立方米水体0.05~0.07 g。鱼体药浴：每立方米水体1 g，药浴10~30 min。

(6) 喷洒桑叶：一次量，1粒本品加500 mL冷开水，搅拌溶解后喷洒于5 kg桑叶叶面，使桑叶的正反面均湿润，阴干后可用。

(7) 添食：四龄蚕添食1~2次，五龄蚕添食3~4次。如发病严重时，可于第1 d饲喂药桑叶24 h，第2、3 d分别饲喂6 h。

【制剂】

(1) 片剂：每片50 mg（5万u），0.125 g（12.5万u），0.25 g（25万u）。

(2) 硫氰酸红霉素可溶性粉：100 g含2.5 g（250万u），5 g（500万u）。

(3) 注射用乳糖酸红霉素：每支0.25 g（25万u），0.3 g（30万u）。临用前先用灭菌注射用水溶解（不可用生理盐水或其他无机盐溶液溶解，以免产生沉淀），再用 5% 葡萄糖注射液稀释后静脉滴注，浓度不超过 0.1%。

（4）红霉素胶囊（蚕用）：每粒 50 mg（5 万 u）。

（5）硫氰酸红霉素胶囊（蚕用）：每粒 50 mg（5 万 u）。

【注意事项】

（1）应用红霉素胶囊防治家蚕黑胸败血病时，蚕座应保持干燥，雨湿天气应避免使用。

（2）蛋鸡产蛋期禁用。

（3）红霉素片剂内服易被胃酸破坏，可应用肠溶片。

（4）休药期：注射用乳糖酸红霉素，牛 14 d，羊 3 d，猪 7 d，弃奶期 3 d。硫氰酸红霉素可溶性粉，鸡 3 d。

泰乐菌素（泰农）Tylosin[处][乡]

【理化性质】本品为大环内酯类抗生素，呈白色至浅黄色粉末，微溶于水，易溶于乙醇，呈弱碱性，与酸生成的盐（如酒石酸泰乐菌素、磷酸泰乐菌素）等易溶于水，水溶液在 pH 值 5.5~7.5 时较稳定。

【作用与用途】本品为动物专用的抗生素，对支原体作用强大，对革兰氏阳性菌（作用较红霉素弱）、某些革兰氏阴性菌、螺旋体亦有抑制作用。内服可吸收，但血药浓度较低，有效血药浓度维持时间较短。皮下注射本品后，组织药物浓度比内服高 2~3 倍，有效血药浓度维持时间亦较长。本品主要用于防治鸡、火鸡和其他动物的支原体病，也用于治疗鸡产气荚膜梭菌引起的坏死性肠炎。对猪支原体病预防效果较好，治疗效果差。治疗鸡慢性呼吸道病，皮下注射效果较内服好。亦用于敏感菌所引起的肠炎、肺炎、乳腺炎、子宫内膜炎及螺旋体引起的痢疾等。也用于防治赛鸽革兰氏阳性细菌及支原体等感染，如鸽支原体病、鸽螺旋体病、鸟疫（鹦鹉热）、嗜血杆菌病、巴氏杆菌病（禽霍乱）等。

泰乐菌素肌内注射能迅速吸收，猪内服 1 h 即可达血药峰浓度，磷酸泰乐菌素则较少被吸收。泰乐菌素吸收后在体内分布广泛，注射给药的组织药物浓度比内服高 2~3 倍，但不容易透入脑脊液。泰乐菌素以原型从尿液和胆汁中排出。半衰期犬为 0.9 h，犊牛为 0.95~2.3 h。

【不良反应】

（1）不良反应主要为肌内注射疼痛和局部反应及轻度胃肠道不适，如食欲减退和腹泻。

（2）反刍动物内服或马以任何途径给药均可引起严重腹泻。

（3）猪的不良反应包括直肠黏膜水肿、轻度脱肛，同时伴随着瘙痒、红斑及腹泻等。

（4）酒石酸泰乐菌素磺胺二甲嘧啶可溶性粉长期应用可损害肾和神经系统，影响鸡只增重，并可能诱发磺胺药中毒。

【用法与用量】

（1）混饮：每1 L水，禽500 mg（以泰乐菌素计），连用3~5 d。每2 L水，赛鸽1 g（100万 u），连用3~5 d。每1 L水，鸡2~4 g（以酒石酸泰乐菌素磺胺二甲嘧啶可溶性粉计），连用3~5 d。

（2）混饲：每吨饲料，用于防治畜禽细菌及支原体感染（以泰乐菌素计），猪10~100 g，鸡4~50 g。用于治疗产气荚膜梭菌引起的鸡坏死性肠炎，50~150 g，连用7 d。

（3）内服：一次量，每1 kg体重，育成鸡25 mg，每天1次；猪10 mg（治疗猪血痢），犬20~40 mg，猫5~10 mg，每天2次。胶囊蘸水后塞入赛鸽舌根部，每羽每次1粒，每天1次，连用3~5 d。

（4）皮下或肌内注射：泰乐菌素注射液，一次量，每1 kg体重，鸡（8周龄以上）25 mg，每天1次，每天用量不宜超过62.5 mg；家畜2~10 mg，每天2次。注射用酒石酸泰乐菌素，一次量，每1 kg体重，猪、禽5~13 mg（以酒石酸泰乐菌素计）。

（5）窦内注射：一次量，每1 kg体重，火鸡6.25~12.5 mg。

【制剂】

（1）酒石酸泰乐菌素可溶性粉：100 g含10 g（1 000万 u），20 g（2 000万 u），50 g（5 000万 u）。

（2）注射用酒石酸泰乐菌素：每支1 g（100万 u），2 g（200万 u），3 g（300万 u），6.25 g（625万 u）。

（3）泰乐菌素注射液：50 mL含2.5 g，50 mL含10 g，100 mL含5 g，100 mL含20 g。

（4）酒石酸泰乐菌素可溶性粉（赛鸽用）：每包5 g含1 g（100万 u）。

（5）酒石酸泰乐菌素胶囊（赛鸽用）：每粒含2.5万 u。

（6）酒石酸泰乐菌素磺胺二甲嘧啶可溶性粉：100 g含泰乐菌素10 g（1 000万 u）和磺胺二甲嘧啶10 g。

（7）预混剂：100 g 含泰乐菌素 2.2 g（220 万 u）、8.8 g（880 万 u）、10 g（1 000 万 u）、22 g（2 200 万 u）。

【注意事项】

（1）蛋鸡产蛋期禁用。

（2）肌内注射可引起剧烈的疼痛，静脉注射后可引起血栓性静脉炎及静脉周围炎。

（3）休药期：酒石酸泰乐菌素可溶性粉，鸡 1 d。注射用酒石酸泰乐菌素，猪 21 d，禽 28 d。酒石酸泰乐菌素磺胺二甲嘧啶可溶性粉，鸡 28 d。预混剂：猪、鸡 5 d。

【药物相互作用】

（1）因与其他大环内酯类、林可胺类作用靶点相同，不宜同时使用。

（2）与 β-内酰胺类合用表现为拮抗作用。

吉他霉素（北里霉素、柱晶白霉素）Kitasamycin（Leucomycin, Kitamycin）[处][乡]

【理化性质】本品为白色或类白色粉末，无臭，味苦，极易溶于甲醇、乙醇、丙酮及乙醚中，微溶于水。其酒石酸盐为白色至淡黄色粉末，易溶于水。

【作用与用途】本品抗菌谱与红霉素相似，其特点是对支原体作用强，主要用于鸡慢性呼吸道病、猪支原体肺炎和猪的弧菌性痢疾及钩病螺旋体感染等。

【不良反应】动物内服本品后可出现剂量依赖性胃肠道功能紊乱（如呕吐、腹泻、肠疼痛等），发生率较红霉素低。

【用法与用量】

（1）混饲（治疗）：每 1 000 kg 饲料，猪 80~300 g（8 000 万~30 000 万 u），鸡 100~300 g（10 000 万~30 000 万 u），连用 5~7 d。

（2）混饮：每 1 L 水，鸡 250~500 mg，连用 3~5 d。

（3）内服：一次量，每 1 kg 体重，猪 20~30 mg，禽 20~50 mg，每天 2 次，连用 3~5 d。

（4）肌内或皮下注射：一次量，每 1 kg 体重，鸡 25~50 mg，各种家畜 5~25 mg，每天 1 次。

【制剂】

（1）片剂：每片 5 mg 含 0.5 万 u，50 mg 含 5 万 u，100 mg 含 10 万 u。

（2）预混剂：每 100 g 含 10 g（1 000 万 u），30 g（3 000 万 u），50 g（5 000 万 u）。

（3）酒石酸吉他霉素可溶性粉剂：每包 10 g 含 5 g（500 万 u），100 g 含 10 g（1 000 万 u）。

（4）注射用酒石酸吉他霉素：每支 0.2 g。

【注意事项】

（1）蛋鸡产蛋期禁用。

（2）本品预混剂不得与恩拉霉素合用。

（3）其他参见红霉素。

（4）休药期：片剂、预混剂，猪、鸡 7 d。酒石酸吉他霉素可溶性粉，鸡 7 d。吉他霉素片，猪、鸡 7 d。

替米考星 Tilmicosin[处][乡]

【理化性质】本品是由泰乐菌素的一种水解产物半合成的动物专用品种，为白色或类白色粉末，易溶于甲醇、乙腈或丙酮中，在水中不溶。临床用其磷酸盐或酒石酸盐。

【作用与用途】本品具有广谱抗病原体作用，对革兰氏阳性菌、某些革兰氏阴性菌（如巴氏杆菌、猪胸膜肺炎放线杆菌）、支原体（鸡败血支原体、猪肺炎支原体）、螺旋体等均有抑制作用，其对巴氏杆菌、胸膜肺炎放线杆菌及畜禽支原体的作用强于泰乐菌素。

本品内服和皮下注射后，吸收快而不完全，生物利用度低，但在肺组织中的药物浓度很高，药物可在肺部明显蓄积。注射 3 d 后，肺脏与血浆中药物浓度比例为 60：1，一次性注射后，溶血性巴氏杆菌的 MIC_{50} 浓度至少可持续 3 d。同时，本品还能迅速地从血液进入乳中。在乳中药物浓度高，维持时间长，乳中半衰期长达 1~2 d。

临床主要用于由敏感菌和支原体引起的家畜肺炎如用于治疗猪胸膜肺炎放线杆菌、巴氏杆菌及支原体感染、鸡慢性呼吸道病和泌乳动物的乳腺炎防治。

【不良反应】

（1）本品对动物的毒性作用主要是影响心血管系统，可引起心动过速和收缩力减弱。牛皮下注射 50 mg/kg 可引起心肌毒性，150 mg/kg 则可致死。猪肌内注射 10 mg/kg 引起呼吸增数、呕吐和惊厥，20 mg/kg 可使大部分试验猪死亡。

（2）动物内服后可能出现剂量依赖性胃肠道紊乱，如呕吐、腹泻、腹痛等。其他参见红霉素。

【用法与用量】

（1）混饮：每 1 L 水，鸡 75 mg（以替米考星计），连用 3 d。

（2）混饲：每 1 000 kg 饲料，猪 400 g，连用 15 d。

（3）内服：一次量，每 1 kg 体重，猪 15 mg，每天 1 次，连用 5 d。

（4）皮下注射：一次量，每 1 kg 体重，牛 10 mg（以替米考星计），仅注射 1 次。

（5）乳管内注入：一次量，奶牛每一乳室 300 mg。

【制剂】

（1）替米考星注射液：每 10 mL 含 3 g。替米考星溶液：10%、25%。

（2）替米考星可溶性粉：10%、37.5%。

（3）替米考星肠溶颗粒：20%。

（4）磷酸替米考星可溶性粉：10%。

（5）预混剂：含替米考星为 2% 及 20%。

【注意事项】

（1）本品禁止静脉注射。牛一次静脉注射 5 mg/kg 体重即可致死，对猪、灵长类动物和马也有致死性危险。

（2）肌内和皮下注射均可出现局部反应（如肿胀、坏死）。

（3）本品的注射用药慎用于除牛以外的动物。

（4）蛋鸡产蛋期禁用。

（5）本品对眼睛有刺激性，可引起过敏反应，应避免直接接触。

（6）休药期：注射液，牛 35 d。溶液剂，鸡 12 d。替米考星可溶性粉，鸡 10 d。预混剂：猪 14 d。

泰万菌素 Tylvalosin

【理化性质】本品为类白色或淡黄色粉末，其酒石酸盐易溶于甲醇，能溶于水、丙酮和三氯甲烷，微溶于乙酸乙酯和乙醚，几乎不溶于乙烷。

【作用与用途】酒石酸泰万菌素属于大环内酯类动物专用抗生素。本品抗菌谱与泰乐菌素相似，对金黄色葡萄球菌（包括耐青霉素菌株）、肺炎球菌、链球菌、炭疽杆菌、猪丹毒丝菌、李斯特菌、腐败梭菌、气肿疽梭菌、禽败血支原体、滑液支原体、火鸡支原体、猪肺炎支原体、猪滑液支原体、猪鼻支原体、赤痢螺旋体、肠道螺旋体、细胞内劳森菌、产气荚膜梭菌、鼻气管鸟杆菌等有较强的抗菌作用。本品对其他抗生素耐药的革兰氏阳性菌有效，对革兰氏阳性菌作用强，对革兰氏阴性菌几乎不起作用，对禽败血型支原体和滑液型支原体具有很强的抗菌活性，细菌对本品不易产生耐药性。酒石酸泰万菌素能抑制细菌蛋白质的合成，从而抑制细菌的繁殖。主要用于治疗猪、鸡支原体感染和猪赤痢螺旋体及其他敏感细菌的感染。

内服酒石酸泰万菌素可迅速吸收。鸡血药浓度 30 min 可达最高，猪为 2 h。酒石酸泰万菌素及其代谢产物 3-O-乙酰泰乐菌素可全身分布，组织药物浓度高于血药浓度，药物浓度最高的组织为呼吸系统组织、肠黏膜、胆汁、脾、肾和肝。酒石酸泰万菌素可通过胆汁进入肠道，主要以 3-O-乙酰泰乐菌素形式通过粪便和尿液排泄。粪便中药物原形和 3-O-乙酰泰乐菌素可迅速降解和消失。

【不良反应】参见泰乐菌素。

【用法与用量】

（1）混饮：每 1 L 水，鸡 200~300 mg，连用 3~5 d。

（2）混饲：每 1 000 kg 饲料，猪 50~75 g，鸡 100~300 g。连用 7 d。

【制剂】

（1）酒石酸泰万菌素可溶性粉：每袋 100 g 含 5 g（500 万 u）、25 g（2 500 万 u），125 g（12 500 万 u），250 g（25 000 万 u）。

（2）酒石酸泰万菌素预混剂：每 100 g 含 1 g（100 万 u），5 g（500 万 u），20 g（2 000 万 u），50 g（5 000 万 u）。

【注意事项】

（1）蛋鸡产蛋期禁用。

（2）本品不宜与 β-内酰胺类、酰胺醇类和林可胺类联合应用。

（3）非治疗动物避免接触本品，操作人员应配戴防护用品，如面罩、眼镜和手套等。

（4）休药期：可溶性粉，鸡 5 d。预混剂，猪 3 d，鸡 5 d。

酒石酸泰万菌素预混剂（爱乐新） Tylvalosin Tartrate Premix （Aivlosin）

【不良反应】按推荐剂量使用，暂未见不良反应。

【用法与用量】以泰万菌素计。混饲：每 1 000 kg 饲料，猪 50～75 g；鸡 100～300 g。连用 7 日。

【制剂】预混剂：100 g 含泰万菌素 1 g（100 万 u）、5 g（500 万 u）、20 g（2 000 万 u）、50 g（5 000 万 u）。

【注意事项】

（1）蛋鸡产蛋期禁用。

（2）非治疗动物避免接触本品。

（3）避免眼睛和皮肤直接接触本品，操作人员应配戴防护用品如面罩、眼镜和手套；严禁儿童接触本品。

【药物相互作用】

（1）对酰胺醇素类和林可霉素类的抗菌效应有拮抗作用，不宜同用。

（2）β-内酰胺类药物与本品（作为抑菌剂）联用时，可干扰前者的杀菌效能，需要发挥快速杀菌作用的疾患时，两者不宜同用。

【休药期】猪 3 d，鸡 5 d。

泰拉霉素 Tulathromycin

【理化性质】本品为白色或类白色粉末，在甲醇、丙酮和乙酸乙酯中易溶，在乙醇中溶解。

【作用与用途】本品抗菌作用与泰乐菌素相似，主要抗革兰氏阳性菌，对少数革兰氏阴性菌和支原体也有效。对胸膜肺炎放线杆菌、巴氏杆菌及畜禽支原体的活性比泰乐菌素强。95%的溶血性巴氏杆菌菌株对本品敏感。

犊牛颈部皮下注射本品 2.5 mg/kg，能迅速吸收，15 min 内出现峰浓度；且吸收程度高（生物利用度>97%），表观分布容积 11 L/kg，血浆消除半衰期 2.75 d，肺组织的半衰期约 8.75 d；猪肌内注射 2.5 mg/kg 体重，吸收迅速，15 min 达峰浓度，生物利用度可达 88%，表观分布容积 13～15 L/kg，血浆半衰期约 75.6 h，肺组织半衰期约 142 h，主要以原型经粪和尿排出。

本品主要用于防治由溶血性巴氏杆菌、多杀性巴氏杆菌、睡眠嗜血杆菌和支原体等引起的家畜呼吸道病；由胸膜肺炎放线杆菌、多杀性巴氏杆菌和肺炎支原体引起的猪呼吸道疾病。

【不良反应】本品正常使用剂量对牛、猪的不良反应很少，研究中曾发现犊牛暂时性唾液分泌增多和呼吸困难，还有引起牛食欲下降的报道。

【用法与用量】

（1）皮下注射：一次量，每 1 kg 体重，牛 2.5 mg（相当于 1 mL/40 kg 体重）。一个注射部位的给药剂量不超过 7.5 mL。

（2）颈部肌内注射：一次量，每 1 kg 体重，猪 2.5 mg（相当于 1 mL/40 kg 体重）。一个注射部位的给药剂量不超过 2 mL。

【制剂】泰拉霉素注射液：20 mL 含 2 g，50 mL 含 5 g，100 mL 含 10 g，250 mL 含 25 g，500 mL 含 50 g。

【注意事项】

（1）对大环内酯类抗生素过敏动物禁用。

（2）本品不能与其他大环内酯类抗生素或林可霉素同时使用。

（3）泌乳期奶牛禁用。预计在 2 个月内分娩的怀孕母牛或小母牛也禁用本品。

（4）在首次开启或抽取药液后应在 28 d 内用完。

（5）休药期：牛 49 d，猪 33 d。

加米霉素 Gamithromycin

【理化性质】本品为白色或类白色粉末；无臭，味苦、略有引湿性。其注射液为无色至淡黄色的澄明液体。

【作用与用途】本品为动物专用的第二代新型 15 元环大环内酯类抗生素。主要通过与细菌核糖体 50S 亚基结合，阻止多肽链延长，抑制细菌蛋白质的合成而产生抑杀作用。本品的抗菌作用与泰拉霉素相似，临床对牛溶血性曼氏杆菌、多杀性巴氏杆菌以及猪胸膜肺炎放线杆菌、多杀性巴氏杆菌和副猪嗜血杆菌作用尤其明显，主要用于治疗对加米霉素敏感的溶血性曼氏杆菌、多杀性巴氏杆菌，牛支原体引起的牛呼吸道疾病及胸膜肺炎放线杆菌、多杀性巴氏杆菌、副猪嗜血杆菌，及链球菌引起的牛、猪呼吸道疾病，羊的足部病变和跛行。

本品具有 7α-内酯环的定位烷基化氮，这种特殊的化学结构使得加米霉素在生理 pH 值条件下能够快速地被靶组织吸收，并且维持较长的作用时间。加米霉素在肺部组织具有天然靶向性，当肉牛以 6 mg/kg 体重皮下注射给药后，采集肺部组织测定药物含量，发现不同时间点（1~15日）肺脏组织/血浆药物浓度比为（247~410）：1，表明本品更适宜于防治呼吸道感染。

本品吸收迅速，达峰时间短，生物利用度高，半衰期长。牛颈部单剂量以 6 mg/kg 体重皮下注射本品后，本品可在疾病感染部位快速聚集，30~60 min 内达到血药峰浓度，生物利用度>98%，表观分布容积为 25 L/kg；猪颈部单剂量以 6 mg/kg 体重，肌内注射本品后，5~10 min 即可达到血药峰浓度，生物利用度>92%，表观分布容积为 39 L/kg。血药半衰期长（约 4 d），药物主要以原型通过胆汁排泄。

【不良反应】

（1）本品毒性低，在动物的可食性组织中残留较少，治疗剂量下无明显副作用。

（2）牛皮下注射本品时，注射部位可能会出现短暂的肿胀，并偶尔伴有轻微疼痛。

【用法与用量】皮下注射：一次量，每 1 kg 体重，反刍动物，6 mg（相当于每 25 kg 体重注射 1 mL），每个注射部位的给药体积不超过 10 mL。

【制剂】加米霉素注射液：100 mL 含 15 g。

【注意事项】

（1）禁用于对大环内酯类抗生素过敏的动物。

（2）禁与其他大环内酯类或林可酰胺类抗生素同时使用。

（3）禁用于泌乳期奶牛。

（4）禁用于预产期在 2 个月内的怀孕母牛。

（5）本品可能对眼睛和（或）皮肤有刺激性，应避免接触皮肤和（或）眼睛。如不慎接触，应立即用水清洗。

（6）本品如不慎注射入人体，需立即就医，并向医生提供本品标签或说明书。

（7）用后需洗手，且置于儿童不可触及处。

（8）休药期：牛 64 d。

泰地罗新 Tildipirosin

【理化性质】本品为白色粉末，易溶于甲醇、丙酮等极性有机溶剂，微溶于水。

【作用与用途】本品为16元环的大环内酯类抗生素，为泰乐菌素的衍生物。抗菌谱广，对革兰氏阳性菌和革兰氏阴性菌均有明显的抗菌活性，尤其是对引起猪、牛呼吸系统疾病的病原菌，如胸膜肺炎放线杆菌、溶血性巴氏杆菌、多杀性巴氏杆菌、支气管败血波特杆菌、副猪嗜血杆菌、睡眠嗜组织菌及溶血性曼海姆菌等，高度敏感，临床治疗效果优于氟苯尼考、泰乐菌素、替米考星和泰拉霉素，且本品单次给药即可提供全程治疗。作用机制与本类其他药物相似，能不可逆地与敏感菌的核糖体50S亚基的23S rRNA结合，抑制氨酰tRNA的氨酸末端的结合，进而抑制mRNA氨酰-tR-NA-核糖的复合物的形成，从而阻断肽链的延长而产生抑菌作用。

本品的体外抗菌活性受pH值影响较大，碱性条件下具有较高的抗菌活性，酸性条件下抗菌活性大大降低，体外药敏试验时应将培养基的pH值控制在7.2~7.4。大环内酯类其他品种一般为抑菌药，且抗菌作用呈时间依赖性，但本品对某些高度敏感的细菌有一定的杀菌作用，且呈浓度依赖性。由于替米考星、泰乐菌等对细胞膜的穿透力较差，故临床主要用于革兰氏阳性菌感染，而本品为有机碱，且脂溶性高，易穿透细胞壁，故对革兰氏阴性菌也有作用。临床主要用于预防、治疗由胸膜肺炎放线杆菌、支原体、巴氏杆菌、副猪嗜血杆菌等敏感菌引起的猪和牛呼吸系统疾病。

本品内服给药吸收很少，肌内注射和皮下注射吸收迅速，生物利用度高，且达峰时间短，消除半衰期长，吸收后在动物体内分布广泛，多数药物以原型药物排出体外。牛按4 mg/kg体重皮下注射后，达峰时间为23 min，药峰浓度为0.7μg/mL，半衰期为9 d，绝对生物利用度为78.9%，表观分布容积为49.4 L/kg，肺中的药峰浓度为15 μg/g。猪按4 mg/kg体重单剂量肌内注射，达峰时间为23 min，药峰浓度为0.9μg/mL，肺中的药峰浓度为4μg/g，在血浆与肺组织中的消除半衰期分别为4 d和7 d，给药14 d后，猪约62%的药物从粪便排出，17%从尿液排出；牛约40%经粪便排泄，24%经尿排出体外。

本品吸收后对支气管和肺的亲和力较高，其在肺组织和支气管中的药物浓度高且作用持久。猪按4 mg/kg体重皮下注射泰地罗新后，能在呼吸道的感染部位快速聚集，给药后24 h肺组织药峰浓度达4μg/g，5 d后支气管液中药峰浓度达14μg/g，均远远大于血浆中的药物浓度。给药14 d后，支气管液中药物浓度仍保持在1μg/g以上，是血浆中药物浓度的618倍；给药17 d后，肺组织药物浓度仍大于0.8μg/g，作用时间持久。

【不良反应】本品的急性毒性较低。当以 1 700 mg/kg 剂量给大鼠灌胃，无明显的不良反应；以 2 000 mg/kg 灌胃时，大鼠会出现精神不振、闭目、皮毛竖起、协调性变差、流涕等不良反应，但剖检无其他明显病理变化；当以 12.5 mg/kg 剂量给大鼠静脉注射时，给药后大鼠即死亡，且剂量越大死亡越快。当猪按推荐剂量的 5 倍肌内注射给药后，注射部位出现不适和肿胀，且血中白细胞、嗜中性粒细胞、单核细胞及肌酸磷酸激酶均增加。此外，本品有一定的心脏毒性。

【用法与用量】

（1）皮下注射：一次量，每 1 kg 体重，反刍动物，4 mg。

（2）肌内注射：一次量，每 1 kg 体重，猪，4 mg。

【制剂】泰地罗新注射液：4%。

【注意事项】

（1）本品主要用于肉牛和非哺乳期奶牛。

（2）猪肌内注射给予本品时，每个注射部位不宜超过 5 mL。

（3）休药期：猪暂定 10 d。

克拉霉素 Clarithromycin

【理化性质】本品为白色或类白色结晶性粉末，无臭，味苦。易溶于三氯甲烷，能溶于丙酮或乙酸乙酯中，微溶于甲醇或乙醇，不溶于水。

【作用与用途】本品为 14 元环大环内酯类抗生素，抗菌谱与红霉素、罗红霉素等相似，但抗菌活性约为红霉素的 2 倍，消除半衰期是红霉素的 2 倍。对革兰氏阳性菌如金黄色葡萄球菌、链球菌、肺炎球菌，部分革兰氏阴性菌如流感嗜血杆菌、嗜肺军团菌，部分厌氧菌如脆弱拟杆菌、淋球菌、李斯特菌、空肠弯曲菌和支原体、衣原体等有抑制作用，且对诱导产生的红霉素耐药菌株亦具一定抗菌活性。作用机制类似于大环内酯类其他药物，且与红霉素之间有交叉耐药性。临床主要用于敏感菌引起的呼吸道感染，此外，本品与其他抗生素联用治疗非典型性分枝杆菌感染有效，本品也可与阿莫西林、质子泵抑制剂合用治疗由幽门螺杆菌引起的犬胃溃疡。尽管本品体外对支原体高度敏感，但是否能用于治疗其导致的感染尚须进一步研究。

【不良反应】本品可能有一定的胚胎毒性，一般不建议用于孕畜。

【用法与用量】内服：一次量，每 1 kg 体重，马驹 7.5 mg，犬、猫 5~10 mg，每天 2 次。

【注意事项】

（1）本品可引起成年马严重的小肠结肠炎，故临床主要用于马驹。

（2）本品与利福平合用时，后者会降低本品通过肠黏膜的吸收程度，故临床不宜合用。

阿奇霉素 Azithromycin

【理化性质】本品为白色或类白色结晶性粉末，无臭，味苦，微有引湿性。

【作用与用途】本品为第二代大环内酯类抗生素。抗菌谱与其他大环内酯类抗生素相同，对各种葡萄球菌、链球菌、肺炎球菌的抗菌作用比红霉素略差；但对某些革兰氏阴性菌的作用比红霉素强，如对流感杆菌（包括产 β-内酰胺酶的菌株）的最小抑菌浓度（MIC）值是红霉素的1/8；对衣原体、螺旋体、厌氧菌（如副嗜血杆菌）、鸭里默杆菌、大肠杆菌、巴氏杆菌等均有强大的杀灭作用，体内的抗菌活性是泰乐菌素的4倍、约是红霉素的10倍。对消化球菌、消化链球菌、类杆菌属和脆弱类杆菌的抗菌作用与红霉素相似或略差；对支原体、衣原体、军团菌等的作用优于泰乐菌素及罗红霉素，且注射使用安全。

本品对胃酸稳定，内服使用方便，且全身组织分布广泛。临床上主要用于治疗敏感菌引起的各类感染，畜禽的多种呼吸道感染、泌尿生殖道感染及全身性感染，如禽传染性鼻炎、鸡慢性呼吸道病、猪气喘病，鸭传染性浆膜炎、伤寒与副伤寒等。

【不良反应】

（1）本品内服给药会引起较轻的胃肠道反应，高剂量时可引起犬呕吐。

（2）犬、猫应用本品，主要的不良反应与肝脏有关。

【用法与用量】

（1）内服：一次量，每1 kg体重，马，10 mg，每1~2 d服1次；犬，10 mg；猫，5 mg；每天1次。

（2）静脉注射：一次量，每1 kg体重，马，10 mg，每1~2 d 1次。

【制剂】乳酸阿奇霉素注射液：每100 mL含2 g。

【注意事项】

（1）本品与泰乐菌素、罗红霉素无交叉耐药性，与氨基糖苷类有协同作用。

（2）应避免与甲砜霉素、氟苯尼考、林可霉素、螺旋霉素、青霉素类、四环素类、磺胺类药物同时使用。

（3）马静脉注射本品时速度一定要慢。

（五）林可胺类（洁霉素类）

林可霉素（洁霉素）Lincomycin[处][乡]

【理化性质】本品盐酸盐为白色结晶性粉末，有微臭或特殊臭，味苦，易溶于水和甲醇，略溶于乙醇。

【作用与用途】本品主要对革兰氏阳性菌、某些厌氧菌和支原体有较强的抗菌作用，抗菌谱较红霉素窄。金黄色葡萄球菌、溶血性链球菌、肺炎球菌及猪肺炎支原体、鸡败血支原体对本品敏感，但肠球菌一般对本品耐药；厌氧菌如拟杆菌属、破伤风杆菌、梭状芽孢杆菌、魏氏梭菌、消化球菌等亦对本品敏感。本品主要用于治疗革兰氏阳性菌特别是耐青霉素的革兰氏阳性菌所引起的各种感染，支原体引起的家禽慢性呼吸道病、猪喘气病，厌氧菌感染如鸡的坏死性肠炎等，也用于治疗猪密螺旋体痢疾、弓形体病和犬、猫的放线菌病。乳管内灌注治疗牛由金黄色葡萄球菌、无乳子链球菌、停乳链球菌等敏感菌引起的临床型乳腺炎和隐性乳腺炎。

本品内服吸收迅速但不完全，大多数动物内服 1 h 后达峰浓度。肌内注射吸收较慢，2~4 h 达峰浓度。本品吸收后能广泛分布到各种体液、组织，其中以肝、肾浓度最高，组织药物浓度比血药浓度高数倍。本品也可进入胎盘，但不易透过血脑屏障。部分药物在肝脏进行代谢，药物主要以原形及其代谢物经胆汁、尿液和乳汁排出，但尿液中有 20% 仍有抗菌活性。粪便中排出可延迟数日，故对肠道敏感微生物有抑制作用。马、黄牛、水牛和猪肌内注射本品的半衰期为 8.1 h、4.1 h、9.3 h 和 6.8 h。

【不良反应】本品盐酸盐能引起马、兔和其他草食动物严重的，甚至致死性的腹泻，同时具有神经肌肉阻断作用。

【用法与用量】

（1）混饮：每 1 L 水，猪 40~70 mg，家禽 100~150 mg。

（2）内服：一次量，每 1 kg 体重，猪 10~15 mg，犬、猫 15~25 mg，每天 1~2 次，连用 3~5 d。

（3）肌内注射：一次量，每 1 kg 体重，猪 10 mg，每天 1 次，犬、猫

10 mg，每天 2 次，连用 3~5 d。

（4）乳管内注入：挤奶后每个乳区 1 支，每天 2 次，连用 2~3 d。

【制剂】

（1）盐酸林可霉素可溶性粉：5%，10%。

（2）盐酸林可霉素片（胶囊）：每片（粒）0.25 g 含 25 万 u，0.5 g 含 50 万 u。

（3）盐酸林可霉素注射液：每支 2 mL 含 0.12 g、0.2 g、0.3 g、0.6 g；每支 5 mL 含 0.3 g、0.5 g；10 mL 含 0.3 g、0.6 g、1 g、1.5 g、3 g；100 mL 含 30 g。

（4）盐酸林可霉素乳房注入剂（泌乳期）：每支 7 g 含 0.35 g。

【注意事项】

（1）蛋鸡产蛋期禁用。对本品过敏或已感染念珠菌的动物禁用。

（2）乳管灌注药物前应将奶挤干净，对于化脓性乳腺炎可先用乳导管排出脓汁等炎症分泌物后再用药，注药时务必将注射器头部完全送入乳池。

（3）休药期：盐酸林可霉素片，猪 6 d。盐酸林可霉素注射液，猪 2 d。盐酸林可霉素可溶性粉，猪、鸡 5 d。盐酸林可霉素乳房注入剂（泌乳期），弃奶期 7 d。

克林霉素 Clindamycin

【理化性质】本品磷酸盐为白色至类白色吸湿性结晶性粉末，无臭。在水中极易溶解，在乙醇中微溶。

【作用与用途】本品抗菌谱、适应证与林可霉素相同，对大多数敏感菌的病原体的抗菌作用比林可霉素强 4 倍，疗效也较好；对青霉素、林可霉素、四环素或红霉素耐药的细菌也有效。细菌对此药的耐药性发展缓慢，可完全代替盐酸林可霉素。

【不良反应】犬或猫应用本品可能引起一过性的呕吐和腹泻。反刍动物、马、兔和啮齿类动物应用本品可能会出现伪膜性结肠炎。

【用法与用量】内服，肌内注射、皮下注射或静脉注射：一次量，每 1 kg 体重，犬、猫 5~10 mg，每天 1~2 次。

【制剂】

（1）盐酸克林霉素注射液：每支 2 mL（含 0.15 g）。

（2）克林霉素片剂：每片 0.075 g、0.15 g。

（3）盐酸克林霉素内服胶囊：每粒 25 mg、75 mg、150 mg、300 mg。

（4）盐酸克林霉素内服液：每 1 mL 含 25 mg，每 1 mL 含 30 mg。

【注意事项】

（1）甲硝唑与本品有协同作用，两药联用抗厌氧菌效应增强。

（2）头孢噻吩钠与本品联用可治疗厌氧及需氧或兼性菌混合感染。

（3）红霉素与本品有拮抗作用，不可联合应用；不可配伍的药物还有氨苄西林、巴比妥盐类、氨茶碱、葡萄糖酸钙、硫酸镁。

（4）本品不能透过血脑屏障，不能用于治疗脑膜炎。

吡利霉素 Pirlimycin

【理化性质】本品的盐酸盐为白色或类白色结晶性粉末，无臭，能溶于水，略溶于甲醇，易溶于二甲基甲酰胺。

【作用与用途】本品为林可胺类抗生素，体外及临床试验结果表明本品对金黄色葡萄球菌、无乳球菌、停乳链球菌、乳房链球菌所致的临床及亚临床型乳腺炎效果明显，优于其他乳腺炎药物。主要用于治疗葡萄球菌、链球菌等引起的奶牛泌乳期临床或亚临床乳腺炎。

【用法与用量】乳管注入：泌乳期奶牛，每乳室 50 mg，每天 1 次，连用 2 d，也可视病情需要适当增加给药剂量和延长给药时间。

【制剂】盐酸吡利霉素乳房注入剂（泌乳期）：10 mL 含 50 mg，40 mL含 200 mg。

【注意事项】

（1）本品的乳房注入剂给药前应用含有适宜乳房消毒剂的温水充分清洗乳头，待干燥后将乳房内的奶全部挤出，再用酒精等消毒剂擦拭乳头灭菌后方可给药。

（2）休药期：弃奶期 3 d。如增加给药剂量或延长给药时间，则应执行最长弃奶期。此外，由于本品在奶牛体内残留的相关研究资料不全，故建议给药期间和最长休药期之前的动物不宜食用。

（六）其他抗革兰氏阳性菌的抗生素

阿维拉霉素 Avilamycin

【作用与用途】本品为寡糖类抗生素，临床用于提高猪和肉鸡的平均日增重和饲料报酬；预防由产气荚膜梭菌引起的肉鸡坏死性肠炎；辅助控制由大肠杆菌引起的断奶仔猪腹泻。

【不良反应】按规定的用法用量使用尚未见不良反应。

【用法与用量】混饲（以阿维拉霉素计）：用于提高猪和肉鸡的平均日增重和饲料报酬、预防肉鸡坏死性肠炎：每 1 000 kg 饲料，0～4 个月猪，20～40 g；4～6 个月猪，10～20 g；肉鸡 5～10 g。辅助控制断奶仔猪腹泻：仔猪 40～80 g，连用 28 d。

【制剂】阿维拉霉素预混剂：100 g 含 10 g、20 g。

【注意事项】

（1）搅拌配料时防止与人的皮肤、眼睛接触。

（2）应放置于儿童接触不到的地方保存。

（3）休药期：猪、肉鸡 0 d。

重组溶葡萄球菌酶 Recombinant Lysostaphin

【理化性质】本品为白色至微黄色冻干块状物或粉末。

【作用与用途】本品为蛋白类抗菌药。主要用于治疗革兰氏阳性菌，如金黄色葡萄球菌、链球菌、化脓棒状杆菌或化脓隐秘杆菌等引起的牛急、慢性子宫内膜炎，亚临床型乳腺炎和临床型乳腺炎。

【用法与用量】

（1）子宫内灌注：牛 800～1 200 u，用注射用水溶解并稀释至 100～150 mL 后子宫内注入，隔天 1 次，连用 3 次。

（2）乳房内灌注：奶牛每乳区 400 u，用预温至体温的注射用水溶解并稀释至 50～100 mL 后乳房内注入，每天早、晚挤奶后各用药 1 次，连用 4 d。

【制剂】重组溶葡萄球菌酶粉：每包 400 u，800 u。

【注意事项】

（1）本品临用前用灭菌注射用水溶解，稀释后的药液要一次用完。

（2）子宫内灌注前需用生理盐水清洁牛尾根部和阴户周围。

（3）乳房灌注前应先将患病乳区的乳汁挤净，并用 75% 乙醇消毒乳头，给药后对乳房进行按摩，以促进药液散开。

（4）休药期：治疗子宫内膜炎，弃奶期 0 d；治疗乳腺炎，弃奶期 24 h。

盐酸万古霉素 Vancomycin Hydrochloride

【理化性质】本品又名凡可霉素，为浅棕色无定形粉末；无臭、味苦；易溶于水，5%的水溶液 pH 值为 2.8~4.5；粉针剂溶解后在冰箱贮存可保持效价 2 周。

【作用与用途】本品为窄谱糖肽类抗生素，对革兰氏阳性菌包括球菌与杆菌均具有强大的抗菌作用；对溶血性链球菌引起的感染及败血症等有较好的疗效，对难辨梭菌所致的伪膜性肠炎的疗效极好（用于甲硝唑无效者），对耐甲氧西林金黄色葡萄球菌感染目前仍以万古霉素及去甲万古霉素为首选药物。耐甲氧西林金黄色葡萄球菌、耐甲氧西林表皮葡萄球菌和肠球菌属非常敏感，但革兰氏阴性菌则通常对本品耐药。

本品作用于细菌细胞壁，与黏肽的侧链形成复合物，从而抑制细胞壁的蛋白合成，它主要与细菌细胞壁结合，而使某些氨基酸不能进入细胞壁的糖肽中。属繁殖期快效杀菌剂，临床适用于严重革兰氏阳性菌感染，特别适用于对耐青霉素的金黄色葡萄球菌所引起的严重感染（如肺炎、心内膜炎及败血症等），也用于对 β-内酰胺类抗生素过敏的上述严重感染。

【不良反应】

（1）本品最常见的不良反应是肾损伤。

（2）常见的其他不良反应主要包括皮肤潮红、瘙痒、心动过速，也会引起机体组胺释放增多而导致其他症状。

（3）偶有本品引起耳毒性的报道，推测可能与静脉输注速度过快有关，也可能与同时给予氨基糖苷类药物有关。

【用法与用量】肌内或静脉注射：一日量，每 1 kg 体重，犬 30~50 mg，分 2 次应用。

【制剂】

（1）盐酸万古霉素胶囊：每粒 125 mg、250 mg。

（2）盐酸万古霉素可溶性粉：每瓶含 1 g。

（3）注射用盐酸万古霉素粉：每支含 500 mg、1 g、10 g。

【注意事项】

（1）本品与氨基糖苷类抗生素配伍可使耳毒性、肾毒性增强；与氨茶碱配伍易混浊且毒性增强。

（2）本品与两性霉素 B、利尿剂（如呋塞咪、多黏菌素、环丙沙星）

等联用使肾毒性增强。

（3）万古霉素可使青霉素类药物失效，不宜合用。

二、主要作用于革兰氏阴性菌的抗生素

（一）氨基糖苷类

氨基糖苷类药物，是兽医上常用的一类重要抗生素，品种较多，主要有链霉素、庆大霉素、新霉素、卡那霉素、丁胺卡那霉素、大观霉素、妥布霉素、小诺霉素等，其化学结构是由氨基糖与氨基环醇以苷键结合而成，多数是从链霉菌或小单孢菌培养液中提取得到，少数是半合成制成。这类抗生素具有以下共同点：

（1）本类药为碱性抗生素，其硫酸盐易溶于水，性质较青霉素 G 稳定。

（2）作用机制相似，均是抑制细菌蛋白质合成，使细菌合成异常的蛋白质而死亡。对静止期细菌杀菌作用较强。

（3）主要对革兰氏阴性需氧菌如大肠杆菌、沙门菌属、肺炎杆菌、肠杆菌属、变形杆菌属等作用较强，某些品种对铜绿假单胞菌、结核杆菌及金黄色葡萄球菌亦有较强作用，但对链球菌属及厌氧菌一般无效。

（4）内服不易吸收，主要用于肠道感染，治疗全身感染时需注射给药（新霉素除外）。

（5）毒性作用主要是耳毒性和肾脏毒性，对骨骼肌神经肌肉接头的传导也有不同程度的阻滞作用。

（6）细菌对本类药物易产生耐药性，各药之间可产生部分或完全的交叉耐药性。

（7）本类药与头孢菌素类联用时，肾毒性增强；与碱性药物（如碳酸氢钠、氨茶碱等）联合应用，抗菌效能可增强，但毒性也相应增强，必须慎用。

链霉素 Streptomycin[处][乡]

【理化性质】本品的硫酸盐为白色或类白色粉末；无臭或几乎无臭，味微苦；有引湿性。易溶于水，不溶于乙醇或三氯甲烷。

【作用与用途】本品对结核杆菌和多数革兰氏阴性杆菌如大肠杆菌、沙

门菌、巴氏杆菌、布氏杆菌、志贺痢疾杆菌、鼻疽杆菌等有效；对钩端螺旋体、放线菌、支原体亦有一定作用。主要用于牛、犬、猫的结核病，犬的布氏杆菌病，畜禽的巴氏杆菌病，钩端螺旋体病，鱼类的结节病、疖疮病、弧菌病，鳖的赤斑病，以及大肠杆菌、沙门菌等敏感菌引起的呼吸道、消化道、泌尿道感染及败血症等。

【不良反应】

（1）耳毒性。链霉素最常引起前庭损害，这种损害可随连续给药的药物积累而加重，并呈剂量依赖性。

（2）猫对链霉素敏感，常规剂量即可造成呕吐、流涎及共济失调等。

（3）神经肌肉阻断作用常由链霉素剂量过大导致。犬、猫外科手术全身麻醉后，合用青霉素和链霉素预防感染时，常出现意外死亡，这是由于全身麻醉剂和肌肉松弛剂对神经肌肉阻断有增强作用。

（4）长期应用可引起肾脏损害。

【用法与用量】

（1）混饮：每 1 L 水，家禽 200~300 mg。

（2）内服：一次量，每羽或每头份，犊牛、驹 1 g，每天 2~3 次；仔猪、羔羊 0.25~0.5 g，家禽 50 mg，每天 2 次；鱼 50~70 mg，每天 1 次，连用 10 d。

（3）肌内注射：一次量，每 1 kg 体重，家畜 10~15 mg，每天 2 次，连用 2~3 d。每羽，成年家禽 100~200 mg，雏鸡、仔鸡 20~50 mg，每天 2 次；亲鱼 0.2 g。

（4）皮下注射：一次量，每 1 kg 体重，猫 15 mg，每天 2 次。

（5）喷雾：每立方米，家禽 20 万~30 万 u。

【制剂】

（1）注射用硫酸链霉素：每支 0.75 g（75 万 u）、1 g（100 万 u）、2 g（200 万 u）、4 g（400 万 u）、5 g（500 万 u）。

（2）片剂：每片 0.1 g（10 万 u）。

（3）粉针：每支 1 g（100 万 u）、2 g（200 万 u）。

【注意事项】

（1）本品遇酸、碱或氧化剂、还原剂，活性下降。

（2）本品在水溶液中遇青霉素钠、磺胺嘧啶钠会出现混浊沉淀，在注射或混饮时应避免混用。

（3）本品禁与肌肉松弛药、麻醉药等同时使用，否则可导致动物肌肉无力、四肢瘫痪，甚至呼吸肌麻痹而死。

（4）休药期：注射用硫酸链霉素，牛、羊、猪18 d，弃奶期3 d。

庆大霉素 Gentamicin[处][乡]

【理化性质】本品的硫酸盐为白色或类白色结晶性粉末，易溶于水，不溶于乙醇，对温度及酸碱度的变化较稳定，4%水溶液的pH值为4~6。

【作用与用途】本品是本类药中抗菌谱较广、抗菌活性较强的药物之一，对革兰氏阴性菌中的铜绿假单胞菌、变形杆菌、大肠杆菌、沙门菌、巴氏杆菌、痢疾杆菌、肺炎杆菌、布氏杆菌等均有较强的作用，抗铜绿假单胞菌的作用尤为突出；在革兰氏阳性菌中，金黄色葡萄球菌对本品高度敏感，炭疽杆菌、放线菌等亦敏感，但链球菌、厌氧菌、结核杆菌对本品耐药。主要用于铜绿假单胞菌、变形杆菌、大肠杆菌、沙门菌、耐药金黄色葡萄球菌等引起的系统或局部感染，如呼吸道、泌尿生殖道感染及败血症等。

本品内服或子宫灌注给药几乎不吸收，但出血性或坏死性肠炎患畜内服时有相当部分的药物可被吸收。犬和猫肌内注射给药，血药浓度在给药后0.5~1 h达到峰值；皮下注射给药较肌内给药注射达峰时间稍微推迟，且变化也较大；血管外注射给药（肌内注射或皮下注射）的生物利用度高于90%。吸收后，主要分布于细胞外液，包括腹水、胸腔液、心包液、滑液和脓肿液中，唾液、支气管分泌物和胆汁中的含量较高。血浆蛋白结合率较低（<20%），不易透过血脑屏障，也不易渗透到眼部组织。注射给药后，骨骼、心脏、胆囊和肺组织中均可达到药物的治疗浓度。非内服给药时，本品几乎完全通过肾小球过滤的方式排出体外。庆大霉素的消除半衰期分别为：马1.82~3.25 h，犊牛2.2~2.7 h，绵羊2.4 h，奶牛1.8 h，猪1.9 h，兔1 h，犬和猫0.5~1.5 h。肾功能低下的患畜，该药的半衰期明显延长。

【不良反应】本品造成前庭功能损害多见，还可导致可逆性肾毒性，这与其在肾皮质部蓄积有关。偶见过敏反应。其他参见硫酸霉素。

【用法与用量】

（1）混饮：每1 L水，鸡0.1 g，连用3~5 d。

（2）内服：一次量，每1 kg体重，仔猪、羔羊、犊牛、驹5 mg，每天

2~3 次；鳖 0.2~0.6 g。

（3）肌内注射：一次量，每 1 kg 体重，家畜 2~4 mg，犬、猫 3~5 mg，每天 2 次，连用 2~3 d。雉、鹤 5 mg，每天 3 次；鹌鹑 10 mg，每天 4 次；鹦鹉 5~10 mg，每天 2 次。

（4）乳室灌注：每乳室，牛 250~400 mg。

【制剂】

（1）片剂：每片 20 mg（2 万 u）、40 mg（4 万 u）。

（2）硫酸庆大霉素可溶性粉：每 100 g 含 5 g（500 万 u）。

（3）眼药水：每 1 mL 含 3 mg。

（4）硫酸庆大霉素注射液：2 mL 含 0.08 g（8 万 u）；5 mL 含 0.2 g（20 万 u）；10 mL 含 0.2 g（20 万 u），0.4 g（40 万 u）。

【注意事项】

（1）细菌对本品耐药性发展缓慢，耐药发生后，停药一段时间又可恢复敏感性，故临床用药时，剂量要充足，疗程不宜过长。

（2）对链球菌感染无效。

（3）蛋鸡产蛋期禁用。

（4）本品与头孢菌素合用肾毒性增强。

（5）休药期：硫酸庆大霉素注射液，猪、牛、羊 40 d。硫酸庆大霉素可溶性粉，鸡 28 d。

新霉素 Neomycin[处][乡]

【理化性质】本品的硫酸盐为白色或类白色粉末，无臭，极易引湿，易溶于水，性质极稳定。不溶于乙醇、乙醚、丙酮或三氯甲烷。硫酸新霉素的内服或注射液 pH 值为 5~7.5。

【作用与用途】本品对葡萄球菌、大肠杆菌、变形杆菌、沙门菌、布氏杆菌、副嗜血杆菌等有较强的作用，对链球菌、铜绿假单胞菌、巴氏杆菌及结核杆菌亦有一定作用。内服或直肠给药，吸收率仅约为 3%，肠蠕动缓慢或肠壁损伤时吸收率有所提高，但全身的循环系统中血药不能达到有效治疗浓度。几乎完全以原形从粪中排泄，临床主要用于畜禽肠道感染。肌内注射给药时，能够达到治疗效果，给药 1 h 内达峰浓度，药物迅速分布到各组织中，但毒副作用大，严重者引起死亡；家禽吸入给药时，在肺部浓度较高且保留时间长，可防治雏鸡白痢、伤寒、副伤寒、大肠杆菌病及传染性鼻炎等，安全有效。拌饵投喂可用于治疗鱼、虾、河蟹等水产动物由气单胞菌、爱德华菌及弧菌等引起的肠道疾病。局部用药可治疗子宫炎、眼、耳及皮肤感染。

新霉素与大环内酯类抗生素合用，可治疗革兰氏阳性菌所致的乳腺炎；内服给药可影响洋地黄类药物、维生素 A 或维生素 B_{12} 的吸收。

【不良反应】

（1）新霉素注射在氨基糖苷类药物中的毒性最大，易引起肾毒性及耳毒性。

（2）猫每日大剂量（100 mg/kg 体重）肌内注射，几天后即出现肾毒性及耳毒性。

（3）犬对新霉素同样敏感，皮下注射（500 mg/kg 体重）本品，5 d 后出现完全性耳聋。

（4）牛非肠道给药可引起肾毒性及耳聋，并可因脱水而加重。

（5）猪注射新霉素可因神经肌肉阻断出现短暂性后躯麻痹及呼吸骤停。新霉素常量内服给药或局部给药很少出现毒性反应。

【用法与用量】

（1）混饲：每 1 000 kg 饲料，鸡 70~140 g。

（2）混饮：每 1 L 水，禽 50~75 mg，连用 3~5 d。

（3）内服：一次量，每 1 kg 体重，犬、猫 10~20 mg，每天 2 次，连用 3~5 d。

（4）气雾：家禽，每立方米 1 g，吸入 1.5 h。

（5）拌饵投喂：每 1 kg 体重，鱼、虾、河蟹 5 mg，每天 1 次，连用 4~6 d。

【制剂】

（1）硫酸新霉素可溶性粉：100 g 含 3.25 g（325 万 u），5 g（500 万 u），6.5 g（650 万 u），20 g（2 000 万 u），32.5 g（3 250 万 u）。

（2）硫酸新霉素片剂：每片 0.1 g（10 万 u），0.25 g（25 万 u）。

（3）硫酸新霉素软膏：0.5%。硫酸新霉素粉（水产用）：100 g 含 5 g（500 万 u），50 g（5 000 万 u）。

（4）硫酸新霉素溶液：100 mL 含 20 g（2 000 万 u）。

（5）硫酸新霉素滴眼液：每瓶 8 mL 含 40 mg（4 万 u）。

【注意事项】

（1）肠梗阻或氨基糖苷类药物过敏的患畜，禁止内服新霉素。

（2）长期内服可继发细菌或真菌的二重感染，也会影响维生素 A、维生素 B_{12} 及洋地黄类药物的吸收。

（3）肌内注射时，肾、耳毒性较大，并有呼吸抑制作用，畜禽均不宜注射给药。

（4）本品有神经肌肉阻断作用，神经肌肉接头传导紊乱（如重症肌无力）的患畜应慎用，蛋鸡产蛋期禁用。

（5）本品会影响兔（野兔）胃肠道菌群平衡，应禁用。

（6）休药期：硫酸新霉素可溶性粉，鸡 5 d，火鸡 14 d。溶液剂，鸡 5 d。硫酸新霉素粉（水产用），500 ℃ · d。

卡那霉素 Kanamycin[处][乡]

【理化性质】本品的硫酸盐为白色或类白色结晶性粉末，无臭，有引湿性，易溶于水，水溶液稳定，100 ℃ 灭菌 30 min 效价无明显损失。几乎不溶于乙醇、丙酮、三氯甲烷或乙醚。本品 1 g 等于 100 万 u。

【作用与用途】本品对革兰氏阴性菌如大肠杆菌、沙门菌、肺炎杆菌、变形杆菌、巴氏杆菌等有强大的抗菌作用，对金黄色葡萄球菌、结核杆菌、支原体亦有效。但对铜绿假单胞菌、厌氧菌、除金黄色葡萄球菌外的其他革兰氏阳性菌无效。主要用于多数革兰氏阴性菌和部分耐药金黄色葡萄球菌所引起的呼吸道、泌尿道感染和败血症、乳腺炎等，内服用于肠道感染如鸡白痢、伤寒、副伤寒、禽霍乱、畜禽大肠杆菌病等，对鸡慢性呼吸道病、猪气喘病及萎缩性鼻炎、鳖红脖子病等亦有一定效果。

内服很少吸收，大部分以原形由粪便排出。肌内注射吸收迅速，0.5～1.5 h 达血药峰浓度，广泛分布于胸腔积液、腹腔积液和实质器官中，很少渗入唾液、支气管分泌物和正常脑脊液中。脑膜炎动物用药时脑脊液中的药物浓度可提高 1 倍左右。本品在乳汁、胆汁和粪便中浓度很小，主要通过肾小球滤过排泄，其中注射剂量 40%～80% 以原形从尿中排出；山羊肌内注射一次本品（75 mg/kg 体重）后 2 h，尿中浓度可达 8 300 μg/mL。肌内注射本品后，在马、水牛、黄牛、奶山羊和猪体内的半衰期分别为 2.3 h、2.3 h、2.8 h、2.2 h 和 2.1 h。

【不良反应】本品的耳毒性，较链霉素、庆大霉素更强。但本品的肾毒性较新霉素低，且较少出现前庭毒性。其他参见硫酸链霉素。

【用法与用量】

（1）混饲：每 1 000 kg 饲料，家禽 150~250 g。

（2）混饮：每 1 L 水，鸡 60~120 mg，连用 3~5 d。鸟类肠道感染，每 1 L 水用 10~50 mg；连用 3~5 d。

（3）内服：一次量，每 1 kg 体重，禽 20~40 mg；猪、羊、牛、马 3~6 mg；犬、猫 5~10 mg，每天 3 次；鳖 50 mg，每天 1 次，连用 7 d。

（4）肌内注射：一次量，每 1 kg 体重，家畜 10~15 mg（以硫酸卡那霉素计），每天 2 次，连用 2~3 d。鸡、鸽 10~30 mg，鸭 20~40 mg，每天 2 次；犬、猫 5 mg，每天 2~3 次。

【制剂】

（1）片剂：每片 0.25 g。粉针：每支 0.5 g，1 g，2 g。

（2）硫酸卡那霉素注射液：2 mL 含 0.5 g（50 万 u）；5 mL 含 0.5 g（50 万 u）；10 mL 含 0.5 g（50 万 u），1 g（100 万 u）；100 mL 含 10 g（1 000 万 u）。

（3）注射用硫酸卡那霉素：每支 0.5 g（50 万 u），1 g（100 万 u），2 g（200 万 u）。

（4）单硫酸卡那霉素可溶性粉：100 g 含 12 g（1 200 万 u）。

【注意事项】

（1）本品的毒性与血药浓度密切相关，血药浓度突然升高时会有呼吸抑制作用，故注射用药时仅能肌内注射，不宜大剂量静脉注射。

（2）本品不宜与其他抗生素配伍使用。

（3）本品与氨基糖苷类传统品种（如链霉素、庆大霉素等）之间存在交叉耐药。

（4）休药期：硫酸卡那霉素注射液，28 d，弃奶期 7 d。注射用硫酸卡那霉素，牛、羊、猪 28 d，弃奶期 7 d。

丁胺卡那霉素（阿米卡星）Amikacin

【理化性质】本品为半合成的氨基糖苷类药物，由卡那霉素衍生而来，其硫酸盐为白色或类白色结晶性粉末，极易溶于水，1% 水溶液的 pH 值为 6~7.5。

【作用与用途】本品抗菌谱与庆大霉素相似，主要用于对庆大霉素或卡那霉素耐药的革兰氏阴性菌，特别是铜绿假单胞菌等所引起的泌尿道、下呼吸道、腹腔、生殖系统等部位的感染，如鸡、猫的铜绿假单胞菌病等。本品主要通过与核糖体30s亚基不可逆结合，从而抑制敏感菌的蛋白质合成，属于杀菌性抗生素，碱性环境能增强其抗菌活性。国外主要用于犬大肠杆菌、变形杆菌等引起的泌尿生殖道感染（膀胱炎）及铜绿假单胞菌、大肠杆菌引起的皮肤和软组织感染。尤其适用于革兰氏阴性杆菌中对卡那霉素、庆大霉素或其他传统氨基糖苷类耐药的菌株所引起的感染，也可子宫灌注治疗由大肠杆菌、铜绿假单胞菌、克雷伯菌引起的马子宫内膜炎、子宫炎和子宫蓄脓等。

内服或子宫内给药吸收较差，但手术操作中局部冲洗给药（非皮肤和膀胱）却可吸收。出血性或坏死性肠炎患畜内服阿米卡星也能较好吸收。犬、猫肌内注射给药后0.5~1 h出现血药峰浓度，皮下注射达药峰浓度时间稍有延迟，且存在比肌内注射更大的个体差异。血管外注射（肌内注射或皮下注射）的生物利用度大于90%。吸收后，主要分布于细胞外液，可见于腹腔积液、胸腔积液、心包液、关节液和脓液中，且在唾液、支气管分泌物和胆汁中的浓度较高，在骨、心脏、胆囊和肺组织可达治疗浓度；可通过胎盘屏障，胎儿的血清浓度为母体的15%~50%；但不易通过血脑屏障，也不能进入眼组织。阿米卡星可在某些组织（如内耳、肾）内蓄积，而引起对这些组织的毒性。阿米卡星与血浆蛋白的结合率较低（<20%）。非肠道给药后，几乎全部经肾小球滤过清除，清除半衰期马为1.14~2.3 h，犊牛为2.2~2.7 h，犬、猫为0.5~2 h，肾功能减退的患畜的半衰期明显延长。

【不良反应】本品具有严重的肾毒性和耳毒性。肾毒性通常表现为血清中的尿素氮、肌酐、非蛋白氮增加，尿相对密度和肌酐清除率下降，尿中可出现蛋白、细胞和管型。一旦停药，肾毒性通常可逆。耳毒性不可逆。

本品也能引起神经肌肉阻断、面部浮肿、注射部位疼痛发炎、外周神经病变或过敏反应，但很少引起胃肠、血液和肝的不良反应。

【用法与用量】

（1）静脉注射、皮下注射或肌内注射：一天量，每1 kg体重，马10 mg，驹20~25 mg，连用5~7 d。

（2）子宫灌注，一次量，每1 kg体重，马2 g，用200 mL的灭菌生理盐水溶解稀释，每天1次，连用3 d。

【制剂】

（1）注射用硫酸阿米卡星：每瓶 0.2 g（20 万 u）。

（2）硫酸阿米卡星注射液：每支 1 mL 含 0.1 g（10 万 u），2 mL 含 0.2 g（20 万 u）。

【注意事项】

（1）阿米卡星与其他具有肾毒性、耳毒性和神经毒性的药物一起使用应谨慎，如两性霉素 B、其他氨基糖苷类药物、阿昔洛韦、杆菌肽、顺铂、甲氧氟烷、黏菌素或万古霉素。

（2）本品与头孢菌素类同时使用目前尚存在争议。

（3）与全身麻醉药或神经肌肉阻断剂合用，可加强其神经阻断作用。

大观霉素（壮观霉素）Spectinomycin（Actinospectacin）[处][乡]

【理化性质】本品常用其盐酸盐，为白色或类白色结晶性粉末，易溶于水，不溶于乙醇、三氯甲烷或乙醚。1%水溶液的 pH 值为 3.8~5.6，水溶液在酸性溶液中稳定。

【作用与用途】本品对革兰氏阳性菌和革兰氏阴性菌及支原体均有作用，如对革兰氏阳性菌中的金黄色葡萄球菌、链球菌，革兰氏阴性菌中的大肠杆菌、沙门菌、巴氏杆菌及鸡败血支原体、火鸡支原体等均有抑制或杀灭作用。主要用于禽、猪、牛的葡萄球菌、链球菌感染，畜禽的大肠杆菌、沙门菌、巴氏杆菌感染。本品与林可霉素配伍的复方制剂，主要用于控制禽类的大肠杆菌病、支原体病及支原体与细菌混合感染；用于防治猪赤痢、沙门菌病、大肠杆菌肠炎及支原体肺炎。

本品内服后只有 7%的药物被吸收，在消化道残留的药物仍然具有活性。有报道称，该药在皮下注射或静脉注射时吸收良好，达峰时间约为 1 h，但组织中的药物浓度低于血ezza浓度，本品不能进入脑脊液或眼睛，且不与血浆蛋白结合。吸收的药物大部分以原型通过肾小球滤过作用进入尿液排泄。

【不良反应】

（1）大观霉素对动物毒性相对较小，很少引起肾毒性和耳毒性。但同其他氨基糖苷类药物一样，可引起神经肌肉阻断作用。

（2）林可霉素–大观霉素复方制剂对牛注射给药可诱发严重的肺水肿。其他参见硫酸链霉素。

【用法与用量】

（1）混饲：每 1 000 kg 料，猪 44 g，连用 1~3 周。

（2）混饮：可溶性粉，每 1 L 水，鸡 1~2 g，连用 3~5 d；火鸡 500 mg（防治支原体病）；雀类和小雀 200~400 mg。盐酸大观霉素盐酸林可霉素可溶性粉，每 1 L 水，5~7 日龄雏鸡 0.5~0.8 g，连用 3~5 d。每 1 kg 饲料，雀类和小雀 400 mg。

（3）内服：一次量，每 1 kg 体重，犊牛、仔猪 10~40 mg，犬 22 mg，每日 2 次。每羽，雏鸡（1~3 日龄）5 mg，育成鸡 20~80 mg，成鸡 100 mg。

（4）肌内注射：注射液，一次量，每 1 kg 体重，禽 30 mg，猪 20~25 mg，每天 1 次；犬、猫 5~11 mg，每天 2 次。盐酸盐注射液（犬用），一次量，每 1 kg 体重，犬 0.2~0.3 mL，每天 2 次，连用 3 d。

（5）皮下注射：每 1 kg 体重，火鸡 11~22 mg（防治多杀性巴氏杆菌感染），5 d 用药 1 次。喷雾：防治火鸡肺炎和气囊炎，每 200 mg 药溶于 15 mL 生理盐水。

【制剂】

（1）盐酸大观霉素可溶性粉：5 g 含 2.5 g（250 万 u），50 g 含 25 g（2 500 万 u），100 g 含 50 g（5 000 万 u）。

（2）水溶液：每 1 L 含 0.5 g。注射液：100 mL 含 10 g。

（3）盐酸盐注射液（犬用）：2 mL 含 0.1 g（10 万 u），5 mL 含 0.25 g（25 万 u），10 mL 含 0.5 g（50 万 u）。

（4）盐酸大观霉素盐酸林可霉素可溶性粉：5 g 含大观霉素 2 g（200 万 u）与林可霉素 1 g；50 g 含大观霉素 20 g（2 000 万 u）与林可霉素 10 g；100 g 含大观霉素 10 g（1 000 万 u）与林可霉素 5 g；100 g 含大观霉素 40 g（4 000 万 u）与林可霉素 20 g。

（5）预混剂：100 g 含林可霉素 2.2 g（220 万 u）+壮观霉素 2.2 g（220 万 u）。

【注意事项】

（1）本品内服吸收较差，仅限于肠道感染，对急性严重感染宜注射给药。

（2）蛋鸡产蛋期禁用。

（3）盐酸大观霉素盐酸林可霉素可溶性粉仅用于 5~7 日龄雏鸡。

（4）休药期：可溶性粉：鸡 5 d。预混剂：猪 5 d。

安普霉素（阿普拉霉素）Apramycin[处][乡]

【理化性质】本品的硫酸盐为白色结晶性粉末，有引湿性；易溶于水，几乎不溶于甲醇、丙酮、三氯甲烷或乙醚。

【作用与用途】本品抗菌谱较广，对大肠杆菌、沙门菌、巴氏杆菌、变形杆菌等多数革兰氏阴性菌，某些链球菌等部分革兰氏阳性菌，密螺旋体和支原体等有较强的抗菌活性。

内服后吸收不良，适于治疗肠道感染。吸收与药物的剂量相关，并且随着动物年龄的增长，吸收率降低。肌内注射后吸收迅速，生物利用度高，吸收的药物通过肾脏以原型排出体外。本品主要用于治疗雏禽、幼龄家畜的大肠杆菌、沙门菌感染，亦可用于治疗畜禽的支原体病和猪的密螺旋体性痢疾。

【不良反应】内服可能损害肠壁绒毛而影响肠道对脂肪、蛋白质、糖、铁等的吸收。也可引起肠道菌群失调，发生厌氧菌或真菌等二重感染。长期或大量应用可引起肾毒性。

【用法与用量】

（1）混饮：每 1 L 水，鸡 250~500 mg（以安普霉素计），连用 5 d；每 1 kg 体重，猪 12.5 mg（以安普霉素计），连用 7 d。

（2）内服：一次量，每 1 kg 体重，家畜 20~40 mg，每天 1 次，连用 5 d。

（3）肌内注射：一次量，每 1 kg 体重，猪 2 万 u，每天 1 次。

【制剂】

（1）硫酸安普霉素注射液：每支 5 mL 含 0.5 g（50 万 u），10 mL 含 1 g（100 万 u），20 mL 含 2 g（200 万 u）。

（2）硫酸安普霉素可溶性粉：100 g 含 10 g（1 000 万 u），40 g（4 000 万 u），50 g（5 000 万 u）。

【注意事项】

（1）猫对本品较敏感，易产生毒性。

（2）蛋鸡产蛋期禁用。

（3）本品的预混剂遇铁锈易失效，混饲器械要注意防锈，也不宜与微量元素制剂混合使用。

（4）休药期：硫酸安普霉素可溶性粉，猪 21 d、鸡 7 d。硫酸安普霉素注射液，28 d。

双氢链霉素 Dihydrostreptomycin[处]

【理化性质】本品的硫酸盐为白色或类白色粉末，有引湿性，无臭或几乎无臭。易溶于水，能溶于乙醇，不溶于三氯甲烷。

【作用与用途】本品为氨基糖苷类抗生素，主要通过干扰细菌蛋白质合成过程，结果导致细菌的蛋白质合成受阻，或合成异常的蛋白质或阻碍已合成的蛋白质释放等引起细菌死亡。本品对结核杆菌和多种革兰氏阴性杆菌，如大肠杆菌、沙门菌、布氏杆菌、巴氏杆菌、志贺痢疾杆菌等有明显抗菌作用，对金黄色葡萄球菌等多数革兰氏阳性球菌作用差，链球菌、铜绿假单胞菌和厌氧菌对本品有固有耐药性。主要用于革兰氏阴性菌和结核杆菌引起的各种感染。

本品肌内注射吸收良好，0.5~2 h 体内可达血药峰浓度。治疗剂量下，血中有效浓度一般可维持 6~12 h，可广泛分布在各个脏器，可到达胆汁、胸水、腹水、结核性脓腔及干酪样组织中，也能透过胎盘屏障，其中肾中药物浓度最高，肺及肌肉中较低，且主要分布于细胞外液中。但本品在脑组织中浓度很低（马脑组织中药物浓度约为血药浓度的 4%）。多数以原型经肾小球滤过排出体外，尿中药物浓度高，仅少量从胆汁排出。本品肌内注射后，马、水牛、黄牛、奶山羊和猪体内的半衰期分别为 3.1 h、2.4 h、4.1 h、4.7 h 和 3.8 h。

【不良反应】

（1）本品的耳毒性较强，最常引起前庭损害，且随连续给药次数增加而加重，并呈剂量依赖性。

（2）猫对本品较敏感，常量即可造成呕吐、流涎及共济失调等。

（3）剂量过大会导致神经肌肉阻断。犬、猫外科手术全身麻醉后，合用本品与青霉素时会出现意外死亡。

（4）长期应用可引起肾脏损害。

【用法与用量】肌内注射：一次量，每 1 kg 体重，家畜 10 mg，每天 2 次。

【制剂】

（1）硫酸双氢链霉素注射液：2 mL 含 0.5 g（50 万 u），5 mL 含 1 g（100 万 u）和 1.25 g（125 万 u），10 mL 含 2.5 g（250 万 u）。

（2）注射用硫酸双氢链霉素：每支 0.75 g（75 万 u），1 g（100 万 u），

2 g（200 万 u）。

【注意事项】

（1）本品与其他传统氨基糖苷类有交叉过敏现象。

（2）患畜脱水或肾功能损害时慎用。

（3）治疗肉食动物和杂食动物泌尿感染时，可同时内服碳酸氢钠来增强疗效。

（4）休药期：注射液，牛、羊、猪 18 d，弃奶期 3 d。

庆大小诺霉素 Gentamycin Micronomicin[处]

【理化性质】本品为庆大霉素和小诺霉素的混合物。常用其硫酸盐，为类白色或淡黄色的疏松结晶性粉末，无臭，有引湿性。在水中易溶，在甲醇、乙醇、丙醇、乙醚中几乎不溶。

【作用与用途】本品抗菌谱、抗菌活性同庆大霉素。小诺霉素对氨基糖苷乙酰转移酶稳定，由于能产生该酶而对阿米卡星、庆大霉素、卡那霉素等耐药的致病菌对本品仍然敏感，与阿米卡星、庆大霉素等其他氨基糖苷类抗生素间无交叉耐药性。临床主要用于治疗革兰氏阴性菌感染，如敏感菌引起的败血症、泌尿生殖道感染、呼吸道感染等。

【不良反应】参见硫酸庆大霉素。

【用法与用量】肌内注射：一次量，每 1 kg 体重，猪 1~2 mg，鸡 2~4 mg，每天 2 次。

【制剂】硫酸庆大小诺霉素注射液：2 mL 含 80 mg（8 万 u），5 mL 含 0.1 g（10 万 u）和 0.2 g（20 万 u），10 mL 含 0.1 g（10 万 u）和 0.2 g（20 万 u）及 0.4 g（40 万 u）。

【注意事项】

（1）长期大量应用可引起肾毒性，也可致前庭功能损害。

（2）有呼吸抑制作用，临床不宜静脉推注。

（3）休药期：猪、鸡 40 d。

妥布霉素 Tobramycin

【理化性质】本品的硫酸盐为白色结晶性粉末，强引湿性，易溶于水，难溶于乙醇。商品注射剂为无色透明溶液，用硫酸或氢氧化钠调节 pH 值至 6~8。

【作用与用途】本品为广谱氨基糖苷类抗生素，对革兰氏阳性菌和革兰氏阴性菌均有良好的抗菌作用，特别是对铜绿假单胞菌具有高效，抗铜绿假单胞菌效力比庆大霉素要强 3~8 倍，较阿米卡星强 2~5 倍，也比多黏菌素强，对其他革兰氏阴性菌作用稍次于庆大霉素，对金黄色葡萄球菌的作用与庆大霉素相似。细菌对本品和庆大霉素之间有不完全的交叉耐药性，对肺炎杆菌、肠杆菌属和变形杆菌的抗菌作用较庆大霉素强，但对沙门菌的作用较庆大霉素弱，对肠球菌、链球菌、分支杆菌、假单胞菌（铜绿假单胞菌除外）及厌氧菌无效。治疗铜绿假单胞菌所致的败血症，优于其他氨基糖苷类抗生素和半合成青霉素，与第三代头孢菌素中的头孢三嗪和头孢哌酮相仿，但价格较头孢菌素低得多。临床主要单用或与其他抗生素联用治疗敏感菌所致的动物败血症、呼吸道感染、泌尿道感染、胆囊胆道感染及皮肤软组织感染、烧伤感染等。

【不良反应】参见硫酸链霉素。

【用法与用量】肌内注射：一次量，每 1 kg 体重，家畜 1~1.5 mg，每天 2 次；家禽 3~5 mg（3 000~5 000 单位），每天 1 次；雏、鹤、鹦鹉、猛禽 2.5~10 mg，每天 2 次。

【制剂】注射液：1 mL 含 10 mg、40 mg。

【注意事项】

（1）本品不可与葡萄糖酸钙配伍联用，与头孢噻吩联用肾毒性增加，也不宜联用。

（2）本品具有一定耳、肾毒性，故疗程不要过长，一般不宜超过 10 d；血药浓度也不要过大，当血药浓度超过 10 mg/mL，可出现急性毒性。

（二）多黏菌素类

多黏菌素类系由多黏芽孢杆菌产生的一组碱性多肽类抗生素，包括多黏菌素 A、多黏菌素 B、多黏菌素 C、多黏菌素 D、多黏菌素 E 五种成分，兽医上常用多黏菌素 B、多黏菌素 E 两种，均为窄谱杀菌剂。

多黏菌素 B Polymycin B

【理化性质】本品的硫酸盐为白色结晶性粉末，易溶于水，在酸性溶液中稳定，其中性溶液在室温放置 1 周效价无明显变化，但在碱性溶液中不稳定。本品 1 mg 相当于 1 万 u。

【作用与用途】本品只对革兰氏阴性菌有抗菌作用，尤其对铜绿假单胞菌作用强大，对大肠杆菌、肺炎杆菌、沙门菌、巴氏杆菌、弧菌等也有较强作用，但对革兰氏阳性菌、革兰氏阴性球菌、变形杆菌和厌氧菌不敏感。本品内服不吸收，注射后主要由尿排泄。多用于铜绿假单胞菌、大肠杆菌等引起的感染，常与新霉素、杆菌肽等合用。

【用法与用量】

(1) 内服：一次量，每 1 kg 体重，犊牛 0.5 万~1 万 u，仔猪 2 000~4 000 u，每天 2~3 次；犬、猫 1 万~2 万 u，每天 2 次。

(2) 肌内注射：一次量，每 1 kg 体重，牛、马、羊、猪 0.5 万 u，家禽 2.5 万~5 万 u，每天 2 次；犬 1 万~2 万 u，每天 2~3 次。

【制剂】

(1) 片剂：每片 12.5 万 u，25 万 u。

(2) 粉针：每瓶 50 万 u。

【注意事项】

(1) 本品肾脏毒性较常见，肾功能不全动物禁用。

(2) 禁与其他有肾脏毒性的药物联合应用，以免发生意外。

(3) 本品与新霉素、杆菌肽合用时，剂量减半。

多黏菌素 E（黏菌素、抗敌素）Polymycin E（Colistin）[处]

【理化性质】本品的硫酸盐为白色或微黄色粉末，易溶于水，水溶液在酸性条件下稳定。

【作用与用途】本品抗菌谱与多黏菌素 B 相同。内服不吸收，用于治疗大肠杆菌性肠炎和菌痢。局部用药可用于创伤引起的铜绿假单胞菌局部感染，以及敏感菌引起的牛乳腺炎、子宫炎等。本品与庆大霉素、新霉素和杆菌肽联用有协同作用。

【不良反应】本品内服或局部用药时动物一般能较好地耐受，全身应用时可引起肾毒性、神经毒性和神经肌肉阻断效应，但本品毒性较多黏菌素 B 小。

【用法与用量】

(1) 混饮（以黏菌素计）：每 1 L 水，猪 40~200 mg，鸡 50~60 mg。

(2) 混饲：硫酸黏菌素可溶性粉，每 1 000 kg 饲料，猪、鸡 50~80 g（以黏菌素计）。

（3）内服：一次量，每 1 kg 体重，仔猪、犊牛 1.5 万~5 万 u，禽 3 万~8 万 u，每天 1~2 次；犬 2 万~3 万 u，每天 3 次。

（4）肌内注射：一次量，每 1 kg 体重，哺乳期仔猪 2~4 mg，每天 2 次，连用 3~5 d。

（5）乳管内注入：牛每个乳室 5 万~10 万 u。

（6）子宫内注入：10 万 u。

【制剂】

（1）硫酸黏菌素可溶性粉：100 g 含 2 g（6 000 万 u），10 g（3 亿 u）。

（2）片剂：每片 12.5 万 u，25 万 u。

（3）硫酸黏菌素注射液：每支 2 mL 含 50 mg（150 万 u），5 mL 含 100 mg（300 万 u），10 mL 含 200 mg（600 万 u）。

【注意事项】

（1）本品对肾脏和神经系统毒性较大，应避免长期大剂量用药。

（2）不能与碱性药物一起使用。

（3）禁用于肾功能不良动物，与能引起肾损伤的药物合用时毒性增强。

（4）蛋鸡产蛋期禁用。

（5）休药期：可溶性粉，牛、猪、鸡 7 d。硫酸黏菌素注射液，猪 28 d。

三、广谱抗生素

本类药物抗菌谱广，除对革兰氏阳性菌、革兰氏阴性菌有效外，对立克次体、衣原体、支原体及某些原虫都有抑制作用。常用药物有四环素类、酰胺醇类和利福霉素类。

（一）四环素类

四环素类包括天然四环素、金霉素、土霉素及半合成多西环素。抗菌作用的强弱依次为多西环素、金霉素、四环素、土霉素，抗菌作用机制为抑制细菌蛋白质的合成。近年来，细菌对本类药的耐药性较严重，天然四环素类药物之间有明显的交叉耐药性，但与半合成四环素类之间的交叉耐药不明显。

本类药物为酸碱两性化合物，在酸性溶液中较稳定，在碱性溶液中易降解。临床常用其盐酸盐，易溶于水。

土霉素（氧四环素）Oxytetramycin（Oxytetracycline, Terramycin）[处][乡]

【理化性质】本品为淡黄色至暗黄色结晶或无定型粉末；无臭；在日光下颜色变暗，在碱性溶液中易破坏失效。易溶于水，微溶于乙醇。其盐酸盐为黄色结晶性粉末，性质较稳定。

【作用与用途】本品为广谱抗生素，对革兰氏阳性菌、革兰氏阴性菌都有抑制作用，对衣原体、立克次体、支原体、螺旋体等也有一定的抑制作用。本品主要用于防治畜禽大肠杆菌、沙门菌感染（如犊牛白痢、羔羊痢疾、仔猪黄白痢、幼畜副伤寒等），巴氏杆菌、布氏杆菌感染及猪喘气病、鸡慢性呼吸道病；也常用于治疗犬的立克次体病、猫的传染性贫血，预防犬的衣原体病和钩端螺旋体病；局部用于坏死杆菌所引起的子宫内膜炎及组织坏死等；另外，可用于防治淡水养殖鱼类的烂鳃、肠炎、赤皮等细菌性疾病，鳗鲡的爱德华病、弧菌病、烂尾病和对虾弧菌病及鱼类链球菌病。

【不良反应】

（1）局部刺激作用。本类药物的盐酸盐水溶液有较强的刺激性，内服后可引起呕吐，肌内注射可引起注射部位疼痛、炎症和坏死，静脉注射可引起静脉炎和血栓。静脉注射宜用稀溶液，缓慢滴注，以减轻局部反应。不同土霉素制剂对组织的刺激强度相差较大。浓度为20%的长效制剂对组织的刺激性特别强，其长效作用与其在注射部位缓慢释放有关。

（2）肠道菌群紊乱。四环素较常见，轻者出现维生素缺乏症，重者造成二重感染。四环素类药物对马肠道菌产生广谱抑制作用，继而由耐药沙门杆菌或不明病原菌引起的继发感染，导致严重甚至致死性的腹泻。这种情况在大剂量静脉给药后常出现，但低剂量肌内注射也可能出现。

（3）影响牙齿和骨发育。本类药物进入机体后与钙结合，随钙沉积在牙齿和骨骼中。同时还易通过胎盘和进入乳汁中，因此孕畜、哺乳畜和小动物禁用，泌乳牛用药期间乳禁止上市。

（4）肝、肾损害。本类药物对肝肾细胞有毒效应，过量四环素可致严重的肝损害。本类抗生素可引起多种动物的剂量依赖性肾脏机能改变，偶尔可见致死性的肾中毒。牛大剂量（33 mg/kg）静脉注射可致脂肪肝及近端肾小管坏死。

（5）心血管效应。牛静脉注射四环素速度过快，可出现急性心力衰竭，这可能是进入体循环的初始药物浓度过高，药物与钙结合引起心血管抑制效应所致，故牛静脉注射本类药物时，应缓慢输注。

（6）抗代谢作用。四环素类药物可引起氮血症，而且可因类固醇类药物的存在而加剧，本类药物还可引起代谢性酸中毒及电解质失衡。

【用法与用量】

（1）混饲：每1kg饲料（以土霉素计），仔猪0.2~0.3g，育肥猪0.3~0.4g，鸡、鸭0.1~0.3g。

（2）混饮：每1L水，猪100~200mg，家禽150~250mg，连用3~5d；鸽263~396mg（防治衣原体病），连用7~14d。

（3）内服：一次量，每1kg体重，猪、犊、驹、羔10~25mg，犬、猫15~50mg，家禽25~50mg，每天2~3次；鱼每天5~75mg，连用3~5d。

（4）静脉注射：注射用盐酸土霉素，一次量，每1kg体重，家畜5~10mg（以盐酸土霉素计），每天2次，连用2~3d。

（5）肌内注射：一次量，每1kg体重，家畜10~20mg，必要时48h重注射1次；环颈雉43mg，每天1次；大雕鸮16mg，每天1次。

（6）皮下或肌内注射：长效制剂防治衣原体病，每1kg体重，鹦鹉50~100mg，每2~3d用药1次，连用30~45d。

（7）皮下注射：长效制剂防治火鸡多杀性巴氏杆菌感染，每1kg体重，火鸡152mg，每3d用药1次。

【制剂】

（1）土霉素片：每片0.05g（5万u），0.125g（12.5万u），0.25g（25万u）。注射液：1mL含0.1g、0.2g；5mL含0.5g；10mL含0.5g、1g、2g、3g；20mL含1g；50mL含2.5g、10g、15g；100mL含30g。

（2）粉针：每支0.2g（20万u），1.0g（100万u）；静脉注射时用5%葡萄糖注射液或灭菌生理盐水溶解，配成5%的注射液，肌内注射时用注射用盐酸土霉素溶媒（由5%氯化镁、2%盐酸普鲁卡因组成）配成2.5%的注射液。

（3）长效土霉素（特效米先）注射液：1mL含0.2g。

（4）长效盐酸土霉素（米先-10）注射液：1mL含0.1g。

（5）盐酸土霉素可溶性粉（以土霉素计）：7.5%、10%、20%、50%。

（6）注射用盐酸土霉素：0.2g、1g、2g、3g。

（7）盐酸土霉素注射液：100mL含10g、200mL含20g。

【注意事项】

(1) 应避光密闭保存，忌光线照射，忌与碱性溶液和含氯量较多的自来水混合，忌用金属容器盛药。

(2) 本品内服能吸收，但不完全、不规则。锌、铁、铝、镁、锰、钙等金属离子可与其形成难溶的络合物而影响吸收，故应避免与乳类制品及含上述金属离子的药物或饲料共服。

(3) 成年反刍动物、马属动物和兔不宜内服；马注射本品可发生胃肠炎，应慎用。

(4) 长期或大剂量使用，可诱发二重感染，出现维生素 B 或维生素 K 缺乏症和肝脏毒性等不良反应。若在用药期间出现腹泻、肺炎、肾盂肾炎或原因不明的发热时，应考虑有发生二重感染的可能。一经确诊，应立即停药并采取综合性防治措施。

(5) 肝、肾功能严重损害的患畜忌用。

(6) 休药期：①片剂，牛、羊、猪 7 d，禽 5 d，弃蛋期 2 d，弃奶期 3 d。②注射液，牛、羊、猪 28 d，弃奶期 7 d。③注射用盐酸土霉素，牛、羊、猪 8 d，弃奶期 2 d。④盐酸土霉素可溶性粉，猪 7 d，鸡 5 d，弃蛋期 2 d。⑤盐酸土霉素注射液，猪 28 d。

四环素 Tetracycline[处][乡]

【理化性质】本品的盐酸盐为黄色结晶性粉末，遇光渐变浑，有引湿性；易溶于水，其水溶液有较强的刺激性，不稳定，应现用现配。

【作用与用途】本品抗菌作用、抗菌谱及临床用途等，与土霉素相似，但对大肠杆菌和变形杆菌的作用较好，内服吸收优于土霉素。

【不良反应】参见土霉素。

【用法与用量】

(1) 混饮及混饲：畜禽混饮及混饲用量同土霉素。

(2) 内服：一次量，每 1 kg 体重，鹦鹉 50 mg，每天 3 次。

(3) 静脉注射：一次量，每 1 kg 体重，家畜 5~10 mg（以盐酸四环素计），每天 2 次，连用 2~3 d。

【制剂】

(1) 片剂：每片 0.05 g（5 万 u）、0.125 g（12.5 万 u），0.25 g（25 万 u）。

(2) 注射用盐酸四环素：每支 0.25 g（25 万 u）、0.5 g（50 万 u）、1 g

（100万u）、2 g（200万u）、3 g（300万u）。

【注意事项】

（1）盐酸四环素水溶液为强酸性，1%水溶液 pH 值为 1.18~2.8，刺激性大，不宜肌内注射，静脉注射时勿漏出血管外。

（2）蛋鸡产蛋期，泌乳牛、羊禁用，孕畜、哺乳畜禁用。

（3）成年反刍动物、马属动物和兔不宜内服四环素片。

（4）休药期：四环素片，牛 12 d，猪 10 d，鸡 4 d。注射用盐酸四环素，牛、羊、猪 8 d，弃奶期 2 d。

金霉素（氯四环素）Aureomycin（Chlortetracycline）

【理化性质】本品的盐酸盐为金黄色或黄色结晶；无臭无味；遇光色渐变深；微溶于水，水溶液不稳定；在丙酮、乙醚或三氯甲烷中几乎不溶。

【作用与用途】本品抗菌作用与四环素相似，但对革兰氏阳性球菌特别是葡萄球菌的效果较强。多作用于预防疾病，也用于敏感菌引起的各种感染，如治疗断奶仔猪腹泻、猪气喘病、猪增生性肠炎等。还用于治疗犬的立克次体病、放线菌病、衣原体病、鹦鹉和鸽的鹦鹉热等。另外，还可用于淡水养殖鱼类的白皮病、白头白嘴病、鳗鱼赤鳍病、虹鳟弧菌病及疖疮病、香鱼弧菌病等细菌性疾病。

【不良反应】参见土霉素。

【用法与用量】

（1）混饮：每 1 L 水，鸡 0.2~0.4 g。

（2）混饲：每 1 000 kg 饲料，猪 400~600 g，连用 7 d。

【制剂】

（1）预混剂：每 1 kg 含 100 g（1 亿 u）、150 g（1.5 亿 u）、200 g（2 亿 u）、250 g（2.5 亿 u）、300 g（3 亿 u）。

（2）盐酸金霉素可溶性粉：20%。

（3）注射用盐酸金霉素：每支 0.25 g、1.0 g。临用时，用专用溶媒（甘氨酸钠）溶解后缓慢静脉注射。

【注意事项】

（1）蛋鸡产蛋期禁用。

（2）低钙日粮（0.4%~0.55%）中添加 100~200 mg/kg 剂量金霉素时，连续用药不得超过 5 d。

（3）在猪丹毒疫苗接种前 2 d 和接种后 10 d 内，不得使用金霉素。

（4）休药期：①预混剂，猪、鸡 7 d。注射用盐酸金霉素，牛、羊、猪 7 d。②可溶性粉，鸡 7 d。

多西环素（强力霉素、脱氧土霉素）Doxycycline（Deoxyoxytetracycline）[处][乡]

【理化性质】本品是由土霉素衍生而来的半合成四环素类抗生素，其盐酸盐为淡黄色或黄色结晶性粉末，易溶于水，水溶液较四环素、土霉素稳定。

【作用与用途】本品为高效、广谱、低毒的半合成四环素类抗生素，抗菌谱与土霉素相似，但作用强 2~10 倍，对土霉素、四环素耐药的金黄色葡萄球菌仍然有效。内服吸收良好，有效血药浓度维持时间较长。主要用于畜禽的大肠杆菌病、沙门菌病、支原体病和鹦鹉热等，对家禽的细菌与支原体混合感染，亦有较好疗效；还可用于防治由链球菌、弧菌、嗜水气单胞菌、爱德华氏菌引起的罗非鱼、香鱼、虹鳟等鱼的链球菌病、鳗鲡弧菌病等鱼细菌性疾病。

本品内服吸收良好，具有脂溶性，比盐酸四环素或土霉素更易透过机体组织和体液，包括脑脊液、前列腺和眼睛。脑脊液的药物浓度不足以治疗大多数细菌感染，但在治疗人与莱姆病相关的 CNS（中枢神经系统）效应有较好的作用。犬的稳态表观分布容积为 1.5 L/kg，对于不同的动物种类，多西环素与血浆蛋白结合率具有差异性：犬，75%~86%；牛和猪，约 93%；猫比犬有更高的血浆蛋白结合率。多西环素主要以无活性的形式通过非胆汁的途径排泄到粪便。部分药物在肠道形成螯合物而失活。对于犬，75%通过这种方式消除，仅有 25%通过肾消除少于 5%的药物通过胆汁分泌。多西环素在犬体内的血浆半衰期 10~12 h，清除率约 1.7 mL/（kg·min）。牛的药代动力学特征与犬相似。多西环素不在肾功能障碍的患畜体内蓄积。

【不良反应】

（1）犬和猫内服本品最常见的不良反应为呕吐。为减轻不良反应，在不影响药物吸收的情况下可与食物同服。

（2）猫内服本品可引起食道狭窄，如内服片剂，应至少用 6 mL 水送服，不可干服。

（3）本品治疗（特别是长期）可导致非敏感菌或真菌的过度生长（二度感染）。

（4）静脉注射较少量的本品可引起马的心律失常、虚脱和死亡。肌内注射有一定刺激性，可引起注射部位疼痛、炎症和坏死。

【用法与用量】

（1）混饲：每1 000 kg饲料，家禽100~200 g。

（2）混饮：每升水，猪25~50 mg、鸡50~100 mg，连用3~5 d；鹦鹉280~800 mg，连饮45 d；雀类、白玉鸟和小雀250 mg（防治衣原体病），连饮30 d；鸽250~800 mg（防治支原体、巴氏杆菌感染和衣原体病）。

（3）内服：一次量，每1 kg体重，猪、驹、犊、羔3~5 mg，禽15~25 mg，犬、猫5~10 mg，每天1次，连用3~5 d；鹦鹉，40~50 mg，每天1次。非洲灰鹦鹉、鹅、鸭25 mg，每天1次。鸽（饲料中无钙），25 mg，每天1次或7.5 mg，每天2次；鸽（饲料中加钙），150 mg，每天1次或25 mg，每天2次。

（4）静脉注射：一次量，每1 kg体重，牛1~2 mg，猪、羊1~3 mg，犬、猫2~4 mg，每天1次。

（5）肌内注射：一次量，每1 kg体重，猪5~10 mg、禽10 mg，每天1次，连用2~3 d。鹦鹉75~100 mg（防治衣原体病），每5~7 d用药1次，连用4周，随后每5 d用药1次，连用45 d（小鹦鹉用30 d）。鸽100 mg，每6 d用药1次，共用3次。

（6）皮下或肌内注射：每1 kg体重，斑鸠80 mg，按7 d、7 d、7 d、6 d、6 d、6 d、5 d的间歇期给药。

（7）子宫腔灌注：预防产后感染，在牛排出胎衣后第1 d向子宫内注药1次，每次1支。治疗急性子宫内膜炎、子宫蓄脓、子宫炎和宫颈炎，每3 d给药一次，每次1支，连用1~4次。治疗慢性子宫内膜炎，每7~10 d或一个发情期注药1次，每次1支，连用1~4次。治疗顽固性子宫内膜炎，需先用露它净溶液1 000~2 000 mL冲洗后，再注入本品，每次1支，连用1~4次。

（8）拌饵投喂：一次量，每1 kg体重，鱼20 mg，每天1次，连续3~5 d。

【制剂】

（1）预混剂：含多西环素1.25%。

（2）胶囊剂：每粒0.1 g。

（3）粉针：每支0.1 g、0.2 g。

（4）盐酸多西环素片：每片 10 mg、25 mg、50 mg、100 mg。

（5）盐酸多西环素子宫注入剂：每支 24 g 含 2 g。

（6）盐酸多西环素可溶性粉：5%、10%、20%、50%。

（7）盐酸多西环素注射液（Ⅲ）：2 mL 含 50 mg，5 mL 含 125 mg，10 mL 含 250 mg。

（8）盐酸多西环素注射液（Ⅳ）：10 mL 含 500 mg、1 g。

（9）盐酸多西环素粉（水产用）：100 g 含 2 g（200 万 u）、5 g（500 万 u）、10 g（1 000 万 u）。

（10）盐酸多西环素颗粒：100 g 含 50 g。

【注意事项】

（1）本品毒性在本类药中较小，一般不会引起菌群失调，但亦不可长期大剂量使用。

（2）马属动物对本品敏感，静脉注射可致中毒或死亡，不宜静脉注射使用。

（3）泌乳牛及蛋鸡产蛋期禁用。忌与含钙量高的饲料同时饲喂。

（4）盐酸多西环素子宫注入剂用药前，应先将牛的外阴部和器械、工具等进行常规消毒，将药液全部注入于宫腔内后，再注入适量空气或温开水，以确保避免药物残留。

（5）肝、肾功能严重损害的患畜慎用。

（6）休药期：盐酸多西环素片、可溶性粉、注射液、颗粒剂，牛、羊、猪、禽 28 d。盐酸多西环素子宫注入剂，牛 28 d，弃奶期 7 d。盐酸多西环素粉（水产用），750 ℃·d。

米诺环素 Minocycline Hydrochloride

【理化性质】本品又名美满霉素（Minomycin，Minocin）、美力舒，为黄色结晶性粉末；味苦；室温中稳定，但遇光可变质。能溶于水，易溶于碱金属的氢氧化物或碳酸盐溶液中，遇金属离子则失去抗菌活性。

【作用与用途】本品是一种高效、速效、长效的新半合成四环素，其抗菌谱与多西环素相似，对感染组织和部位穿透力强，组织中药物浓度高。与四环素类其他抗生素相比，本品抗菌作用更强，抗菌谱更广，毒性更小，尤其对四环素耐药的金黄色葡萄球菌、链球菌、大肠杆菌，对本品仍敏感，金黄色葡萄球菌对本品不易产生耐药性，对大多数革兰氏阳性菌和革兰氏阴性菌、需氧菌和厌氧菌均有很强的抗菌作用。对支原体、衣原体和螺旋体也具有很强的抗菌作用。临床主要用于动物尿路感染、胃肠道感染、呼吸道感染、产科疾病、眼及耳鼻咽喉感染、骨髓炎及犬的脓皮症等。

无论是否与食物同服，米诺环素内服吸收均良好。由于其高脂溶性，可以在体内广泛分布，在中枢神经系统、前列腺、唾液和眼内均能达到治疗水平。米诺环素主要在肝脏中代谢，其非活性代谢产物主要从粪便和尿液中排泄，尿液中的原型药物不到20%。在犬体内的半衰期约为7 h。

【不良反应】

（1）犬和猫在内服多西环素最常见的不良反应为呕吐。为减轻其不良反应，在不影响药物吸收的情况下可与食物同服。子宫内给药或初生患畜接触药物，可导致骨和牙齿变色。

（2）犬静脉快速给药时，可发生风疹、颤栗、低血压、呼吸困难、心律失常和休克，应缓慢给药。

【用法与用量】

（1）内服：一次量，每1 kg体重，马4 mg，犬、猫5~10 mg，每天2次。

（2）静脉注射：一次量，每1 kg体重，犬、猫5~10 mg，每天2次。

【制剂】盐酸米诺环素片：每片0.1 g。

【注意事项】

（1）与青霉素、羧苄西林、头孢唑啉钠联用可产生拮抗作用。

（2）与钙、铁、镁、铝及抗酸药（如碳酸氢钠）联用可形成络合物而影响本品的吸收，降低抗菌作用，较其他四环素类抗生素影响大，应避免合用。

（3）与硫酸阿米卡星、氨茶碱、两性霉素B、肝素钠有配伍禁忌（发生沉淀、混浊或效价降低）。

（二）酰胺醇类

酰胺醇类包括氯霉素、甲砜霉素及氟苯尼考，后两者为氯霉素的衍生物。早期的氯霉素系从委内瑞拉链霉菌的培养液中获得，现三药均为人工合成。氯霉素因骨髓抑制毒性及药物残留问题已被禁用于所有食品动物。本类药物属于广谱抗生素，不仅对革兰氏阳性菌和革兰氏阴性菌有作用，而且对放线菌、钩端螺旋体、某些支原体、部分衣原体和立克次体也有作用。主要通过抑制细菌蛋白质的合成而产生抑杀作用，属于快效抑菌药，与β-内酰胺类和氟喹诺酮类合用有拮抗作用。

甲砜霉素（硫霉素）Thiamphenicol[处][乡]

【理化性质】本品为中性的白色无臭结晶性粉末，对光、热稳定，有引湿性。室温下在水中的溶解度为0.5%~1.0%，略大于氯霉素，醇中溶解度为5%，几乎不溶于乙醚或氯仿，易溶于二甲基甲酰胺。其甘氨酸盐（1 g相当于甲砜霉素0.792 g）为白色结晶性粉末，易溶于水。

【作用与用途】本品为广谱抗生素，能抑制细菌蛋白质的合成，对大多数革兰氏阳性菌和革兰氏阴性菌均有抑制作用，但对革兰氏阴性菌作用较革兰氏阳性菌强。对其敏感的革兰氏阴性菌有：大肠杆菌、沙门菌、伤寒杆菌、副伤寒杆菌、产气荚膜杆菌、克雷伯杆菌、巴氏杆菌、布氏杆菌及痢疾杆菌等，尤其对大肠杆菌、沙门菌及巴氏杆菌高度敏感；敏感的革兰氏阳性菌有：炭疽杆菌、葡萄球菌、棒状杆菌、肺炎球菌、链球菌和肠球菌等，但本品对革兰氏阳性菌的作用不及青霉素和四环素。铜绿假单胞菌对本品多呈耐药。此外，本品对放线菌、钩端螺旋体、某些支原体、部分衣原体和立克次体也有作用。

细菌在体内外对本品均可缓慢产生耐药性，且本品与氯霉素间有完全交叉耐药性，与四环素类之间有部分交叉耐药性。本品被吸收进入体内后，其在肝内不通过与葡萄糖醛酸的结合来进行灭活，血中游离型药物浓度较高，故有较强的体内抗菌作用。主要通过肾脏排泄，且大多数药物（70%~90%）以原形从尿中排出，故可用于治疗泌尿道的感染。

临床上主要用于治疗沙门菌、大肠杆菌及巴氏杆菌等引起的肠道、呼吸道及泌尿道感染，如幼畜副伤寒、犊牛白痢、羔羊痢疾、鸡白痢、鸡伤寒、犬、猫沙门菌性肠炎、慢性鼻窦炎、肺炎、禽霍乱等，也用于厌氧菌引起的犬、猫脑脓肿，革兰氏阴性菌引起的犬、猫前列腺炎等，还可用于治疗鱼类弧菌病、鳗红点病、爱德华病、赤皮病、烂尾病及鲤科鱼类痘疮病等。

【不良反应】

（1）本品有血液系统毒性，虽然不会引起不可逆的骨髓再生障碍性贫血，但其引起的可逆性红细胞生成抑制却比氯霉素更常见。

（2）本品有较强的免疫抑制作用，可抑制免疫球蛋白及抗体的生成，约比氯霉素强6倍。

（3）长期内服可引起消化机能紊乱，出现维生素缺乏或二重感染症状。

（4）有胚胎毒性。

【用法与用量】

（1）混饮：每1 L水，鸡50 mg，连用3~5 d。

（2）内服：一次量，每1 kg体重，畜、禽5~10 mg，每天2次，连用2~3 d。

（3）肌内注射：每1 kg体重，猪0.1 mL（以甲砜霉素注射液计），每天1~2次，连用2~3 d。

拌饵投喂，每1 kg体重，鱼16.7 mg，每天1次，连用3~4 d。

【制剂】

（1）片剂：每片25 mg、100 mg。

（2）可溶性粉：5%，15%。

（3）注射液：5 mL含0.25 g；10 mL含0.5 g、1 g。

【注意事项】

（1）肾功能不全患畜要减量或延长给药间隔。

（2）本品禁用于疫苗接种期的动物和免疫功能严重缺损的动物。

（3）蛋鸡产蛋期禁用，妊娠动物及哺乳期动物慎用。

（4）休药期：片剂、粉剂，28 d，弃奶期7 d，鱼500 ℃·d。可溶性粉，鸡28 d。颗粒剂或注射液，28 d。

氟苯尼考（氟甲砜霉素、氟洛芬尼）Florfenicol[处][乡]

【理化性质】本品是人工合成的甲砜霉素的单氟衍生物，呈白色或灰白色结晶性粉末，无臭。极微溶于水和氯仿，略溶于冰醋酸，能溶于甲醇、乙醇，在二甲基甲酰胺中极易溶解。乙醇、聚乙二醇400与二甲基甲酰胺以适当比例混合能增加本品在水中的物理稳定性。

【作用与用途】本品属动物专用的广谱抗生素，具有广谱、高效、低毒、吸收良好、体内分布广泛和不致再生障碍性贫血等特点。对多数革兰氏阴性菌和革兰氏阳性菌、某些支原体及某些对氯霉素、甲砜霉素、土霉素、磺胺或氨苄西林耐药的菌株都有效，且抗菌活性优于氯霉素和甲砜霉素，猪胸膜肺炎放线杆菌对本品高度敏感。体外抑菌试验表明，本品在低浓度时抑菌，高浓度时能缓慢杀菌，本品对鸭疫巴氏杆菌病、鸡大肠杆菌病疗效较好。对人工感染的禽慢性呼吸道病、雏鸡白痢和鸡大肠杆菌病、黄尾狮鱼的假结核巴氏杆菌病和链球菌病，牛的各种呼吸道疾病以及猪的放线杆菌性胸膜肺炎的疗效均明显优于甲砜霉素，且能显著提高雏鸡的增重率。另外，本品相同剂量肌内注射的疗效要明显优于内服给药，本品与多西环素配伍使用时，其疗效也显著优于等量的氟苯尼考单独用药。

本品内服和肌内注射吸收较迅速，在体内分布广泛，其中分布在肝和肾中的药物浓度高于血药浓度；在肺、心、脾、胰及肠内的浓度相当于血药浓度；在脑脊液中的浓度较低，仅为血药浓度的 $1/4 \sim 1/2$，表明适合于治疗全身感染性疾病。本品经内服给药后，胃内容物的充盈度能较大地影响药物吸收，预示着临床上最好饲前给药；肌内注射时本品能缓慢地从注射部位扩散和吸收。有研究证明，相同剂量对患猪内服或肌内注射给药，后者能比前者维持更长的有效血药浓度时间。本品在体内仅有少量经肝脏代谢灭活，有 $42\% \sim 61\%$（静脉注射）或 $59\% \sim 71\%$（内服）的原型药物经肾排出。

临床上主要用于牛、猪、家禽及鱼类的多种细菌性疾病的治疗，如由敏感菌引起的牛（各种年龄的牛）的呼吸感染及乳腺炎，猪的传染性胸膜肺炎及仔猪黄、白痢，禽的大肠杆菌病，禽霍乱，雏鸡白痢及禽的慢性呼吸道病，鱼的链球菌病等，也可用于家蚕黑胸败血病的防治。

【不良反应】有较强的免疫抑制作用。

【用法与用量】

（1）混饲：每 1 000 kg 饲料，猪 200~400 g（以氟苯尼考计）。

（2）混饮：每 1 L 水，鸡 100~200 mg，连用 3~5 d。

（3）内服：一次量，每 1 L 体重，猪、鸡 20~30 mg，每天 2 次，连用 3~5 d；拌饵投喂：每 1 kg 体重，鱼 10~15 mg，每天 1 次，连用 3~5 d。

（4）肌内注射：一次量，每 1 kg 体重，猪 15~20 mg，鸡 20 mg，每隔 48 h 用药 1 次，连用 2 次。鱼 0.5~1 mg，每天 1 次。

（5）皮下注射：每 1 kg 体重，牛 40 mg，2 天 1 次，连用 2 次；犬、猫 25~50 mg，每天 2~3 次，连用 3~5 d。

（6）子宫内灌注：一次量，牛 25 mL（1 支），每 3 天 1 次，连用 2~4 次。

（7）桑叶添食：取氟苯尼考溶液（蚕用）2 支，加水 500 mL，搅拌均匀后喷于 5 kg 桑叶上，直至桑叶正反面均匀湿润为度，于发现病蚕后第一天饲喂药叶 24 h，第 2 d、第 3 d 分别饲喂 8 h。

（8）滴耳：一次量，犬、猫 3~4 滴，每天 2 次，连用 5~7 d。

【制剂】

（1）可溶性粉：5%。粉剂：2%、5%、10%、20%、30%。

（2）预混剂：2%。

（3）注射液：2 mL 含 0.6 g；5 mL 含 0.25 g、0.5 g、0.75 g、1 g、1.5 g；10 mL 含 0.5 g、1 g、1.5 g、2 g；50 mL 含 2.5 g；100 mL 含 5 g、10 g、30 g。

（4）溶液剂：5%、10%。溶液剂（蚕用）：2 mL 含 30 mg。

（5）子宫注入剂：25 mL 含 2 g。

（6）氟苯尼考甲硝唑滴耳液：20 mL 含氟苯尼考 500 mg 和甲硝唑 60 mg。

【注意事项】

（1）本品对胚胎有毒性，禁用于哺乳期和孕期动物，蛋鸡产蛋期禁用。

（2）本品不引起再生障碍性贫血，但用药后部分可能出现短暂的厌食、饮水减少和腹泻等不良反应，有时注射部位可出现炎症。

（3）氟苯尼考甲硝唑滴耳液仅用于宠物。

（4）休药期：①可溶性粉，鸡 5 d。②粉剂、注射液，猪 14 d、鸡 28 d、鱼 375 ℃·d。③预混剂，猪 14 d。④溶液剂：鸡 5 d。⑤氟苯尼考子宫注入剂：牛 28 d，弃奶期 7 d。

（三）利福霉素类

利福昔明 Rifaximin

【理化性质】本品为橘红色粉末，不溶于水，能溶于乙醇、乙酸乙酯、氯仿和甲苯。

【作用与用途】本品为利福霉素的半合成衍生物。其主要通过与细菌依赖 DNA 的 RNA 聚合酶中 β-亚单位不可逆地结合，来抑制细菌 RNA 的合成，从而达到杀菌的目的。其对革兰氏阳性菌（如金黄色葡萄球菌、无乳链球菌、停乳链球菌、乳房链球菌、棒状杆菌等）和革兰氏阴性菌（如大肠杆菌、沙门菌、志贺菌等）均有良好的抗菌活性（包括需氧菌和厌氧菌）。本品内服吸收很少，在肠道内有很高的浓度，适用于治疗局部肠道感染。目前，兽医临床主要用于防治由敏感菌（金黄色葡萄球菌、链球菌和大肠杆菌）引起的奶牛乳腺炎。

本品为第一个非氨基糖苷类的肠道抗生素，且具有不损伤听觉功能，没有明显的肾毒性，对肠道正常菌群影响小等优点。

【用法与用量】乳管内注入：干乳期奶牛，每乳室 1 支。

【制剂】利福昔明乳房注入剂（干乳期）：每支 5 mL 含 0.1 g。

【注意事项】

（1）仅用于干乳期患乳腺炎的奶牛乳房内注入。

（2）使用前应将药液充分混匀。

（3）休药期：产犊前 60 d 给药，弃奶期 0 d。

四、主要作用于支原体的抗生素

由支原体引起的猪气喘病（支原体肺炎）、家禽慢性呼吸道病（败血支原体病）、鸡支原体性滑膜炎（鸡滑液囊支原体感染）等，是一类严重影响集约化养殖业的重要传染病，对养猪业、养禽业带来的经济损失巨大，药物防治是控制该类传染病的重要手段之一。除了大环内酯类、林可胺类、四环素类、酰胺醇类及氨基糖苷类的某些品种对支原体有效外，截短侧耳素类（pleuromutilin）是一类主要对支原体有强大抑制作用的抗生素，但其对其他病原体亦有一定的抗菌活性，主要包括泰妙菌素和沃尼妙林。

泰妙菌素（泰妙灵、支原净）Tiamulin[处][乡]

【理化性质】本品为白色或淡黄色结晶性粉末，可溶于水，化学性质稳定。

【作用与用途】本品属于截短侧耳素类抗生素。抗菌谱与大环内酯类抗生素相似。对多种支原体、革兰氏阳性菌（特别是金黄色葡萄球菌、链球菌等）、猪胸膜肺炎放线杆菌、猪痢疾密螺旋体和胞内劳森菌等有较强的抑制作用。对支原体的作用强于大环内酯类抗生素。对革兰氏阴性菌尤其是肠道细菌作用较弱。抗菌机制是与细菌核糖体 50S 亚基结合而抑制蛋白质合成。主要用于防治由支原体引起的鸡慢性呼吸道病、鸡滑液囊支原体感染、猪气喘病及由痢疾密螺旋体引起的猪血痢，亦用于猪嗜血杆菌胸膜肺炎、鸡葡萄球菌病、链球菌病和猪增生性肠炎（猪回肠炎）。

单胃动物内服吸收良好，血药浓度达峰时间在 2~4 h，生物利用度可达 85% 以上。药物吸收后在体内广泛分布，组织中和乳中的药物浓度高出血清浓度几倍。肺中浓度最高。本品在体内的代谢产物超过 20 种，其中部分代谢产物具有抗菌活性。其代谢产物主要经胆汁从粪中排泄，约 30% 从尿中排泄。

用药期间对免疫、生长发育、种蛋的孵化率等无明显影响。支原体、革兰氏阳性菌对本品可缓慢产生耐药性，且本品与泰乐菌素、红霉素间呈部分交叉耐药。本品与喹噁啉类及四环素类配伍，可扩大抗病原体范围。

【不良反应】普通剂量下不会发生不良反应。偶见出现皮肤潮红，甚至红斑，可立即停止用药，给反应动物提供干净的饮用水，冲洗饲养区或将其转移至干净围栏内。过量使用时猪可能出现短暂流涎、呕吐和中枢神经抑制等症状。

【用法与用量】以延胡索酸泰妙菌素计。

（1）混饲：每 1 000 kg 饲料，猪 40~100 g，连用 5~10 d。

（2）混饮：每 1 L 水，猪 45~60 mg，连用 5 d。鸡 125~250 mg，连用 3 d。

【制剂】延胡索酸泰妙菌素可溶性粉：5%、10%、45%。预混剂：100 g 含延胡索酸泰妙菌素 10 g、80 g。

【注意事项】

（1）禁与离子载体类抗生素如莫能菌素、拉沙里菌素、盐霉素、甲基盐霉素、马林米星等混合使用。

（2）本品若加在含有霉菌毒素的发酵饲料中喂猪，可能会出现瘫痪、体温升高、呆滞及死亡等反应，应立即停药停喂发霉饲料，同时喂以维生素 A、维生素 D、钙剂等，以促进猪只恢复。

（3）休药期：延胡索酸泰妙菌素可溶性粉，猪 7 d、鸡 5 d。预混剂：猪 5 d。

沃尼妙林 Valnemulin

【理化性质】本品为白色结晶性粉末，极微溶于水，溶于甲醇、乙醇、丙酮等，其盐酸盐溶于水。

【作用与用途】本品为新一代截短侧耳素类半合成抗生素，属二萜烯类，与泰妙菌素属同一类药物，是动物专用抗生素。作用机制是在核糖体水平上抑制细菌蛋白质的合成，高浓度时也抑制 RNA 的合成。低浓度呈现抑菌，高浓度时呈现杀菌作用。抗菌谱广，对革兰氏阳性菌和革兰氏阴性菌有效，对支原体属和螺旋体属高度有效，而对肠道菌属如大肠杆菌、沙门菌效力较低。对常见菌株的敏感性比泰妙菌素敏感 4~50 倍，且对耐泰乐菌素、林可/壮观霉素的菌株仍有很好的活性，其吸收迅速，靶组织药物浓度高，残留较低，毒性小。1999 年由欧盟批准用于防治由猪痢疾短螺旋体感染引起的猪痢疾和由肺炎支原体感染引起的猪地方性肺炎。2004 年欧盟又批准用于预防由结肠菌毛样短螺旋体感染引起的猪结肠螺旋体病（结肠炎）和治疗由细胞内劳森菌感染引起的猪增生性肠病（回肠炎）。临床上主要用于治疗猪、禽的细菌性肠道病和呼吸道病，如鸡慢性呼吸道病、猪气喘病、放线菌性胸膜肺炎、猪痢疾、猪结肠炎、猪增生性肠炎等。

【不良反应】

（1）猪的不良反应主要发生在丹麦和瑞典的长白猪，表现为发热、食欲减退、共济失调、躺卧、水肿或红斑、眼睑水肿等，死亡率一般较低，为 1%。

（2）本品在饲料中添加浓度较大时，会出现采食性下降，或在头几天不愿采食。

【用法与用量】

（1）混饲：每 1 kg 饲料，猪 25~75 g，鸡 20~50 g。

（2）内服：一次量，每 1 kg 体重，猪 2~4 mg，连用 7~28 d。

【制剂】预混剂：每 100 g 含 0.5 g、1 g、10 g、50 g。

【注意事项】

（1）本品与离子载体类如莫能菌素、盐霉素、拉沙里菌素等相互作用，导致与离子载体类中毒的症状不能区分，所以在使用本品前后至少 5 d 内，不能使用莫能菌素、盐霉素、拉沙里菌素，否则将导致严重生长抑制、运动失调、麻痹或死亡。

（2）与红霉素、林可霉素、泰乐菌素联用有拮抗作用。

（3）本品与金霉素以 7.5∶40 或与多西环素以 7.5∶25 配伍混饲，对猪呼吸道病原体感染呈协同作用。

（4）本品对兔有毒，不能用于兔。

（5）常与金霉素、多西环素配伍使用，呈现协同作用。

（6）休药期：猪、禽 1 d。

第三节　合成抗菌药物

一、氟喹诺酮类

氟喹诺酮类亦称氟吡酮酸类，是一类人工合成的新型抗菌药物，为第三代喹诺酮类药物，因其化学结构上均含有氟原子，故称为氟喹诺酮类。本类药中的早期品种，如第一代药物萘啶酸，第二代药物氟甲喹、吡哌酸等，抗菌作用弱，国内较少使用。现国内主要应用第三代品种，广泛用于畜禽细菌与支原体病防治。已投入使用或即将进入兽医领域的药物有10余种，主要分两类，一类系人医用药，如诺氟沙星、环丙沙星、氧氟沙星、培氟沙星、罗美沙星等，除环丙沙星外，其他品种（包括诺氟沙星、氧氟沙星、培氟沙星、罗美沙星）自2016年12月31日起，已在食品动物中禁止使用。另一类是动物专用品种，如恩诺沙星、帝氟沙星、沙拉沙星、达诺沙星、麻波沙星、奥比沙星、普多沙星等。

（一）本类药物的共同特点

（1）抗菌谱广、杀菌力强。除对支原体、大多数革兰氏阴性菌敏感外，对衣原体、某些革兰氏阳性菌及厌氧菌亦有作用。例如对畜禽多种致病支原体、革兰氏阴性菌中的大肠杆菌、沙门菌属、嗜血杆菌属、巴氏杆菌、铜绿假单胞菌、波特杆菌及革兰氏阳性菌中的金黄色葡萄球菌、链球菌、猪丹毒杆菌等，均有较强的杀灭作用。其杀菌浓度与抑菌浓度相同，或为抑菌浓度的2~4倍。

（2）动力学性质优良。本类药绝大多数内服、注射均易吸收，体内分布广泛，给药后除中枢神经系统外，大多数组织中的药物浓度高于血清药物浓度，亦能渗入脑及乳汁，故对治疗全身感染和深部感染有效。

（3）作用机制独特。本类药作用机制主要通过制细菌DNA合成酶之一的回旋酶，从而造成细菌染色体的不可逆损害而呈选择性杀菌作用，与其他抗菌药不同。

（4）毒副作用小。对产蛋鸡不影响产蛋，对雏鸡、仔鸡不影响生长，主要影响未成年动物的软骨组织，可使软骨层过早成骨化。

（5）化学性质上为酸碱两性化合物。尽管原料药难溶或微溶于水，但其在醋酸、盐酸、烟酸、乳酸、甲磺酸或氢氧化钠（钾）溶液中易溶。

（6）使用方便。供临床应用的有散剂、溶液、可溶性粉、片剂、胶囊剂、注射剂等多种剂型，可供内服（包括混饲、混饮）、注射等多种途径给药。

（二）本类药物的合理使用

（1）抗菌范围广。主要适用于支原体病及敏感菌引起的呼吸道、消化道、泌尿生殖道感染及败血症等，尤其适用于细菌与细菌或细菌与支原体混合感染，亦可用于控制病毒性疾病的继发细菌感染。除支原体及大肠杆菌所引起的感染外，一般不宜作其他单一病原菌感染的首选药物，更不宜将本类药物视为万能药物，无论何种细菌性疾病都予以使用。

（2）本类药物之间的体外抗菌作用比较。以达氟沙星、环丙沙星、麻波沙星最强，恩诺沙星次之，沙拉沙星、帝氟沙星稍弱。从动力学性质方面看，达氟沙星内服吸收最好，尤其适合于集约化养鸡场混饮给药；沙拉沙星内服后，在肠内浓度较高，较适合肠道细菌感染；达氟沙星和恩诺沙星给药后在肺部浓度很高，特别适合于呼吸系统感染；麻波沙星较适合皮肤感染及泌尿系统感染。

（3）为杀菌性抗菌药物。主要用于治疗。在集约化养殖业中，除用于雏鸡以消除由胚胎垂直传播的支原体及沙门菌外，一般不宜用作其他细菌病的预防用药。

（4）安全范围广。内服治疗用量的数倍用药量一般无明显的毒副作用，但家禽对本类药物的注射用药较敏感，近年已有多起恩诺沙星、环丙沙星等过量注射中毒事件，故家禽注射用药应严格控制用量。

（5）重视药敏试验。随着 20 世纪 80 年代中期以来的广泛应用，本类药物的耐药菌株逐年增加，故临床应根据药敏试验合理选用，不可滥用。

（6）配伍禁忌：利福平和酰胺醇类均可使本类药物的作用减弱，不宜配伍使用。镁、铝等盐类在肠道可与本类药物结合而影响吸收，从而降低血药浓度，亦应避免合用。

（三）常用药物

氟甲喹 Flumequine[处][乡]

【理化性质】本品为白色粉末，味微苦，无臭，有烧灼感，几乎不溶于水，略溶于二氯甲烷，微溶于甲醇，易溶于氢氧化钠。

【作用与用途】本品主要对革兰氏阴性菌有效，敏感菌包括大肠杆菌、沙门菌、克雷伯菌、巴氏杆菌、金黄色葡萄球菌、变形杆菌、假单胞菌、鲑单胞菌、鳗弧菌等，对支原体也有一定效果。本品的抗菌活性略高于第二代喹诺酮类药物噁喹酸，对耐噁喹酸的细菌也有作用。临床主要用于革兰氏阴性菌所引起的畜禽消化道和呼吸道感染；还用于防治由敏感菌引起的家蚕肠道感染；也用于鱼气单胞菌引起的多种细菌性疾病，如疖疮病、竖鳞、红点、烂鳃、烂尾和溃疡等。

本品内服吸收良好，在体内代谢广泛，仅 3%~6% 的药物以原形从尿液中排出。犊牛的半衰期为 6~7 h。

【不良反应】参见恩诺沙星。

【用法与用量】

（1）混饮：每 1 kg 体重，鸡 3~6 mg；或每 1 L 水，鸡 30~60 mg；首次剂量加倍，每天 2 次，连用 3~5 d。

（2）内服：每 1 kg 体重，马、牛 1.5~3 mg，羊 3~6 mg，猪 5~10 mg，禽 3~6 mg，首次量加倍，每天 2 次，连用 3~4 d。

（3）桑叶添食：可溶性粉防治家蚕肠道感染，预防，本品 2.5 g 加水 500 g 溶解后，喷洒在 5 kg 桑叶表面，每天 1 次。治疗量加倍。

（4）拌饵投喂：每 1 kg 体重，鱼 25~50 mg，每天 1 次，连用 3~5 d。

【制剂】①氟甲喹可溶性粉：10%。②氟甲喹粉：10%。

【注意事项】蛋鸡产蛋期禁用。氟甲喹粉水溶液遇光易变色分解，应避光保存。休药期：可溶性粉，鸡 2 d。氟甲喹粉：鱼 175 ℃·d。

环丙沙星（环丙氟哌酸）Ciprofloxacin[处]

【理化性质】本品为淡黄色结晶性粉末，味苦，难溶于水。临床常用其盐酸盐或乳酸盐，均为白色或微黄色结晶性粉末，易溶于水。

【作用与用途】本品抗菌谱与诺氟沙星相似，但抗菌活性强 2~10 倍，是本类药物中体外抗菌活性最强的药物之一。内服吸收迅速但不完全，主要用于敏感菌所引起的全身性感染，呼吸道、消化道、泌尿道感染，支原体病及支原体与细菌混合感染。

【不良反应】

（1）可使幼龄动物软骨发生变性，影响骨骼发育引起跛行、疼痛等症状。

(2) 引起呕吐、食欲减退、腹泻等消化道反应。

(3) 有光敏毒性，会导致动物皮肤红斑、瘙痒、荨麻疹等症状。

【用法与用量】

(1) 混饮：每 1 L 水，鸡 40~80 mg，每天 2 次，连用 3~5 d。

(2) 内服：一次量，每 1 kg 体重，家禽 5~10 mg，家畜 2.5~5 mg，每天 2 次；鱼 10~15 mg，连用 5~7 d。

(3) 静脉注射、肌内注射：一次量，每 1 kg 体重，家畜 2.5~5 mg，家禽 5~10 mg，每天 2 次，连用 3 d。

(4) 喷桑叶使用：盐酸环丙沙星胶囊或溶液，预防，一次量，每 100 mg 加水 500 mL 溶解稀释，均匀喷洒在 5 kg 桑叶叶面，使其正反面充分润湿，等水分稍干后饲喂，各龄蚕盛食期各添加一次。治疗，一次量，每 200 mg 加水 500 mL 溶解稀释，每天添加 1 次，至蚕病基本控制为止。

【制剂】

(1) 盐酸环丙沙星可溶性粉：100 g 含 2 g、5 g、10 g。片剂：每片 0.25 g、0.5 g。

(2) 盐酸环丙沙星注射液：10 mL 含环内沙星 0.2 g 和葡萄糖 0.5 g、环丙沙星 0.5 g 和葡萄糖 0.5 g。

(3) 乳酸环丙沙星可溶性粉：2%、5%、10%。

(4) 乳酸环丙沙星注射液：5 mL 含 0.25 g、0.5 g，10 mL 含 0.05 mg、0.2 g、0.5 g、1 g。

(5) 盐酸环丙沙星胶囊（蚕用）：每粒 0.1 g。

(6) 盐酸环丙沙星溶液（蚕用）：每 2 mL 含 50 mg、100 mg。

【注意事项】

(1) 鸡（尤其是雏鸡）对环丙沙星注射液敏感，剂量大时易中毒死亡，鸡注射时需严格控制用量。

(2) 本品对中枢神经系统有潜在兴奋作用，会诱导癫痫发作，故患癫痫的犬只慎用。

(3) 肉食动物及肾功能不全的动物慎用；患肝、肾疾病的动物应用本品时需适当调整用量。

(4) 注射液慎用于种畜，禁用于孕畜及泌乳母畜。

(5) 蛋鸡产蛋期禁用。

（6）盐酸环丙沙星胶囊或溶液喷桑叶使用时不能与其他药物混合添加，且应注意蚕座干燥，雨湿天气应避免使用。

（7）休药期：乳酸环丙沙星可溶性粉，禽 8 d。盐酸环丙沙星可溶性粉，鸡 28 d。盐酸环丙沙星注射液，畜禽 28 d，弃奶期 7 d。乳酸环丙沙星注射液，牛 14 d、猪 10 d、禽 28 d，弃奶期 84 h。

维生素 C 磷酸酯镁盐酸环丙沙星预混剂 Magnesium Ascorbic Acid Phosphate and Ciprofloxacin Hydrochloride Premix[处]

【理化性质】本品为维生素 C 磷酸酯镁、盐酸环丙沙星与淀粉配制而成，为类白色粉末。

【作用与用途】环丙沙星属于杀菌药，其杀菌作用依赖药均浓度，敏感菌株用药后 20~30 min 可被杀死。对静止期和生长期细菌的复制均有作用，一般认为其通过抑制细菌 DNA 回旋酶（Ⅱ型拓扑异构酶），从而干扰 DNA 超螺旋和 DNA 的合成。环丙沙星对多种革兰氏阴性杆菌和球菌均有效，包括铜绿假单胞杆菌、克雷伯杆菌、大肠埃希菌、肠杆菌、弯曲杆菌、志贺菌、沙门菌、气单胞杆菌、嗜血杆菌、变形杆菌、耶尔森菌、沙雷菌和弧菌等多数菌株。其他敏感菌还包括衣原体、支原体及分枝杆菌。不推荐用于链球菌引起的感染。用于鳖体内外细菌性感染治疗。

【不良反应】按规定的用法与用量使用尚未见不良反应。

【用法与用量】混饲：每 1 000 kg 饲料，鳖 5 kg，连用 3~5 d。

【制剂】预混剂：1 000 g 含维生素 C 磷酸酯镁 100 g+盐酸环丙沙星 10 g。

【休药期】500 ℃·d。

二氟沙星（双氟哌酸、帝氟沙星）Difloxacin[处][乡]

【理化性质】本品常用其盐酸盐，为类白色或淡黄色结晶性粉末，无臭，味微苦，遇光色渐变深，有引湿性。其盐酸盐易溶于水。

【作用与用途】本品的毒副作用较大，一般人医不用，仅用于动物。对多数革兰氏阴性菌、革兰氏阳性菌及球菌、支原体等均有较好的抗菌活性（如肠杆菌属、变形杆菌属及金黄色葡萄球菌属等），但多数肠球菌及铜绿假单胞菌常对本品有耐药性，对多数厌氧菌作用较强。临床上常用于治疗敏感菌引起的禽、猪的细菌性感染和支原体病。

本品内服后吸收迅速，其中猪能吸收完全，而鸡吸收不完全。吸收后在体内广泛分布，消除半衰期长，主要经肾排泄，尿中药物浓度较高，尿中有效药物浓度大于最小抑菌浓度，且可维持 24 h。

【不良反应】参见恩诺沙星。

【用法与用量】

（1）内服：一次量，每 1 kg 体重，鸡 5~10 mg，每天 2 次，连用 3~5 d。

（2）肌内注射：一次量，每 1 kg 体重，猪 5 mg，每天 2 次，连用 3 d。

【制剂】

（1）盐酸二氟沙星粉：2.5%、5%。

（2）盐酸二氟沙星溶液：2.5%、5%。

（3）盐酸二氟沙星片：每片 5 mg。

（4）盐酸二氟沙星注射液：每 10 mL 含 0.2 g，50 mL 含 1 g，100 mL 含 2.5 g。

【注意事项】

（1）犬、猫内服本品可能出现厌食、呕吐、腹泻等胃肠道反应。

（2）蛋鸡产蛋期禁用。

（3）本品不宜与抗酸剂或其他包括二价或三价阳离子的制剂同用。

（4）本品的注射液有一过性疼痛，肝、肾功能不全或脱水动物慎用。

（5）休药期：片、粉、溶液，鸡 1 d。注射液，猪 45 d。

恩诺沙星（乙基环丙沙星、乙基环丙氟哌酸）Enrofloxacin[处][乡]

【理化性质】本品为微黄色或淡橙色结晶性粉末，无臭，味微苦，遇光色渐变为橙红色。在二甲基甲酰胺中略溶，在水中极微溶解，在氢氧化钠（钾）中溶解。

【作用与用途】动物专用的第三代氟喹诺酮类广谱抗菌药物，对革兰氏阴性菌、革兰氏阳性菌和支原体均有效，其抗菌活性明显优于诺氟沙星，对支原体的作用较泰乐菌素、泰妙灵强。本品内服、肌内和皮下注射均易吸收，体内分布广泛，除中枢神经系统外，其他组织中的药物浓度几乎都高于血药浓度。在体内部分可脱乙基生成具有抗菌活性的代谢产物环丙沙星，但在动物体内代谢速率的种间差异较大，其中在禽、犬、兔、牛体内的代谢速率高，在马、猪体内的代谢速率较低。临床主要用于各种支原体、大肠杆菌、沙门菌、嗜血杆菌、丹毒杆菌、金黄色葡萄球菌、链球菌等引起的各种动物呼吸系统、消化系统、泌尿生殖系统感染、皮肤感染和败血症等。

【不良反应】

（1）本品毒性小，临床使用安全。

（2）使幼龄动物软骨发生变形，影响骨骼发育并引起跛行及疼痛。

（3）消化系统的反应有呕吐、食欲减退、腹泻等。

（4）皮肤反应有红斑、瘙痒、荨麻疹及光敏反应等。

（5）犬、猫偶见过敏反应、共济失调、癫痫发作。

【用法与用量】

（1）混饮：每1 L水，禽50~75 mg（以恩诺沙星计），每天2次，连用3~5 d。

（2）混饲，每1 000 kg饲料，家禽100 g。

（3）内服：一次量，每1 kg体重，禽5~7.5 mg，鹦鹉15 mg，犬、猫2.5~5 mg，每天2次，连用3~5 d。

（4）静脉注射：一次量，每1 kg体重，马2.5~5 mg。

（5）肌内注射：一次量，每1 kg体重，牛、羊、猪2.5 mg，犬、猫、兔2.5~5 mg，每天1~2次，连用2~3 d。

（6）皮下注射：一次量，每1 kg体重，牛5 mg，猪2.5~7.5 mg。

（7）拌饵投喂：一次量，每1 kg体重，水产动物10~20 mg，连用5~7 d。

（8）桑叶添食：一次量，取50 mg加水125 mL混匀，喷洒于1.25 kg桑叶，以保证桑叶正反面充分润湿为度，在发现病蚕第1 d，喂药叶24 h；第2 d、第3 d分别喂药叶6 h。

【制剂】

（1）片剂：每片2.5 mg，5 mg。

（2）恩诺沙星可溶性粉：2.5%、5%、10%。

（3）盐酸恩诺沙星可溶性粉：100 g含10 g，30 g。

（4）盐酸恩诺沙星可溶性粉（蚕用）：5 g含盐酸恩诺沙星0.25 g。

（5）恩诺沙星可溶性粉（赛鸽用）：每包5 g含0.25 g。

（6）恩诺沙星粉（水产用）：5%、10%。

（7）恩诺沙星溶液：2.5%、5%、10%。

（8）恩诺沙星注射液：2 mL含50 mg；5 mL含50 mg、0.125 g、0.25 g、0.5 g；10 mL含0.25 g、0.5 g、1 g；50 mL含1.25 g；100 mL含2.5 g、5 g、10 g、20 g。

（9）恩诺沙星溶液（蚕用）：每支 2 mL 含 50 mg、100 mg。

【注意事项】

（1）蛋鸡产蛋期禁用。8 周龄以下的犬禁用。

（2）对中枢神经系统有潜在的兴奋作用，诱发癫痫发作，患癫痫的犬慎用。

（3）肉食动物及肾功能不良的患畜慎用，可偶发结晶尿。

（4）本品耐药菌株呈增多趋势，不应在亚治疗剂量下长期使用。

（5）应避免与含阳离子（Al^{3+}、Mg^{2+}、Ca^{2+}、Fe^{2+}、Zn^{2+} 等）的物质同时内服。避免与四环素、利福平、甲砜霉素和氟苯尼考等呈拮抗作用的药物配伍。

（6）恩诺沙星注射液不适用于马，肌内注射有一过性刺激性。

（7）蚕用制剂在使用时应注意蚕座的干燥，雨湿天气应避免使用。

（8）休药期：恩诺沙星片，鸡 8 d。注射液，牛、羊 14 d，猪 10 d，兔 14 d。溶液、可溶性粉，鸡 8 d。盐酸盐可溶性粉，鸡 11 d。恩诺沙星粉（水产用）：500 ℃·d。

沙拉沙星 Sarafloxacin[处][兽]

【理化性质】本品盐酸盐为类白色至淡黄色结晶性粉末；无臭，味微苦；有引湿性；遇光、遇热色渐变深。难溶于水，略溶于氢氧化钠溶液，其盐酸盐微溶于水。

【作用与用途】本品为动物专用广谱抗菌药物，对革兰氏阳性菌、革兰氏阴性菌及支原体的作用均明显优于诺氟沙星。内服吸收迅速，但不完全，从动物体内消除迅速，宰前休药期短。混饲、混饮或内服，对肠道感染疗效突出，主要用于治疗畜禽的大肠杆菌、沙门菌等敏感菌所引起的消化道感染，如肠炎、腹泻等；肌内注射，可治疗支原体病或敏感菌引起的呼吸道感染和败血症等。

本品不同给药途径吸收速率和吸收程度有明显差异。混饲或内服，吸收缓慢且生物利用度较低；混饮或注射，吸收迅速且生物利用度较高；如猪肌内注射的生物利用度为 87%，内服生物利用度仅 52%。再如大马哈鱼内服后，吸收缓慢，血药达峰时间 12~14 h，生物利用度仅为 3%~7%。吸收后在体内分布广泛，且在组织中药物浓度常超过血药浓度，主要以原形从肾排泄。

【不良反应】参见恩诺沙星。

【用法与用量】

（1）混饲：每 1 000 kg 饲料，家禽 50~100 g。

（2）混饮：每 1 L 水，鸡 25~50 mg，连用 3~5 d。

（3）内服：一次量，每 1 kg 体重，鸡 5~10 mg，每天 1~2 次，连用 3~5 d。

（4）肌内注射：一次量，每 1 kg 体重，猪、鸡 2.5~5 mg，每天 2 次，连用 3~5 d。

【制剂】

（1）盐酸沙拉沙星可溶性粉：100 g 含 2.5 g、5 g、10 g。

（2）盐酸沙拉沙星溶液：100 mL 含 1 g、2.5 g、5 g。

（3）盐酸沙拉沙星片剂：每片 5 mg、10 mg。

（4）盐酸沙拉沙星注射液：10 mL 含 0.1 g、1 g、2.5 g。

【注意事项】休药期：盐酸沙拉沙星片、溶液、可溶性粉，鸡 0 d，蛋鸡产蛋期禁用；盐酸沙拉沙星注射液，猪、鸡 0 d。

达氟沙星（达诺沙星、单诺沙星）Danofloxacin[处][乡]

【理化性质】本品的甲磺酸盐为白色至淡黄色结晶性粉末，无臭，味苦。易溶于水，微溶于甲醇，不溶于三氯甲烷。

【作用与用途】动物专用广谱氟喹诺酮类抗菌药物，其抗菌谱与恩诺沙星相似，而抗菌作用较强。其特点是内服、肌内或皮下注射吸收迅速而完全，生物利用度高；体内分布广泛，尤其是在肺部中的药物浓度是血浆浓度的 5~7 倍，故对支原体及敏感菌等所引起的呼吸道感染疗效突出。临床主要用于牛巴氏杆菌病、肺炎、猪支原体肺炎、放线杆菌胸膜肺炎、仔猪副伤寒、禽大肠杆菌病、巴氏杆菌病、败血支原体病及支原体与细菌混合感染。

本品吸收后主要通过尿液排出，牛、猪肌内注射后以原形从尿液排出量约占给药量的 40%~50%。静脉注射本品的半衰期，犊牛为 2.9 h，猪为 9.8 h，鸡为 6~7 h。

【不良反应】参见恩诺沙星。

【用法与用量】

（1）内服：一次量，每 1 kg 体重，鸡 2.5~5 mg。每天 1 次，连用 3 d。

（2）混饮：每 1 L 水，家禽 25~50 mg，每天 1 次，连用 3 d。

（3）肌内或皮下注射：一次量，每 1 kg 体重，家畜 1.25~2.5 mg，每天 1 次，连用 3 d。

【制剂】

（1）甲磺酸达诺沙星粉：2%、2.5%、10%。

（2）甲磺酸达诺沙星可溶性粉：每 100 g 含 2.5 g。

（3）甲磺酸达诺沙星溶液：2%。

（4）甲磺酸达诺沙星注射液：5 mL 含 50 mg、125 mg，10 mL 含 100 mg。

【注意事项】蛋鸡产蛋鸡禁用。休药期：粉、可溶性粉、溶液，鸡 5 d；注射液，猪 25 d。

马波沙星（麻波沙星）Marbofloxacin

【理化性质】本品为淡黄色粉末。在水中溶解，但随 pH 值的升高而降低，见光分解。

【作用与用途】动物专用的新型广谱抗菌药物，抗菌谱、抗菌作用与恩诺沙星相似，其中支原体、牛多杀性巴氏杆菌、溶血性巴氏杆菌、犬、猫的多种致病菌（如大肠杆菌、巴氏杆菌、克雷伯菌、变形杆菌、铜绿假单胞菌、金黄色葡萄球菌等）等，均对其高度敏感。内服、肌内或皮下注射，吸收均迅速而完全，消除半衰期较长；体内分布广泛，在皮肤中的浓度约为血药浓度的 1.6 倍。临床主要用于治疗敏感菌引起的牛呼吸道疾病、乳腺炎，犬、猫的呼吸道、泌尿道感染和脓皮病，猪的子宫炎—乳腺炎—无乳综合征，禽类的大肠杆菌病、支原体病及支原体与大肠杆菌混合感染。

【不良反应】本品批准用于犬和猫，禁用于食品动物。除了潜在的能引起幼小动物的软骨异常，马波沙星的不良反应通常仅限于胃肠道反应（呕吐、食欲减退，软粪，腹泻）和活动减少。

【用法与用量】

（1）内服：一次量，每 1 kg 体重，犬、猫 2 mg（治疗多数细菌感染）或 5 mg（治疗铜绿假单胞菌感染），每天 1 次。

（2）静脉注射：一次量，每 1 kg 体重，犬、猫 2 mg，每天 1 次。

（3）肌内或皮下注射：一次量，每 1 kg 体重，畜、犬、猫 2 mg，每天 1 次，连用 3 d。

【制剂】

（1）注射液：2 mL 含 0.2 g，50 mL 含 5 g，100 mL 含 10 g，250 mL 含 25 g。

（2）马波沙星片剂：每片 25 mg、50 mg、100 mg、200 mg。

（3）注射用马波沙星：每瓶 0.1 g。注射用马波沙星用灭菌注射用水充分稀释后在 2~8 ℃冰箱中可保存 7 d，在 15~30 ℃可保存 12 h，冷冻可保存 8 周。

奥比沙星 Orbifloxacin

【理化性质】本品是一种 4-氟喹诺酮类类抗菌药物，在中性 pH 值环境中微溶于水，在酸性和碱性介质中溶解度增大，易潮解。

【作用与用途】本品对多数革兰氏阴性菌和革兰氏阳性菌、金黄色葡萄球菌及支原体有广谱的抗菌活性，作用与恩诺沙星相似，但对厌氧菌作用较恩诺沙星弱。某些假单胞菌（铜绿假单胞菌）和多数肠球菌对本品耐药。主要用于治疗犬、猫的敏感菌感染。

犬、猫内服用药后，几乎全部吸收。药物分布很广，只有少量与血浆蛋白结合；主要由肾脏排泄，且约 50% 的药物以原形排出体外。犬、猫的血清半衰期约为 6 h，用药后至少 24 h 内，尿中药物浓度明显高于多数敏感菌的 MIC。本品用于马时，内服后也吸收良好，且广泛分布于体液及子宫内膜组织中，消除半衰期约为 9 h。

【不良反应】主要是胃肠道反应，如厌食、呕吐、腹泻等。

【用法与用量】内服，一次量，每 1 kg 体重，犬、猫 2.5~7.5 mg，每天 1 次。

【制剂】奥比沙星片：每片含 5.7 mg（黄色），含 22.7 mg（绿色），含 68 mg（蓝色）。

【注意事项】

（1）本品与氨基糖苷类、第三代头孢菌素类和广谱青霉素类配合，对某些细菌（特别是铜绿假单胞菌或肠杆菌科细菌）可呈协同作用。

（2）本品与克林霉素合用对厌氧菌（消化链球菌属、乳酸杆菌属和脆弱杆菌）体外有协同作用。

（3）本品禁用于食品动物，仅用于犬、猫疾病的治疗。

普多沙星 Pradofloxacin

【作用与用途】本品为新型的动物专用氟喹诺酮类药物,对革兰氏阳性菌和厌氧菌的抗菌活性较强,对埃希菌属大肠杆菌、金黄色葡萄球菌的抗菌活性比同类药物强,且不易产生耐药性。2011 年被欧盟批准上市,用于治疗敏感病原体引起的感染,如伤口感染、浅表和深部脓皮病、急性尿路感染、犬严重的牙龈和牙周组织感染的辅助治疗。猫急性上呼吸道感染等。2012 年本品在美国被批准上市用于猫相关疾病的治疗。本品内服吸收完全,生物利用度高,在皮肤中药物的浓度显著高于血浆,主要以原形从尿液中排出。临床上主要用于犬、猫的泌尿道感染,犬的脓皮病和伤口感染。

【用法与用量】内服:一次量,每 1 kg 体重,犬 3 mg,每天 1 次。

诺氟沙星 (氟哌酸) Norfloxacin

【理化性质】本品为类白色至淡黄色结晶性粉末,无臭,味微苦;在空气中能吸收水分,遇光色渐变深。难溶于水或乙醇,在二甲基甲酰胺中略溶,在醋酸、盐酸、烟酸或氢氧化钠溶液中易溶。兽医上常用其烟酸盐和乳酸盐。

【作用与用途】本品为广谱抗菌药物,对支原体和多数革兰氏阴性菌(如大肠杆菌、沙门菌、巴氏杆菌及铜绿假单胞菌等)有较强杀菌作用,对革兰氏阳性球菌(如金黄色葡萄球菌)亦有作用。本品内服吸收迅速,但不完全。适用于敏感菌引起的消化道、呼吸道、泌尿道、皮肤感染和支原体病。目前主要用于防治非食品性动物细菌性或支原体性疾病,如家蚕黑胸败血病,犬细菌病或支原体病。

本品药动学特征与其他氟喹诺酮类相似,生物利用度较低,内服剂量的 1/3 经尿液排出体外,其中 80% 为药物原型。

【不良反应】本品肌内注射有刺激性,其他参见恩诺沙星。

【用法与用量】

(1) 肌内注射:一次量,每 1 kg 体重,犬 8 mg,每天 2 次,连用 3 d。

(2) 喷桑叶使用:一次量,取本品 250 mg,加冷开水 500 mL 溶解稀释,均匀喷洒于 2 kg 桑叶叶面,使其正反面充分润湿。出现病蚕后第 1 d 连续饲喂药叶 24 h,第 2 d、第 3 d 分别饲喂药叶 6 h。

(3) 添食:在四龄第 3 d、五龄第 1 d 和第 3 d 及上蔟前 1 d,各用药 1

次，发现病蚕时，每隔 8 h 用药 1 次，连续 3 次，以后每天 1 次。

【制剂】

（1）盐酸诺氟沙星胶囊（蚕用）：每粒 0.25 g。

（2）盐酸诺氟沙星溶液（蚕用）：2 mL 含 50 mg、100 mg，10 mL 含 500 mg。

（3）烟酸诺氟沙星可溶性粉（蚕用）：每包 0.5 g 含 0.25 g。

（4）烟酸诺氟沙星注射液（犬用）：每支 2 mL 含 40 mg。

【注意事项】

（1）食品动物中禁止使用本品。

（2）本品溶液剂放置过程中如有结晶析出，可温热溶解后使用。

（3）应用过程中应注意蚕座干燥，且雨湿天气避免用药。

（4）有癫痫病史的犬慎用。

氧氟沙星（氟嗪酸）Ofloxacin

【理化性质】本品为黄色或灰黄色结晶性粉末，微溶于水，极易溶于冰醋酸。

【作用与用途】本品对多数革兰氏阴性菌、革兰氏阳性菌、某些厌氧菌和支原体有广谱的抗菌活性，对庆大霉素耐药的铜绿假单胞菌、氯霉素耐药的大肠杆菌、伤寒杆菌、痢疾杆菌等，均有良好的抗菌作用，体外抗菌活性优于诺氟沙星，内服吸收良好，生物利用度高，用于非食品性动物的支原体病及支原体与细菌混合感染；敏感菌引起的呼吸道、泌尿道感染、肠道感染、皮肤和软组织感染。

【用法与用量】混饮：每 1 L 水，赛鸽 5 mL（以鸽用氧氟沙星计），连用 3~5 d。

【制剂】氧氟沙星溶液（鸽用）：100 mL 含 4 g。

【注意事项】

（1）食品动物中禁止使用本品。

（2）赛鸽嗉囊炎发病期间应用本品前最好限饲饮，用药后禁止食用。

（3）氧氟沙星溶液（鸽用）不宜与酸性药物配合使用。

二、磺胺类

磺胺药是兽医上较常用的一类合成抗感染药物，具有抗病原体范围广、化学性质稳定、使用方便、易于生产等优点。磺胺药单独使用，病原体易产生耐药性，与抗菌增效剂如甲氧苄啶（TMP）或奥美普林等联用，抗菌范围扩大，疗效明显增强，在畜禽感染性疾病防治中的应用十分普遍。

磺胺药种类繁多，兽医上常用的有十余种。根据肠道吸收的程度和临床用途，分为内服难吸收用于肠道感染的磺胺药、外用磺胺药、内服易吸收用于全身感染的磺胺药和抗球虫磺胺药四大类。除磺胺脒（SG）用于肠道感染（琥磺胺噻唑、酞磺胺噻唑现已少用），磺胺嘧啶银（SD-Ag）局部外用外，其他均用于全身性细菌感染，某些品种亦用于弓形体病、球虫病和住白细胞原虫病的治疗。

（一）概述

【理化性质】本类药一般为白色或淡黄色结晶性粉末，在水中溶解度低，制成钠盐后易溶于水，水溶液呈强碱性。

【抗菌作用】本类药为广谱抑菌药，对大多数革兰氏阳性菌和革兰氏阴性菌均有效。对其高度敏感的细菌有链球菌、肺炎球菌、化脓棒状杆菌、大肠杆菌及沙门菌等；中度敏感的有金黄色葡萄球菌、变形杆菌、巴氏杆菌、产气荚膜杆菌、肺炎杆菌、炭疽杆菌和李氏杆菌等。本类药对放线菌、某些真菌和某些原虫亦有抑制作用，但对螺旋体、结核杆菌、立克次体无效。不同的磺胺药抗菌作用强度不同，一般依次为磺胺间甲氧嘧啶（SMM）>磺胺甲基异噁唑（SMZ）>磺胺二甲基异噁唑（SIZ）>磺胺嘧啶（SD）>磺胺二甲氧嘧啶（SDM）>磺胺对甲氧嘧啶（SMD）>磺胺二甲基嘧啶（SM_2）>磺胺邻二甲氧嘧啶（SDM'）。

【作用机制】磺胺药的作用机制主要通过干扰细菌的叶酸代谢而抑制细菌的生长繁殖。敏感菌在生长繁殖过程中不能直接利用外源性叶酸，所需要的叶酸必须自身合成，即利用对氨基苯甲酸（PABA）、二氢蝶啶和L-谷氨酸，在二氢叶酸合成酶的作用下先生成二氢叶酸，然后在二氢叶酸还原酶的作用下，二氢叶酸再生成四氢叶酸，进而合成核酸、蛋白质等。磺胺类药物与PABA结构相似，可与PABA竞争二氢叶酸合成酶，阻碍细菌合成正常的二氢叶酸，最终影响核酸、蛋白质的合成，从而抑制细菌的生长繁殖。

【注意事项】

（1）敏感菌对磺胺药易产生耐药性，且对一种磺胺药产生耐药性后，对其他磺胺药亦往往有交叉耐药性。若发现细菌有耐药（一般情况下，连用 3 d 疗效不明显），应及时改用抗生素或其他合成抗菌药。磺胺药与抗菌增效剂（甲氧苄啶）合用时，可显著提高疗效，减少耐药性的发生。此外，为防止耐药性的发生，选药应有针对性，并给予足够的剂量和疗程，通常首次剂量加倍，以后再给予维持剂量。

（2）磺胺药比较安全，但如果长期或大剂量应用可损害肾脏和神经系统，影响增重，并可能发生磺胺药中毒。急性中毒多见于静脉注射速度过快或剂量过大；慢性中毒多见于连续用药时间过长，一般停药后即可消失。常见的慢性毒性为尿路损害，如结晶尿、蛋白尿、血尿等。内服磺胺药亦可使肠道的菌群失调，引起消化障碍和消化道症状，还可抑制幼畜、幼禽的免疫功能，导致免疫器官出血和萎缩，亦可使产蛋鸡产蛋率下降。故应用磺胺药时，应注意掌握剂量和疗程。除治疗鸡传染性鼻炎外，禁用于产蛋鸡群。

（3）磺胺药主要在肝脏代谢，代谢的主要方式是乙酰化。磺胺药乙酰化后失去抗菌作用，且在尿中的溶解度降低，易在肾小管析出结晶，造成对泌尿道的损害。所以在应用磺胺药特别是在应用 SD、SMZ 等乙酰化率高、乙酰物的溶解度低的磺胺药时，应注意同服碳酸氢钠，并增加饮水，可减少或避免其对泌尿道的损害。

（4）凡有肝肾功能受损、严重的溶血性贫血、酸中毒等病症的动物，应慎用或禁用。

（5）本类药物的注射液不宜与酸性药物配伍使用。

（二）常用磺胺药

磺胺嘧啶 Sulfadiazine（Sulfapyrimidine，SD）[处][乡]

【理化性质】本品为白色或类白色的结晶或粉末；无臭，无味；遇光色渐变暗。微溶于乙醇或丙酮，不溶于水；易溶于氢氧化钠或氨溶液，也溶于稀盐酸。

【作用与用途】本品内服吸收迅速，有效血药浓度维持时间较长，血清蛋白结合率较低，可通过血脑屏障进入脑脊液，是治疗脑部细菌感染的有效药物。常与抗菌增效剂（甲氧苄啶）配伍，用于敏感菌引起的脑部、呼吸道及消化道感染，亦常用于治疗弓形体病（多与乙胺嘧啶或甲氧苄啶同用），还可用于治疗全身性感染，及治疗草鱼、鲢鱼、鲈鱼、石斑鱼等由气单胞菌、荧光假单胞菌、假单胞菌、副溶血弧菌、鳗弧菌、爱德华菌等引起的出血症、赤皮病、肠炎和腐皮病等。复方磺胺嘧啶用于防治猪、鸡的链球菌、金黄色葡萄球菌、肺炎球菌、巴氏杆菌、沙门菌、大肠杆菌和李氏杆菌等感染。

【不良反应】

(1) 磺胺或其他代谢物可在尿液中产生沉淀，在大剂量和长期给药时更易产生结晶，引起结晶尿、血尿或肾小管堵塞。

(2) 犬对本品的主要不良反应包括干性角膜结膜炎、呕吐、食欲不振、腹泻、发热、荨麻疹、多发性关节炎等，长期治疗还可能引起甲状腺机能减退。猫多表现为食欲减退、白细胞减少和贫血。马静脉注射可引起暂时性麻痹，内服可能产生腹泻。

(3) 本品注射液为强碱性溶液，肌内注射对组织有强刺激性。

(4) 体弱、幼小的鱼给药时可能会对肝、肾、血液及免疫系统功能造成损害。

(5) 其他参见磺胺类概述的有关部分。

【用法与用量】以磺胺嘧啶计。

(1) 混饲：一日量，每 1 kg 体重，猪 15~30 mg，连用 5 d；鸡 25~30 mg，连用 10 d。

(2) 混饮：复方混悬液，每 1 L 水，鸡 80~160 mg，连用 5~7 d。

(3) 内服：一次量，每 1 kg 体重，家畜首次量 0.14~0.2 g，维持量减半（0.07~0.1 g），每天 2 次；鱼 0.1~0.2 g，连用 3~5 d。

(4) 静脉注射：钠盐注射液，一次量，每 1 kg 体重，家畜 0.05~0.1 g（以磺胺嘧啶钠计），每天 1~2 次，连用 2~3 d。

(5) 肌内注射：复方磺胺嘧啶钠注射液，一次量，每 1 kg 体重，家畜 20~30 mg（以磺胺嘧啶计），每天 1~2 次，连用 2~3 d。

(6) 拌饵投喂：①复方粉剂（水产用），一次量，每 1 kg 体重，鱼 0.3 g（以本品计），首次量加倍（每天 2 次，连用 3~5 天。②复方混悬液，一次量，每 1 kg 体重，鱼 31.25~50 mg，每天 1~2 次，连用 3~5 d。

【制剂】

(1) 预混剂：1 000 g 含磺胺嘧啶 125 g+甲氧苄啶 25 g。

(2) 片剂：每片 0.5 g。

(3) 钠盐注射液：2 mL 含 0.4 g，5 mL 含 1 g，10 mL 含 1 g、2 g、3 g，

50 mL 含 5 g。

（4）复方粉剂（水产用）：100 g 含本品 16 g 和甲氧苄啶 3.2 g。

（5）复方混悬液：100 mL 含本品 10 g 和甲氧苄啶 2 g，本品 25 g 和甲氧苄啶 5 g；200 mL 含本品 80 g 和甲氧苄啶 16 g。

（6）复方磺胺嘧啶钠注射液（100 mL 含本品钠盐 10 g 和甲氧苄啶 2 g）：每瓶 1 mL、5 mL、10 mL。

【注意事项】

（1）蛋鸡产蛋期禁用，患肝、肾疾病的水生动物慎用。为降低肾毒性，可与碳酸氢钠合用。

（2）应用本品时，动物可补充 B 族维生素及维生素 K 等。

（3）本品忌与酸性药物如维生素 C、氯化钙及青霉素等配伍使用。

（4）休药期：片剂，猪 5 d，牛、羊 28 d，弃奶期 7 d。钠盐注射液，牛 10 d，羊 18 d，猪 10 d，弃奶期 3 d。复方磺胺嘧啶钠注射液，牛、羊 12 d，猪 20 d，弃奶期 2 d。复方粉剂（水产用），500 ℃·d。复方混悬液，鸡 1 d，鱼 500 ℃·d。预混剂：猪 5 d，鸡 1 d。

磺胺二甲嘧啶 Sulfadimidine（SM$_2$）[处][乡]

【理化性质】本品为白色或微黄色的结晶或粉末，无臭，味微苦，遇光色渐变深。本品在热乙醇中溶解，在水或乙醚中几乎不溶；在稀酸或稀碱溶液中易溶。

【作用与用途】抗菌作用较 SD 稍弱，但不良反应小，且乙酰化物的溶解度高，不易出现结晶尿和血尿。本品价格便宜，尚有抗球虫作用。主要用于敏感菌引起的呼吸道、消化道和泌尿道感染及禽金黄色葡萄球菌病、链球菌病、禽霍乱、传染性鼻炎、兔禽球虫病、鱼类疖疮病等。

本品的药动学特征与磺胺嘧啶基本相似，但血浆蛋白结合率高，故排泄较 SD 慢。内服后吸收迅速而完全，但排泄较慢，维持有效血药浓度的时间较长。由于其乙酰化物溶解度高，在肾小管内析出结晶的发生率较低，不易引起结晶尿或血尿。SM$_2$ 在不同动物的半衰期分别为马 12.9 h、黄牛 10.7 h、水牛 5.8 h、猪 15.3 h 和奶山羊 4.7 h。

【用法与用量】

（1）内服：①片剂，一次量，每 1 kg 体重，家畜首次量 140~200 mg，维持量 70~100 mg，每天 1~2 次，连用 3~5 d。②复方片剂，一次量，每

1 kg体重，仔猪30~60 mg，每天2次，连用3 d。

（2）混饮（以复方磺胺二甲嘧啶钠可溶性粉计），每1 L水，鸡5 g，连用3~5 d。

（3）静脉注射：钠盐注射液，一次量，每1 kg体重，家畜50~100 mg，每天1~2次，连用2~3 d。

（4）肌内注射（以复方磺胺二甲嘧啶钠注射液计）：一次量，每1 kg体重，猪0.15 mL，2 d用1次。

（5）拌饵投喂（以复方磺胺二甲嘧啶粉计）：一次量，每1 kg体重，鱼1.5 g，每天2次，连用6 d。

【不良反应】参见磺胺嘧啶。

【制剂】

（1）片剂：每片0.5 g。

（2）钠盐注射液：5 mL含0.5 g，10 mL含1 g，100 mL含10 g。

（3）复方磺胺二甲嘧啶片：每片60 mg含本品50 mg和甲氧苄啶10 mg，每片300 mg含本品250 mg和甲氧苄啶50 mg。

（4）复方磺胺二甲嘧啶粉（水产用）：250 g含本品10 g和甲氧苄啶2 g。

（5）复方磺胺二甲嘧啶钠可溶性粉：100 g含本品钠盐10 g和甲氧苄啶2 g。

（6）复方磺胺二甲嘧啶钠注射液：10 mL含本品钠盐2 g和甲氧苄啶0.4 g。

【注意事项】

（1）连续用药不宜超过1周。

（2）蛋鸡产蛋期禁用；肝、肾有病的水生动物慎用。

（3）临床为减轻本品对肾脏的毒性，可与碳酸氢钠合用。

（4）休药期：①片剂，牛10 d，猪15 d，禽10 d，弃奶期7 d。②钠盐注射液，28 d，弃奶期7 d。③复方片剂，15 d。④复方粉剂，鱼500 ℃·d。⑤复方可溶性粉，鸡10 d。⑥复方注射液，猪28 d。

磺胺甲噁唑（新诺明）Sulfamethoxazole（SMZ）[处]

【理化性质】本品为白色结晶性粉末，无臭，味微苦。在水中几乎不溶，在稀盐酸、氢氧化钠溶液或氨溶液中易溶。

【作用与用途】本品抗菌作用与磺胺间甲氧嘧啶相似或略弱，但强于其他磺胺药。与抗菌增效剂（TMP）合用后，其抗菌作用增强数倍至数十倍，并具有杀菌作用，疗效近似四环素和氨苄西林。

本品内服后吸收较慢，排泄较慢，有效血药浓度维持时间较长。但本品乙酰化率高，且溶解度低，易在酸性尿中析出结晶造成泌尿道损害。临床用于敏感菌引起的呼吸道、泌尿道和消化道感染，如鸭传染性浆膜炎。亦用于治疗水产动物多种细菌病，如治疗淡水养殖鱼类、鲈鱼和大黄鱼由气单胞菌、荧光假单胞菌等引起的肠炎、败血症、赤皮病和溃疡等病。

【不良反应】参见磺胺嘧啶。

【用法与用量】

（1）混饲：每 1 000 kg 饲料，家禽 1 000~1 500 g。

（2）混饮：每 1 L 水，鸭 1 g，连用 3 d。

（3）内服：①片剂，一次量，每 1 kg 体重，家畜首次量 50~100 mg，维持量 25~50 mg，每天 2 次，连用 3~5 d；鱼 100~200 mg，每天 1 次，连用 5~7 d。②复方片剂和粉剂，一次量，每 1 kg 体重，家畜 20~25 mg，每天 2 次，连用 3~5 d。

（4）肌内注射：一次量，每 1 kg 体重，家畜 20~25 mg，每天 2 次。

（5）拌饵投喂（以水产用的复方粉剂计）：一次量，每 1 kg 体重，鱼 0.45~0.6 g，每天 2 次，连用 5~7 d，首次量可加倍。

【制剂】

（1）片剂：每片 0.5 g。

（2）复方片剂：每片含本品 22.5~27.5 mg 和甲氧苄啶 4.5~5.5 mg。

（3）复方注射液：5 mL 含本品 0.5 g 和甲氧苄啶 0.1 g，10 mL 含本品 1 g 和甲氧苄啶 0.2 g。

（4）复方粉剂：100 g 含本品 5 g 和甲氧苄啶 1 g 或本品 8.33 g 和甲氧苄啶 1.67 g，本品 10 g 和甲氧苄啶 2 g 或本品 20 g 和甲氧苄啶 4 g 或本品 40 g 和甲氧苄啶 8 g。

（5）复方粉剂（水产用）：100 g 含本品 8.33 g 和甲氧苄啶 1.67 g。

（6）磺胺甲噁唑可溶性粉：20%。

【注意事项】

（1）鸡应用本品易出现血尿、结晶尿，应注意配伍碳酸氢钠，并供给充足饮水。

（2）有肝、肾疾病的水生动物慎用，为减轻本品对水生动物肾损伤，可与碳酸氢钠合用；鳗鱼不宜应用本品。

（3）休药期：片剂、复方片剂、复方粉剂，复方注射液：28 d，弃奶期7 d，水生动物500 ℃·d。可溶性粉，28 d。

磺胺间甲氧嘧啶（磺胺-6-甲氧嘧啶、泰灭净）Sulfamonomethoxine（SMM，DS-36）[处][乡]

【理化性质】本品为白色或类白色结晶性粉末；无臭，味苦；微溶于乙醇，在水中不溶解，其钠盐易溶于水。

【作用与用途】本品体外抗菌作用在本类药中最强，除对大多数革兰氏阳性菌和革兰氏阴性菌有抑制作用外，对球虫、住白细胞原虫、弓形体等亦有较强作用。本品内服吸收良好，有效血药浓度维持时间较长，乙酰化率很低，较少引起泌尿系统损害。主要用于防治鸡传染性鼻炎、住白细胞原虫病，鸡、兔球虫病，猪弓形体病，萎缩性鼻炎，牛乳腺炎，子宫炎及敏感菌所引起的呼吸道、泌尿道和消化道细菌感染和鱼的竖鳞病、鲤科鱼类疖疮病、赤皮病、鱼类弧菌病、细菌性烂鳃病、鳗鱼赤鳍病等。

【不良反应】参见磺胺嘧啶。

【用法与用量】

（1）混饲：预混剂（以本品计），每1 000 kg饲料，鸡2.4 kg，连用5~7 d；复方预混剂（以本品计），每1 000 kg饲料，畜、禽2~2.5 kg。

（2）混饮：①钠盐可溶性粉（以本品计），每1 L水，鸡250~500 mg，连用3~5 d。②复方可溶性粉（以本品计），每1 L水，鸡1~2 g，连用3~5 d。③复方钠盐可溶性粉（以有效成分计）每1 L水，鸡0.1~0.2 g，连用3~5 d。④复方钠盐溶液（以本品计），每1 L水，鸡1 mL，连用3~5 d。

（3）内服：①粉剂，一次量，每1 kg体重，家畜50~100 mg，维持量20~25 mg，每天2次，连用3~5 d。②复方钠盐粉，一次量，每1 kg体重，家畜0.02~0.025 g，每天2次，连用3~5 d。鱼0.025~0.1 g，每天2次，连喂4~6 d。

（4）静脉注射：一次量，每1 kg体重，家畜50 mg，每天1~2次，连用2~3 d。

（5）肌内注射：复方注射液，一次量，每1 kg体重，猪20~30 mg，每天1~2次，连用2~3 d。

（6）乳室灌注：牛每乳室 2~5 g，每天 1 次。

（7）子宫灌注：牛 4~5 g，每天 1 次。

（8）拌饵投喂：一日量，每 1 kg 体重，鱼 80~160 mg（以钠盐计），首次剂量加倍，连用 4~6 d。

【制剂】

（1）片剂：每片含 0.5 g。

（2）粉剂：10%。

（3）预混剂：20%。

（4）钠盐可溶性粉：5%、10%、25%、30%。

（5）钠盐注射液：5 mL 含 0.5 g、0.75 g；10 mL 含 0.5 g、1 g、1.5 g、3 g；20 mL 含 2 g；50 mL 含 5 g；100 mL 含 10 g。

（6）钠盐粉（水产用）：10%。

（7）复方钠盐粉：100 g 含钠盐 10 g 和甲氧苄啶 2 g。

（8）复方可溶性粉：100 g 含本品 8.3 g 和甲氧苄啶 1.7 g。

（9）复方钠盐可溶性粉：100 g 含钠盐（有效成分）8.3 g 和甲氧苄啶 1.7 g，钠盐（有效成分）20 g 和甲氧苄啶 4 g。

（10）复方预混剂：100 g 含本品 10 g 和甲氧苄啶 2 g。

（11）复方注射液：5 mL 含本品 0.5 g 和甲氧苄啶 0.1 g，10 mL 含本品 1 g 和甲氧苄啶 0.2 g，50 mL 含本品 5 g 和甲氧苄啶 1 g，100 mL 含本品 10 g 和甲氧苄啶 2 g。

（12）复方钠盐注射液：5 mL 含钠盐 0.5 g 和甲氧苄啶 0.1 g，钠盐 1 g 和甲氧苄啶 0.2 g；10 mL 含钠盐 1 g 和甲氧苄啶 0.2 g，钠盐 2 g 和甲氧苄啶 0.4 g；50 mL 含钠盐 5 g 和甲氧苄啶 1 g；100 mL 含钠盐 10 g 和甲氧苄啶 2 g。

（13）复方钠盐溶液：50 mL 含钠盐 5 g 和甲氧苄啶 1 g，100 mL 含钠盐 10 g 和甲氧苄啶 2 g。

【注意事项】

（1）为保证药效，首次量应加倍，并按规定用维持量，直至症状消失后 2~3 d 停药。高剂量应用 1 周以后可能引起家畜消化功能障碍，对家禽主要有体重减轻、产卵抑制、卵壳变薄、多发性神经炎、全身性出血病变，停药两周后多数可恢复，蛋鸡产蛋期禁用。

（2）肝肾功能不全的患畜慎用，为减少对肾脏损害，可配合使用碳酸氢钠。

（3）连用以不超过 7 d 为宜。

（4）本品的注射液进行肌内注射时有一定的局部刺激性。

（5）复方钠盐注射液不宜与乌洛托品合用。

（6）妊娠和泌乳动物慎用。

（7）休药期：①片剂，注射液，粉剂，预混剂，钠盐可溶性粉，复方钠盐粉，复方钠盐溶液，复方可溶性粉，复方钠盐可溶性粉，复方注射液，复方钠盐注射液，复方预混剂，28 d。②钠盐注射液，28 d，弃奶期 7 d。钠盐粉（水产用），500 ℃ · d。

磺胺对甲氧嘧啶（磺胺-5-甲氧嘧啶）Sulfamethoxydiazine（SMD）[处][乡]

【理化性质】本品为白色或微黄色的结晶或粉末，无臭，味微苦。在乙醇中微溶，在水中或乙醚中几乎不溶，在氢氧化钠溶液中易溶，在稀盐酸中微溶。

【作用与用途】本品抗菌范围广、抗菌作用较磺胺间甲氧嘧啶弱，但副作用小，乙酰化率低，且溶解度高，对泌尿道感染疗效较好。

本品内服吸收迅速，乙酰化率较低（牛为 12%～14%），不易引起结晶尿。排泄缓慢，有效血药浓度维持时间较长，猪为 8.6 h，山羊为 10.3 h，绵羊为 16.8 h。内服给药在马体内半衰期为 17.1 h。本品与抗菌增效剂二甲氧苄啶（DVD）配合（5∶1），对金黄色葡萄球菌、大肠杆菌、变形杆菌等的抗菌活性，可增强 10～30 倍。与 TMP 联用，增效较其他磺胺药显著。主要用于防治球虫病，敏感菌引起的呼吸道、消化道、皮肤感染及败血症等。

【不良反应】

（1）本品或其代谢物可在尿液中沉淀，高剂量和长期用药时易产生结晶，形成结晶尿、血尿或肾小管堵塞等。

（2）犬应用本品常见的不良反应主要包括：干性角膜结膜炎、呕吐、食欲减退、腹泻、发热、荨麻疹、多发性关节炎等，长期用药还会引起甲状腺机能减退。

（3）猫应用本品的不良反应多表现为食欲减退、白细胞减少和贫血。

（4）马静脉注射可引起暂时性麻痹，内服时可能产生腹泻。

【用法与用量】

（1）内服：①片剂，一次量，每 1 kg 体重，家畜首次量 50～100 mg，维持量 25~50 mg，每天 1~2 次，连用 3~5 d；②复方片剂，一次量，每 1 kg体重，家畜 25~50 mg，每天 2~3 次，连用 3~5 d；②复方粉剂，一次量，每 1 kg 体重，家畜 25~50 mg，每天 2 次，连用 3~5 d。④磺胺对甲氧嘧啶二甲氧苄啶片，一次量，每 1 kg 体重，家畜 20~50 mg（以磺胺对甲氧嘧啶计），每天 2 次，连用 3~5 d。

（2）混饲：每 1 000 kg 饲料，猪、禽 1 000 g（以磺胺对甲氧嘧啶二甲氧苄啶预混剂计）。

（3）肌内注射：复方注射液，一次量（以磺胺对甲氧嘧啶钠计），每 1 kg体重，家畜 15~20 mg，每天 1~2 次，连用 2~3 d。

【制剂】

（1）片剂：每片 0.5 g。

（2）复方片剂：每片含本品 0.4 g 和甲氧苄啶 0.08 g。

（3）磺胺对甲氧嘧啶二甲氧苄啶片：每片含本品 0.25 g 和二甲氧苄啶 0.05 g。

（4）复方注射液：10 mL 含钠盐 1 g 和甲氧苄啶 0.2 g，钠盐 1.5 g 和甲氧苄啶 0.3 g，钠盐 2 g 和甲氧苄啶 0.4 g。

（5）复方粉剂：100 g 含本品 20 g 和甲氧苄啶 4 g。

（6）磺胺对甲氧嘧啶二甲氧苄啶预混剂：1 000 g 含磺胺对甲氧嘧啶 200 g 和二甲氧苄啶 40 g。

【注意事项】

（1）蛋鸡产蛋期禁用。

（2）休药期：①片剂，复方注射液，复方粉剂和复方片剂，28 d；弃奶期 7 d。②复方预混剂，猪 28 d，鸡 10 d。其他见磺胺嘧啶。

磺胺氯达嗪 Sulfachlorpyridazine[处][乡]

【理化性质】临床上本品常用其钠盐，呈白色或淡黄色粉末，略溶于乙醇，能溶于甲醇，易溶于水。

【作用与用途】本品抗菌谱与磺胺间甲氧嘧啶相似，但抗菌作用略弱于磺胺间甲氧嘧啶。本品肌内注射给药吸收迅速，30 min 即能达血药峰浓度。临床上主要用于畜禽大肠杆菌和巴氏杆菌的感染。

【不良反应】参见磺胺嘧啶。

【用法与用量】

（1）内服：一次量，每 1 kg 体重，猪 20 mg，每天 1 次，连用 5~10 d；鸡 20 mg，每天 1 次，连用 3~6 d。

（2）混饮：每 1 L 水，鸡 300 mg。

【制剂】

（1）磺胺氯达嗪钠片：每片 0.5 g。

（2）可溶性粉：每 100 g 含 30 g。

（3）复方磺胺氯达嗪粉：100 g 含磺胺氯达嗪钠 10 g 和甲氧苄啶 2 g，磺胺氯达嗪钠 62.5 g 和甲氧苄啶 12.5 g。

【注意事项】

（1）蛋鸡产蛋期禁用；反刍动物禁用。

（2）不得作为饲料添加剂长期应用。

（3）其他注意事项参见磺胺嘧啶片。

（4）休药期：复方磺胺氯达嗪粉，猪 4 d，鸡 2 d。

磺胺间二甲氧嘧啶（磺胺二甲氧嘧啶）Sulfadimethoxine（SDM）

【作用与用途】本品抗菌作用、临床疗效与 SD 相似。内服吸收迅速而排泄较慢，作用维持时间长，体内乙酰化率低，不易引起泌尿系统损害。本品除有广谱抗菌作用外，尚有显著的抗球虫、抗弓形体作用。主要用于防治犊牛、鸡、兔球虫病，亦用于防治鸡传染性鼻炎，禽霍乱，卡氏住白细胞原虫病，猪、犬的弓形体病（常与乙胺嘧啶合用）及犬、猫的诺卡菌病，还可用于防治细菌性烂鳃病、竖鳞病、鱼类弧菌病、鳗赤鳍病、鲤科鱼类疖疮病等。

【不良反应】参见磺胺嘧啶。

【用法与用量】

（1）混饲：每 1 000 kg 饲料，家禽 1 000 g；每 1 kg 体重，兔 0.075 g。

（2）混饮：每 1 L 水，禽 250~500 mg。

（3）内服：一次量，每 1 kg 体重，家畜 0.1 g，家禽 0.1~0.2 g，每天 1 次；鱼 0.1~0.2 g，每天 1 次，连喂 3~6 d。

【制剂】片剂：每片 0.5 g。

磺胺邻二甲氧嘧啶（周效磺胺）Sulfadimoxine（SDM′）

【作用与用途】抗菌谱与 SD 相似，而抗菌作用较弱。内服吸收迅速，消除较缓慢，有效血药浓度维持时间较长。但本品在畜禽体内的半衰期为 6~16 h，显著短于在人体内的半衰期（150~230 h），故在畜禽体内无周效的特点。本品毒副作用小，不易引起泌尿道损害。临床主要用于敏感菌引起的轻、中度呼吸道和泌尿道感染。

【注意事项】参见磺胺嘧啶。

【用法与用量】

（1）混饲：每 1 000 kg 饲料，家禽 500~1 000 g。

（2）混饮：每 1 L 水，家禽 250~500 mg。

（3）内服：一次量，每 1 kg 体重，家禽 0.05~0.1 g，家畜首次量 0.05~0.1 g，维持量 0.025~0.5 g，每天 1 次。

（4）静脉或肌内注射：一次量，每 1 kg 体重，家畜 0.025 g，每天 1 次。

【制剂】片剂：每片 0.5 g。增效周效磺胺钠注射液：10 mL 含 SDM′钠 1 g，三甲氧苄氨嘧啶 0.2 g。

磺胺甲氧嗪（磺胺甲氧达嗪）Sulfamethoxypyridazine（SMP）

【理化性质】本品为白色或微黄色结晶；无臭，味苦。遇光变色。本品在稀盐酸或稀碱溶液中易溶，在丙酮中略溶，在乙醇中极微溶解，在水中几乎不溶。

【作用与用途】本品抗菌谱同其他磺胺药，抗菌作用较 SD 弱，内服吸收缓慢，排泄较慢，作用维持时间较长，适用于中、轻度的全身性细菌感染。在国内，常用本品防治猫的传染性鼻炎、传染性鼻气管炎、巴氏杆菌病、李氏杆菌病等；亦用于治疗家禽的大肠杆菌性败血症、伤寒及霍乱等。

【不良反应】参见磺胺嘧啶。

【用法与用量】

（1）混饲：每 1 000 kg 饲料，家禽 1 000 g。

（2）混饮：每 1 L 水，家禽 500 mg。

（3）内服：一次量，每 1 kg 体重，家畜 50 mg，每天 2 次。

（4）静脉或肌内注射：一次量，每 1 kg 体重，家畜 70 mg。

【制剂】①片剂：每片 0.5 g。②注射液：10 mL 含 1 g，100 mL 含 10 g。

【注意事项】休药期：片剂、注射剂，28 d。

磺胺噻唑 Sulfathiazole

【理化性质】本品为白色或淡黄色结晶性粉末，无臭。易溶于氢氧化钠溶液，能溶于稀盐酸，微溶于乙醇，极微溶于水。

【作用与用途】本品为磺胺类抗菌药，主要用于动物敏感菌感染。

【不良反应】长期服用可能影响胃肠道菌群，引起消化道功能紊乱。

【用法与用量】

（1）内服：一次量（以磺胺噻唑计），每 1 kg 体重，家畜首次量0.14~0.2 g，维持量 0.07~0.1 g，每天 2~3 次，连用 3~5 d。

（2）静脉注射：一次量，每 1 kg 体重，家畜 0.05~0.1 g（以磺胺噻唑钠计），每天 2 次，连用 2~3 d。

【制剂】①片剂：每片 0.5 g、1 g。②磺胺噻唑钠注射液：5 mL 含0.5 g，10 mL 含 1 g，20 mL 含 2 g。

【注意事项】

（1）本品的代谢产物乙酰磺胺噻唑水溶性较原药低，易在肾小管形成结晶，尤其在酸性尿液中，故应与适量碳酸氢钠同用。

（2）磺胺噻唑钠注射液遇酸液可析出结晶，故不宜用 5% 葡萄糖液稀释。

（3）休药期：片剂和钠盐注射液，28 d，弃奶期 7 d。

磺胺脒（磺胺胍）Sulfaguanidine（SG，Sulfamidine）

【理化性质】本品为白色针状结晶性粉末；无臭或几乎无臭，无味；遇光渐变色。在沸水中溶解，在水、乙醇或丙酮中微溶；在稀盐酸中易溶，在氢氧化钠溶液中几乎不溶。

【作用与用途】本品内服吸收少，能在肠内保持较高浓度，主要用于禽、单胃动物及幼龄反刍动物的肠道细菌性感染，如胃肠炎、痢疾等；亦可用于治疗鱼类细菌性肠炎病、牛蛙红腿病等。

【不良反应】长期服用可能影响胃肠道菌群，引起消化道功能紊乱。

【用法与用量】内服：一次量，每 1 kg 体重，家畜 0.1~0.2 g，每天1~2次，连用 3~5 d；鱼 0.05~0.1 g，每天 1 次，连用 6 d。

【制剂】片剂：每片 0.25 g、0.5 g。

【注意事项】

（1）新生仔畜（1~2日龄犊牛、仔猪等）的肠道内吸收率高于幼畜。

（2）不宜长期用药，且应观察动物胃肠功能。

（3）休药期：片剂，28 d。

磺胺嘧啶银（烧伤宁）Sulfadiazine Silver（SD-Ag）

【理化性质】本品为白色或类白色的结晶性粉末；遇光或遇热易变质。在水、乙醇、三氯甲烷或乙醚中均不溶；在氨溶液中溶解。

【作用与用途】本品抗菌谱同 SD，但对铜绿假单胞菌有强大的作用。治疗烧伤时有控制感染、促进创面干燥和加速愈合等功效。适用于链球菌、金黄色葡萄球菌、铜绿假单胞菌等所致的烧伤、创伤感染，脓肿、蜂窝组织炎等。

【不良反应】局部应用时有一过性疼痛，无其他不良反应。

【用法与用量】局部外用。

【制剂】溶液、混悬液或软膏：1%~2%。

【注意事项】局部应用本品时，要清创排脓，因为在脓液和坏死组织中，含有大量的 PABA，可减弱磺胺类药物的作用。

结晶磺胺 Sulfanilanide Crystalline

【理化性质】本品为白色结晶性颗粒，无臭，遇光渐变色。极易溶于沸水，易溶于丙酮，能溶于稀盐酸或氢氧化钠溶液，略溶于乙醇，微溶于水，不溶于三氯甲烷、乙醚或苯中。

【作用与用途】本品为外用的磺胺类抗菌药，主要用于感染性创伤。

【用法与用量】创面清创处理后，均匀撒布。

【制剂】灭菌结晶磺胺：每包 5 g。

三、二氨基嘧啶类（抗菌增效剂）

本品为合成广谱抑菌药物，抗菌谱与磺胺药相似，作用机制系抑制细菌的二氢叶酸还原酶，使二氢叶酸不能还原为四氢叶酸，从而阻碍细菌蛋白质和核酸的生物合成。当其与磺胺药合用时，可分别阻断细菌叶酸代谢的两个不同环节（双重阻断作用），使磺胺药的抗菌范围扩大，抗菌作用增强数倍至数十倍，还可延缓细菌产生耐药性。本类药还对一些抗生素如四环素、青霉素、红霉素、庆大霉素等有一定的增效作用。但本类药单独应用时，细菌易产生耐药性，故临床一般不单独使用。本类药主要有甲氧苄啶（TMP）、二甲氧苄啶（DVD）、奥美普林（OMP）、巴喹普林（BQP）、阿地普林（ADP），国内常用的是甲氧苄啶和二甲氧苄啶。

甲氧苄啶 Trimethoprime （TMP）[处][乡]

【理化性质】本品为白色或类白色结晶性粉末，味苦，不溶于水，易溶于酸性溶液。

【作用与用途】本品抗菌范围广，对多数革兰氏阳性菌和革兰氏阴性菌均有抑制作用。内服或注射后吸收迅速，1~4 h可达有效血浓度，但维持时间短，用药后80%~90%以原形通过肾脏排出，尿中浓度较高。临床上主要与磺胺药或某些抗菌药（如青霉素、红霉素、四环素、庆大霉素等）配伍，用于呼吸道、消化道、泌尿生殖道感染及腹膜炎、败血症等，亦常与某些磺胺药如SQ、SMM、SMD、SMZ、SD等配伍，用于禽球虫病、卡氏住白细胞原虫病、传染性鼻炎、禽霍乱、大肠杆菌病和水产动物多种细菌性疾病等的治疗。

【不良反应】毒性低，副作用小，偶尔引起白细胞、血小板减少等。孕畜和初生仔畜应用易引起叶酸摄取障碍，宜慎用。

【用法与用量】

（1）混饲：每1 000 kg饲料，复方制剂，家禽200~400 g。联磺甲氧苄啶预混剂，猪100 g（以磺胺甲噁唑计），连用3~5 d。

（2）混饮：每1 L水，家禽120~200 mg。

（3）静脉或肌内注射：复方注射液，一次量（按本品和磺胺药总量计），每1 kg体重，家畜20~25 mg，禽20~30 mg，每天2次；鱼5~10 mg，每天1次。

（4）肌内注射：联磺甲氧苄啶注射液，一次量，每1 kg体重，仔猪0.3 mL，每天1次，连用4 d。

【制剂】

（1）复方磺胺嘧啶（双嘧啶）片：每片含本品0.08 g和磺胺嘧啶0.4 g。

（2）复方新诺明片：每片含本品0.08 g和磺胺甲基异噁唑0.4 g。

（3）复方磺胺间甲氧嘧啶片：每片含本品0.08 g，磺胺间甲氧嘧啶0.4 g。

（4）复方磺胺对甲氧嘧啶片：每片含本品0.08 g，磺胺对甲氧嘧啶0.4 g。

（5）磺胺氯哒嗪钠乳酸甲氧苄啶可溶性粉：1 000 g 含磺胺氯哒嗪钠 100 g 和乳酸甲氧苄啶 26 g。

（6）复方新诺明粉、复方磺胺-5-甲氧嘧啶粉（球虫宁粉）：由本品 1 份，相应的磺胺药 5 份组成。

（7）复方磺胺嘧啶注射液：每支 10 mL 含本品 0.2 g 和磺胺嘧啶 1 g。

（8）复方磺胺甲基异噁唑注射液：每支 10 mL 含本品 0.2 g 和磺胺甲基异噁唑 1 g。

（9）复方磺胺对甲氧嘧啶注射液：每支 10 mL 含本品 0.2 g、磺胺对甲氧嘧啶 1 g。

（10）复方磺胺邻二甲氧嘧啶注射液：每支 10 mL 含本品 0.2 g 和磺胺邻二甲氧嘧啶 1 g。

（11）复方磺胺甲氧嗪注射液：每支 10 mL 含本品 0.2 g 和磺胺甲氧嗪 1 g。

（12）联磺甲氧苄啶注射液：每支 5 mL 含磺胺间甲氧嘧啶 0.5 g，磺胺甲噁唑 0.5 g 和甲氧苄啶 0.2 g；每支 10 mL 含磺胺间甲氧嘧啶 1 g，磺胺甲噁唑 1 g 和甲氧苄啶 0.4 g。

（13）联磺甲氧苄啶预混剂：100 g 含磺胺甲噁唑 10 g，磺胺嘧啶 10 g 和甲氧苄啶 4 g；磺胺甲噁唑 20 g，磺胺嘧啶 20 g 和甲氧苄啶 8 g。

【注意事项】

（1）本品易产生耐药性，故不宜单独应用。

（2）大剂量长期应用会引起骨髓造血机能抑制；实验动物可出现畸胎，怀孕初期动物最好不用。

（3）TMP 与磺胺类钠盐制成的注射剂，用于肌内注射时，刺激性较强，宜做深部肌内注射。

（4）休药期：联磺甲氧苄啶注射液，28 d。

二甲氧苄啶（敌菌净）Diaveridine（DVD）[处][乡]

【理化性质】本品为白色结晶性粉末，无味，微溶于水。本品在三氯甲烷中极微溶解，在水、乙醇或乙醚中不溶；在盐酸中溶解，在稀盐酸中微溶。

【作用与用途】本品抗菌作用和抗菌范围与 TMP 相似，对球虫、弓形体亦有抑制作用。内服吸收较少，在消化道内保持较高的浓度，故用作肠道抗菌增效剂较 TMP 好，主要从粪便中排出。常与磺胺药配伍，用于防治肠道细菌感染，禽、兔的球虫病，猪的弓形体病和鱼类多种细菌性疾病。

【不良反应】

（1）大剂量长期应用会抑制骨髓造血机能。

（2）怀孕初期动物不推荐使用。

【用法与用量】

（1）混饲：①复方粉剂，每 1 000 kg 饲料，家禽 200 g（按两种药物总量计，下同）。②复方磺胺喹啉预混剂，每 1 000 kg 饲料，家禽 120 g。③复方磺胺对甲氧嘧啶预混剂，每 1 000 kg 饲料，禽、猪 240 g。

（2）内服：①复方片剂，一次量，每 1 kg 体重，禽 30 mg，犬、猫、兔、鱼 20~25 mg，每天 2 次。②复方粉剂，一次量，每 1 kg 体重，禽、兔 20~25 mg，每天 2 次；猪 50 mg。

【制剂】①复方二甲氧苄氨嘧啶片：由 DVD 1 份，磺胺药 SG 或 SMD 5 份组成。②复方粉剂：由本品 1 份、SM₂ 或 SMD 5 份组成。③复方磺胺喹啉、DVD 预混剂：由 DVD 1 份与 SQ 5 份组成。④复方磺胺对甲氧嘧啶预混剂：由 DVD 1 份、SMD 5 份组成。

【注意事项】蛋鸡产蛋期禁用。

奥美普林（二甲氧甲基苄啶）Ormetoprim（OMP）

【理化性质】本品为白色至类白色结晶性粉末，溶于氯仿溶液。

【作用与用途】本品常与磺胺二甲氧嘧啶合用（奥美普林：磺胺二甲氧嘧啶＝3：5 比例混合使用），用于防治柔嫩、毒害、波氏、堆型、变位和巨型艾美耳球虫引起的鸡球虫病、火鸡球虫病等，亦用于预防鸡传染性鼻炎、大肠杆菌病和禽霍乱等细菌感染。

【用法与用量】用于预防肉鸡和后备蛋鸡的球虫病、细菌感染：每 1 000 kg 饲料，鸡磺胺二甲氧嘧啶 113.5 g 和本品 68.1 g。

【制剂】预混剂：本品与磺胺二甲氧嘧啶（SDM）以 3：5 的比例混合。

【注意事项】肉鸡、火鸡、后备鸡宰前 5 d 停药，16 周龄以上鸡、产蛋火鸡禁用。

巴喹普林 Baquiloprim

【作用与用途】为动物专用的抗菌药物增效剂。抗菌谱广，活性强。体外抗菌活性与甲苄嘧啶相近，其显著特点是在动物体内的消除半衰期长，对反刍动物胃肠中正常菌群无不良影响。主要适用于牛的肺炎及肠炎、腐蹄病、脐部感染、感染性外伤、感染性角膜结膜炎、非泌乳期牛的木舌病和放线菌下颌肿块等病；猪胃及肠道感染、胸膜肺炎、乳腺炎-子宫炎-无乳综合征等疾病；狗的泌尿道、呼吸道、胃肠道及皮肤感染等疾病，也可用于治疗球虫病。

【用法与用量】

（1）内服：片剂，每 1 kg 体重，犬 30 mg，每 2 d 用药 1 次。或者每 4 kg 体重，犬 1 mL，每 3 d 1 次。丸剂，每 200 kg 体重，牛 15 g，每 2 d 1 次。或者每 200 kg 体重，牛 30 g，每 4 d 1 次。

（2）皮下或肌内注射：每 1 kg 体重，猪 10 mg，每天 1 次。或者每 1 kg 体重，猪 30 mg，每 2 d 1 次。

【制剂】

（1）磺胺间甲氧嘧啶与巴喹普林片，每片 60 mg，600 mg。

（2）磺胺二甲嘧啶与巴喹普林大药丸，每丸 15 g、30 g。

（3）磺胺二甲嘧啶与巴喹普林注射液：20%。

（4）磺胺间甲氧嘧啶与巴喹普林注射液：12%。

【注意事项】休药期：猪、牛肌内注射为 28 d；牛，内服 21 d；弃乳期 4 d。

四、其他合成抗菌药

痢菌净（乙酰甲喹）Maquindox[处][乡]

【理化性质】本品为鲜黄色结晶或黄白色粉末，味微苦，遇光色变深，微溶于水。

【作用与用途】本品为广谱抗菌药物，对革兰氏阴性菌的作用较强，对猪密螺旋体作用显著。主要用于防治猪密螺旋体痢疾（血痢），亦用于治疗猪的细菌性肠炎、腹泻及鸡霍乱、犊牛副伤寒、鱼类细菌性肠炎、赤皮病等，并可作饲料添加剂。本品内服吸收良好，可分布于全身组织，体内消除快，猪内服约 75% 以原型从尿中排出，半衰期约为 2 h。

【不良反应】本品治疗量大时对鸡、猪无不良影响。使用剂量高于临床治疗量 3~5 倍，或长时间应用会引起毒性反应，甚至死亡，家禽较为敏感。

【用法与用量】

（1）内服：一次量，每 1 kg 体重，牛、猪 5~10 mg。

（2）肌内注射：一次量，每 1 kg 体重，猪 2~5 mg。

【制剂】

（1）片剂：每片 0.1 g、0.5 g。

（2）注射液：2 mL 含 0.1 g；5 mL 含 0.1 g、0.25 g；10 mL 含 0.05 g、0.2 g、0.5 g。

【注意事项】休药期：①片剂，牛、猪 35 d。②注射液，猪 35 d。

喹烯酮 Quinocetone

【理化性质】本品为淡黄色或黄绿色结晶性粉末，无臭、无味，不溶于水，略溶于部分有机溶剂。

【作用与用途】本品抗菌谱广，对多种致病菌有抑杀作用，如金黄色葡萄球菌、大肠杆菌、克雷伯杆菌、变形杆菌、禽巴氏杆菌、痢疾杆菌、爱德华菌、嗜水气单胞菌、假单胞菌、弧菌等。本品尤其对消化道致病菌有较强的抑制作用，不仅抑杀病原菌，而且不干扰肠道内正常的微生态平衡，保护有益菌，可使畜禽的腹泻发病率降低 50%~70%，并能有效地控制仔猪腹泻、下痢及禽巴氏杆菌病。本品还能促进蛋白质同化，加快动物生长，提高饲料转化率，且毒性低，仅为同类药物喹乙醇的 1/4，长期使用无"三致"作用。临床主要用于防治革兰氏阴性菌和金黄色葡萄球菌感染所致的畜禽肠道、呼吸道、泌尿道感染。

本品用于养鱼业安全可靠，尤其适用鱼类、海参、鲍鱼育苗预防细菌性感染，并具有保护水的纯净度和净水作用。能较好预防、治疗鱼类各种细菌性肠炎、腹水、腹胀及细菌性败血症、疖疮病、赤皮、烂鳃等。

【不良反应】按规定的用法用量使用尚未见不良反应。

【用法与用量】

（1）混饲：每 1 000 kg 饲料（以喹烯酮计），猪 50 g；普通水产（海、淡小鱼等）40~50 g；特种水产（虾、鳖、海参等）50~75 g。

（2）药浴：每立方米水体用 20~30 g 药液浸洗 30~40 min，用时先用乙醇溶解，再加水稀释，同时内服。

【制剂】喹烯酮预混剂：5%、25%、50%。

【注意事项】

（1）禁用于禽。

（2）禁用于体重超过 35 kg 的猪。

（3）休药期：猪 14 d。

甲硝唑 Metronidazole

【理化性质】本品又名甲硝达唑、灭滴灵，为白色或微黄色的结晶或结晶性粉末，微臭，味苦而略咸。在水中微溶，在乙醇中略溶。

【作用与用途】本品为广谱抗厌氧菌和抗原虫，对大多数专性厌氧菌，包括脆弱拟杆菌、黑色素拟杆菌、梭状杆菌属、产气荚膜梭状芽孢杆菌、粪链球菌等有良好抗菌作用；还具有抗滴虫及阿米巴原虫的作用，对球虫也有一定的抑制作用。临床上本品主要用于治疗厌氧菌引起的系统或局部感染，如腹腔、口腔、消化道、皮肤及软组织的厌氧菌感染，对鸡弧菌性肝炎、坏死性肠炎、阿米巴痢疾、牛毛滴虫病、鞭毛虫病、火鸡组织滴虫病等疾病有效。

甲硝唑为脂溶性药物，内服易于吸收。犬内服后，生物利用率较高，但不同个体间变化值介于 50%～100%，与饲料拌食可增加吸收率；马内服吸收后生物利用率平均大约为 80%（介于 50%～100%）；给药 1 h 后血药浓度达峰值。吸收后可迅速、广泛分布于大部分组织和体液中，包括骨、脓肿、CNS 和精液中，主要在肝脏中代谢，以原型和代谢产物经尿液和粪便排出体外。肝和肾功能正常者，甲硝唑的清除半衰期为：人 6～8 h，犬 4～5 h，马 2.9～4.3 h。

【不良反应】本品会导致动物的神经功能紊乱、呆滞，引起动物体弱、厌食和腹泻等。

【用法与用量】内服：一次量，每 1 kg 体重，犬 25 mg，兔 40 mg，连用 3～5 d。

【制剂】片剂：每片 0.2 g。

【注意事项】

（1）本品剂量过大时，动物易出现舌炎、胃炎、恶心、呕吐和白细胞减少等，一般能耐受。

（2）与土霉素合用，可减弱甲硝唑抗菌、抗滴虫效应。

（3）本品能透过胎盘及乳腺屏障，哺乳期母畜及妊娠早期动物、器质性中枢神经系统疾病、心脏疾病及血液病病畜慎用。本品禁止用于所有食品动物的促生长作用。

（4）休药期：牛 28 d。

乌洛托品 Methenamine

【理化性质】本品为有光泽的结晶或白色结晶性粉末；几乎无臭，味初甜，后苦；遇火能燃烧，发生无烟的火焰。在水中易溶，在乙醇或三氯甲烷中溶解，在乙醚中微溶。

【作用与用途】本品由甲醛与氨缩合而成，本身无作用，内服后，可迅速由肾脏排出，若尿液为酸性，可分解出甲醛而在尿道发挥抗菌作用。本品对革兰氏阴性菌，特别是大肠杆菌有很好的效果。主要用于磺胺类、抗生素疗效不好的尿路感染。本品可打开血脑屏障，能使抗菌药更多地进入脑脊液，所以常配合抗生素等治疗脑部感染，20%溶液外用可治疗体癣。

【不良反应】

（1）本品对胃肠道有刺激作用。

（2）长期应用可出现排尿困难。

【用法与用量】静脉注射：一次量，马、牛 15～30 g，羊、猪 5～10 g，犬 0.5～2 g。

【制剂】乌洛托品注射液：每支 5 mL 含 2 g，10 mL 含 4 g，20 mL 含 8 g，50 mL 含 20 g。

【注意事项】

（1）乌洛托品内服，对胃肠道有较强的刺激性，降低食欲。

（2）氯化铵可酸化尿液，增强乌洛托品的抗尿路感染作用。

（3）与磺胺类药物联用时，由于乌洛托品在尿液中分解生成甲醛，能使有些磺胺药形成不溶性沉淀，增加结晶尿的危险。

（4）碳酸氢钠、枸橼酸盐、噻嗪类利尿药（如氢氯噻嗪）、碳酸酐酶抑制剂（如乙氧苯唑胺）、镁或含镁制剂药能使尿液 pH 值大于 5，均不宜与乌洛托品合用，以免降低疗效。

第四节 从植物中提取的抗菌药

牛至油 Oregano

【理化性质】本品为淡黄色或棕红色油状液体，牛至油预混剂为类白色粉末，有特臭。

【作用与用途】本品是从天然植物牛至中提取的抗菌药，该挥发油的主要成分为香荆芥酚和百里香酚，具有很强的表面活性和脂溶性，能迅速穿透病原微生物细胞膜，使细胞内容物流失并阻止线粒体吸收氧气而达到抑菌、抗菌和杀菌的目的，同时具有抗氧化作用，并能增强动物免疫功能。

对本品最敏感的病原菌为链球菌、葡萄球菌、大肠杆菌、沙门菌、克雷伯杆菌和肠球菌，对亲水气单胞菌属、李斯特菌属、金黄色葡萄球菌亦有较高抗菌活性。主要用于防治仔猪、鸡大肠杆菌、沙门氏菌所致的下痢。

【用法与用量】

（1）混饲：每1 000 kg饲料，①预防，猪500~700 g；鸡450 g。②治疗，猪1 000~1 300 g；鸡900 g，连用7 d。

（2）内服：①预防，新出生仔猪出生后8 h喷服2 mL，第2 d、第3 d每天喷服1~2 mL。②治疗，0~28 d仔猪喷服2~3 mL，如8 h后还有痢疾症状，重复喷服1次。

【制剂】①牛至油溶液：每瓶250 mL。②预混剂：500 g含牛至油12.5 g。

【注意事项】休药期：牛至油溶液，猪28 d。

黄连素（小檗碱）Berberine

【理化性质】本品为黄连及其他同属植物根茎中的主要生物碱，现可人工合成，为黄色结晶性粉末；无臭，味极苦；在热水中溶解，在水或乙醇中微溶，在氯仿中极微溶解，在乙醚中不溶。

【作用与用途】本品抗菌谱广，体外对多种革兰氏阳性菌及革兰氏阴性菌均具有抑制作用，其中对痢疾杆菌、大肠杆菌、溶血性链球菌、金黄色葡萄球菌、霍乱弧菌、志贺痢疾杆菌、伤寒杆菌、脑膜炎球菌等有较强的抑制作用，低浓度时抑菌，高浓度时杀菌。另对流感病毒、阿米巴原虫、钩端螺旋体、某些皮肤真菌也有一定抑制作用。此外，还具有退热及抗心律失常作用。临床主要用于畜禽的胃肠炎、细菌性痢疾、结膜炎、肺炎、咽喉炎、马腺疫、血尿等病的治疗。本品内服吸收差，注射给药后能迅速进入各器官与组织，广泛分布于心、骨、肺和肝，但在体内组织中滞留时间短暂。

【不良反应】

（1）内服偶有呕吐，停药后即消失。

（2）静脉注射或滴注可引起血管扩张、血压下降等反应，故不应静脉使用。

【用法与用量】

（1）内服：一次量，马、牛 2~5 g，驼 3~6 g，羊、猪 0.5~1 g。

（2）肌内注射（以硫酸小檗碱计）：一次量，马、牛 0.15~0.4 g，羊、猪 0.05~0.1 g。

【制剂】①盐酸小檗碱片：每片 0.1 g、0.5 g。②硫酸小檗碱注射液：5 mL 含 0.05 g、0.1 g；10 mL 含 0.1 g、0.2 g。

【注意事项】本品注射液不可作静脉注射，遇有结晶可加热溶解后凉至与体温相同时再用。

盐酸环丙沙星盐酸小檗碱预混剂 Ciprofloxacin Hydrochloride and Berberine Hydrochloride Premix[外]

【理化性质】本品为盐酸环丙沙星、盐酸小檗碱与淀粉配制而成，为淡黄色粉末。

【有效成分】盐酸环丙沙星、盐酸小檗碱。

【适用动物】鳗鲡。

【作用与用途】本品是第二代氟喹诺酮类药物，是一种广谱杀菌药，其杀菌作用依赖药物浓度，敏感菌株用药后 20~30 min 可被杀死。对静止期和生长期细菌的复制均有作用，一般认为其通过抑制细菌 DNA 回旋酶（Ⅱ型拓扑异构酶），从而干扰 DNA 超螺旋和 DNA 的合成。环丙沙星对多种革兰氏阴性杆菌和球菌均有效，包括铜绿假单胞杆菌、克雷伯杆菌、大肠埃希菌、肠杆菌、弯曲杆菌、志贺菌、沙门菌、气单胞杆菌、嗜血杆菌、变形杆菌、耶尔森菌、沙雷菌和弧菌等多数菌株。其他敏感菌还包括衣原体、支原体及分枝杆菌。不推荐用于链球菌引起的感染。盐酸小檗碱具广谱抗菌作用，体外对多种革兰氏阳性菌及革兰氏阴性菌均具抑菌作用，其中对溶血性链球菌、金黄色葡萄球菌、霍乱弧菌、脑膜炎球菌等作用较强。两种药物联有协同作用。

用于治疗鳗鲡顽固性细菌性疾病。鳗鲡口灌后的消除半衰期是 51.9 h，血药达峰时间为 0.9 h，最大峰浓度为 0.46 μg/mL（单次给药剂量为 10.0 mg/kg）；以 10 μg/mL 的浓度浸浴 48 h，最大峰浓度为 0.12 μg/mL，达峰时间为 0.2 h，半衰期为 15.5 h。

【不良反应】按规定的用法与用量使用尚未见不良反应。

【用法与用量】以本品计。混饲：每 1 000 kg 饲料，鳗鲡 15 kg。连用 3~4 d。

【制剂】预混剂：1 000 g 含盐酸环丙沙星 100 g+盐酸小檗碱 40 g。

【休药期】500 ℃·d。

第五节　抗真菌药

真菌是真核类微生物，种类繁多，一旦感染动物就会引起不同的临床症状。兽医上应用的抗真菌药物，根据其来源和用途，主要分为以下四类，其中临床中常用的为前两类。

1. 抗真菌抗生素　常用的有灰黄霉素、两性霉素 B、制霉菌素等。其中灰黄霉素仅对浅表真菌有效，其他两种药主要用于深部真菌感染。

2. 咪唑类合成抗真菌药　这类药抗真菌谱广，对深部真菌和浅表真菌均有作用，毒性低，真菌耐药性产生慢，常用的有克霉唑、酮康唑、咪康唑等。

3. 专用于治疗浅表真菌感染的外用药物　如水杨酸、十一烯酸、苯甲酸等，只对浅表真菌引起的皮肤感染有效。

4. 饲料防霉剂　如丙酸及丙酸盐、山梨酸钾、苯甲酸钠、柠檬酸等，添加于饲料中以防止饲料霉变。

（一）抗真菌抗生素

灰黄霉素 Grisefulvin

【理化性质】本品为白色或类白色微细粉末，无色，无味，极微溶于水，微溶于乙醇，对热稳定。

【作用与用途】本品为内服抗浅表真菌感染药，对各种皮肤真菌（毛癣菌、小孢子菌和表皮癣菌等）均有较强作用。外用不易透入皮肤，难以取得疗效。临床以内服为主，用于治疗家畜的各种浅表癣病，如犊牛、马属动物、犬的毛癣，但对家禽毛癣的疗效较差。

本品有微颗粒和超微颗粒两种制剂。内服微颗粒制剂吸收率极低且不稳定（25%~70%）。超微颗粒具有更大的表面积，生物利用率接近100%，在应用时应根据吸收率酌情减少用量。超微颗粒剂价格昂贵，在兽医临床使用不多。

本品在内服给药后几小时即可分布至角质层，与高脂肪含量饲料同时喂给有利吸收。灰黄霉素主要分布在皮肤、毛发和指甲的角质蛋白，只有一小部分药物可到达体液或其他组织。本品在犬体内的血浆半衰期为47 min，在角质层可与角质蛋白紧密结合而一直保留在皮肤中直至角质细胞脱落。新生的上皮细胞可取代被真菌感染的角质细胞，因此，毛发与指甲的更新也起到了抗真菌的作用。主要经肝脏代谢变成去甲基灰黄霉素和葡萄甘酸，其中动物对灰黄霉素的代谢率是人的6倍以上，灰黄霉素在犬体内的半衰期为47 min，而在人体内的半衰期为20 h。因此，在动物的用药剂量较大。主要经肾排出，且仅有不到1%的药物以原型经尿排出。

【不良反应】

（1）灰黄霉素对猫有致畸作用，表现为颅骨和骨骼畸形，以及眼、肠和心脏功能障碍等；也可能出现白细胞减少、贫血、肝代谢活动加强及神经毒性等，不适用于孕猫。

（2）马怀孕的第2个月给药可使初生马出现短颌和上唇裂等。

【用法与用量】内服：一日量，每1 kg体重，马、牛10 mg，犊牛10~20 mg，猪20 mg，家禽40 mg，犬、猫40~50 mg，兔25 mg，狐20 mg，每天1次，连用4~8周。

【制剂】片剂：每片0.1 g。

【注意事项】

（1）本品的给药疗程，取决于感染部位和病情，需持续用药至病变组织完全为健康组织所代替为止，皮癣、毛癣一般为3~4周，趾间、甲、爪感染则需数月至痊愈为止。

（2）用药期间，应注意改善卫生条件，可配合使用能杀灭真菌的消毒药定期消毒环境和用具。

（3）犬、猫不宜空腹用药。

（4）妊娠动物禁用。

制霉菌素 Nystatin

【理化性质】本品为淡黄色或浅褐色粉末，有引湿性，难溶于水，略溶于乙醇、甲醇，在干燥条件下稳定。

【作用与用途】本品为广谱抗真菌药，对念珠菌属的抗菌活性最为明显，对隐球菌、烟曲霉菌、毛癣菌、表皮癣菌和小孢子菌有较强抑制作用，对组织胞浆菌、芽生菌、球孢子菌亦有一定的抗菌活性。内服难吸收，临床混饲或内服用于消化道真菌感染，如鸡、鸽、犬、猫的念珠菌病，鸡嗉囊真菌病，禽曲霉菌病，牛真菌性网胃炎等，或用于防治长期应用广谱抗菌药物所引起的真菌性二重感染，局部用于真菌性乳腺炎、子宫炎，外用治疗体表的真菌感染，如禽冠癣等。

【用法与用量】

（1）混饲：治疗白色念珠菌感染（如家禽鹅口疮），每 1 kg 体重，家禽 50 万~100 万 u，连用 1~3 周。治疗雏鸡曲霉菌病，每 100 羽，50 万 u，每天 2 次，连用 2~4 d。

（2）气雾用药：每立方米，鸡 50 万 u，吸入 30~40 min。内服：一次量，马、牛 250 万~500 万 u，羊、猪 50 万~100 万 u，犬 5 万~15 万 u，猫 10 万 u，每天 2 次；雏鸡、雏鸭 5 000 u，每天 2 次。

（3）子宫灌注：马、牛 150 万~200 万 u。

（4）乳管内注入：一次量，牛每乳室 10 万 u。

【制剂】①片剂：每片含 10 万 u，25 万 u、50 万 u。②多聚醛制霉菌素钠：每瓶含 5 万 u。混悬液：每 1 mL 含 10 万 u。

【注意事项】

（1）本品内服不易吸收，常规剂量混饲或内服，对全身真菌感染无明显疗效。

（2）本品用于雏鸡霉菌性肺炎（曲霉菌病）时，拌料混饲有助于控制进一步感染，或减少饲料中的霉菌量，但由于几乎不吸收，当雏鸡呼吸道症状较严重时，应配合使用其他抗真菌药物或采用气雾给药法。

两性霉素 B（芦山霉素）Amphotericin B

【理化性质】本品为橙黄色针状或柱状结晶性粉末，不溶于水及乙醇，难溶于甲醇，可溶于二甲基甲酰胺、二甲基亚砜；有引湿性，在日光下易被破坏失效。本品去胆酸盐为淡黄色粉末，在水中呈混悬液，在生理盐水中析出沉淀。

【作用与用途】本品为广谱抗真菌药，对隐球菌、球孢子菌、组织胞浆菌、白色念珠菌、芽生菌等多种全身性深部真菌均有强大的抑制作用，其中皮炎芽生菌、组织胞浆菌、新型隐球菌、念珠菌属、球孢子菌对本品敏感，曲霉菌部分耐药，皮肤和毛癣菌等浅表真菌大多耐药。本品对细菌及其他病原体无效，是治疗深部真菌感染的首选药物，主要用于上述敏感真菌所引起的深部真菌病。

本品经胃肠吸收率低，因此必须采用局部给药、静脉注射或鞘内给药等方法。本品的血浆蛋白结合率高达 95%，在血中有效浓度可维持较长的时间。血浆中约 2/3 的药物可分布在被真菌感染的胸膜、腹膜、滑膜和房水中，但本品在不同组织中的分布有明显差异，其中在肝脏、脾脏、肾脏、肺脏的药物浓度较高，在肌肉、脂肪组织中的药物浓度较低，在玻璃体和正常羊膜囊液中的浓度也比较低，这可能是治疗模型组织真菌感染失败的原因。本品易穿过胎盘屏障，但不能透过血脑屏障。大部分经肾脏缓慢排出体外，有 20%~30% 的药物经胆汁排泄。本品消除缓慢，人在停药 7 周后仍能在尿中检出本品。

【不良反应】

（1）两性霉素 B 有神经毒性，与剂量有关，几乎在每一个用传统制剂治疗的病例中都会发生。

（2）两性霉素 B 能结合肾小管细胞膜上的胆固醇，直接损伤肾小管细胞，从而导致细胞内电解质泄露和酸中毒。电解质补充、流体利尿和缓慢输注给药可减轻药物的肾毒性。单独静脉注射两性霉素 B 超过每 1 kg 体重 1 mg，可出现急性肾脏损害。

【用法与用量】

（1）混饮：雏鸡每羽每天 0.1~0.2 mg。

（2）静脉注射：一次量，每 1 kg 体重，马开始用 0.38 mg，每天 1 次，连用 4~10 d，以后可增加至 1 mg，再连用 4~8 d；犬、猫 0.15~0.5 mg，每周 3 次或隔天 1 次，总剂量 4~11 mg。

（3）气雾：每立方米，鸡 25 mg，吸入 30~40 min。

【制剂】注射用两性霉素 B（脱氧胆酸钠复合物）：每瓶 5 mg、25 mg、50 mg；临用时先用灭菌注射用水溶解，再用 5% 葡萄糖溶液稀释成 0.1% 浓度后缓慢注射。

【注意事项】

（1）本品对光、热不稳定，应于 15 ℃以下避光存放。

（2）本品的注射用粉针不可用生理盐水稀释，否则会析出沉淀。

（3）静脉注射时可有发热、呕吐、精神不振等副作用，在治疗剂量范围内可先用低剂量，当无反应时，再逐渐增大剂量。

（4）肾功能不全患畜禁用。

（5）不宜与氨基糖苷类抗生素、咪康唑合用，以免降低药效。

（二）咪唑类抗真菌药

克霉唑（三苯甲咪唑、抗真菌Ⅰ号）Clotrimazole

【理化性质】本品为白色结晶，不溶于水，易溶于乙醇和二甲基亚砜。在弱碱性溶液中稳定，在酸性基质中缓慢分解。

【作用与用途】本品为广谱抗真菌药，对多种致病性真菌有抑制作用，对皮肤浅表真菌的抗菌谱和抗菌效力与灰黄霉素相似，对内脏致病性真菌，如白色念珠菌、新型隐球菌、球孢子菌和组织胞浆菌等有一定作用，但较两性霉素 B 差。真菌对本品不易产生耐药性。本品内服易吸收，可内服治疗全身性及深部真菌感染，如烟曲霉菌病、白色念珠菌病、隐球菌病、球孢子菌病、组织胞浆菌病（犬、猫）及真菌性败血症等。对严重的深部真菌感染，宜与两性霉素 B 合用。外用亦可治疗浅表真菌感染，如鸡冠癣和家畜的体癣、毛癣等。

【用法与用量】

（1）混饲：每羽，雏鸡 10 mg。

（2）内服：一次量，马、牛 5~10 g，猪、羊、犊、驹 1.1~1.5 g，每天 2 次；每 1 kg 体重，犬、猫 10~20 mg，每天 3 次。

【制剂】①片剂：每片 0.25 g、0.5 g。②软膏：1%、3%、5%。③药水：8 mL 含 0.12 g。

酮康唑 Ketoconazole（Nizoral）

【理化性质】本品为白色或类白色结晶性粉末，几乎不溶于水，微溶于乙醇，能溶于甲醇和酸性溶液。

【作用与用途】本品为广谱抗真菌药，浅表及深部真菌感染均有作用，且低浓度抑菌，高浓度杀菌。对皮炎芽生菌、球孢子菌、组织胞浆菌、隐球菌、曲霉菌、小孢子菌、毛癣菌等均有抑制作用，疗效优于灰黄霉素和两性霉素 B 且更安全。但本品对曲霉菌和孢子丝菌作用弱，一般白色念珠菌对本品耐药。适用于消化道、呼吸道及全身性真菌感染，外用治疗真菌病、厌氧菌等引起的犬、猫细菌性皮肤病及鸡冠癣等浅表真菌感染。

本品内服易吸收，但种间和个体间差异较大，犬内服的生物利用度为 4%~89%，马内服吸收很少（30 mg/kg 体重），血中药物低于最低检测限。若在进食后给药，消化道内的酸性分泌物有助于药物吸收。吸收后可广泛分布于所有皮肤和皮下组织，可进入乳液中，但不易渗透入脑脊液、精液或眼，临床可用于治疗局部和全身性皮肤真菌感染而且效果很好。本品在动物体内呈现出非线性吸收和消除，与血浆蛋白结合率高达 98%，主要在肝脏中进行代谢，通过胆汁排泄，在犬体内的消除半衰期大约是 2.7 h。

【不良反应】

（1）最常见的不良反应是厌食和呕吐。尤其是在治疗猫时，出现以上反应要停止治疗。药物的不良反应可能与剂量有关，减少剂量后不良反应也随之减轻。

（2）可导致动物的乳房发育、雄性功能障碍和无精症。

（3）酮康唑对大鼠有致畸作用，还能导致犬出现木乃伊胎和死胎，因此，不建议对怀孕或哺乳动物使用。

（4）本品还有肝脏毒性。

【用法与用量】

（1）内服：一次量，每 1 kg 体重，马 3~6 mg，鸡 10~20 mg，猪、犬、猫 5~10 mg，每天 1 次，连用 1~6 个月。

（2）外用：患部涂擦，犬、猫，每天 3~5 次，连用 5~7 d。

【制剂】①片剂：每片 0.2 g。②混悬液：100 mL 含 2 g。③软膏：2%。④复方酮康唑软膏：15 g 含酮康唑 0.15 g，甲硝唑 0.3 g 和薄荷脑 0.15 g。

【注意事项】

（1）本品在酸性条件下较易吸收，不宜与抗酸药同时服用。

（2）对胃酸不足的患病动物，应同服稀盐酸。

（3）肝功能不全的动物慎用，犬妊娠期禁用。

咪康唑 Miconazole

【理化性质】本品为白色粉末，无臭或几乎无臭。溶于乙醇、氯仿和甲醇，不溶于水和乙醚。

【作用与用途】本品为广谱抗真菌药，能选择性地抑制麦角固醇的合成，而后者是酵母和真菌的细胞膜的重要成分之一，从而改变细胞膜的通透性，阻止营养物质的摄取，导致菌体死亡。研究发现本品还具有潜在的抗革兰氏阳性菌的作用。临床常与氢化可的松和庆大霉素合用，用于治疗对庆大霉素敏感的细菌和对本品敏感的真菌如皮屑芽孢菌等引起的犬外耳道炎和反复发作的犬外耳道炎。

【不良反应】耳朵会有轻微发红，偶有丘疹发生。可能会引起老龄犬暂时性听力障碍。

【用法与用量】外用：一次量，犬感染耳 1 mL（以复方咪康唑滴耳液计），连用 5 d。

【制剂】复方咪康唑滴耳液：每瓶 10 mL 含氢化可的松醋内酯 11.1 mg，硝酸咪康唑 151 mg 和硫酸庆大霉素 15 050 u。

【注意事项】

（1）本品使用前应充分摇匀，将患犬外耳道清洗干净，并剪掉用药部位周围多余的毛发。用药时，将导管插入外耳道，用泵给药，给药后轻揉耳根部片刻，以便让药液进入耳道深处。

（2）耳膜穿孔的犬、患有蠕形螨虫病的犬禁用。

（3）怀孕期和哺乳期的犬目前未进行安全性研究。

（4）本品不能与其他有耳毒性的药物合用。

（5）对赋形剂、皮质类固醇和唑类抗真菌药及氨基糖苷类药物敏感的动物禁用。

伊曲康唑 Itraconazole

【理化性质】本品为白色或淡黄色粉末，呈弱碱性，有脂溶性，极难溶于水，微溶于乙醇，略溶于四氢呋喃，能溶于酸性溶液，易溶于二氯甲烷。

【作用与用途】本品为一种亲脂性三氮唑类广谱抗真菌药，主要通过抑制真菌细胞色素 P450 依赖甾醇 14α-脱甲基酶的活性，从而阻止真菌细胞膜重要成分麦角固醇的合成来达到抑制真菌增殖、促进真菌死亡的目的。本品对多种病原性真菌，如白色念珠菌、非白色念珠菌属、酵母菌、曲霉菌属、小孢子菌属、新型隐球菌、皮肤癣菌、芽生菌属、组织胞浆菌属、毛癣菌属等均有效。本品内服给药能迅速吸收并到达真菌感染的部位，主要在肝脏中代谢，且三种主要的代谢产物同样具有明显的抗真菌活性；主要从胆汁和尿排泄，其中胆汁中含有部分原型药物。本品在皮肤中浓度较血浆浓度高5~10倍，临床适用于小孢子菌等敏感真菌引起的犬、猫皮肤真菌的感染。

【不良反应】按推荐剂量连续使用，未见不良反应。但在妊娠的大鼠和小鼠中使用高剂量的伊曲康唑（分别为40 mg/kg/d 和 80 mg/kg/d，或更高）时，发现伊曲康唑会增加动物胎儿畸形的发生率，并对动物胚胎产生不良影响。

【用法与用量】

（1）内服：每1 kg体重（以伊曲康唑内服溶液计），猫0.5 mL。每天1次，连用7 d，再停药7 d为1个周期。一般使用3个周期。

（2）外用：伊曲康唑凝胶剂，涂于患部。

【制剂】伊曲康唑内服溶液：1%。伊曲康唑凝胶剂：1 g 含 15 mg。

【注意事项】

（1）按推荐剂量使用，尤其幼猫不能超剂量服用。

（2）伊曲康唑内服溶液应空腹内服，且使用给药器将药液缓慢注入口腔。

（3）免疫功能不全及或患有其他疾病的猫，在治疗期间需密切观察。

（4）给药后若出现肝功能损坏，应终止治疗。

（5）禁用于肾肝功能受损的动物。

（6）禁用于怀孕、哺乳期动物。

氟康唑 Fluconazole

【理化性质】本品为白色或灰白色结晶性粉末，无味或微带特异臭，味苦，易溶于甲醇，能溶于乙醇，微溶于二氯甲烷、水或醋酸，不溶于乙醚。

【作用与用途】本品为氟代咪唑类抗真菌药，抗真菌谱较广，对念珠菌、新型隐球菌、小孢子菌属、毛癣菌属、表皮癣菌属、皮炎芽生菌、粗球孢子菌、荚膜组织胞浆菌、卡氏枝孢霉等真菌均有效，尽管本品的体外抗真菌活性较酮康唑低，但体内抗菌活性要明显优于体外。作用机制为高度选择性干扰真菌的细胞色素 P-450 的活性，从而抑制真菌细胞膜上麦角固醇的生物合成而产生抑杀作用。本品内服吸收良好，药物相互作用少，不良反应少，兽医临床上本品乳膏外用治疗动物耳道搔痒症及皮肤炎症。

【制剂】复方氟康唑乳膏：氟康唑、硫酸新霉素和曲安奈德三药组方的软膏。

【用法与用量】外用。

第六节　复方抗菌制剂

在临床实际中，我们经常会遇到不止一种病原微生物导致的混合感染问题，或者某些严重的感染性疾病，这时除了可应用一些广谱抗菌药物（如四环素类、酰胺醇类、氟喹诺酮类等）外，单独应用其他某一种抗菌药物很难起到理想的效果，需要同时使用两种或两种以上的药物来防治疾病，此即为联合用药。联合应用抗菌药主要有下面四个目的。

1. 扩大抗菌谱，治疗单一抗菌药不能控制的严重感染　主要包括两种情况：一是混合感染。最常见的为革兰氏阴性杆菌与厌氧菌混合感染，目前许多抗菌药都不同时具有这两大类的抗菌谱，因此，临床上常需采用不同类的药物治疗，如氟喹诺酮类或氨基糖苷类或β-内酰胺类抗生素加甲硝唑治疗。又如病毒病混合细菌感染时，抗菌药配合抗病毒药。二是病因未明的严重感染。因病情较重又未能短时间内诊断为何种细菌感染的病例，在实验室检查未明确前进行经验性治疗。

2. 增强抗菌效应　临床上已知是某一种细菌导致的感染，但该菌对常用的单一抗菌药不够敏感，必须采用联合用药，增强抗菌效应后才能达到治疗效果，如肠球菌感染（青霉素类加氨基糖苷类）、铜绿假单胞菌感染（第三代头孢菌素或氟喹诺酮类加氨基糖苷类）。

3. 减少或延缓细菌耐药性的产生　如抗结核治疗，单用某一药物治疗时，细菌易产生耐药性，结果导致后期治疗效果不佳；而联合用药可明显延缓耐药性的产生。

4. 减少用药剂量及不良反应　如两性霉素B与氟胞嘧啶联合用于抗真菌感染时，就可减少这两种药物的剂量，减少毒性。

为了在联合用抗菌药物时能发挥协同增效作用，必须根据抗菌药物的作用特点和机制进行选择。目前，按照抗菌药物的作用特点可将临床常用的药物分为以下四类：

Ⅰ类为繁殖期杀菌药，是指药物在细菌生长繁殖旺盛期（即对数生长期）杀菌作用强，主要包括青霉素类、头孢菌素类、氟喹诺酮类、万古霉素、磷霉素等。

Ⅱ类为静止期杀菌药，是指药物的杀菌作用与细菌的生长繁殖阶段没有明显的相关性，即药物对繁殖期及静止期细菌均有杀菌作用，如氨基糖苷类和多黏菌素类等。

Ⅲ类是快效抑菌药，是指药物给药后能迅速发挥抑制细菌生长繁殖的作用，但一般不会杀灭细菌，如四环素类、酰胺醇类、大环内酯类、林可胺类等。

Ⅳ类是慢效抑菌药，如磺胺类，主要与该类药物的作用机制有关，其并不能直接抑制细菌的生长繁殖，而是通过抑菌敏感菌的叶酸代谢，进而导致敏感菌的核酸和蛋白质合成受阻而产生间接抑菌作用，故起效比较慢。

一般Ⅰ类之间的药物合用效应与药物的具体作用位点密切相关，既可能产生协同作用，也可能产生拮抗作用。如作用于不同青霉素结合蛋白的美西林和氨苄西林（或羧苄西林）配伍可产生协同作用；但因一些β-内酰胺类药物可诱导许多阴性菌产生β-内酰胺酶，从而引起这些菌株对其他β-内酰胺类药物的耐药，故有些β-内酰胺类药物配伍可产生拮抗作用。Ⅰ类和Ⅱ类联用可产生协同增效作用，如青霉素与链霉素的合用。Ⅰ类和Ⅲ类联用多数会出现疗效下降的拮抗作用，如青霉素与四环素合用，后者会快速抑制细菌的生长繁殖，从而破坏前者的杀菌作用条件而导致其作用减弱。Ⅰ类和Ⅳ类合用主要出现疗效相加或无关作用，Ⅳ类的抑菌作用起效慢，还不足以影响到Ⅰ类的杀菌作用条件。但是也有出现协同增效的情况，如治疗脑膜炎时，青霉素和磺胺嘧啶联用就会产生协同增效作用。Ⅱ类和Ⅲ类联用时常可获得相加或协同作用，即Ⅱ类静止期杀菌剂与Ⅲ类快速抑菌剂配伍应用，作用相加，疗效增强。如在大肠杆菌、产碱杆菌、布氏杆菌、变形杆菌及草绿色链球菌感染时，该两类药物配伍，可显著增强疗效。Ⅱ类和Ⅳ类联用常可获得累加或协同作用。Ⅲ类和Ⅳ类联用常可获得相加作用，疗效增强。Ⅲ类中不同的快效抑菌剂之间联用时也多呈现相加作用。兽医临床常见病原微生物可能有增效作用的药物联用组合参考见表3-1。

表3-1 抗菌药物可能有增效作用的组合参考表

病原菌	抗菌药物的联合应用
一般革兰氏阳性菌和革兰氏阴性菌混合感染	青霉素 G+链霉素，SMZ+TMP 或 DVD，SMD+TMP 或 DVD，卡那霉素或庆大霉素+四环素或氨苄西林
金黄色葡萄球菌	苯唑西林+庆大霉素，大环内酯类+庆大霉素或阿米卡星，头孢噻吩、红霉素+杆菌肽，头孢菌素+庆大霉素，杆菌肽+头孢菌素或苯唑西林，头孢唑啉或氯唑西林+万古霉素
大肠杆菌	卡那霉素或庆大霉素+四环素、氨苄西林或头孢菌素，多黏菌素+四环素类、庆大霉素、氨苄西林或头孢菌素类，氟喹诺酮类+哌拉西林，β-内酰胺类+酶抑制剂
变形杆菌	卡那霉素或庆大霉素+四环素类、氨苄西林或羧苄西林，SMZ+TMP
铜绿假单胞菌	多黏菌素 B 或多黏菌素 E+四环素类、庆大霉素或氨苄西林，庆大霉素+羧苄西林，氟喹诺酮类+庆大霉素

由此可见，兽医抗菌药物的合理配伍可达到协同作用或相加作用，从而可增强疗效；配伍不当则可发生拮抗作用，使药物之间的相互作用抵消，疗效下降，甚至引起毒副反应。联合应用抗菌药物应掌握适应证，注意各个品种的针对性，争取协同配伍，避免拮抗作用。在临床实际中，某些同类抗菌药也可合用，但作用机制或作用方式相同的抗菌药物合用，有可能增加毒性或因诱导灭活酶的产生或竞争同一靶位而出现拮抗现象。如不同氨基糖苷类药物之间的合用就会增加本类药物对听力神经和肾脏的毒性。此外，有些药物合用时，在药效增强的同时有时会引起毒性加剧。如氨基糖苷类与头孢菌素类联合，可引起急性肾小管坏死；氨基糖苷类和多黏菌素合用，对神经肌肉接头部位产生类箭毒样作用，使动物呼吸困难、肢体瘫痪和肌肉无力等。所以，联合用药时，还应考虑到药物之间的理化性质是否存在配伍禁忌，药动学、药效学之间的相互作用及其不良反应等。这些内容请参阅本书抗菌药物各章节。

总之，以上为理论上抗菌药物之间的相互作用，但在体外及动物试验中，可因不同的菌株、用药剂量甚至给药顺序而影响试验结果。临床中更是有很大不同，除了药物本身的相互作用外，还常常受到病情的严重程度、实验室检查的可靠度、临床终点的判断、合并其他微生物的感染等多种因素的影响，常常与体外及动物试验结果不同。因此，临床兽医仍应重视体外及动物试验的结果，结合临床实际情况合理选用抗菌药物联合应用。

现实中，人们将一些疗效确实的联合用药制成复方抗菌制剂应用于临床。复方抗菌制剂在畜禽生产实践中应用主要考虑如下因素：其一是能明显增强药物的抗菌作用，如磺胺药或抗生素与抗菌增效剂（TMP 或 DVD）组成的复方制剂，可使磺胺药或抗生素的抗菌作用增强数倍至数十倍；其二是能扩大抗菌范围，如林可霉素主要抗革兰氏阳性菌，大观霉素主要抗革兰氏阴性菌，两药合用后，抗菌范围更广，而且抗菌作用亦明显增强；其三是可治疗不同的并发症，如新霉素与多西环素联合，既可控制局部消化道感染，又可防治全身性感染；其四是能减少或消除药物的不良反应，如美国 FDA 规定，氨苄西林在奶中的允许残留量均为 10 mg/L，单独应用时，残留量大，合用后通过规定休药期，则低于规定的残留量。本节仅以简表形式介绍目前常用的复方抗菌制剂（表 3-2）。

表 3-2　复方抗菌制剂应用参考表

药名	主要成分	主要用途	用法与用量
复方新诺明片、注射液、粉（水产用）	磺胺甲噁唑、甲氧苄啶	呼吸道感染，泌尿道感染，亦用于治疗水产动物多种细菌病	（1）内服，一天量，每 1 kg 体重，家畜 20~25 mg（以磺胺甲噁唑计），每天 2 次，连用 3~5 d。注射液用量同内服 （2）拌饵投喂（以水产用的复方粉计）：一次量，每 1 kg 体重，鱼 0.45~0.6 g，每天 2 次，连用 5~7 d，首次量可加倍
复方磺胺嘧啶片、注射液、粉（水产用）、混悬液	磺胺嘧啶，甲氧苄啶	全身性感染	其他动物用量同复方新诺明。 拌饵投喂：一次量，每 1 kg 体重，鱼 0.3 g（以水产用复方粉计），首次量加倍，每天 2 次，连用 3~5 d。复方混悬液，一次量，每 1 kg 体重，鱼 31.25~50 mg，每天 1~2 次，连用 3~5 d

续表

药名	主要成分	主要用途	用法与用量
复方磺胺间甲氧嘧啶片、粉、注射液、可溶性粉、预混剂、溶液	磺胺间甲氧嘧啶，甲氧苄啶	呼吸道、消化道、泌尿道感染，猪弓形体病、萎缩性鼻炎及鸡住白细胞原虫病等	（1）混饲：每1 000 kg饲料，畜、禽2~2.5 kg（以复方预混剂计）。 （2）混饮：每1 L水，鸡1~2 g（以复方可溶性粉计），连用3~5 d。每1 L水，鸡0.1~0.2 g（以复方钠盐可溶性粉有效成分计），连用3~5 d。每1 L水，鸡1 mL（以复方钠盐溶液计），连用3~5 d （3）内服：一次量，每1 kg体重，家畜0.02~0.025 g，每天2次，连用3~5 d。鱼0.025~0.1 g，每天2次，连喂4~6 d （4）肌内注射：一次量，每1 kg体重，猪20~30 mg，每天1~2次，连用2~3 d
复方磺胺氯哒嗪钠粉	磺胺氯哒嗪钠，甲氧苄啶	鸡、猪大肠杆菌、巴氏杆菌感染等	同复方新诺明
施得福	磺胺对甲氧嘧啶，二甲硝咪唑，甲氧苄啶	禽大肠杆菌病，盲肠肝炎等	（1）混饮：每1 L水，180 mg（以磺胺对甲氧嘧啶计）。 （2）混饲：每1 000 kg饲料，360 g，连用5~7 d
复方磺胺二甲嘧啶片、可溶性粉、注射液、粉（水产用）	磺胺二甲嘧啶，甲氧苄啶	敏感菌引起的呼吸道、消化道和泌尿系统感染及禽金黄色葡萄球菌病、链球菌病、禽霍乱、传染性鼻炎、兔禽球虫病、鱼类疖疮病等	（1）内服：一次量，每1 kg体重，仔猪30~60 mg，每天2次，连用3 d。 （2）混饮：每1 L水，鸡5 g（以复方可溶性粉计），连用3~5 d。 （3）肌内注射：一次量，每1 kg体重，猪0.15 mL（以复方注射液计），2 d 1次 （4）拌饵投喂：一次量，每1 kg体重，鱼1.5 g（以复方粉计），每天2次，连用6 d

药名	主要成分	主要用途	用法与用量
酒石酸泰乐菌素磺胺二甲嘧啶可溶性粉	泰乐菌素，磺胺二甲嘧啶（1∶1）	鸡支原体与细菌混合感染	混饮：每1 L水，鸡2~4 g（以酒石酸泰乐菌素磺胺二甲嘧啶可溶性粉计），连用3~5 d
禽宁	磺胺喹噁啉钠，甲氧苄啶	鸡沙门菌病、巴氏杆菌病、大肠杆菌病及球虫病等	混饮：每1 L水，禽280 mg，连用5~7 d
磺胺对甲氧嘧啶，二甲氧苄啶预混剂	磺胺对甲氧嘧啶，二甲氧苄啶	畜禽肠道感染、球虫病	混饲：每1 000 kg料，猪、禽200 g（以磺胺对甲氧嘧啶计）
磺胺喹噁啉，二甲氧苄啶预混剂	磺胺喹噁啉，二甲氧苄啶	禽肠道感染、球虫病等	混饲：每1 000 kg料，禽100 g（以磺胺喹啉计）
万能肥素	杆菌肽锌，黏杆菌素	犊、猪、鸡肠道感染等	混饲，每1 000 kg料，鸡25~50 g（以杆菌肽锌计），仔猪50~100 g，犊100~200 g
邻氯西林，氨苄西林乳剂	邻氯西林，氨苄西林	奶牛乳腺炎等	乳室灌注：奶牛停乳期，每乳室注入1支（相当于邻氯西林钠0.25 g），3~5周后可再灌注1次。奶牛泌乳期，每乳室注入1支（相当于邻氯西林钠0.2 g），12 h后可再注入1次
复方氨苄西林粉、片	氨苄西林，海他西林（4∶1）	用于对青霉素敏感的细菌感染	内服：一次量，每1 kg体重，鸡20~50 mg（以氨苄西林计），每天1~2次

续表

药名	主要成分	主要用途	用法与用量
注射用氨苄西林钠氯唑西林钠	氨苄西林，氯唑西林（1:1）	敏感菌（包括耐青霉素 G 的菌株）所引起的败血症，呼吸道、消化道及泌尿生殖道感染等	静脉注射或肌内注射：一次量，每 1 kg 体重，家畜 20 mg，每天 2~3 次，连用 3 d
新强霉素	新霉素，多西环素	用于禽大肠杆菌，沙门菌，巴氏杆菌单独或混合感染等	参见厂家说明书
复方阿莫西林注射液，可溶性粉，混悬口服液	阿莫西林，克拉维酸（4:1）	用于产超广谱 β-内酰胺酶的细菌感染等	（1）混饮：每 1 L 水，鸡 50 mg（以阿莫西林计）肌内或皮下注射：每 1 kg 体重，牛、猪、犬、猫 140 mg。（2）口服液：每 1 kg 体重，鸽 125 mg，每天 1 次；鹦鹉 125 mg，每天 3 次
复方阿莫西林乳房注入剂	阿莫西林，克拉维酸，泼尼松龙（20:5:1）	治疗泌乳期奶牛的乳腺炎等	乳房注入：泌乳期奶牛，挤奶后每乳室 3 g，每天 2 次，连用 3 次
阿莫西林硫酸黏菌素可溶性粉	阿莫西林、硫酸黏菌素（5:1）	治疗大肠杆菌性肠炎和菌痢等	混饮：每 1 L 水，鸡 60 mg（以阿莫西林计），连用 3~5 d
盐酸大观霉素盐酸林可霉素可溶性粉	大观霉素、林可霉素（2:1）	控制禽类的大肠杆菌病、支原体病及支原体与细菌混合感染等	混饮：每 1 L 水，5~7 日龄雏鸡 0.5~0.8 g，连用 3~5 d

药名	主要成分	主要用途	用法与用量
硫酸庆大小诺霉素注射液	庆大霉素，小诺霉素	治疗革兰氏阴性菌感染，如敏感菌引起的败血症、泌尿生殖道感染、呼吸道感染等	肌内注射：一次量，每 1 kg 体重，猪 1~2 mg，鸡 2~4 mg，每天 2 次
氟苯尼考甲硝唑滴耳液	氟苯尼考，甲硝唑	防治犬、猫的耳朵细菌感染等	滴耳：一次量，犬、猫 3~4 滴，每天 2 次，连用 5~7 d
复方咪康唑滴耳液	咪康唑，庆大霉素，氢化可的松醋酸酯	治疗敏感细菌和真菌引起的犬外耳道炎和反复发作的犬外耳道炎等	外用：一次量，犬感染耳 1 mL（以复方咪康唑滴耳液计），连用 5 d

第七节 抗微生物药及其合理选用

自 20 世纪 30 年代磺胺药问世及 20 世纪 40 年代青霉素、链霉素等用于临床以来，大量的抗微生物药物被发现和应用。至今，用于兽医临床和畜牧养殖业的抗微生物药物已达百种以上（不包括中药），对保证集约化养殖业的发展具有举足轻重的作用。但伴随着这类药物的广泛应用，不合理使用和滥用现象较为普遍，如用药不对症或不合理配伍而致疗效不佳，用法不当引起中毒造成经济损失，药物残留间接危害人类健康等。因此，科学合理地使用抗微生物药物就显得尤为重要。

抗微生物药物合理使用包括许多方面，如严格掌握适应证、确定适宜的品种和用药方案（如选择合适的给药途径并按规定的剂量、重复给药间隔时间和疗程使用）、防止细菌产生耐药性（避免选药不当、剂量不足、时间过久等滥用现象，同时应有计划地交替使用抗菌药物等）、减少和避免不良反应（如对肝肾功能不良的动物适当减少剂量或延长重复给药间隔时间）、合理联用抗微生物药物等，同时还应在应用抗微生物药物的同时，注意加强饲养管理，增强机体的抗病能力，采取对症治疗措施改善机体的功能状况，以促进患病动物的康复。

一、治疗疾病时合理使用兽用抗菌药的原则

（一）选用抗菌药的前提

兽医在开具使用抗菌药物前，应首先根据患病动物的发病过程、临床症状、病理剖检、实验室检查或影像学检查等结果进行临床诊断，只有诊断为细菌、支原体、衣原体、螺旋体、立克次体及真菌等病原微生物感染时才能选用抗菌药物，如果经诊断不是上述病原微生物导致的感染或是病毒性感染时，不宜应用抗菌药物。

（二）经验性治疗

兽医临床初步诊断为细菌性感染时，在没有确证细菌的种类和药物敏感性结果前可根据动物的感染部位、发病情况、抗菌药用药史及治疗反应等推测可能的致感染病原微生物，并参考当地的细菌耐药性监测数据，给予抗菌药的经验治疗。

（三）根据感染病原的种类及药物敏感试验结果选用抗菌药

有条件的情况下，对已初步诊断为细菌性感染的动物应及时采集病料样本进行病原学检测及药物敏感性试验，并根据结果及时调整用药方案。当药物敏感性试验结果显示细菌对两种以上药物均敏感时，应根据药敏结果适当调整治疗方案，如果有老药和新药同时敏感，应首选老药；如果有抗菌谱不同的抗菌药同时敏感，应首选窄谱抗菌药；如果有人兽共用和动物专用抗菌药同时敏感，应首选动物专用品种。

（四）抗菌药的药代动力学特点

在选用适宜的抗菌药物时，应考虑其在动物体内的药代动力学特点。如动物的肠道感染应选用内服给药吸收较少的药物，如氨基糖苷类等；动物的细菌性或支原体性肺炎的治疗，不仅要选择对病原菌敏感的药物，而且还应考虑药物能否在肺组织中达到较高的浓度，如替米考星、单诺沙星等。

（五）制定恰当的治疗方案

临床应根据病原微生物的种类、感染部位、感染的严重程度及患病动物的种类、生理、病理状况制定适宜的抗菌药物治疗方案，如抗菌药品种的确定、给药剂量、给药途径、重复给药的时间间隔、用药疗程及联合用药等。

1. 药物品种的选择　在进行经验治疗时，要根据推测的可能病原微生物种类及当地耐药流行状况选用药物。如果进行了细菌分离鉴定及药敏试验，就可能根据结果选用抗菌活性强、敏感性高、窄谱、安全、价格适宜的抗菌药物。

当某一群体或动物疾病复发需要选用抗菌药物进行治疗时，应尽可能找出疾病复发的原因，在纠正了不合理的生产方式或饲养管理方式后，再选用适宜的抗菌药物，即要尽量避免选用易导致耐药性的抗菌药物进行治疗。

未经兽药管理部门批准的人用抗菌药禁止用于兽医临床。同时，在应用列入食品动物特殊使用级的抗菌药时应遵循下面的原则：①其他抗菌药无明显效果；②经当地兽医评估；③有药敏试验结果；④相关的当地流行病学数据。

2. 给药剂量　要按抗菌药物推荐剂量或剂量范围用药。当治疗重症感染（如全身性败血症等）和抗菌药不易到达的部位感染时（如脑部感染等），宜选用剂量范围的高限进行用药。当治疗单纯性尿路感染时，如果选用药物的尿道中的原型浓度较高，就可选择治疗剂量范围的低限进行用药。

3. 给药途径　对于重症感染或全身性感染的患病动物，为确保疗效能较快发挥，可选用静脉注射的方式；对于中、轻度感染的患病动物，可选用肌内注射、皮下注射或内服给药的方式。当治疗全身或内脏感染性疾病时，除了少数情况外，应尽量避免局部应用抗菌药，即局部应用抗菌药物仅限于全身用药后在具体的感染部位难以达到治疗浓度时才配合应用局部用药。当然某些感染（如乳腺炎，皮肤表层感染，口腔、阴道等黏膜表面的感染等）可单独采用抗菌药物局部应用或外用。一般可供局部应用的抗菌药具有刺激性小、不易吸收、细菌不易耐药和不易导致过敏等特点。

当采用群体给药（如混饲或混饮）时，必须要依照兽医的处方，严格按照兽医确定的剂量和疗程给药。混饲给药时应确保药物在饲料中拌料均匀，且保证在规定时间内动物个体能摄入足量的药物。

4. 重复给药时间间隔 应严格按照国家兽药质量标准规定的时间间隔重复给药，以保证药物在动物体内能持续发挥作用，抑杀感染部位的病原微生物。

5. 疗程 抗菌药的疗程因病原微生物种类、药物种类和感染部位不同而不同。一般的感染性疾病疗程为 3~5 d；支原体等微生物导致的呼吸道感染一般需要 5~7 d。多数情况下，当用药至感染症状消失后，最好再持续用药 1~2 d。

6. 联合用药 一般单一药物可控制的感染是不需要联合用药的，只有出现以下情况之一时才考虑联合用药。①不能确证病原微生物种类的严重感染；②单一抗菌药物不能有效控制的混合感染或重度感染；③疗程较长的治疗或病原微生物易对某些单一药物产生耐药的感染等。

二、预防疾病时合理使用兽用抗菌药的原则

此原则是指为了预防特定病原微生物在特定时间内或特定动物群体可能发生感染性疾病的治疗性预防用药。一般病毒性疾病和其他非细菌性疾病不宜使用抗菌药物进行治疗性预防用药。临床采用治疗性预防用药的指征主要包括：

1. 尚无细菌感染指征但已经暴露在致病微生物感染的高危动物群体 如某一养殖场出现了感染性动物，当患病动物被隔离并进行治疗的过程中，对于已接触过患病动物但临床暂时无感染症状的动物群体可进行治疗性预防用药。

2. 在某一特定时间内的动物，其可能发生具有严重后果的感染性疾病 如动物在长途运输、转群、季节变化、外科手术后等外部因素可能导致高风险感染时，可应用治疗性预防用药。严禁在养殖的任何时间段对无感染风险的健康动物群体进行常规治疗性预防用药，更不能用大规模预防用药来代替日常的饲养管理。

3. 采用治疗性预防用药可以治愈或纠正导致动物感染风险增加的原发性疾病 如原发性疾病不能被治愈或纠正时，则不宜采取治疗性预防用药。

4. 当某一动物群体处在未出现明显症状的感染早期潜伏期时 此阶段可及时采用适当剂量进行早期防治。

在进行治疗性预防用药时，抗菌药物的选择应遵循以下四个原则：一是尽可能选择抗菌活性强、安全经济的抗菌药物，应避免使用易引起交叉

耐药的抗菌药。二是避免使用 WHO 认定的极为重要的抗菌药（如第三、四代头孢菌素类和氟喹诺酮类等）作为治疗性预防用药。三是在治疗性预防用药时尽量选择单一抗菌药，尽量避免不必要的联合用药。四是治疗性预防用药应是针对某一种或两种最可能的细菌感染，不宜同时针对多种细菌的多部位感染。

　　针对某一群体动物进行治疗性预防用药时，采用的给药途径多为混饲或混饮给药，其难溶或不溶的药物采用混饲给药，而溶解性好且溶液稳定的药物可采用混饮给药。严禁将抗菌药物的原料和残渣直接添加到饲料和饮水中进行治疗性预防用药。同时，基于公共卫生安全的考虑，混饲或混饮给药时最好选用主要通过肾清除的药物，尽量避免应用通过粪便排泄的药物，以免排泄的原型药物及其活性代谢产物引起肠道菌群的耐药。

　　在进行治疗性预防用药时应合理控制用药时间，要避免长时间低剂量添加在饲料或饮水中；如确需长时间预防用药的，要依据当地耐药性监测结果和病情发展情况及时更换抗菌药物。同时，应确保在屠宰前有足够的休药期，严格控制抗菌药在畜禽体内的残留以确保动物性食品的安全。表3-3可作为临床用药的参考。

表 3-3　抗微生物药物的合理选用

病原微生物	所致疾病	首选药物	次选药物
革兰氏阳性菌			
金黄色葡萄球菌	败血症、化脓创、心内膜炎	青霉素 G	红霉素、头孢类、林可胺类、复方磺胺药
耐药金黄色葡萄球菌	葡萄球菌病	耐青霉素酶的半合成青霉素	阿莫西林+棒酸、红霉素、庆大霉素、林可霉素
革兰氏阳性菌			
链球菌	链球菌病、化脓创、心内膜炎、肺炎、乳腺炎等	青霉素 G	红霉素、头孢菌素类、复方磺胺药
破伤风梭菌	破伤风	青霉素 G	四环素类、酰胺醇类
李氏杆菌	李氏杆菌病	四环素类	红霉素、复方磺胺
结核杆菌	结核病	链霉素（或利福平）+异烟肼	

续表

病原微生物	所致疾病	首选药物	次选药物
革兰氏阴性菌			
大肠杆菌	幼畜白痢，腹泻、呼吸道、泌尿生殖道感染、腹膜炎、败血症	氟喹诺酮类	多西环素、氨基糖苷类、氟苯尼考、复方磺胺
沙门菌	肠炎、下痢、败血症、幼畜副伤寒、鸡白痢、输卵管炎	酰胺醇类	阿莫西林、氨苄西林、氟喹诺酮类
铜绿假单胞菌	鸡铜绿假单胞菌病、烧伤感染、败血症、乳腺炎、脓肿	庆大霉素	丁胺卡那霉素、羧苄西林、氟喹诺酮类
巴氏杆菌	禽霍乱、猪肺疫、牛呼吸道病、肺炎等	氨基糖苷类	复方磺胺药、氟喹诺酮类、四环素类
嗜血杆菌	肺炎、胸膜肺炎	四环素类、氨苄西林	氟苯尼考、氟喹诺酮类、氨基糖苷类
支原体	猪气喘病、鸡慢性呼吸道病、滑膜炎、牛肺疫、山羊胸膜肺炎	氟喹诺酮类	泰妙菌素、沃尼妙林、泰乐菌素、替米考星、北里霉素、多西环素、林可霉素
螺旋体			
猪痢疾密螺旋体	猪痢疾	痢菌净	二甲硝基咪唑、泰乐菌素、林可霉素
钩端螺旋体	钩端螺旋体病	青霉素 G	链霉素、甲砜霉素、四环素类
衣原体	衣原体病	四环素类	氟喹诺酮类

第四章　抗寄生虫药物

　　能够驱除或杀灭畜禽体内外寄生虫的药物称为抗寄生虫药。根据抗虫作用特点和寄生虫的分类不同，抗寄生虫药可分为抗原虫药、抗蠕虫药和杀虫药等。

第一节　抗原虫药

　　畜禽的原虫病是由单细胞原生动物如球虫、住白细胞虫、锥虫、血孢子虫和弓形体等引起的一类寄生虫病，多表现急性或亚急性过程，并呈季节性和地方性流行或散在发生，可使畜禽大批死亡或显著降低其生产能力。合理应用抗原虫药是防治原虫病的重要措施之一。

一、抗球虫药

　　危害畜禽的球虫主要是艾美耳属的各种球虫，其次是等孢子属的球虫，对雏鸡和幼兔的危害性最为严重。呋喃类和四环素类等，虽然具有一定的抗球虫作用，由于疗效不佳或毒性较大，目前已不再作为主要抗球虫药使用。本节重点介绍高效、新型、低毒的抗球虫药。

（一）合成抗球虫药

　　合成抗球虫药是一类利用人工合成方法生产的抗球虫药，品种很多，目前国内外较为常用的有以下四种：二硝基类（如二硝托胺、尼卡巴嗪等）、三嗪类（如地克珠利，托曲珠利、帕托珠利等）、磺胺类（如磺胺喹噁啉、磺胺氯吡嗪等）和其他类（如氨丙啉、氯羟吡啶、乙氧酰胺苯甲酯等）。

二硝托胺（球痢灵）Dinitolmide（Zoalene）

【理化性质】本品为淡黄色或淡黄褐色结晶性粉末，无味，难溶于水、乙醚和氯仿，微溶于乙醇，能溶于丙酮，性质稳定。

【作用与用途】本品为良好的新型抗球虫药，有预防和治疗作用。对鸡小肠内多种艾美耳属球虫（如毒害、堆型、布氏和巨型）有效，尤其对小肠危害最大的毒害艾美耳球虫效果最佳，对盲肠球虫也有较强的抑杀作用。此外，本品对家兔球虫病也有较好防治效果。其作用峰期在球虫第二个无性周期的裂殖体增殖阶段（即感染第 3 d），且对球虫卵囊的孢子也有一定作用。治疗量毒性小而安全，一般不易产生耐药性。主要用于治疗鸡、火鸡和兔的球虫病。

鸡内服本品后在体内代谢很快，停药后 24 h 其肌肉中的二硝托胺及其代谢物的残留总量低于 100 μg/kg。

【不良反应】本品若以 250 mg/kg 剂量在饲料中连续添加达 15 d 及以上，可能会导致雏鸡增重减少。

【用法与用量】

（1）混饲：每 1 000 kg 饲料，鸡 125 g。

（2）内服：一次量，每 1 kg 体重，家兔 50 mg。

【制剂】预混剂：含二硝托胺 25%。

【注意事项】

（1）可在商品饲料和养殖过程中使用。

（2）停药过早，常致球虫病复发，故肉鸡应连续使用。

（3）粉末颗粒的大小会影响抗球虫效果，二硝托胺应为极微细粉末。

（4）饲料中添加量超过 250 mg/kg 时，若连用 15 d 以上可影响雏鸡增重。

（5）休药期：鸡 3 d，产蛋期禁用。

尼卡巴嗪 Nicarbazine

【理化性质】本品为黄色或黄绿色粉末，稍具异味，不溶于水、乙醇、乙醚和氯仿，微溶于二甲基甲酰胺，性质稳定。

【作用与用途】本品抗球虫谱广，对鸡盲肠球虫（柔嫩艾美耳球虫）和毒害、脆弱、堆型、巨型、布氏艾美耳球虫（小肠球虫）均有良好的防治效果。主要抑制第二个无性增殖期裂殖体的生长繁殖，其作用峰期是感染后第 4 d。主要用于防治鸡、火鸡的球虫病。

球虫对本品产生的耐药速率较慢，且对其他抗球虫药物已产生耐药的虫株多数仍对本品敏感。本品在防治球虫过程中不影响机体对球虫产生免疫力。

本品能由消化道吸收，并广泛分布于机体组织及体液中，以推荐剂量给鸡饲喂 11 d，停药 2 d 后，血液及可食用组织仍可检测到残留药物。

【不良反应】

（1）本品对蛋的质量和孵化率有一定影响，可使蛋品质下降、蛋壳色泽变浅和降低受精率、孵化率。

（2）本品按每 1 kg 饲料添加 125 mg 应用于来杭鸡时，会导致产蛋率下降，蛋重减轻，蛋壳变薄和蛋黄出现杂色。

（3）本品有潜在的生长抑制作用及增加动物的热应激反应。

【用法与用量】混饲：每 1 000 kg 饲料，鸡 125 g。

【制剂】预混剂：①含尼卡巴嗪 20%：由尼卡巴嗪与玉米粉配制而成，为黄色粉末。②尼卡巴嗪、乙氧酰胺苯甲酯预混剂（球净-25）：每 100 g 含尼卡巴嗪 25 g、乙氧酰胺苯甲酯 1.6 g。

【注意事项】

（1）高温季节鸡舍应加强通风，并慎用尼卡巴嗪，否则可能增加雏鸡应激和鸡死亡率。

（2）本品能使产蛋率、受精率及鸡蛋质量下降和棕色蛋壳色泽变浅。蛋鸡产蛋期和种鸡禁用。

（3）休药期：预混剂，鸡 4 d；尼卡巴嗪、乙氧酰胺苯甲酯预混剂，鸡 9 d。

地克珠利（杀球灵）Diclazuril

【理化性质】本品为类白色或微黄色粉末，不溶于水和乙醇，微溶于四氢呋喃，略溶于二甲基甲酰胺。

【作用与用途】本品为三嗪类抗球虫药，是目前抗球虫药物中用药浓度最低的一种。对鸡的多种艾美耳球虫（包括柔嫩、毒害、堆型、脆弱、巨型和布氏等）、鸭和兔的球虫均有良好的抑制作用，其中本品对鸡的脆弱、堆型艾美耳球虫和鸭球虫的防治效果明显优于莫能菌素、氨丙啉、拉沙里菌素、尼卡巴嗪、氯羟吡啶等。其作用峰期可能在子孢子和第一代裂殖体早期，主要用于预防禽、兔球虫病。国外也用于马原虫性脊髓炎的治疗（试用量，5 mg/kg 体重）。研究证实，畜禽球虫对本品较易产生耐药性，故临床适宜短期应用本品或轮换、穿梭用药。

此外，本品对水生动物孢子虫等有抑制或杀灭作用，用于防治鲤科鱼类黏孢子虫、碘泡虫、尾孢虫、四极虫、单极虫等孢子虫病。

【作用与用途】抗原虫药。地克珠利属三嗪类化合物。

【用法与用量】以地克珠利计。

（1）混饲：每 1 000 kg 饲料，禽、兔 1 g。

（2）混饮：每 1 L 水，鸡 0.5~1 mg。

（3）拌饵料投喂：每天量，每 1 kg 体重，鱼 2.0~2.5 mg，连用 5~7 d。

【制剂】

（1）预混剂：每 100 g 含地克珠利 0.2 g、0.5 g。

（2）口服液：100 mL 含 0.5 g。

【注意事项】按规定的用法与用量对鱼使用，尚未见不良反应。但对禽和兔，需要注意以下问题：

（1）本品药效期短，停药 1 d，抗球虫作用明显减弱，2 d 后作用基本消失。因此，必须连续用药以防止球虫病再次暴发。

（2）由于用药浓度极低，药料必须充分拌匀。

（3）产蛋期禁用。

（4）预混剂搅拌时应避免接触眼睛、皮肤。

（5）休药期：预混剂、溶液，鸡 5 d，兔 14 d。

托曲珠利（甲基三嗪酮）Toltrazuril

【理化性质】本品为白色或类白色结晶性粉末，不溶于水，略溶于甲醇，易溶于氯仿和乙酸乙酯。本品的三乙醇胺、聚乙二醇溶液，呈无色至浅黄色黏稠澄明。

【作用与用途】本品属三嗪类新型、广谱抗球虫药，对鸡柔嫩艾美耳球虫（盲肠球虫）和堆型、布氏、巨型、和缓、毒害等小肠艾美耳球虫，火鸡的腺状、小艾和大艾等艾美耳球虫，鹅球虫，对其他药物耐药的球虫，以及哺乳动物的球虫，住肉孢子虫和弓形体均有明显的抑杀作用。本品的作用峰期是球虫的整个裂殖生殖和配子生殖阶段，通过干扰球虫细胞核的分裂和线粒体的呼吸、代谢功能而杀死球虫。主要用于防治禽球虫病，也用于兔、新生仔猪的球虫病和马原虫性脊髓炎的治疗。据报道，3~6日龄新生仔猪按每1 kg体重20~30 mg一次性内服，可明显减轻仔猪自然感染球虫的腹泻症状，卵囊的排出也明显减少。

本品不影响雏鸡生长以及免疫力的产生。家禽内服本品后，约50%以上的药物被吸收，虽然本品在雏鸡体内的半衰期约为2 d，但本品及其砜类代谢物在鸡可食用组织中残留时间较长，甚至停药24 d后仍能在胸肌中测出残留药物。

【不良反应】本品安全范围大，禽可耐受10倍左右的推荐剂量。

【用法与用量】混饮：每1 L水，禽1 mL（含托曲珠利25 mg），连用2 d。

【制剂】溶液：每100 mL含2.5 g。

【注意事项】

（1）药液若污染用药人员眼或皮肤，应及时冲洗。

（2）药液稀释后，超过48 h不宜饮用。

（3）药液稀释时应防止析出结晶，否则可降低药效。

（4）休药期：鸡8 d。

磺胺喹噁啉 Sulfaquinoxaline（SQ）

【理化性质】本品为淡黄色或黄色粉末，无臭，在乙醇中极微溶解，在水和乙醚中几乎不溶，在碱性溶液中易溶。

【作用与用途】本品为专用的抗球虫的磺胺类药物，对鸡的巨型、布氏和堆型艾美耳球虫的作用较强，对柔嫩和毒害艾美耳球虫的作用较弱，仅在高浓度有效；对兔的肝艾美耳球虫、水貂的等孢子球虫亦有较强作用；同时本品对羔羊和犊牛的球虫病也有效。作用峰期在感染后的第4 d，即主要抑制球虫第二代裂殖体的发育，不影响宿主对球虫的免疫力。本品的抗菌作用较SD强，抗球虫活性为SM_2的3~4倍，故本品同时具有抗球虫、抗菌控制肠道感染的双重功效。此外，本品与抗球虫药氨丙啉或抗菌增效剂配伍，可增强抗球虫作用。临床多与氨丙啉配伍或与DVD、TMP配伍用于防治鸡、火鸡、鸟、兔、犊牛、羔羊及水貂的球虫病，亦用于禽霍乱、大肠杆菌病等家禽的细菌性感染。本品与其他磺胺类药物之间具有交叉耐药性。

【用法与用量】

（1）混饲：每 1 000 kg 饲料，家禽、鸟、犊牛、羔羊、兔 100~125 g（与 DVD 同用）。

（2）混饮：每 1 L 水，鸡 300~500 mg，连用 2~3 d，停药 2 d，再用 3 d；鸟 80 mg，连用 3 d；兔 40 mg（预防量），治疗用 60 mg；水貂 48 mg，连用 3 d。

【制剂】磺胺喹噁啉钠可溶性粉：每 100 g 含 10 g。

【注意事项】

（1）本品对雏鸡、产蛋鸡均有一定的毒性，雏鸡高浓度连用 5 d 以上，低浓度连用 8~10 d，均可引起毒性反应。其慢性毒性主要表现为厌食、严重贫血、粒细胞缺乏和心包积水、增重降低，肾脏出现磺胺喹噁啉结晶，再加上本品能同时抑制肠道内与合成维生素 K、维生素 B 有关的细菌，可能导致多发性神经炎和干扰血液的正常凝固，从而易导致机体全身出血性变化，故连续使用时不宜超过 10 d。产蛋鸡按 0.05% 连续饲喂，可使产蛋量下降、蛋壳变薄，故产蛋期禁用。

（2）本品可单独用于兔、水貂、犊牛、羔羊的球虫病治疗，但对鸡盲肠球虫较对小肠球虫的疗效差，且球虫易产生耐药性，加大浓度或连续使用易引起毒性反应，故对鸡一般不宜单独使用，多与氨丙啉、DVD 或 TMP 配伍使用。

（3）休药期：可溶性粉、预混剂，鸡 10 d。

磺胺氯吡嗪（三字球虫粉）Sulfachloropyrazine（ESb3）

【理化性质】本品为白色或淡黄色粉末，无味，难溶于水，其钠盐易溶于水。

【作用与用途】本品为磺胺类药，抗球虫谱与磺胺喹噁啉相似，对禽、兔球虫病均有良好的抑制效力，且对巴氏杆菌、沙门菌等有较强的抗菌作用。作用峰期为感染球虫后的第 4 d，即主要作用于球虫的第二代裂殖体，但对第一代裂殖体也有一定作用，不影响机体对球虫产生免疫力。主要用于治疗禽、兔和羊的球虫病，但长期使用磺胺药的禽、兔场，易对本品产生耐药性而造成疗效下降。

【不良反应】本品毒性较磺胺喹噁啉低，如长期经饮水给药也可能导致中毒，故本品混饮给药一般不超过 5 d。

【用法与用量】

（1）混饲：每1 000 kg饲料，肉鸡、火鸡600 g，连用3 d；家兔600 g，连用5~10 d。

（2）混饮：每1 L水，肉鸡、火鸡0.3 g。

（3）内服：将磺胺氯吡嗪钠可溶性粉（含30%）配制成10%水溶液，每1 kg体重，羊1.2 mL，连用3~5 d。

【制剂】可溶性粉：含磺胺氯吡嗪钠30%。

【注意事项】

（1）家禽用药时间3 d较为适宜，最多不超过5 d，否则易发生中毒。

（2）本品能降低鸡产蛋率，故产蛋期禁用。

（3）休药期：可溶性粉，火鸡4 d，肉鸡1 d。

磺胺间甲氧嘧啶预混剂 Sulfamonomethoxine Premix[处]

【理化性质】本品为磺胺间甲氧嘧啶与淀粉配制而成，为白色或类白色的粉末。

【作用与用途】本品为磺胺类抗菌药，通过抑制叶酸的合成而抑制细菌的繁殖，对大多数革兰氏阳性菌和阴性菌都有较强抑制作用。内服吸收良好，血中浓度高，乙酰化率低，且乙酰化物在尿中溶解度大，不易发生结晶尿，用于治疗鸡敏感菌所引起的感染性疾病及鸡球虫病、鸡住白细胞虫病。

【不良反应】长期使用可损害肾脏和神经系统，影响增重，并可能发生磺胺药中毒。

【用法与用量】以本品计。混饲：每1 000 kg饲料，鸡2.4 kg。连用5~7 d。

【制剂】预混剂：含磺胺间甲氧嘧啶20%。

【注意事项】

（1）蛋鸡产蛋期禁用。

（2）连续用药不宜超过1周。

（3）休药期：鸡28 d。

氨丙啉（安宝乐）Amprolium（Amprol）

【理化性质】本品常用其盐酸盐，白色粉末，无臭，不溶于乙醚和氯仿，微溶于乙醇，易溶于水，本品盐酸盐1 g可溶于2 mL的水，性质较稳定。

【作用与用途】本品结构与硫胺素相似，能抑制球虫对硫胺（维生素 B_1）的摄取，从而阻碍了虫体内的糖代谢过程，影响球虫的正常发育而发挥抗球虫作用。本品抗球虫谱较广，其中对鸡盲肠柔嫩艾美耳球虫、小肠堆型艾美耳球虫抗虫作用最强，对小肠毒害、布氏、巨型、和缓等艾美耳球虫作用较弱。其作用峰期在感染后的第 3 d，即主要阻碍子孢子形成第一代裂殖体，但本品对有性繁殖阶段及子孢子也有一定作用。此外，本品对犊牛、羔羊、犬和猫的球虫也有效。临床主要用于预防或治疗禽球虫病，也可用于犊牛、羔羊的球虫病防治。与乙氧酰胺苯甲酯或磺胺喹噁啉合并应用，可扩大抗球虫范围，增强其抗球虫效力。但当饲料中维生素 B_1 含量较高（超过 10 mg/kg）时，会减弱本品的疗效。

【不良反应】

（1）犬常规剂量应用本品偶尔可见精神抑郁、厌食和腹泻的不良反应。大剂量应用时，犬可出现神经症状。

（2）由于本品与硫胺（维生素 B_1）能产生竞争性拮抗作用，所以当本品大剂量长期应用时可能导致雏鸡发生维生素 B_1 缺乏症（可见多发性神经炎症状，如病鸡呈现"观星"姿势，站立和行走困难等）。

（3）按 0.88~1 g/kg 体重的剂量内服，绵羊可发生脑灰质软化症，羔羊可出现红细胞生长停滞。

（4）本品过量导致的中毒，除了要立即停药外，还应静脉注射或肌内注射适量（每天 1~10 mg）的硫胺素。

【用法与用量】

（1）混饮：每 1 L 水，鸡 120 mg，连用 5~7 d。

（2）内服：一次量，每 1 kg 体重，犊牛 5~10 mg（以氨丙啉计），羔羊 5 mg，猪（试用量）25~65 mg，兔（试用量）10~13 mg。

（3）混饲：每 1 kg 饲料，禽，100~125 mg，连用 2~7 d。

【制剂】

（1）可溶性粉：100 g 含氨丙啉 10 g。

（2）盐酸氨丙啉、乙氧酰胺苯甲酯预混剂：100 g 含氨丙啉 25 g，乙氧酰胺苯甲酯 1.6 g。

（3）复方盐酸氨丙啉可溶性粉：100 g 含氨丙啉 20 g、磺胺喹噁啉钠 20 g、维生素 K 30.38 g。

（4）盐酸氨丙啉、乙氧酰胺苯甲酯、磺胺喹噁啉预混剂：100 g 含氨丙啉 20 g、乙氧酰胺苯甲酯 1 g、磺胺喹噁啉钠 12 g。

【注意事项】

（1）休药期：盐酸氨丙啉、乙氧酰胺苯甲酯预混剂，鸡 3 d；复方盐酸氨丙啉可溶性粉，鸡 7 d；盐酸氨丙啉、磺胺喹噁啉、乙氧酰胺苯甲酯预混剂：鸡 7 d。

（2）蛋鸡产蛋期禁用，连续饲喂不得超过 5 d。

（3）饲料中的维生素 B_1 含量在 10 mg/kg 以上时，能对本品的抗球虫作用产生明显的拮抗作用。

二甲硫胺 Dimethiamin

【理化性质】本品常用硝酸盐，为白色或类白色粉末。

【作用与用途】本品为新型硫胺拮抗剂，作用与用途与氨丙啉相同。

【用法与用量】每 1 kg 饲料添加本品 62 mg，对鸡球虫病有良好的防治效果，对鸡的增重率优于氯苯胍和氨丙啉。

【注意事项】

（1）每 1 kg 饲料添加维生素 B_1 10 mg 以上时，可削弱本品的抗球虫效力。

（2）禁用于产蛋鸡。

（3）肉鸡休药期为 3 d。

氯苯胍 Robenidine

【理化性质】本品为白色或浅黄色结晶性粉末，味苦，几乎不溶于水和乙醚，微溶于氯仿，略溶于乙醇和冰醋酸。

【作用与用途】本品抗球虫谱广，对鸡的多种球虫（包括盲肠柔嫩、小肠的毒害、布氏、堆型、巨型、和缓等艾美尔属球虫）和鸭、兔的多数球虫病均有良好的防治效果，对弓形体有效。抗球虫的作用峰期是感染第 3 d，对第一代裂殖体和第二代裂殖体均有作用，主要通过影响虫体的蛋白质代谢而发挥作用。球虫对本品易产生耐药性，当长期连续应用时即可诱使球虫产生耐药。主要用于禽、兔球虫病的防治。也用于鱼类孢子虫病。

【不良反应】长期或较高剂量（如 60 mg/kg 饲料）混饲，可能导致鸡肉、鸡蛋等有异臭味。但低剂量（<30 mg/kg 饲料）不会产生这种现象。

【用法与用量】

（1）混饲：每 1 000 kg 饲料，禽 30～60 g；兔 100～150 g。

（2）内服：一次量，每 1 kg 体重，鸡、兔 10～15 mg；鱼 40 mg，苗种减半。

【制剂】预混剂：含氯苯胍 10%。片剂：每片 0.01 g。粉剂：含氯苯胍 50%。

【注意事项】

（1）可在商品饲料中和养殖过程中使用。

（2）停药过早常致球虫病复发，应连续用药。

（3）蛋鸡产蛋期禁用。

（4）休药期：鸡 5 d，兔 7 d。斑点叉尾鮰慎用。

氯羟吡啶（克球粉、球定、可爱丹）Clopidol（Metichlorpindol，Coyden）

【理化性质】本品为白色粉末，无臭，不溶于水、乙醚和丙酮，微溶于甲醇、乙醇和氢氧化钠溶液，性质稳定。

【作用与用途】本品抗球虫范围很广，对鸡的 9 种艾美耳球虫均有良好效果，尤其对柔嫩艾美耳球虫作用最强，对兔球虫也有一定活性。其作用峰期是子孢子期（即感染第 1 d），可抑制子孢子在肠上皮细胞内的生长发育。因此，仅在感染球虫前或感染球虫的同时给药才有效，主要作为禽、兔球虫病的预防药。

有资料证明，氯羟吡啶能抑制鸡对球虫产生免疫力，停药过早，往往导致球虫病暴发，因此须连续用药，且用药期间最好不要出现用药间歇。目前认为，球虫对本品易产生耐药性。已经证实，本品与苄氧喹甲酯合并应用有一定的协同效应。以 125 mg/kg 混饲给药，停药 2 d 后鸡组织中本品的残留量已低于 100 µg/kg。

【用法与用量】混饲：每 1 000 kg 饲料，鸡 125 g、兔 200 g。

【制剂】预混剂：含氯羟吡啶 25%。

【注意事项】

（1）可在商品饲料和养殖过程中使用。

（2）蛋鸡产蛋期禁用。

（3）因本品抑制鸡对球虫的免疫力，肉鸡在整个育雏期间不能中途停药；蛋鸡和种用肉鸡不宜使用。

（4）由于本品较易产生耐药虫种或虫株，必须按计划轮换使用其他抗球虫药。对本品产生耐药球虫的鸡场，不能换用喹啉类抗球虫药，如癸氧喹酯等。

（5）休药期：氯羟吡啶预混剂，鸡、兔5 d。

常山酮（速丹）Halofuginone（Stenorol）

【理化性质】本品是一种生物碱，最初是从一种叫常山的植物提取而来。常用氢溴酸盐，为白色或灰白色结晶性粉末，性质稳定。

【作用与用途】本品是用量较小的一种抗球虫药，且抗球虫谱较广。对鸡多种球虫（包括柔嫩、毒害、堆型、巨型和布氏等艾美耳属球虫）有效，对火鸡的小艾美耳球虫和腺艾美耳球虫也有较强作用。对球虫早期生殖性芽孢以及第一、第二代裂殖体均有抑制作用，并能控制卵囊排出，减少动物再感染的可能性。抗球虫活性甚至超过聚醚类抗生素，与其他抗球虫药无交叉耐药性，即对其他药物已耐药的球虫，使用本品多数仍有效。常用于防治鸡球虫病，此外，本品在国外还用于牛、绵羊和山羊的泰勒虫感染。

【不良反应】本品不良反应少，常规剂量下不影响蛋的质量和产量，但长期应用可能会导致鸡皮肤易撕裂。牛按每1 kg体重1~2 mg剂量一次量内服，能有效治疗牛泰勒原虫感染，但当剂量达到每1 kg体重2 mg时，牛可能出现一过性的腹泻。

【用法与用量】混饲：每1 000 kg饲料，禽3 g（0.6%预混剂应为500 g）。

【制剂】预混剂（为氢溴酸常山酮与碳酸钙配制而成）：约含常山酮0.6%。

【注意事项】

（1）本品治疗浓度对鸡、兔较安全，但能抑制鸭、鹅生长，应禁用。

（2）珍珠鸡、12周龄以上火鸡、8周龄以上雏鸡和蛋鸡产蛋期均禁用。

（3）鱼及其他水生生物对本品极敏感，故禁用于水禽，且喂药后的鸡排泄物及盛药容器不要污染水源。

（4）每1 kg饲料含常山酮6 mg即影响适口性，使部分鸡采食减少，9 mg则大部分鸡拒食，因此，药料一定要混匀，并严格控制用药剂量。

（5）休药期：鸡5 d。

癸氧喹酯 Decoquinate

【理化性质】本品为类白色或淡黄色粉末，微溶于氯仿，不溶于乙醚、乙醇和水。

【作用与用途】本品属喹啉类抗球虫药，主要作用是阻碍球虫子孢子的发育，通过进入球虫孢子细胞后干扰其 DNA 复制而阻止发育。抗球虫范围广，对鸡的变位、柔嫩、巨型、堆型、毒害和布氏艾美耳球虫，牛、羊、犬等家畜体内的球虫、新孢子虫和小球隐孢子虫均有效。作用峰期为球虫感染后的第 1 d。由于能明显抑制宿主对球虫产生免疫力，因此在肉鸡整个生长周期应连续使用。球虫对本品易产生耐药性，需定期轮换用药。其抗球虫作用与药物颗粒大小有关，颗粒愈细，抗球虫作用越强。临床主要用于预防鸡球虫等感染。还可防治牛、羊等家畜的新孢子虫病及小球隐孢子虫病等。

【用法与用量】

（1）混饲：每 1 000 kg 饲料，鸡 25~28 g（以癸氧喹酯计），连用 7~14 d。

（2）混饮：每 1 L 水，肉鸡 15~30 mg（以癸氧喹酯计）。

【制剂】

（1）预混剂（为癸氧喹酯与适宜的基质配制而成）：每 100 g 含癸氧喹酯 6 g。

（2）溶液剂：每 100 mL 含癸氧喹酯 3 g。

（3）干混悬剂：每 100 g 含癸氧喹酯 3 g。

【注意事项】

（1）蛋鸡产蛋期禁用。

（2）不能用于含皂土的饲料中。

（3）鸡休药期 5 d。

乙氧酰胺苯甲酯 Ethopabate

【理化性质】本品为白色或类白色粉末，不溶于水，微溶于乙醚，能溶于甲醇、乙醇和氯仿。

【作用与用途】本品对巨型、布氏艾美耳球虫及其他小肠球虫作用较强，对柔嫩艾美耳球虫效果较差，作用峰期为感染球虫后的第 4 d，主要通过阻断球虫的叶酸代谢而产生作用。由于本品抗球虫谱较窄，且与氨丙啉、磺胺喹噁啉等合用时不仅抗球虫活性增强，而且抗球虫谱也扩大，故临床本品一般不单独应用，主要和氨丙啉、磺胺喹噁啉、尼卡巴嗪等合用防治畜禽球虫病。

其他内容参见氨丙啉、磺胺喹噁啉、尼卡巴嗪等药物。

（二）抗球虫抗生素

这是一类从细菌、放线菌培养液中提取的抗生素，有的已能人工合成。其中聚醚类最为常用，具有广谱、高效、部分兼有抑菌促生长作用、球虫对其很少产生耐药性等特点。本类药物有明显种属差异，其中马属动物敏感，易中毒，应禁用；鸟类亦较敏感，应慎用。

莫能菌素 Monensin

【理化性质】本品是由肉桂地链霉菌培养液提取的聚醚类离子载体抗生素，其钠盐为白色至微黄色粉末，性质稳定，不溶于水，微溶于丙酮，易溶于氯仿、甲醇和乙醇。

【作用与用途】本品抗虫谱广，对鸡的柔嫩、毒害、堆型、布氏、变位、巨型等艾美耳球虫均呈高效，对火鸡的腺状、小艾和大艾等艾美耳球虫，鹌鹑的分散、莱泰艾美耳球虫和羔羊的雅氏、阿撒地艾美耳球虫等也有作用。抗球虫作用峰期为球虫感染后的第 2 d，即在第一代滋养体阶段，主要通过干扰球虫细胞内的 K^+、Na^+ 的转运，结果导致大量的 Na^+ 进入细胞，由于高渗性吸水作用，大量水分也随之涌入细胞，从而导致细胞膨胀、破裂、死亡。球虫对其不易产生耐药性，但与其他聚醚类抗生素之间有发生交叉耐药性的可能。本品经内服给药吸收很少，约 99% 的药物及其代谢产物经粪便排出。主要用于预防禽球虫病，促进肉牛生长，辅助缓解奶牛酮体病症状，提高产奶量。

此外，本品对金黄色葡萄球菌、链球菌和产气荚膜梭菌等革兰氏阳性菌有较强的抑菌作用，而且对牛、羊等的生长有促进作用，能增加体重和提高饲料转化率。

【不良反应】本品对鸡不良反应较少，但偶会引起来航鸡精神亢奋。当混饲浓度达到 150~200 mg/kg 时，肉鸡可能会出现中毒症状，蛋鸡也可能会出现产蛋量和采食量下降等。

【用法与用量】混饲：每 1 000 kg 饲料，禽 90～110 g；羔羊、犊牛 20～30 g；肉牛，每天量，每头 0.2～0.36 g；泌乳期奶牛，每天量，每头 0.15～0.45 g。

【制剂】预混剂：100 g 含 5 g、10 g、20 g、40 g；1 000 g 含 200 g。

【注意事项】

(1) 马属动物和 16 周龄以上的鸡禁用，产蛋鸡限制使用。

(2) 鸟、珍珠鸡及 10 周龄以上火鸡较敏感，不宜使用。

(3) 不宜与其他抗球虫药并用，也不宜与泰妙菌素合用。

(4) 本品预混剂规格较多，应用时注意以莫能菌素含量计量。

(5) 休药期：5 d。

盐霉素（优素精）Salinomycin（Coxistac，Biocox）

【理化性质】本品由白色链霉菌培养液中提取获得的聚醚类抗生素，其钠盐为白色或淡黄色结晶性粉末，性质稳定，不溶于水，易溶于甲醇、乙醇、乙醚、氯仿和丙酮等有机溶剂。

【作用与用途】本品抗球虫谱广，对鸡的柔嫩、堆型、巨型、毒害、和缓、布氏等艾美耳球虫均有明显防治效果，抗球虫活性大致与莫能菌素、常山酮相似，但本品对巨型和布氏艾美耳球虫作用较强。作用峰期与莫能菌素相似，即感染后第 2 d（第一代裂殖体阶段），作用机制同莫能菌素。有资料证实，本品也有一定促生长作用，当小于 4 月龄仔猪按 30～60 mg/kg 拌料，或 4～6 月龄仔猪按 15～30 mg/kg 拌料，可显著增加仔猪的体重和提高饲料利用度。球虫对其产生耐药性的速率缓慢。主要用于预防鸡球虫病，也用于促进畜禽（如牛、猪）生长。

鸡内服本品后主要停留在胃肠道，仅有极少数可被吸收，且在肝中代谢迅速，给药后 48 h 内约有 95% 的药物随粪排出。本品与泰妙菌素合用时，可能会导致动物体重减轻，甚至死亡，所以两者禁止合用或间隔 7 d 应用。

【不良反应】本品不影响鸡产蛋量和蛋的质量，但安全范围较窄，如使用本品时间过长或拌料量超过 100 mg/kg 时，可能抑制动物机体对球虫产生免疫力，甚至出现中毒症状。

【用法与用量】混饲：每 1 000 kg 饲料，鸡 60 g，牛 10～30 g，猪 25～75 g（以盐霉素计）。

【制剂】盐霉素钠预混剂：100 g 含 10 g，500 g 含 50 g；盐霉素预混剂：100 g 含 10 g、12 g、24 g。

【注意事项】

（1）本品安全范围较窄，用药时应严格控制剂量。

（2）马属动物、鸭和产蛋鸡禁用。

（3）禁与其他抗球虫药并用。

（4）休药期：牛、猪、鸡5 d。

甲基盐霉素 Narasin

【理化性质】本品由金色链霉菌培养液中提取的聚醚类抗生素，为白色或浅黄色结晶性粉末，不溶于水，易溶于甲醇、乙醇、乙醚、丙酮、氯仿、乙酸乙酯等有机溶剂。

【作用与用途】本品为新型单价聚醚类抗生素，抗球虫活性与盐霉素相似。抗球虫谱广，但对鸡小肠球虫（包括堆型、毒害、布氏和巨型艾美耳球虫）作用有明显的差异，资料证实以 40 mg/kg 饲料拌料给药能很好抑制堆型和巨型艾美耳球虫感染；以 60 mg/kg 饲料拌料给药能抑制毒害艾美耳球虫和细菌的并发感染；以 80 mg/kg 拌料给药才能较好抑制布氏艾美耳球虫的感染。作用峰期仍为感染球虫后的第 2 d。此外，本品仍有一定的促生长作用，也能增加体重和提高饲料利用率。主要用于预防鸡球虫病，也用于生长猪和育肥猪的促生长。

本品与盐霉素相类似，不宜与泰妙菌素和竹桃霉素合用。本品与尼卡巴嗪合用，在抗球虫效应不降低的情况下，可降低两者的用量，但同时可能会增加鸡的热应激反应，甚至增加死亡率。

【用法与用量】混饲：每 1 000 kg 饲料，鸡 60~80 g，猪（体重大于 20 kg）15~30 g；甲基盐霉素、尼卡巴嗪预混剂：每 1 000 kg 饲料，鸡 30~50 g。

【制剂】①预混剂：100 g 含 10 g。②甲基盐霉素、尼卡巴嗪预混剂：100 g 分别含甲基盐霉素和尼卡巴嗪 8 g。

【注意事项】

（1）本品毒性较盐霉素大，安全范围窄，应严格按照剂量应用。

（2）鱼对本品敏感，喂药鸡粪及用具不可接触污染水源。

（3）马属动物和蛋鸡产蛋期禁用。

（4）高温季节里慎用甲基盐霉素尼卡巴嗪预混剂，以免引起热应激。

（5）休药期：鸡 5 d，猪 3 d。

马杜霉素（马度米星）Maduramicin

【理化性质】本品是马杜拉放线菌培养液中提取的聚醚类抗生素，常用其铵盐，为白色或类白色结晶性粉末，不溶于水，易溶于甲醇、乙醇和氯仿中。

【作用与用途】本品为新型抗球虫药，是目前本类药物中抗球虫作用最强、用药剂量最小的药物。抗球虫谱广，对鸡柔嫩、毒害、巨型、堆型、变位、布氏等艾美耳球虫均有良好的抑杀作用，且与其他聚醚类抗生素之间交叉耐药不明显，即对其他聚醚类已耐药的球虫使用本品仍有效。当马度霉素、莫能菌素、盐霉素、尼卡巴嗪和氯羟吡啶等五种药物分别按 5 mg/kg 剂量拌料给药，结果发现本品的抗球虫效力最好。本品的抗球虫作用峰期为感染后的第 2 d，即主要作用于第一代子孢子和裂殖体。主要用于预防鸡球虫病。

【不良反应】本品对产蛋量和蛋的质量无明显影响，但安全范围窄。当饲料添加浓度超过 6 mg/kg 饲料时，可对患鸡的生长和羽毛产生明显的不良反应，即明显抑制鸡只生长；当拌料量超过 7 mg/kg 饲料时，可引起鸡只中毒，甚至引起死亡。

【用法与用量】混饲：每 1 000 kg 饲料，鸡 5 g（以马杜霉素铵计）。

【制剂】马度米星铵预混剂：每 100 g 含 1 g。

【注意事项】

（1）可在商品饲料和养殖过程中使用。

（2）本品只能用于鸡，对其他动物（牛、羊、猪等）及产蛋鸡均不适用。

（3）为保证药效和防止中毒，用药量应准确，药料应充分混匀，勿随意加大用药剂量。

（4）本品不宜与泰妙菌素合用。

（5）休药期：预混剂，鸡 5 d。

拉沙里菌素（拉沙洛西）Lasalocid

【理化性质】本品是从拉沙链霉菌培养液中提取的聚醚类抗生素，其钠盐为白色结晶性粉末，不溶于水，易溶于氯仿、甲醇和乙酸乙酯。

【作用与用途】本品为畜禽专用聚醚类抗生素类抗球虫药。除对堆型艾美耳球虫作用稍差外，对鸡柔嫩、毒害、巨型、和缓艾美耳球虫的抗球虫效力超过莫能菌素，对火鸡、羔羊、犊牛球虫亦有明显疗效。拉沙洛西钠与二价金属离子形成络合物，干扰球虫体内正常离子的平衡和转运，从而起到抑制球虫的效果。作用峰期为感染球虫后第 2 d，即主要作用于球虫的子孢子和第一代裂殖子。此外，牛的瘤胃中存在大量的微生物菌群，拉沙洛西钠优先选择抑制没有外层膜的革兰氏阳性菌，改变反刍动物微生物的新陈代谢和生长，改善反刍动物对营养物质的消化率和吸收，从而促进动物生长，提高牛的增重速度和饲料转化率。

本品主要用于预防鸡、牛、羊、兔等的球虫病，也用于提高肉牛的增重速度和饲料转化率。与其他聚醚类抗生素不同的是，本品不仅能与泰妙菌素或其他抗菌促生长剂合用，而且合用后对动物体重的增加有增效作用。

【不良反应】本品为聚醚类抗生素中毒性最小的品种，常规治疗剂量可引起鸡只水分排泄增加；较高剂量时可能会导致垫料潮湿；当外界环境湿度较大时，又会增加鸡只的热应激反应。当拌料用量超过 150 mg/kg 时，能明显抑制鸡只生长，甚至导致中毒。

【用法与用量】以拉沙洛西钠计。混饲：每 1 000 kg 饲料，禽 75～125 g，肉牛 10～30 g（肉牛每头每天 100～300 mg，草原放牧牛每头每天 60～300 mg）。

【制剂】预混剂（球安）：100 g 含 15 g（1 500 万 u）、20 g（2 000 万 u）、45 g（4 500 万 u）。

【注意事项】

（1）马属动物与蛋鸡产蛋期禁用。

（2）应根据球虫感染严重程度和疗效及时调整用药浓度。

（3）严格按规定浓度使用，饲料中药物浓度超过 150 mg/kg 饲料（以拉沙洛西钠计）会导致鸡生长抑制和中毒。高浓度混料对饲养在潮湿鸡舍的雏鸡，能增加热应激反应，使死亡率增高。

（4）拌料时应注意防护，避免本品与眼、皮肤接触。

（5）休药期：鸡 3 d，肉牛 0 d。

海南霉素钠 Hainanmycin Sodium

【理化性质】本品为白色或类白色粉末，无臭。不溶于水，易溶于多数常用的有机溶剂（如甲醇、乙醇、氯仿、丙酮）。熔点为 149~155 ℃，熔融时即分解。

【作用与用途】本品为新型聚醚类抗生素，抗球虫谱广，对鸡的柔嫩、毒害、堆型、和缓、巨型艾美耳球虫有较强抑杀作用。主要用于防治鸡球虫病。同样，本品也能促进鸡只生长，增加体重和提高饲料利用度。

【用法与用量】混饲：每 1 000 kg 饲料，鸡 5~7.5 g。

【制剂】预混剂：100 g 含 1 g（100 万 u）、2 g（200 万 u）。

【注意事项】

（1）本品仅用于鸡，其他动物和蛋鸡产蛋期禁用。

（2）本品禁止与其他抗球虫药合用。

（3）休药期：鸡 7 d。

赛杜霉素钠 Semduramicin Sodium

【理化性质】本品是由变种的玫瑰红马杜拉放线菌培养液中提取后，再进行结构改造的半合成聚醚类抗生素，浅褐色或褐色粉末。预混剂为赛杜霉素钠与米糠、碳酸钠等配制而成，为浅褐色或褐色粉末。

【作用与用途】本品为畜禽专用、单价糖苷聚醚类离子载体类抗生素广谱抗球虫药，对鸡柔嫩、堆型、巨型、和缓、布氏等艾美耳球虫等均有良好的效果，其抗球虫作用机理与马杜霉素相似，作用峰期为感染后的第 2 d，即主要作用于第一代子孢子和裂殖体，与其他抗球虫药不易产生交叉耐药性，对其他非离子载体抗球虫药产生耐药性的虫株使用本品仍有效。本品也有提高增重与饲料利用率的作用。主要用于鸡的球虫病防治。

【用法与用量】混饲：每 1 000 kg 饲料，鸡 25 g。

【制剂】预混剂：100 g 含 5 g（500 万 u）。

【注意事项】

（1）蛋鸡产蛋期和其他动物禁用。

（2）赛杜霉素毒性较大，安全范围较小，使用时要计算好剂量，充分拌匀。

（3）休药期：鸡 5 d。

（三）抗球虫药物的合理应用

合理应用抗球虫药物，对于保证其防治效果、避免产生耐药性及减少不良反应十分重要。应用合理，可获得明显的防治效果，否则，不仅防治效果差，还可能导致球虫对药物产生耐药，甚至造成不良反应。涉及抗球虫药物合理应用的问题较多，主要有如下几个方面：

1. 防止球虫产生耐药性　合理地应用抗球虫药物，以预防为主，能获得较为明显的控制球虫病的效果。但是，某一药物长期低剂量使用，可以诱使球虫产生耐药性，甚至会对与前一药物结构相似或作用机制相同的同类药物产生交叉耐药性，以致抗球虫药物的有效性降低或完全无效。实践证明，有计划地在短期内轮换或穿插使用作用机制不同、作用峰期不同的抗球虫药，能维持药物的抗球虫活性和推迟球虫产生耐药性的速率。

2. 抗球虫药物的选择应用　每一种抗球虫药物都有其各自的抗虫谱，球虫处在不同发育阶段对药物的敏感性亦有很大差异。如氨丙啉对鸡主要致病的盲肠球虫（柔嫩艾美耳球虫）和小肠球虫中的堆型艾美耳球虫作用最强，而对其他球虫作用较弱，且抗球虫作用峰期在感染球虫后的第 3 d（即第一代裂殖体）。一般情况下，作用峰期在感染球虫后 1~2 d 或球虫发育早期阶段的药物对球虫病仅有预防作用，治疗效果差，而作用峰期在感染球虫后 3~4 d 或球虫发育后期阶段的药物才能用于治疗球虫病。因此，应根据球虫种类及其发育阶段，合理地选择应用药物，以便更好地发挥药物的抗球虫效果。

3. 注意药物抑制机体对球虫产生免疫力　一般认为，球虫的第二代裂殖体具有刺激机体产生免疫力的作用。因而，抗球虫作用峰期在第一代裂殖体阶段之前（即在感染球虫后 1~2 d）的药物，如丁氧喹啉、氯羟吡啶、莫能菌素等，能抑制机体对球虫产生免疫力，所以，这些药物适宜用作商品肉鸡球虫病的预防，且需要连续用药，用药期间应避免出现间歇期，否则可能会导致球虫病的暴发。

4. 注意药物对产蛋的影响和防止药物残毒　抗球虫的药物使用时间一般较长，有些药物如磺胺类、聚醚类、氯苯胍、尼卡巴嗪、乙氧酰胺苯甲酯等，因能降低蛋壳质量和产蛋量，或在肉、蛋中出现药物残留，以致影响肉、蛋的质量及危害人体健康。因此，对有上述不良作用的药物应禁用于产蛋鸡，肉鸡、肉兔在屠宰前应有数天休药期。

5. 加强饲养管理　畜禽舍潮湿、拥挤、卫生条件恶劣以及病鸡、兔或带虫鸡、兔的粪便污染饲料、饮水、饲饮用具等，均可诱发球虫病。所以，在使用抗球虫药期间，应加强饲养管理，减少球虫病的传播，以提高抗球虫药物的防治效果。

二、抗锥虫药

家畜锥虫病是锥虫寄生于血液中引起的一类疾病。我国家畜的主要锥虫病有伊氏锥虫病（危害马、牛、猪、骆驼等）和马媾疫（危害马）。防治本类疾病，除应用抗锥虫药外，还应重视消灭其传播媒介——吸血昆虫，才能杜绝本病发生。

萘磺苯酰脲（那加诺、那加宁）Suramin（Naganol，Naganin）

【理化性质】本品的钠盐易溶于水，水溶液呈中性，不稳定，宜临用时配制。

【作用与用途】本品主要是抑制虫体糖代谢，影响正常同化作用，导致虫体分裂受阻，最后溶解死亡，用于早期感染效果最好。其为作用强、毒性小的抗锥虫药之一，主要用于马、牛、骆驼伊氏锥虫病和马媾疫的防治。

【不良反应】

（1）马属动物对其较敏感，静脉注射后，可能出现黏膜发绀，眼睑、嘴唇、胸下和生殖器水肿，跛行，甚至体温升高，经 3~5 d 可消失。

（2）少数病牛用药后出现肌颤、眼睑水肿等，经 1~3 d 可消失。

（3）氯化钙、安钠咖与本品同用可减少副作用。

【用法与用量】静脉注射：一次量，每 1 kg 体重，马 10~15 mg、牛 15~20 mg、骆驼 20~30 mg（临用前需配制成 10% 灭菌水溶液）。

【注意事项】心、肺、肾功能不全的禁用。

氯化氮氨啡啶（锥灭定、沙莫林）Isometamidium Chloride（Trypamidium，Samorin）

【理化性质】本品常用的盐酸盐，为深棕色粉末，无臭，易溶于水。

【作用与用途】本品为新型抗锥虫药，对伊氏锥虫、刚果锥虫、活跃锥虫、布氏锥虫均呈较强活性，其中对牛刚果锥虫活性最强。主要通过抑制锥虫 RNA 和 DNA 聚合酶，阻碍了虫体核酸的合成而发挥抑杀作用。资料证实对患伊氏锥虫病的耕牛，按 1 mg/kg 体重进行肌内注射，给药后 24 h 可见病牛的精神状态明显好转，21 d 后临床症状已基本消失。临床主要用于牛锥虫病的防治，尤其是牛伊氏锥虫病。

【不良反应】

(1) 本品对局部组织有较强刺激性，可能会导致部分患牛注射部位形成硬的结节，且该结节至少需 10 d 才能消除，临床应进行深层肌内注射。

(2) 部分耕牛注射本品后可能出现兴奋不安、流涎、腹痛、呼吸加快、食欲减退、精神沉郁等不良反应，但通常会自行消失，如不良反应较为严重，可肌内注射阿托品缓解。

【用法与用量】肌内注射：一次量，每 1 kg 体重，牛 1 mg（临用前将盐酸氯化氮氨啡啶配制成 2% 水溶液）。

【制剂】粉针：规格分别为 125 mg、1 g、10 g。

【注意事项】

(1) 本品需进行深层肌内注射，并防止药液漏至皮下。

(2) 本品为粉针剂，需在临用前配成 2% 水溶液使用，且要现配现用。

喹嘧胺（安锥赛）Quinapyramine（Antrycide）[处][乡]

【理化性质】本品为白色或微黄色的结晶性粉末，无臭，味苦，有引湿性。临床上常用其甲基硫酸盐（又称甲硫喹嘧胺）和氯化物（又称喹嘧氯胺），其中前者易溶于水，临床多用于治疗；而后者仅略溶于热水，主要用作预防，两盐均不溶于有机溶剂。

【作用与用途】本品抗锥虫谱较广，对伊氏锥虫、马媾疫锥虫、刚果锥虫、活跃锥虫等作用较强，对布氏锥虫作用较差。本品作用机制为影响虫体的蛋白质合成过程，从而抑制虫体的生长繁殖，但当用药剂量不足时锥虫容易产生耐药性。临床上主要用于治疗马、牛、骆驼等家畜的伊氏锥虫病、马媾疫等锥虫病。甲硫喹嘧胺注射给药吸收迅速，而喹嘧氯胺注射给药吸收缓慢，临床上两者常混合应用，研究证明当在流行锥虫病的地区用药一次，有效预防持续时间较长，马为 3 个月，而骆驼为 3~5 个月。

【不良反应】

(1) 本品对局部组织刺激性较强，肌内或皮下注射可能会导致患畜注射部位肿胀或硬结，当用量较大时应分点注射。

(2) 马属动物对本品较敏感，注射后 0.25~2 h 常出现兴奋不安、肌肉震颤、体温升高、出汗、排尿和排粪次数增多、呼吸困难和心跳加快等不良反应，一般可在 3~5 h 后消失，症状严重者可肌内注射阿托品缓解。

【用法与用量】肌内注射或皮下注射：一次量，每 1 kg 体重，牛、马、骆驼 4~5 mg（临用配制成 10% 水悬液）。

【制剂】注射用喹嘧胺：500 mg 含喹嘧氯胺 286 mg 与甲硫喹嘧胺 214 mg。

【注意事项】

（1）必须新鲜配制，临用前用灭菌注射水配成 10% 水悬液。

（2）本品严禁静脉注射。

（3）马属动物较敏感，用药后应注意观察，必要时可注射阿托品及其他对症治疗药物解救。

（4）休药期：28 d，弃奶期 7 d。

新肿凡纳明 Neoarsphenamine

【理化性质】本品为黄色粉末，不稳定，易被氧化，高温能加速氧化过程。易溶于水，微溶于乙醇，不溶于乙醚、氯仿或丙酮。

【作用与用途】本品原型无药理活性，但可在动物体内氧化生氧苯肿型化合物后发挥作用，主要对伊氏锥虫、马媾疫锥虫感染效果较好，临床用于家畜锥虫病，也可用于治疗马、羊的传染性胸膜肺炎、兔螺旋体病的治疗。

【不良反应】马属动物对本品较敏感，用药后部分马、骡可能出现兴奋不安、出汗、肌肉震颤，后肢无力和腹痛等症，通常 1~2 h 后会消失；也可在给药前 30 min 注射强心药缓解症状；中毒时可用二巯基丙醇、二巯基丙磺酸钠等解救。

【用法与用量】静脉注射：一次量，每 1 kg 体重，马 10~15 mg（极量 6 g），牛、羊 10 mg（极量：牛 6 g，羊 0.5 g），兔 60~80 mg。

【制剂】注射剂：每支 0.45 g、1 g。

【注意事项】

（1）本品临用时先用灭菌生理盐水或注射用水配成 10% 溶液，应现配现用，且药液禁止加温或振荡。

（2）本品进行静脉注射时勿漏至皮下。

（3）如本品颜色发生改变，则应弃用。

三、抗梨形虫药

家畜梨形虫病是一种寄生在红细胞内，由蜱传播的原虫病，多以发热、黄疸和贫血为主要临床症状。

三氮脒（贝尼尔）Diminazene Aceturate（Triazoamidine，Berenil）[处][乡]

【理化性质】本品为黄色或橙黄色结晶性粉末，遇光、热变成橙红色，味微苦。不溶于氯仿和乙醚，难溶于乙醇，能溶于水。

【作用与用途】本品对家畜梨形虫、锥虫和边虫均有作用，其中本品对弩巴贝斯虫、马巴贝斯虫、牛双芽巴贝斯虫、羊巴贝斯虫和柯契卡巴贝斯虫等梨形虫作用较强，对马媾疫锥虫、水牛伊氏锥虫、牛环形泰勒虫和边虫有一定作用。本品虽能明显消除由犬巴贝斯虫、吉巴贝斯虫导致的症状，但并不能完全杀灭虫体。主要用于马、牛、羊巴贝斯梨形虫病、泰勒梨形虫病、锥虫病（如伊氏锥虫病、媾疫锥虫病等）的治疗，预防作用较差。

【不良反应】

（1）本品毒性较大，安全范围小。

（2）对局部组织刺激性较强，有时会引起注射部位肿胀，宜分点深层肌内注射。

（3）给药后可能引起动物不安、反复起卧、频繁排尿、肌肉震颤等症状，大剂量应用甚至可导致死亡。

【用法与用量】肌内注射：一次量，每 1 kg 体重，牛、羊 3~5 mg，马 3~4 mg，犬 3.5 mg（临用时配制成 5%~7% 水溶液）。

【制剂】粉针：每支 0.25 g、1 g。

【注意事项】

（1）骆驼应禁用，马对本品较敏感，忌用大剂量。

（2）水牛比黄牛敏感，应慎用，且一般不宜连用，一次即可。

（3）其他动物连用本品时，用药须间隔 24 h，且总用药次数不超过 3 次。

（4）休药期：牛、羊 28 d，弃奶期 7 d。

双脒苯脲 Imidocarb

【理化性质】本品常用的二盐酸盐或二丙酸盐，呈无色粉末，易溶于水。

【作用与用途】本品属二苯脲类抗梨形虫药，有预防和治疗作用，其疗效和安全范围都优于三氮脒，且毒性较三氮脒和其他药小。本品对多种动物（如牛、小鼠、大鼠、犬及马）的多种巴贝斯虫和泰勒虫不但有治疗作用，而且还有预防效果，甚至不影响动物机体对虫体产生免疫力，临床上多用来治疗或预防牛、马、犬的巴贝斯虫病。

本品注射给药吸收较好，吸收后能分布于全身各组织，主要在肝脏中灭活解毒，排泄途径主要经尿排泄，可在肾脏中重吸收而导致药效的延续，在体内残留期长，用药 28 d 后在体内仍能测到本品，有少数药物（约 10%）以原形由粪便排出。

【不良反应】

（1）本品毒性较低，犬常见的不良反应包括注射部位疼痛、流涎、间歇性呕吐、腹泻等。

（2）较高剂量可能会导致动物咳嗽、肌肉震颤、流泪、流涎、腹痛、腹泻等症状，据报道，马按 4 mg/kg 体重给药后 30 min 可发生流泪、出汗、流涕等。当犬按 9.9 mg/kg 体重给药，可能导致动物肝损伤、注射部位疼痛并肿胀、呕吐等，一般能自行恢复，症状严重者可用小剂量的阿托品解救。

【用法与用量】肌内或皮下注射：一次量，每 1 kg 体重，马 2.2~4 mg，犬 5~6 mg，牛 1~2 mg，绵羊 1.2 mg。

【制剂】二丙酸双脒苯脲注射液，每支 10 mL 含 1.2 g。

【注意事项】

（1）本品禁止静脉注射，较大剂量肌内或皮下注射时，有刺激性。

（2）马属动物对本品敏感，尤其是驴和骡，高剂量使用时应慎重。

（3）本品宜在首次用药间隔 2 周后重复用药 1 次，以彻底根治梨形虫病。

硫酸喹啉脲（阿卡普林）Quinurone Sulfate（Acaprin）

【理化性质】本品为淡黄色或黄色粉末，易溶于水，不溶于乙醚和氯仿。

【作用与用途】本品为传统抗梨形虫药，主要对马、牛、羊、猪的巴贝斯梨形虫有效，抗虫谱包括马巴贝斯虫、驽巴贝斯虫、牛巴贝斯虫、牛双芽巴贝斯虫、羊巴贝斯虫、猪巴贝斯虫和犬巴贝斯虫，对牛的早期泰勒虫有一定效果，但对无浆体疗效较差。主要用于家畜的巴贝斯虫病，一般用药后 6~12 h 起效，12~36 h 体温下降，症状明显改善，且患畜外周血中原虫消失。

【不良反应】本品毒性较大，常规治疗剂量下患畜可能出现站立不安、出汗、流涎、肌颤、脉搏加快、血压下降、呼吸困难等副作用，一般 30~40 min 后逐渐消失。如给药的同时肌内注射适量阿托品，可能有助于缓解上述副作用；另外也可将总用药量分成 2~3 份进行给药。

【用法与用量】肌内或皮下注射：一次量，每 1 kg 体重，马、牛 0.6~1 mg，猪、羊 2 mg，犬 0.25 mg。

【制剂】注射液：每支 5 mL 含 0.05 g，10 mL 含 0.1 g。

【注意事项】

(1) 毒性较大，忌大剂量。

(2) 本品禁止静脉注射。

(3) 临用时将注射液进行适当稀释，其中大动物用 5%溶液，中小动物用 0.5%溶液。

青蒿琥酯 Artesunate

【理化性质】本品为白色结晶性粉末，略溶于水，易溶于乙醇、丙酮和氯仿。

【作用与用途】本品对牛、羊的泰勒虫及牛的双芽巴贝斯虫有效，主要用于牛、羊的泰勒虫病。

【不良反应】本品对实验动物有明显胚胎毒性，故孕畜慎用。

【用法与用量】内服，一次量，每 1 kg 体重，牛 5 mg，一天 2 次，首剂量加倍，连用 2~4 d。

【制剂】片剂：每片 50 mg。

吖啶黄 Acriflavine[处][乡]

【理化性质】本品为红棕色或橙红色结晶性粉末，其盐酸盐易溶于水，能溶于乙醇，难溶于乙醚和氯仿等有机溶剂。

【作用与用途】本品主要对巴贝斯虫（包括马巴贝斯虫、驽巴贝斯虫、牛双芽巴贝斯虫、牛巴贝斯虫和羊巴贝斯虫）效果明显，对泰勒虫无效。主要用于家畜的巴贝斯梨形虫病。一般静脉注射本品 12~24 h 后，患畜体温下降，而且外周血中虫体消失。在本病流行的季节，每个月给动物注射一次本品可有效预防。

【不良反应】毒性较大，给药后动物可能出现心跳加快，精神不安、呼吸急促等不良反应。

【用法与用量】静脉注射：一次量，每 1 kg 体重，马、牛 3~4 mg（极量为 2 g），羊、猪 3 mg（极量为 0.5 g），必要时，可在间隔 1~2 d 后重复用药 1 次。

【制剂】注射液：10 mL 含 50 mg、50 mL 含 250 mg、100 mL 含 500 mg。

【注意事项】本品对局部组织有强烈的刺激性，静脉注射时速度应慢，且勿漏至皮下。

台盼蓝 Trypan Blue

【理化性质】本品为深蓝色至黑色有光泽的粉末或片状物，有吸水性，易溶于水，不溶于乙醇。

【作用与用途】本品主要针对驽巴贝斯虫、牛双芽巴贝斯虫和牛巴贝斯虫有效。给药后 1 h 患畜体内的寄生虫体即发生变形，直至崩解死亡。本品作用时间长，可达 15~20 d，但本品并不能完全消灭患畜体内的虫体。主要用于家畜巴贝斯梨形虫病的预防。

【不良反应】毒性较大，给药后患畜可能出现躁动不安、呼吸困难等症状。

【用法与用量】静脉注射：一次量，每 1 kg 体重，家畜 5 mg（临用前将粉针剂用注射用水或灭菌生理盐水稀释为 1% 溶液）。

【制剂】注射液：每支 0.5 g、1 g。

【注意事项】本品对局部组织刺激性较强，应在临用前稀释后缓慢注射，且不要漏至血管外；对于体弱和重症患畜，可将一次给药量分为两次注射，且应间隔 12~24 h。

四、抗其他原虫药

硝唑尼特 Nitazoxanide（NTZ）

【理化性质】本品又名苯酚乙酸酯。为淡黄色结晶状粉末，不溶于水，微溶于乙醇，可溶于二甲基亚砜等有机溶剂。

【作用与用途】本品是一种硝基噻唑-水杨酰胺的衍生物，具有抗原虫、抗线虫、抗吸虫、抗菌、抗病毒（如肉孢子虫、贾第鞭毛虫、隐孢子虫、轮状病毒）等药效，本品对许多肠寄生虫，如贝氏等孢子虫、阿米巴原虫、人蛔虫、钩虫、毛首鞭虫、牛肉绦虫、短膜壳绦虫和肝片吸虫均有活性，且抗寄生虫谱及抗菌谱较阿苯达唑、甲苯达唑及甲硝唑广泛。本品还对某些厌氧和微需氧菌，如幽门螺杆菌、顽固性梭状芽孢杆菌等均具有较强的抑制和杀灭作用。实际作用机制尚未清楚，认为是与抑制丙酮酸盐，铁氧化还原蛋白氧化还原酶的酶依赖性电子转移反应有关，后者对厌氧能量代谢至为重要。临床主要用于防治畜禽的肠道寄生虫及细菌性感染，如原虫性（如隐孢子虫、鞭毛虫）、病毒性（如轮状病毒）腹泻等。

本品在体内代谢迅速，人用药后血中测不到原型药物，仅测到其两个代谢产物（脱乙酰基-硝唑尼特和脱乙酰基-硝唑尼特葡糖醛酸），且多数认为这两个代谢产物具有药理活性。马内服给药后也很快转化为脱乙酰基-硝唑尼特，达峰时间为 2~3 h。

【不良反应】

（1）马常见的不良反应包括：精神不振、发热、食欲减退等，偶尔也可见口渴喜饮、动物粪便稀少或腹泻、疝痛、蹄叶炎、头和四肢水肿、体重减轻等。并能通过影响马体内的菌群平衡而导致小肠结肠炎的发生。

（2）本品毒性较低，犬、猫的 $LD_{50} > 10$ g/kg。当以 5 倍推荐剂量给予马，发现所有马均出现明显食欲减退、精神萎靡、腹泻症状。

【用法与用量】试用量。

（1）内服：一次量，每 1 kg 体重，猪、绵羊、犬 75~100 mg。

（2）混饮：每 1 L 水，鸡 50~150 mg。

【制剂】混悬液：60 mL 含 1.2 g。

地美硝唑预混剂 Dimetridazole Premix[处]

【理化性质】本品为类白色或微黄色粉末；无臭或几乎无臭；遇光色渐变黑，遇热升华；在三氯甲烷中易溶，在乙醇中溶解，在水或乙醚中微溶。

【作用与用途】地美硝唑属于抗原虫药，具有广谱抗菌和抗原虫作用。不仅能抗厌氧菌、大肠弧菌、链球菌、金黄色葡萄球菌和密螺旋体，且能抗组织滴虫、纤毛虫、阿米巴原虫等。临床多用于猪密螺旋体性痢疾和禽组织滴虫病的治疗。

【不良反应】鸡对本品较为敏感，大剂量可引起平衡失调，肝肾功能损伤。

【用法与用量】以本品计。混词：每 1 000 kg 饲料，猪 1 000~2 500 g，鸡 400~2 500 g。

【制剂】预混剂：含地美硝唑 20%。

【注意事项】

(1) 鸡连续用药不得超过 10 d。

(2) 蛋鸡产蛋期禁用。

(3) 本品不能与其他抗组织滴虫药联合应用。

(4) 休药期：猪 28 d，鸡 28 d。

第二节　抗蠕虫药

抗蠕虫药是指能够驱除或杀灭畜禽体内寄生蠕虫的药物，亦称驱虫药。根据其主要作用对象不同，分驱线虫药、抗绦虫药和抗吸虫药等。

一、驱线虫药

畜禽的线虫病种类很多（约占畜禽蠕虫病一半以上），危害较为严重的是胃肠道线虫、肺线虫及丝状虫。用于驱除线虫的药物亦较多，按照这些药物的化学结构可将之分为六种：①抗生素类，如伊维菌素、阿维菌素、多拉菌素等；②苯丙咪唑类，如丙硫咪唑、芬苯哒唑等；③咪唑并噻唑类，如左旋咪唑等；④四氢嘧啶类，如噻嘧啶等；⑤有机磷类，如敌百虫等；⑥哌嗪类，如磷酸哌嗪、乙胺嗪等；⑦其他类。这里仅就具有代表性的药物做介绍。

伊维菌素（害获灭）Ivermectin（Ivomec）

【理化性质】本品为白色或淡黄色结晶性粉末，难溶于水，可溶于乙醇、丙酮，易溶于甲醇、氯仿等多数有机溶剂。性质稳定，但溶液易受光线影响而降解。伊维菌素主要由两个组分组成，即 22，23-二氢阿维菌素 H_2B_{1a} 和 22，23-二氢阿维菌素 H_2B_{1b}，前者不低于 80%，后者不高于 20%。其注射液为伊维菌素、甘油甲缩醛和丙二醇配制而成的无色澄明液体。

【作用与用途】本品为新型广谱、高效、低毒大环内酯抗生素类驱虫药。对畜体内多数线虫均产生良好的驱除效果，亦对畜禽体外寄生虫如皮蝇、鼻蝇各期幼虫以及疥螨、痒螨、毛虱、血虱、腭虱等有良效。本品驱虫机制在于促进突触前神经元释放 γ-氨基丁酸（GABA），打开 GABA 介导的 Cl^- 通道，从而增强神经膜对 Cl^- 的通透性。Cl^- 流能降低细胞膜阻抗，引起突触后膜静止电位轻微的去极化，从而干扰神经肌肉间的信号传递，使虫体松弛麻痹、死亡，被排出体外。由于绦虫和吸虫不以 GABA 为主要传递介质，并且缺少受谷氨酸控制的 Cl$^-$ 通道，因而对绦虫、吸虫无效。

本品内服给药的吸收程度有明显的种属差异，但吸收速度较快，其中单胃动物生物利用度约为 95%，反刍动物有 1/4~1/3 的药物能被吸收，其中绵羊生物利用度约为 25%。皮下注射给药吸收较完全，吸收后在体内分布较广泛，其中在皮肤上分布浓度较高。体内消除较慢，消除半衰期猪 12 h，犬 2 d，牛 2~3 d，绵羊 2~7 d。

本品主要用于马、牛、羊、猪、犬、猫、家禽等的胃肠道线虫、肺线虫和体外寄生虫病的防治。

【不良反应】

(1) 本品注射液对局部组织有一定刺激性，可能会导致注射部位短暂性水肿，以马、犬较为常见，用时慎重。

(2) 伊维菌素安全范围较大，过量时亦可中毒，中毒解救可用印防己毒素。

(3) 禽应用本品驱虫时可能会出现食欲减退、精神沉郁甚至昏睡、死亡等不良反应。

(4) 用于治疗马盘尾丝虫时，杀死的虫体可能引起马发生过敏反应，导致腹中线周围瘙痒、水肿等。9 倍推荐剂量（即 1.8 mg/kg）给药时，马未见毒性反应，但 2 mg/kg 剂量给药可能引起马精神沉郁、视觉障碍和共济失调等。

(5) 用于治疗犬微丝蚴时，犬可能会有休克样反应。

(6) 用于治疗牛皮蝇蚴病时，如杀灭的牛皮蝇蚴处于机体关键部位，则可能引起一些严重的不良反应。当给予 8 mg/kg 剂量，可能出现精神沉郁甚至呆滞、共济失调，甚至死亡等。

(7) 猪以 30 mg/kg 剂量给药，可见嗜睡、肌肉震颤、瞳孔放大、共济失调等中毒症状，新生仔猪对本品过量更为敏感。

(8) 绵羊以 4 mg/kg 剂量给药，呈现出精神沉郁、共济失调等症状。

【用法与用量】

(1) 内服：一次量，每 10 kg 体重，猪 3 mg，羊 2 mg。

(2) 混饲：每 1 000 kg 饲料，猪 2 g，连用 7 d。

(3) 皮下注射：一次量，每 1 kg 体重，猪 0.3 mg，牛、羊、马、骆驼、禽 0.2 mg。

【制剂】

（1）伊维菌素片：每片 2 mg、5 mg、7.5 mg。

（2）预混剂：每 1 kg 含 6 g。

（3）伊维菌素溶液：0.1%、0.2%、0.3%。

（4）注射剂：1 mL 含 0.01 g、2 mL 含 0.02 g、5 mL 含 0.05 g、50 mL 含 0.5 g、100 mL 含 1 g。

（5）硝氯酚伊维菌素片[处][乡]：硝氯酚 100 mg+伊维菌素 10 mg。

【注意事项】

（1）本品对虾、鱼及其他水生生物有剧毒，盛药的容器或药物包装勿污染水源。

（2）柯利牧羊犬对本品异常敏感，当超过 0.1 mg/kg 剂量即会引起严重的不良反应，应禁用。

（3）伊维菌素注射液，仅供皮下注射，不宜作肌内或静脉注射，且每个皮下注射部位以不超过 10 mL 为宜。

（4）伊维菌素预混剂为猪专用剂型，其他动物不宜应用。混入伊维菌素的猪饲料，切忌投入鱼池，否则可致鱼死亡。

（5）伊维菌素注射给药时，通常一次即可，必要时隔 7~9 d，再用药 2~3 次。

（6）本品不宜与乙胺嗪合用。

（7）休药期：①片剂：羊 35 d，猪 28 d；②注射液：牛、羊 35 d，猪 28 d，弃奶期 20 d；③溶液：羊 35 d、猪 28 d。

阿维菌素（阿灭丁、爱比菌素）Avermectin（Abamectin）

【理化性质】本品为白色或淡黄色粉末，难溶于水，略溶于甲醇、乙醇，易溶于丙酮、氯仿。性质不太稳定，对光线较敏感，可能被迅速氧化而灭活，故应严格避光保存。

【作用与用途】本品的抗寄生虫作用与伊维菌素基本相似。主要用于控制马的大、小圆线虫、蛔虫、蛲虫等；用于控制牛胃肠道线虫、肺线虫、吸吮虱和壁虱；亦用于治疗牛、羊、犬、兔线虫病、螨病及寄生性昆虫病。

【用法与用量】

（1）内服：一次量，每 1 kg 体重，猪、羊 0.3 mg。

（2）皮下注射：一次量，每 1 kg 体重，猪 0.3 mg，羊 0.2 mg。

（3）外用涂擦（兔、犬两耳背部内侧涂擦）或浇注（牛、猪由肩部向后，沿背中线浇注）：一次量，每 1 kg 体重，1 mg（即 0.1 mL）。

【制剂】①片剂：每片 2 mg、5 mg；②胶囊剂：每粒 2.5 mg；③粉剂：50 g 含 0.5 g、1 g；④注射液[处][乡]：5 mL 含 0.05 g，25 mL 含 0.25 g，50 mL 含 0.5 g，100 mL 含 1 g；⑤透皮溶液剂：含阿维菌素 B_1 5%。

【注意事项】

（1）本品毒性较伊维菌素大，应慎用，泌乳期禁用。

（2）其他参见伊维菌素。

（3）休药期：片剂、胶囊剂、粉剂、注射液，猪 28 d，羊 35 d；透皮溶液剂，牛、猪 42 d。

赛拉菌素 Selamectin

【理化性质】本品为无色或淡黄色结晶性粉末。

【作用与用途】本品为阿维菌素类抗寄生虫药。赛拉菌素对体内（线虫）和体外（节肢昆虫）寄生虫有杀灭活性。与其他阿维菌素类药理作用相同，赛拉菌素可促进突触前神经元释放抑制性神经递质 r-氨基丁酸（GABA），打开 GABA 及谷氨酸控制的氯离子通道，增强神经膜对氯离子的通透性，从而阻断神经信号的传递，使虫体发生快速、致死性和非痉挛性的神经性肌肉麻痹。

用于治疗犬、猫的蛔虫、钩虫、疥螨、蚤和虱的感染；溶液也可用来预防犬、猫心丝虫病。

【不良反应】临床研究表明，有不到 0.5% 的猫在用药部位或周围出现一过性的炎性或非炎性的脱毛，这可能是由于动物自己梳理造成的。另外有些临床试验犬、猫表现出可能与治疗无关的呕吐、流涎或腹泻。

【用法与用量】以赛拉菌素计。外用，一次量，每 1 kg 体重，犬、猫 6 mg。

【制剂】滴剂：0.75 mL 含 45 mg；溶液：0.25 mL 含 15 mg，0.75 mL 含 45 mg，0.25 mL 含 30 mg，0.5 mL 含 60 mg，1.0 mL 含 120 mg，2.0 mL 含 240 mg，3.0 mL 含 360 mg。

【注意事项】

（1）本品仅限用于宠物，适用于 6 周龄和 6 周龄以上的犬。

（2）勿在宠物毛发尚湿的时候使用本品。用药 2 h 后，给宠物洗澡不会降低本品的药效。

（3）避免儿童接触。

（4）可能对皮肤和眼睛有刺激性，用后洗手。皮肤接触到药物后立即用肥皂和清水冲洗；如溅入眼内，用大量清水冲洗。

（5）本品易燃，要远离热源和火源。

（6）如不慎食入，应立即求助医生。

多拉菌素 Doramectin

【理化性质】本品是由土壤微生物阿氟曼链霉菌的发酵产物，为白色或类白色结晶性粉末，有引湿性，在水中溶解度极低，易溶于甲醇、氯仿。性质不太稳定，阳光照射下迅速分解灭活，应避光保存。

【作用与用途】本品为新型、广谱抗寄生虫药，其抗虫谱和药理作用与伊维菌素相似，但作用稍强，毒性稍小。本品对胃肠道线虫、肺线虫、眼丝虫、牛皮蝇、螨、蜱、蚤、虱和伤口蛆等均有高效，用于治疗家畜线虫病和螨病等体内、外寄生虫病，主要适用于牛和猪。

本品皮下注射和肌内注射吸收程度相似，且均吸收较慢，牛皮下注射 0.2 mg/kg，达峰时间 3.5 d，消除半衰期 8.8 d；猪肌内注射本品达峰时间为 3~4 d。

【不良反应】本品不良反应较少，当用于治疗犬脂螨病时可能会有部分犬出现嗜睡、瞳孔散大、视觉障碍，严重的甚至导致昏迷。本品的安全范围广，当牛给予 25 倍推荐剂量未见明显中毒症状。

【用法与用量】注射液，皮下或肌内注射：一次量，每 1 kg 体重，牛 0.2 mg，猪 0.3 mg；浇泼剂（背部浇泼）：每 1 kg 体重，牛 0.5 mg。

【制剂】注射液：50 mL 含 0.5 g，100 mL 含 1 g，200 mL 含 2 g，500 mL 含 5 g。浇泼液：250 mL 含 125 mg，2.5 L 含 1.25 g，1.0 L 含 0.5 g。

【注意事项】

（1）本品对鱼类及水生生物有毒，应注意保护水源。

（2）为保证药效，牛使用浇泼剂后，6 h 内不能淋雨。

（3）其他参见伊维菌素。

（4）休药期：牛 35 d，猪 28 d。

莫西菌素 Moxidectin

【理化性质】本品是由一种链霉菌发酵产生的半合成单一成分的大环内酯类抗寄生虫抗生素。

【作用与用途】本品属广谱驱虫药，对犬、牛、绵羊、马的线虫和节肢动物寄生虫有高度驱除活性。莫西菌素与其他大环内酯类抗寄生虫药的不同之处在于它是单一成分，且能维持更长时间的抗虫活性。莫西菌素主要用于反刍兽和马的大多数胃肠线虫和肺线虫，反刍兽的某些节肢动物寄生虫，以及犬恶丝虫发育中的幼虫。牛主要用莫西菌素注射剂和浇泼剂，对大多数胃肠线虫和肺线虫超过 99% 高效，注射剂和浇泼剂对吸吮性体外寄生虫，如牛血虱、牛腭虱、牛管虱和牛纹皮蝇蛆有效率达 99%～100%，浇泼剂对牛毛虱的效果更优于注射剂。一次皮下注射莫西菌素能完全排除疥螨和痒螨，但并不能治愈足螨。羊内服莫西菌素驱虫，对大部分口线虫有效率超过 99%。此外，对绵羊痒螨也有极好疗效。莫西菌素对犬的驱虫作用和美贝霉素相似，对犬钩口线虫有高效，但对弯口属钩虫（如欧洲犬钩口线虫）效果不佳。临床主要用于驱除马、牛、羊及犬的线虫和螨等体内外寄生虫。

【不良反应】

（1）患犬丝虫的犬应用本品不良反应很少，可能引起少数犬只咳嗽、无力、厌食、呕吐、共济失调、有口渴感、瘙痒、神经症状和死亡（发生率 2.5/1 000 000）等。给予牧羊犬 20 倍推荐剂量，未见有明显不良反应，30 倍时动物出现精神轻度抑郁、流涎和共济失调等。

（2）牛在推荐剂量下不良反应极少，以 5 倍推荐剂量连用 5 d，或 25 倍推荐剂量用 1 d 均未发现明显的不良反应。

（3）马在推荐剂量下不良反应也很少，曾有一匹马因高剂量应用本品而导致昏迷，另有 3 只马驹也因高剂量应用本品而死亡。另外，给予 3 倍推荐剂量后，8 只驹中有 3 只出现神经抑郁或共济失调。

【用法与用量】内服片剂：一次量，每 1 kg 体重，犬 3 μg，每天 1 次；内服溶液，一次量，每 1 kg 体重，马 0.4 mg，羊 0.2 mg。皮下注射：一次量，每 1 kg 体重，牛 0.2 mg。背部浇泼：每 1 kg 体重，牛、鹿 0.5 mg。

【制剂】片剂：每片 30 μg、68 μg、136 μg。溶液：100 mL 含 0.1 g，250 mL 含 0.25 g。注射液：1 mL 含 0.01 g，5 mL 含 0.05 g。浇泼剂：每

250 mL 含 0. 125 g，每 2. 5 L 含 1. 25 g。

【注意事项】

（1）牛应用浇泼剂后，6 h 内不能雨淋。

（2）对本品过敏的犬、繁殖期奶牛和小于 4 月龄的驹禁用本品。

乙酰氨基阿维菌素 Eprinomectin

【理化性质】本品为白色至淡黄色结晶性粉末，有引湿性。难溶于水，易溶于甲醇、乙醇、丙酮等有机溶剂。

【作用与用途】本品抗虫谱与伊维菌素相似，其中对辐射食道口线虫、蛇行毛圆线虫和古柏线虫的驱杀活性强于伊维菌素，对牛皮蝇蚴能 100% 杀灭，对牛蜱也有较强驱杀作用。皮下注射本品后对畜禽的多数线虫成虫及幼虫有效驱杀率约为 95%，透皮制剂对牛的多种线虫成虫及幼虫驱杀率均不低于 99%，对人工感染的山羊捻转血矛线虫和蛇行毛圆线虫的驱杀率分别为 100% 和 97%。主要用于治疗牛体内线虫及虱、螨、蜱、蝇蛆等体外寄生虫病。

【不良反应】常用剂量下不良反应较少，临床中发现当给予 10 倍常用剂量时，有一头牛出现瞳孔散大。

【用法与用量】皮下注射：一次量，每 1 kg 体重，牛 0. 2 mg。

【制剂】注射液：5 mL 含 0. 05 g，10 mL 含 0. 1 g，30 mL 含 0. 3 g，50 mL 含 0. 5 g。

【注意事项】

（1）本品的注射液仅能皮下注射，禁止肌内或静脉注射。

（2）本品对虾、鱼及其他水生生物有剧毒，应注意保护水源。

（3）其他参见伊维菌素。

（4）休药期：肉牛 1 d，弃奶期 1 d。

米尔贝肟（美贝霉素肟）Milbemycin oxime

【理化性质】本品为含米尔贝肟 A3 和米尔贝肟 A4 的复合物，为白色或类白色粉末。在甲醇、乙醇、乙腈中易溶，在水中几乎不溶。

【作用与用途】本品为大环内酯类抗寄生虫药，是专用于犬的抗寄生虫药。米尔贝肟可与无脊椎动物神经和肌肉细胞氯离子通道结合，使谷氨酸控制的氯离子通道开放，增强细胞膜对氯离子的通透性，从而引起神经肌肉细胞膜超极化作用，导致寄生虫麻痹、死亡。

米尔贝肟对某些节肢动物和线虫有高度活性，对内寄生虫（钩虫、犬弓蛔虫、犬恶丝虫、鞭虫等线虫）和外寄生虫（犬蠕形螨）均有高效，以较低剂量（0.5 mg/kg 或更低）对线虫即有驱除效应，对犬恶丝虫发育中幼虫极其敏感。在国外，主要用以预防微丝蚴和肠道寄生虫。治疗犬微丝蚴病，一次内服 0.25 mg/kg 体重，几天内即使微丝蚴数减少 98% 以上；治疗犬蠕形螨极有效，按 1~4.6 mg/kg 体重量内服，在 60~90 d 内，患犬症状迅速改善，而且大部分犬彻底治愈。本品对钩口线虫属的钩虫有效，但对弯口属钩虫不理想。米尔贝肟是强而有效的杀犬微丝蚴药物，还可防治犬的线虫病和蠕形螨等体外寄生虫病。

给犬以 0.5mg/kg 体重的剂量内服米尔贝肟后，吸收迅速，米尔贝肟 A3 和 A4 的绝对生物利用度分别为 81% 和 65%。达峰时间（T_{max}）为 1~2 h，米尔贝肟 A3 和 A4 的峰浓度（C_{max}）为分别为 42 ng/mL±11 ng/mL 和 246 ng/mL±7 ng/mL；米尔贝肟 A3 和 A4 的组织分布容积分别为 2.7 L/kg±0.4 L/kg 和 2.6 L/kg±0.6 L/kg；米尔贝肟 A3 和 A4 的血浆清除率较低，分别为 75 mL/（h·kg）±22 mL/（h·kg）和 41 mL/（h·kg）±12 mL/（h·kg）；米尔贝肟 A3 和 A4 的血浆半衰期分别为 1.6 d±0.4 d 和 3.3 d±1.4 d。用于预防犬心丝虫感染，驱除蛔虫、钩虫和鞭虫。

【用法与用量】仅适合 5~10 kg 犬。米尔贝肟片内服：预防犬心丝虫感染，一次量，2.5 mg，每个月 1 次。蚊患季节前 1 个月开始使用，直到蚊患季节后 1 个月；驱除蛔虫和钩虫：一次量，2.5 mg，每个月 1 次，至少连用 2 次；驱除鞭虫：一次量，每 1 kg 体重 0.5~1 mg，每个月 1 次，至少连用 2 次。

【制剂】片剂：每片 2.5 mg。

【不良反应】已感染心丝虫的犬，使用本品可出现呕吐、食欲下降和精神沉郁等现象。若动物体内有大量的微丝蚴存在，则应用本品后可能导致动物出现短暂的休克症状，高剂量时易诱发神经症状。8 周龄幼犬按 2.5 mg/kg 内服，连用 3 d，第 2 d 或第 3 d 后可能出现肌肉震颤、共济失调等。

【药物相互作用】米尔贝肟是 P-糖蛋白（P-gp）的底物，可与其他 P-gp 底物（如地高辛）或其他大环内酯类药物相互作用。因此，与其他 P-gp 底物联合用药可能导致毒性增强。

【注意事项】

（1）两月龄以下或体重 5 kg 以下或 10 kg 以上犬不适合使用。

（2）在犬心丝虫病流行地区，给药前应检测犬是否已感染心丝虫。已感染心丝虫的犬，服用本品前应先驱除心丝虫及幼虫。

（3）本品应存放于儿童不可触及处。

阿苯达唑（丙硫咪唑、抗蠕敏、肠虫清）Albendazole（Zentel）

【理化性质】本品为白色或类白色粉末，无臭，无味。不溶于水，难溶于乙醇，微溶于丙酮和氯仿，可溶于稀酸。

【作用与用途】本品是国内目前使用最广泛的高效、广谱、低毒的新型驱虫药，对畜禽线虫、绦虫、吸虫（血吸虫除外）的成虫及幼虫均有驱除作用，对虫卵也有抑杀作用，此外，对猪、牛、羊的囊尾蚴及猪肾虫亦有一定疗效。驱虫机制在于干扰虫体能量代谢。本品主要用于畜禽线虫病、绦虫病和吸虫病，如马的副蛔虫病和圆线虫病等，牛毛圆线虫、食道口线虫、肝片吸虫及莫尼茨绦虫病等，犬、猫的毛细线虫和犬丝虫病等，禽鞭毛虫和绦虫病等，以及绵羊、山羊和猪体内蠕虫病。

本品内服给药吸收程度较其他苯并咪唑类药物高，9 d 内尿中检测本品的代谢物约为内服剂量的 47%。本品有很强的首过效应，一般血液中很难检测到原型药物，给药 20 h 血中的活性代谢物（阿苯达唑砜和阿苯达唑亚砜）可达药峰浓度。

【不良反应】

（1）以推荐剂量用药，牛、绵羊无明显不良反应，牛给予 4.5 倍推荐剂量（4.5 mg/kg）仍未有明显不良反应，但 300 mg/kg 和 200 mg/kg 的剂量可分别致牛和绵羊死亡。

（2）猫在推荐剂量下可能出现精神抑郁、嗜睡、厌食等，如按每天 100 mg/kg 剂量连用 2~3 周，会出现精神迟钝、体重下降和中性粒细胞减少症状。

（3）当犬以 50 mg/kg 的剂量一天 2 次给药，可能出现食欲减退症状。

（4）本品还可引起犬、猫的再生障碍性贫血。

（5）对妊娠早期动物有致畸和胚胎毒性的作用。

【用法与用量】内服：一次量，每 1 kg 体重，马、猪 5~10 mg，牛、羊 10~15 mg，兔（试用量）15~30 mg，犬 25~50 mg，禽 10~20 mg，鱼

20 mg，每天 2 次。

【制剂】

(1) 片剂：每片 0.025 g、0.05 g、0.2 g、0.5 g。

(2) 阿苯达唑/阿维菌素片：每片 0.153 g 含阿维菌素 3 mg+阿苯达唑 0.15 g；每片 0.255 g 含阿维菌素 5 mg+阿苯达唑 0.25 g。

(3) 粉剂：2.5%、10%。

(4) 混悬液：100 mL 含 10 g。

【注意事项】

(1) 马对本品敏感，应慎用；牛、羊妊娠前期 45 d 内禁用，产奶牛禁用。

(2) 休药期：牛 14 d，羊 4 d，猪 7 d，禽 4 d，弃奶期 60 h。

氧阿苯达唑 Albendazole Oxide

【理化性质】本品为白色或类白色粉末，无臭、无味。不溶于水，难溶于丙酮，微溶于乙醇，易溶于冰醋酸或氢氧化钠溶液。

【作用与用途】本品为阿苯达唑在动物体内的活性代谢产物（又称为阿苯达唑亚砜），驱虫作用与阿苯达唑相似。驱虫谱广，对动物胃肠道和肺线虫各发育阶段都有驱杀作用，对绦虫和肝片吸虫也有效。本品主要用于控制牛、羊等胃肠道和肺的寄生虫感染。

【不良反应】本品是潜在的皮肤致敏物质，应慎用。其他不良反应参见阿苯达唑。

【用法与用量】内服：一次量，每 1 kg 体重，牛 4 mg，羊 5~10 mg。

【制剂】氧阿苯达唑片：每片 0.05 g、0.1 g。

【注意事项】羊休药期 4 d，其他注意事项同阿苯达唑。

甲苯咪唑 Mebendazole

【理化性质】本品为白色、类白色或微黄色结晶性粉末，无臭，在水中不溶，在丙酮或氯仿中极微溶解，在冰醋酸中略溶，在甲醇中易溶。

【作用与用途】本品的抗虫谱主要包括畜禽的胃肠道线虫、某些绦虫、旋毛虫和某些水生生物寄生虫，其中对动物多种胃肠线虫有高效，对部分绦虫和旋毛虫有良效，对某些水产养殖动物的寄生虫亦有效。本品主要用于马、羊、禽、野生动物的胃肠道线虫病，犬、猫的线虫、绦虫病，鱼类指环虫、伪指环虫、三代虫等单殖吸虫病等。

【不良反应】马内服本品后偶尔可见食欲减退、腹泻和腹痛等症状；犬内服本品后可能出现精神抑郁、嗜睡和肝脏异常等症状。大鼠致畸试验结果证实本品对其有一定致畸作用。

【用法与用量】

（1）内服：每 1 kg 体重，马、牛、羊、猪 10~20 mg；鸡、鸭、鹅 30~100 mg。以溶液剂型计，加 2 000 倍水稀释均匀后泼洒：治疗青鱼、草鱼、鳙鱼、鳜鱼的单殖吸虫病，每立方米水体，0.1~0.15 g；治疗欧洲鳗、美洲鳗的单殖吸虫病，每立方米水体，0.25~0.5 g。

（2）混饲：预防，每 1 kg 饲料 15 mg；治疗：每 1 kg 饲料 50~125 mg。

【制剂】①片剂：每片 50 mg。②复方片剂：每片含甲苯咪唑 100 mg、左旋咪唑 25 mg。甲苯咪唑溶液（水产用）：10%（g/g）。

【注意事项】

（1）蛋鸡、鸽子、鹦鹉禁用；妊娠母畜禁用。

（2）斑点叉尾鮰、大口鲇禁用。

（3）休药期，羊7 d，家禽 14 d，鱼 500 ℃·d。

氟苯达唑（氟苯咪唑、氟苯诺）Flubendazole（Flubenol）

【理化性质】本品为白色粉末，无臭，不溶于水、甲醇、氯仿等溶剂，在稀盐酸中略溶。

【作用与用途】本品为新型苯并咪唑类驱虫药，是甲苯咪唑的对位氟取代同系物，抗虫谱和药理作用与甲苯咪唑相似。对猪胃肠道内的多数线虫、绦虫及鸡胃肠道内的多数线虫等，均有极好的驱虫效果，对囊尾蚴、细粒棘球绦虫的未成熟虫体重复用药也有效。驱虫机制，目前认为在于干扰虫体能量代谢。本品从胃肠道吸收很少，大部分以原形药从粪便排出；吸收部分很快被代谢，血和尿中的原形药浓度很低。氟苯达唑在猪和鸡体内的代谢途径主要为氨基甲酸酯水解和酮基还原。

本品用于驱除畜禽胃肠道线虫及绦虫。

【不良反应】除了未见明显致畸作用外，其他基本同甲苯咪唑。

【用法与用量】预混剂（氟苯咪唑计）。混饲：每吨饲料，猪、鸡 30 g，连续用药，猪 5~10 d、鸡 4~7 d。具体见表 4-1。

表 4-1 氟苯咪唑具体用法

动物种类		饲料中药物浓度（以氟苯咪唑计）	每 1 000 kg 饲料加药量（以氟苯咪唑计）	连续用药天数
猪	仔猪和育肥猪	30×10^{-6}	300 g	5~10 d
	仔猪和育肥猪（猪鞭虫）	30×10^{-6}	300 g	5~10 d
	种猪	30×10^{-6}	300 g	5~10 d
家禽	鸡和鹅	30×10^{-6}	300 g	4~7 d
	鸡和鹅（瑞立绦虫属）	60×10^{-6}	600 g	4~7 d
	火鸡	20×10^{-6}	200 g	4~7 d
	雉鸡和鹧鸪	60×10^{-6}	600 g	4~7 d

【制剂】预混剂：100 g 含 5 g、50 g。

【注意事项】

（1）对苯并咪唑类药物产生耐药性的虫株，可能对本品亦产生耐药性。

（2）在治疗的同时，猪场和养禽场如能保持良好的卫生环境，治疗效果更佳。使用者应避免皮肤直接接触或吸入本品。

（3）休药期：猪、鸡 14 d。

（4）妊娠母畜禁用。禁用于鸽子和鹦鹉。

芬苯达唑 Fenbendazole

【理化性质】本品为白色或类白色结晶性粉末，无臭，无味。不溶于水，微溶于甲醇，略溶于二甲基甲酰胺，可溶于二甲基亚砜和冰醋酸。

【作用与用途】本品抗虫机理与丙硫咪唑相似，但抗虫谱较丙硫咪唑窄，主要针对畜禽线虫和绦虫有效，抗虫活性也稍强。本品内服给药吸收少且较慢，犬达峰时间为 1 d，绵羊为 2~3 d，一般犬和猫需要连续用药达 3 d 才能发挥疗效。本品在肝脏中主要代谢生成砜和亚砜，其中后者也有驱虫活性。在牛、猪和绵羊体内，本品有 44%~50% 以原形随粪排出。临床主要用于畜禽胃肠道线虫病和绦虫病。

【不良反应】常规治疗剂量下本品不良反应很少，甚至可用于孕畜。犬和猫内服本品偶可见呕吐症状，曾有一例患犬应用本品后导致其体内白细胞数量明显减少。高剂量应用时，杀灭的寄生虫停留在体内可能会导致机体发生过敏反应。

【用法与用量】内服：一次量，每 1 kg 体重，马、牛、羊、猪 5～7.5 mg；犬、猫 25～50 mg；禽 10～50 mg。

【制剂】①片剂：每片 0.1 g。②粉剂：每 100 g 含 5 g。

【注意事项】

（1）可能伴有致畸和胚胎毒性，妊娠前期 45 d 内忌用。

（2）单剂量对于犬、猫往往无效，必须治疗 3 d。

（3）休药期：芬苯达唑片，牛、羊 21 d，猪 3 d，弃奶期 7 d；芬苯达唑粉剂，牛、羊 14 d，猪 3 d，弃奶期 5 d。

奥芬达唑 Oxfendazole

【理化性质】本品为白色或类白色粉末；有轻微的特殊气味。在甲醇、丙酮、氯仿或乙醚中微溶，在水中不溶。

【作用与用途】本品为芬苯达唑体内的代谢产物，即芬苯达唑亚砜，故驱虫谱和作用机理与之相似，但抗虫活性较芬苯达唑强。主要用于防治畜禽线虫病和绦虫病。

【不良反应】

（1）推荐剂量下极少有不良反应，可能会有个别出现过敏反应。按 10 倍推荐剂量用于马也未见有明显不良反应。

（2）犬大剂量应用时，可能产生食欲不振。

（3）可引起犬的再生障碍性贫血。

【用法与用量】内服：一次量，每 1 kg 体重，马 10 mg，牛 5 mg，羊 5～7.5 mg，猪 4 mg，犬 10 mg。

【制剂】片剂：0.1 g，50mg。

【注意事项】休药期：牛、羊、猪 7 d，产奶期禁用，供食用的马禁用，其他参见芬苯达唑。

氧苯达唑（奥苯达唑）Oxibendazole

【理化性质】本品为白色结晶性粉末，无臭，无味，在水中不溶解，在甲醇、乙醇或氯仿中极微溶解，在冰醋酸中溶解。

【作用与用途】本品属新型苯并咪唑类驱虫药，驱虫谱比丙硫咪唑稍窄，但对畜禽胃肠道多数线虫有效。驱虫机制同丙硫咪唑。

【不良反应】本品与乙胺嗪合用可能会导致犬肝炎，应禁止合用。按60倍推荐剂量用于马也未见有明显不良反应。其他参见丙硫咪唑。

【用法与用量】内服：一次量，每 1 kg 体重，马、牛 10～15 mg，猪、羊 10 mg，禽 35～40 mg。

【制剂】片剂：每片 25 mg、50 mg、100 mg。

【注意事项】

（1）对苯并咪唑类耐药的虫株，对本品亦可能耐药；禁用于严重衰弱、患有急腹痛、毒血症或感染性疾病的马。

（2）奶牛禁用。

（3）休药期：28 d。

非班太尔 Febantel

【理化性质】本品为白色或类白色结晶性粉末，不溶于水，微溶于甲醇，可溶于丙酮，易溶于氯仿。

【作用与用途】本品自身无驱虫活性，但可在动物体内经代谢生成芬苯达唑、奥芬达唑和奥芬达唑砜等具体驱虫活性的代谢物，其抗虫谱、作用与芬苯达唑相似，主要用于羊、猪胃肠道线虫和肺线虫。

【不良反应】本品较高剂量（45 mg/kg）用于怀孕 17 d 的母羊，结果发现有不低于 10% 的羔羊出现了肾脏和骨骼肌异常。

【用法与用量】内服：一次量，每 1 kg 体重，猪、羊 5 mg；每 10 kg 体重，犬 1 片（复方非班太尔片）。

【制剂】片剂：每片 0.1 g；颗粒剂：10 g 含 1 g，100 g 含 10 g，1 000 g 含 100 g；复方片剂：每片 0.344 g（含非班太尔 0.15 g、双羟萘酸噻嘧啶 0.144 g 和吡喹酮 0.05 g）。

【注意事项】

（1）本品与吡喹酮合用制成的复方制剂，易增加孕畜的早期流产频率。

（2）复方非班太尔片仅用于宠物犬，慎用于妊娠母犬，且禁与哌嗪类合用。

（3）休药期：片剂和颗粒剂，羊、猪 14 d，弃奶期 2 d。

（4）其他参见芬苯达唑。

左旋咪唑（左咪唑、左噻咪唑）Levamisole（Levasole）

【理化性质】本品常用其盐酸盐或磷酸盐，为白色或类白色结晶性粉末或针类结晶，易溶于水和乙醇。本品在酸性水溶液中性质稳定，在碱性水溶液中易水解失效。

【作用与用途】本品是优良的广谱驱虫药之一，对畜禽的多数胃肠道线虫有效，如对猪、鸡蛔虫，牛、羊胃肠道血矛线虫、食道口线虫等都有较好的治疗作用，也对寄生于水生动物肠道内的黏孢子虫有驱杀作用。但有资料证实，本品对多数寄生虫幼虫作用稍弱。抗虫机制，目前认为与其抑制虫体延胡索酸还原酶有关。另外，本品尚有明显的免疫增强功能，主要用于牛、羊、猪、犬、猫和禽的胃肠道线虫、肺线虫及犬心丝虫和猪肾虫的治疗，也用于免疫功能低下动物的辅助治疗及提高疫苗的免疫效果。

本品经内服或皮肤给药均能吸收，且吸收后体内分布广泛，多数以代谢物的形式随尿排出，消除半衰期牛为 4~6 h，羊为 3~4 h，猪为 3.5~6.8 h，犬为 1.8~4 h。

【不良反应】

（1）猪应用本品后可能出现流涎、口鼻冒泡等症状。

（2）绵羊应用本品后部分动物可能会有短暂性兴奋症状；山羊可能出现精神抑郁、流涎和感觉敏感等。

（3）牛应用本品后可能会出现副交感神经症状如流涎、精神兴奋、摇头、肌肉震颤、口鼻冒泡、舔唇等，且可能出现注射部位肿大，但上述症状均为暂时性。

（4）犬的不良反应主要包括喘气、摇头、焦虑、嗜睡、胃肠功能紊乱（如呕吐、腹泻等）、皮疹、肺水肿等。

（5）猫可见精神兴奋、流涎、呕吐和瞳孔散大等。

（6）禽大剂量应用本品可能导致精神抑郁、共济失调、小腿及翅膀麻痹、瞳孔散大等中毒症状，甚至死亡。

【用法与用量】内服、皮下注射、肌内注射：一次量，每 1 kg 体重，牛、羊、猪 7.5 mg，兔（试用量）12~20 mg，犬、猫 10 mg，禽 25 mg，鱼 4~8 mg，连用 3 d。

【制剂】①粉剂 5%、10%。②片剂：每片 25 mg、50 mg。③注射剂（盐酸盐）：每支 2 mL 含 0.1 g，5 mL 含 0.25 g，10 mL 含 0.5 g。

【注意事项】

（1）本品对马不仅安全范围窄，易于中毒，而且对马的多数寄生虫不敏感，故临床一般不用于马。

（2）骆驼禁用。本品中毒后可用阿托品解救。

（3）泌乳动物禁用。

（4）极度衰弱或严重肝肾损伤患畜应慎用。疫苗接种、去角或去势等引起应激反应的牛慎用。

（5）休药期：①片剂：牛2 d，羊、猪3 d，禽28 d；②注射液：牛14 d，羊、猪28 d。

精制敌百虫 Purified Metrifonate（Trichlorfon，Neguvon）[处][乡]

【理化性质】本品为白色结晶性粉末，易吸湿、结块和潮解，有挥发性。易溶于水和乙醇、醚等溶剂，水溶液呈酸性反应，性质不稳定，宜现配现用，在碱性水溶液中迅速分解，生成毒性更强的敌敌畏。

【作用与用途】本品为广谱驱线虫药，对多数消化道线虫和部分吸虫（姜片吸虫、血吸虫等）有效，亦可杀灭体表寄生虫，还对鱼鳃吸虫和鱼虱有效。驱虫机制是抑制虫体胆碱酯酶活性，引起乙酰胆碱在虫体内蓄积，致使虫体肌肉先兴奋、痉挛，后麻痹，直至死亡。同时，本品还能抑制宿主胆碱酯酶活性，增强胃肠蠕动，促使虫体排出，主要用于驱除家畜胃肠道线虫、猪姜片虫、马胃蝇蛆、牛皮蝇蛆、羊鼻蝇蛆和蜱、螨、蚤、虱等。

【不良反应】本品安全范围较窄，常规剂量动物可能出现轻微副交感神经兴奋症状（如胃肠蠕动加快），大剂量应用可出现明显中毒，动物流涎、流眼泪、腹泻、腹痛、缩瞳、呼吸困难等。

【用法与用量】

（1）内服：一次量，每1 kg体重，猪80~100 mg，马30~50 mg，牛20~40 mg，绵羊80~100 mg，山羊50~70 mg，鱼150~500 mg，每天2次，连喂4~6 d。极量，内服：一次量，马20 g，牛15 g。

（2）外用：1%~2%溶液，局部涂擦或喷雾。

【制剂】片剂：每片0.5 g。

【注意事项】

（1）敌百虫对家禽（如鸡、鸭、鹅等）毒性较强，以不用为宜；奶牛不宜使用，水牛次之，黄牛、羊较敏感，用时需注意；猪、犬、马较安全。

（2）孕畜及患心脏病、胃肠炎的动物禁用。

（3）使用本品前后禁用胆碱酯酶抑制药，本品也禁与碱性药物合用。

（4）中毒后可尽快应用解磷定和阿托品解救。

（5）休药期：28 d。

哌嗪 Piperazine

【理化性质】本品为白色结晶性粉末，易溶于水和甘油，性质不稳定。常用其枸橼酸盐和磷酸盐，前者易溶于水，后者难溶于水。

【作用与用途】本品为窄谱驱线虫药，对畜禽蛔虫有良好的驱虫效果，尤其对鸡蛔虫、猪蛔虫和结节虫的驱虫效果极佳，但对鸡异刺线虫（盲肠线虫）效果较差。驱虫机制是阻断虫体肌肉间的神经传递。本品主要用于畜禽蛔虫病，也用于马蛲虫病，毛首线虫病，牛、羊及猪的食道口线虫病。

泻药与磷酸哌嗪合用后，可加速后者随粪排出，从而降低疗效，临床不宜合用。此外，本品也不宜与噻嘧啶、甲嘧啶和氯丙嗪等合用。

【不良反应】

（1）常规用药剂量下，本品较安全，对于并发胃肠炎或怀孕期的动物可安全使用。犬、猫可能出现呕吐、腹泻和共济失调等。大剂量应用时，犬、猫会发生急性中毒，症状主要包括精神抑郁、呕吐、多涎、呼吸困难、肌肉抽搐（主要为耳部、胡须、尾部和眼部）、后肢共济失调、脱水、瞳孔反射迟钝等。

（2）大剂量应用时，马、驹一般能耐受，偶可见排软粪。

【用法与用量】内服：一次量，每 1 kg 体重，牛、马 250 mg，猪、羊 300 mg，兔（试用量）100~400 mg，禽 250 mg，犬 70~100 mg。

【制剂】①磷酸哌嗪片剂：每片 0.2 g、0.5 g。②枸橼酸哌嗪片剂：每片 0.25 g、0.5 g。

【注意事项】

（1）哌嗪饮水给药时，宜现配现用，畜禽需在 8~12 h 内用完；肝、肾疾病患畜慎用。

（2）为彻底驱杀动物体内的线虫，本品需要在间隔一段时间后重复给药，一般猪间隔时间不长于 4 周，马为 4~8 周，食肉动物为 2 周左右。

（3）休药期：牛、羊 28 d，猪 21 d，禽 14 d。

潮霉素 B 预混剂 Hygromycin B Premix

【理化性质】本品由潮霉素 B 与脱脂米糠、大豆粕等辅料配制而成，为淡黄色或淡黄褐色粉末。

【有效成分】潮霉素 B。

【适用动物】育成猪、母猪。

【作用与用途】抗生素类药，用于驱除猪蛔虫和鞭虫。

【用法与用量】混饲每 1 000 kg 料，猪 10~13 g，育成猪连用 8 周，母猪产前 8 周至分娩。

【制剂】预混剂：100 g 含潮霉素 B 1.76 g（176 万 u）。

【注意事项】避免与皮肤、眼睛接触。

【休药期】3 d。

越霉素 A Destomycin A

【理化性质】本品系链霉菌产生的碱性水溶性抗生素。为黄色或黄褐色粉末，微溶于乙醇，难溶于丙酮、乙醚和氯仿等有机溶剂。

【作用与用途】本品属于抗生素类驱虫药，其驱虫机制是使寄生虫的虫壁、生殖器管壁变薄和易脆，致使虫体活动减弱而被排出体外；还能阻碍雌虫子宫内膜的形成，产生异常卵而不能成熟，阻断了寄生虫的生命循环周期。本品对猪、鸡蛔虫、猪鞭虫及结节虫等的成虫有较强驱杀活性，且能抑制虫体排卵。内服很少吸收，主要从粪便排出。主要用于驱除猪蛔虫、猪鞭虫和鸡蛔虫等。此外，本品尚有一定的抗菌作用，本品内服给药吸收很少，主要随粪便排出体外。

【用法与用量】混饲：每 1 000 kg 饲料，猪、鸡 5~10 g。

【制剂】预混剂：100 g 含 2 g、5 g、10 g。

【注意事项】

（1）蛋鸡产蛋期禁用。

（2）休药期：猪 15 d，鸡 3 d。

碘硝酚 Disophenol[处][乡]

【理化性质】本品为淡黄色结晶性粉末，无味。难溶于水，可溶于乙醇，易溶于乙酸乙酯。

【作用与用途】本品驱线虫谱较窄，主要针对犬钩虫、猫管形钩虫、羊线虫（钩虫）、羊鼻蝇蛆、螨、蜱、野生猫科动物的钩口或颚口线虫有效，对上述寄生虫的幼虫、蛔虫、鞭虫或肺吸虫效果差，而且对秋季螨虫病的防治效果也差。主要用于羊钩虫、羊鼻蝇蛆、螨和蜱的感染。

【不良反应】本品安全范围较窄，治疗剂量下可能导致动物呼吸心跳加快、体温升高；高剂量时甚至可能引起动物呼吸困难、失明、抽搐和死亡。

【用法与用量】以碘硝酚计。皮下注射：一次量，每 1 kg 体重，羊 10~20 mg。

【制剂】注射液：10 mL 含 0.5 g，20 mL 含 1 g、4 g，100 mL 含 20 g，250 mL 含 50 g。

【注意事项】由于本品对组织中的幼虫效果差，故一般需间隔 3 周后重复用药。休药期：羊 90 d，弃奶期 90 d。

二、抗绦虫药

凡能杀死畜禽体内绦虫的药物称杀绦虫药，而促使或有助于绦虫排除的药物称驱绦虫药，两者统称为抗绦虫药。理想的抗绦虫药，应能完全驱杀虫体。目前人工合成的抗绦虫药多有此作用，本节将重点介绍，而仅产生驱绦虫作用的药物，疗效较差，故不再介绍。临床中，为防止绦虫再感染，阻断其传播，必须控制绦虫的中间宿主和采取综合防治措施。

吡喹酮 Praziquantel（Droncit）

【理化性质】本品属异喹啉吡嗪衍生物，为白色或类白色结晶性粉末，味苦，不溶于水、乙醚，可溶于乙醇，易溶于氯仿。本品的预混剂为吡喹酮与淀粉配制而成，为白色或类白色粉末。

【作用与用途】本品为较理想的新型广谱杀绦虫药、抗吸虫药。吡喹酮能阻断糖代谢，还能破坏体表糖萼以及改变其渗透性，使之不能适应非等渗的水环境，从而引起皮层、肌肉和实质组织细胞破坏。吡喹酮尚可引起虫体表膜去极化，使皮层碱性磷酸酶的活性降低，使葡萄糖的摄取受抑制，内源性糖原耗竭，吡喹酮还可抑制虫体核酸与蛋白质的合成，最终导致死亡。吡喹酮对大多数绦虫的幼虫和成虫均有明显良效，能使体内血吸虫向肝脏移动，并在肝组织中死亡。驱虫谱主要包括：鱼的棘头虫、绦虫，羊的莫尼茨绦虫、球点斯泰绦虫、无卵黄腺绦虫、胰阔盘吸虫和矛形歧腔吸虫，牛、羊、猪的细颈囊尾蚴，牛、羊的日本分体血吸虫，犬、猫和禽的绦虫等。临床用于动物的血吸虫病、绦虫病和囊尾蚴病，驱杀鱼体内棘头虫、绦虫等寄生虫应使用预混剂。

本品内服给药吸收快且完全，在体内分布广泛，其中肝、肾浓度最高。消除半衰期有种属差异，猪（1.1 h）＜羊（2.5 h）＜犬（3 h）＜兔（3.5 h）＜黄牛（7.7 h），经代谢后主要随尿或粪排出。丙硫咪唑或地塞米松与本品合用时，可能会导致本品的血药浓度降低，从而降低疗效。

【不良反应】

（1）本品对动物毒性极小，尤其是常规剂量下内服给药，仅有小于5%的犬可能出现厌食、呕吐或腹泻等胃肠道反应。当采用注射给药时，犬、猫的不良反应可能增加，除了注射部位疼痛和嗜睡外，犬还可见步态不稳，猫还可见厌食、呕吐、腹泻、流涎等症状。大剂量应用时，可能导致牛体温升高、膨气和肌肉震颤等。

（2）高剂量时，牛偶见血清谷丙转氨酶轻度升高，部分牛会出现体温升高、肌肉震颤、膨气等。

【用法与用量】

（1）内服：治疗绦虫病，一次量，每1 kg体重，牛、羊10~20 mg，猪10~35 mg，犬、猫2.5~5 mg，家禽10~20 mg，鱼48 mg，共喂2次，每次间隔3~4 d；治疗血吸虫病，一次量，每1 kg体重，牛、羊10~35 mg。

（2）预混剂拌饵投喂：一次量，每1 kg体重，鱼0.05~0.1g。每3~4 d1次，连续3次。

【制剂】片剂：每片0.2 g、0.5 g。咀嚼片：每片0.1g。预混剂：含吡喹酮2%。

【注意事项】

（1）4周龄以下的犬和6周龄以下的猫禁用。

（2）鱼用药前停食1 d，团头鲂慎用。

（3）休药期：28 d，弃奶期7 d。

氯硝柳胺（灭绦灵）Niclosamide（Yomesan）

【理化性质】本品为黄白色结晶性粉末，无臭，无味，不溶于水，稍溶于乙醇、乙醚和氯仿。

【作用与用途】为灭绦虫药和灭螺药，对多种绦虫（如马的裸头绦虫、叶状裸头绦虫及侏儒副裸头绦虫，牛、羊的莫尼茨绦虫、条纹绦虫，犬、猫的带钩绦虫和犬腹孔绦虫，禽的棘利绦虫、漏斗带钩绦虫等）及牛、羊的前后盘吸虫均有很好的疗效，同时还能杀灭丁螺及血吸虫尾蚴、毛蚴。治疗剂量就能杀灭鸡体内的全部绦虫。杀绦虫机制是妨碍绦虫的三羧酸循环，使乳酸蓄积而致虫体死亡。本品主要用于畜禽、宠物绦虫病及反刍动物前后盘吸虫的防治。

左旋咪唑与本品合用治疗犊牛、羔羊的绦虫与线虫混合感染有增效作用；与普鲁卡因合用驱杀小白鼠绦虫有协同作用。

【不良反应】犬、猫对本品较敏感，使用两倍治疗量即可能导致出现腹泻，四倍量时可能导致犬肝脏呈病灶性营养不良、肾小球有渗出物等。

【用法与用量】内服：一次量，每 1 kg 体重，牛 40～60 mg，羊 60～70 mg，犬、猫 80～100 mg，鸡 50～60 mg。

【制剂】片剂：每片 0.5 g。

【注意事项】

（1）本品安全范围较广，马、牛、羊较安全，犬、猫稍敏感，但对鱼易中毒致死。

（2）动物应用本品前应禁食半天。

（3）休药期：片剂，牛、羊 28 d，禽 28 d。

硫双二氯酚（别丁）Bithionol（Bitin）

【理化性质】本品是白色轻质粉末，略具氯臭。难溶于水，可溶于氯仿，易溶于丙酮、乙醇、乙醚和稀碱溶液。

【作用与用途】本品有广谱驱绦虫和驱吸虫（包括吸虫成虫和囊蚴，但不包括华支睾吸虫）作用，可能与降低虫体糖原分解和氧化代谢有关。本品主要用于牛、羊的肝片吸虫、前后盘吸虫、姜片吸虫、瘤胃吸虫及绦虫病，也用于犬、猫、禽的绦虫及肺吸虫感染。

【用法与用量】内服：一次量，每 1 kg 体重，马 10～20 mg，牛 40～60 mg，猪、羊 75～100 mg，鸡 100～200 mg，鸭 30～50 mg，鱼 1 000～1 500 mg，每天 2 次，连续 2～5 d。

【制剂】片剂：每片 0.25 g、0.5 g。

【注意事项】

（1）多数动物内服后可出现暂时性腹泻症状，但多能在 2 d 内自愈，患腹泻的动物不宜应用。

（2）禁用乙醇或稀碱溶液溶解本品进行内服。

氢溴酸槟榔碱 Arecoline Hydrobromide

【理化性质】本品为白色或淡黄色结晶性粉末，味苦，微溶于乙醚、氯仿，易溶于水和乙醇。性质比较稳定，应置避光容器内保存。

【作用与用途】本品对绦虫肌肉有较强的麻痹作用，同时可增强宿主肠蠕动，因而产生驱除绦虫作用。驱绦虫谱主要包括犬的细粒棘球绦虫、豆状带钩绦虫、泡状带钩绦虫，绵羊的带钩绦虫、多头绦虫，鸡的棘利绦虫，鸭、鹅的剑带绦虫等。本品主要用于治疗犬和家禽常见的绦虫病。

【不良反应】治疗量能使个别犬产生呕吐或腹泻症状，多可自愈。

【用法与用量】内服：一次量，每 1 kg 体重，犬 1.5 ~ 2 mg，鸡 3 mg，鸭、鹅 1 ~ 2 mg。

【制剂】片剂：每片 5 mg、10 mg。

【注意事项】马属动物敏感，猫最敏感，以不用为宜。中毒时可用阿托品解救。用药前应禁食半天。

氯硝柳胺哌嗪 Niclosamide Piperazine

【理化性质】本品是氯硝柳胺的哌嗪盐，黄色结晶性粉末，在水中几乎不溶，在氢氧化钠溶液中溶解。

【作用与用途】本品的驱虫作用比氯硝柳胺更强，为兽医专用制剂。对牛、羊、猫、犬的常见绦虫均有良好驱杀作用，对鸡蛔虫亦有良效。

【用法与用量】内服：一次量，每 1 kg 体重，牛 60 ~ 65 mg，羊 75 ~ 80 mg，犬、猫 125 mg，禽 50 mg。

【制剂】片剂每片 0.5 g，含有效成分 400 mg。

三、抗吸虫药

畜禽吸虫病是各种吸虫寄生在畜禽体内而引起的各种疾病的总称，危害性最大的是牛、羊肝片吸虫，其次有牛、羊矛形双腔吸虫和前后盘吸虫，猪姜片吸虫，犬、猫肺吸虫和鸡前殖吸虫等。本节仅重点介绍有代表意义的治疗肝片吸虫的药物。

硝氯酚 Niclofolan

【理化性质】本品为黄色针状结晶性粉末，不溶于水，微溶于乙醇，略溶于乙醚，易溶于丙酮、氯仿、二甲基甲酰胺和碱性溶液，其钠盐易溶于水。

【作用与用途】本品是驱除牛、羊、猪肝片吸虫的理想药物，具有高效、低毒等特点，其作用可能是抑制虫体延胡索酸还原酶活性，降低虫体能量供应，导致虫体麻痹而死。主要用于防治牛、羊的肝片吸虫病。

当本品配成溶液给牛灌服时，若给药前先灌服浓氯化钠溶液，则可增强本品的驱虫效果，但需适当降低本品的用药量。

【不良反应】本品常规治疗剂量对动物较安全，其中毒量为治疗量的 3~4 倍，中毒后呈现体温升高、心率加快、呼吸加速、出汗等，症状可持续 2~3 d，甚至可导致死亡。中毒解救宜保肝强心，如选用尼可刹米、毒毛花苷 K、维生素 C 等对症治疗，但禁用钙剂静脉注射。

【用法与用量】以伊维菌素计。

（1）内服：一次量，每 1 kg 体重，黄牛 3~7 mg，水牛 1~3 mg，羊 3~4 mg，猪 3~6 mg。

（2）肌内注射：一次量，每 1 kg 体重，牛、羊 0.5~1 mg。

【制剂】片剂：每片 0.1 g。注射剂：10 mL 含 0.4 g，2 mL 含 0.08 g。

【注意事项】

（1）注射时宜深层肌内注射。

（2）本品中毒后禁用钙剂强心。

（3）休药期：硝氯酚片，28 d。

溴酚磷（蛭得净）Bromophenophos（Acidist）

【理化性质】本品为白色或类白色结晶性粉末，不溶于水、乙醚和氯仿，可溶于冰醋酸、氢氧化钠溶液，易溶于甲醇、丙酮。

【作用与用途】本品是有机磷中毒性较小的一种驱虫药，不仅对牛、羊肝片吸虫成虫有良好的驱虫效果，而且对肝内移行期的幼虫亦有效，通常一次内服治疗量，虫卵转阴率可达 100%，对动物园内观赏性动物，如鹿、牛羚、驼、麂等反刍兽的肝片吸虫也有效。本品主要用于治疗牛、羊肝片吸虫。

【不良反应】不良反应较少，仅个别动物可能出现厌食、腹泻等，但多数均可消失。此外，对泌乳期动物，本品可明显减少产奶量。

【用法与用量】内服：一次量，每 1 kg 体重，牛 12 mg，羊 12~16 mg。

【制剂】①粉剂：1 g 含 0.24 g，10 g 含 2.4 g；②片剂：每片 0.24 g。

【注意事项】

（1）本品与其他胆碱酯酶抑制剂合用时毒性增强，故不宜合用。中毒时可用阿托品解救。

（2）休药期：片剂、粉剂，牛、羊 21 d，弃奶期 5 d。

硝碘酚腈 Nitroxinil

【理化性质】本品为黄色结晶性粉末，不溶于水，微溶于乙醇，略溶于乙醚，易溶于有机溶剂及碱溶液中。

【作用与用途】本品为较新型杀肝片吸虫药，皮下注射给药比内服更有效。其驱虫作用机制是阻断虫体的氧化磷酸化过程，降低 ATP 浓度，降低虫体能量供应而致虫体死亡。对牛、羊肝片吸虫、前后盘吸虫成虫均有良好效果，对猪肝片吸虫、羊捻转血矛线虫、犬蛔虫亦有良效，而且对已经耐药的羊捻转血矛线虫（耐伊维菌素类和苯丙咪唑类药物）仍有效。本品主要用于羊肝病吸虫病及胃肠道线虫病。

【不良反应】

（1）常规治疗剂量下本品不良反应少，但安全范围较窄，每 1 kg 体重，牛、羊内服大于 20 mg 时，即引起心率、呼吸率的明显增加。

（2）本品注射液对机体组织，尤其对犬的刺激性较强。

【用法与用量】皮下注射：一次量，每 1 kg 体重，牛、羊、猪、犬 10 mg。

【制剂】注射剂：100 mL 含 25 g，250 mL 含 62.5 g。

【注意事项】

（1）本品不与其他药液混合注射，重复用药时应至少间隔 4 周时间。

（2）本品安全范围较窄，过量常引起呼吸加快，体温升高，此时应保持动物安静，静脉葡萄糖生理盐水。

（3）休药期：羊 30 d，弃奶期 5 d。

碘醚柳胺 Rafoxanide

【理化性质】本品为灰白色至棕色粉末，不溶于水，微溶于甲醇，略溶于氯仿，可溶于丙酮。

【作用与用途】本品对牛、羊肝片吸虫、巨片吸虫，牛血矛线虫和仰口线虫的成虫及未成熟虫体均有高效，对羊鼻蝇蛆亦有较好疗效。本品抗吸虫作用机制是：其作为质子离子载体，跨细胞膜转运阳离子，最终对虫体线粒体氧化磷酸化过程进行解偶联，减少 ATP 产生，降低糖原含量，并使琥珀酸积蓄，从而影响虫体的能量代谢，使虫体死亡。本品在动物体内代谢极少，血浆蛋白结合率高达 99% 以上，具有较长的半衰期（牛、羊约16 d）。主要用于防治牛、羊的肝片吸虫病。

【不良反应】常规治疗剂量下不良反应极少见，但大剂量应用（超过150 mg/kg），可导致动物瞳孔散大、失明，临床禁止超量应用。

【用法与用量】内服：一次量，每 1 kg 体重，牛、羊 7~12 mg。

【制剂】混悬液：每支 20 mL 含 0.4 g。

【注意事项】休药期：牛、羊 60 d，泌乳期禁用。

氯氰碘柳胺钠 Closantel Sodium

【理化性质】本品为微黄色粉末，无臭或微臭，不溶于水、氯仿，可溶于甲醇，易溶于乙醇、丙酮。

【作用与用途】本品为新型广谱抗蠕虫药，对肝片吸虫、胃肠道线虫具有良好的驱杀作用，但对前后盘吸虫无效。本品主要用于防治牛、羊肝片吸虫和胃肠道线虫，如血矛线虫、仰口线虫、食道口线虫等，亦用于牛皮蝇、羊鼻蝇蛆的防治。

【不良反应】本品毒性较低，但当牛肌内注射剂量达 30 mg/kg 时，可能导致动物视力障碍、失明，甚至死亡。

【用法与用量】

（1）内服：一次量，每 1 kg 体重，牛 5 mg，羊 10 mg。

（2）皮下或肌内注射：一次量，每 1 kg 体重，牛 2.5~5 mg，羊 5~10 mg。

【制剂】

（1）片剂：每片 0.5 g。

(2) 大丸剂：每丸含 500 mg。

(3) 注射液：10 mL 含 0.5 g，100 mL 含 5 g；混悬液：每 1 000 mL 含 50 g。

【注意事项】

(1) 注射液对局部组织具有一定的刺激性。

(2) 本品在动物体内残留期较长（在绵羊体内的半衰期约为半个月），而且不易被降解灭活。

(3) 休药期：28 d，弃奶期 28 d。

三氯苯达唑 Triclabendazole

【理化性质】本品为白色或类白色粉末，不溶于水，微溶于氯仿，可溶于甲醇，易溶于丙酮。

【作用与用途】本品属苯丙咪唑类中抗肝片吸虫药，对牛、羊、马、鹿的肝片吸虫，牛、鹿的巨片吸虫均有明显驱杀效果。本品内服给药易吸收且较完全，血药峰浓度较其他苯丙咪唑类药物高，体内消除缓慢，在羊体内的半衰期约为 22 d，主要经粪排出。临床主要用于治疗牛羊肝片吸虫病。

【用法与用量】内服：一次量，每 1 kg 体重，牛 12 mg，羊 10 mg。

【制剂】①片剂：每片 0.1 g。②颗粒剂：10 g 含 1 g。③混悬液：1 000 mL 含 100 g。

【注意事项】

(1) 选用本品的混悬液治疗急性肝片吸虫病时，应间隔 5 周后重复用药一次。

(2) 对鱼类毒性较大，残留药物容器勿污染水源。

(3) 休药期：牛、羊 56 d，泌乳期禁用。

双酰胺氧醚（地芬尼泰）Diamphenethide（Diamfenetide）

【理化性质】本品为白色或淡黄色粉末，不溶于水、乙醚，微溶于甲醇、乙醇、氯仿。

【作用与用途】本品对肝片吸虫的幼虫具有特别高的活性，且其在体内经脱酰基作用生成的胺代谢物是本品具有驱虫活性的主要原因。本品的驱杀作用随肝片吸虫的日龄增加而逐渐降低，其中一次用药可 100% 杀灭 1~9 周龄幼虫，将 10 周龄虫体降到 78%，将 12 周龄及以上虫体降到 70% 以下。

常用于绵羊肝片吸虫病的预防，或与其他驱杀成虫药合用于肝片幼虫引起的急性吸虫病。

【不良反应】常规治疗剂量下，本品对绵羊安全，但当剂量高于推荐剂量4倍时，绵羊可能出现视觉模糊或失明、脱毛等，当高于16倍时，会有少量绵羊死亡。

【用法与用量】内服：一次量，每1 kg体重，羊100 mg。

【制剂】混悬液：每100 mL含10 g，每500 mL含50 g。

【注意事项】

（1）应与其他杀肝片吸虫的成虫药配伍，达到彻底驱杀肝片吸虫的目的。

（2）休药期：绵羊7 d。

第三节　杀虫药

由螨、蜱、虱、蚤、蝇蛆、蚊等引起的畜禽外寄生虫病，不仅给畜牧业造成极大损失，而且传播许多人畜共患病，严重地危害人体健康。为此，选用高效、安全、经济、方便的杀虫药具有重要的意义。

一般来说，所有杀虫药对动物都有一定的毒性，甚至在规定剂量内，也会出现程度不同的不良反应。因此，在使用杀虫药时，除严格掌握剂量与使用方法外，还需密切注意用药后的动物是否有中毒反应，一旦遇有中毒，应立即采取解救措施。

常用的杀虫药包括拟除虫菊酯类、有机磷化合物、有机氯化合物和其他杀虫药四类。

一、有机磷化合物

敌敌畏 Dichlorvos（DDVP）

【理化性质】本品为黄色油状液体。纯品微溶于水（1%），性质稳定，但加水稀释后即逐渐分解，易溶于乙醇、丙酮和乙醚。

【作用与用途】本品是一种高效、广谱杀虫剂，杀虫效力比敌百虫强8~10倍。对畜禽的多种体外寄生虫、马胃蝇、牛皮蝇及羊鼻蝇等均有效，广泛用作环境的杀虫剂、驱杀马胃蝇蛆和羊鼻蝇蛆及用来杀灭畜体的蚊、虱、蚤、蜱、鱼蛭等吸血昆虫。杀虫机制与中毒解救见特效解毒药。

【不良反应】

（1）本品过量应用会导致畜禽胆碱能神经过度兴奋，呈现出流涎、流眼泪、腹痛、腹泻等症状。

（2）本品外用可经皮肤吸收，应严格控制剂量。

【用法与用量】

（1）喷淋、涂擦：本品溶液剂加水稀释成 0.2%~0.4%浓度后使用。

（2）泼洒：全池遍洒 80%敌敌畏溶液，每立方米水体 0.5 g。

【制剂】溶液：浓度分别为 80%、40%。

【注意事项】

（1）本品对人畜，尤其对禽、鱼、蜜蜂毒性较大，应慎用。

（2）孕畜、患心脏病、胃肠炎家畜禁用。

（3）本品禁止与其他有机磷化合物或胆碱酯酶抑制剂合用。

（4）过量中毒可用碘解磷定和阿托品等解救，越早越好。

精制马拉硫磷 Purified Malathion

【理化性质】本品为无色或浅黄色透明油状液体，对光稳定，在酸、碱性介质中易水解。微溶于水，易溶于醇、酮等有机溶剂。

【作用与用途】本品为广谱、低毒和使用安全的杀虫药，对蚊、蝇、虱、蜱、螨和臭虫均有杀灭作用，可用于杀灭畜禽体外寄生虫。

由于本品在寄生虫体内和哺乳动物体内的代谢方式不同，故对哺乳动物相对较安全，但对寄生虫作用较强。其中本品在哺乳动物体内是在磷酸酯酶作用下发生水解生成无活性代谢产物，而在寄生虫体内主要氧化生成马拉氧磷（其抑制胆碱酯酶活性的能力约为马拉硫磷的 1 000 倍），且寄生虫体内缺少磷酸酯酶。

【不良反应】参见敌敌畏。

【用法与用量】药浴或喷雾：配成 0.2%~0.3%溶液后使用。

【制剂】溶液剂：45%、70%。

【注意事项】

（1）本品不可与碱性或氧化性物质接触。

（2）本品对蜜蜂有剧毒，对鱼类毒性也较大，禁用于 1 月龄以内的动物。

（3）药浴或喷雾后的药畜应避免日光照射或吹风，必要时可间隔 2~3 周再次药浴或喷雾。

（4）其他参见敌敌畏。

（5）休药期：28 d。

二嗪农（螨净）Dimpylate

【理化性质】本品为无色、无臭油状液体，难溶于水，性质不稳定，在酸、碱及水溶液中均迅速分解，易溶于乙醇和丙酮。

【作用与用途】本品为广谱有机磷杀虫剂，具有触杀、胃毒、熏蒸等作用，但体内吸收较差。其对蝇、蜱、虱以及各种螨均有良好杀灭效果，灭蚊、驱蝇药效可维持 6~8 周。本品主要用于驱杀家畜体表的疥螨、痒螨、蜱、虱和蚤等寄生虫。

【不良反应】成年动物对本品耐受性好，但猫、鸡、鸭、鹅等较敏感，对蜜蜂剧毒。

【用法与用量】

（1）药浴：每 1 L 水，绵羊起始浴液 0.25 g，添加浴液 0.75 g；牛起始浴液 0.6~0.625 g，添加浴液 1.5 g。

（2）项圈：犬、猫，每只一次一条，配戴 4 个月。

【制剂】①溶液剂：25%、60%。②项圈：100 g 含 15 g。

【注意事项】

（1）本品禁止与其他有机磷化合物或胆碱酯酶抑制剂合用。

（2）药浴应严格控制剂量和时间，一般动物全身浸泡时间应控制在 1 min 内。

（3）治疗猪体表疥癣病时，可用软刷助洗。

（4）其他参见敌敌畏。

（5）休药期：牛、羊、猪 14 d，弃奶期 3 d。

蝇毒磷 Coumaphos

【理化性质】本品为微棕色结晶性粉末，无味，不溶于水，可溶于乙醇，易溶于丙酮、氯仿和植物油。

【作用与用途】本品为有机磷化合物，兼有杀虫和驱虫作用，是目前有机磷化合物中唯一允许用于泌乳奶牛的杀虫剂，可杀灭畜禽体表的蜱、螨、虱、蚤、蝇、牛皮蝇蚴和创口蛆等，内服时对畜禽肠道内部分线虫、吸虫有效。

【用法与用量】外用，配成 0.02%~0.05%乳剂喷淋。

【制剂】溶液剂：16%。

【注意事项】

（1）本品安全范围较窄，尤其以水剂灌服时毒性较大。

（2）有色品种产蛋鸡比白色鸡对本品敏感，一般不宜用。

（3）其他参见敌敌畏。

（4）休药期：28 d。

甲基吡啶磷（蝇必净）Azamethiphos（Alfcron）

【理化性质】本品为白色结晶性粉末，有异臭，微溶于水，能溶于甲醇。

【作用与用途】本品为有机磷杀虫药，用于杀灭畜禽舍内苍蝇、蟑螂、蚂蚁、跳蚤、臭虫等昆虫。本品制剂中均加有外源性诱蝇剂，对蝇有诱杀作用，可供喷雾或涂布用。

【用法与用量】

（1）喷雾：每 100 平方米 25 g 加温水 2 000 mL。

（2）涂布：①对于甲基吡啶磷可湿性粉-10，每 100 平方米 12.5 g 加温水 100 mL，涂 30 点；②对于甲基吡啶磷可湿性粉-50，每 100 平方米 12.5 g 加糖 100 g 再加温水适量调成糊状，涂 30 点。

（3）撒布：每 10 平方米 0.2 g，用水充分润湿。

【制剂】①可湿性粉-10：含 10%。②可湿性粉-50：含 50%。③颗粒剂：含 1%。

【注意事项】

（1）使用时，应避免与人体皮肤、眼睛和黏膜接触。

（2）本品的相关废弃物不能污染河流、池塘及下水道。

（3）有蜂群处严禁使用。

（4）其他参见敌敌畏。

巴胺磷 Propetamphose

【理化性质】本品为棕黄色液体，有异臭，微溶于水，易溶于丙酮。

【作用与用途】本品对寄生在家畜体表的螨、蜱和虱，以及环境中蚊、蝇等均有驱杀活性。按 20 mg/L 浓度给患痒螨的绵羊药浴，2 d 后患羊体表的痒螨已被基本杀光。本品主要用于驱杀绵羊体表的螨、蜱和虱等寄生虫。

【不良反应】参见敌敌畏。

【用法与用量】药浴或喷淋：每 1 L 水，羊 0.2 g。

【制剂】溶液剂：40%。

【注意事项】

（1）本品对家禽、鱼类毒性较大。

（2）严重感染体表寄生虫的患羊在药浴或喷淋时可辅助人工软刷擦洗，且可间隔数日后重复药浴一次。

（3）其他参见敌敌畏。

（4）休药期：羊 14 d。

倍硫磷 Fenthion

【理化性质】本品为淡黄色油状液体，性质稳定。微溶于水，可溶于甲醇、乙醇和丙酮。

【作用与用途】本品杀虫谱广，不仅对蜱、蝇、虱、蚤和蚊有驱杀作用，而且对家畜胃肠道线虫也有效，内服或肌内注射对马胃蝇蛆、牛皮蝇蛆的驱杀效果良好。药效维持时间长，一次用药可维持约 2 个月。主要用于杀灭牛皮蝇蛆。

【用法与用量】

（1）肌内注射：一次量，每 1 kg 体重，牛 4~6 mg。

（2）外用：配成 2% 的液状石蜡溶液后喷洒使用。

【注意事项】两次喷洒之间应间隔 14 d，连用 2~3 次。

浓辛硫磷溶液 Strong Phoxim Solution

【理化性质】本品为辛硫磷的正丁醇溶液，浓度为 82%~91%。呈黄色澄清液体，有特臭。

【作用与用途】本品为高效、广谱、低毒杀虫药，对寄生在猪体表的各种螨虫、虱、蜱等均有效。但本药在室内喷洒后残效期长，约可达 3 个月。本品主要用于驱杀猪螨、虱、蜱等体外寄生虫。也用于杀灭或驱除寄生于青鱼、草鱼、鲢、鳙、鲤、鲫和鳊鱼等鱼体上的中华蚤、鱼虱、三代虫、线虫等寄生虫。

【用法与用量】外用浇泼：每 1 kg 体重，猪 30 mg（沿猪脊背从两耳浇淋至尾根）。以水产用溶液计，用水充分稀释后，全池均匀泼洒：每立方米水体，0.025~0.03 mL。

【制剂】浇泼溶液剂：含 7.5%。溶液（水产用）[处][乡]：含 40%。

【注意事项】

（1）如患猪耳部感染严重，可在每侧耳内另外浇淋 75 mg。

（2）本品中毒后可用阿托品解救。

（3）休药期：14 d。

二、拟除虫菊酯类杀虫药

天然除虫菊酯对有害昆虫有高效速杀作用，对人畜安全无毒，但其化学性质很不稳定，残效期长，中毒昆虫常可复苏。拟除虫菊酯类杀虫药是根据天然除虫菊酯中有效的化学结构而人工化学合成的一类杀虫药，具有杀虫谱广、高效、速效、残效期长、对人畜安全无毒、性质稳定等优点。因此，本类药广泛用于卫生、农业、畜牧业等，是一类很有发展前途的新型杀虫药。

拟除虫菊酯类杀虫药的作用机制属神经毒，可作用于昆虫神经，使其过度兴奋、痉挛，最后麻痹而死。在温血动物体温下，酶对拟除虫菊酯类化合物的水解速度很快，即迅速降解灭活，因此，对动物不能内服或注射法给药，对动物的毒性也很低。

溴氰菊酯 Deltamethrin

【理化性质】本品为白色结晶性粉末，难溶于水，易溶于丙酮等有机溶剂，在酸性介质中稳定，在碱性介质中易分解，本品的溶液剂在 0 ℃以下时易析出结晶。

【作用与用途】本品对虫体有胃毒和触杀作用，具有广谱、高效、残效期长、低残毒等优点，对蚊、家蝇、厩蝇、羊蜱蝇、牛羊各种虱、牛皮蝇、猪血虱及禽羽虱等均有良好杀灭作用，一次用药能维持药效近 1 个月。对其他杀虫药（如有机磷或有机氯等）耐药的虫体，对本品仍然敏感。主要用于防治牛、羊体外寄生虫病。

【不良反应】

（1）本品对人、畜毒性小，但对皮肤、眼睛、黏膜等刺激性较大，应注意防护。

（2）本品过量引起的流涎、中枢神经兴奋等中毒症状，尚无特效解毒药物，可用阿托品、镇静药等对症治疗。

（3）误服本品引起的中毒可用4%碳酸氢钠溶液洗胃处理。

【用法与用量】药浴或喷淋：每1 L水，牛、羊5~15 mg。

【制剂】溶液剂：5%。

【注意事项】

（1）本品对鱼剧毒，蜜蜂、家禽亦敏感。

（2）休药期：28 d。

氰戊菊酯（速灭杀丁）Fenvalerate（Sumicidin）

【理化性质】本品为浅黄色结晶性粉末，难溶于水，可溶于甲醇，易溶于丙酮等有机溶剂，性质较稳定。

【作用与用途】本品对畜禽的各种体外寄生虫和吸血昆虫（如螨、蚤、蜱、虱、蚊、蝇和虻等）均有触杀作用，兼有胃毒和驱避作用。杀虫效力很强，药物经喷撒后，螨、虱等约在10 min出现兴奋、抖动，继而麻痹、瘫痪而死，一般用药后4~12 h患畜体表的寄生虫可全部死亡。本品的残效期长，用药一次不仅可杀灭寄生虫，而且在残效期内也可将新孵化的幼虫杀死，故临床一般无须重复用药。本品是应用广泛的农业杀虫剂，近年来已有兽用剂型用于畜牧业。

【不良反应】本品在动物体内外均能较快被降解，安全性高。资料证实，当采用常规治疗浓度的25倍本品来防治猪螨虫病时，仍未见任何中毒反应。

【用法与用量】喷雾：加水以1∶1 000~1∶2 000倍稀释。

【制剂】溶液剂：20%。

【注意事项】

（1）碱性物质能降低本品的稳定性，对鱼虾、家蚕和蜜蜂剧毒。

（2）用药前用水对溶液剂进行稀释时，适宜水温为12 ℃，当水温超过25 ℃时会明显降低本品疗效，水温超过50 ℃时药效将会消失。

（3）休药期：28 d。

三、有机氯化合物

本类杀虫药是一类人工合成的杀虫剂，其中滴滴涕、六六六等曾经被人们所熟知的品种，但由于本类杀虫剂的传统药物性质非常稳定，易在动植物食品和环境中长期残留，并通过生物链富集作用而影响到人类的生命安全，故自 20 世纪 70 年代以来，滴滴涕、六六六等传统的有机氯类化合物已被禁用，目前在畜牧临床上应用的仅氯芬新，且主要用于驱杀犬、猫等宠物的体表跳蚤幼虫。

氯芬新 Lufenuron

【理化性质】本品为白色粉末。

【作用与用途】本品为人工合成的苯甲酰脲类衍生物，是昆虫的生长调节剂。当成年蚤接触到本品后，本品可作用于成年蚤的虫卵，抑制幼虫外壳的形成，从而阻碍跳蚤的生长繁殖。主要用于抑制犬、猫体表跳蚤的防治。

【不良反应】有一定的毒性，要严控剂量，而且仅用于宠物。

【用法与用量】内服，一次量，每 1 kg 体重，犬 10 mg（片剂），猫 30 mg（混悬液），1 个月 1 次。

【制剂】①片剂：每片 100 mg、200 mg、400 mg。②混悬液：含 7.5%。

四、其他杀虫药

目前畜牧临床应用的其他杀虫药主要有双甲脒、环丙氨嗪和升华硫等。

双甲脒（特敌克）Amitraz（Taktic）

【理化性质】本品为白色或浅黄色结晶性粉末，难溶于水，易溶于丙酮，在乙醇中不稳定，可缓慢分解。

【作用与用途】本品具有杀虫谱广、高效、作用慢、低毒等特点，对牛、羊、猪、兔的体外寄生虫，如疥螨、痒螨、大蜂螨、小蜂螨、蜱、虱、蝇等各阶段虫体均有极强的杀灭效果。本品产生作用较慢，用药后 24 h 能使虫体解体，并使虫体不能复活，一次用药可维持药效 6~8 周。主要用于杀灭家畜体表的各种螨虫，也用于杀灭蜱、虱等寄生虫。

【不良反应】本品毒性较低，但对皮肤和黏膜有一定的刺激性。

【用法与用量】

（1）药浴、喷淋或涂擦：家畜，配成 0.025%~0.05% 的溶液。

（2）项圈：每只犬 1 条，驱蜱连用 4 个月，驱毛囊虫连用 1 个月。

【制剂】溶液剂：12.5%。项圈：9%。

【注意事项】

（1）为增强双甲脒稳定性，可在药浴或喷淋溶液中加浓度 0.5% 生石灰。

（2）本品对鱼剧毒，禁用，也禁用于产奶期动物和水生食品动物；马较敏感，慎用；家禽用高浓度时会出现中毒反应。

（3）休药期：牛、羊 21 d，猪 8 d，弃奶期 2 d。

环丙氨嗪 Cyromazine

【理化性质】本品为白色或类白色结晶性粉末，无臭或几乎无臭。在水中微溶，在甲醇中略溶，在甲苯或正己烷中几乎不溶。

【作用与用途】本品属杀虫药，可抑制双翅目幼虫的蜕皮和蝇蛹的蜕皮，从而阻碍蝇蛆的正常繁殖，故本品对未成熟阶段蝇的作用最强。当饲料中浓度达 1 mg/kg 时，即能控制粪便中多数蝇蛆的发育，5 mg/kg 时，足以控制各种蝇蛆。一般在用药后 6~24 h 发挥药效，作用可持续 1~3 周。

鸡内服本品吸收很少，其体内主要代谢物为三聚氰胺，多数以原型随粪便排出。由于环丙氨嗪脂溶性低，很少在组织中残留。对动物的生长、产蛋及繁殖性能均无影响。

杀蝇药，主要用于控制动物厩舍内蝇幼虫的繁殖生长。

【不良反应】

（1）本品对人、畜基本无毒，且不影响畜禽的生长、产蛋及繁殖性能。

（2）当每吨饲料中本品添加量达 25 g，可能会导致动物消耗饲料量增多，但当添加量超过 500 g，可使动物饲料消耗量明显减少，继续大剂量添加则可能导致动物因长期摄食过少而衰竭死亡。

（3）每公顷土地施用饲喂本品的鸡粪以 1 000~2 000 kg 为宜，超过 9 000 kg 以上可能对植物生长不利。

【用法与用量】

（1）混饲：每 1 000 kg 饲料，鸡 5 g，连用 4~6 周。

（2）外用喷洒或喷雾：每 20 m²，5 g 加水 15 L 喷洒，或 5 g 加水 5 L

喷雾。

（3）外用干撒：每 20 m^2，5 g。

【制剂】①预混剂：1%、10%。②可溶性粉：50%。③可溶性颗粒：2%。

【注意事项】

（1）本品制剂与规格较多，用时需换算剂量和按规定方法使用。

（2）休药期：3 d。

升华硫 Sulfur Sublimat

【理化性质】本品为黄色结晶性粉末，有微臭，难溶于水和乙醇，微溶于其他有机溶剂。

【作用与用途】本品为硫黄的一种，本身并无作用，但与皮肤组织有机物接触后，可逐渐生成硫化氢和亚硫磺酸等，这些物质能溶解皮肤角质层，使表皮软化并呈现疥螨、痒螨和杀菌（包括真菌）作用。另外，硫黄燃烧时产生二氧化硫，在潮湿情况下，具有还原作用，对真菌孢子有一定破坏能力，但对昆虫效果不佳。本品可用于治疗疥螨、痒螨病，防治蜜蜂、小蜂螨等，还可用作蚕室、蚕具的消毒，防止僵蚕病。

【用法与用量】

（1）硫软膏外用：涂抹患部，每天 1 次，连用 3 d。

（2）升华硫药浴：以 2% 硫黄、1% 石灰配成灭疥螨浴剂，每周 1 次，连用 2 次。

（3）喷撒：灭蜂螨时可将药粉喷撒于巢箱上，10 框群用药 3 g 左右。

【制剂】硫软膏：每 100 g 含 10 g。

【注意事项】

（1）硫制剂的配制与贮存过程中勿与铜、铁制品接触，以防变色。

（2）长期大量局部用药，具有刺激性，可引起接触性皮炎，但很少引起全身反应。

（3）本品易燃，应密闭在阴凉处保存。

（4）避免与口、眼及其黏膜接触。

非泼罗尼 Fipronil

【理化性质】本品为白色结晶性粉末，难溶于水，可溶于丙酮、甲醇，易溶于玉米油，性质稳定。

【作用与用途】本品是一种对多种害虫具有优异防治效果的广谱杀虫剂，作用机制是能与昆虫中枢神经细胞膜上的 γ-氨基丁酸受体结合，阻塞神经细胞的氯离子通道，从而干扰中枢神经系统的正常功能而导致昆虫死亡。本品主要通过胃毒和触杀起作用，也有一定的内吸收传导作用，对拟除虫菊酯类、氨基甲酸酯类杀虫剂耐药的害虫仍有较高的敏感性。临床主要用于犬、猫体表跳蚤、犬蜱及其他体表害虫。

【用法与用量】

（1）喷雾：每 1 kg 体重，犬、猫 3~6 mL。

（2）滴剂外用（滴在皮肤上）：猫 0.5 mL。犬，体重<10 kg，0.67 mL；体重介于 10~20 kg，1.34 mL；体重介于 20~40 kg，2.68 mL；体重>40 kg，5.36 mL。

【制剂】

（1）喷剂：100 mL 含 0.25 g，250 mL 含 0.625 g。

（2）滴剂：100 mL 含 10 g。

（3）复方非泼罗尼滴剂（猫用）：0.5 mL 含非泼罗尼 50 mg 和甲氧谱烯 60 mg。

（4）复方非泼罗尼滴剂（犬用，由适量非泼罗尼、甲氧谱烯和适宜溶剂组成）：0.67 mL、1.34 mL、2.68 mL、4.02 mL。

【注意事项】

（1）本品对人畜毒性属中等，对鱼毒性大，使用时应注意防止污染河流、湖泊、鱼塘等水域。

（2）滴剂应滴于犬、猫嘴舔不到的地方。

（3）使用前后 48 h 内不用洗毛精给动物洗澡。

（4）10 周龄以下的犬禁用复方非泼罗尼滴剂（犬用）。

第四节　复方抗寄生虫药物

寄生虫传染病是威胁畜禽健康的主要病害之一，发病率占一般动物疾病的 1/3 以上。尽管一般情况下，畜禽感染寄生虫后仅仅少数动物表现出明显的临床症状，大部分动物往往呈慢性消耗性经过，但寄生虫长期寄生的结果，造成动物机体组织的不良反应，消耗营养与组织损伤导致动物生产性能下降，饲料利用率降低，极大地降低畜禽产品的质量、数量，使畜牧养殖业的经济效益严重受损。

畜禽寄生虫病的类型有混合感染（如球虫病）和体内外同时感染等，需要两种或两种以上不同的抗寄生虫药物进行治疗。两种或三种药物分别投用，使用不方便，成本高。而复方抗寄生虫药物，恰恰能避免这些问题。通过两种或三种药物的组合（多是两种），能达到拓宽抗虫谱，简化驱虫模式的作用。

阿福拉纳米尔贝肟咀嚼片 Afoxolaner and Milbemycin Oxime Chewable Tablets

【主要成分】阿福拉纳、米尔贝肟。

【理化性质】本品为淡红色至红褐色圆形片（规格 1）或方形片（规格 2~5）。

【作用与用途】

（1）药效学。阿福拉纳为异噁唑啉类杀虫剂与杀螨剂，通过作用于配体门控氯离子通道，尤其是抑制由神经递质 γ-氨基丁酸（GABA）门控的通道，阻断氯离子从突触前膜到突触后膜的传递，导致昆虫神经元活性增加兴奋过度死亡。

米尔贝肟为大环内酯类抗体内寄生虫的驱虫药，其主要包含米尔贝肟 A3 和 A4（20∶80）两种成分。米尔贝肟与无脊椎动物神经和肌肉细胞氯离子通道结合，使谷氨酸控制的氯离子通道开放，增强细胞膜对氯离子的通透性，从而引起神经肌肉细胞膜超极化作用，导致寄生虫麻痹、死亡。

（2）药动学。犬以 2.5 mg/kg 体重的剂量内服阿福拉纳后，吸收良好，绝对生物利用度为 88%。达峰时间（T_{max}）为 2~4 h，峰浓度（C_{max}）为 1 822 ng/mL±165 ng/mL。组织分布容积为 2.6 L/kg±0.6 L/kg；血浆清除率为 5.0 mL/（h·kg）±1.2 mL/（h·kg）；血浆半衰期约为 2 周。同时以 0.5 mg/kg 体重的剂量内服米尔贝肟后，吸收迅速，米尔贝肟 A3 和 A4 的绝对生物利用度分别为 81% 和 65%。达峰时间（T_{max}）为 1~2 h，米尔贝肟 A3 和 A4 的峰浓度（C_{max}）为分别为 42 ng/mL±11 ng/mL 和 246 ng/mL±7 ng/mL；米尔贝肟 A3 和 A4 的组织分布容积分别为 2.7 L/kg±0.4 L/kg 和 2.6 L/kg±0.6 L/kg；米尔贝肟 A3 和 A4 的血浆清除率较低，分别为 75 mL/（h·kg）±22 mL/（h·kg）和 41 mL（h·kg）±12 mL（h·kg）；米尔贝肟 A3 和 A4 的血

浆半衰期分别为 1. 6 d±0. 4 和 3. 3 d±1. 4。

（3）药物相互作用：米尔贝肟是 P-糖蛋白（P-gp）的底物，可与其他 P-gp 底物（如地高辛、多柔比星）或其他大环内酯类药物相互作用。因此，与其他 P-gp 底物联合用药可能导致毒性增强。

用于治疗犬跳蚤、蜱感染，同时预防犬心丝虫感染和（或）治疗胃肠道线虫感染。

【用法与用量】内服：犬按照表 4-2 中的体重范围给药，每月给药一次。

表 4-2　犬的体重范围与给药量

咀嚼片规格	犬的体重（kg）与使用咀嚼片的数量				
	2~3. 5	>3. 5~7. 5	>7. 5~15	>15~30	>30~60
1	1 片				
2		1 片			
3			1 片		
4				1 片	
5					1 片

体重在 60 kg 以上的犬，可以组合使用不同规格的咀嚼片。

【制剂】

（1）阿福拉纳 9. 375 mg+米尔贝肟 1. 875 mg。

（2）阿福拉纳 18. 75 mg+米尔贝肟 3. 75 mg。

（3）阿福拉纳 37. 50 mg+米尔贝肟 7. 50 mg。

（4）阿福拉纳 75. 00 mg+米尔贝肟 15. 00 mg。

（5）阿福拉纳 150. 00 mg+米尔贝肟 30. 00 mg。

【注意事项】

（1）体重 2 kg 以下和（或）8 周龄以下、妊娠、哺乳期犬需根据兽医意见谨慎使用。

（2）在犬心丝虫病流行地区，给药前应检测犬是否已感染心丝虫。感染心丝虫的犬，服用本品前应先驱除心丝虫及幼虫。

（3）柯利牧羊犬及其杂交品系应根据兽医意见严密控制本品剂量。

（4）请将本品保存于原包装袋及外包装盒中，使用后请洗手。

（5）勿使用过期产品。

（6）人误食本品可能导致胃肠功能紊乱。若意外误食应立即求医，并向医生出示说明书或标签。

（7）本品应存放于儿童不可触及处。

禽宁 Triqun

【理化性质】本品为磺胺喹噁啉钠、甲氧苄啶与乳糖等配制而成的淡黄色水溶性粉末。

【作用与用途】本品抗球虫和抗菌作用特点与磺胺氯吡嗪相似，但甲氧苄啶可明显增强磺胺喹噁啉的抗球虫和抗菌作用。主要用于防治鸡巴氏杆菌病、沙门菌病、大肠杆菌病及鸡球虫病。

【用法与用量】混饮：每 1 L 水，禽 0.22 g，连用 5~7 d。

【制剂】禽宁：每 1 kg 含磺胺喹噁啉钠 536.5 g、甲氧苄啶 165 g。

【注意事项】

（1）雏鸡高浓度、长时间饮用本品，能引起与维生素 K 缺乏有关的出血现象，因而使用时间以不超过 7 d 为宜。

（2）能降低鸡产蛋率和使蛋壳变薄，故禁用于产蛋鸡。

（3）对哺乳动物毒性稍强，应慎用。

（4）休药期：肉鸡 10 d。

复方氯羟吡啶预混剂 Compound Clopidol Premix

【理化性质】本品为氯羟吡啶、苄氧喹甲酯与大豆粕粉配制而成。为浅灰色粉末。

【作用与用途】抗原虫药，用于防治鸡球虫病。

【用法与用量】混饲：每 1 000 kg 饲料，鸡，添加本品 500 g。

【制剂】复方氯羟吡啶预混剂：100 g 含氯羟吡啶 89 g，苄氧喹甲酯 7.3 g。

【注意事项】

（1）产蛋期禁用。

（2）休药期：鸡 7 d。

复方马度米星铵预混剂（马度米星铵尼卡巴嗪预混剂）Compound Maduramicin Ammonium Premix（Maduramicin Ammonium and Nicarbazin Premix）

【理化性质】本品为马度米星铵、尼卡巴嗪与玉米芯配制而成，为黄色至棕褐色粉末。

【有效成分】马度米星、尼卡巴嗪。

【作用与用途】本品为复方抗球虫药，抗球虫谱广，对鸡的毒害、巨型、柔嫩、堆型、布氏、变位等艾美耳球虫有高效。作用机制是干扰球虫发育的子孢子期和第一代裂殖体，不仅能抑制球虫生长，且能杀灭球虫。

尼卡巴嗪对鸡的多种艾美耳球虫，如柔嫩、脆弱、毒害、巨型、堆型、布氏艾美耳球虫均有良好的防治效果，主要抑制球虫第二个无性增殖期裂殖体的生长繁殖，作用峰期是感染后第 4 d。抗球虫药。

本品用于防治鸡球虫病。

【不良反应】

（1）高温季节使用本品时，会出现热应激反应，甚至死亡。

（2）本品主要成分尼卡巴嗪，对产蛋鸡所产鸡蛋的质量和孵化率有一定影响。

【用法与用量】以本品混饲：每 1 000 kg 饲料，鸡 500 g，连用 5~7 d。

【制剂】预混剂：100 g 含马度米星 0.75 g、尼卡巴嗪 8 g。

【注意事项】

（1）蛋鸡产蛋期禁用。

（2）本品主要成分马度米星的毒性较大，安全范围窄，7 mg/kg 饲料混饲即可引起鸡中毒，甚至死亡，不宜过量使用。

（3）高温季节慎用。

（4）休药期：鸡 7 d。

尼卡巴嗪、乙氧酰胺苯甲酯预混剂 Nicarbazin and Ethopabate Premix

【理化性质】本品为尼卡巴嗪、乙氧酰胺苯甲酯与乳糖配制而成，为黄色粉末。

【作用与用途】抗球虫药，用于防治鸡球虫病。

【用法与用量】混饲：每 1 000 kg 饲料，鸡 500 g。

【制剂】预混剂：100 g 含尼卡巴嗪 25 g+乙氧酰胺苯甲酯 1.6 g。

【注意事项】

（1）产蛋鸡和种鸡禁用，高温季节慎用。

（2）休药期：鸡 9 d。

阿苯达唑伊维菌素预混剂 Albendazole and Ivermectin Premix

【有效成分】阿苯达唑、伊维菌素。

【作用与用途】本品为抗寄生虫药，具有广谱驱虫活性，对线虫、绦虫、吸虫有较强的驱杀作用。其作用机制是通过与蠕虫体内的微管蛋白结合，阻止其与 α-微管蛋白进行多聚化组成微管，从而影响蠕虫体内的有丝分裂、蛋白装配及能量代谢等细胞繁殖过程。伊维菌素对体内外寄生虫特别是节肢昆虫和体内线虫具有良好驱杀作用，主要用于驱除猪的胃肠道线虫、肺线虫和体外寄生虫。其驱虫机理在于促进突触前神经元释放 γ-氨基丁酸（GABA），从而打开 GABA 介导的氯离子通道。氯离子流能降低细胞膜阻抗，引起突触后膜静止电位轻微的去极化，从而干扰神经肌肉间的信号传递，使虫体松弛麻痹，导致虫体死亡或被排出体外。

本品用于驱除猪体内线虫、吸虫、绦虫及体外寄生虫。

【不良反应】本品主要成分阿苯达唑具有致畸胎作用。

【用法与用量】以本品计。混饲：每 1 000 kg 饲料，猪 1 000 g。

【制剂】预混剂：100 g 含阿苯达唑 6 g+伊维菌素 0.25 g。

【注意事项】

（1）母猪妊娠期前 45 d 慎用。

（2）伊维菌素对虾、鱼及水生生物有剧毒，残留药物的包装及容器切勿污染水源。

（3）休药期：猪，28 d。

联磺甲氧苄啶预混剂 Sulfamethoxazole, Sulfadiazine and Trime-thoprim Premix[处]

【理化性质】本品为白色或类白色粉末。

【有效成分】磺胺甲噁唑、磺胺嘧啶和甲氧苄啶。

【作用与用途】磺胺类抗菌药。本品系磺胺甲噁唑、磺胺嘧啶和甲氧苄啶的复方制剂，对大多数革兰氏阳性菌和革兰氏阴性菌具良好抗菌活性。此外，本品对球虫、弓形虫等亦有效。磺胺甲噁唑和磺胺嘧啶均能与对氨基苯甲酸竞争二氢叶酸合成酶，阻碍二氢叶酸合成而产生抑菌作用，两者联合具有相加作用；甲氧苄啶则通过抑制细菌的二氢叶酸还原酶，阻碍二氢叶酸还原成四氢叶酸。三者合用对细菌合成四氢叶酸过程起双重阻断作用，其抗菌作用明显增强。用于敏感菌和球虫引起的猪的感染性疾病。

【不良反应】长期使用易引起肾毒性。

【用法与用量】以磺胺甲噁唑计。混饲：每 1 000 kg 饲料，猪 100 g。连用 3~5 d。

【制剂】预混剂：100 g 含磺胺甲噁唑 10 g+磺胺嘧啶 10 g+甲氧苄啶 4 g、磺胺甲噁唑 20 g+ 磺胺嘧啶 20 g+甲氧苄啶 8 g。

【注意事项】

（1）用药期间宜充分饮水，以减少在尿中结晶损害肾脏。

（2）休药期：猪 28 d。

复方磺胺氯吡嗪钠预混剂 Compound Sulfachloropyrazin Sodium Premix[处]

【理化性质】本品为磺胺氯吡嗪钠、二甲氧苄啶与葡萄糖配制而成，为白色至淡黄色粉末。

【作用与用途】本品为磺胺类抗球虫药，主要抑制二氢叶酸合成酶，阻断了叶酸的合成，从而抑制虫体的繁殖，其作用峰期是球虫第二代裂殖体，对第一代裂殖体也有一定作用。另外，磺胺氯吡嗪具有较强的抗菌作用，对禽巴氏杆菌病及伤寒有效。二甲氧苄啶与其合用具有增效作用。内服后在消化道迅速吸收，3~4 h 血药浓度达峰值，并很快经肾脏排泄。用于治疗鸡球虫病、鸡霍乱及伤寒病。

【不良反应】长期或大剂量使用可发生磺胺药中毒症状，增重减慢，蛋鸡产蛋率下降。

【用法与用量】以本品计。混饲：每 1 000 kg 饲料，鸡 2 kg。连用 3 d。

【制剂】预混剂：100 g 含磺胺氯吡嗪钠 20 g+二甲氧苄啶 4 g。

【注意事项】

（1）蛋鸡产蛋期禁用。

（2）按推荐剂量连续用药不得超过 5 d。

（3）不得作饲料添加剂长期使用，16 周以上鸡群禁用。

（4）休药期：火鸡 4 d，肉鸡 1 d。

复方磺胺间甲氧嘧啶预混剂 Compound sulfamonomethoxine Premix[处]

【理化性质】本品为磺胺间甲氧嘧啶、甲氧苄啶与淀粉配制而成,为白色或类白色粉末。

【有效成分】磺胺间甲氧嘧啶、甲氧苄啶。

【作用与用途】本品为磺胺类抗菌药。磺胺间甲氧嘧啶通过竞争二氢叶酸合成酶抑制二氢叶酸的合成;甲氧苄啶通过抑制二氢叶酸还原酶,使二氢叶酸不能还原成四氢叶酸。磺胺间甲氧嘧陡与甲氧苄啶合用,可以双重阻断叶酸的代谢,产生协同抗菌作用。磺胺间甲氧嘧啶内服吸收良好,血中浓度高,乙酰化率低,且乙酰化物在尿中溶解度大,不易发生结晶尿。磺胺类抗菌药。本品用于敏感菌所引起的呼吸道、胃肠道、泌尿道感染及球虫病、猪弓形虫病、鸡住白细胞虫病等。

【不良反应】长期或大量使用可损害肾脏和神经系统,影响增重,并可能发生磺胺药中毒。

【用法与用量】以本品计。混饲:每1 000 kg饲料,畜、禽2~2.5 kg。

【制剂】预混剂:100 g含磺胺间甲氧嘧啶10 g+甲氧苄啶2 g。

【注意事项】

(1) 蛋鸡产蛋期禁用。

(2) 连续用药不宜超过1周。

(3) 长期使用应同服碳酸氢钠以碱化尿液。

(4) 休药期:28 d。

磺胺喹噁啉二甲氧苄啶预混剂 Sulfaquinoxaline and Diaveridine Premix[处]

【有效成分】磺胺喹噁啉、二甲氧苄啶。

【作用与用途】抗球虫药。用于禽(鸡)球虫病。

【不良反应】本品较大剂量延长给药时间可引起食欲下降,肾脏出现磺胺喹噁啉结晶,并干扰血液正常凝固。

【用法与用量】以本品计。混饲:每1 000 kg饲料,鸡500 g。

【制剂】预混剂:每1 kg含磺胺喹噁啉200 g、二甲氧苄啶40 g。

【注意事项】

(1) 蛋鸡产蛋期禁用。

（2）连续饲喂不得超过 5 d。

（3）休药期：鸡 10 d。

磺胺对甲氧嘧啶二甲氧苄啶预混剂 Sulfamethoxydiazine and Diaveridine Premix[处]

【有效成分】本品为磺胺对甲氧嘧啶、二甲氧苄啶与淀粉或碳酸钙配制而成。

【适用动物】猪、禽。

【作用与用途】本品为磺胺对甲氧嘧啶与二甲氧苄啶的复方制剂，二者合用能双重阻断细菌的叶酸代谢，增强抗菌效力，甚至呈现杀菌作用。对革兰氏阳性菌和革兰氏阴性菌如化脓性链球菌、沙门菌和肺炎杆菌等均有良好的抗菌作用。

本品内服后磺胺对甲氧嘧啶吸收迅速，不易引起结晶尿，但不同动物体内有效浓度维持时间不同。二甲氧苄啶不易吸收，主要发挥局部抗菌作用。用于畜禽肠道感染、球虫病。亦可用于其他敏感细菌引起的疾病。

【不良反应】磺胺对甲氧嘧啶或其代谢物可在尿液中产生沉淀，在高剂量和长期给药时更易产生结晶，引起结晶尿、血尿或肾小管堵塞。

【用法与用量】以本品计。混饲：每 1 000 kg 饲料，猪、禽 1 000 g。

【制剂】预混剂：每 1 kg 含磺胺对甲氧嘧啶 200 g+二甲氧苄啶 40 g。

【注意事项】

（1）蛋鸡产蛋期禁用。

（2）应用磺胺药物期间，注意给患畜大量饮水，以防结晶尿的发生，必要时亦可加服碳酸氢钠等碱性药物。

（3）肾功能受损时，排泄缓慢，应慎用。

（4）可引起肠道菌群失调，长期用药可引起 B 族维生素和维生素 K 的合成和吸收减少，宜补充相应的维生素。

（5）注意交叉过敏反应。在家畜出现过敏反应时，应立即停药并给予对症治疗。

（6）连续饲喂不应超过 10 d。

【药物相互作用】

（1）磺胺对甲氧嘧啶与二氨基嘧啶类（抗菌增效剂）合用，可产生协同作用。

（2）某些含对氨基苯甲酰基的药物如普鲁卡因、丁卡因等在体内可生成对氨基苯甲酸，酵母片中含有细菌代谢所需要的对氨基苯甲酸，可降低本药作用，因此不宜合用。

（3）与噻嗪类或速尿等利尿剂同用，可加重肾毒性。

【休药期】猪 28 d，鸡 10 d。

第五章　作用于内脏系统的药物

第一节　强心药与血液循环系统药

一、强心药

凡能提高心肌兴奋性，增强心肌收缩力，改善心脏功能的药物都称强心药。具有强心作用的药物种类很多，如强心苷（洋地黄、毒毛旋花子苷K）、甲基黄嘌呤类（咖啡因、茶碱）、儿茶酚胺类（肾上腺素）等。但咖啡因适用于某些急性疾病（如中毒、中暑、高热等所致的急性心力衰竭）有利于改善机体功能障碍。茶碱主要用于急性心功能不全和心性水肿；肾上腺素可用于因传染病、手术事故等所致心跳骤停的急救。上述各药参阅有关章节。本章介绍的强心苷有较严格的适应证，主要适用于以呼吸困难、水肿及发绀等为综合征的慢性心力衰竭及慢性心力衰竭的急性发作。因为该类药物能直接加强心肌收缩力，使心肌收缩期缩短，心输出量增多，心室排空完全，舒张期相对延长，同时心跳速度减慢。这样可减少心肌的耗氧量，提高心脏工作效率。各种强心苷对心脏的基本作用是加强心肌收缩力，但其效应有强弱、快慢、久暂的区别。

根据作用时间可将强心苷分为慢效（洋地黄、洋地黄毒苷）和快效（毒毛旋花子苷K、毛花丙苷等）两类。根据病情，对一般慢性心功能不全可选用慢效类，病情危急者则应选用快效类。

洋地黄（毛地黄叶）Digitalis（Folia Digitalis）

【理化性质】本品为玄参科植物紫花洋地黄的干叶或叶粉。叶粉呈暗绿色，有特殊臭味和苦味，含洋地黄毒苷、吉妥辛等有效成分。

【作用与用途】本品治疗量能明显加强衰竭心脏的心肌收缩力，使心功能得到改善，可治疗各种原因引起的慢性心功能不全、阵发性室上性心动过速、心房纤颤和心房扑动等。

【不良反应】洋地黄安全范围较小，应用不当易中毒。毒性反应有厌食、呕吐、腹泻等。窦性心动过缓可使用阿托品；过速性心律紊乱可适当补充钾盐和使用苯妥英钠、利多卡因等解毒。

【用法与用量】

（1）洋地黄片：内服，每 1 kg 体重，全效量，马 0.033~0.066 g、犬 0.022~0.044 g；维持量是全效量的 1/10。

（2）洋地黄酊：内服，每 1 kg 体重，全效量，马 0.33~0.66 mL、犬 0.03~0.04 mL。

洋地黄及其他强心苷的用法一般分为两个步骤：先给以全效量（洋地黄量，即在短期内给予发挥足够强心作用的量），此后给予维持量（即每日补充被代谢和排泄的量）以保持疗效。

全效量分速给法和缓给法：①速给法，适用于病情较严重的患畜，首次内服全效量的 1/2，6 h 后内服全效量的 1/4，以后每隔 6 h 内服全效量的 1/8。②缓给法，适用于慢性轻症的患畜，将全效量分为 8 剂，每隔 6 h 内服 1 剂；或首次投服全效量的 1/3，第二次投服全效量的 1/6，第三次后每次投服全效量的 1/12。

维持量：在获全效量后，每天投 1 次维持量，应用时间长短随病情而定，用量可随病情做调整。

【制剂】①片剂：每片 0.1 g，每克效价应与 10 个洋地黄单位相当。②酊剂：每毫升效价相当于 1 个洋地黄单位。

【注意事项】

（1）洋地黄在体内代谢和排泄缓慢，易蓄积，应详细问明用药史，原则上 2 周内未用过强心苷的患畜才能常规给药。

（2）应用洋地黄或其他强心苷期间，禁忌静脉注射钙剂、拟肾上腺素类药物。

（3）心内膜炎、急性心肌炎、创伤性心包炎等应慎用洋地黄及其他强心苷。

地高辛（狄戈辛）Digoxin

【理化性质】本品为白色细小片状结晶或结晶性粉末，无臭，味苦，在烯醇中微溶，不溶于水和乙醚。

【作用与用途】本品为中效类强心苷。内服在小肠吸收，静脉注射，通常在 15~30 min 发生作用，60 min 达高峰。本品在体内分布广泛，在肾、心、胃、肠及骨骼肌中含量高，而在脑及血浆中含量较低，通过肾小球滤过及肾小管分泌排泄，消除半衰期在不同种属的差异很大，犬为 14.5~56 h，猫为 21~25 h，马为 17 h。本品增强心肌收缩力的作用较洋地黄强而迅速，能显著减缓心率，具有较强利尿作用。本品的特点是排泄较快而积蓄作用较小，与洋地黄相比，使用较安全，常用于治疗各种原因所致的慢性心功能不全、阵发性室上性心动过速、心房颤动和扑动等。

【用法与用量】

（1）内服：每 1 kg 体重，全效量，马 0.06~0.08 mg，犬 0.08~0.26 mg（犬应用时，内服量，按每 1 kg 体重，第 1 d 0.08 mg 分成 3 个剂量服用，然后每天继续按每 1 kg 体重用 0.026 mg 的维持量）。

（2）静脉注射：全效量，每 1 kg 体重，马 0.026~0.04 mg，牛 0.01 mg，犬 0.05~0.08 mg，用葡萄糖注射液稀释后缓慢注射。

【制剂】①片剂：每片 0.25 mg。②注射液：每支 2 mL 含 0.5 mg。

【注意事项】不宜与酸、碱类药物配伍；静脉注射时勿漏出血管，以免对局部产生刺激；用药期间禁用钙注射剂。

洋地黄毒苷（狄吉妥辛）Digitoxin

【理化性质】本品为洋地黄提纯制剂，呈白色或黄白色结晶性粉末，无臭，味苦，溶于乙醇，不溶于水。

【作用与用途】本品起效慢，维持作用时间长，单胃动物内服后约 2 h 显效，8~12 h 达高峰。由于体内代谢过程中形成肝肠循环，因而作用持久，3~7 d 作用开始消失，经 2~3 周完全消失。犬内服 95%~100% 被吸收。由于本品用量仅为洋地黄的 1/1 000，故胃肠道的不良反应（恶心、呕吐等）极微，适用于慢性心功能不全。

【用法与用量】

（1）内服：每 1 kg 体重，全效量，马 0.04~0.08 mg。

（2）静脉注射：每 1 kg 体重，全效量，牛、马 0.006~0.012 mg，犬 0.001~0.01 mg。

（3）肌内注射：全效量，每 1 kg 体重，牛 0.037 mg。

【制剂】片剂：每片 0.1 mg。注射液：每支 1 mL 含 0.2 mg，5 mL 含

1 mg。

毒毛旋花子苷 K（毒毛苷）Strophanthin K

【理化性质】本品为白色或微黄色结晶性粉末，能溶于水和乙醇，遇光易变质。

【作用与用途】本品是一种高效、速效的强心苷药物。适用于急性心功能不全或慢性心功能不全的急性发作，特别是对洋地黄无效的病症。本品排泄迅速，蓄积作用小，维持时间短。内服吸收不佳，适宜静脉注射。

【用法与用量】静脉注射：一次量，牛、马 1.25 ~ 3.75 mg，犬 0.25 ~ 0.5 mg，猫每 1 kg 体重 0.08 mg，用葡萄糖溶液或生理盐水稀释 10 ~ 20 倍，缓慢注射，必要时 2 ~ 4 h 后再以小剂量重复注射一次。本品不能皮下注射。

【制剂】注射液：每支 1 mL 含 0.25 mg、2 mL 含 0.5 mg。

二、止血药

止血药是指能加速血液凝固或降低毛细血管通透性而使出血停止的药物，用于防治各种出血。但由于出血原因很多，各种止血药作用机制亦有不同，在临床诊断上应根据出血原因、药物功能、临诊症状而采用不同的处理方法。

维生素 K_3（亚硫酸氢钠甲萘醌）Vitamin K_3（Menadione Sodium Bisulfite）

维生素 K 广泛存在于自然界，其种类有存在于苜蓿等植物中的维生素 K_1，由腐败鱼粉所得及肠道细菌产生的维生素 K_2，此两种均属脂溶性维生素。维生素 K_3 和维生素 K_4 系人工合成，水溶性较好，生理功能相似。医药上常用维生素 K_3。

【理化性质】维生素 K_3 为白色结晶性粉末，有吸湿性，遇光易分解，易溶于水，遇碱或还原剂易失效。

【作用与用途】维生素 K_3 的主要作用是促进肝脏合成凝血酶原，并能促进血浆凝血因子 Ⅱ、Ⅶ、Ⅸ、Ⅹ 在肝脏内合成。如果维生素 K_3 缺乏，则肝脏合成凝血酶原和上述因子发生障碍，引起凝血时间延长，容易出血不止。临床诊断上主要用于维生素 K_3 缺乏所致的出血；防治长期内服广谱抗菌药所引起的继发性维生素 K_3 缺乏性出血；治疗某些疾病，如胃肠炎、肝炎、阻塞性黄疸等导致的维生素 K_3 缺乏和低凝血酶原症以及牛、猪摄食含双香豆素的霉烂变质的草木樨，或由水杨酸钠中毒所导致的低凝血酶原症等。

【用法与用量】

（1）混饲：每吨饲料，幼雏（1~8 周龄）0.4 g，产蛋鸡、种鸡 2 g。

（2）肌内注射：一次量，猪、羊 0.03~0.05 g，牛、马 0.1~0.3 g，犬 0.01~0.03 g，猫 0.001~0.005 g，每天 2~3 次。

【制剂】维生素 K_3 注射液：每支 1 mL 含 4 mg，每支 10 mL 含 40 mg、150 mg。

【注意事项】维生素 K_3 不能和巴比妥类药物合用；肝功能不良的病畜应改用维生素 K_1；临产母畜大剂量应用，可使新生畜出现溶血、黄疸或胆红素血症。

安络血（安特诺新）Adrenosem

【理化性质】本品为肾上腺色素缩氨脲与水杨酸钠的复合物，橙红色结晶性粉末，能溶于水及乙醇，遇光易变质。13% 溶液的 pH 值为 6.7~7.3。

【作用与用途】本品可增强毛细血管对损伤的抵抗力，增进断裂毛细血管端的回缩，降低毛细血管的通透性，减少血液外渗，用于鼻出血、内脏出血、血尿、视网膜出血、手术后出血、产后出血等。

【用法与用量】

（1）内服：一次量，猪、羊 5~10 mg，牛、马 25~50 mg，犬、猫 2.5~5 mg，每天 2~3 次。

（2）肌内注射：一次量，猪、羊 10~20 mg，牛、马 25~100 mg，犬每 1 kg 体重 0.33 mg，每天 2~3 次。

【制剂】①片剂：每片 2.5 mg、5 mg。②注射液：每支 5 mL 含 25 mg、2 mL 含 10 mg。

【注意事项】本品注射液禁与脑垂体后叶素、青霉素 G、盐酸氯丙嗪相混合；本品不影响凝血过程，对大出血、动脉出血疗效极差。

凝血酸（止血环酸）Tranexamic Acid

【理化性质】本品为白色结晶性粉末，能溶于水。

【作用与用途】本品对创伤性止血效果显著，手术前预防性用药可减少手术渗血。

【用法与用量】静脉注射：一次量，猪、羊 0.25～0.75 g，牛、马 2～5 g。用时每 0.25～0.5 g 加入 20 mL 含 25% 葡萄糖液中。

【制剂】注射液：每支 5 mL 含 0.25 g。

【注意事项】肾功能不全及外科手术后有血尿的患畜慎用；用药后可能发生恶心、呕吐、食欲减退、嗜睡等，停药后一般可消失。

酚磺乙胺（止血敏）Etamsylate

【理化性质】本品为白色结晶性粉末，无臭，味苦，易溶于水，能溶于乙醇，微溶于丙酮。

【作用与用途】本品能增加血小板数量，促进血小板释放凝血活性物质，加速血凝。另外，本品能增强毛细血管的抵抗力，降低毛细血管的通透性。临床上本品适用于各种出血，如消化道出血等。亦可与其他止血药如维生素 K 配伍使用。

【用法与用量】静脉注射、肌内注射：一次量，猪、羊 0.25～0.5 g，牛、马 1.25～2.5 g。

【制剂】酚磺乙胺注射液：每支 2 mL 含 0.25 g，10 mL 含 1.25 g。

【注意事项】外科手术前 15～30 min 用本品可预防手术出血。

三、抗凝血药

抗凝血药是指能延缓或阻止血液凝固的药物。常用的有枸橼酸钠、肝素、草酸钠、依地酸二钠等。这些药物通过影响凝血过程不同环节而发挥抗凝血作用，常用于输血、血样保存、实验室血样检查、体外循环以及血栓形成倾向的疾病等。

枸橼酸钠（柠檬酸钠）Sodium Citrate

【理化性质】本品为无色或白色结晶性粉末。味咸，易溶于水，难溶于乙醇。在溶液中常以离子形态存在，在干燥空气中有风化性。

【作用与用途】枸橼酸根离子与钙离子能形成难以解离的可溶性络合物，因而降低了血中钙离子的浓度，使血液凝固受阻。

本品在输血或化验室血样抗凝时，用作体外抗凝血药。本品一般配制成 2.5%～4% 的灭菌溶液，在每 100 mL 全血中加 10 mL，即可抗血液凝固。

采用静脉滴注输血时，因为枸橼酸钠在体内易氧化，氧化率已接近其注入速率，所以它并不引起血钙过低反应。

【用法与用量】①注射用枸橼酸钠：每 100 mL 全血加 0.4 g，临用前加 10 mL 生理盐水溶解。②枸橼酸钠注射液：每 100 mL 全血加 10 mL。

【制剂】

（1）注射用枸橼酸钠：每瓶 0.4 g。

（2）枸橼酸钠注射液：为含枸橼酸钠 2.5% 和氯化钠 0.85% 的灭菌水溶液，每支 10 mL 含 0.25 g。

【注意事项】输血过快，易出现中毒；初生犬、猫酶系统不全，也易中毒。遇此情况，可静脉注射钙剂（氯化钙）解救。

肝素钠 Heparin Sodium

【理化性质】本品是从牛、猪、羊的肝和肺中提取的一种含黏多糖的硫酸酯，为白色无定形粉末，无味，有吸湿性，易溶于水，不溶于乙醇、丙酮等有机溶剂。水溶液在 pH 值为 7 时较稳定。

【作用与用途】本品在体内外均有迅速的抗凝血作用，其主要作用是延缓凝血酶原转为凝血酶，有抗凝血酶作用，阻止血小板的凝集和破坏。作为体外抗凝剂，用于输血和血样的保存；作为体内抗凝剂，防治血栓栓塞性疾病及各种原因引起的血管内凝血。

【用法与用量】

（1）静脉滴注或肌内注射：每 1 kg 体重，猪、羊、牛、马、骆驼 100~130 u，犬、猫 200 u，兔、貉、貂 250 u。

（2）体外抗凝：每 500 mL 血液用肝素钠 2 000~3 000 u。

（3）动物交叉循环，肌内注射：每 1 kg 体重，黄牛 300 u。血样保存：每毫升血液加肝素钠 10 u。

【制剂】肝素注射液：每支 2 mL 含 1.25 万 u，2 mL 含 1 000 单位，2 mL 含 5 000 单位，以 5% 葡萄糖或生理盐水稀释后静脉滴注。

【注意事项】

（1）本品刺激性强，肌内注射可致局部血肿，应酌量加 2% 盐酸普鲁卡因。

（2）当肝素过量引起严重出血时，可静脉注射鱼精蛋白急救，用量与肝素最后一次用量相当，由静脉缓缓注入。

（3）肝素内服无效，多静脉滴注。

（4）禁用于出血性素质和血液凝固延缓的各种疾病，如肝功能不全、肾功能不全、脑出血、妊娠及产后等。

四、抗贫血药

在单位容积的循环血液中，红细胞数和血红蛋白量低于正常值时，称为贫血。由于引起贫血的原因不同，临床上可将贫血分为几个类型，如缺铁性贫血、溶血性贫血、营养性贫血、再生障碍性贫血等。

凡能增进造血功能，补充造血物质，用来治疗贫血的药物，都称为抗贫血药。在兽医临床上常见的哺乳期幼畜的贫血、仔猪贫血、慢性失血性贫血、缺铁性贫血等，补充铁制剂，可获得良好效果；其他（如维生素 B_{12} 等）也可应用。

硫酸亚铁 Ferrous Sulfata

【理化性质】本品为淡蓝绿色结晶或颗粒，味咸、涩，易溶于水或甘油，在潮湿空气中易氧化变质，在干燥空气中易风化。

【作用与用途】铁为机体所必需的元素，是血红蛋白的组成物质，也是肌红蛋白、细胞色素和某些酶（细胞色素酶、细胞色素氧化酶、过氧化酶等）的组成成分。正常机体有足够营养或有足够铁补充情况下，动物一般不会缺铁，但当急性或慢性失血，以及某些疾病引起缺铁性贫血的情况下，给予铁剂治疗，疗效明显而迅速。铁剂以亚铁离子的形式在十二指肠吸收，缺铁时也能从胃和小肠下部吸收，但钙、磷、鞣酸使铁盐沉淀，妨碍铁的吸收，主要用于慢性失血、营养不良、孕畜及哺乳期仔猪等的缺铁性贫血。

【用法与用量】内服：一次量，猪、羊、鹿 0.5~2 g，牛、马 2~10 g，犬 0.05~0.5 g，每天 3 次。猫、貉、兔、貂每天量 0.02~0.1 g，分 2~3 次内服。

【制剂】片剂：每片 0.3 g。

【注意事项】内服对胃肠有刺激性，可使食欲减退、腹痛、腹泻，故宜饲后投药；对幼犬、幼猫过量可引起急性中毒、急性胃肠炎等严重副作用；禁用于消化道溃疡和肠炎的患畜。

复方卡铁注射液 Injectio Iron Cacodylatis Compositus

【理化性质】本品为褐色液体。

【作用与用途】本品既能补充铁，又能兴奋脊髓，适用于慢性贫血及久病、虚弱的动物。

【用法与用量】肌内注射（试用量）：一次量，大动物 5～10 mL，中、小动物 0.5～5 mL，每天 1 次。

【制剂】针剂：每支 1 mL 含卡古地铁 10 mg，甘油磷酸钠适量，士的宁 0.5 mg 及苯甲醇 5 mg。

右旋糖酐铁注射液（20%）Iron Dextran Injection

【理化性质】本品为右旋糖酐与氢氧化铁复合物，深褐色。

【作用与用途】本品为注射用铁剂，适用于驹、犊、仔猪、幼犬和毛皮兽的缺铁性贫血，或有严重消化道疾病而铁严重缺乏急需补铁的患畜。

【用法与用量】深部肌内注射（元素铁）：一次量，驹、犊 200～600 mg，仔猪 100～200 mg，幼犬 20～200 mg，狐狸 50～200 mg，水貂 30～100 mg。

【制剂】针剂：每支 2 mL，含元素铁 100 mg、200 mg；每支 10 mL，含元素铁 0.5 g、1 g；每支 50 mL，含元素铁 2.5 g、5 g。

【注意事项】刺激性较强，故应做臀部深部肌内注射；静脉注射时，切不可漏到血管外；注射量若超过血浆结合限度时，可发生毒性反应，急性中毒可见发热、呼吸困难、大汗，甚至休克，解毒时可肌内注射去铁敏。

葡聚糖铁钴注射液（铁钴注射液）Fe-Co Dextran

【理化性质】本品为右旋糖酐与三氯化铁及微量氯化钴制成的胶体注射液，带暗褐色，有黏性。

【作用与用途】本品具有钴与铁的抗贫血作用。钴有兴奋骨髓制造红细胞功能的作用，并能改善机体对铁的利用。适用于仔猪贫血及其他缺铁性贫血。

【用法与用量】深部肌内注射：一次量，生后 4～10 日的仔猪 2 mL，重症贫血隔 2 d 同剂量重复 1 次。

【制剂】针剂：每支 2 mL，含铁元素 50 mg；每支 10 mL，含铁元素 250 mg。

维生素 B₁₂ Vitamin B₁₂

【理化性质】本品为一类含钴的化合物，通常药用氰钴铵，含钴 4.5%，为深红色结晶或结晶性粉末，吸湿性强，在水中或乙醇中略溶。

【作用与用途】本品在体内参与核蛋白的合成、甲基的转移、保持巯基的活性、神经髓鞘脂蛋白的合成及保持其功能的完整性。本品对维生素 B₁₂ 缺乏的贫血（包括恶性贫血）和神经损害性疾病有效，临床上也用于巨幼红细胞性贫血，也可用于神经炎、神经萎缩等疾病的辅助治疗。

【用法与用量】肌内注射：一次量，猪、羊 0.3~0.4 mg，牛、马 1~2 mg，犬 0.1 mg，猫 0.05~0.1 mg，每天 1 次。

【制剂】注射液：每支 1 mL 含 1 mg、0.5 mg、0.05 mg。

叶酸 Folic Acid

【理化性质】本品为黄色或橙黄色结晶性粉末，无臭，无味，在氢氧化钠或碳酸钠稀溶液中易溶。

【作用与用途】本品是由蝶啶、对氨基苯甲酸和谷氨酸组成的一种 B 族维生素，为细胞生长和分裂所必需的物质，在体内被还原生成四氢叶酸，而四氢叶酸为传递一碳基团的重要辅酶，参与体内核酸和氨基酸的合成，并与维生素 B₁₂ 共同促进红细胞的生长和成熟。本品用于各种巨幼红细胞性贫血，尤其适用于由于营养不良或妊娠期叶酸需要量增加导致的幼红细胞性贫血。

【不良反应】本品不良反应少；静脉注射较易引起严重不良反应，故不宜采用。

【用法与用量】

(1) 混饲：各种动物每 1 kg 饲料 10~20 mg。

(2) 内服：一次量，每 1 kg 体重，犬 5 mg，猫 2.5 mg，其他动物 0.2~0.4 mg。

(3) 肌内注射：一次量，雏鸡 0.05~0.1 mg，育成鸡 0.1~0.2 mg。

【制剂】①片剂：每片 5 mg。②注射液：1 mL 含 15 mg。

【注意事项】

(1) 营养性巨幼红细胞贫血常合并缺铁，应同时补铁，并补充蛋白质及其他 B 族维生素。

（2）维生素 B_{12} 缺乏所致的贫血，应以维生素 B_{12} 为主，叶酸为辅。

（3）维生素 B_1、维生素 B_2、维生素 C 不能与本品注射剂混合。

（4）叶酸与普鲁卡因、丁卡因、苯唑卡因、酵母等含有对氨基苯甲酸药物同用，均可降低磺胺类药物的抗菌作用。

第二节 作用于消化系统的药物

作用于消化系统的药物种类繁多，主要是发挥其局部作用。按其药理作用和临床应用，可做如下分类：①健胃药；②助消化药；③抗酸药；④瘤胃兴奋药与制酵药，消沫药；⑤泻药；⑥止泻药。

一、健胃药

健胃药是指能促进胃液、唾液等消化液的分泌，提高食欲，加强胃的消化活动的一类药物。临床上很常用，可分为三类：苦味健胃药，芳香健胃药，盐类健胃药。苦味健胃药的有效成分具有强烈苦味，可通过刺激味觉感受器兴奋食欲中枢，提高食欲。给药时须使药物与舌的味蕾接触，才能充分发挥药效。芳香健胃药主要有陈皮、桂皮、姜、辣椒、豆蔻及其制剂，它们都含有挥发油，具有芳香气味。盐类健胃药系中性或弱碱性盐类，如氯化钠、人工盐等。

龙胆酊 Tinctura Gentianae

【理化性质】本品为棕黄色液体，有特臭，味较苦，能与水任意混合成澄清溶液，经振摇后能形成大量泡沫。

【作用与用途】本品主要成分为龙胆苦苷，有较强苦味，能刺激口腔味觉感受器，反射性地兴奋食物中枢，从而增进食欲，促进消化。本品用于治疗动物的食欲减退、消化不良等。使用时以饲前经口内服为宜。

【用法与用量】内服：一次量，猪 3~8 mL，牛、马、骆驼 50~100 mL，羊 5~15 mL，犬、猫 1~3 mL。

橙皮酊 Tinctura Auranti

【理化性质】本品是橙皮经 60% 乙醇浸渍而成，为橙黄色液体，有橙皮香味。

【作用与用途】本品含有挥发油、橙皮苷、川皮酮等芳香性物质。有促进胃肠蠕动和分泌，轻度抑菌和制酵等作用，用于消化不良、胃膨胀及积食。

【用法与用量】内服：一次量，猪、羊 10~20 mL，牛、马 30~100 mL。

复方大黄酊 Tinctura Rhei Composita

【理化性质】本品为黄棕色液体，有香气，味苦，微涩，每 100 mL 相当于大黄 10 g、橙皮 2 g、草豆蔻 2 g。

【作用与用途】大黄含有大黄蒽苷、大黄酚及鞣酸，有苦味，有健胃作用。橙皮及豆蔻含有挥发油等芳香性物质，可刺激口腔味觉感受器和胃肠黏膜，促进消化液分泌和胃肠蠕动，使食欲增加和消化功能加强，用于消化不良、胃肠积食。

【用法与用量】内服：一次量，猪、羊 10~20 mL，牛 30~100 mL，犬、猫 1~4 mL。

姜酊 Tinctura Zingiberis

【理化性质】本品为淡黄色液体，有姜的气味，是姜流浸膏加 60%乙醇调制而成。

【作用与用途】本品含有挥发油、姜辣素、姜酮和辛辣物质，其健胃祛风作用较强。内服后可刺激胃肠黏膜、促进消化液分泌和胃肠蠕动，并能通过反射，兴奋中枢神经系统，加强血液循环和促进发汗，用于消化不良、胃肠膨气。

【用法与用量】内服：一次量，猪、羊 15~30 mL，犬、猫 2~5 mL，用前加水稀释成 2%~4%的溶液。

人工盐 Artificial Salt

【理化性质】本品为多种盐类混合物，含干燥硫酸钠 44%、碳酸氢钠 36%、氯化钠 18%、硫酸钾 2%。白色粉末，易溶于水，水溶液呈弱碱性。

【作用与用途】本品少量内服，能刺激口腔黏膜及味觉感受器，促进胃肠蠕动和分泌，改善消化机能。加大剂量内服时，由于提高胃肠内容物的渗透压，阻止水分吸收，增强胃肠道蠕动，使动物缓泻。本品用于消化不良、食欲下降、胃肠弛缓及便秘初期。

【用法与用量】

（1）健胃，内服：一次量，猪、羊 10~30 g，牛 50~150 g，马 50~100 g，骆驼 80~100 g，犬、猫 1~5 g，兔 1~2 g。

（2）缓泻，内服：一次量，猪、羊 50~100 g，牛、马 200~400 g，犬、猫 5~10 g，兔 4~6 g。

【注意事项】禁与酸性健胃药配合使用，内服作泻剂宜大量饮水。

二、助消化药

助消化药是消化液中的主要成分，如稀盐酸、胃蛋白酶、淀粉酶、胰酶等，它们能补充消化液中某些不足的成分，充分发挥其代替疗法的作用，从而促使消化过程的迅速恢复。此类药物针对性强，必须对症下药，才能收到良好效果，否则，不仅无效，有时反而有害。

稀盐酸 Dilute Hydrochloric Acid

【理化性质】本品为无色透明液体，其盐酸含量为 9.5%~10.5%。

【作用与用途】盐酸是胃液中正常成分之一，在胃的消化活动中起着重要作用。适当浓度的盐酸能使蛋白酶原变成具有活性的胃蛋白酶；胃蛋白酶在酸性环境中活性较高，故盐酸可保证胃蛋白酶充分发挥其消化蛋白质的作用；能使蛋白质膨胀，以利于消化；能抑制细菌繁殖，防止内容物发酵；能调节幽门括约肌的活动（胃内容物的酸性，可使幽门括约肌松弛，酸性食糜到达十二指肠后，又会反射地使幽门括约肌收缩）。酸性食糜可反射性地引起胰液和胆汁分泌，有利于食物消化；肠上部食糜呈酸性，可促进钙、铁等化合物的溶解和吸收。临床上主要用于胃酸缺乏所引起的消化不良，胃内发酵，马、骡急性胃扩张，肠干结，碱中毒等。

【用法与用量】内服：一次量，猪 1~2 mL，羊 2~5 mL，牛 15~30 mL，马 10~20 mL，犬、猫 0.1~0.5 mL，家禽 0.1~0.3 mL。

【制剂】临用时稀盐酸加 50 倍水稀释成 0.2%。

【注意事项】应用时剂量不宜过大，浓度也不宜过高，以免对局部刺激过强；禁与碱类、盐类健胃药、有机酸、洋地黄及其制剂配合使用。

乳酸 Lactic Acid

【理化性质】本品为无色澄明或微黄色有黏性液体，无臭，味微酸，有吸湿性，水溶液呈酸性反应，能溶于乙醇，不溶于氯仿。

【作用与用途】本品稀释后内服，有防腐、制酵和刺激等作用，可用于幼畜消化不良等。外用其1%溶液冲洗阴道，可治阴道滴虫病。

【用法与用量】内服：一次量，猪、羊0.5~3 mL，牛、马5~15 mL，犬、猫0.2~1 mL。每天3次，临用前加水稀释成1%左右。

胃蛋白酶 Pepsin

【理化性质】本品是由猪、牛、羊等动物的胃黏膜中提取的一种含蛋白分解酶的粉状物质，白色或淡黄色，有特臭，有引湿性；溶于水，水溶液显酸性反应。遇热（70 ℃以上）及碱性条件易失效。按干燥品计算，每1 g中含胃蛋白酶活力不得少于3 800 u。

【作用与用途】本品有较强的分解蛋白能力，在0.2%~0.4%的酸性条件下消化作用最强。常用于胃液分泌不足所引起的消化不良和幼畜消化不良。应用时需补充稀盐酸以保证胃蛋白酶能充分发挥作用。稀盐酸必须加水作50倍稀释后用。

【用法与用量】内服：一次量，猪、羊1~2 g，牛、马5~10 g，驹、犊2~5 g，犬、猫0.1~0.3 g。

【制剂】片剂：每片0.5 g、1.0 g。

【注意事项】

（1）当胃液分泌不足引起消化不良时，胃内盐酸也常分泌不足。因此使用本品时应同服稀盐酸。

（2）忌与碱性药物、鞣酸、重金属盐等配合使用。

（3）温度超过70 ℃时迅速失效；剧烈搅拌可破坏其活性。

胰酶 Pancreatin

【理化性质】本品是由猪、牛、羊的胰脏提取，内含胰蛋白酶、胰淀粉酶和胰脂肪酶等。白色或微黄色粉末，微臭，有吸湿性。

【作用与用途】本品能消化蛋白质、淀粉和脂肪，使其分解成为氨基酸、单糖、脂肪酸和甘油等，以便从小肠吸收。主要用于胰功能异常所引起的消化不良。

【用法与用量】内服：一次量，猪0.5~1 g，犬0.2~0.5 g。

【制剂】胰酶肠用片：每片0.3 g。

【注意事项】本品忌与酸性药物同用，遇热、酸、强碱、重金属盐等易失效。

干酵母 Sacharomyces Siccum

【理化性质】本品为灰黄至黄棕色颗粒或粉末。有酵母的特臭，味略苦。置显微镜下检视，多数细胞呈圆形、卵圆形、圆柱形或集结成块。

【作用与用途】本品为麦酒酵母菌的干燥菌体，内含多种 B 族维生素。这些维生素都是体内酶系统的重要组成部分，它们参加糖、蛋白质、脂肪的代谢过程和生物氧化过程，因而能促进各个器官、系统的功能活动，用于消化不良的辅助治疗和维生素缺乏症等。

【用法与用量】内服：一次量，猪、羊 30~60 g，牛、马 120~150 g，犬 8~12 g，猫 1~2 g，兔 0.2~0.4 g，鸡 0.1 g。

【不良反应】用量过大可发生轻度下泻。

【制剂】片剂：每片 0.2 g、0.3 g、0.5 g。干酵母粉：500 g/袋。

【注意事项】本品含大量对氨基苯甲酸，能拮抗磺胺类药物的抗菌作用，不能合用。

乳酶生（表飞鸣）Lactasin（Biofermin）

【理化性质】本品为乳酸杆菌干燥制剂，每 1 g 乳酶生含乳酸杆菌（活肠链球菌 Streptococcus faecalis）活菌数不低于 1 000 万个，白色或淡黄色粉末，微臭，无味，几乎不溶于水，遇热或受潮效力降低。

【作用与用途】本品内服到达肠后，能分解糖类而产生乳酸，使肠内酸度提高，进而抑制肠道内腐败微生物繁殖生长。制止发酵，防止蛋白质的腐败，减少气体产生。也可促进消化和止泻。本品用于消化不良、胃肠胀气、肠内异常发酵和幼畜腹泻，也可用作长期使用抗生素所致的二重感染的辅助治疗。

【用法与用量】内服：一次量，猪、羊 2~10 g，驹、犊 10~30 g，犬、猫 1~2 g，水貂 1~1.5 g，貉、禽 0.5~1 g。

【制剂】片剂：每片 0.5 g、1 g。

【不良反应】按规定的用法与用量使用尚未见不良反应。

【药物相互作用】

（1）抗菌药物可抑制乳酸杆菌，使乳酶生失效。

（2）收敛剂、吸附剂、酊剂及乙醇可抑制乳酸杆菌的活性，也会降低其药效。

【注意事项】本品不可与抗菌药物如磺胺及抗生素等合用，吸附剂、收敛剂、酊剂及乙醇等也不宜配伍应用，宜饲前服用。

三、抗酸及治疗消化道溃疡药

家畜胃酸分泌过多，或采食植物性饲料产生大量的低级脂肪酸，或化学刺激引起的胃酸过多，都降低动物的正常消化和食欲，尤其是伴有胃酸过多的消化道溃疡病，严重影响动物的消化功能，妨碍动物的生长、生产性能。针对该类病，临床常用的有弱碱性化合物，如碳酸氢钠、氢氧化铝、氧化镁等，也可使用组胺 H_2-受体拮抗剂，如西咪替丁、雷尼替丁和法莫替丁等。此外，一些抗胆碱药（如溴丙胺太林、哌仑西平等）、质子泵抑制剂（如奥美拉唑）和前列腺素同系物（米索前列醇）及硫糖铝等也有一定的抗酸及抗溃疡作用。在应用抗酸药的同时，要注意保护瘤胃微生物的正常活动。

碳酸氢钠（小苏打）Sodium Bicarbonate

【理化性质】本品为白色结晶性粉末，易溶于水，在潮湿空气中即缓缓分解。

【作用与用途】本品内服后可中和胃酸，作用快、强而时间短。用于胃酸过多、酸中毒及碱化尿液。

【用法与用量】内服：一次量，猪 2~5 g，羊 5~15 g，牛 30~100 g，马 15~60 g，犬、猫 0.3~2 g，每天 2 次。

【制剂】片剂：每片 0.3 g、0.5 g。

【注意事项】本品不宜与酸性药物合用。易引起碱中毒和继发性胃酸分泌过多。

氢氧化铝 Aluminium Hydroxide

【理化性质】本品为白色无定形粉末，遇热和遇潮易使抗酸能力下降，不溶于水及乙醇，在稀酸或氢氧化钠溶液中溶解。

【作用与用途】本品不溶于水，在水中形成凝胶，中和胃酸的作用缓慢而持久，但起效较慢，为不吸收性抗酸药。有抗酸、吸附、收敛、局部止血、保护溃疡等作用。用于胃酸过多、胃及十二指肠溃疡等。

【用法与用量】内服：一次量，猪、羊 3~5 g，牛、马 15~30 g，犬、猫 0.5~2 g。

【注意事项】本品在胃肠道内可影响磷的吸收并引起便秘，故不宜长期服用，临床上常与镁盐交替使用以防止便秘。本品为碱性，禁与酸性药物混合使用。本品与四环素类、喹诺酮类合用能减少抗菌药的吸收。

硫糖铝 Sucralfate

【理化性质】本品为双蔗糖氢氧化铝，呈白色粉末，不溶于水、乙醇和氯仿，在酸性环境（pH 值小于 5）中活性较强。

【作用与用途】本品能在溃疡面形成一层糊状物，保护溃疡面并促进溃疡面上皮细胞的再生和增殖。本品对实验性胃溃疡和急性胃黏膜损伤均有保护作用。临床可用于各种原因引起的胃、十二指肠溃疡、急性胃黏膜损伤或出血，也可用于治疗由酸引起的食道溃疡。

【用法与用量】内服：一次量，犬 250~1 000 mg，猫 200~400 mg。

【制剂】片剂：0.25 g。

氧化镁 Magnesium Oxide

【理化性质】本品为白色微细粉末，不溶于水。

【作用与用途】本品能中和胃酸，作用强而持久，但产生作用较慢，适用于胃酸过多症。

【用法与用量】内服：一次量，猪、羊 2~5 g，牛、马 10~25 g，犬 0.25~1 g。

【注意事项】本品在肠道中一部分变成碳酸氢镁，后者能吸收水分，有轻泻作用，如与碳酸钙合用，可避免此缺点。肾功能不全的患畜可导致高镁血症，应慎用。

西咪替丁 Cimetidine

【理化性质】本品为白色或类白色结晶性粉末，几乎无臭，味苦，在甲醇中易溶，在水中微溶。

【作用与用途】本品为第一代 H_2-受体拮抗剂，能抑制基础胃酸和刺激引起的胃酸分泌，对化学刺激引起的腐蚀性胃炎有预防、保护作用，对应激性溃疡和消化道出血也有明显疗效，但有抗雄性激素的作用。

【用法与用量】试用量：混饲，每吨饲料，鸡 100 g。混饮，每 1 L 水，鸡 50 mg。

【注意事项】本品禁与四环素、茶碱、普鲁卡因并用。本品能抑制肝药酶活性和减少肝血流量，从而影响其他药物的疗效。

雷尼替丁（呋喃硝胺）Ranitidine

【理化性质】本品为类白色或淡黄色结晶性粉末。有异臭，味微苦带涩，易潮解，遇光变深色。

【作用与用途】本品为第二代强效、长效组胺 H_2-受体拮抗剂，抗胃酸作用比西咪替丁强 5~8 倍，作用与西咪替丁相同，但无抗雄性激素作用。

【用法与用量】试用量：①混饲，每吨饲料，鸡 50 g。②混饮，每 1 L 水，鸡 25 mg。

法莫替丁（愈疡宁）Famotidine

【理化性质】本品为白色或类白色结晶性粉末，味微苦，不溶于水，易溶于冰醋酸，遇光色变深。

【作用与用途】本品为第三代组胺 H_2-受体拮抗剂，作用与西咪替丁相似，抑制胃酸分泌的作用强度比西咪替丁强 30 多倍，比雷尼替丁强 6~10 倍，但无抗雄性激素的作用。

【用法与用量】试用量：①混饲，每吨饲料，鸡 10 g。②混饮，每 1 L 水，鸡 5 mg。

溴丙胺太林（普鲁本辛）Propantheline Bromide

【理化性质】本品为白色或类白色结晶性粉末，无臭，味极苦，易溶于水、乙醇和氯仿，不溶于苯和乙醚。

【作用与用途】本品为节后抗胆碱药，能阻断 M-胆碱受体，呈阿托品样作用，能减少胃液及唾液的分泌，也能抑制胃肠平滑肌收缩。适用于胃酸过多症、胃及十二指肠溃疡的治疗。

【用法用量】内服：一次量，小犬 5~7.5 mg，中犬 15 mg，大犬 30 mg，猫 5~7.5 mg，每天 3 次。

【制剂】片剂：15 mg。

奥美拉唑 Omeprazole

【理化性质】本品为白色结晶性粉末，呈弱碱性，在酸性环境中不稳定。临床上本品常制成肠溶型制剂，能溶于乙醇和甲醇，微溶于水和丙酮。

【作用与用途】本品被吸收后能从血液中选择性分布于胃黏膜壁细胞中，并分解生成亚磺酰胺，后者可与质子泵的巯基结合而抑制其活性，从而抑制胃酸分泌，作用约是西咪替丁的 30 倍。临床可用于治疗胃肠溃疡，H_2-受体阻断剂无效的胃酸分泌过多和急性胃黏膜出血等。

【不良反应】可使胃泌素水平升高，不建议长时间（>8 周）使用。

【用法与用量】内服，每 1 kg 体重 0.7 mg，每天 1 次；或一次量，体重 5 kg 以下的犬每只用药 5 mg，5~20 kg 的犬每只用药 10 mg，对于 20 kg 以上的犬每只使用 20 mg。猫 3~6 mg。治疗马胃溃疡，每天每 1 kg 体重 4 mg，每天 1 次，连续给药 4 周；预防溃疡为每天每 1 kg 体重 4 mg，每天 1 次。

【制剂】内服糊剂。

四、催吐药与止吐药

（一）催吐药

呕吐是一种保护性反射现象，可排出胃内有害物质，主要见于猫、犬、猪及灵长类动物。马属动物、反刍兽及啮齿类动物没有有效的呕吐动作。催吐药通过刺激胃肠道黏膜，兴奋延髓催吐化学感受区的多巴胺受体，或直接兴奋呕吐中枢引起呕吐。主要用于中毒初期的急救，借以将胃中尚未吸收的有害物质排出以减少其吸收。多用于中小动物，不用于牛、马等大动物。牛、马多采用洗胃以代替药物催吐。

硫酸铜 Copper Sulphate

【理化性质】本品为蓝色结晶性颗粒或粉末，有风化性，易溶于水，微溶于乙醇，应密封保存。

【作用与用途】低浓度硫酸铜，有收敛和刺激作用。1% 的硫酸铜溶液有催吐作用；2% 的硫酸铜溶液反复应用，可导致胃肠炎；10%~30% 的硫酸铜溶液有腐蚀作用。本品主要用于猪、犬、猫的催吐，常以 1% 溶液内服，10 min即可发生呕吐。

【用法与用量】内服：一次量，猪 0.8 g，犬 0.1~0.5 g，猫 0.05~0.1 g，配成1%溶液。

【注意事项】若发现中毒，可灌服牛奶、鸡蛋清等解救。

阿朴吗啡（去水吗啡）Apomorphine

【理化性质】本品为吗啡脱水后形成的产物，不稳定，易氧化增强毒性，通常制成盐酸盐。盐酸阿朴吗啡为白色或浅灰色结晶或结晶性粉末，能溶于水和乙醇，水溶液呈中性。

【作用与用途】本品为中枢性催吐药。能兴奋延髓的呕吐中枢，注射后5~15 min 可产生呕吐。本品常用于驱除胃内毒物和异物，猫不用。

【用法与用量】

（1）内服：一次量，每1 kg 体重，犬 4 mg。

（2）静脉注射：一次量，每1 kg 体重，犬 0.05 mg。

（3）皮下注射：一次量，猪每头 10~20 mg，犬每1 kg 体重 0.04 mg 或0.1 mg。

【制剂】盐酸阿朴吗啡注射液：每支 1 mL 含 5 mg。

【注意事项】

（1）本品一般不用于猫。

（2）本品如变为绿色不可再用。

（3）胃及十二指肠溃疡患畜禁用。

（4）不宜用于麻醉药中毒，因可能加深其中枢抑制。

（二）止吐药

剧烈和持久性呕吐，可使机体水分和电解质丢失，造成水和电解质平衡紊乱。止吐药作用于呕吐反射的不同环节，可通过抑制呕吐，防止水盐代谢紊乱，恢复和维持机体正常生理功能。

苯海拉明（苯那君）Diphenhydramine（Benadryl）

【理化性质】本品盐酸盐为白色结晶性粉末，无臭，味苦，易溶于水和乙醇。

【作用与用途】本品为中枢性止吐药，可预防犬、猫等运输过程中的晕动病，对其他刺激引起的呕吐无效。运输前 30 min 给药，预防作用可持续 8~12 h。

【不良反应】能引起镇静作用。

【用法与用量】

（1）内服：一次量，猪 0.08~0.12 g；每 1 kg 体重，犬、猫 2~4 mg。

（2）肌内注射：一次量，每 1 kg 体重，猪、犬、猫 2~4 mg。

【制剂】①片剂：每片 25 mg、50 mg。②注射液：每支 1 mL 含 20 mg，每支 5 mL 含 100 mg。

【注意事项】休药期：注射液，28 d，弃奶期 7 d。

茶苯海明（晕海宁）Dimenhydrinate（Dramamine）

【理化性质】本品为苯海拉明与氨茶碱的复合物，白色结晶性粉末。

【作用与用途】本品通过对延脑催吐化学感受区及前庭神经的抑制发挥止吐作用，止吐作用比苯海拉明强，可用于晕动病性恶心、呕吐。

【不良反应】能引起镇静作用。

【用法与用量】内服：一次量，每 1 kg 体重 4~8 mg，每天 2~3 次。

【制剂】片剂：每片 50 mg。

氯丙嗪（冬眠灵）Chlorpromazine（Wintermine）

【理化性质】本品为白色或乳白色结晶性粉末，易溶于水、乙醇和氯仿，不溶于苯、醚。遇光渐变色。

【作用与用途】本品作用广泛而复杂，是镇静、安定、抗惊厥药。它能抑制催吐化学中枢，并能缓解乙酰胆碱引起的肠痉挛，用于镇静、止吐、肠痉挛。

【用法与用量】

（1）内服：一次量，每 1 kg 体重，猪、羊、牛、马 3 mg。

（2）肌内注射：一次量，每 1 kg 体重，犬、猫 1.1~6.6 mg。

（3）静脉注射：一次量，每 1 kg 体重，犬、猫 0.5~1 mg。

【制剂】①片剂：每片 12.5 mg、25 mg。②注射液：每支 2 mL 含 50 mg，每支 10 mL 含 250 mg。

【注意事项】

（1）有黄疸、肝炎及肾病的患畜慎用。

（2）用量过大，引起血压下降时，禁用肾上腺素解救，可选用去甲肾上腺素等兴奋 α 受体的拟肾上腺素药。

（3）静脉注射时应先稀释，速度宜缓慢。

（4）犬注射量过大，可引起心律不齐；猫用大剂量可引起四肢和躯干僵硬。

（5）休药期：片剂、注射液，28 d，弃奶期 7 d。

甲氧氯普胺 Metoclopramide Hydrochloride（Paspertinum）

【理化性质】甲氧氯普胺盐又称胃复安、灭吐灵，为白色至淡黄色结晶性粉末，味苦，能溶于水及醋酸等。遇光颜色渐加深，且毒性增强，应避光保存。

【作用与用途】本品具有拟副交感神经活性，因而能增强胃肠道的活动性，但不影响胃酸分泌，它可以促进肠蠕动，加速胃的排空。本品用于治疗胃炎，减少呕吐，治疗瘤胃弛缓和食管倒流，并用于外科手术，但对于预防犬和猫的晕动病几乎没有作用。本品用于某些犬可引起不安和兴奋。

【不良反应】本品能引起兴奋不安（如马）、焦虑以及不随意肌肉运动，同时也可能有内分泌系统不良反应，即催乳素和醛固酮的分泌短暂增加。

【用法与用量】

（1）肌内注射：一次量，犊牛每 1 kg 体重 0.1 mg，每天 1 次。

（2）内服或肌内注射：一次量，犬、猫每 1 kg 体重 0.2~0.5 mg，每天 2~3 次。

【制剂】①片剂：每片 5 mg。②注射液：1 mL 含 20 mg。

【注意事项】服用本药偶尔可出现暂时性失调和兴奋不安，与抗毒蕈碱药相拮抗。

五、制酵药与消沫药

（一）制酵药

制酵药是一类能抑制胃肠内细菌发酵或酶的活力，防止大量气体产生的药物。当动物采食大量易发酵或变质的饲料，极易产生大量气体，又不能及时排出到体外，从而导致胃肠臌气发生。常用的制酵药有甲醛溶液、鱼石脂、大蒜酊等。

鱼石脂（依克度）Ichthammol（Ichthyol）

【理化性质】本品为黑色浓厚的黏稠性液体，有臭味，易溶于乙醇，在热水中溶解，呈软酸性反应。

【作用与用途】本品具轻度防腐、制酵、祛风作用，促进胃肠蠕动。常用于瘤胃臌胀、前胃弛缓、急性胃扩张，外用有温和刺激作用，可消肿，促进肉芽新生，故 10%~30% 软膏用于慢性皮炎、蜂窝织炎等各种皮肤炎症。内服时，先用倍量的乙醇溶解，然后加水稀释成 2%~5% 的溶液。

【用法与用量】内服：一次量，牛、马 10~30 g，猪、羊 1~5 g，兔 0.5~0.8 g。

【制剂】软膏：10%~30% 等多种浓度。

（二）消沫药

消沫药是一类表面张力低于"起泡液"（泡沫性臌胀瘤胃内的液体），不与起泡液互溶，能迅速破坏起泡液的泡沫，而使泡内气体逸散的药物。本类药物用于反刍动物瘤胃泡沫性臌胀的治疗。常用的消沫药有二甲硅油、松节油，而植物油（如豆油、花生油、菜籽油、麻油、棉籽油等），因表面张力较低，也有消沫作用。

二甲硅油 Dimethicone（Simethicone）

【理化性质】本品为无色澄清的油状液体，无臭或几乎无臭，无味，在水和乙醇中不溶，在氯仿、乙醚、苯、甲苯等能任意混合。

【作用与用途】本品有消沫作用，能消除胃肠道内的泡沫，使被泡沫潴留的气体得以排除，缓解胀气。用于各种原因引起的胃肠道胀气，如瘤胃泡沫性臌胀病，多于服药后 0.5~1 h 见效。

临用时配成 2%~3% 酒精溶液或 2%~5% 煤油溶液，最好采用胃管投药。灌服前后应灌少量温水，以减轻局部刺激。

【用法与用量】内服：一次量，牛 3~5 g，羊 1~2 g。

【制剂】片剂：每片 25 mg、50 mg。

六、泻药

泻药是指能促进肠道蠕动、增加粪便水分含量、润滑肠管、使动物排出稀松粪便的药物。泻药可分为润滑性泻药、容积性泻药、刺激性泻药、神经性泻药等四类。

液状石蜡（石蜡油）Liquid Paraffin

【理化性质】本品为无色或微黄色透明中性油状物，无臭、无味，不溶于水，能与其他油类混合。

【作用与用途】本品内服后不被吸收，以原形通过肠管，润滑肠道。阻碍肠内水分吸收而软化粪便，作用缓和，应用安全。本品用于小肠阻塞、便秘，孕犬、猫及肠炎病畜也可用。

【用法与用量】内服：一次量，猪 50～100 mL，羊 100～300 mL，牛、马 500～1 500 mL，犬 10～30 mL，猫 5～10 mL，兔 5～15 mL，鸡 5～10 mL。

【注意事项】本品不宜多次服用，因其影响消化，阻碍脂溶性维生素及钙、磷吸收，反复应用还可使肠蠕动减弱。

硫酸钠（芒硝）Sodium Sulfate（Mirabilitum Depuratum）

【理化性质】本品为无色透明大结晶或颗粒性粉末，易溶于水（1∶15），有风化性。

【作用与用途】本品小量内服，以其离子和渗透压作用，能轻度刺激消化道黏膜，使胃肠的分泌和运动稍有增加，故有健胃作用；大量内服，即以大量硫酸钠溶于大量水中内服，因其离子不易被吸收，可保持大量水在肠内，机械地刺激肠黏膜，并软化粪块，有利于加速排粪。临床上本品主要用于大肠便秘、排除肠内毒物、驱除虫体等。

【用法与用量】

（1）健胃：内服，一次量，猪、羊 3～10 g，牛、马 10～15 g。

（2）致泻：内服，一次量，猪 25～50 g，羊 40～100 g，牛 400～800 g，马 200～500 g，犬 10～25 g，猫 5～10 g，鸡 2～4 g，鸭 10～15 g。

（3）无水硫酸钠致泻，内服：一次量，猪 10～25 g，羊 20～50 g，牛 200～500 g，马 100～300 g，犬 5～10 g，猫 2～5 g，鸡 2～4 g，鸭 10～15 g。

【注意事项】

（1）排除肠内毒物、驱除虫体时，硫酸钠是首选的泻药之一。

（2）老龄、妊娠母畜慎用。

（3）适宜导泻浓度为 4%～6%。

（4）硫酸钠不适用小肠便秘治疗，因易继发胃扩张。

（5）硫酸钠禁与钙盐配合应用。

硫酸镁（泻盐）Magnesium Sulfate

【理化性质】本品为无色细小的针状结晶，味苦而咸，易溶于水。

【作用与用途】本品内服很难吸收，以大量的溶液增大肠内容积导致泻下，其高渗溶液（20%）外用，有抗菌消炎、止痛、消肿等作用。临床上本品主要用于大肠便秘。

【用法与用量】

（1）健胃：内服，一次量，猪、羊 5~10 g，牛、马 15~50 g。

（2）致泻：内服，一次量，猪 20~50 g，牛 400~800 g，马 200~500 g，羊 50~100 g，骆驼 800~1 000 g，犬 10~20 g，猫 5~10 g，鸡 1~3 g。

【注意事项】

（1）老龄、妊娠母畜不用或慎用。

（2）适宜导泻浓度 6%~8%。

（3）肠炎、胃肠溃疡或伴消化道出血的患畜不宜使用。

（4）本品过量引起的中毒，可用氯化钙解救，同时用新斯的明拮抗 Mg^{2+} 的肌松作用。

蓖麻油 Castor Oil

【理化性质】本品为大戟科植物蓖麻的种子经压榨而得的脂肪油，为淡黄色黏稠液体，味淡带辛，能与无水乙醇、氯仿、乙醚和冰醋酸混溶。

【作用与用途】本品本身只有润滑性，并无刺激性，内服后到达十二指肠，受胰脂肪酶的作用，皂化分解成为蓖麻油酸和甘油。前者很快变成蓖麻油酸钠，刺激小肠黏膜，促进蠕动，引起排粪，这时未被皂化的油则有润滑作用，有助于排粪。临床上本品主要用于小家畜小肠便秘。一般不用于脂溶性毒物的解救。

【用法与用量】内服：一次量，猪、羊 50~150 mL，牛 300~600 mL，马 250~400 mL，犬 15~60 mL，猫 10~20 mL，兔 5~10 mL。

【注意事项】蓖麻油酸钠能被小肠吸收，一部分从乳汁排出，母畜用药后，可能引起哺乳仔畜泻下，应加以注意。

甘油 （丙三醇） Glycerinum （Glycerol）

【理化性质】本品为无色澄明的糖浆状液体，味甜，与水及乙醇均能任意混溶，水溶液显中性反应。

【作用与用途】本品具有润滑性和刺激性，以甘油或其 50% 溶液灌肠后能刺激肠壁，加强蠕动和分泌，迅速引起排粪。本品可用于中小动物及幼畜的便秘，局部应用有吸湿作用并软化组织，其 20%～30% 溶液配制成软膏局部涂擦，可防止乳房和乳头皲裂。

【用法与用量】甘油灌肠：一次量，猪、羊 5～30 mL，驹、犊牛 50～100 mL，犬 2～10 mL。宜配制成 50% 水溶液。

酚酞 Phenolphthalein

【理化性质】本品为人工合成的泻药，为白色或淡黄色结晶性粉末，不溶于水，能溶于乙醇和碱性溶液。

【作用与用途】本品为刺激性泻药。内服后，胃内不溶解，到肠内遇胆汁及碱性液才缓缓分解，刺激结肠黏膜，促进蠕动，并阻止肠壁对肠液的吸收，从而起泻下作用。本品主要用于犬的便秘，对习惯性便秘疗效好。

【用法与用量】内服：一次量，犬 0.2～0.5 g。

【制剂】片剂：每片 0.1 g。

【注意事项】

（1）本品一般不作为草食动物的泻药。

（2）幼畜禁用，孕畜和哺乳母畜禁用。

七、止泻药

止泻药是一些能制止腹泻的药物。动物腹泻的原因很多，概括地说，有肠炎、细菌、毒物以及腐败分解产物等原因。剧烈而持久的腹泻，能引起脱水和电解质紊乱，故在对因治疗的同时，应适当给予止泻药。

次硝酸铋 Bismuth Subnitrate

【理化性质】本品为白色结晶性粉末，无臭，无味，不溶于水或乙醇，但易溶于盐酸和硝酸，水混悬液呈弱酸性。

【作用与用途】本品内服后受肠道细菌的分解形成亚硝酸，对动物有毒性，在炎症组织表面能发挥收敛和抑菌消炎作用，用于胃肠炎及腹泻，可配制撒粉或5%~10%的软膏外用。本品配制成25%次硝酸铋糊剂可灌注瘘管。

【用法与用量】内服：一次量，猪、羊2~6 g，牛、马10~30 g，仔猪0.5~1 g，犬0.3~1 g，猫0.15~0.3 g，兔0.4~0.8 g，水貂0.1~0.5 g，貉0.2~0.4 g，禽0.1~0.3 g。

【制剂】片剂：每片0.3 g。

次碳酸铋 Bismuth Subcarbonate

次碳酸铋又称碱式碳酸钡。本品作用、应用和剂量基本同次硝酸铋，但副作用较小。

鞣酸蛋白 Albumini Tannas（Tannalbin）

【理化性质】本品为淡黄色或棕色粉末，几乎无味，无臭，不溶于水和乙醇。

【作用与用途】本品内服后在胃内不发生变化，也不呈现作用，遇碱性肠液，则渐分解为鞣酸及蛋白。鞣酸能使肠黏膜表层组织蛋白变性，形成具有保护作用的变性蛋白质膜，保护肠黏膜免受肠内有害物质的刺激，减少渗出。鞣酸也使细菌蛋白质变性而呈现抑菌作用。鞣酸在碱性肠液中进一步分解而失效。本品作用较持久，可到达大肠，主要用于急性肠炎和非细菌性腹泻。

【用法与用量】内服：一次量，猪、羊2~5 g，牛、马10~20 g，犬0.5~1 g，猫0.15~2 g。

【制剂】片剂：每片0.25 g。

【注意事项】治疗细菌性肠炎应先用抗菌药控制感染后再用本品。

药用炭 Carbo Medicinalis

【理化性质】本品为黑色，质轻而细的粉末，无臭，无味。

【作用与用途】本品分子间空隙大，故表面积大，吸附作用很强。内服后，本品能吸附肠道内容物中的生物碱等多种毒物、气体，减少它们对肠道的刺激，发挥保护、止泻和阻止毒物吸收的作用。本品可用于腹泻、肠炎及内服毒物中毒等。

【用法与用量】内服：一次量，猪、羊10~25 g，牛、马100~300 g，犬 0.3~2 g，猫 0.15~0.25 g。

【制剂】片剂：每片 0.15 g、0.3 g、0.5 g。

【注意事项】

(1) 本品久用会导致畜禽营养不良。

(2) 本品不宜与抗菌药合用。

白陶土（高岭土）Kaolinum

【理化性质】本品为天然含水硅酸盐，白色或类白色细软粉末，不溶于水，水润湿后有黏土味。

【作用与用途】本品有吸附和收敛作用，吸附作用弱于药用炭，能吸附约 20 倍本身重量的水分。此外，本品能直接黏附于肠黏膜表面，减轻有害物质对黏膜的刺激，常用作幼畜腹泻的止泻药。

【用法与用量】内服：一次量，猪、羊 10~30 g，牛、马 100~300 g。

颠茄酊 Belladonnae Tincture

【理化性质】本品为棕红色或棕绿色液体，主要成分是莨菪碱，所含成分以莨菪碱计算，应为 0.03%。

【作用与用途】本品能阻断 M 胆碱受体对胆碱能神经递质的反应，外周作用与阿托品相似，使胃肠平滑肌松弛，分泌减少，起解痉和止泻作用。本品适用于各种内脏痉挛性疼痛，如肠痉挛、膀胱痉挛等，加水稀释后灌服。

【用法与用量】内服：一次量，猪 1~3 mL，羊 2~5 mL，马 10~30 mL，牛 20~40 mL，犬 0.1~1 mL。

【注意事项】

(1) 禁用于患有胃炎和有呕吐症状的病畜。

(2) 过量能导致胃扩张，牛瘤胃弛缓。

地芬诺酯（苯乙哌啶、止泻宁）Diphenoxylate

【理化性质】本品盐酸盐为白色粉末或结晶性粉末，在氯仿中易溶，在甲醇、乙醇中溶解，在水中几乎不溶。

【作用与用途】本品具有收敛及减少肠蠕动的作用，对不同病因的腹泻可迅速止泻，同时可增强肠管节律性收缩，延长内容物在肠腔内停留时间。

本品用于急、慢性腹泻及由于肠功能紊乱引起的腹泻。

【用法与用量】

(1) 混饲：每吨饲料，鸡 2.5~5 g。

(2) 内服：一次量，每 1 kg 体重，鸡 0.25~0.5 mg，每天 2 次；犬 0.1~0.2 mg，每天 2~3 次；猫 0.05~0.1 mg，每天 2 次。

【制剂】片剂：每片 2.5 mg。

【注意事项】

(1) 偶见皮疹、恶心、眩晕、失眠、口干、腹部不适等。

(2) 不宜长期服用，易产生成瘾性。

(3) 黄疸及肝病患畜慎用。

(4) 有增强巴比妥类药物的作用，故不宜同时服用。

(5) 本品与阿托品合用效果好。

洛哌丁胺 (易蒙停) Loperamide

【理化性质】本品盐酸盐为白色或微黄色无定形粉末，无臭，易溶于甲醇、冰醋酸，略溶于水。

【作用与用途】本品作用于肠壁的阿片受体，可阻止纳洛酮及其他配体与阿片受体结合，阻止乙酰胆碱和前列腺素的释放，从而抑制肠蠕动，延长内容物的滞留时间。本品可增加肛门括约肌的张力，因而可抑制便急。本品还能减少肠液分泌，对肠毒素引起的肠过度分泌有显著抑制作用，还用于各种原因引起的急、慢性腹泻。

【用法与用量】

(1) 混饲：每吨饲料，鸡 1~2 g。

(2) 内服：一次量，每 1 kg 体重，鸡 0.1~0.2 mg，每天 2 次；犬 0.1 mg，每天 2 次。

【制剂】胶囊：每粒 2 mg。

【注意事项】

(1) 不能作为细菌性痢疾、有发烧和便血等症状的基本治疗药物。

(2) 急性腹泻用本品 48 h 后症状仍无改善者应停用。

(3) 腹泻患畜常因腹泻发生水电解质流失，应及时补充水和电解质。

(4) 肝功能障碍者慎用。

(5) 肠梗阻、便秘患畜，胃肠胀气、急性溃疡性结肠炎及广谱抗生素引起的伪膜性肠炎的病畜忌用。

第三节 作用于呼吸系统的药物

呼吸系统疾病是一种常见的多发病，主要症状为痰、喘、咳。这三种症状往往同时存在，并且互为因果。这些症状如不及时消除，常会使疾病恶化。所以，及时采取对症治疗具有极其重要的意义。

一、祛痰药

祛痰药的作用是直接或间接地促进呼吸道黏膜腺体分泌，使积痰稀释而易于咳出，或能加速呼吸道黏膜纤毛运动，促进痰液转运，并由于分泌物覆盖于发炎黏膜的表面，使黏膜少受刺激而减轻咳嗽，达到祛痰、镇咳的效果。祛痰药在饲前空腹服用效果显著，但应用剂量过大，对具呕吐功能的动物，易诱发呕吐。祛痰药对犬、马的祛痰效果较好，但对反刍动物作用不明显。

氯化铵 Ammonium Chloride

【理化性质】本品为白色结晶性粉末，味咸凉。易溶于水，易潮解，应密封，在干燥处保存。

【作用与用途】本品能刺激胃黏膜迷走神经末梢而反射性地兴奋呼吸道腺体，促进支气管腺体分泌增加，使痰液变稀，易于咳出，呈现祛痰作用。本品适用于急、慢性支气管炎和肺部感染的动物，痰黏稠而不易咳出的病例，并有利尿和尿液酸化作用。

【用法与用量】内服：一次量，猪 1~2 g，羊 2~5 g，牛 10~25 g，马 8~15 g，犬 0.2~1 g。猫，每 1 kg 体重 20 mg，每天 2~3 次。

【制剂】片剂：每片 0.3 g。

【注意事项】

（1）本品不能与磺胺类药物配伍，因本品能使尿液变酸性，而磺胺类药物在酸性尿液中溶解度降低，容易析出结晶。

（2）大量氯化铵被机体吸收后，能使血液变酸性，对具有败血症状的病畜禁用。

（3）本品遇碱或重金属盐类即分解，故禁忌配伍应用。

（4）严重肝、肾功能减退，胃溃疡病畜忌用。

碘化钾 Potassium Iodide

【理化性质】本品为无色透明结晶或白色半透明颗粒状粉末，味辛而咸，稍有潮解性，易溶于水，呈中性反应，能溶于乙醇。

【作用与用途】本品内服吸收后，在体内解离出部分碘离子，从呼吸道腺体排出时，刺激呼吸腺体，使腺体分泌增加，痰液稀释而呈现祛痰作用。本品主要适用于治疗痰液黏稠而不易咳出的亚急性支气管炎（后期）和慢性支气管炎。因本品刺激性较强，不适用于治疗急性支气管炎和鸡传染性喉气管炎。

【用法与用量】内服：一次量，猪、羊 1~3 g，马、牛 2~10 g，犬 0.2~1 g，猫 0.1~0.2 g，鸡 0.05~0.1 g。

【制剂】碘化钾片：每片 10 mg。

【注意事项】

（1）由于刺激性强，可引起流泪、流鼻涕、流口水等不良反应。

（2）肝、肾功能不全患畜禁用。

痰易净（乙酰半胱氨酸）Mucomyst（Acetylcysteine）

【理化性质】本品为白色结晶性粉末，有酸臭味，易溶于水及乙醇，其 1% 水溶液 pH 值为 2~2.8。

【作用与用途】本品为半胱氨酸的 N-乙酰化合物，结构中所含巯基能使黏蛋白中的二硫键断裂，降低痰的黏滞度，增强清除率，使痰易于咳出。本品裂解最适 pH 值为 7~9。支气管炎、肺气肿等黏痰阻塞气道时，进行吸入或气管内滴入，以使黏痰溶解。本品也被用来治疗某些中毒，最常用于治疗猫扑热息痛中毒。

【不良反应】本品有恶心、呕吐、支气管痉挛等副作用，可用 β 受体兴奋药喷雾解除。

【用法与用量】

（1）混饮：每 1 L 水鸡 50~75 mg。喷雾：10%~20% 溶液喷雾至咽喉部、上呼吸道，一次量，犬、猫 2~5 mL，每天 2~3 次。

（2）气管滴入 5% 溶液：一次量，牛、马 3~5 mL，每天 2~4 次。

【注意事项】

（1）本品不宜与大环内酯类、四环素类和β-内酰胺类抗生素配伍，以免降低抗生素的抗菌作用。

（2）本品临用时用注射用水现配现用。

（3）本品在酸性环境中作用明显减弱。

溴己新（必嗽平）Bromhexine（Bisolvon）

【理化性质】本品盐酸盐为白色结晶性粉末。在甲醇中略溶，在乙醇和氯仿中微溶，在水中极微溶解。

【作用与用途】本品能裂解痰中酸性黏多糖纤维，且能抑制酸性黏多糖在腺体及杯状细胞中的合成，从而使痰黏度降低，并有润滑支气管黏膜的作用。此外，本品能促进纤毛运动，改善呼吸道通气功能。本品适用于各种原因所致痰稠不易咳出的慢性呼吸道疾病。

【用法与用量】

（1）混饮：每1 L水，鸡2.5~5 mg，连用3~10天。

（2）内服：一次量，每1 kg体重，鸡0.45~1 mg，每天2次。

（3）肌内注射：一次量，每1 kg体重，鸡0.25~0.5 mg，每天2次，也可气雾吸入给药。

【制剂】①可溶性粉：100 g含1 g。②片剂：每片4 mg、8 mg。③针剂：每支2 mL、4 mg。

【注意事项】

（1）如有感染症状，咯脓痰时宜和抗生素合用。

（2）哮喘患畜宜与平喘药物合用。

（3）本品与四环素类合用能增强后者的作用。

氨溴索（溴环己胺醇）Ambroxol

【理化性质】本品为白色或类白色粉末，微溶于乙醇，几乎不溶于水，本品盐酸盐为白色结晶性粉末，微有特异味，易溶于水、无水乙醇和甲醇。

【作用与用途】本品是溴己新的体内有效代谢物，具有较强的溶解黏性分泌物及促进黏痰排出的特性，其祛痰作用明显强于溴己新，可改善通气功能和呼吸困难状况。本品用于急、慢性呼吸道疾病引起的咯痰困难及动物手术前后的排痰困难。

【用法与用量】

（1）混饲：每吨饲料，鸡 5~10 g。

（2）混饮：每 1 L 水，鸡 2.5~5 mg。

（3）内服：一次量，每 1 kg 体重，猪、鸡 0.5~2 mg，每天 2 次。

（4）肌内注射：一次量，每 1 kg 体重，猪 0.5~1.5 mg，每天 2 次。

【注意事项】妊娠前 3 个月母畜慎用；出现过敏反应的病畜应立即停药。

二、镇咳药

咳嗽是呼吸道的一种保护性反射活动，它能将痰及其他异物咳出，防止异物进入肺内。轻度的咳嗽，将痰或异物咳出后，往往可自行停止，不必应用镇咳药。如果无痰干咳或频繁咳嗽，将会增加体力消耗或使疾病发展，这就必须应用镇咳药。

咳必清（喷托维林）Carbetapentan（Pentoxyverine）

【理化性质】临床上本品常用其枸橼酸盐，是白色结晶性粉末。无臭，味苦，有吸湿性，易溶于水，水溶液呈弱酸性，溶于乙醇，略溶于氯仿。

【作用与用途】本品能抑制咳嗽中枢，并有局部麻醉和阿托品样作用。临床上本品常与祛痰药合用，治疗急性呼吸道炎症引起的剧烈咳嗽。对于多痰性咳嗽，本品应与祛痰药合用。

【用法与用量】

（1）咳必清片：内服，一次量，猪、羊 0.05~0.1 g，牛、马 0.5~1 g，犬 25 mg，猫 5~10 mg，每天 2~3 次。

（2）复方咳必清糖浆：内服，一次量，猪、羊 20~30 mL；牛、马 100~150 mL。

【制剂】①咳必清片：每片 25 mg。②复方咳必清糖浆：每瓶 100 mL（内含咳必清 0.2 g、氯化铵 3 g、薄荷油 0.008 mL）。

【注意事项】大剂量使用时易引起腹胀和便秘。痰多、心功能不全并伴有肺淤血的病畜忌用。

可待因（甲基吗啡）Codeine（Paveral）

【理化性质】本品为阿片中的一种生物碱，常用其磷酸盐，为无色微细结晶，味苦。在水中易溶，在乙醇中微溶，在氯仿或乙醚中极微溶解。

【作用与用途】本品可直接抑制咳嗽中枢而产生较强的镇咳作用。此外，本品尚有镇痛作用，约为吗啡的1/10。临床上本品多用作中小动物的镇咳药，用于无痰干咳及剧烈频繁的咳嗽。

【不良反应】镇咳剂量的可待因其副作用显著低于吗啡，主要的副作用有中枢抑制作用和便秘，长期应用亦可产生耐受性、成瘾性。

【用法与用量】

（1）内服：一次量，猪、羊0.1~0.5 g，牛、马0.2~2 g，犬15~60 mg，猫5~15 mg，狐10~50 mg，每天3次。

（2）皮下注射：一次量，每1 kg体重，犬、猫2~3 mg，每天4次。

【制剂】①磷酸可待因片：每片5 mg、30 mg。②注射液：每支1 mL含15 mg、30 mg。

【注意事项】

（1）本品能抑制呼吸道腺体分泌和纤毛运动，不适用于痰液黏稠的咳嗽，多痰患畜禁用。

（2）与中枢抑制药并用时，可致相加作用。

二氧丙嗪（克咳敏）Dioxopromethazine

【理化性质】本品临床常用盐酸盐，为白色或淡黄色结晶性粉末，无臭，味极苦，溶于水，微溶于乙醇。

【作用与用途】本品为抗组胺药，是异丙嗪的衍生物，具有较强的镇咳、祛痰作用，10 mg的镇咳作用约与15 mg的可待因相当。本品尚有一定抗组胺及局部麻醉作用，能发挥平喘和抗炎效应，适用于慢性支气管炎等多种原因引起的咳嗽及过敏性哮喘的患畜禽。

【用法与用量】

（1）试用量，混饮：每1 L水，鸡2.5~5 mg。

（2）内服：一次量，猪、羊5~10 mg，鸡0.5 mg，犬1~10 mg。

【制剂】片剂：每片5 mg。

【注意事项】本品治疗量与中毒量接近，不得超过治疗量使用。

三、平喘药

平喘药是指能解除支气管平滑肌痉挛、扩张支气管的药物。常用的平喘药有氨茶碱、麻黄碱和异丙肾上腺素。

氨茶碱 Aminophylline

【理化性质】本品是茶碱与乙二胺的缩合物，为白色或黄白色颗粒或粉末，稍带氨臭，味苦，能溶于水，不溶于醇，露置于空气中可渐变黄失效，应密封贮存。

【作用与用途】茶碱属嘌呤类药物，此类药物对平滑肌的松弛作用最强，有缓解支气管平滑肌痉挛、治疗支气管哮喘的作用，也可间接抑制组织胺及慢反应物质等致敏物质释放，缓解支气管黏膜充血和水肿，此外，还有强心及兴奋中枢等作用。本品常用于治疗各种类型支气管哮喘和肉鸡腹水症。本品与 β-受体激动剂合用，可产生协同作用，提高疗效。

【用法与用量】

（1）混饮：每 1 L 水，鸡 100~125 mg。

（2）内服：一次量，猪、羊 0.2~0.4 g，牛、马 1~2 g。每 1 kg 体重，犬 10 mg，每天 3 次。

（3）静脉注射或肌内注射：一次量，猪、羊 0.25~0.5 g，牛、马 1~2 g，犬 0.05~0.1 g。

【制剂】①片剂：每片 0.1 g、0.2 g。②注射液：每支 2 mL 含 0.5 g、每支 5 mL 含 1.25 g。

【注意事项】

（1）本品过量时，可降低鸡的饮水量、采食量和蛋鸡的产蛋率。

（2）静脉注射不宜与维生素 C、盐酸四环素、促皮质激素、去甲肾上腺素等配伍。本品对局部有刺激性，不宜作皮下注射。

（3）与大环内酯类、氯霉素类、林可胺类及氟喹诺酮类合用时，本品的清除率降低，血药浓度升高，易出现毒性反应，故联用时应适当调整本品用量。

（4）休药期：28 d，弃奶期 7 d。

二羟丙茶碱（喘定）Diprophylline

【理化性质】本品为白色粉末或颗粒。无臭、味苦。在水中易溶，乙醇中微溶。

【作用与用途】本品为茶碱衍生物，为磷酸二酯酶的抑制剂，适用于支气管哮喘、喘息性支气管炎，也用于心源性肺水肿所致的气喘。

【用法与用量】同氨茶碱。

【制剂】片剂：每片 0.1 g、0.2 g。注射液：2 mL 含 0.25 g。

麻黄碱（麻黄素）Ephedrine

【理化性质】本品为白色针状结晶性粉末，易溶于水及醇，水溶液稳定。

【作用与用途】本品有松弛支气管平滑肌的作用，效果弱于肾上腺素，但作用持久，而且对心血管系统的副作用较缓和，故用作平喘药比肾上腺素适合。临床上本品可用于平喘、缓解气喘症状，并常与祛痰药配合，用于急慢性支气管炎，减弱支气管痉挛和咳嗽。

【用法与用量】

（1）麻黄碱片：内服，一次量，猪 0.02~0.05 g，羊 0.02~0.1 g，牛、马 0.05~0.5 g，犬、猫 10~30 mg，每天 2~3 次。

（2）皮下注射：一次量，猪、羊 20~50 mg，牛、马 0.05~0.3 g，犬、猫 10~30 mg，每天 2~3 次。

【制剂】麻黄碱片剂：每片 25 mg。盐酸麻黄碱注射液：每支 1 mL 含 30 mg、50 mg。

【注意事项】本品久服易产生耐药性，常有中枢神经兴奋、心悸、发热等副作用；本品可通过乳腺随乳汁排泄，哺乳期家畜禁用。

胆茶碱 Holine Theophyllinate

本品是茶碱与胆碱的缩合物，溶解度高，刺激性小，内服吸收迅速，维持时间长。作用及用途同氨茶碱。

【制剂】片剂：每片 0.1 g。用量参考氨茶碱。

色甘酸钠（咽泰）Sodium Cromoglicate

【理化性质】本品为白色结晶性粉末，遇光易变色，无臭，初无味，后微苦，能溶于水，但水溶液稳定性差，不溶于乙醇和氯仿。

【作用与用途】本品本身无松弛支气管平滑肌和激动 β-受体作用，但能稳定肥大细胞和嗜粒细胞，减少组胺、5-羟色胺等致敏介质的释放和炎性细胞的浸润，产生松弛平滑肌，减少炎性渗出和缓解黏膜水肿等作用。本品适用于防治各种原因所致的支气管痉挛和哮喘。

【用法用量】喷粉吸入，试用量：猪、羊 20~40 mg，犬 5~20 mg。

【制剂】气雾剂：0.7 g。

【注意事项】多用于预防，对哮喘的急性发作疗效不明显。孕畜慎用。

第四节　作用于泌尿系统的药物

一、利尿药

利尿药是指作用于肾脏，使水分和钠排出增加，从而增加尿量、消除水肿或排除毒物的药物。利尿作用是通过影响肾小球的过滤、肾小管的再吸收和分泌等功能而实现的，但主要是影响肾小管的再吸收而产生利尿作用。

氢氯噻嗪（双氢克尿噻）Dihydrochlorothiazide

【理化性质】本品为白色结晶性粉末，微溶于水，在热酒精、丙酮或碱性溶液中溶解，但在碱性溶液中易水解，应密闭保存。

【作用与用途】本品属噻嗪类中效利尿药，主要作用于髓袢升支皮质部，抑制钠离子的主动重吸收。肾小管内钠离子增加，可使氯离子的吸收相应地减少，结果使大量的钠、氯和水从尿中排出，呈现较强而持久的利尿作用。本品主要用于心、肾、肝等疾病的继发性水肿，还可用于促进毒物由肾脏排出。

【不良反应】噻嗪类利尿药的不良反应主要是引起体液和电解质平衡紊乱，给药时间过长或突然加大剂量可导致低血钠症、低血氯症和低血氯性代谢性碱中毒，应配用氯化钾防止。此外，中枢神经系统和胃肠道的不良反应也偶有发生。

【用法与用量】

（1）内服：一次量，猪、羊 0.05~0.2 g，牛、马 0.5~2 g；每 1 kg 体重，犬、猫 2~4 mg。

（2）肌内注射：一次量，猪、羊 50~75 mg，牛 125~250 mg，马 50~150 mg，犬 10~25 mg，猫 5~15 mg。

【制剂】①片剂：每片 25 mg、50 mg。②注射液：每支 5 mL 含 125 mg。

【注意事项】

（1）对磺胺类药物过敏的患畜，限制使用噻嗪类利尿药。

（2）患有严重肾病、血容量减少或电解质平衡紊乱的患畜不适宜使用噻嗪类利尿药。

（3）当肝功能损伤时，禁用噻嗪类利尿药。

呋塞咪（速尿、呋喃苯胺酸）Furosemide

【理化性质】本品为白色或类白色的结晶性粉末，不溶于水，略溶于乙醇，其钠盐溶于水。

【作用与用途】本品为强效利尿剂，主要作用于肾脏髓袢升支而影响对 Cl^- 的主动重吸收，使 Na^+、K^+、Cl^- 排出增加，此外，还有增加肾血流量和降压等作用。若利尿过多，使用本品会出现低血钾症、低血容量以及水和电解质紊乱等不良反应。本品适用于各种利尿药无效时的严重水肿。由于本品易导致电解质紊乱，故一般不宜作常规药使用。

【不良反应】呋塞米的不良反应主要是引起体液和电解质平衡紊乱，给药时间过长或突然加大剂量可导致低血钠症、低血氯症性碱中毒，耳毒性，高血糖症。此外，能引起胃肠道紊、骨髓抑制。

【用法与用量】

（1）内服：一次量，每 1 kg 体重，猪、羊、牛、马 2 mg，犬、猫 1~3 mg，每天 2~3 次。

（2）静脉注射或肌内注射：每 1 kg 体重，一次量，猪、羊、牛、马 0.5~1 mg，犬 2~5 mg，猫 1~2 mg，每天 1 次或隔天 1 次，严重病例每 6~12 h 1 次，静脉注射宜稀释。

【制剂】①呋喃苯胺酸片：每片 20 mg、150 mg。②注射液：每支 2 mL 含 20 mg、10 mL 含 100 mg。

【注意事项】

（1）长期、大量用药，可出现低血钾、低血氯及脱水，应补充钾盐或与保钾性利尿药配伍应用。

（2）应避免与氨基糖苷类、头孢菌素类抗生素合用，以免增加后者神经毒性。

（3）犬、猫大剂量静脉注射本品可致听力丧失。

（4）患有体液和电解质平衡紊乱及无尿症的动物禁用，利尿药对无尿的动物无效。

（5）休药期和弃奶期均为 2 d。

利尿酸（依他尼酸）Etacrynic Acid（Acidum Ethacrynicum）

【理化性质】本品为白色结晶性粉末，无臭，几乎不溶于水，溶于有机溶剂。

【作用与用途】本品是一种髓袢利尿药，作用迅速，强而短暂。内服后30 min可发挥利尿作用，约2 h达到高峰，维持6~8 h。静脉注射其钠盐后很快出现利尿作用，1~2 h达到高峰，维持2~6 h。临床上本品用于充血性心力衰竭、急性肺水肿、肾性水肿、脑水肿及其他水肿。

【不良反应】同呋塞米。

【用法与用量】

（1）内服：一次量，每1 kg体重，猪、羊、牛、马0.5~1 mg，犬5 mg，猫1~3 mg，每天2次。

（2）静脉滴注：一次量，每1 kg体重，猪、羊、牛、马0.5~1 mg，每天1~2次，以5%葡萄糖或灭菌生理盐水稀释后缓慢滴注。

【制剂】①利尿酸片：每片25 mg。②注射用利尿酸钠：内含利尿酸钠25 mg，甘露醇31.25 mg。

安体舒通（螺旋内酯）Antisterone（Spironolactone）

【理化性质】本品为淡黄色粉末，可溶于水及乙醇。

【作用与用途】本品与醛固酮有类似的化学结构，为醛固酮拮抗剂，两者在肾小管内起竞争作用，从而干扰醛固酮的保钠排钾作用。用药后，本品可促使Na^+和Cl^-排出增加而利尿，又称保钾利尿药。本品利尿作用较弱，且缓慢而持久，用于治疗与醛固酮升高有关的水肿，如慢性充血性心力衰竭、慢性肾炎引起的水肿，一般不作首选药，可与噻嗪类、速尿等合用，以纠正失钾的副作用。

【不良反应】最常见的是高血钾症、脱水和低血钠症。

【用法与用量】内服：一次量，每1 kg体重，猪、羊、牛、马、犬、猫0.5~1.5 mg，每天3~4次。

【制剂】安体舒通片或胶囊：每片（粒）20 mg。

【注意事项】本品有保钾作用，应用过程无需补钾；肾功能衰竭及高血钾病畜忌用。

氨苯蝶啶（三氨蝶啶）Triamterene

【理化性质】本品为黄色结晶性粉末，不溶于水。

【作用与用途】本品为保钾性利尿药，能抑制远曲小管和集合管的 K^+、Na^+交换，出现保钾排钠的利尿作用。这种作用很弱，常与双氢氯噻嗪合用或交替应用。本品适用于肝脏性水肿，或其他恶性水肿或腹水。

【不良反应】同安体舒通。

【用法与用量】内服：一次量，每 1 kg 体重，猪、羊、牛、马 0.5～3 mg，每天 3 次；犬、猫 2～4 mg，每天 1 次，3～5 d 为 1 个疗程。

【制剂】片剂：每片 50 mg。

【注意事项】长期、大剂量使用或与安体舒通合用时会出现血钾过高现象；肝、肾功能严重减退及高血钾症时忌用。

二、脱水药

脱水药是一类在体内不易代谢而以原形经肾排泄的低分子药物，如甘露醇、山梨醇、尿素等。这些药物静脉注射后能迅速提高血液渗透压而引起组织脱水。它们能很快从肾小球滤过而不被肾小管重吸收，因而可产生渗透性利尿作用。一般不作为利尿剂而利用其脱水作用以降低脑内压、眼内压等，如用于治疗马流行性乙型脑炎，可消除脑水肿，减轻颅内压和神经症状，但不能根治病因，故在临床上应采取综合治疗方法。

甘露醇 Mannitol

【理化性质】本品为白色结晶性粉末，能溶于水，等渗溶液浓度为5.07%，临床上用 20%的高渗溶液。

【作用与用途】本药内服后在胃肠道内不被吸收，故必须静脉给药。高渗甘露醇液静脉注射后主要分布于血液，不易透入组织，故能提高血浆渗透压，使组织间液水分向血浆渗透，产生脱水作用；亦能迅速增加尿量和尿 Na^+、K^+的排出，其排出 Na^+量约为滤过 Na^+量的 15%。

本品是治疗脑水肿的首选药物，广泛用于手术后无尿症、急性少尿症，以增加尿量，还可用以预防急性肾功能衰竭和加速某些毒素的排出。

【不良反应】应用本品后，一般会出现脉搏压和平均动脉压暂时性升高，但也有造成急性低血压和血钠过少的报道。高渗性脱水也可引起 K^+、

Mg^{2+}和磷酸盐等其他电解质的丢失，导致临床型心律不齐的发生和神经肌肉的并发症。

【用法与用量】静脉注射：一次量，猪、羊 100~250 mL，牛、马500~1 000 mL；每 1 kg 体重，犬、猫 5~10 mL。

【制剂】20%甘露醇注射液：每瓶 100 mL、250 mL、500 mL。

【注意事项】

（1）用量不宜过大，静脉注射不宜过快，以防组织严重脱水，静脉注射时切勿漏出血管，否则易发生局部肿胀，甚至组织坏死。

（2）患有进行性颅内出血、慢性心功能不全、肾功能衰竭（无尿期）、肺出血或者水肿的患畜禁用甘露醇。

山梨醇 Sorbitol

【理化性质】本品为甘露醇的同分异构体，是白色结晶性粉末，易溶于水，等渗溶液为 5.48%，常配成25%溶液应用。

本品的作用、用途和剂量等与甘露醇基本相同，但作用较弱，有效时间短，溶解度较大，价格较便宜，可替代甘露醇使用。

【不良反应】同甘露醇。

【用法与用量】静脉注射：一次量，猪、羊 100~250 mL，牛、马 1~2 L，每天 2~3 次。

【制剂】注射液：100 mL 含 25 g、250 mL 含 62.5 g、500 mL 含 125 g。

【注意事项】同甘露醇。

第五节　作用于生殖系统的药物

子宫收缩药是一类能选择性兴奋子宫平滑肌的药物，可使子宫产生节律性收缩或强直性收缩，前者可用于产前催产，后者可用于产后止血或产后子宫复原。临床上必须按照药物作用的特点，慎重选用。如使用不当，可造成子宫破裂及胎儿窒息等严重不良后果。

垂体后叶素（脑垂体后叶素）Pituitrin（Hypophysine）

【理化性质】本品为从牛或猪脑垂体后叶中提取的粗制品，内含催产素和加压素（抗利尿激素）。本品为类白色粉末，微臭，能溶于水，不稳定。

【作用与用途】催产素能直接兴奋子宫平滑肌，加强子宫收缩。小剂量能使妊娠末期子宫收缩力增强、节律性收缩和收缩频率增加。大剂量则引起子宫肌张力持续增加，直至发生强直性收缩。

子宫对催产素的反应，受性激素的影响。雌激素能使子宫对催产素更加敏感，妊娠末期雌激素含量高，故子宫对催产素敏感性增强。分娩后子宫对催产素的反应逐渐降低。黄体激素则能抑制子宫对催产素的敏感性。在妊娠初期血液中黄体含量高，子宫对催产素的反应性降低。

催产素作用快，持续时间短，对子宫体的兴奋作用较大，对子宫颈的兴奋作用小。用治疗量可出现子宫节律性收缩加强，适用于催产；较大剂量用于产后子宫出血，加速胎衣或死胎排出，促进子宫复原。

【用法与用量】皮下注射或肌内注射：一次量，猪、羊 10~50 u，牛、马 50~100 u，犬 2~10 u，猫 2~5 u。

【制剂】注射液：1 mL 含 10 u，5 mL 含 50 u。

【注意事项】产道阻塞、胎位不正、骨盆狭窄家畜应忌用；无分娩预兆时，催产无效；大剂量使用可出现腹痛、血压升高等。

催产素（缩宫素）Pitocin（Oxytocin）

【理化性质】本品为从牛或猪垂体后叶中提取的精制品，现已人工合成，白色粉末结晶，能溶于水，水溶液呈酸性。

【作用与用途】本品能直接兴奋子宫平滑肌，加强收缩。子宫对催产素的反应受剂量及体内雌激素与孕激素的影响。小剂量能增强妊娠末期子宫节律性收缩，使收缩力加强、频率增加、张力稍增。同时，子宫颈平滑肌松弛，有利于胎儿娩出。剂量大时，引起子宫肌张力持续增高，舒张不全，出现强直收缩。雌激素可提高子宫对催产素的敏感性，而孕激素相反。临床上本品适用于催产，产后子宫出血、胎衣不下、排出死胎、子宫复原等。

【不良反应】本品不良反应较少，很少发生过敏反应，偶见血压下降等。

【用法与用量】静脉注射、肌内注射或皮下注射：子宫收缩用，一次量，猪、羊 30~50 u，马、牛 50~100 u，犬 5~20 u，猫 2.5~5 u；排乳用，一次量，猪、羊 5~20 u，牛、马 10~20 u，犬 2~10 u。

【制剂】注射液：1 mL 含 10 u，5 mL 含 50 u。

【注意事项】产道阻塞、胎位不正、骨盆狭窄家畜应忌用；本品与麦角制剂、麦角新碱合用时，有增加子宫收缩作用；与肾上腺素、硫喷妥钠、乙醚、氟烷、吗啡等同用时，会减弱子宫收缩作用。

麦角 Ergot

【理化性质】本品是寄生于黑麦或其他禾本科植物上的一种麦角菌的干燥菌核，现可用人工方法大量生产。在麦角中含有多种强大的麦角生物碱，均为麦角酸的衍生物。

【作用与用途】本品对子宫平滑肌有很强的选择性兴奋作用，它与垂体后叶素主要的区别在于，其对子宫体和子宫颈都有兴奋作用，剂量稍大，就可引起强直性收缩，故不宜用于催产或引产，否则会造成胎儿窒息及子宫破裂。本品主要用于产后子宫复原、胎衣不下及产后出血等。

【用法与用量】内服：一次量，猪 5~10 mL，马 10~25 mL，牛、羊内服无效。

【制剂】麦角流浸膏：含生物碱（以麦角毒碱计算）约 0.06%，为红棕色液体，久置减效，应密闭、避光、阴凉处贮存。

麦角新碱 Ergometrine

【理化性质】本品常用马来酸盐，为白色或微黄色细微结晶性粉末，暴露于日光下易变质，能溶于水及乙醇。

【作用与用途】同麦角。

【用法与用量】静脉注射或肌内注射：一次量，猪、羊 0.5~1 mg，牛、马 5~15 mg，犬 0.2~0.5 mg，猫 0.07~0.2 mg。

【制剂】马来酸麦角新碱注射液：每支 1 mL 含 0.5 mg、2 mg，10 mL 含 5 mg。

地诺前列素 Dinoprost（PGF_{2a}）

【理化性质】本品为白色或类白色结晶性粉末，有引湿性，对光、热、碱不敏感，在水中极易溶解，在甲醇中溶解，在氯仿中微溶。

【作用与用途】本品为人工合成的外源性前列腺素 F_{2a}，具有溶解黄体，刺激平滑肌收缩作用，可兴奋妊娠子宫的各个阶段。子宫对本品的反应随着妊娠时间而逐渐增加。本品可直接作用于子宫肌层，刺激妊娠子宫，使宫肌收缩，子宫颈变软和扩张。临床上本品被用于调节动物发情周期、诱导流产和分娩，治疗母马因交配导致的持续性子宫内膜炎。

【不良反应】本品能引起腹泻、腹部和支气管不适、升高血压等不良反应。对小动物，还能引起呕吐、诱导流产引起胎盘滞留。

【用法与用量】

（1）同情发情：马肌内注射每 1 kg 体重 0.022 mg 或一次量肌内注射 1~2 mL；牛剂量 25 mg，肌内注射一次或间隔 10~12 d 分两次注射。

（2）子宫蓄脓：牛一次量肌内注射 25 mg；犬、猫肌内注射每 1 kg 体重 0.1~0.2 mg，每天 1 次，连用 5 d。

（3）诱导流产：牛一次量肌内注射 25 mg；犬每 1 kg 体重 0.25~0.5 mg，每隔 12 h 肌内注射 1 次；猫分两次肌内注射每 1 kg 体重 0.5~1 mg。诱导猪的分娩，一次量，肌内注射 10 mg，30 h 内发生分娩。

【制剂】注射液：每支 1 mL 含 5 mg，4 mL 含 20 mg。

【注意事项】

（1）用药时须严密观察血压、子宫收缩频率、时间、强度。

（2）同时使用缩宫药或缩宫素，必须慎重，严密监护，否则易使子宫破裂或宫颈撕裂。

（3）宫颈硬化、子宫纤维瘤、胎膜破裂、胎位异常、妊娠晚期有头盆不称者禁用。

（4）对心脏和呼吸系统机能不全的母犬使用 PGF$_{2a}$ 终止早期妊娠要谨慎。

氯前列醇钠 Cloprostenol Sodium

【理化性质】本品为白色或类白色粉末，有引湿性，在水、甲醇或乙醇中易溶，在丙酮中不溶。

【作用与用途】本品是 PGF$_{2\alpha}$ 类似物，在目前常用的 PGF$_{2\alpha}$ 及其类似物中，它的活性最高。本品对母畜的妊娠黄体、持久黄体有明确的溶解作用，进而调节母畜的发情周期；对子宫平滑肌也具有直接兴奋作用，可引起子宫平滑肌收缩，子宫颈松弛，有利于母畜子宫的净化。对性周期正常的动物，治疗后通常在 2~5 d 内发情。在妊娠 10~150 d 的怀孕牛，通常在注射用药物后 2~3 d 出现流产。本品可用于诱导母畜同期发情，治疗母牛持久黄体、黄体囊肿和卵泡囊肿等疾病；亦可用于妊娠猪、羊的同期分娩，以及治疗产后子宫复原不全、胎衣不下、子宫内膜炎和子宫蓄脓等。

【不良反应】同地诺前列素。

【用法与用量】肌内注射：诱导同情发情，牛一次量 0.4~0.6 mg，11 d后再注射 1 次；山羊一次量 0.05~0.1 mg；绵羊一次量 0.1 mg；猪一次量 0.2 mg。诱导母猪分娩，预产期前 3 d 一次量 0.05~0.2 mg。子宫内膜炎：牛一次量 0.5 mg。

【制剂】注射液：每支 2 mL 含 0.1mg、0.2 mg。

【注意事项】

（1）维持妊娠的动物禁用。

（2）因药物可诱导流产及急性支气管痉挛，因此妊娠妇女和患有哮喘及其他呼吸道疾病的人员操作时应特别小心。

（3）本品易通过皮肤吸收，不慎接触后应立即用肥皂和水进行清洗。

（4）不能与非甾体解热镇痛抗炎药同时应用。

（5）牛、猪休药期为 1 d。

氨基丁三醇前列腺素 $F_{2\alpha}$ 注射液 Prostaglandin $F_{2\alpha}$ Tromethamine Injection

【理化性质】本品是无色澄明液体。

【作用与用途】本品为人工合成的前列腺素氨基丁三醇盐类化合物，作用同氯前列醇。本品作为外源性 $PGF_{2\alpha}$ 用于调节反刍动物的发情周期、促进母猪的分娩、诱导流产。

【不良反应】同地诺前列素。

【用法与用量】肌内注射：诱导牛同期发情，一次量 25 mg。诱导猪分娩，在预产期前 3 d，一次量 10 mg，24~36 h 内分娩。

【制剂】注射液：每瓶 10 mL 含 50 mg。

【注意事项】

（1）患急性或亚急性血管系统、胃肠道系统、呼吸系统疾病的牛禁用。

（2）牛、猪休药期 1 d。

第六章　作用于中枢神经系统的药物

第一节　中枢神经兴奋药

中枢神经兴奋药是指能选择性地提高中枢神经系统机能活动的药物，其作用机制有两种类型：一是直接兴奋神经元；另一种是阻断中枢抑制性功能，相对增强兴奋的扩散。根据其在治疗剂量时的主要作用部位，可分为大脑兴奋药、延髓兴奋药和脊髓兴奋药。

大脑兴奋药主要作用于大脑皮层和脑干上部，提高大脑的兴奋性和改善全身代谢活动，如咖啡因。延髓兴奋药主要作用于延髓的呼吸中枢、血管运动中枢，如尼可刹米。脊髓兴奋药小剂量能提高脊髓反射兴奋性，大剂量可引起强直性惊厥，如士的宁。

咖啡因（咖啡碱）Caffeine（Coffein）

【理化性质】本品为白色或带极微黄绿色，质轻、有光泽的针状结晶，无臭，味苦。本品易溶于热水或氯仿中，略溶于水（1：50）及乙醇，与等量苯甲酸钠混合，即为易溶于水的安钠咖。

【作用与用途】本品直接兴奋大脑皮层，用于各种原因所致的中枢抑制时的兴奋药。较大剂量可直接兴奋呼吸中枢和血管运动中枢，使呼吸加快、内脏血管收缩、血压升高、心率减慢。还可作为急性心力衰竭时的强心药和心性、肝性、肾性水肿时的利尿药。

【不良反应】剂量过大会引起脊髓兴奋发生惊厥，最后窒息而死亡。肌内注射高浓度的苯甲酸钠咖啡因，可引起局部硬结，一般会自行恢复。

【用法与用量】

（1）内服：一次量，鸡 0.05~0.1 g，猪、羊 0.5~2 g，牛、马 2~8 g，犬 0.2~0.5 g，猫 0.1~0.2 g。

（2）皮下注射、肌内注射、静脉注射：一次量，鸡 0.025~0.05 g，猪、羊 0.5~2 g，牛、马 2~5 g，犬 0.1~0.3 g，猫 0.03~0.1 g，鹿 0.5~2 g。每天给药 1~2 次，重症可 4~6 h 给药 1 次。

【制剂】苯甲酸钠咖啡因（安钠咖）粉剂。苯甲酸钠咖啡因注射液（安钠咖，CNB)[处]：每支 5 mL 含 0.5 g、1 g，每支 10 mL 含 1 g、2 g。

【注意事项】

（1）本品属生物碱类，禁与鞣酸、强碱类、高浓度碘化物、重金属盐等配合使用，其注射液禁与酸性药液配伍，以免产生沉淀。

（2）本品用量过大或给药过频中毒（惊厥）时，可用溴化物、水合氯醛或巴比妥类药物解救。

（3）大家畜心动过速（每分钟 100 次以上）或心律不齐时，慎用或禁用。

（4）休药期：注射液，牛、羊、猪 28 d，弃奶期 7 d。

樟脑磺酸钠（水溶性樟脑）Sodium Camphorsulfonate[处][乡]

【理化性质】本品为白色结晶性粉末，无臭，味初微苦而后甜。有引湿性，易溶于水或热醇。常用其注射液。

【作用与用途】本品可反射性地兴奋呼吸中枢和血管运动中枢，直接兴奋延髓呼吸中枢，对心、脑有兴奋作用。可用于感染性疾病、药物中毒等引起的呼吸抑制，也可用于急性心衰。

【不良反应】

（1）剂量过大会引起动物惊厥。

（2）会引起泌乳期动物乳腺退化，抑制乳汁分泌。

【用法与用量】皮下注射、肌内注射、静脉注射：一次量，猪、羊 0.2~1 g，牛、马 1~2 g，犬 0.05~0.1 g。

【制剂】注射液：每支 1 mL 含 0.1 g，5 mL 含 0.5 g，10 mL 含 1 g。

【注意事项】

（1）避光密闭保存。久贮澄明度发生变化，析出白点或结晶，此时不可出售和使用。

（2）本品不能与钙剂注射液混合使用。

（3）家畜屠宰前不宜应用，以免影响肉质。

（4）过量中毒出现惊厥时，可用水合氯醛、硫酸镁和 10% 葡萄糖静脉注射解救。

尼可刹米（可拉明）Nikethamide（Coramine）[处][乡]

【理化性质】本品为无色或淡黄色的澄明油状液体，置冷处即成结晶。微有特异香气，味微苦。能与水、乙醇任意混合。

【作用与用途】本品能直接兴奋延髓呼吸中枢，也能通过兴奋外周化学感受区，反射性地兴奋呼吸中枢，提高呼吸中枢对二氧化碳的敏感性。

本品适用于解救药物中毒或疾病所致的呼吸抑制，或加速麻醉动物的苏醒，也可解救一氧化碳中毒、溺水和新生仔畜窒息。对阿片类药物中毒解救效果比戊四氮好，对吸入麻醉药中毒次之，对巴比妥类药物中毒解救效果不如印防己毒素和戊四氮，对吗啡中毒的解救效果优于巴比妥类药物。

【不良反应】安全范围较大，但过量的尼可刹米会导致大脑和脊髓的过度兴奋，引起阵发性惊厥，最后动物窒息死亡。

【用法与用量】皮下注射、肌内注射或静脉注射：一次量，猪、羊 0.25~1 g，牛、马 2.5~5 g，犬 0.125~0.5 g。必要时可隔 2 h 重复 1 次。

【制剂】注射液：每支 1.5 mL 含 0.375 g，2 mL 含 0.5 g。

【注意事项】

（1）剂量过大导致中毒，用短效巴比妥类，如硫喷妥钠控制。

（2）本品出现兴奋作用后，常出现中枢神经系统抑制现象。

（3）不能和氯霉素注射液配伍，否则易使氯霉素析出结晶。

戊四氮（可拉佐、卡地阿唑）Pentetrazde（Cardiazol）

【理化性质】本品为白色结晶性粉末，味微辛苦，易溶于水和乙醇，水溶液呈中性。

【作用与用途】本品直接兴奋延髓呼吸中枢和血管运动中枢，使呼吸加深加快，作用稍强于尼可刹米。当上述中枢处于抑制状态时，作用更显著，对脊髓也有兴奋作用。主要用于麻醉药及巴比妥类药物中毒所引起的呼吸抑制和急性循环衰竭，也可用于治疗新生畜窒息。

【不良反应】本品安全范围较小，过量易引起惊厥，甚至呼吸麻痹，其他同尼可刹米。

【用法与用量】皮下注射、肌内注射、静脉注射：一次量，猪、羊 0.05~0.3 g，牛、马 0.5~1.5 g，犬 0.02~0.1 g。危急病畜可每隔

15~30 min用药 1 次，直至呼吸好转。

【制剂】注射液：每支 2 mL 含 0. 2 g，5 mL 含 0. 5 g。

【注意事项】剂量过大可引起惊厥甚至呼吸麻痹，危重病畜可根据动物反应酌情增量，静脉注射速度宜缓慢。不宜用于吗啡、普鲁卡因中毒解救。

回苏灵 Dimefline

【理化性质】本品为白色结晶性粉末，味苦，能溶于水和乙醇，不溶于乙醚和氯仿。应避光保存。

【作用与用途】对呼吸中枢有较强的兴奋作用。增强肺的通气量，作用强于尼可刹米（100 倍）、山梗菜碱。可用于严重疾病和中枢抑制药中毒引起的呼吸抑制或中枢性呼吸衰竭。

【不良反应】过量易引起抽搐、惊厥，严重者可用短效巴比妥类药物、天麻进行解救。

【用法与用量】肌内注射或静脉注射：静脉注射时须以葡萄糖注射液稀释后缓慢注入或滴入，一次量，猪、羊 8~16 mg，牛、马 40~80 mg。

【制剂】注射液：每支 2 mL 含 8 mg。

【注意事项】孕畜禁用。

美解眠（贝美格）Megimide（Bemegride）

【理化性质】本品为白色结晶或结晶性粉末，无臭，微溶于水（1∶170），溶于氯仿、乙醇（1∶30），其 0.5% 水溶液 pH 值为 5~6.5。

【作用与用途】中枢兴奋作用迅速，维持时间短（10~20 min），作用与戊四氮相似但较弱，毒性也较低。对巴比妥类及中枢抑制药中毒有解救作用，能加速麻醉动物的苏醒。

【不良反应】超剂量使用，会引起动物抽搐。

【用法与用量】缓慢静脉注射或用 5% 葡萄糖液稀释后静脉滴注：一次量，每 1 kg 体重家畜 15~20 mg。

【制剂】注射液：每支 10 mL 含 50 mg。

【注意事项】中毒动物可用短效巴比妥类药物解救。

山梗菜碱（洛贝林）Lobeline

【理化性质】本品常用其盐酸盐，为白色或微黄色结晶性粉末，无臭，味苦，溶于水、乙醇，易溶于氯仿。水溶液（1∶10）显酸性反应，遇光、热易分解变色，应避光避热保存。

【作用与用途】本品可反射兴奋呼吸中枢，同时也兴奋迷走中枢和血管运动中枢。作用快而弱，维持时间短，不易引起惊厥，尤其适合幼畜应用。用于解救中枢性呼吸衰竭、新生畜窒息，但不宜用于呼吸肌麻痹。

【不良反应】剂量过大时可导致心动过速，甚至惊厥。

【用法与用量】

（1）皮下注射：一次量，猪、羊 6~20 mg，牛、马 100~150 mg，犬 1~10 mg，狐 1.5~3 mg。

（2）静脉注射：一次量，牛、马 50~100 mg。

【制剂】注射液：每支 1 mL 含 3 mg、5 mg、10 mg。

【注意事项】久贮色泽变深或澄明度不合格。

印防己毒素（苦味毒）Picrotoxin（Cocculin）

【理化性质】本品为无色有光泽的结晶性粉末，无臭，味极苦，微溶于水，溶于乙醇，易溶于稀酸或稀碱溶液。遇光易变质，应避光保存。

【作用与用途】本品可兴奋延髓呼吸中枢和血管运动中枢，大剂量也能兴奋大脑和脊髓，适于解救巴比妥类药物中毒所致的呼吸抑制。

【不良反应】剂量加大易引起动物惊厥。

【用法与用量】肌内或静脉注射：一次量，牛、马 60 mg，犬 1~3 mg。

【制剂】注射液：每支 1 mL 含 1 mg、3 mg。

【注意事项】

（1）动物中毒，可用巴比妥类解救。

（2）不宜用于吗啡中毒，否则可引起士的宁中毒样惊厥。

士的宁（番木鳖碱）Strychnine[处]

【理化性质】本品用其盐酸盐或硝酸盐，为无色针状结晶或白色粉末。无臭，味微苦。略溶于水，微溶于乙醇。

【作用与用途】本品小剂量选择性地兴奋脊髓，使其反射加快、加强，增加骨骼肌张力，改善肌无力状态，并可提高大脑皮层感觉区的敏感性；大剂量兴奋延脑乃至大脑皮层。本品主要用于脊髓性不全麻痹和肌肉无力。

【不良反应】毒性很大，安全范围小，急性中毒动物最开始的症状是神经过敏、不安、肌肉震颤、颈部僵硬等，随后震颤加剧，逐渐出现脊髓性惊厥，形成"角弓反张"姿势，最后窒息死亡。

【用法与用量】皮下注射或肌内注射：一次量，猪、羊 2~4 mg，牛、马 15~30 mg，犬 0.5~0.8 mg，猫 0.1~0.3 mg。

【制剂】硝酸（盐酸）士的宁注射液：每支 1 mL 含 2 mg，10 mL 含 20 mg。

【注意事项】

（1）孕畜、吗啡中毒的家畜及有中枢神经兴奋症状的家畜忌用。

（2）大动物中毒可用水合氯醛静脉注射解救，小动物中毒用中短效巴比妥类药物静脉注射解救。

（3）本品有蓄积性，不要长期用药。

第二节　全身麻醉药

麻醉药是一类能使病畜感觉暂时消除，特别是使痛觉消除，以利于进行外科手术的药物。根据其作用可分为全身麻醉药（全麻药）和局部麻醉药（局麻药）两类。

对于麻醉药的选择，要根据其需要，用局麻药能达到目的就不宜使用全麻药。不同种类动物对痛感存在差异，马属动物较牛、羊、猪敏感。通常在施行较大手术时，往往采用浅度的全身麻醉，配以局部麻醉，有时还可采用复合麻醉方式（联合使用安定药或麻醉前给药），减少全麻药用量。犬、猫、马麻醉前应停食 6 h 以上，最好停食过夜，以便胃排空。喂水可在麻醉前 1~2 h 进行。反刍动物停食没有多大意义，因瘤胃内容物可保留几天，为避免全身麻醉造成并发症，一般采用局部麻醉为宜。猪的麻醉一般采用巴比妥类静脉诱导麻醉，再以吸入性全麻药维持，尚可获得满意效果。犬、羊及实验动物多采用全身麻醉。

应用麻醉药时，应注意其性质和用量，特别是用量，故对病畜称重是不可缺少的。还应注意机体的机能状态，对于体弱及危重病畜，应用全麻药时需随时观察其呼吸、心脏和瞳孔反射等情况，以防麻醉过深而死亡。对孕畜应用全麻药也应特别慎重，并尽力避免对胎儿的影响。另外，麻醉药能导致呼吸功能下降，有必要时给动物补充氧气，以防不测。

全身麻醉药是指使动物中枢神经系统部分机能产生可逆性的暂时抑制，感觉（特别是痛觉）减弱或消失，反射消失，骨骼肌松弛，但呼吸中枢和血管运动中枢的功能仍然存在的一类药物。其可分为吸入麻醉药和非吸入麻醉药（多做静脉注射，故又称静脉麻醉药）两类。前者麻醉过程中兴奋期较明显，但麻醉深度易调节，代表药物是氟烷，临床上多用于小动物；后者在麻醉过程中一般不出现兴奋期，但较难调节麻醉深度，代表药物是水合氯醛。

目前，兽医临床上使用的全麻药没有令人完全满意的品种，故多采用复合麻醉，常用的有以下几种方法：

1. 麻醉前给药　在使用全麻药前，先给一种或几种药物，以增强麻醉药的作用而减少副作用。常用的麻醉前给药有两类：一是强化麻醉药，如氯丙嗪，主要利用其中枢抑制作用，用药后，再用全麻药，可增强麻醉药的效果，减少麻醉药的用量，延长麻醉时间。二是其他药物如阿托品，减少呼吸道分泌物，减少干扰呼吸的机会。

2. 混合麻醉　把几种麻醉药混合使用，以增强作用，降低毒性。如水合氯醛、硫酸镁、巴比妥钠合剂。

3. 配合麻醉　先用较少量的全麻药使动物轻度麻醉，再在术部配合局麻，这样既可减少全麻药用量和毒性，又能保证手术成功。

一、吸入性麻醉药

吸入性麻醉药分为挥发性气体（如环丙烷、氧化亚氮）和挥发性液体（如氟烷、乙醚）两类。给药时，药物随着吸气经上呼吸道、气管、支气管和肺泡进入血液循环，产生麻醉作用。使用这些制剂时，需要有清除废气的方法，尽可能采用密闭或半密闭的方法给药。

乙醚（麻醉乙醚）Aether（Anaesthetic Ether）

【理化性质】本品为无色澄明液体，挥发性强，极易燃烧。有特殊气味，微溶于水，易与醇混合。沸点 34.6 ℃，与空气混合，浓度超过 1.85%（容积）时有爆炸危险。

【作用与用途】本品为比较安全的吸入性麻醉药，麻醉过程缓慢，3~10 min 产生麻醉。主要用于小动物的全身麻醉。

【不良反应】苏醒期长，看管护理不当，手术动物容易发生意外。

【用法与用量】犬麻醉前每 1 kg 体重皮下注射盐酸吗啡 5~10 mg、硫酸阿托品 0.1 mg，然后用麻醉口罩吸入乙醚，直至出现麻醉指征为止。猫、兔可置麻醉箱中吸入乙醚蒸气或用麻醉口罩吸入乙醚。大白鼠、小白鼠、蛙类，可将动物置玻璃罩或烧杯中，将蘸有乙醚的棉球投入，让动物吸入。鸡、鸽先将其固定，将头放入蘸有乙醚棉球的烧杯中吸入。用量应视动物情况和手术需要而定。

【制剂】麻醉乙醚：每瓶 100 mL、150 mL、250 mL。

【注意事项】

（1）密闭棕色瓶避光阴凉处保存，开瓶 24 h 以上不可再用于麻醉。

（2）麻醉过程中注意观察动物情况，如有意外立即停止麻醉，呼吸停止时应立即输氧或人工呼吸。

（3）该品易燃易爆，注意防燃防爆。

氟烷（三氟乙烷、福来生）Halothane（Fluothane）

【理化性质】本品为无色透明液体，有挥发性，味甜略带芳香，无刺激性。在水中溶解度为 0.345%，相对密度 1.86，沸点 50.2 ℃，性质较稳定，无引燃性，无爆炸性。应避光保存。

【作用与用途】本品为强效吸入性麻醉药。对大动物可作为巴比妥类诱导麻醉的维持麻醉药，对犬、猫可使用本品与氧化亚氮混合麻醉。本品麻醉作用是乙醚的 4 倍，安全度比乙醚大 2 倍，但本品镇静和肌肉松弛作用较差，麻醉加深时，对呼吸中枢、血管运动中枢和心肌有直接抑制作用，可引起血压降低、心率减慢、心输出量减少。

【不良反应】剂量过大，会诱发动物心律紊乱、血压降低。

【用法与用量】本品常用半密闭式和密闭式麻醉方法给药。大动物先用硫喷妥钠作静脉诱导麻醉，在开始麻醉的 1 h 内按每 100 kg 体重牛 25~30 mL、马 35~40 mL，维持麻醉，用量可逐渐减少。小动物先肌内注射阿托品，再用本品维持麻醉，浓度为 2%~5%（按吸入气体的体积计）。

【制剂】注射液：每瓶 20 mL、150 mL、250 mL。

【注意事项】

（1）本品不能和肾上腺素、去甲肾上腺素合用，因能够提高心肌对肾上腺素及去甲肾上腺的敏感性，易引起室性心动过速或心律紊乱等。

（2）本品能显著增加并延长非去极化肌松药（三碘季铵酚的肌松作用）与去极化肌松药琥珀胆碱合用可诱发恶性高热，本品需慎用。

（3）本品不能用于剖腹产麻醉和严重肝肾功能不全者。

（4）本品忌与橡胶、塑料、多种金属接触。

甲氧氟烷（甲氧氟氯乙烷）Methoxyflurane（Penthrane）

【理化性质】本品为无色澄明液体，挥发性较小，有水果香味。在室温下不燃不爆。沸点为 104.6 ℃，相对密度 1.47，遇光、空气或碱石灰不分解，对橡胶的溶解性极大。

【作用与用途】本品为强效吸入麻醉药，镇痛及肌肉松弛作用较氟烷强，作用持续时间也较长。诱导和苏醒较氟烷慢，比乙醚快。对呼吸道刺激性小。可用作大动物的维持麻醉药和小动物、实验动物及笼鸟的麻醉药。

【不良反应】浓度高，对呼吸道有刺激作用，影响血液循环。

【用法与用量】用于马，按每 1 kg 体重，先静脉注射马来酸乙酰丙嗪（1%溶液）0.033 mg，10 min 后再静脉注射丙烯硫喷妥钠（5%溶液）5.5~6.5 mg，然后闭合式吸入甲氧氟烷，4~5 min 产生肌肉松弛和镇痛作用。犬、猫先肌内或静脉注射马来酸乙酰丙嗪 0.11 mg（每 1 kg 体重），然后再吸入甲氧氟烷。用量依手术需要而定，诱导麻醉为 3%浓度，而维持麻醉用0.5%浓度。

【制剂】注射液：每瓶 20 mL、150 mL。

【注意事项】肝肾功能不全病畜禁用。

环丙烷 Cyclopropane

【理化性质】本品为无色气体，相对密度大，有特殊气味，易燃易爆，通常用其与氧的混合气体（4∶1）。

【作用与用途】本品麻醉作用强，诱导、苏醒较快，对呼吸道黏膜无刺激性，有一定肌肉松弛作用。对心、血管系统毒性低，不损伤肝、肾，但可引起一定的呼吸抑制。用于马、牛、猪等动物的麻醉。

【不良反应】剂量过大，会造成动物的呼吸停止，需大量输氧或进行人工呼吸解救。

【用法与用量】多用密闭式吸入麻醉：诱导麻醉浓度为 20%~25%，维持麻醉浓度为 15%~20%。

【制剂】贮于钢瓶中的液化气体。

【注意事项】麻醉前后禁用肾上腺素及去甲肾上腺素。

二、非吸入性麻醉药

本类药均无挥发性，主要通过注射、内服或灌肠等方式麻醉。使用方便，不需特殊设备，特别是静脉注射麻醉具有麻醉迅速、兴奋期短等优点，但有麻醉深度及持续时间不易掌握等缺点。

水合氯醛 Chloral Hydrate

【理化性质】本品为无色透明或白色结晶，有刺激性特殊臭味，味微苦，本品易潮解，在空气中逐渐挥发。易溶于水（1∶0.25）、乙醇、氯仿、乙醚，久置阳光下缓慢分解，高热也易分解，应密封避光保存于阴凉处。

【作用与用途】本品小剂量镇静、中等剂量催眠，睡眠可持续几小时，是良好的催眠药；大剂量麻醉抗惊厥。全身麻醉效果最好的是马，其次是犬、猪及实验动物等。牛、羊等反刍动物对水合氯醛最为敏感，易导致腺体大量分泌及瘤胃臌胀，故应慎用。本品作为浅麻醉配合局麻药或与硫酸镁、氯丙嗪、杜冷丁配合做混合麻醉。

【不良反应】

（1）局部刺激性较大。

（2）用药后降低动物正常体温。

（3）剂量过大，会造成动物呼吸抑制，窒息死亡。

【用法与用量】

（1）注射用水合氯醛：用生理盐水配成5%~10%溶液，静脉注射用于麻醉：每1 kg体重一次量，鸡0.013~0.039 g（以注射用水合氯醛计，下同），猪0.15~0.17 g，牛、马0.08~0.12 g，犬、猫0.08~0.1 g，兔0.05~0.075 g，水牛0.13~0.18 g，鹿0.1 g，骆驼0.1~0.11 g。

（2）水合氯醛粉：配成1%~5%浓度加黏浆剂，内服或灌肠。①用于镇静：一次量，鸡0.005~0.01 g（以水合氯醛计，下同），猪、羊2~4 g，牛、马10~25 g，犬0.3~1 g。②用于催眠：一次量，猪、羊5~10 g，牛20~30 g，马30~50 g。③用于麻醉：配成10%溶液加黏浆剂内服，每1 kg体重，一次量，犬、猫0.25 g，兔0.5 g。

（3）水合氯醛硫酸镁注射液：①静脉注射用于麻醉：一次量，马200~400 mL；②用于镇静：一次量，马100~200 mL。缓慢注射，每分钟不超过30 mL。

（4）水合氯醛乙醇注射液：静脉注射用于镇静、解痉，一次量，马、牛 100~300 mL。

【制剂】①注射用水合氯醛：每瓶 1 g、5 g、10 g、20 g。②水合氯醛硫酸镁注射液：含水合氯醛 8%、硫酸镁 5%、生理盐水 0.9%，每瓶 50 mL、100 mL。③水合氯醛乙醇注射液：为含水合氯醛 5%、乙醇 15%的无菌水溶液。每瓶 100 mL、250 mL。

【注意事项】

（1）不能做皮下注射、肌内注射，静脉注射时不得漏出血管外。内服和灌肠时应配成 1%~5%水溶液，并加黏浆剂。

（2）患有心脏病、肺水肿及机体虚弱病畜禁用。

（3）牛、羊等反刍动物应用本品前 15 min 须注射硫酸阿托品，以避免支气管腺体分泌大量黏液而引起异物性肺炎。

（4）本品的代谢产物抑制中枢神经系统功能，一般在用药后 10~15 min 继续加深。用药时，应先迅速注入一半量，再根据麻醉深度及呼吸、心跳变化情况，决定继续注入的剂量，达到浅麻醉时即停药。

（5）注意对动物保温。

（6）本品中毒可用安钠咖、樟脑制剂、尼可刹米等药物解救，但不能用肾上腺素，因其能导致心脏纤颤。

戊巴比妥钠 Pentobarbital Sodium（Ncmbutal）

【理化性质】本品为白色结晶性颗粒或粉末，无臭，味微苦，有引湿性，易溶于水，水溶液呈碱性反应，溶液久置或加热均易分解。

【作用与用途】本品有麻醉催眠作用，主要用作中小动物的全身麻醉以及家畜的基础麻醉。麻醉作用持续时间因动物种属不同而差异很大，平均 30 min（犬 1~2 h，山羊 20 min，绵羊 15~30 min），剂量加大也能延长到 45 min 以上。本品作用强，显效快，但苏醒期长，麻醉前注射氯丙嗪可延长麻醉时间，减少戊巴比妥钠用量，还能消除苏醒时的兴奋。另外，本品还有镇静和抗惊厥作用，用来对抗中枢兴奋药中毒、破伤风、脑炎等引起的惊厥症状。

【不良反应】剂量过大，动物出现呼吸抑制等中毒症状。

【用法与用量】静脉注射：麻醉，每 1 kg 体重，猪、羊 20~25 mg，牛、马 15~20 mg，犬、猫、兔 30~35 mg；镇静、基础麻醉，每 1 kg 体重，猪、羊、牛、马 5~15 mg。

【制剂】注射用戊巴比妥钠：每支 0.1 g、0.5 g，临用前用生理盐水配成 3%~6% 溶液。

【注意事项】

（1）马、牛用本品麻醉后，苏醒前通常伴有动作不协调、兴奋和挣扎现象，应防止造成外伤。

（2）动物苏醒后，静脉注射葡萄糖溶液将重新进入麻醉状态。当麻醉过量时，禁用葡萄糖。

（3）麻醉过量时对呼吸有明显抑制。静脉注射时先以较快速度注入半量，然后缓慢注射。

（4）反刍动物应用本品麻醉时，手术前禁食 1 d，并肌内注射硫酸阿托品。

（5）肝肾功能不全的病畜慎用。

（6）忌与酸性药物混合。

硫喷妥钠（戊硫巴比妥钠）Sodium Thiopental（Pentothal）[处][乡]

【理化性质】本品为淡黄色粉末，有类似蒜臭气，味苦，极易溶于水，水溶液呈碱性，能溶于乙醇，在无水乙醇中几乎不溶。本品有引湿性，水溶液不稳定，溶解后尽早使用。

【作用与用途】本品为超短效巴比妥类药物，主要用作全身麻醉药，也可用作基础麻醉。静脉注射后数秒钟奏效，无兴奋期，但维持时间短（一次麻醉量，大动物 10~20 min，实验动物 30~60 min）。麻醉深度和维持时间与静脉注射速度有关，注射越快，麻醉越深，维持时间越短。本品肌松作用差，无明显镇痛作用。另外，本品还有较好的抗惊厥作用，用于拮抗破伤风、脑炎、中枢兴奋药中毒所致的惊厥。

【不良反应】剂量过大，动物出现呼吸抑制等中毒症状。

【用法与用量】静脉注射：每 1 kg 体重，马、牛、猪、羊 10~15 mg，犊牛 15~20 mg，仔猪 25 mg，犬、猫 20~25 mg，兔 25~50 mg，大鼠 50~100 mg，鸟类 50 mg。临用前用注射用水或生理盐水配制成 2.5% 溶液，用于大鼠与鸟类配成 1% 溶液。

【制剂】注射用硫喷妥钠：每支 0.5 g、1 g，临用前用注射用水或无菌生理盐水配成 2.5%~10% 溶液。

【注意事项】

（1）药液仅供静脉注射，勿漏出血管，否则易引起局部炎症。

（2）本品对呼吸中枢有抑制作用，注射速度不宜过快，剂量不宜过大。

（3）马属动物苏醒时，有兴奋现象，动物挣扎、四肢不协调，要防止摔倒。

（4）心肺功能不良病畜禁用，肝肾功能不全动物慎用。

（5）由本品所致的呼吸与循环抑制，可用戊四氮等解救。

（6）反刍动物麻醉前应注射适量阿托品，以减少腺体分泌。

硫萨利妥钠（丙烯硫喷妥钠）Thiamylalum Natricum（Surital Sodium）

【理化性质】本品为淡黄色黏聚性结晶，无臭，易溶于水，水溶液呈透明黄色，有硫黄或大蒜样气味，呈碱性反应，有引湿性。

【作用与用途】本品属超短时、强效巴比妥类药，麻醉作用为硫喷妥钠的 1.5 倍，静脉注射后 1 min 内产生麻醉作用，维持 10～30 min。如与氯丙嗪合用可延长麻醉时间。临床上本品多用于马、牛在采用吸入性麻醉药前的诱导麻醉，对小动物也可单独作为全身麻醉药。

【不良反应】剂量过大，动物出现呼吸抑制等中毒症状。

【用法与用量】静脉注射：诱导麻醉，每 1 kg 体重，马、牛 6～7 mg；麻醉，每 1 kg 体重，猪、羊、犬、猫 10～20 mg（配成 4% 溶液），兔 30 mg（配成 1% 溶液）。

【制剂】粉针：0.5 g、1 g、5 g、10 g，用前以注射用水或灭菌生理盐水配成 1%～10% 溶液。

【注意事项】

（1）本品用量大、用药频繁或注射速度太快能抑制呼吸中枢，使呼吸减慢变浅，甚至呼吸麻痹。

（2）药液需现用现配，如果显深黄色或混浊，不宜使用。

氯醛糖 Chloralose

【理化性质】本品为白色针状结晶。无臭，味苦。本品难溶于水，加热能助溶，微溶于乙醇。

【作用与用途】本品有催眠和麻醉作用，主要用于实验动物的麻醉，可维持 3～4 h，对呼吸和血管运动中枢抑制作用较弱。

【不良反应】同其他同类药物。

【用法与用量】静脉注射：每 1 kg 体重，犬、猫 40~100 mg，兔等小动物 50 mg。

【制剂】注射用 α-氯醛糖粉末：用时用注射用水配成 1%~2% 溶液。

【注意事项】本品大剂量能增强犬、猫脊髓反射功能，发生惊厥症状，常并用乙醚克服。另外，本品不可煮沸，以免分解破坏。

氯胺酮（开他敏）Ketamine（Ketalar）[处]

【理化性质】本品的常用盐酸盐，其为白色结晶性粉末，易溶于水，微溶于乙醇，10% 水溶液 pH 值为 3.5。

【作用与用途】本品为镇痛性短效静脉麻醉药，用于马、猪、牛、羊等多种动物的化学保定、基础麻醉及麻醉。静脉用药后 1 min 显效，维持 5~10 min，30 min 后完全恢复。本品常用于不需肌肉松弛的麻醉、短时间手术及诊疗处置，如与二甲苯胺噻嗪或芬太尼合用，能延长麻醉时间，并有肌肉松弛效果。

【不良反应】剂量过大，动物出现呼吸抑制等中毒症状。

【用法与用量】

（1）静脉注射：麻醉，每 1 kg 体重，马、牛 2~3 mg，猪、羊 2~4 mg。

（2）肌内注射：一次量，每 1 kg 体重，猪、羊 10~15 mg，犬 10~20 mg，猫 20~30 mg，灵长动物 5~10 mg，熊 8~10 mg，鹿 10 mg，水貂 6~14 mg。

【制剂】盐酸氯胺酮注射液：2 mL 含 100 mg，10 mL 含 100 mg，20 mL 含 200 mg。

【注意事项】

（1）马属动物应用本品会导致心跳加快、血压升高，宜缓慢静脉注射，并合用氯丙嗪。

（2）反刍动物用药前停食 1 d，并注射硫酸阿托品。猪用本品易出现苏醒期兴奋，可并用硫喷妥钠。

（3）动物苏醒后不易自行站立，呈反复起卧，注意护理。

（4）大剂量快速静脉注射可引起暂时呼吸减慢或停止。

（5）驴、骡对本品不敏感，禽类使用可致惊厥，故驴、骡及禽类不宜使用。

（6）休药期：28 d，弃奶期 7 d。

赛拉嗪（盐酸二甲苯胺噻嗪、隆朋）Xylazine Hydrochloride（Rompum）[处]

【理化性质】本品为白色结晶，味苦，易溶于丙酮，能溶于乙醇，几乎不溶于水。

【作用与用途】本品具有安定、镇痛和中枢性肌肉松弛作用，毒性低，安全范围大，无蓄积作用。本品可用于马、牛、野生动物的化学保定，大剂量或配合局麻药用于去角、锯茸、去势、腹腔手术等。

【不良反应】剂量过大，动物出现呼吸抑制等中毒症状。

【用法与用量】

（1）肌内注射：每 1 kg 体重，马 1~2 mg，牛 0.1~0.3 mg，羊 0.1~0.2 mg，犬、猫 1~2 mg，鹿 0.1~0.3 mg。

（2）静脉注射：一次量，每 1 kg 体重，羊 0.01~0.1 mg，牛 0.03~0.1 mg，马 0.5~1.1 mg，犬、猫 0.5~1 mg。

【制剂】注射液：每支 5 mL 含 100 mg，10 mL 含 200 mg。

【注意事项】

（1）马静脉注射速度宜慢，给药前注射小剂量阿托品。

（2）反刍动物用本品前停食数小时，手术时应采用俯卧姿势，将头放低。

（3）中毒时，可用育亨宾等 α_2 受体阻断药及 M-受体阻断药（如阿托品）等解救。

（4）猪一般不用，产奶动物禁用。

（5）犬、猫用药后易引起呕吐。

（6）休药期：牛、羊 14 d，鹿 15 d。

赛拉唑（盐酸二甲苯胺噻唑、静松灵）Xylazole Hydrochloride[处]

【理化性质】本品为白色粉末，味苦，易溶于水。

【作用与用途】本品具有镇静、镇痛和中枢性肌肉松弛作用，主要用于化学保定，控制烈性动物。单独或配合其他药应用，可代替全麻药进行外科手术。

【不良反应】

（1）马属动物用量过大，可能会抑制心肌传导和呼吸，致使心搏缓慢、呼吸暂停。

（2）静脉注射速度太快，动物会出现呼吸抑制等神经系统功能抑制症状。

【用法与用量】

（1）肌内注射：一次量，每1 kg体重，羊1~3 mg，马、骡0.5~1.2 mg，黄牛0.2~0.6 mg，水牛0.4~1 mg，驴1~3 mg，马鹿2~5 mg，梅花鹿1~3 mg。

（2）静脉注射：一次量，每1 kg体重，马、骡0.3~0.8 mg。

【制剂】注射液：每支2 mL含0.2 g，10 mL含0.2 g、0.5 g。

【注意事项】

（1）除用药前注射阿托品外，中毒时可采用人工呼吸、注射肾上腺素或尼可刹米抢救。

（2）禁用于产前3个月的马、牛，否则有流产可能。

（3）休药期：28 d，弃奶期7 d。

第三节　镇静催眠药、安定药与抗惊厥药

镇静药是指轻度抑制中枢神经系统，使动物安静，而感觉、意识与运动功能不受影响的一类药物。较大剂量的镇静药可以催眠，故统称为镇静催眠药。剂量加大也可呈现抗惊厥和麻醉作用。

安定药可改变动物气质，使凶猛的动物驯服而易于接近。与一般镇静催眠药的区别在于它镇静而不影响注意力，剂量加大也可催眠，但易被唤醒，大剂量也不引起麻醉。氯丙嗪是此类药物的代表。

抗惊厥药是指能对抗与终止由于中枢神经系统过度兴奋引起的全身骨骼肌不自主强烈收缩（惊厥）的药物。除了巴比妥类、水合氯醛、安定等常用作抗惊厥外，硫酸镁、苯妥英钠、扑痫酮等也具有抗惊厥作用。

一、镇静催眠药

巴比妥（佛罗拿）Barbital（Veronal）

【理化性质】本品为白色结晶或晶状粉末，难溶于水，可溶于醚和乙醇，呈弱酸性反应，其钠盐溶于水，可制成注射液。

【作用与用途】本品为中枢神经系统抑制药，小剂量镇静，大剂量催眠和抗惊厥。若与氨基比林、安乃近等配合使用，可增强其镇痛效应。本品

主要用作镇静药和催眠药，其药效维持时间较长，但稍短于苯巴比妥。

【不良反应】剂量过大，动物出现呼吸抑制等中毒症状。

【用法与用量】肌内注射：一次量，猪 0.3~0.5 g，犬 0.05~0.1 g。

【制剂】巴比妥钠注射液：每支 5 mL 含 0.5 g。

【注意事项】

（1）中毒动物，用戊四氮或印防己毒素解救。

（2）本品不宜与甘汞配合应用，可生成汞和升汞等有毒物质。

苯巴比妥（鲁米那）Phenobarbital（Luminal）[处]

【理化性质】本品为白色结晶或结晶性粉末。味微苦。不溶于冷水，难溶于热水，能溶于氢氧化钠或碳酸钠溶液。本品其钠盐为白色结晶性颗粒或粉末，能溶于水，呈碱性反应。可溶于乙醇。

【作用与用途】本品抑制中枢神经系统，随着剂量的增加呈现镇静、催眠、抗惊厥、抗癫痫作用。作用慢，持续时间长。临床多用于缓解脑炎、破伤风、高热等引起的中枢兴奋症状及惊厥；解救中枢兴奋药的中毒；也可用作实验动物麻醉，可持续 2~4 h。

【不良反应】剂量过大，动物出现呼吸抑制等中毒症状。

【用法与用量】

（1）内服：一次量，每 1 kg 体重，犬、猫 6~12 mg，每天 2 次。

（2）肌内注射：一次量，猪、羊 0.25~1 g，每 1 kg 体重，马、牛 10~15 mg，犬、猫 6~12 mg。

【制剂】①苯巴比妥片：每片 0.01 g、0.03 g、0.1 g。②注射用苯巴比妥钠：每支 0.1 g、0.5 g。

【注意事项】

（1）过量抑制呼吸中枢时，可用安钠咖、戊四氮、尼可刹米、印防己毒素等中枢兴奋药解救。

（2）肝、肾功能障碍患畜慎用。

（3）不宜短时间内连续用药。

（4）休药期：注射液，28 d，弃奶期 7 d。

戊巴比妥钠 Pentobarbital

见麻醉药。

异戊巴比妥钠（阿米妥钠）Sodium Amobarbital[处][乡]

【理化性质】本品为白色结晶性粉末，无臭，味微苦，易溶于水和乙醇，有吸湿性。

【作用与用途】本品同戊巴比妥钠，还可用于鱼类的麻醉。

【不良反应】剂量过大，动物会出现呼吸抑制等中毒症状。

【用法与用量】

（1）内服：用于镇静，一次量，每1 kg体重，猪、犬5~10 mg。

（2）粉针：临用前配成3%~6%溶液，静脉注射，用于镇静、抗惊厥；一次量，每1 kg体重，猪、犬、猫、兔2.5~10 mg。

（3）实验动物麻醉：一次量，每1 kg体重，犬、猫、兔，静脉注射40~50 mg（配成5%溶液），或肌内注射、腹腔注射80~100 mg（10%溶液），或直肠给药100 mg（10%溶液）；鼠类腹腔注射100 mg（10%溶液）；鱼腹腔注射40~50 mg（1%~2%溶液）。

【制剂】①片剂：每片0.1 g。②粉针：每支0.1 g、0.25 g、0.5 g、1 g。

【注意事项】同苯巴比妥。

司可巴比妥钠（速可眠）Secobarbitalum Natricum

【理化性质】本品为白色粉末，味苦，易溶于水，可溶于乙醇。

【作用与用途】本品为短效巴比妥类，可用于镇静、催眠和基础麻醉。

【不良反应】剂量过大，动物出现呼吸抑制等中毒症状。

【用法与用量】内服用于镇静、基础麻醉：一次量，犬、猫0.03~0.2 g。

【制剂】胶囊：每粒0.1 g。

溴化钠 Sodium Bromide

【理化性质】本品为白色结晶或结晶性粉末，无臭，味咸苦，易溶于水。

【作用与用途】本品对中枢神经系统有轻度抑制作用，为镇静药，尚有抗惊厥作用。

【不良反应】高浓度内服，对胃有一定刺激性，长期使用有蓄积毒性。

【用法与用量】

（1）内服：粉剂、片剂用量相同，稀释为3%以下溶液服用，一次量，家禽 0.1~0.5 g，猪、羊 5~15 g，牛 15~60 g，马 10~50 g，犬 0.5~2 g。三溴合剂，一次量，猪、羊 20~30 mL，马、牛 200~300 mL。

（2）静脉注射：安溴注射液，一次量，马、骡 50~100 mL。

【制剂】粉剂。①片剂：三溴片 0.3 g，含溴化钠、溴化钾各 0.12 g，溴化铵 0.06 g。②三溴合剂：为溴化钠、溴化钾、溴化铵各 3% 的水溶液。③安溴注射液：50 mL、100 mL，含安钠咖 2.5%、溴化钠 10%。

【注意事项】

（1）不宜空腹服用。中毒时立即停药，并内服或静脉注射生理盐水促进溴排出。

（2）内服宜加水稀释至 3% 左右。

溴化钾 Potassium Bromide

【理化性质】本品为白色结晶或结晶性粉末，味咸微苦，易溶于水。其他同溴化钠。

溴化铵 Ammonium Bromide

【理化性质】本品为白色结晶或结晶性粉末，无臭，味咸，有引湿性，在空气中渐变黄色。极易溶于水、乙醇。

【作用与用途】同溴化钠，但癫痫患畜忌用。

其他同溴化钠。

溴化钙 Calcium Bromide

【理化性质】本品为白色颗粒状结晶。无臭，味咸苦。在空气中变黄，易溶于水及乙醇。

【作用与用途】同溴化钠，另外还有钙盐作用。主要用于镇静、抗过敏。

【用法与用量】

（1）粉剂：内服同溴化钠。

（2）静脉注射：一次量，猪、羊 0.5~1.5 g，马、牛 2.5~5 g。

【制剂】注射液：每支 20 mL 含 1 g，50 mL 含 2.5 g。

【注意事项】本品静脉注射勿漏出血管，忌与强心苷类药物合用，其他同溴化钠。

二、安定药

奋乃静（羟哌氯丙嗪）Perphenazine（Trilafon）

【理化性质】本品为白色或淡黄色结晶性粉末，味微苦，几乎不溶于水，可溶于乙醇，溶于稀盐酸。

【作用与用途】本品安定作用较氯丙嗪强 5~10 倍，而毒性低，镇吐作用远比氯丙嗪强。能增强镇静药和麻醉药的作用，但对巴比妥类药无增强作用。临床上仅用于犬和猫的镇静与镇吐。

【不良反应】用药后能改变动物的大多数生理常数（呼吸、心率、体温等）。

【用法与用量】

（1）内服：一次量，每 1 kg 体重，犬、猫 0.88 mg，每天 2 次。

（2）静脉或肌内注射：一次量，每 1 kg 体重，犬、猫 0.5 mg。

【制剂】片剂：每片 2 mg、4 mg；注射液：每支 1 mL 含 5 mg。

【注意事项】

（1）过量可引起中枢抑制或惊厥，导致呼吸麻痹而死亡，还可引起便秘、口干等副作用。

（2）禁用于皮下注射。

（3）禁用于马和食用家畜。

（4）忌与碱性药物配伍，遇光或氧化剂变色后，不可再用。

（5）临床用药后，及时检查动物的呼吸、心跳等生理指标。

地西泮（安定、苯甲二氮卓）Diazepam（Valium，stesolid）[处]

【理化性质】本品为白色或类白色结晶性粉末，无臭，味微苦，极易溶于丙酮或氯仿，易溶于乙醇或乙醚，几乎不溶于水。

【作用与用途】本品为苯二氮卓类药物，能引起中枢神经系统不同部位的抑制，具有抗焦虑、镇静、催眠、抗惊厥、抗癫痫及中枢性肌肉松弛作用，能使动物活动减少，由兴奋不安进入安静状态，使有攻击性、狂躁变为驯服，易于管理。用于各种动物的镇静、保定、抗惊厥、抗癫痫、基础麻醉及术前给药，也可用于破伤风、戊四氮与士的宁中毒引起的肌肉痉挛、惊厥的治疗。

【不良反应】静脉注射速度过快，会造成动物心血管和呼吸抑制。

【用法与用量】

（1）内服：一次量，犬 5~10 mg，猫 2~5 mg，水貂 0.5~1 mg。

（2）肌内注射、静脉注射：一次量，每 1 kg 体重，马 0.1~0.15 mg，牛、猪、羊 0.5~1 mg，犬、猫 0.6~1.2 mg，水貂 0.5~1 mg。

【制剂】地西泮片：每片 2.5 mg、5 mg。地西泮注射液：每支 2 mL 含 10 mg。

【注意事项】

（1）本品禁用于食品动物作促生长剂。

（2）肝、肾功能障碍患畜慎用，孕畜忌用，与镇痛药（杜冷丁）合用应将后者的剂量减少 1/3。

（3）休药期：注射液，28 d。

安宁（甲丙氨酯、眠尔通）Meprobamate（Miltown）

【理化性质】本品为白色结晶性粉末，味苦，微溶于水，易溶于乙醇。

【作用与用途】本品能阻滞丘脑与大脑皮层之间的冲动传导，大剂量能抑制下丘脑、脑干网状结构和大脑边缘系统，还能降低或阻断脊髓神经联络点的冲动传导，有镇静、肌肉松弛、抗惊厥的作用。本品用作猪、羊及小动物的镇静剂，可减轻破伤风及士的宁中毒的肌肉紧张和惊厥症状。

【不良反应】本品急性中毒和巴比妥相似。

【用法与用量】

（1）内服：一次量，猪、羊 0.3~0.5 g，犬 0.1~0.4 g。

（2）肌内注射：一次量，猪、羊 0.5~1 g（抗惊厥）。

【制剂】①片剂：每片 0.2 g。②粉针剂：每支 0.1 g。

【注意事项】本品中毒的解救和巴比妥相似。

氟哌啶 Droperidol

【理化性质】本品为淡黄色或白色结晶性粉末，无臭，无味，易溶于水和乙醇。

【作用与用途】本品能对抗中枢神经系统的兴奋而起到镇静作用，临床上可与巴比妥类药物合用以加强麻醉效果，或与芬太尼等镇痛药配伍使用产生安定镇痛作用，有助于进行某些外科手术。另外，本品还有较强的镇吐作用，但作用持续时间较短。临床上可用作麻醉前给药或治疗顽固性呕吐。

【不良反应】大剂量使用本品可导致动物心脏及呼吸抑制，表现出心率减慢、心缩力减弱和呼吸频率降低。

【用法与用量】氟哌啶—芬太尼注射液，肌内注射：一次量，每 1 kg 体重，犬 0.1~0.15 mL、兔 0.2 mL。

【制剂】氟哌啶—芬太尼注射液，每支 1 mL 含氟哌啶 20 mg、芬太尼 0.4 mg。

【注意事项】

（1）慎用于肝、肾功能障碍的家畜。

（2）本品用于马、猫及反刍动物会引起中枢神经系统兴奋。

氟哌啶醇 Haloperidol

【理化性质】本品为白色或类白色结晶性粉末，无臭，无味，能溶于氯仿，略溶于乙醇，微溶于乙醚，几乎不溶于水。

【作用与用途】本品可阻断儿茶酚胺的中枢作用，并直接抑制延脑的催吐化学感受区，有较强抗焦虑作用，可控制动物狂躁症，并有较强镇吐作用。镇痛作用与降低体温作用较弱，与杜冷丁合用，可增强镇痛作用。临床上常与镇痛药合用产生安定镇痛效应，以便于进行外科手术，或用于治疗呕吐。

【不良反应】剂量过大，动物会出现肌肉僵硬、震颤等，但降低给药剂量即可消失。

【用法与用量】

（1）肌内注射：每 1 kg 体重，犬 1~2 mg。

（2）静脉注射：每 1 kg 体重，犬 1 mg，用 25%葡萄糖液稀释后缓慢静脉注射。

【制剂】注射液：每支 1 mL 含 5 mg。

【注意事项】

（1）孕畜及心功能障碍患畜忌用。

（2）能影响肝功能，但停药后可逐渐恢复。

（3）与麻醉药、镇痛药、巴比妥类合用时，应酌情减量。

氟苯哌丁酮 Azaperone

【理化性质】本品为白色结晶性粉末，几乎不溶于水，易溶于乙醇。

【作用与用途】本品属丁酰苯类安定药，可使动物镇静、安定，减少攻击行为。毒性低，对呼吸抑制作用轻微。猪肌内注射给药，5~10 min 起效，30 min 后达峰浓度，青年猪作用时间可持续 2~3 h，成年猪为 3~4 h。主要在肝脏代谢，13%从粪便排出，给药 16 h 后，药物几乎全部排出体外。临床上本品主要用于猪的镇静、安定与化学保定。

【不良反应】用量过大，可抑制动物体温调节中枢，引起体温下降 1 ℃左右。个别动物还会产生短暂兴奋现象。

【用法与用量】肌内注射：一次量，每 1 kg 体重，猪 1~2.5 mg，马 0.4~0.8 mg。

【制剂】注射液：每支 1 mL 含 40 mg。

【注意事项】慎用于马，个别会引起严重的不良反应，如出汗、肌肉震颤、恐惧、兴奋不安等。

三、抗惊厥药

硫酸镁 Magnesium Sulfate

【理化性质】本品为无色结晶。无臭，味咸苦，有风化性。易溶于水，微溶于乙醇。

【作用与用途】本品内服不吸收，有泻下和利胆作用（见泻下药）。肌内和静脉注射，可呈现镁离子的吸收作用，能松弛骨骼肌，抑制中枢神经系统，呈现抗惊厥效应；对胆道平滑肌有松弛作用，还能直接舒张血管平滑肌和抑制心肌，使血压快速而短暂下降。临床上用于缓解破伤风、士的宁中毒及治疗膈肌痉挛等。

【不良反应】静脉注射太快或量太大，可致呼吸麻痹、血压下降。

【用法与用量】肌内或静脉注射：一次量，猪、羊 2.5~7.5 g，马、牛 10~25 g，犬 1~2 g。

【制剂】注射液：每支 20 mL 含 5 g，50 mL 含 12.5 g，100 mL 含 25 g。

【注意事项】

（1）中毒动物，用 5%氯化钙静脉注射解救（马、牛 150 mL）。

（2）严重心血管疾病、呼吸系统疾病、肾功能不全患畜慎用或不用。

（3）与本品配伍禁忌的药物有硫酸多黏菌素、硫酸链霉素、葡萄糖酸钙、盐酸多巴酚丁胺、盐酸普鲁卡因、四环素、青霉素等。

苯妥英钠（大仑丁）Sodium Phenytoin（Dalantin）

【理化性质】本品为白色粉末。无臭，味苦。本品微有引湿性，易溶于水，水溶液呈碱性（pH 值 11.7），易水解变混浊。

【作用与用途】本品能高度选择性地抑制大脑皮层运动区，而不影响感觉区，故有抗癫痫作用（大发作疗效好，对小发作无疗效）。本品作用缓慢，需连用数日方能见效，故应先用苯巴比妥钠尽快控制症状，再用本品预防和维持治疗。生效后，立即减量，若仍不产生疗效，应增加剂量。另外，还有抗心律失常和降压作用，可用于治疗强心苷中毒所致的早搏、室性心动过速。

【不良反应】有蓄积性，易导致中毒。

【用法与用量】

（1）内服：一次量，牛 1~2 g，犬 0.05~0.1 g，每天 2~3 次。

（2）静脉注射：一次量，每 1 kg 体重，犬 5~10 mg。

【制剂】①片剂：每片 50 mg、100 mg。②注射液：每支 5 mL 含 0.25 g。

【注意事项】

（1）本品停药前应逐渐减量，不能突然停药，以免使癫痫发作加剧或诱发持续癫痫状态。

（2）本品易在猫体内蓄积，并产生毒性症状，故猫不宜使用。

扑痫酮（去氧苯巴比妥）Primidon（Mysoline）

【理化性质】本品为白色或淡黄色结晶性粉末或鳞片状结晶，几乎不溶于水，微溶于乙醇。

【作用与用途】本品作用与毒性比巴比妥稍弱，控制癫痫大发作效果好，适用于不能苯巴比妥与苯妥英钠控制的大发作。

【不良反应】人医临床有使用后患者出现多发性红斑的报道。

【用法与用量】内服：一次量，每 1 kg 体重，犬 55 mg，每天 1 次。

【制剂】片剂：每片 0.25 g。

三甲双酮 Trimethadione（Tridione）

【作用与用途】本品能对抗戊四氮引起的惊厥和预防癫痫小发作，应在其他药物控制小发作疗效不佳时才选用。

【不良反应】毒性大，中毒动物主要表现为神经症状。

【用法与用量】内服：一次量，猪、羊 0.5~1 g，犬 0.3~1 g。

【制剂】片剂：每片 0.15 g。

【注意事项】肝肾功能不良患畜慎用。

第四节　镇痛药

镇痛药是选择性地作用于中枢神经系统的感觉中枢或其受体，抑制痛觉的药物，其中吗啡及其半合成衍生物镇痛作用强，反复应用易成瘾，又称为成瘾性镇痛药。疼痛是诊断疾病的重要依据，在疾病尚未确诊前禁用镇痛药，以免掩盖病情，延误诊断。

哌替啶（杜冷丁）Pethidine（Dolantin）[处]

【理化性质】本品盐酸盐为白色晶性粉末，无臭，味微苦，易溶于水，溶于乙醇。

【作用与用途】本品作用与吗啡相似，镇痛作用较吗啡弱（相当于1/10~1/8），但作用起效较快，维持时间较短，成瘾性及呼吸抑制均较吗啡弱。本品有轻度镇静作用，可增强其他中枢抑制药的作用。临床上本品主要用于镇痛，各种创伤、手术后疼痛和痉挛性疝痛；麻醉前给药，能消除兴奋，减少麻醉药的用量。

【不良反应】使用时间较长，有成瘾性。

【用法与用量】皮下注射或肌内注射：①镇痛，一次量，每 1 kg 体重，猪 3~5 mg，马 1 mg，犬 10 mg，猫 3 mg。②麻醉前给药，一次量，每 1 kg 体重，猪 1~2 mg，犬 2.5~6.5 mg，猫 2~5 mg，兔 2.5 mg。

【制剂】注射液：每支 1 mL 含 50 mg，2 mL 含 100 mg。

芬太尼 Fentanyl

【理化性质】本品枸橼酸盐为白色晶粉，无臭，味苦，易溶于水。

【作用与用途】本品作用与吗啡相似，镇痛作用是吗啡的80倍，作用快而维持时间短。呼吸抑制及其他副作用不明显，用于手术中镇痛和麻醉前给药。

【不良反应】使用后，动物可能胃肠道出血。

【用法与用量】皮下注射、肌内注射或静脉注射：一次量，每1 kg体重，犬、猫0.02~0.04 mg。

【制剂】注射液：每支1 mL含0.1 mg。

【注意事项】本品用于猫时，应与安定药合用。

镇痛新（戊唑星）Pentazocine（Talwin）

【理化性质】本品为白色或类白色晶粉，无臭，味苦，不溶于水，可溶于乙醇。

【作用与用途】本品镇痛作用与吗啡相似，镇痛效力为吗啡的1/3，呼吸抑制作用约为吗啡的1/2，镇痛持续时间短，成瘾性很小。用于各种原因引起的剧痛，也用作麻醉辅助剂。

【不良反应】剂量过大，动物会出现呼吸抑制。

【用法与用量】

（1）肌内注射：一次量，每1 kg体重，马0.3 mg，犬0.5~1 mg。

（2）静脉注射：一次量，每1 kg体重，马0.3 mg，缓慢注入。

【制剂】乳酸镇痛新注射液：每支1 mL含15 mg、30 mg。

【注意事项】中毒动物，用纳洛酮解救。

盐酸美散痛(盐酸美沙酮) Methadone Hydrochloride(Dolophine)

【理化性质】本品为无色或白色晶粉，无臭，味苦，溶于水，易溶于乙醇。

【作用与用途】本品镇痛作用与吗啡相似，镇痛效力相等或稍强，镇静、呼吸抑制作用较弱，也能成瘾。用于腹痛、创伤性疼痛、术后镇痛，以及犬、猫的麻醉前给药。

【不良反应】长期或大剂量使用，会出现局部或全身瘙痒等过敏反应，或流泪、震颤等神经症状。

【用法与用量】

（1）镇痛：皮下注射或肌内注射，一次量，每1 kg体重，马0.2~0.4 mg。

（2）与巴比妥类联合麻醉：皮下注射，一次量，每1 kg体重，马1.1 mg。

【制剂】注射液：每支2 mL含7.5 mg。

【注意事项】本品不宜静脉注射。孕畜忌用。

盐酸埃托啡（盐酸乙烯啡）Etorphine Hydrochloride

【理化性质】本品为白色晶粉，溶于水。

【作用与用途】本品高效强力镇痛作用，为吗啡的500~800倍，单独使用或与安定药合用作为安定镇痛剂。广泛用于动物的化学保定。

【不良反应】用药动物偶有呼吸抑制现象。

【用法与用量】

（1）粉针：肌内注射：一次量，每100 kg体重，马属动物0.2 mg，熊科动物1.1 mg，鹿科动物2.2 mg，羚羊科动物0.2 mg。

（2）制动龙（保定灵）注射液，肌内或静脉注射：一次量，每100 kg体重，猪0.75~1.25 mL，马、牛1 mL。

【制剂】①粉针：每支10 mg、20 mg。②制动龙（保定灵）注射液：美国制造的复方制剂，每毫升含盐酸埃托啡2.45 mg、马来酸乙酰丙嗪10 mg。

延胡索乙素（四氢巴马汀）Tetrahydropalmatine

【理化性质】本品为从延胡索中提取的生物碱，白色或淡黄色晶粉，无臭，味略苦，其盐酸盐或硫酸盐可溶于水。

【作用与用途】本品具有镇痛、镇静、催眠及安定作用。内服易吸收，出现镇痛作用快，其镇痛作用较杜冷丁弱，但比一般解热镇痛药强。对慢性持续性钝痛效果好，对创伤和手术后疼痛较差。无成瘾性。

【不良反应】大剂量使用对动物呼吸有一定抑制作用。

【用法与用量】

（1）内服：一次量，犬100~150 mg。

（2）皮下注射：一次量，猪、羊100~200 mg，马、牛400~500 mg，犬60~100 mg，猫20~30 mg。

【制剂】①片剂：每片50 mg。②注射液：每支2 mL含60 mg、100 mg。

第七章　作用于外周神经系统的药物

作用于植物性神经系统的药物，常按其拟似或对抗递质的效应及作用部位而分为拟胆碱药、抗胆碱药、拟肾上腺素药、抗肾上腺素药。

第一节　拟胆碱药

拟胆碱药是一类作用与胆碱能神经递质乙酰胆碱相似的药物，包括以下几类药物：①完全拟胆碱药，能直接激动 M 胆碱受体和 N 胆碱受体，如氨甲酰胆碱；②M 型拟胆碱药，能直接激动 M 胆碱受体，如毛果芸香碱；③抗胆碱酯酶药，通过抑制胆碱酯酶，提高体内乙酰胆碱浓度而发挥作用，如新斯的明。本类药物中毒时，可用抗胆碱药阿托品解救。

甲酰胆碱（氯化碳酰胆碱）Carbamylcholine（Carbachol）

【理化性质】本品为无色或淡黄色结晶，有吸湿性。易溶于水，水溶液性质稳定。

【作用与用途】本品对 M 胆碱受体和 N 胆碱受体均有兴奋作用，治疗剂量主要表现为 M 样作用，对胃、肠平滑肌兴奋作用最强，对膀胱、子宫平滑肌也有较强的兴奋作用；可使胃液、肠液、唾液的分泌增加；对心血管系统作用较弱；也能兴奋神经节，增强骨骼肌张力。本品不易被胆碱酯酶破坏，作用强而持久，能维持 1.5~2 h。本品主要用于胃肠弛缓、便秘、子宫弛缓、子宫积脓等。

【不良反应】剂量过大或静脉注射，会出现剧烈的痉挛性疝痛。

【用法与用量】①皮下注射：一次量，猪、羊 0.25~0.5 mg，马、牛 1~2 mg，犬 0.025~0.1 mg。②治疗前胃弛缓，一次量，羊 0.2~0.3 mg，牛 0.4~0.6 mg。

【制剂】注射液：每支 1 mL 含 0.25 mg，5 mL 含 1.25 mg。

【注意事项】本品不可静脉注射或肌内注射。老龄、瘦弱、有心肺疾患及肠管完全阻塞的动物禁用。

氢溴酸槟榔碱 Arecolini Hydrobromidum

【理化性质】本品为白色结晶或晶粉，味苦，遇光易变质，易溶于水和乙醇。

【作用与用途】本品具有比毛果芸香碱更强的 M 样作用，兼具 N 样作用。对平滑肌的作用较毛果芸香碱强，和毒扁豆碱相似，可使胃肠蠕动增强，子宫、膀胱收缩，虹膜括约肌收缩使瞳孔缩小，眼内压降低；对腺体作用与氯化氨甲酰胆碱相同。用于治疗肠便秘（不全阻塞）时，可将 1 次剂量分作 2 次注射，间隔 30 min。也可用于胃肠弛缓、子宫弛缓、胎衣不下等；还用于治疗虹膜炎（点眼），此外尚有驱绦虫作用。

【不良反应】同氯化氨甲酰胆碱。

【用法与用量】

（1）皮下注射：一次量，猪、羊 10~40 mg，马 20~50 mg，牛 30~60 mg。

（2）滴眼液：滴眼用。

【制剂】①注射液：每支 1 mL 含 10 mg、20 mg。②滴眼液：含量 0.5%~1%。

【注意事项】本品对牛、羊呼吸道的作用很剧烈，应慎用。其他同氯化氨甲酰胆碱。

毛果芸香碱（匹罗卡品）Pilocarpine

【理化性质】本品的硝酸盐为无色结晶或白色有光泽晶粉，无臭，味苦，易溶于水，遇光易变质。

【作用与用途】M 型拟胆碱药，对胃肠平滑肌和多种腺体有强烈的选择兴奋作用，而对心血管系统及其他脏器的影响较小，促进唾液腺、泪腺、支气管腺的分泌作用最明显，但对汗腺的作用较弱。点眼或注射均能产生缩瞳和降低眼内压作用。用于治疗不完全阻塞的便秘、胃肠弛缓，亦可作缩瞳剂治疗虹膜炎和青光眼。

【不良反应】主要表现为动物流涎、呕吐和出汗等。

【用法与用量】

（1）皮下注射：一次量，猪、羊 5～50 mg，马、牛 50～150 mg，犬 3～20 mg。

（2）牛兴奋反刍用量：40～60 mg。

【制剂】①注射液：每支 1 mL 含 30 mg，5 mL 含 150 mg。②滴眼剂：含量 0.5%～2%。

【注意事项】

（1）治疗肠便秘时，用药前需补液，并注射安钠咖等强心剂，以防引起脱水和加重心力衰竭。

（2）禁用于完全阻塞性便秘、年老、心力衰竭和呼吸道病患畜及妊娠母畜。

氯化氨甲酰甲胆碱（比赛可灵）Carbamylmethylcholine（Bethanecholine）[处][乡]

【理化性质】本品为白色晶粉，易潮解，溶于水和乙醇，水溶液稳定，可热压灭菌。

【作用与用途】本品仅作用于 M 受体，收缩胃肠及膀胱平滑肌作用显著，不易被胆碱酯酶水解，作用持久。用途同氯化氨甲酰胆碱，但毒性小，应用安全。

【不良反应】剂量较大会引起呕吐、腹泻、气喘、呼吸困难等。

【用法与用量】皮下注射：一次量，每 1 kg 体重，马、牛 0.05～0.1 mg，犬、猫 0.25～0.5 mg。

【制剂】注射液：每支 1 mL 含 2.5 mg，5 mL 含 12.5 mg，10 mL 含 25 mg、50 mg。

【注意事项】

（1）本品过量中毒时用阿托品解救。

（2）肠道完全阻塞、创伤性网胃炎及孕畜禁用。

新斯的明 Neostigmine（Prostigmin）[处][乡]

【理化性质】本品的溴化物和甲基硫酸盐均为白色结晶性粉末，无臭，稍苦，能溶于水。

【作用与用途】本品为抗胆碱酯酶药，可产生完全拟胆碱效应。兴奋胃肠道、膀胱和子宫平滑肌作用较强；兴奋骨骼肌作用最强；兴奋腺体、虹膜和支气管平滑肌以及抑制心血管作用较弱；无明显的中枢作用。本品内服后在肠中吸收少而不规则，并大部分被破坏，故内服剂量比皮下注射剂量大10倍以上。临床本品用于马肠道弛缓、便秘、牛前胃弛缓、子宫复原不全、胎盘滞留、尿潴留、竞争型骨骼肌松弛药或阿托品中毒等。

【不良反应】剂量过大，会导致动物肌肉震颤。

【用法与用量】

（1）内服：一次量，每1 kg体重，猪、犬0.3 mg。

（2）皮下或肌内注射：一次量，猪、羊2~5 mg，牛4~20 mg，马4~10 mg，犬0.25~1 mg。

【制剂】①溴化新斯的明片：每片15 mg。②甲基硫酸新斯的明注射液：每支1 mL含0.5 mg，1 mL含1 mg，5 mL含5 mg，10 mL含10 mg。

【注意事项】禁用于肠变位病畜和孕畜等。

吡啶斯的明 Pyridostigminum（Mestinonum）

【理化性质】本品的溴化物为白色结晶性粉末，味苦，有特殊臭气，易溶于水和乙醇，水溶液稳定，可高压灭菌。

【作用与用途】本品为抗胆碱酯酶药，作用类似新斯的明，但较弱，持续时间较久，副作用较少。用途同新斯的明。

【不良反应】同新斯的明，副作用较小。

【用法与用量】内服：用量约为溴化新斯的明的4倍。

【制剂】溴化吡啶斯的明片：每片60 mg。

【注意事项】同新斯的明。

加兰他敏 Galanthaminum（Nivolinum）

【理化性质】本品为白色或淡黄色结晶性粉末。无臭，味苦。溶于水。

【作用与用途】本品为抗胆碱酯酶药，与新斯的明相比，作用弱、毒性低，能提高骨骼肌的运动机能。另外，本品能透过血脑屏障，故中枢作用较强。

【不良反应】同新斯的明。

【用法与用量】皮下注射或肌内注射：一次量，猪、羊10~15 mg，马、牛20~40 mg。

【制剂】氢溴酸加兰他敏注射液：每支 1 mL 含 1 mg、2.5 mg、5 mg。

【注意事项】同新斯的明。

第二节 抗胆碱药

本类药能与胆碱受体结合，妨碍递质乙酰胆碱或拟胆碱药与受体的结合，产生抗胆碱作用。包括：①N_1 胆碱受体阻断药。该类药物主要适用于重症高血压，故兽医临床无应用意义。②N_2 胆碱受体阻断药。该类药物又称骨骼肌松弛药，简称肌松药。它可选择性地作用于骨骼肌的神经肌肉接头，阻断神经冲动的传导，从而使骨骼肌松弛，以便在较浅麻醉下施行外科手术。根据该类药物的作用方式和特点又分为去极化型肌松药（如琥珀胆碱）和非去极化型肌松药（如筒箭毒碱、三碘季胺酚）。③M 胆碱受体阻断药。能选择性地阻断 M 胆碱受体，如阿托品、东莨菪碱、山莨菪碱。

一、N_2 胆碱受体阻断药

琥珀胆碱（司可林）Succinylcholine（Scoline）[处]

【理化性质】本品为白色晶粉，无臭，味咸，有吸湿性，极易溶于水（pH 值 4.0），微溶于乙醇。易分解，应冰箱保存。

【作用与用途】本品肌松作用快，用药后先出现短暂的肌束颤动，1 min 内即转化为肌肉麻痹，导致肌肉松弛，肌肉松弛的顺序为头部、颈部、四肢、躯干，最后是肋间肌、膈肌。用量过大可致呼吸麻痹甚至死亡。肌松持续时间短，种属差异较大。临床上主要用作肌松性保定药，也用作麻醉辅助剂。

【不良反应】麻醉前给药，易导致动物膈肌麻痹引起窒息死亡。

【用法与用量】

（1）静脉注射：一次量，每 1 kg 体重，猪 2 mg，马 0.1~0.15 mg，牛、羊 0.016~0.02 mg，犬 0.06~0.15 mg，猴 1~2 mg。

（2）肌内注射：一次量，每 1 kg 体重，猪、羊、马、牛同静脉注射用量，梅花鹿、马鹿 0.08~0.12 mg，水鹿 0.04~0.06 mg。

【制剂】注射用氯化琥珀胆碱：每支 1 mL 含 50 mg。氯化琥珀胆碱注射液：每支 2 mL 含 100 mg。

【注意事项】

（1）中毒时可静脉注射尼可刹米解救，禁用新斯的明、毒扁豆碱解救。

（2）禁与水合氯醛、氯丙嗪、普鲁卡因、氨基糖苷类抗生素、硫喷妥钠等配伍。

（3）反刍动物、体弱、妊娠及传染病患畜慎用。

三碘季铵酚（弛肌碘）Gallamine Triethiodide（Pyrolaxon）

【理化性质】本品为白色或淡奶酪色无定形粉末，无臭，微苦。有吸湿性，极易溶于水，微溶于乙醇。4%水溶液 pH 值为 5.5~7.0。

【作用与用途】本品为骨骼肌松弛药，用作化学保定，也可配合全麻药使肌肉松弛。

【不良反应】有心率增加、轻度血压上升反应。

【用法与用量】

（1）静脉注射：一次量，每 1 kg 体重，猪 2 mg，犊牛、羔羊 0.4 mg，马 0.5~1 mg，犬 0.25~0.5 mg。

（2）肌内注射：一次量，每 1 kg 体重，鹿 0.5~0.6 mg。

【制剂】注射液：每支 1 mL 含 20 mg、40 mg。

【注意事项】本品禁用于肾功能不良患畜。中毒动物用新斯的明解救。

二、M 胆碱受体阻断药

阿托品 Atropine[处][乡]

【理化性质】本品的硫酸盐为白色晶粉，味很苦，易溶于水、乙醇，易风化，遇光易变质。

【作用与用途】本品能与乙酰胆碱竞争 M 胆碱受体，从而阻断乙酰胆碱的 M 样作用，其对 M 受体阻断作用选择性极高，大剂量也能阻断神经节 N_1 受体。药理作用广泛。

（1）解除平滑肌痉挛：其对痉挛或处于收缩状态时的平滑肌松弛作用较正常状态强，对胃肠平滑肌作用最强，膀胱逼尿肌次之，对胆管、输尿管和支气管平滑肌作用较弱。

（2）抑制腺体分泌：能抑制唾液腺、支气管腺、胃肠道腺体、泪腺等分泌，用药后可引起口干或渴感。

（3）对心血管的影响：大剂量加快心率，而治疗量可短暂减慢心率；可对抗迷走神经过度兴奋所致的房室传导阻滞和心律失常；大剂量可解除小动脉痉挛，改善微循环。

（4）对眼的作用：扩瞳，升高眼内压，导致调视麻痹。

（5）对中枢的作用：大剂量有明显的中枢兴奋作用。除兴奋迷走神经中枢、呼吸中枢外，也可兴奋大脑皮层运动区和感觉区。中毒量可引起大脑和脊髓强烈兴奋。

（6）解毒作用：是拟胆碱药中毒的主要解毒药。家畜有机磷农药中毒时，阿托品可迅速有效地解除支气管痉挛，抑制支气管腺的分泌，缓解胃肠道症状和对抗心脏的抑制作用。也能解除部分中枢神经系统的中毒症状，但对 N 样作用的中毒无效。此外，阿托品也是左咪唑驱线虫药、锑剂对耕牛的心脏毒性（心律失常）及喹啉脲等抗原虫药的严重不良反应的主要解毒药。

临床主要用于：①缓解胃肠道平滑肌的痉挛性疼痛；②麻醉前给药以减少呼吸道分泌；③缓慢型心律失常，如窦房阻滞、房室阻滞等；④感染中毒性休克；⑤解救有机磷农药中毒；⑥局部给药用于虹膜睫状体炎及散瞳检查眼底。

【不良反应】本品选择性差，副作用多，与用药目的有关。毒性作用往往是大剂量使用所致，主要表现有：

（1）强烈收缩胃肠括约肌，对马、牛有引起急性胃扩张、肠臌胀及瘤胃臌气的危险。

（2）动物出现瞳孔散大、心动过速、肌肉震颤、烦躁不安、运动亢进、兴奋，随之转为抑制，常死于呼吸麻痹。

【用法与用量】

（1）内服：一次量，每 1 kg 体重，犬、猫 0.02~0.04 mg。

（2）皮下注射、肌内注射或静脉注射：一次量，每 1 kg 体重，麻醉前给药，马、牛、猪、羊、犬、猫 0.02~0.05 mg；解除有机磷中毒，马、牛、猪、羊 0.5~1 mg，犬、猫 0.1~0.15 mg，禽 0.1~0.2 mg。

【制剂】片剂：每片 0.3 mg；注射液：每支 1 mL 含 0.5 mg，2 mL 含 1 mg，1 mL 含 5 mg。

【注意事项】

（1）中毒动物的解救，注射拟胆碱药对抗其外周作用，注射水合氯醛、安定、短效巴比妥类药物以对抗中枢兴奋症状。

（2）尿潴留、肠梗阻患畜禁用。

东莨菪碱 Scopolamine[处][乡]

【理化性质】本品的氢溴酸盐为白色结晶或颗粒状粉末，无臭，味苦、辛，易溶于水，能溶于乙醇。

【作用与用途】本品作用与阿托品相似，散瞳和抑制腺体分泌作用较阿托品强，对心血管、支气管和胃肠道平滑肌的作用较弱。中枢作用与阿托品不同，因剂量和动物种类而异，如犬、猫，小剂量抑制，大剂量兴奋；而马属动物表现兴奋。用途与阿托品相似。

【不良反应】同阿托品。

【用法与用量】皮下注射：一次量，猪、羊 0.2~0.5 mg，马、牛 1~3 mg，犬 0.1~0.3 mg。

【制剂】氢溴酸东莨菪碱注射液：每支 1 mL 含 0.3 mg、0.5 mg。

【注意事项】休药期：注射液，28 d，弃奶期 7 d。

山莨菪碱 Anisodamine

【理化性质】本品天然品为无色结晶，能溶于水、乙醇。其氢溴酸盐为白色结晶，无臭，味苦，易溶于水。人工合成品称 654-2，是天然品的消旋异构体。

【作用与用途】M 受体阻断药。解除平滑肌痉挛作用与阿托品相似或稍弱，抑制腺体分泌、散瞳、中枢兴奋作用明显弱于阿托品。亦能解除血管痉挛，改善微循环。与阿托品相比，解痉作用选择性高，毒性较低。静脉注射排泄快，无蓄积作用。临床主要用于感染性休克、中毒性休克、内脏平滑肌痉挛和有机磷农药中毒。

【不良反应】同阿托品。

【用法与用量】肌内注射或静脉注射：剂量约为阿托品的 5~10 倍。

【制剂】氢溴酸山莨菪碱注射液：每支 1 mL 含 5 mg、10 mg、20 mg；盐酸山莨菪碱注射液（人工合成品，654-2）：规格同上。

颠茄酊 Tinctura Belladonnae

【理化性质】本品为棕红色或棕绿色液体，主要成分是莨菪碱，所含生物碱以莨菪碱计算应为 0.03%。

【作用与用途】本品作用同阿托品，但较弱。主要用于缓解胃肠平滑肌痉挛，或治疗胃酸分泌过多。

【不良反应】同阿托品。

【用法与用量】内服：一次量，猪、羊 2~5 mL，马、牛 10~40 mL，犬 0.1~1 mL。

第三节　拟肾上腺素药

拟肾上腺素药作用与递质去甲肾上腺素相似，根据它们对受体选择性不同，又分为以下 3 个种类：①α 受体激动药，如去甲肾上腺素、间羟胺等；②β 受体激动药，如异丙肾上腺素；③α 受体和 β 受体激动药，如肾上腺素、麻黄碱等。

肾上腺素 Epinephrine（Adrenaline）[处][乡]

【理化性质】本品为白色或黄白色晶粉，难溶于水，其盐酸盐易溶于水。水溶液遇光或空气易变色，应密闭保存。在酸性溶液中较稳定，在碱性溶液中易破坏。

【作用与用途】本品为强大的 α 受体和 β 受体激动剂，使心肌收缩力加强，心率加快，心肌耗氧量增加；使皮肤、黏膜和内脏血管收缩，但冠状动脉和骨骼肌血管则扩张；常用剂量下收缩压上升而舒张压不升高，剂量增大时，收缩压和舒张压均上升；还能松弛支气管和胃肠道平滑肌；能使瞳孔扩大。

本品临床主要用于：①麻醉、药物中毒等引起的心脏骤停的急救；②抢救过敏性休克；③治疗支气管哮喘，效果迅速但不持久；④治疗荨麻疹、血清反应等，可降低毛细血管的通透性；⑤与局部麻醉药合用以延长局部麻醉药的作用时间；⑥局部止血：可将 0.1%盐酸肾上腺素溶液做 5~100 倍稀释后应用，用浸润纱布压迫止血或将药液滴入鼻腔治疗鼻衄。

【不良反应】用药速度过快，动物可能会出现过敏性休克。

【用法与用量】皮下注射或肌内注射：一次量，猪、羊 0.2~1 mg，马、牛 2~5 mg，犬 0.1~0.5 mg，猫 0.1~0.2 mg（犬、猫需稀释 10 倍后注射）。静脉注射用于急救时，可用生理盐水或葡萄糖注射液稀释 10 倍，必要时可做心内注射，一次量，猪、羊0.2~0.6 mg，马、牛1~3 mg，犬0.1~0.3 mg，猫0.1~0.2 mg。

【制剂】盐酸肾上腺素注射液（或酒石酸肾上腺素注射液）：每支0.5 mL含0.5 mg，1 mL含1 mg，5 mL含5 mg。

【注意事项】

（1）禁与洋地黄、氯化钙配伍，因为配伍后可使心肌极度兴奋而转为抑制，甚至发生心搏停止，亦不与水合氯醛合用，易长生心室颤动。

（2）甲状腺功能亢进、外伤性及出血性休克、器质性心脏疾患等慎用。

去甲肾上腺素 Noradrenaline（Norepinephrine）[处][乡]

【理化性质】本品的重酒石酸盐为白色或类白色晶粉，无臭，味苦，易溶于水。遇光、空气或碱性物质，易氧化变色失效。

【不良反应】本品用药速度过快或者剂量过大，会加重动物休克症状。

【作用与用途】本品主要激动 α 受体，但作用不及肾上腺素强，对 β 受体兴奋作用较弱。本品有很强的血管收缩作用，使全身小动脉和小静脉都收缩（但冠状血管扩张），外周阻力增大，收缩压和舒张压均上升。兴奋心脏和抑制平滑肌的作用都比肾上腺素弱。临床上本品主要用于升压和各种休克。

【用法与用量】详见抗休克药物。

异丙肾上腺素（喘息定、治喘灵）Isoprenaline（Isoproternol）

【理化性质】本品的盐酸盐为白色结晶性粉末，易溶于水。

【作用与用途】本品为 β 受体兴奋剂，可增强心肌收缩力，加速心率，此作用比肾上腺素强，收缩压升高明显；对骨骼肌血管、肾和肠系膜动脉均有扩张作用，可降低舒张压。能缓解休克时的小血管痉挛，改善微循环，有良好的抗休克作用。对支气管和胃肠道平滑肌的松弛作用强大，有明显的平喘作用。

临床主要用于动物感染性休克、心源性休克，也用于心血输出量不足、中心静脉压较高的休克症治疗。但用本品前必须补充血容量，也用于溺水、麻醉等引起的心搏骤停的复苏，还用于过敏性支气管炎等引起的喘息症。

【不良反应】偶会引起动物心衰、心肌缺血等症状。

【用法与用量】

（1）皮下或肌内注射：一次量，犬、猫 0.1~0.2 mg，每 6 h1 次。

（2）静脉滴注：一次量，猪、羊 0.2~0.4 mg，马、牛 1~4 mg，混入 5%葡萄糖溶液 500 mL 中缓慢滴注；犬、猫 0.5~1 mg，混入 5%葡萄糖溶液 250 mL 中滴注。

【制剂】异丙肾上腺素注射液：每支 2 mL 含 1 mg。

【注意事项】心肌炎及甲状腺功能亢进症禁用。

麻黄碱 Ephedrine

【理化性质】本品的盐酸盐为白色结晶，易溶于水，溶于乙醇。

【作用与用途】本品作用与肾上腺素相似，对 α 受体和 β 受体都有兴奋作用。能引起血管收缩、心脏兴奋、血压升高、支气管平滑肌松弛等，但作用较肾上腺素弱、持久。对中枢神经的作用较肾上腺素显著，能兴奋大脑皮层和皮层下中枢。可用于治疗支气管痉挛和荨麻疹等过敏性疾病。1%~2%软膏或溶液外用治疗鼻炎，可减轻充血，消除肿胀。

【不良反应】用药后动物有一定的兴奋症状；多次使用后，会出现药物耐受性现象，停药后，逐渐恢复。

【用法与用量】

（1）内服：一次量，母禽醒抱用量 50 mg，猪 20~50 mg，羊 20~100 mg，马、牛 50~500 mg，犬 10~30 mg，猫 2~5 mg，每天 2 次。

（2）皮下注射：一次量，猪、羊 20~50 mg，马、牛 50~300 mg，犬 10~30 mg。

【制剂】①片剂：每片 25 mg。②注射液：每支 1 mL 含 30 mg，5 mL 含 150 mg。

【注意事项】本品不可与巴比妥类、硫喷妥纳、强心苷类、可的松类混合。

重酒石酸间羟胺（阿拉明）Metaraminoli Bitartras（Aramine）

【理化性质】本品为白色结晶性粉末，无臭，味苦，易溶于水。

【作用与用途】本品主要兴奋 α 受体，对 β 受体作用较弱。有较强而持久的血管收缩作用和中度增强心肌收缩力的作用。升压作用比去甲肾上腺素稍弱，但持久而缓慢。可增加脑、肾及冠状血管的血流量。作为升压药，可用于多种休克，如心源性、感染性及麻醉药引起的低血压。

【不良反应】过量使用会导致心律失常，突然停药会导致低血压。

【用法与用量】详见抗休克药。

盐酸苯肾上腺素（新福林、去氧肾上腺素）Phenylephrini Hydrochloridum（Neosynephrine）

【理化性质】本品为白色或淡黄色晶粉，易溶于水和乙醇。

【作用与用途】本品主要兴奋 α 受体，作用与去甲肾上腺素相似，但较弱。其收缩血管、升高血压时，使肾血流量减少比去甲肾上腺素更为明显，作用维持较久，可使心率减慢，有扩瞳作用。临床用于感染性、中毒性及过敏性休克、室上性心动过速及麻醉引起的低血压。点眼可用于眼底检查时的快速短效扩瞳药。

【不良反应】同阿拉明。

【用法与用量】详见抗休克药。

第四节　抗肾上腺素药

凡能阻断肾上腺素能受体的药物称抗肾上腺素药，又称肾上腺素能受体阻断剂。根据它们对受体选择性不同，又分为 α 受体阻断剂和 β 受体阻断剂。前者如酚苄明，具有阻断 α 受体效应（如皮肤、黏膜血管收缩等），可缓解血管痉挛，改善微循环，主要用于休克症的治疗，详见抗休克药；后者如心得安等，呈现 β 受体阻断效应，可减弱心脏收缩力，减慢心率，可用于治疗多种原因引起的心律失常。

第五节　局部麻醉药

局部麻醉药是一类在用药局部能可逆性地暂时阻断神经冲动的传导，使局部暂时丧失感觉的药物。本类药广泛用于动物的中小手术，配合全麻药使用可以提高麻醉效果，减少全麻药的毒副作用。

局麻药的应用方式主要有以下几种：

1. 表面麻醉　将药液直接滴于、涂于、喷雾或填塞于黏膜表面，使其透过黏膜而麻醉神经末梢。这种方法麻醉范围窄，持续时间短，一般选择穿透力比较强的药物，如丁卡因、利多卡因等。

2. 浸润麻醉　将低浓度的局麻药注入皮下或手术切口附近组织，使神经末梢麻醉。此法局麻范围较集中，适用于小手术及大手术的切口附近组织麻醉。除使局部痛觉消失外，还可以减少出血。

3. 传导麻醉　把药液注射到支配某一区域的神经干、神经丛或神经节周围，使其支配的区域失去痛觉而产生麻醉。此法多用于四肢及腹腔的手术。使用的药液宜稍浓，但剂量不宜太大。

4. 硬膜外麻醉　将药液注入硬脊膜外腔，阻滞脊神经根。根据手术的需要，又可分为荐尾硬膜外麻醉（从第一、二尾椎间注入局麻药，以麻醉盆腔）和腰荐硬膜外麻醉（牛从腰椎与荐椎间注入局麻药，以麻醉腹腔后段和盆腔）两种。

5. 蛛网膜下腔麻醉　多在腰荐部注入药液，故又称"腰麻"。麻醉部位、方法、剂量与腰荐硬膜外麻醉相同，注入药液应直到蛛网膜下腔。

6. 封闭疗法　直接将药液注入患部周围，利用局麻作用使病灶的恶性刺激不能向中枢传递，以减轻疼痛，缓解症状，改善神经营养。

盐酸普鲁卡因（盐酸奴佛卡因）Procaine Hydrochloride（Novocaine Hydrochloride）[处][乡]

【理化性质】本品为白色细微的针状结晶或结晶性粉末，无臭，味微苦而麻舌。极易溶于水（1∶1），溶于乙醇（1∶15），2%的水溶液 pH 值为5~6.5。pH 值为3.3的水溶液最稳定，pH 值升高易发生水解、氧化反应，颜色变黄。

【作用与用途】本品有良好的局麻作用，使用安全，药效迅速，注入组织1~3 min 即可产生麻醉作用，维持30~60 min。本品对皮肤、黏膜穿透力弱，不适于做表面麻醉；做气管黏膜或泌尿道黏膜麻醉时，需将浓度提高到5%以上。

本品主要用作动物的浸润麻醉、传导麻醉、椎管内麻醉，常配合肾上腺素，后者能收缩血管、减少普鲁卡因的吸收，延长局麻时间，减少手术部位的出血。常用于烧伤的镇痛、治疗马疼挛性腹痛、犬的瘙痒症及某些过敏反应等。

【不良反应】毒性作用很低，临床上出现事故，多是因为用药操作的失误。

【用法与用量】用前以生理盐水配成不同浓度的溶液。

（1）浸润麻醉：用 0.25%~0.5%溶液注射于皮下、黏膜下或深部组织中，一般 100 mL 中加入 0.1%肾上腺素溶液 1 mL。

（2）传导麻醉：用 2%~5%溶液，小动物每个注射点注入 2~5 mL，大动物每个注射点注入 10~20 mL。

（3）硬膜外麻醉：用 2%~5%溶液，每个注射点，猪、羊 10~20 mL，马、牛 20~30 mL。

（4）封闭疗法：用 0.25%~0.5%溶液 50~100 mL 注射于患部周围。

【制剂】注射液：每支 5 mL 含 150 mg，10 mL 含 300 mg，50 mL 含 1.25 g、2.5 g。

【注意事项】

（1）避光密闭保存，现用现配。

（2）本品不能和磺胺类、洋地黄配伍。

（3）犬、猫禁用于硬膜外和蛛网膜下腔麻醉。

（4）肾上腺素应在注射前加入，以免分解。

（5）本品可与青霉素形成盐，延缓吸收，使青霉素具有长效性。

盐酸氯普鲁卡因（纳塞卡因）Chloroprocaine Hydrochloride (Nesacaine)

【理化性质】本品为白色结晶性粉末，无臭，易溶于水（1:20），水溶液呈酸性，性质较稳定。在碱性环境中易分解失效。

【作用与用途】本品作用与普鲁卡因相似，麻醉强度至少是普鲁卡因的 2 倍，毒性却极低，麻醉持续时间较久，表面穿透作用亦较强。用于各种手术的局部麻醉。

【不良反应】同普鲁卡因。

【用法与用量】

（1）表面麻醉：用 1%~2%溶液。

（2）局部浸润麻醉：用 0.5%~1%溶液。

（3）传导麻醉：用 1%~3%溶液。

（4）硬膜外麻醉：用 1%~5%溶液。

【制剂】注射液：每支 20 mL 含 0.4 g。

盐酸丁卡因（盐酸地卡因）Tetracaine Hydrochloride（Dicaine Hydrochloride）

【理化性质】本品为白色结晶或结晶性粉末，有吸湿性，无臭，味苦而麻，易溶于水、冰醋酸，可溶于醇，易水解，但速度稍慢。

【作用与用途】本品局部麻醉作用和毒性比普鲁卡因强 10 倍，比可卡因强 5~8 倍，穿透力较强，麻醉后 5~10 min 出现麻醉作用，持续 1~3 h。主要用于表面麻醉和硬膜外麻醉。

【不良反应】毒性大，中毒动物表现为呼吸困难等过敏症状。

【用法与用量】

（1）表面麻醉：0.5%~1%等渗溶液用于眼科；1%~2%溶液用于鼻、喉头喷雾或气管插管；0.1%~0.5%溶液用于泌尿道黏膜麻醉。

（2）硬膜外麻醉：用 0.2%~0.3%溶液，最大剂量为每 1 kg 体重不超过 1~2 mg。

【制剂】①注射液：每支 5 mL 含 5 mg、10 mg、50 mg。②粉针：10 mg、50 mg。

【注意事项】

（1）一般不用作浸润麻醉，其他麻醉方式应注意剂量。

（2）药液加 0.1%肾上腺素溶液，每 3 mL 药液加 1 滴，以减少其吸收。

盐酸利多卡因（盐酸赛罗卡因）Lidocaine Hydrochloride（Lignocaine，Xylocaine）[处][乡]

【理化性质】本品为白色结晶性粉末。无臭，味苦，继有麻木感。易溶于水（1∶0.7）、乙醇（1∶15），水溶液稳定，遇酸碱不被破坏，耐高温。

【作用与用途】本品局部麻醉强度在 1%浓度以下时与普鲁卡因相似，但在 2%浓度以上时，作用可增强两倍，并有较强的穿透力和扩散性。潜伏期短（约 5 min），持续时间长（1~1.5 h），对组织无刺激性，可用于多种局麻方法。临床上用于表面麻醉、传导麻醉、浸润麻醉和硬膜外麻醉。

【不良反应】本品剂量过大可引起中枢兴奋，出现惊厥，甚至出现呼吸抑制。

【用法与用量】

（1）麻醉　表面麻醉用 2%~5%溶液。浸润麻醉用 0.25%~0.5%溶液。传导麻醉用 2%溶液，每个注射点，马、牛 8~12 mL，羊 3~4 mL。硬膜外麻醉用2%溶液，马、牛8~12 mL，犬、猫每1 kg体重0.22 mL。皮下注射用2%溶液，剂量，猪、羊80 mL，马、牛400 mL，犬25 mL，猫8.5 mL。

（2）治疗心律失常：静脉注射，每1 kg体重，犬初剂量2~4 mg，接着以每分钟25~75 μg静脉滴注；猫初剂量250~500 μg，接着以每分钟20 μg静脉滴注。

【制剂】注射液：每支5 mL含0.1 g，10 mL含0.2 g、0.5 g，20 mL含0.4 g、1.0 g。

【注意事项】

（1）本品不宜用于蛛网膜下腔麻醉。

（2）本品用于硬膜外腔麻醉，静脉注射时，不可加肾上腺素。

（3）本品对心脏作用较强，可减慢心率。

（4）临床使用，必须控制用量。

盐酸美索卡因 Mesocaine Hydrochloride（Trimecaine）

【理化性质】本品为白色结晶性粉末。无臭，味苦而麻。能溶于水及生理盐水。

【作用与用途】本品局部麻醉作用比利多卡因强，持续时间长。用于浸润麻醉、传导麻醉和硬膜外麻醉。加入少量肾上腺素能延长麻醉时间和减少毒性。

【不良反应】毒性较普鲁卡因、利多卡因和丁卡因低，其他不良反应同别的局部麻醉药。

【用法与用量】浸润麻醉用0.125%~1%的生理盐水溶液。传导麻醉用1%~2%溶液，马、牛每个注射点7~10 mL，羊每个注射点3~4 mL。

【制剂】注射液：每支5 mL含0.1 g，10 mL含0.2 g、0.5 g，20 mL含0.4 g。

盐酸卡波卡因（甲哌卡因）Carbocaine Hydrochloride（Mepivacaine）

【理化性质】本品为白色结晶性粉末，无臭，味稍苦带麻木感，性质稳定，易溶于水和乙醇。

【作用与用途】本品局部麻醉作用、毒性与利多卡因相似，潜伏期11~12 min，持续时间长（是普鲁卡因的2~3倍），不需和肾上腺素合用，适用于腹部手术和四肢手术等。

【不良反应】同其他局部麻醉药。

【用法与用量】表面麻醉用1%~2%溶液。浸润麻醉用0.25%~0.5%溶液。传导麻醉用1%~1.5%溶液。硬膜外麻醉用1.5%~2%溶液。

【制剂】①粉针：100 mg、500 mg。②注射液：20 mL 含0.4 g。

【注意事项】避光密闭保存，孕畜禁用。

苯甲醇 Benzyl Alcohol

【理化性质】本品为无色液体，无臭，有强烈辣味，能溶于水，与醇能任意比例混合。

【作用与用途】本品有局麻作用并有防腐作用。皮下注射1%~4%水溶液可作局部止痛剂。10%软膏或与等量乙醇、水配成的洗涤剂可做局部止痒剂。本品还作为防腐剂用于配制药剂。

【制剂】注射液：每支2 mL 含40 mg。

第八章 解热镇痛抗炎药和糖皮质激素类药

第一节 解热镇痛抗炎药

解热镇痛抗炎药是一类同时具有解热、镇痛和抗炎作用的药物，其中多数还兼有抗风湿作用。这类药物虽然具有相似的药理作用、类似的不良反应（尤其是对胃肠道和肾脏）和临床应用（如用于治疗急慢性疼痛、仔猪和犊牛的肺炎及腹泻、奶牛的乳腺炎和动物的内毒血症等），但化学结构不仅在同类药物中差异较大，而且与肾上腺皮质激素也不同，一般均不含有甾体结构，故亦称为非甾体抗炎药（Non-steroidal Anti-inflammatory Drugs，NSAIDs）。

本类药物的镇痛作用主要针对各种轻中度疼痛，包括肌肉痛、关节痛和神经痛等持续性钝痛（多为炎性疼痛）等，镇痛作用明显较中枢抑制药（镇痛药）弱，而且长期应用很少成瘾。解热作用主要是对患畜异常升高的体温有降温作用，对正常体温一般无明显影响。抗炎作用主要通过抑制机体内其中一种致炎物质，即外周性前列腺素的合成和释放来发挥作用，由于机体的致炎物质有多种，如前列腺素、组织胺、白三烯、5-羟色胺、缓激肽等，所以本类药物的抗炎作用较糖皮质激素弱。

本类药物的作用机制是抑制合成前列腺素所需要的环氧化酶（COX）的活性。环氧化酶主要包括 COX-1 和 COX-2，其中前者是机体多数细胞中都有的一种结构酶，具有一定的生理保护（如对胃、肾脏的保护、有助于血液凝固等）功能，被抑制后主要产生了本类药物的不良反应；而后者是一种诱导酶，在正常情况下细胞中没有或含量极低，但在炎症部位含量会明显升高并引起致炎因子的产生，被抑制后产生治疗作用。

临床上，本类药物最常见的副作用主要是对胃肠道的刺激和诱发胃溃疡等，潜在的毒性主要包括胃肠道刺激并伴随呕吐（严重时可能带血）、溃疡、胃肠炎、腹泻、排黑色粪便、抑制凝血导致出血、肾脏毒性和减慢骨折愈合等。

根据化学结构，本类药可分为以下五类：①苯并噻嗪类（又称昔康类）：如吡罗昔康、美洛昔康等。②有机酸类：包括水杨酸类（如阿司匹林等）、乙酸类（如吲哚美辛等）、噻吩酸类（如双氯芬酸等）、丙酸类（如布洛芬、酮洛芬、萘普生等）和芬那酸类（又称邻氨苯甲酸类）（如甲氯芬酸、氟尼辛葡甲胺等）。③苯胺类：如扑热息痛。④吡唑酮类：如安乃近、氨基比林、保泰松等。⑤其他类：如替泊沙林等。

一、苯并噻嗪类

美洛昔康 Meloxicam

【理化性质】本品为淡黄色或黄色粉末，有甜味，易溶于氯仿，不溶于水，微溶于甲醇。

【作用与用途】本品为一种烯醇类非甾体抗炎药，能选择性抑制环氧化酶-2，减少前列腺素的产生而发挥明显的抗炎、镇痛和解热作用。本品还能抑制白细胞向发炎组织的渗入，对胶原蛋白诱导的血小板聚集也有微弱的抑制作用。因本品对环氧化酶-1的抑制作用较弱，故对消化系统和肾脏等不良反应较少。镇痛作用同布洛芬、酮洛芬和阿司匹林。临床可用于缓解和治疗类风湿性关节炎、疼痛性骨关节炎及各种犬、猫急慢性骨关节炎，并对犬、猫的术前、术后止痛效果好，也用于治疗犬软组织及骨、关节损伤引起的疼痛，如股骨头切除术引发的骨及软组织损伤引起的疼痛，髋关节发育不良等引发的疼痛等。

本品内服吸收迅速且良好，血药峰浓度达峰时间快。猫内服后吸收程度高，单剂量内服后消除半衰期约为24 h，吸收后能分布到动物的所有组织中，包括中枢系统、肌肉层和发生炎症的关节。本品皮下注射给药后，犬吸收迅速且完全，生物利用度高（109.19%）。单剂量给药后，约2.31 h血液达药峰浓度，且血中药物平均滞留时间较长。此外，由于本品与血浆蛋白结合率高，所以与其他结合率高的药物（如华法林、保泰松等）合用时，可能会引起血药浓度改变而造成危险。在肝脏中代谢生成多种无药理活性的代谢产物，主要的排泄途径是经粪排出，有明显的肝肠循环。消除半衰期种属差异明显，犬约24 h，猪约4 h，马约3 h，牛约13 h。

【不良反应】常见的不良反应主要包括胃肠道反应，如食欲减退、呕吐、消化不良、恶心、腹痛或腹泻等，白细胞减少、贫血、血小板减少、瘙痒、皮疹、口炎等。有时有轻微头晕、头痛、水肿等，但多数停药后可消失。

【用法与用量】

(1) 内服：片剂，每1 kg体重，犬0.1 mg（以美洛昔康计），每天1次，首次剂量加倍。内服混悬液，每1 kg体重，犬首次量0.133 mL（以本品计），维持量0.067 mL，每天1次，连用7 d，用前要充分摇匀。内服混悬液（猫用），每1 kg体重，猫首次剂量0.2 mL（以本品计），维持剂量0.1 mL，拌食或直接饲喂，每天1次，连用3~4 d，用前要充分摇匀。

(2) 皮下注射：每1 kg体重，犬首次量0.2 mg（以美洛昔康计），维持量0.1 mg，每天1次，连用7 d。

【制剂】①片剂：每片0.3 mg，1 mg。②内服混悬液：每瓶10 mL含10 mg，32 mL含48 mg，100 mL含150 mg，180 mL含270 mg。③内服混悬液（猫用）：0.05%。④注射液：2 mL含4 mg，10 mL含50 mg，20 mL含40 mg，0.1 g。

【注意事项】

(1) 本品不推荐用于妊娠期、泌乳期或不足6周龄的猫、犬。

(2) 过敏的犬、猫等动物禁用。

(3) 有肾毒性的潜在风险，慎用于脱水、血容量减少或低血压的猫。

(4) 禁与糖皮质激素、其他非甾体类抗炎药或抗凝血药合用。也不宜与类固醇激素（如强的松、地塞米松）、利尿药、阿司匹林、苯巴比妥等联用。

(5) 禁用于胃肠道溃疡或出血、肝脏、心脏或肾脏功能受损及出血异常的犬、猫。

吡罗昔康 Piroxicam

【理化性质】本品为类白色或微黄绿色结晶性粉末，无臭，无味。在氯仿中易溶，丙酮中略溶，乙醇或乙醚中微溶，水中几乎不溶，在酸中溶解，碱中略溶。

【作用与用途】本品通过抑制环氧化酶而使前列腺素的合成减少，能抑制白细胞的趋化性和溶酶体酶的释放而发挥抗炎、解热和镇痛作用。本品内服给药在小肠吸收良好，但肠内容物可减慢其吸收速率。本品治疗关节炎时镇痛、消肿等疗效与吲哚美辛、阿司匹林、萘普生相似，临床用于缓解各种关节炎、软组织病变的疼痛和肿胀的对症治疗，此外，本品能增强机体免疫系统的功能，所以可用于肿瘤的辅助治疗。

【不良反应】

（1）犬应用本品安全范围较窄，当日给药量达每 1 kg 体重 1 mg 时，会引起犬肠黏膜损伤、肾乳头状坏死和腹膜炎等。

（2）本品能抑制血小板的聚集，故可能会导致患畜胃肠道溃疡或出血。临床上与抗凝血药（如肝素、华法林等）或与可能引起胃肠溃疡的药物（如阿司匹林、保泰）合用可增加出血倾向和黏膜损伤的可能性。

（3）其他的不良反应主要包括食欲减退，便秘，中枢神经系统毒性（如头痛、眩晕等），耳毒性（耳鸣）、皮疹和瘙痒症等。

【用法与用量】内服：一次量，每 1 kg 体重，犬、猫 0.3 mg，每天 1 次或隔天 1 次，连用 10 d；兔 0.1~0.2 mg，8 h 给药 1 次（消除骨折引起的肢体肿大）。

【制剂】①片剂（胶囊）：每片（胶囊）10 mg、20 mg。②注射液：2 mL含 20 mg。

【注意事项】

（1）对本品和其他非甾体类抗炎药过敏者、丙二醇过敏者禁用，消化道溃疡、慢性胃病或出血紊乱的患畜慎用。

（2）孕畜、泌乳期母畜、幼畜慎用。

（3）猫慎用。

二、有机酸类

（一）水杨酸类

水杨酸钠 Sodium Salicylate

【理化性质】本品为白色或微红色细微结晶或鳞片，或为白色无晶形粉末，无臭或略带特臭，味甜咸。易溶于水和乙醇，水溶液呈酸性反应（pH 值为 5~6）。

【作用与用途】本品有抗风湿、消炎、解热、镇痛作用，但镇痛作用较阿司匹林和氨基比林弱，抗风湿作用明显，风湿性关节炎患畜应用本品数小时后可见关节疼痛明显减轻，肿胀开始消退，且风湿热也消失。主要用于治疗马、牛、羊、猪等动物的风湿病，也可用于关节痛、肌肉痛等痛风。

本品内服吸收迅速，血药浓度达峰时间为给药后 1~2 h，但吸收程度有明显的种属差异，其中猪和犬吸收最完全，马较差，山羊仅极少量药物能被吸收。本品在肾中的排泄速度明显受尿液酸碱度影响，与碳酸氢钠合用时可加速本品的排出。

【不良反应】

（1）本品可抑制血中凝血酶原的合成，故长期应用可能有出血倾向。

（2）内服用药时，因本品在胃酸的作用下可分解生成水杨酸，故对胃有较强的刺激性。

（3）长期大剂量应用本品可能引起耳聋、肾炎等。

【用法与用量】

（1）内服：一次量，马 10~50 g，牛 15~75 g，羊、猪 2~5 g，犬 0.2~2 g。

（2）静脉注射：一次量，马、牛 10~30 g，羊、猪 2~5 g，犬 0.1~0.5 g。复方水杨酸钠注射液，一次量（以本品计），马、牛 100~200 mL，羊、猪 20~50 mL。

【制剂】①片剂：每片含 0.3 g、0.5 g。②注射液：每支 10 mL 含 1 g，20 mL 含 2 g，50 mL 含 5 g。③复方水杨酸钠注射液：含水杨酸钠 10%，氨基比林 1.43%，巴比妥 0.57% 和葡萄糖 10% 的无菌水溶液，每支 20 mL、50 mL、100 mL。

【注意事项】

（1）禁用于有出血倾向、肾炎或酸中毒的患畜。

（2）本品对胃有刺激性，同时服用碳酸氢钠可缓解，但同服时不仅降低本品的吸收，而且排泄也加快。

（3）水杨酸钠注射液仅作静脉注射，且不能漏出血管外。

（4）猪因静脉注射水杨酸钠注射液而产生的呕吐、腹痛等中毒症状，可用碳酸氢钠解救。

（5）休药期：水杨酸钠注射液，牛 0 d，弃奶期 2 d；复方水杨酸钠注射液，28 d，弃奶期 7 d。

阿司匹林（乙酰水杨酸）Aspirin（Acetylsalicylic Acid）

【理化性质】本品为白色结晶性粉末或片状、针状结晶，难溶于水，能溶于三氯甲烷，易溶于乙醇。本品是醋酸的水杨酸酯，所以在湿空气中可缓慢水解成醋酸及水杨酸，刺激性增强。本品在 pH 值为 2~3 的水溶液中最稳定，当 pH 值小于 2 或大于 8 时均不稳定。

【作用与用途】本品有较强的解热、镇痛、抗炎、抗风湿作用。本品可抑制机体抗体的生成及抗原抗体反应，并可减少炎性渗出，故对急性风湿效果明显。用量大时还可抑制肾小管对尿酸的重吸收，从而促进尿酸排泄。常用于发热、风湿症和神经痛、肌肉痛、关节痛及痛风症的治疗。

内服给药后，单胃动物吸收迅速，牛、羊吸收较慢。牛生物利用度约为 70%，血药浓度达峰时间为 2~4 h。吸收后体内分布广泛，与血浆蛋白结合率为 70%~90%。主要在肝中代谢，随尿排出，且尿液酸碱度明显影响排泄速度，酸性尿液可减慢排泄，而碱性尿液可加速排出，其中当 pH 值为 5~8 时能明显增加排泄速度。半衰期有明显种属差异，马小于 1 h，牛 3.7 h，犬 7.5 h，而猫达 37.6 h。

与碱性药物合用时，由于本品的排出速度加快，可降低疗效，但治疗痛风时与等量的碳酸氢钠合用，可加速尿酸的排泄，从而有助于疾病的康复。因糖皮质激素类药物能刺激胃酸分泌，并降低胃及十二指肠黏膜对胃酸的耐受力，故临床不宜与本品合用，以免加剧胃肠道出血倾向。

【不良反应】

（1）本品对血中凝血酶原的作用与水杨酸钠相似，故长期连续应用也有出血倾向。

（2）常规剂量下对胃肠道有一定刺激性，故本品不宜空腹投药；较大剂量可能导致动物食欲减退、呕吐，甚至出现胃肠道出血，长期应用会引起胃肠溃疡，其中犬胃肠道出血较明显。

（3）因猫肝脏中缺乏葡萄糖苷酸转移酶，所以本品在猫体内代谢缓慢，半衰期长，易造成药物蓄积。

【用法与用量】内服：一次量，马、牛 15~30 g，羊、猪 1~3 g，犬 0.2~1 g。

【制剂】阿司匹林片：每片 0.3 g、0.5 g。

【注意事项】

（1）本品对猫毒性较大，幼猫慎用。

（2）患胃炎、胃肠溃疡的动物慎用。奶牛泌乳期禁用。

（3）在解热过程中，患畜宜多饮水；对老、弱患畜或体温过高的患畜解热时，药物宜用小剂量，以免因出汗过多而引起水、电解质紊乱，甚至昏迷。

（4）过量中毒时可在采取洗胃、导泻的同时，内服或灌服 3% ~ 5% 的碳酸氢钠、静脉注射 5% 的葡萄糖和 0.9% 的氯化钠解救。

（5）·休药期：0 d。

卡巴匹林 Carbasalate

【理化性质】本品为白色无定形粉末，本品的钙盐易溶于水，几乎不溶于丙酮、无水甲醇。

【作用与用途】本品的钙盐是乙酰水杨酸钙和尿素的螯合物，有明显的解热、镇痛和抗炎作用，也是一种血小板聚集的抑制剂。用于猪、鸡等的发热和疼痛及多种感染的对症治疗。

内服吸收迅速，且生物利用度较阿司匹林高，一般给药后 20 min 可达血药峰浓度；在血液中大部分与血浆蛋白结合，在体内分布广泛，主要在肝中经结合和羟基化后生成无活性代谢产物后，经肾排出体外。

【不良反应】与同类药物相比，本品的消化道耐受性较好，动物极少出现胃痛的副作用。

【用法与用量】

（1）混饲：一次量（以卡巴匹林钙可溶性粉计），每 1 kg 料，猪 0.5~1 g。

（2）混饮：一次量（以卡巴匹林钙可溶性粉计），每 1 L 水，猪 0.5~1 g。

（3）内服：一次量，每 1 kg 体重，鸡 40~80 mg。

【制剂】卡巴匹林钙可溶性粉：50%。

【注意事项】

（1）蛋鸡在产蛋期间禁用。

（2）本品禁止与其他水杨酸类解热药合用。

（3）本品与碱性药物合用时疗效下降，不宜合用；与糖皮质激素类合用时可能使胃肠道出血加剧，也不宜合用。

（4）本品连续用药不超过 5 d。

（5）休药期：鸡 0 d。

（二）乙酸类

吲哚美辛（消炎痛）Indomethacine（Indocin）

【理化性质】本品为白色结晶性粉末，不溶于水，易溶于乙醇。

【作用与用途】本品有消炎、解热、镇痛作用，消炎、解热作用很强，镇痛作用弱，仅对炎性疼痛有明显镇痛作用。与皮质激素合用呈现相加作用，疗效增强，所以可减少激素用量以降低副作用。用于治疗风湿性关节炎、神经痛、腱鞘炎、肌肉损伤等。

【不良反应】不良反应主要表现在消化道，如恶心、腹痛、下痢，甚至溃疡、肝功能受损等。

【用法与用量】内服：一次量，每 1 kg 体重，马、牛 1 mg，羊、猪 2 mg。

【制剂】片剂：每片含 25 mg。

【注意事项】肾病及胃肠溃疡患畜禁用。

苄达明（炎痛静、消炎灵）Benzydamin（Benzyrin）

【理化性质】本品的盐酸盐为白色晶粉，味辛辣，易溶于水。

【作用与用途】本品有解热、镇痛、消炎作用，其抗炎作用与保泰松相似或稍强。对炎性疼痛的镇痛作用强于消炎痛。主要用于术后、外伤、风湿性关节炎等的炎性疼痛，与抗生素合用可治疗牛支气管炎和乳腺炎。

【用法与用量】

（1）内服：一次量，每 1 kg 体重，马、牛 1 mg，羊、猪 2 mg。

（2）外用：软膏剂，涂敷于炎症部位，每天 2 次。

【制剂】①片剂：每片含主药 25 mg。②苄达明软膏：5%。

【注意事项】

（1）连续用药可产生轻微的消化障碍和白细胞减少。

（2）对湿疹性耳炎及齿龈炎无效。

（三）噻吩酸类

双氯芬酸钠（双氯灭痛）Diclofenac Sodium

【理化性质】本品常用其钠盐，为白色结晶性粉末，其钾盐为白色粉末，均可溶于水。

【作用与用途】本品为苯乙酸类非甾体抗炎药，为环氧化酶（包括 COX-1 和 COX-2）强力抑制剂，对脂加氧酶也有一定抑制作用。本品主要通过抑制 COX-2 和脂加氧酶的活性，进而抑制前列腺素的合成而产生镇痛、抗炎、解热作用。本品解热、消炎和镇痛作用比吲哚美辛强 2~2.5 倍，比阿司匹林强 26~50 倍。内服吸收迅速且完全，起效较快，猪肌内注射本品 1 h 后可达血药峰浓度。本品在体内代谢快，平均消除半衰期为 1.87 h。主要用于各种关节炎的关节肿痛和炎症，急性的轻、中度疼痛（如手术后疼痛）及各种原因引起的发热。

【不良反应】不良反应主要包括体重减轻、胃肠溃疡、腹泻或子宫积液等。

【用法与用量】

（1）内服：试用量，每 1 kg 体重，猪 0.6 mg，每天 2 次。

（2）肌内注射：一次量，每 1 kg 体重，猪 0.05 mL（以双氯芬酸钠注射液计）。

【制剂】①片剂：每片 25 mg、50 mg。②注射液：每支 5 mL 含 0.25 g，100 mL 含 5 g。

【注意事项】

（1）国外研究表明：肉鸡分别按每 1 kg 体重 0.25 mg、2.5 mg、10 mg、20 mg 内服双氯芬酸钠（每天 1 次），连用 7 d，均出现精神沉郁、嗜睡、体重下降等症状。

（2）每 1 kg 体重给予 5 mg 剂量，肉鸡、鸽的死亡率分别高达 30%、20%。用药鸡、鸽血中肌酐含量明显升高。临床初步试验也表明：蛋用雏鸡按每 1 L 水 15~25 mg 混饮时，连用 2~3 d 即出现死亡。死亡鸡肝、肾肿大，有大量尿酸盐沉积，内脏痛风，急性肾坏死、肝脂肪变性和肝细胞坏死，故鸡、鸽不应使用。

（3）禁用于胃肠道溃疡，对双氯芬酸钠及其他非甾体抗炎药过敏，及肝、肾功能损伤的患畜。

（4）休药期：注射液，猪 15 d。

（四）丙酸类

布洛芬 Ibuprofen

【理化性质】本品为白色结晶性粉末，稍有特异臭，几乎无味。难溶于水，易溶于乙醇，在氢氧化钠或碳酸钠液中易溶。

【作用与用途】本品消炎、镇痛、解热作用与阿司匹林、保泰松相似，比扑热息痛好。不能耐受阿司匹林、保泰松时，可用此药代替。本品主要用于风湿及类风湿性关节炎、痛风，还可作为内毒素引起发热的辅助治疗。牛胚胎移植前肌内注射本品能提高受孕率等。

【用法与用量】

（1）内服：一次量，每 1 kg 体重，马驹、肉鸡 25 mg，犬 10 mg。

（2）肌内注射：一次量，每 1 kg 体重，牛 5 mg，肉鸡 25 mg。

（3）静脉注射：一次量，每 1 kg 体重，马驹 10 mg。

【制剂】片剂：每片 0.1 g、0.2 g。注射液：每支 4 mL 含 400 mg。

【注意事项】

（1）溃疡病畜及肝肾功能不全者慎用。

（2）犬、猫不能久用以防胃肠溃疡，使用时推荐加入碳酸氢钠（小苏打）。

酮洛芬 Ketoprofen

【理化性质】本品为白色结晶性粉末，无臭或几乎无臭，在甲醇中极易溶，在乙醇、丙酮或乙醚中易溶，几乎不溶于水。

【作用与用途】本品为芳香基丙酸衍生物，属非甾体解热镇痛抗炎药，能抑制前列腺素合成，也有一定抑制脂氧合酶及减少缓激肽的作用，从而减轻炎症损伤部位疼痛感觉。本品镇痛作用与卡洛芬、美洛昔康相当，消炎作用较布洛芬强，副作用小，毒性低。本品内服吸收迅速且完全，与血浆蛋白结合率高，马约为 93%。主要用于风湿病、关节炎、强直性脊椎炎、痛风，还可用于马的慢性蹄叶炎、跛足，手术后镇痛。

【不良反应】

（1）与保泰松或氟尼辛葡甲胺相比，本品应用于马安全性较高，不良反应发生率低。当马静脉注射本品达 11 mg/kg 体重，每天 1 次，连用 15 d

未见中毒表现；给予 33 mg/kg 体重，连用 5 d，结果仅发生了严重的蹄叶炎；给予 55 mg/kg 体重，连用 5 d，马会出现精神抑郁、厌食、黄疸、腹部肿胀等症状，剖检后发现有胃炎、肾炎和肝炎等病理变化。

（2）犬和猫应用本品可能引起呕吐、食欲减退和胃肠溃疡等胃肠道反应。

【用法与用量】

（1）内服：一次量，每 1 kg 体重，猴 3 mg，大象 1 ~ 2 mg，犬、猫 0.5 ~ 1 mg，鹌鹑 16 mg，每天 1 次。

（2）肌内注射：一次量，每 1 kg 体重，马、牛 2.2 mg，猪、羊 3 mg，骆驼 2 mg，兔 1 mg，犬、猫 2 mg，家禽 1.5 ~ 2 mg，鹌鹑 6 mg，每天 1 次。

（3）静脉注射：一次量，每 1 kg 体重，大象 1 ~ 2 mg，马、驹、驴 2.2 mg，牛、羊 3 mg，骆驼 2 mg，犬、猫 2 mg。

【制剂】①肠溶胶囊：25 mg，50 mg。②注射液：50 mL 含 5 g，100 mL 含 10 g。

【注意事项】

（1）对阿司匹林或其他非甾体抗炎药有过敏者禁用，繁殖期动物和妊娠后期动物禁用。

（2）有消化道溃疡，肝、肾疾患的病畜慎用。

（3）避免与皮质激素药联用，以免加重对肠道的损伤。

（4）避免与抗凝血药同时使用，也不宜与能引起胃肠溃疡的药物（如阿司匹林、氟尼辛葡甲胺等）、丙磺舒及甲氨蝶呤合用。

卡洛芬 Carprofen

【理化性质】本品为白色或类白色结晶性粉末，易溶于乙醇，几乎不溶于水。

【作用与用途】本品为丙酸类非甾体消炎药，可以抑制前列腺素合成，阻断炎性介质而起作用，具有较强的消炎、镇痛、解热作用，其抗炎作用与吲哚美辛、吡罗昔康、双氯芬酸钠相当，较阿司匹林、保泰松、布洛芬强；其镇痛作用和解热作用与吲哚美辛相近，较保泰松和阿司匹林强。本品引起胃溃疡的副作用和对血小板凝集的抑制作用分别显著低于吲哚美辛、阿司匹林。临床用于风湿及类风湿关节炎、骨关节炎、肌肉疼痛、滑膜炎、跛足、乳腺炎，也可用于去势或断尾等手术后或外伤引起的急性疼痛。

犬内服本品后，吸收程度可达 90%，给药后 1~3 h 血浆中可达药峰浓度，与血浆蛋白结合率高达 99%，多数在肝中经葡萄苷酸化和氧化反应进行代谢，70%~80% 随粪排出，少量随尿排泄，消除半衰期犬为 13~18 h，马为 22 h。

当与阿司匹林合用时，本品的血药浓度降低，且胃肠道不良反应发生概率增加，故两药不宜合用；此外，本品也不宜与甲氨蝶呤、呋塞米等合用。

【不良反应】本品的不良反应很少，最常见的一般是轻微的胃肠不适。据报道，犬接受本品治疗后出现肝损伤的发生率约为 0.05%，其中老龄、患肠炎及肝、肾功能不全的动物应用本品后不良反应发生率升高。当犬经内服重复给予 10 倍推荐剂量时，仅可见犬有轻微不适。

【用法与用量】

（1）内服：一次量，每 1 kg 体重，骨髓肌肉炎症或疼痛，犬 2.2 mg，每天 2 次或 4.4 mg，每天 1 次；用于术后疼痛，2.2~4.4 mg，术前 2 h 给药。兔 2 mg（治疗慢性关节疼痛），每天 2 次，禽 2 mg，每天 1~3 次。

（2）静脉注射：一次量，每 1 kg 体重，马、羊 0.7~4 mg。

（3）皮下注射：一次量，每 1 kg 体重，牛 1.4 mg，羊 0.5 mg，犬、猫 1~2 mg，鸡 1 mg（可改善跛足鸡行走能力），每天 1 次，连用 5 d。

【制剂】①片剂：每片 25 mg、75 mg、100 mg。②注射液：每 1 mL 含 50 mg。

【注意事项】

（1）有消化道溃疡、肝、肾疾病患畜慎用。

（2）用药后避免阳光直晒，以免发生光敏反应。

芬布芬 Fenbufen

【理化性质】本品为白色或类白色结晶性粉末，无臭，味酸。在乙醇中溶解，在水中几乎不溶，在热碱溶液中易溶。

【作用与用途】本品为一种长效的非甾体抗炎镇痛药，通过抑制前列腺素的合成而起作用。本品的抗炎镇痛作用比吲哚美辛弱，但比阿司匹林强。临床可用于风湿病、关节炎、痛风治疗以及手术后疼痛、外伤性疼痛等的止痛。

【用法与用量】内服：一次量，每 1 kg 体重，猪、犬 40 mg。

【制剂】片剂（胶囊）：每片（胶囊）含 0.15 g、0.3 g。

萘普生（消痛灵）Naproxen（Naprosyn）

【理化性质】本品为白色或类白色结晶性粉末，无臭或几乎无臭，几乎不溶于水，略溶于乙醚，能溶于甲醇、乙醇和三氯甲烷等。

【作用与用途】本品为丙酸类衍生物，与布洛芬和酮洛芬具有相似的化学结构和药理学特性。对外周性前列腺素的抑制作用约是阿司匹林的 20 倍，抗炎作用明显，较保泰松强，也有镇痛和解热作用。临床上主要用于肌炎、软组织炎症疼痛所致的跛行、关节炎等疾病。

马内服本品约 50%被吸收，胃肠内容物不影响其吸收，血药浓度在给药后 2~3 h 达峰值。犬内服本品吸收较马快且更完全，生物利用度为68%~100%，血药浓度达峰时间为 0.5~3 h，消除半衰期为 74 h，有明显的肝肠循环，且药物与血浆蛋白结合率高达 99%。

与丙磺舒合用可增加本品的血药浓度，提高疗效的同时半衰期延长。与阿司匹林合用可能会导致本品血药浓度降低，排泄加快，而且发生胃肠道不良反应的概率增加，所以两者不宜合用。本品能抑制白细胞的游走及血小板的黏附和聚集，具有一定抗凝血作用，当与双香豆素等抗凝血药合用时，可增强后者的抗凝作用，结果可能增加机体出血倾向。

【不良反应】

（1）本品副作用较阿司匹林、消炎痛和保泰松轻，但仍可能出现胃肠道反应，其中犬较敏感，可见胃肠溃疡、出血、穿孔或肾损伤。

（2）少数可见黄疸和血管性水肿，长时间应用本品应关注动物的肾功能。

（3）消化道溃疡患畜禁用。

（4）本品能明显抑制白细胞游走，也能抑制血小板黏着和聚集，延长凝血时间。

【用法与用量】

（1）内服：一次量，每 1 kg 体重，马 5~10 mg，犬 2~5 mg。

（2）静脉注射：一次量，每 1 kg 体重，马 5 mg。

【制剂】①片剂：每片含 0.1 g、0.125 g、0.25 g。②注射液：2 mL 含 0.1 g、0.2 g；5 mL 含 0.125 g；10 mL 含 0.5 g、1 g。

【注意事项】

（1）本品与呋塞米或氢氯噻嗪合用，会导致后者的排钠利尿作用减弱，不宜合用。

（2）丙磺舒可增加本品的血药浓度，明显延长本品的血浆半衰期。

（3）阿司匹林可加速本品的排泄。

（4）犬对本品敏感，慎用。

（五）芬那酸类

甲灭酸（扑湿痛）Mefenamic Acid

【理化性质】本品为白色或淡黄色粉末，味初淡而后略苦，不溶于水，微溶于乙醇，久置光线下色可变暗。

【作用与用途】本品有镇痛、消炎、解热作用。镇痛作用强于消炎作用，其镇痛消炎作用比阿司匹林、氨基比林都强。主要用于风湿性关节炎、神经痛、其他炎性疼痛及慢性疼痛。

【用法与用量】内服：一次量（试用量），马、牛 1.25~2.5 g，羊、猪 0.5 g，犬 0.1~0.25 g。首次剂量加倍，每天 3~4 次，用药不宜超过 1 周。

【制剂】片剂：每片含 0.25 g。

【注意事项】

（1）本品对胃肠道有刺激性，可加剧哮喘症状，禁用于哮喘病畜。

（2）肾功能不全及溃疡病患畜慎用，孕畜禁用。

甲氯灭酸（甲氯芬那酸、抗炎酸）Meclofenamic Acid

【理化性质】本品为白色或类白色晶粉，无臭，难溶于水，其钠盐（抗炎酸钠）可溶于水。

【作用与用途】本品为芬那酸（邻氨基苯甲酸）的衍生物，解热镇痛作用与阿司匹林相仿，抗炎作用比阿司匹林、氨基比林强得多，比氯灭酸也强。用于治疗风湿病，犬及马等的骨骼肌急、慢性炎症及有关疾病，马的蹄叶炎等。

本品内服吸收迅速，1~4 h 可达血药峰浓度。与血浆蛋白结合率高，本品在猴体内的血浆浓度为 1 μg/mL，约有 99.8% 的药物与血浆蛋白结合。马的血浆半衰期为 1~8 h，主要在肝脏中被氧化生成无活性代谢产物后随尿或粪排出，排泄慢，马停药后 96 h 尿中仍能检出本品。

当本品与阿司匹林合用时，在降低本品血药浓度的同时，造成胃肠道不良反应的概率明显增加，故临床不宜合用。

【不良反应】马不良反应很少，已经报道的主要包括胃肠道反应（如口腔糜烂、食欲减退、腹泻、疝气等）和血液学变化（如红细胞压积下降和血浆蛋白浓度降低等）。犬在常用剂量下可能会导致呕吐、血便、小肠溃疡、白细胞增多等不良反应。

【用法与用量】内服：一次量（试用量），马、牛 1.25~2.5 g，羊、猪 0.5 g，犬 0.1~0.25 g，每天 2~4 次；禽（抗炎止痛）每 1 kg 体重，1~2.2 mg，每天 1 次。

【制剂】①片剂：每片含 0.25 g。②胶囊：每粒含 0.05 g、0.1 g。

【注意事项】

（1）本品不宜与阿司匹林合用。

（2）患有胃肠道、肝、肾疾病的动物禁用。

氯灭酸（抗风湿灵）Chlofenamic Acid

【理化性质】本品为白色结晶性粉末，无臭，难溶于水。

【作用与用途】本品有消肿、解热、镇痛作用。对关节肿胀有明显的消炎消肿作用，可恢复关节活动，使血沉恢复正常。不良反应较小，疗程可长达 2~3 个月。

【用法与用量】内服：一次量（试用量），马、牛 1~4 g，羊、猪 0.4~0.8 g，犬 0.05~0.4 g，每天 2~3 次。

【制剂】片剂：每片含 0.2 g。

氟灭酸 Flufenamic Acid

【理化性质】本品为淡黄色或淡黄绿色的结晶或结晶性粉末，味苦。几乎不溶于水，溶于乙醇。

【作用与用途】本品解热消炎作用比氨基比林、阿司匹林、保泰松强，镇痛作用较差，不良反应小。

【用法与用量】内服：一次量（试用量），马、牛 1~2 g，羊、猪 0.4 g，犬 0.05~0.2 g，每天 2~3 次。

【制剂】片剂：每片含 0.2 g。

【注意事项】本品有胃肠道反应，哮喘患畜慎用。

托芬那酸 Tolfenamic Acid

【理化性质】本品为白色结晶性粉末。

【作用与用途】本品为邻氨基苯甲酸的衍生物，是人工合成的甲芬灭酸类非甾体抗炎性药物。本品有明显的抗炎、抗渗出和止痛作用，同时也具有抗高热作用。作用机制为抑制环氧合酶，致使炎性介质前列腺素的合成降低；同时其还可以抑制多核白细胞（PMNs）、白三烯（LT）B4 的形成；有研究认为，托芬那酸还有可能对前列腺素受体有直接对抗性反应。

犬按 4 mg/kg 体重（以托芬那酸计）肌内注射和皮下注射给药，两种给药途径的吸收没有差异，2 h 后血浆中的峰浓度为 4 μg/mL（皮下注射）和 3 μg/mL（肌内注射）。猫按 4 mg/kg 体重（以托芬那酸计）皮下注射给药，吸收迅速，1 h 内血浆中的峰浓度为 3.9 μg/mL。血浆蛋白结合率超过99%，在体内分布广泛，在大多数组织中（消化道、肝脏、肺、肾脏）血浆浓度高，但在脑中浓度较低，且托芬那酸分子及其代谢物难以穿过胎盘屏障。在犬和猫体内的消除半衰期分别为 4.4~6.6 h 和 8.3 h。主要以托芬那酸原形及非活性代谢产物（葡萄糖醛酸）通过胆汁排泄。临床主要用于治疗犬的骨骼—关节和肌肉—骨骼系统疾病引起的炎症和疼痛以及猫发热综合征。

【不良反应】治疗过程中呕吐和腹泻现象极少发生，患畜仅伴有渴感和多尿表现，而随着治疗结束这些症状会自行消失。如果动物在治疗过程中出现厌食、呕吐、腹泻和便血症状时，请及时联系兽医。

【用法与用量】皮下注射或肌内注射：每 1 kg 体重，犬、猫 4 mg（以托芬那酸计），其中猫仅能皮下注射，必要时可在 48 h 后重复给药。

【制剂】托芬那酸注射液：每支 10 mL 含 0.4 g，30 mL 含 1.2 g。

【注意事项】

（1）患有心脏病或肝病动物可能引起胃肠道溃疡或出血、血质不调等病症，禁用本品，对本品过敏的动物也禁用。

（2）给药后的止痛效果可能会因疼痛严重的程度和给药持续时间的不同而受到影响，请勿超剂量使用或延长使用时间。

（3）请勿在 24 h 内与非甾体类抗炎药，尤其是其他水杨酸类药物同时使用，但在治疗细菌感染的并发炎症时，与适当的抗菌药物联合用药可增强疗效。

(4) 慎用于 6 周龄以下或年老的动物，必须使用时，可能需要降低使用剂量并加以临床观察。

(5) 怀孕动物慎用。用于猫时不可使用肌内注射。

(6) 全麻动物时请勿使用本品。

(7) 如本品接触到眼睛和皮肤，需用水迅速冲洗干净。

氟尼辛葡甲胺 Flunixin Meglumine

【理化性质】本品化学名称为 3-吡啶-羧酸，白色至类白色结晶性粉末，无臭，有引湿性。能溶于水、甲醇和乙醇，难溶于氯仿，几乎不溶于乙酸乙酯。

【作用与用途】本品是动物专用品种，是环氧化酶的强效抑制剂，通过抑制花生四烯酸反应链中的环氧化酶而阻止前列腺素的合成，减少炎性病变介质的合成与释放来发挥抗炎作用。临床上主要用于缓解马的内脏绞痛、筋骨疼痛，治疗马、牛的蹄叶炎与关节炎，家畜及小动物的发热（如马、牛、猪和犬等），注射给药可用于控制牛急性呼吸道疾病、急性大肠杆菌乳腺炎伴有内毒素性休克、疼痛（母牛卧地不起）及犊牛的腹泻等，也可用于母猪乳腺炎、子宫炎、仔猪腹泻及无乳综合征的辅助治疗。

本品内服后吸收迅速且较完全，马生物利用度约为 80%，给药后约 30 min 可达血药峰浓度。吸收后与血浆蛋白的结合率较高，马为 86.9%，犬为 92.2%，奶牛为 >99%；消除半衰期三类动物分别为 3.4~4.2 h、3.1~8.1 h 和 3.7 h。

本品与其他非甾体类消炎药合用时，可能会加重药物对胃肠道的不良反应，故应尽可能避免合用；此外，当本品与其他血浆蛋白结合率高的药物合用时，可能导致这些药物的血药浓度突然升高而发生中毒等危险，故临床也应避免。

【不良反应】

(1) 马大剂量或长期应用本品，可能会出现口腔及胃肠道溃疡。

(2) 牛连用本品超过 3 d，可能会损害肾脏，甚至导致血尿；也可能出现便血。

(3) 犬应用本品的不良反应主要为呕吐、腹泻等胃肠道反应，大剂量或长期应用也可导致胃肠溃疡。

（4）禽类应用本品作为消炎镇痛药，可能引起肾毒性，据报道，鹦鹉重复使用本品，偶可致肾病甚至死亡。

（5）本品肌内注射对局部有刺激作用，长期大剂量使用可能导致动物胃溃疡及肾功能损伤。

【用法与用量】

（1）内服：一次量，每 1 kg 体重，犬、猫 2 mg，每天 1~2 次，连用不超过 5 d。

（2）肌内注射、静脉注射：一次量，每 1 kg 体重，牛、猪 2 mg，犬、猫 1~2 mg，每天 1~2 次，连用不超过 5 d。

【制剂】颗粒剂（以氟尼辛计）：5%。注射液（以氟尼辛计）：2 mL 含 10 mg，100 mg；5 mL 含 250 mg；10 mL 含 500 mg；50 mL 含 250 mg，2.5 g；100 mL 含 500 mg，5 g。

【注意事项】

（1）禁用于患胃肠溃疡、出血的动物。

（2）禁用于患心血管疾病、肝肾功能不全或对本品过敏的动物。

（3）本品禁止与其他非甾体内消炎药合用。

（4）慎用于猫。

（5）休药期：氟尼辛葡甲胺注射液，牛、猪 28 d。

三、苯胺类

对乙酰氨基酚（扑热息痛）Paracetamol（Acetaminophen）

【理化性质】本品为白色结晶性粉末，易溶于热水和乙醇，能溶于丙酮，略溶于水。

【作用与用途】本品抑制下丘脑中枢性前列腺素的合成与释放作用较强，对外周性前列腺素的抑制轻微，故解热作用强，与阿司匹林相当，且作用持久；镇痛和抗风湿作用弱、抗炎作用不明显。本品对血小板及凝血酶原无影响，副作用小，主要用作中小动物的解热镇痛药，用于发热性疾病、肌肉痛、关节痛和风湿症。

本品内服吸收迅速，给药后 30 min 体内血药浓度可达峰值。在肝中代谢产物包括葡萄醛酸结合物、硫酸结合物和脱乙酰基后生成对氨基酚，其中最后一种经氧化可生成亚氨基醌，是一种强氧化剂，可氧化血红蛋白而使其失去携氧能力，从而导致机体组织缺氧、可视黏膜发绀、黄疸、肝损伤等。

在作为内服镇痛药时，对于剧烈的疼痛，本品与可待因磷酸盐合用有增效作用，但本品与其他镇痛药长期合用可能引起动物的肾脏病变。此外，由于阿霉素可减少肝脏中谷胱苷肽的含量，从而增强本品对肝脏的毒性，故两者不宜合用。

【不良反应】

(1) 常规治疗剂量时不良反应较少，偶见发绀、厌食和呕吐等症状。

(2) 大剂量应用本品可引起肝、肾损伤。

【用法与用量】

(1) 内服：一次量，马、牛 10~20 g，羊 1~4 g，猪 1~2 g，犬 0.1~1 g。

(2) 混饮：兔每毫升水中添加 1~2 mg 的儿童用对乙酰氨基酚制剂，可控制轻度疼痛。

(3) 肌内注射：注射液，一次量，马、牛 5~10 g，羊 0.5~2 g，猪 0.5~1 g，犬 0.1~0.5 g。对乙酰氨基酚双氯芬酸钠注射液，一次量，每 1 kg 体重，猪 0.04 mL（以本品计）。

(4) 栓剂：便后将栓置于直肠，犬，体重 ≤ 10 kg，每次 1 粒；体重 > 10 kg，每次 2 粒，每天 2 次。

【制剂】①片剂：每片 0.3 g、0.5 g。②注射液：1 mL 含 0.075 g，2 mL 含 0.25 g，5 mL 含 0.5 g，10 mL 含 1 g，20 mL 含 2 g。③栓剂：0.3 g。④对乙酰氨基酚双氯芬酸钠注射液：每瓶 5 mL 含对乙酰氨基酚 0.75 g 和双氯芬酸钠 0.125 g，100 mL 含对乙酰氨基酚 15 g 和双氯芬酸钠 2.5 g。

【注意事项】

(1) 猫不宜用，因可引起严重的毒性反应。

(2) 肝、肾损害或功能不全者慎用。

(3) 本品不宜作为动物氟烷麻醉后的术后镇痛药。

(4) 剂量过大引起的中毒，除了采用标准的肠道清空术和相关的支持疗法外，可还同时应用乙酰半胱氨酸解救。

(5) 休药期：对乙酰氨基酚双氯芬酸钠注射液，猪 9 d。

四、吡唑酮类

安乃近 Metamizole Sodium（Analgin）

【理化性质】本品为白色或略带微黄色结晶性粉末，易溶于水，水溶液放置后渐变为黄色，略溶于乙醇，几乎不溶于乙醚。

【作用与用途】解热镇痛作用强而快，药效可维持 3~4 h。也有一定的消炎、抗风湿作用，还对胃肠道平滑肌痉挛有良好的解痉作用。临床常用于马、牛、羊、猪等动物发热性疾病、肌肉痛、疝痛、肠痉挛、肠臌胀及风湿症等。

因本品与氯丙嗪合用可能导致动物体温剧降，与巴比妥类及保泰松合用又可能影响肝微粒体酶的活性，故临床均不宜合用。

【不良反应】长期应用也可能引起粒细胞减少。

【用法与用量】

（1）内服：一次量，马、牛 4~12 g，羊、猪 2~5 g，犬 0.5~1 g。

（2）肌内注射：一次量，马、牛 3~10 g，羊 1~2 g，猪 1~3 g，犬 0.3~0.6 g。

【制剂】①片剂：每片含 0.25 g、0.5 g。②注射液：每支 2 mL 含 0.5 g；5 mg 含 1.5 g、2 g；10 mL 含 3 g；20 mL 含 6 g。

【注意事项】

（1）为避免引起肌肉萎缩和关节功能障碍，本品不宜进行穴位注射，尤其不适用于关节部位的注射。

（2）本品可抑制凝血酶原的形成，加重出血倾向。

（3）休药期：片剂、注射液，牛、羊、猪 28 d，弃奶期 7 d。

氨基比林（匹拉米洞）Aminophenazone（Aminopyrine，Pyramidon）

【理化性质】本品为白色结晶或晶状粉末。无臭，味微苦。易溶于水（1∶20），水溶液呈碱性。遇光易变质，易氧化，应避光密闭保存。

【作用与用途】本品解热作用是安替比林的 3~4 倍，也较对乙酰氨基酚强，且持续时间长，还有明显的消炎和抗风湿作用，镇痛作用较弱，但与巴比妥类合用能增强镇痛效果。临床主要用于马、牛、犬等动物的发热性疾病、关节痛、肌肉痛和抗风湿，也可用于马、骡等的疝痛。

【不良反应】可引起粒性白细胞减少症，长期应用时应检查血象。

【用法与用量】

（1）片剂，内服：一次量，马、牛 8~20 g，羊、猪 2~5 g，犬 0.13~0.4 g。

（2）皮下或肌内注射：复方氨基比林注射液，一次量（以本品计），马、牛 20~50 mL，羊、猪 5~10 mL。

（3）安痛定注射液，一次量（以本品计），马、牛 20~50 mL，羊、猪 5~10 mL。

【制剂】①片剂：每片含 0.3 g、0.5 g。②复方氨基比林注射液（氨基比林 7.15%、巴比妥 2.85%），每支 5 mL、10 mL、20 mL、50 mL。③安痛定注射液（氨基比林 5%、安替比林 2%、巴比妥 0.9%），每支 5 mL、10 mL、20 mL、50 mL。

【注意事项】

（1）本品长期连续使用，可引起粒细胞减少症。

（2）复方氨基比林注射液用于马、骡等的疝痛时，镇痛效果较差。

（3）休药期：复方氨基比林注射液和安痛定注射液，牛、羊、猪 28 d，弃奶期 7 d。

保泰松 Phenylbutazone

【理化性质】本品为白色或微黄色结晶性粉末，味微苦，不溶于水，能溶于乙醇及碱性溶液，性质较稳定。

【作用与用途】本品为吡唑酮类衍生物，有较强抗炎、抗风湿作用，有弱的促进尿酸排泄作用，解热、镇痛作用不明显。主要用于风湿病、关节炎、腱鞘炎、黏液囊炎和痛风等，也可用于马的僵痛症。

本品吸收后与血浆蛋白结合率高，其中马>99%，消除半衰期有明显的剂量依赖性，马为 3.5~6 h，牛为 40~55 h，猪为 2~6 h，兔为 3 h，犬为 2.5~6 h。本品在体内可被完全代谢为羟基保泰松和γ-羟基保泰松，其中前者具有药理活性，所以本品一次用药在马体内的药效可持续超过 24 h。主要经肾排泄，其中碱性尿液的排泄速度较酸性尿液快。

本品与血浆蛋白高的结合率可取代其他与血浆蛋白结合的药物（如磺胺、内服抗凝血药等），从而影响这些药物的血药浓度和持续时间，合用时应注意。保泰松及活性代谢物均能增强肝脏药酶的活性，从而促进洋地黄毒苷的代谢，但是当扑尔敏、苯海拉明、异丙嗪、利福平及巴比妥类等与其合用时，会导致后者的代谢加快，作用时间缩短。此外，本品与有肝毒性的药物合用可能会增加肝损害的发生率。

本品能延长青霉素 G 的半衰期而使后者作用时间延长，而硫糖铝、米索前列醇和 H_2 受体阻断剂（西咪替丁等）可用来缓解本品的胃肠道不良反应。

【不良反应】

（1）常规剂量用于马时，可能出现的不良反应有厌食、口腔和胃肠道糜烂或溃疡、腹泻和肾毒等，但一般不会引起水、钠潴留。

（2）犬应用本品不良反应较马多，常规剂量下，除了常见的胃肠道溃疡外，还可引起肾血流量减少和体内水、钠潴留等，个别患犬可能引起肝损害。

【用法与用量】内服：一次量，每 1 kg 体重，马、牛 4~8 mg，羊、猪 4~8 mg，犬 1~5 mg，每天 1~3 次（最高日用量马 4 g，犬 0.8 g）。

【制剂】片剂：每片含 0.1 g、1 g。

【注意事项】

（1）本品毒性大，犬、猫易中毒，应慎用。

（2）心、肾、肝及血象异常的动物禁用。

（3）本品刺激性强，会导致注射部位肿胀、甚至坏死和蜕皮，故禁止肌内注射和皮下注射。

羟保泰松 Oxyphenbutazone（Tanderil）

【理化性质】本品为白色结晶或结晶性粉末，溶于乙醇，几乎不溶于水。

【作用与用途】本品为保泰松的活性代谢产物，作用和不良反应基本与保泰松相似，不同的是本品的作用强，毒性较低，主要用于关节炎和风湿病。

【用法与用量】内服：一次量，每 1 kg 体重，马 12 mg，2 d 后减半，维持 5 d。

【制剂】片剂：每片含 0.1 g。

【注意事项】同保泰松。

五、其他类

替泊沙林 Tepoxalin

【理化性质】本品为白色无味结晶性粉末，不溶于水，微溶于丙酮和乙醇，易溶于三氯甲烷和多数有机溶剂。

【作用与用途】本品原型为脂加氧酶抑制剂，能抑制白三烯的合成。本品的代谢物（替泊沙林吡唑酸）也有药理活性，能抑制环氧化酶的活性，阻碍前列腺素的合成。所以替泊沙林双重抑制作用比单纯的 COX 抑制剂具有更广谱的抗炎作用。临床上主要用于治疗肌肉、骨关节炎等引起的疼痛及炎症，也可用于过敏性疾病的辅助治疗。

本品若与饲料同服或饲喂时投药，能提高吸收程度。犬内服给药后 2~3 h 血浆中可达药峰浓度。吸收后在体内迅速代谢为有活性的羧基化产物和其他代谢物，其中前者具有药理活性。本品的原型及其活性代谢产物与蛋白结合率均较高，可高达 98%~99%，且 99% 以上药物主要随粪便排出，经尿排泄的药物很少，故对肾脏的损伤不明显。

【不良反应】常见的不良反应主要包括精神不振、厌食、呕吐、腹泻和肠炎。有报道犬连用本品 4 周后，约 20% 犬发生呕吐，约 22% 犬出现进行性腹泻。少见的不良反应还有饮食动作失调、胃肠胀气、脱毛和震颤等。有人按犬每 1 kg 体重每日 300 mg 剂量连续用药 6 个月，可见总蛋白、白蛋白和钙离子浓度降低，对一例死亡犬尸检后发现肠道出现坏死。

【用法与用量】内服：一次量，每 1 kg 体重，犬首次量 20 mg，维持量 10 mg，每天 1 次，连用 7 d。

【制剂】冻干片：50 mg、200 mg。

【注意事项】

（1）本品连用不能超过 4 周。

（2）本品禁用于患心、肝、肾疾病或胃肠溃疡的患犬。

（3）本品禁与其他非甾体类消炎药、利尿药、抗凝血药等合用。

（4）幼犬（低于 6 月龄，体重<3 kg）和老龄犬慎用。

维他昔布 Vitacoxib

【作用与用途】本品能选择性抑制环氧化酶-2 的活性，对环氧化酶-1

的抑制活性约是前者的 1/60，故治疗剂量下，本品对胃肠道的不良反应不明显。本品餐后给药时曲线下面积是餐前给药的 4.2 倍，因此建议餐后给药。比格犬连续 7 d 给药在体内药物量无明显增加和减少，无药物蓄积和诱导代谢加快。主要用于治疗犬外科手术等引起的急慢性疼痛和炎症。

【用法与用量】内服，每 1 kg 体重，犬 2 mg（以维他昔布计），每天 1 次。建议餐后给药，术前及术后可连续给药 7 d。

【制剂】维他昔布咀嚼片：每片 30 mg。

【注意事项】

（1）对本品活性成分维他昔布或赋形剂中任何成分有过敏史的动物禁用。

（2）禁与其他非甾体类抗炎药（NSAIDs）或皮质类固醇类药物合用。

（3）患有胃肠道出血、血液病或其他出血性疾病的犬禁用。

（4）患犬在用药期间如出现反复腹泻、呕吐、粪便隐血、体重突然下降、厌食、嗜睡、肾或肝功能退化等应停止用药。

（5）繁殖、妊娠或泌乳雌犬，非常幼小的犬（如 10 周龄以下或体重小于 4 kg 的犬）或疑似和确诊有肾、心脏或肝功能损害的犬，应慎用。

非罗考昔 Firocoxib

【理化性质】本品为白色或类白色结晶性粉末。

【作用与用途】本品为新型非甾体类抗炎药，主要选择性抑制环氧合酶-2 介导的前列腺素的合成，对环氧合酶-1 的抑制作用弱。主要用于治疗犬骨关节炎及临床手术等引起的急性、慢性疼痛和炎症。

【不良反应】偶见呕吐和腹泻，一般停止治疗后可恢复正常。

【用法与用量】内服：每 1 kg 体重，犬 5 mg，每天 1 次。用于治疗临床手术等引起的急性疼痛和炎症时，动物可在手术后约 2 h 开始用药，连续用药 3 d。

体重为 3~5.5 kg 的犬，使用 57 mg 的片剂 0.5 片。体重为 5.6~10 kg 的犬，使用 57 mg 的片剂 1 片。体重为 10.1~15 kg 的犬，使用 57 mg 的片剂 1.5 片。体重为 15.1~22 kg 的犬，使用 227 mg 的片剂 0.5 片。体重为 22.1~45 kg 的犬，使用 227 mg 的片剂 1 片。体重为 45.1~68 kg 的犬，使用 227 mg 的片剂 1.5 片。体重为 68.1~90 kg 的犬，使用 227 mg 的片剂 2 片。

【制剂】非罗考昔咀嚼片：每片 57 mg、227 mg。

【注意事项】

（1）适用于 10 周龄以上的所有犬种，不可用于犬以外的其他物种。3 kg以下的犬也禁用。

（2）不可用于怀孕或哺乳期母犬，不建议有出血问题的犬只服用。

（3）若需用于肝、肾、心脏功能不全的病犬，建议兽医师密切监控其使用情形及健康状况。

（4）不可与皮质类固醇或其他非类固醇类抗炎药物一起使用，若需要更换处方时，应先停药再进行投药。

（5）如用药过程中出现反复腹泻、呕吐、粪便潜血、厌食、嗜睡、体重下降等应立即停药。

罗本考昔 Robenacoxib

【理化性质】本品为白色或类白色结晶性粉末。

【作用与用途】本品为新型非甾体类抗炎药，对环氧合酶-2 有很强的选择性抑制作用。犬、猫皮下注射后吸收迅速，30 min 达血药峰浓度，缓解疼痛效果快；在炎症部位分布浓度高，可维持 24 h，消除半衰期 1.2 ~ 1.7 h。本品主要用于治疗犬骨关节炎及临床手术等引起的急性、慢性疼痛和炎症，也用于整形外科和软组织外科引起的疼痛和炎症。

【用法与用量】

（1）空腹内服：每 1 kg 体重，犬、猫 1 mg，每天 1 次。

（2）皮下注射：每 1 kg 体重，犬、猫 2 mg，术前约 30 min 使用。

【制剂】①片：每片 6 mg、10 mg、20 mg、40 mg。②注射液：每 20 mL 含 40 mg。

第二节　糖皮质激素类药

肾上腺皮质激素为肾上腺皮质所分泌的甾体激素的总称。根据其作用及分泌部位的不同，主要分为盐皮质激素和糖皮质激素两类，前者主要调节水、盐代谢，兽医临床应用较少；后者在超生理剂量时具有抗炎、抗过敏、抗毒素、抗休克和影响代谢等作用，临床上应用广泛。由于本类药物对炎症发生和发展的各个阶段均有明显的抑制作用，且均具有甾体结构，故又称为甾体类抗炎药。临床上主要用于严重的感染性疾病、过敏性疾病、休克、炎症、代谢病（如羊妊娠毒血症、奶牛酮血症等）、引产及预防手术后遗症等。

由于本类药物为对症治疗用药，能抑制炎症的发生和发展过程，但对导致感染的病原微生物无抑杀作用，所以本类药物用于严重的感染时要同时应用足量、有效的抗菌药物，一般感染性疾病和无有效抗菌药物治疗的感染性疾病不宜使用。因本类药物能抑制机体免疫反应，降低抗体的水平和机体的抵抗力，因此在疫苗接种前后 5~7 d 及患病毒性疾病时应避免应用。此外，动物在患下述疾病期间，如严重肝功能不全、骨折愈合期、骨质疏松和创伤修复期等也应禁用本类药物。

本类药物的理化性质一般为白色或近白色结晶性粉末，难溶于水，溶于或微溶于乙醇。临床上多用其醋酸酯、琥珀酸钠盐或磷酸钠盐。

氢化可的松 Hydrocortisone

【理化性质】本品为白色或几乎白色的结晶性粉末，无臭，不溶于水，几乎不溶于乙醚，微溶于氯仿，略溶于乙醇。

【作用与用途】本品具有抗炎、抗过敏、抗毒素和抗休克作用，水、钠潴留的副作用较强。肌内注射吸收慢且少，仅用于治疗局部炎症，且作用持久，如眼科炎症、皮炎、乳腺炎、关节炎、腱鞘炎等。静脉注射显效快，可用于治疗中毒性疾病和危急病例。

本品与水杨酸钠合用可导致后者消除加快，疗效下降，并增加胃肠道溃疡发生率，故不宜合用；也能降低抗凝血药如华法林等的疗效，合用时后者需适当增加剂量；与速尿或噻嗪类利尿药合用时可增加机体失钾的风险，临床应及时补钾。此外，能增加肝药酶活性的药物（如巴比妥类）会加速本品的代谢，从而降低疗效。

【不良反应】

（1）本品有较强的水、钠潴留和排钾作用。

（2）免疫抑制作用较强。

【用法与用量】

（1）静脉注射或静脉滴注：一次量，马、牛 200~500 mg，羊、猪 20~80 mg，犬 5~20 mg，猫 1~5 mg，每天 1 次。用时以生理盐水或葡萄糖注射液稀释。注射用氢化可的松琥珀酸钠，临用前加注射用水配成 5%（按氢化可的松计）注射液，静脉注射量同氢化可的松注射液。

（2）肌内注射：醋酸氢化可的松注射液，一次量（以醋酸氢化可的松计），马、牛 250~750 mg，羊 12.5~25 mg，猪 50~100 mg，犬 25~100 mg。

（3）滑囊、腱鞘或关节囊内注射：醋酸氢化可的松注射液，一次量，马、牛 50~250 mg。

（4）内服：每 1 kg 体重，犬、猫 4 mg，每天 2 次。

（5）滴眼液：滴眼。

（6）眼膏：涂眼。

【制剂】①氢化可的松注射液：为氢化可的松的灭菌稀乙醇溶液，每支 2 mL 含 10 mg，5 mL 含 25 mg，20 mL 含 100 mg。②醋酸氢化可的松注射液：每支 5 mL 含 125 mg。③注射用氢化可的松琥珀酸钠：135 mg（相当于氢化可的松 100 mg）。④醋酸氢化可的松片：每片 20 mg。⑤醋酸氢化可的松滴眼液：每支 3 mL 含 15 mg。⑥醋酸氢化可的松软膏：每支 2 g 含 10 mg。

【注意事项】

（1）妊娠早期或后期动物大剂量应用本品可导致流产，应禁用。

（2）长期应用后不能突然停药，要逐渐减量后再停药。

（3）幼龄和生长期动物应用本类药物，可能导致动物生长缓慢。

（4）注射用氢化可的松琥珀酸钠稀释成 5% 注射液时，若溶液不透明，则禁止使用。

（5）休药期：醋酸氢化可的松注射液、氢化可的松注射液，0 d。

醋酸可的松（皮质素）Cortisone Acetate

【理化性质】本品为白色或乳白色结晶性粉末，无臭，不溶于水，微溶于乙醇和乙醚，略溶于丙酮，易溶于氯仿。

【作用与用途】本品是本类药中作用最弱的一种，本身无活性，可在体内转化为氢化可的松后生效，水钠潴留副作用与氢化可的松相似。小动物内服易吸收，可迅速产生药效，但大动物内服吸收不规则。混悬液肌内注射后吸收缓慢，作用时间久。用于治疗慢性炎症可长期应用，眼科表层炎症可局部应用。临床主要用于炎症性、过敏性疾病和牛酮血病、羊妊娠毒血症等代谢病。

【不良反应】

（1）本品有较强的水钠潴留和排钾作用。

（2）免疫抑制作用较强。

（3）大剂量或长期应用易引起肾上腺皮质功能低下。

（4）妊娠后期大剂量应用会引起流产。

【用法与用量】

（1）内服：一日量，每1 kg体重，犬、猫2~4 mg，分3~4次服用。

（2）肌内注射：一次量，马、牛250~750 mg，羊12.5~25 mg，猪50~100 mg，犬25~100 mg，每天2次。

（3）腱鞘、滑膜囊、关节腔内注射：一次量，马、牛50~250 mg。

【制剂】①片剂：每片5 mg、25 mg。②注射液：每支10 mL含250 mg，用药前需摇匀。③眼膏：0.25%~0.5%。④滴眼液：0.5%。

【注意事项】

（1）禁用于骨质疏松症和疫苗接种期。

（2）严重肝功能不良、骨折治疗期、创伤修复期动物禁用。

（3）妊娠早期及后期母畜禁用。

（4）急性细菌性感染时，应与抗菌药配伍用。

（5）长期用药不能突然停药，应逐渐减量，直至停药。

（6）休药期：0 d。

醋酸泼尼松（强的松）Prednisone Acetate

【理化性质】本品为白色或几乎白色结晶性粉末，无臭，味苦，不溶于水，微溶于乙醇，略溶于丙酮，易溶于氯仿。

【作用与用途】本品本身无活性，需在体内转化成氢化泼尼松生效，具有抗炎、抗过敏、抗毒素和抗休克作用。本品抗炎、抗过敏作用强，不良反应较少，其中抗炎作用和糖原异生作用为氢化可的松4倍，而水钠潴留作用仅其4/5。临床上主要用于各种急性严重细菌感染、严重的过敏性疾病、支气管哮喘、风湿性关节炎等。

【不良反应】本品的糖原异生作用较强，能促进体内蛋白质转化为糖，并减少机体对糖的利用，结果使血糖水平升高，可能出现糖尿。

【用法与用量】

（1）内服：一次量，马、牛100~300 mg，羊、猪10~20 mg；每1 kg体重，犬、猫0.5~2 mg。

（2）软膏：皮肤涂擦。

（3）眼膏：眼部外用，每天2~3次。

【制剂】①片剂：每片 5 mg。②软膏：1%。③眼膏：0.5%。

【注意事项】休药期：片剂，0 d。

氢化泼尼松(强的松龙、泼尼松龙)Prednisolone（Hydroprednisone）

【理化性质】本品为白色或几乎白色的结晶性粉末，无臭，味苦，几乎不溶于水，微溶于乙醇或氯仿。

【作用与用途】本品抗炎作用与泼尼松相似，用途与氢化可的松相同。可注射给药，内服不如氢化泼尼松功效确切。

【不良反应】犬的不良反应主要包括精神迟钝、皮毛干枯、呕吐、喘气、腹泻、胃肠溃疡、体重增加或消瘦等。猫不良反应较少，偶见精神抑郁、贪食、多尿、腹泻、体重增加等症。

【用法与用量】

（1）内服：一日量，犬 2~5 mg（7~14 kg 犬），5~15 mg（>14 kg 犬）。

（2）静脉注射或滴注（加生理盐水或 5% 葡萄糖注射液稀释）：氢化泼尼松注射液，一次量，猪、羊 10~20 mg，马、牛 50~150 mg，严重病例可酌情增加剂量。

（3）乳室内注入：醋酸氢化泼尼松注射液，一次量 10~20 mg。

（4）乳管注入、关节腔内注射：一次量，马、牛 20~80 mg，4~7 d 注射 1 次。

（5）注射用氢化泼尼松琥珀酸钠：临用前将药粉溶于 2 mL 缓冲液中供静脉注射或肌内注射，剂量按所含氢化泼尼松计算，亦可供局部注射。

（6）醋酸氢化泼尼松软膏，涂敷皮肤。

【制剂】①片剂：每片 5 mg。②氢化泼尼松注射液：每支 2 mL 含 10 mg。③醋酸氢化泼尼松注射液：每支 5 mL 含 125 mg。④注射用氢化泼尼松琥珀酸钠：33.45 mg、66.9 mg（分别相当于氢化泼尼松 25 mg、50 mg），附缓冲溶液 2 mL。⑤醋酸氢化泼尼松软膏：0.5%。

地塞米松 Dexamethasone

【理化性质】本品为白色或类白色的结晶或结晶性粉末，无臭，味苦，几乎不溶于水，溶于无水乙醇，其磷酸钠盐溶于水（1∶2）。

【作用与用途】本品抗炎作用与糖原异生作用为氢化可的松的 25 倍，而水钠潴留作用仅为其 3/4。可增加钙随粪便中的排泄而产生钙负平衡。本品肌内注射给药后，犬吸收迅速，给药后约 30 min 可达血药峰浓度，半衰期约为 48 h，主要经粪和尿排泄。目前，本品的应用越来越广泛，有取代氢化泼尼松等其他合成皮质激素的趋势。用于炎症性、过敏性疾病，牛酮血病和羊妊娠毒血症。

【不良反应】

（1）有较强的免疫抑制作用，较强的水、钠潴留和排钾作用。

（2）妊娠后期大剂量使用本品可引起流产。

（3）犬使用本品可导致迟钝、被毛干燥、体重增加、喘息、呕吐、腹泻、肝脏药物代谢酶升高、胰腺炎、胃肠溃疡、脂血症，引发或加剧糖尿病、肌肉萎缩、行为改变（沉郁、昏睡、或富于攻击性），有上述情况发生后可能需要终止给药。

（4）猫偶尔导致多饮、多食、多尿、体重增加、腹泻或精神沉郁，长期高剂量给药治疗可导致皮质激素分泌紊乱。

【用法与用量】

（1）内服：一次量，马、牛 5~20 mg，犬、猫 0.5~2 mg。

（2）肌内或静脉注射：一日量，马 2.5~5 mg，牛 5~20 mg，羊、猪 4~12 mg，犬、猫 0.125~1 mg。

（3）关节囊内注射：一次量，马、牛 2~10 mg。

（4）乳管内注入（治疗乳腺炎）：一次量，乳牛每乳室内注入 10 mg。

（5）软膏：皮肤涂敷。

【制剂】①醋酸地塞米松片剂：每片含 0.75 mg。②地塞米松磷酸钠注射液：每支 1 mL 含 1 mg、2 mg、5 mg；5 mL 含 2 mg、5 mg。③醋酸地塞米松软膏：每支 4 克含 2 mg。

【注意事项】

（1）妊娠早期及后期母畜禁用。

（2）严重肝功能不全、骨软症、骨折治疗期、创伤修复期和疫苗接种期的动物禁用。

（3）对细菌性感染应与足量有效抗菌药合用。

（4）长期用药后不能突然停药，应逐渐减量停药。

（5）休药期：地塞米松磷酸钠注射液，牛、羊、猪 21 d，弃奶期 72 h。醋酸地塞米松片，马、牛 0 d。其他参见氢化可的松。

倍他米松 Betamethasone

【理化性质】本品为白色或乳白色结晶性粉末，无臭，味苦，几乎不溶于水和氯仿，略溶于乙醇，为地塞米松的同分异构体。

【作用与用途】本品的作用、应用与地塞米松相似，但抗炎作用及糖原异生作用较地塞米松强，约为氢化可的松的 30 倍，水钠潴留作用较地塞米松稍弱。本品内服注射、肌内注射均易吸收，猪内服本品后约 3.2 h 血中可达药峰浓度，半衰期为 11.5 h，肌内注射时，半衰期有种属差异，牛为 22 h，犬为 48 h。

【不良反应】

（1）虽然猫的临床用药量较犬高，但不良反应相对较少。

（2）对于犬，本品可能引起动物反应迟钝、体焦毛燥、呕吐、腹泻、胃肠溃疡、喘气、体重增加、肌肉萎缩等症。此外，本品还能引起犬只精液量减少，并导致异常精子比例增加。

（3）有较强的水、钠潴留和排钾作用，较强的免疫抑制作用。

（4）妊娠后期大量使用时可引起流产。

（5）大剂量或长期应用本品易引起肾上腺皮质功能衰退。

【用法与用量】

（1）内服：一次量，犬、猫 0.25~1 mg。

（2）肌内注射：一次量，每 1 kg 体重，各种家畜，0.02~0.05 mg。

（3）关节腔内注入：每毫升含倍他米松磷酸钠 2 mg 和倍他米松二丙酸盐 5 mg 的水混悬液，注入量视动物反应而定，一次量，马 2.5~5 mL，每 1~3 周注射 1 次。

【制剂】①片剂：每片含 0.5 mg。②倍他米松磷酸钠注射液：1 mL 含 5.26 mg。

【注意事项】参见地塞米松。

曲安西龙（去炎松、氟羟氢化泼尼松）Triamcinolone（Fluoxyprednisolone）

【理化性质】本品为白色或近白色结晶性粉末，无臭，味苦，微溶于水（1：500），稍溶于乙醇、氯仿、乙醚。

【作用与用途】本品抗炎作用及糖原异生作用为氢化可的松的 5 倍，钠潴留作用极弱,其他全身作用与同类药物相当。

【用法与用量】

(1) 内服:一次量,犬 0.125~1 mg,猫 0.125~0.25 mg,每天 2 次,连用 7 d。

(2) 肌内或皮下注射:一次量,马 12~20 mg,牛 2.5~10 mg;每 1 kg体重,犬、猫 0.1~0.2 mg。

(3) 关节腔或滑膜腔内注射:一次量,马、牛 6~18 mg,犬、猫 1~3 mg,必要时 3~4 d 后再注射 1 次。

(4) 去炎松软膏:涂擦患处。

【制剂】①片剂:每片含 1 mg、2 mg、4 mg。②醋酸去炎松混悬液:每支 1 mL 含 5 mg,2 mL 含 10 mg,5 mL 含 125 mg、200 mg。③去炎松软膏:0.1%。

醋酸氟轻松 (肤轻松) Fluocinolone Acetonide

【理化性质】本品为白色或类白色结晶性粉末,无臭,无味。不溶于水,溶于乙醇。

【作用与用途】本品为目前外用皮质激素中疗效显著而副作用最小的一种,显效迅速,止痒效果好,应用浓度低 (0.025%)。主要用于各种皮肤病,如湿疹、皮肤瘙痒症、过敏性皮炎等。

【用法与用量】外用,每天 3~4 次。

【制剂】乳膏:每支 10 g 含 2.5 mg,20 g 含 5 mg。

【注意事项】皮肤病并发细菌感染时,同时用抗菌药。

促肾上腺皮质激素(促皮质素) Corticotrophin (Adrenocorticotropic Hormone, ACTH)

【理化性质】本品为白色或淡黄色粉末,溶于水,其水溶液遇碱易失效。对热、潮湿均不稳定,故应阴凉处密闭保存。

【作用与用途】本品具有促进肾上腺皮质功能的作用,能刺激肾上腺皮质合成和分泌氢化可的松、皮质酮等,间接发挥本类药物的药理作用。用途与糖皮质激素基本相同,但只有在肾上腺皮质健全时,本品才能充分发挥作用,而且显效慢,作用强度弱,水、钠潴留作用明显。本品经肌内注射后易吸收,但半衰期仅 6 min。主要用于长期使用糖皮质激素停药前后,以促进肾上腺皮质功能的恢复。

【用法与用量】肌内注射：一次量，马 100~400 u，牛 30~200 u，羊、猪 20~40 u，犬 5~10 u，每天 2~3 次。防止肾上腺皮质功能减退可每周注射 2 次，静脉注射量减半，宜溶于 5% 葡萄糖注射液 500 mL 内滴注。长效促皮质素注射液，一次量为注射用促皮质素的 2 倍量，每天 1 次。

【制剂】①注射用促皮质素：每支 25 u、50 u、100 u。②长效促皮质素注射液（氢氧化锌促皮质素注射液）：每支 20 u、40 u、60 u。

【注意事项】

（1）本品仅对具有正常肾上腺皮质功能的动物有效。

（2）长期应用可能引起水钠潴留、感染扩散等。

（3）可能部分动物会出现过敏反应。

第九章 激素类药物

激素类药物包括糖皮质激素、性激素及促性腺激素和其他激素类药物。糖皮质激素在抗炎药物中介绍，本章介绍后两类药物。

第一节 性激素及促性腺激素

性激素是由动物性腺分泌的一些甾体类激素，它包括雌激素、孕激素和雄激素。目前临床上所应用的是人工合成物及其衍生物。

（一）雌激素

雌二醇 Estradiol[处]

【理化性质】本品临床常用其苯甲酸盐，为白色结晶性粉末，无臭，难溶于水，略溶于乙醇，能溶于丙酮。

【作用与用途】本品能促使未成熟雌畜第二性征及性器官的形成。对成年雌畜除保持第二性征外，可使阴道上皮、子宫内膜及子宫平滑肌增生，增加子宫和输卵管的收缩活动；增加子宫对催产素的敏感性，使子宫颈口松弛；能促进卵巢正常发育，使不发情的母畜发情，以牛最为敏感，但长期大剂量使用可抑制排卵与发情；小剂量使用可促进乳房发育和泌乳；提高生殖道防御能力；能抑制雄性动物雄性激素的释放，以及可增加食欲，促进蛋白质合成和加速骨化，临床上已广泛用于牛胎盘滞留、子宫内膜炎、子宫蓄脓等，并配合催产素用于子宫肌无力，小剂量用于发情不明显动物的催情。

【用法与用量】肌内注射：一次量，猪 3~10 mg，羊 1~3 mg，牛 5~20 mg，马 10~20 mg，犬 0.2~2 mg，猫 0.2~0.5 mg。

【制剂】苯甲酸雌二醇注射液：每支 1 mL 含 1 mg、2 mg。

【注意事项】

（1）大剂量、长期或不适当应用，可引起牛卵巢囊肿、流产、卵巢萎缩以及性周期的停止，有乳腺肿瘤的动物禁用。

（2）可引起囊性子宫内膜增生和子宫蓄脓。

（3）休药期：28 d，弃奶期 7 d。

（二）孕激素

黄体酮（孕酮）Progesterone（Progestin）[处][乡]

【理化性质】本品为白色或黄色结晶性粉末，不溶于水，能溶于乙醇和植物油中，应避光密闭保存。

【作用与用途】本品在雌激素作用的基础上，可维持子宫黏膜及腺体的生长，促进子宫内膜增生，分泌子宫乳，供给受精卵及胚胎早期发育所需要的营养，并能抑制子宫平滑肌收缩，降低子宫平滑肌对催产素的敏感性，起安胎和保胎作用，临床上可用来治疗习惯性流产和先兆性流产。本品还可促进子宫颈口关闭，并分泌黏稠液以阻止精子的通过。黄体酮还能刺激乳腺腺泡的发育，与雌激素配伍使用可促进乳房的发育。另外，本品也能抑制母畜的发情和排卵，在畜牧业生产上可用于母畜的同期发情，有利于进行人工授精和同期分娩。

【用法与用量】肌内注射：一次量，猪、羊 15~25 mg，犬、猫2~5 mg，牛、马 50~100 mg，必要时，间隔 5~10 d 可重复注射。复方黄体酮注射液，肌内注射量参考黄体酮注射液。

【制剂】注射液：每支 1 mL 含 10 mg、50 mg。

【注意事项】遇冷易析出结晶，可置热水中溶解使用；孕畜长期应用，可使妊娠期延长；泌乳奶牛禁用，动物屠宰前应停药 21 d。

甲地孕酮（去氢甲孕酮）Megestrol

【理化性质】本品为人工合成的孕激素。白色结晶性粉末，不溶于水，溶于乙醇。

【作用与用途】本品为高效黄体激素。用药后可抑制 GnRH 释放，从而间接抑制垂体前叶促性腺激素卵泡刺激素（FSH）和黄体生成素（LH）的释放，致使卵泡生长、成熟及排卵受阻。可用于犬的发情期延迟和减少假妊娠。在美国和其他地区，特殊情况下也用于猫。

【用法与用量】

（1）用于犬：① 用于发情期控制，内服：每 1 kg 体重 2.2 mg，每天 1 次，连用 8 d。②用于预防发情，阴道增生，在发情期前 7 d，内服：每 1 kg 体重 2.2 mg，连用 7 d。③用于假妊娠及严重溢乳，内服：每 1 kg 体重 0.5 mg，每天 1 次，连用 8 d。

（2）用于猫。①用于阻止发情期，内服：每天 5 mg，至发情停止。然后内服一次量 2.5~5 mg，每周 1 次。②用于发情期延迟，内服：一次量 2.5 mg，每天 1 次，连用 8 周。③用于自（特）发性粟粒状的皮炎、免疫调节性皮肤病、增生性角膜炎等，内服：一次量 2.5 mg，隔天 1 次，连用 5~10 d。

【制剂】①甲地孕酮片：每片 1 mg、4 mg。②复方甲地孕酮片：每片含炔雌醇 0.035 mg、甲地孕酮 1 mg。

烯丙孕素内服溶液（四烯雌酮）Altrenogest Oral Solution

【理化性质】本品为白色结晶性粉末，不溶于水，对光和热不稳定。

【作用与用途】烯丙孕素通过作用于下丘脑和垂体前叶的孕酮受体，产生负反馈调节，抑制促性腺激素卵泡刺激素和黄体生成素的分泌，从而阻断母畜的发情和排卵，调节发情周期。停药后抑制解除，用药母畜几天后出现同期发情，可减少后备母猪的数量和优化育种。主要用于调控猪和马的发情周期，促进同期发情以及维持妊娠等。

【用法与用量】内服：一次量，猪 15~20 mg，连续 18 d；马，每 1 kg 体重 0.044 mg，连续 15 d。

【注意事项】因能损害雌性胎儿，孕畜禁用。

（三）雄激素及同化激素

睾酮 Testosterone[处]

【理化性质】本品为人工合成的雄激素，为白色结晶性粉末，不溶于水，能溶于脂肪油中。

【作用与用途】本品内服后容易吸收，吸收后，主要在肝内迅速被破坏，实际上内服几乎无效。体内代谢产物主要与葡萄糖醛酸或硫酸结合失去作用，由尿中排泄。一般用其油溶液作肌内注射，也可以片剂植于皮下，吸收缓慢，作用可长达 6 周。丙酸睾酮经肌内注射，作用可持续数天。甲基睾酮在体内破坏缓慢，内服有效，但剂量宜加大。本品主要是促进雄性生殖器官的发育，维持其功能并保持第二性征的出现，还能对抗雌激素的作用。临床可用于公畜睾丸功能减退，能治疗虚弱性疾病和加速骨折以及创伤的愈合，可治疗再生障碍性贫血和其他原因引起的贫血。

【用法与用量】

（1）内服：一次量，猪 300 mg，犬 10 mg，猫 5 mg，每天 1 次。

（2）肌内注射：一次量，猪、羊 100 mg，牛、马 100~300 mg，犬、猫 20~50 mg，每 2~3 d 注射 1 次。

【制剂】丙酸睾酮注射液：每支 1 mL 含 50 mg、25 mg。

【注意事项】

（1）因能损害雌性胎儿，孕畜禁用。

（2）雄激素具有钠潴留作用，导致水潴留，心功能不全病畜慎用。

（3）前列腺肿瘤患犬禁用。

（4）泌乳母畜禁用，屠宰前 21 d 停药。

苯丙酸诺龙 Nandrolone Phenylpropionate[处]

【理化性质】本品为白色或类白色结晶性粉末，有特殊臭味，在乙醇中溶解，在植物油中略溶，在水中几乎不溶。

【作用与用途】本品为人工合成的睾酮衍生物，是一种促进合成代谢的雄激素类固醇，蛋白同化作用为丙酸睾酮的 12 倍，能促进蛋白质合成和抑制蛋白质异生，并有使钙磷沉积、促进骨组织生长、刺激红细胞生成等作用，对治疗某些再生障碍性贫血有很好的作用。在一些情况下，如在严重创伤和高强度体力劳役后使用，可消除分解代谢产物。

【用法与用量】肌内注射：一次量，马、牛 0.2~0.4 g，猪、羊 0.05~0.1 g。10~14 d 注射 1 次，重病例 3~4 d 注射 1 次。

【制剂】注射液：每支 1 mL 含 10 mg、25 mg。

【注意事项】本品可诱发高血钙症、高血磷症和高血钾症。因可以使犬患良性前列腺增生而被禁止用于犬。

（四）促性腺激素

卵泡刺激素（促卵泡素）Follicle Stimulating Hormone（FSH）

【理化性质】本品为白色或类白色的冻干块状物或粉末，易溶于水，应密封在冷暗处保存。

【作用与用途】本品主要作用是促进卵泡的生长和发育，在小剂量黄体生成素的协同作用下，可使卵泡分泌雌激素，引起母畜发情。在大剂量黄体生成素的协同下，则可促进卵泡成熟和排卵。对公畜则能促进精原细胞增殖，在黄体生成素的协同下，促进精子的形成。本品可用于母畜催情，可防止卵泡发育停止。

【用法与用量】静脉注射、肌内注射或皮下注射：一次量，猪、羊5~25 mg，牛、马10~50 mg，犬5~15 mg。临用时用5~10 mL 生理盐水溶解。

【制剂】注射用垂体促卵泡素：每支50 mg。

【注意事项】本品应严封、冻干保存，有效期2年；剂量过大，可引起卵泡囊肿。

黄体生成素（促黄体激素）Luteinizing Hormone（LH，ICSH）[处][乡]

【理化性质】本品从牛、羊垂体前叶中提取而得，白色粉末，易溶于水。

【作用与用途】本品在促卵泡素作用的基础上，促进卵泡成熟、排卵。排卵后形成黄体，分泌黄体酮，维持妊娠黄体而有早期安胎作用。能促进雌激素的分泌而保证正常的发情。对公畜则作用于睾丸间质，增加睾丸酮的分泌，从而提高公畜的性欲，在卵泡刺激素的协同作用下，能促进精子的形成，提高精液的质量，可试治隐睾症。

本品主要用来促进排卵，治疗卵巢囊肿、早期胚胎死亡或早期习惯性流产等。

【用法与用量】静脉注射或皮下注射：一次量，猪5 mg，羊2.5 mg，牛、马25 mg，犬1 mg。临用时用5 mL 灭菌生理盐水溶解，可在1~4周内重复注射。

【制剂】注射用黄体生成素：每支 25 mg。

【注意事项】应用本品促进母马排卵时，卵泡直径在 2.5 cm 以下时不能用本品；应用本品同时，禁用抑制或阻止 LH 释放和排卵的抗肾上腺素药、抗胆碱药、抗惊厥药、麻醉药及安定药等。

孕马血清（马促性腺激素）Pregnant Mare Serum（PMS）

【理化性质】本品取自妊娠 2~5 个月的孕马血清经分离制得的灭菌血清，内含大量马促性腺激素，以妊娠 45~90 d 孕马的含量最高。马促性腺激素为孕马子宫内膜杯状细胞分泌的糖蛋白，纯品为无定形粉末。

【作用与用途】本品对于母畜，与卵泡刺激素相似，能促使卵泡的发育成熟，诱导母畜发情，还能促进黄体激素的分泌，并提高性欲。临床上可用于不发情或发情不明显的母畜，促进发情、排卵和受孕，并提高受孕率。本品还能促使成熟卵泡排卵，导致母畜超数排卵，可用于胚胎移植，促进多胎以增加产仔数。对于公畜，本品与黄体生成素相似，能增加雄激素的分泌，提高性兴奋。

【用法与用量】皮下注射或静脉注射：一次量，猪、羊 200~1 000 u，牛、马 1 000~2 000 u，犬 25~200 u，猫 50~100 u，每天或隔天 1 次。

【制剂】孕马血清粉针剂：每支 400 u、1 000 u、3 000 u。

【注意事项】本品临用时用灭菌生理盐水溶解，水溶液不太稳定，应在数小时内用完。

绒毛膜促性腺激素 Gonadotrophinum Chorionicum（Human Chorionic Gonadotropin，HCG）

【理化性质】本品由孕畜胎盘绒毛膜产生，从孕畜尿中提取，为白色粉末，易溶于水。

【作用与用途】本品的作用与黄体生成素相似，并伴有较弱的卵泡刺激素作用。对于母畜，能促进卵泡成熟、排卵及形成黄体，并可延长黄体的存在时间和刺激黄体分泌孕酮。本品短时间刺激卵巢，可促进雌激素分泌并诱发发情。临床上可用于诱导排卵以提高受胎率，与孕激素配合可增强同期发情的排卵率，同时本品也可用于治疗母畜排卵障碍、卵巢囊肿和习惯性流产等。对于公畜，本品可增加雄激素的分泌，并可促进患隐睾的病畜睾丸下降，临床上可用来治疗公畜的性功能减退。

【用法与用量】肌内注射：一次量，猪 500～1 000 u，羊 400～800 u，牛、马 2 500～10 000 u，犬 100～500 u，猫 100～200 u。

【制剂】注射用绒毛膜促性腺激素：每支 500 u、1 000 u、2 000 u、5 000 u。

【注意事项】临用时用灭菌生理盐水溶解，水溶液不稳定，4 d 内用完为宜；本品为蛋白质，多次应用可引起过敏反应及降低药效。

促性腺激素释放激素（黄体生成素释放激素）Gonadotropin Peleasing Hormone（GnRH）[处][乡]

【理化性质】本品为下丘脑分泌的一种多肽类激素，可人工合成，为白色或类白色粉末，略有臭味，可溶于水。

【作用与用途】本品能促进卵泡刺激素和黄体生成素的合成和释放，且对后者的作用较强。对于非繁殖季节的公畜，肌内注射本品可使睾丸重量增加，并改善精液质量和增强精子活力，但如果长期或大剂量使用，会导致公畜睾丸发生萎缩和精子形成受阻。对于母畜如长期或大剂量使用，也会导致卵巢发生萎缩，并可抑制排卵和阻断怀孕母畜的妊娠。临床上可用于治疗母畜的排卵迟滞、卵巢卵泡囊肿、卵巢静止、持久性黄体和母畜的早期妊娠的诊断，也可用于鱼类以诱发排卵。

本品经注射给药后，在动物机体内代谢速度较快，不会引起在乳或其他组织中的残留。另外，本品副作用较少，使用较安全。

【用法与用量】

（1）静脉或肌内注射：一次量，奶牛 25～100 μg，水貂 0.5 μg。

（2）腹腔注射：一次量，鱼 2～5 μg。

【制剂】注射用醋酸促性腺激素释放激素：每支 2 mL 含 100 μg。

第二节　其他激素类药物

（一）胰岛激素及其他影响血糖的药物

胰岛素 Insulin

【理化性质】本品为白色或类白色粉末或结晶。晶状胰岛素含锌约

0.04%，易溶于稀酸或稀碱液。在 pH 值 2.5~3.5 的酸性溶液中稳定，在微碱溶液中则不稳定。遇蛋白酶、强酸强碱均能被破坏。

【作用与用途】本品能提高组织摄取葡萄糖、降低血糖和促进蛋白质、脂肪、糖等的合成代谢能力，能促进胃液分泌，增进食欲。小量可增加营养。主要用于治疗糖尿病（非肾性）、酮血症、马麻痹性肌红蛋白尿病、高血钾症。小剂量治疗牛原发性前胃弛缓、慢性前胃弛缓或严重中毒。

【用法与用量】皮下注射：一次量，猪、羊 10~50 u，马 100~200 u，牛 150~300 u，必要时也可肌内注射或静脉注射。治疗牛前胃弛缓等，皮下注射每 1 kg 体重，一次量 0.5 u，同时静脉注射 40% 葡萄糖注射液或 10% 葡萄糖酸钙注射液，每次 100~200 mL。必要时间隔数小时可重复上述治疗。

【制剂】注射液：每支 10 mL 含 400 u、800 u。

精蛋白锌胰岛素（长效胰岛素）Protamine Zinc Insulin

【理化性质】本品为胰岛素的无色混悬液。每 100 u 内含硫酸精蛋白 1.0~1.7 mg，含锌量由氯化锌折合为 0.2 mg。pH 值为 6.9~7.3。

【作用与用途】本品为胰岛素的长效制剂，用于轻型及中型糖尿病。

【用法与用量】皮下注射：每 1 kg 体重，一次量，马、牛、犬 0.66~1.1 u，每天 1 次。

【制剂】注射液：每支 10 mL 含 400 u、800 u。

低精锌胰岛素（中效胰岛素）Isophane Insulin（NPH Insulin）

【理化性质】本品为含有精锌胰岛素结晶的白色混悬液，无凝块，pH 值为 7.1~7.4。每 100 u 混悬液内含硫酸精蛋白 0.3~0.6 mg，含锌量由氯化锌折合为 0.04 mg 以内。

【作用与用途】本品效力的持续时间介于胰岛素和长效胰岛素之间，用于中轻度糖尿病，治疗重度糖尿病须与胰岛素合用。

【用法与用量】皮下注射：一次量，每 1 kg 体重，犬 0.5~1 u，猫 3~5 u，每天 1 次。

【制剂】注射液：每支 10 mL 含 400 u。

胰高血糖素 Glucagon

【理化性质】本品为白色结晶性细粉末，不溶于水，溶于稀酸和稀碱。

【作用与用途】本品能升高血糖，增加心输出量，血压上升，主要用于各种低血糖症、心源性休克和胰腺炎。

【用法与用量】静脉注射：一次量，每 1 kg 体重，犬 0. 05 mg，可间隔 30 min 重复用药。

【制剂】注射液（补充规格）。

（二）甲状腺激素及抗甲状腺药物

甲状腺粉（干甲状腺）Thyroideum

【理化性质】本品为微黄色粉末，有特异臭气，微溶于水。

【作用与用途】本品可促进机体的代谢和生长发育，主要用于呆小症和甲状腺功能低下症（黏液水肿）等。

【用法与用量】内服：一天量，犬 0. 32~0. 68 g，其他家畜每 1 kg 体重 1~2 mg。

【制剂】片剂：每片 30 mg、60 mg。

甲碘安（三碘甲状腺氨酸钠）Triiodothyroninum Natricum (Sodium Liothyronine T3)

【理化性质】本品为白色或黄白色结晶或晶粉，不溶于水，能溶于乙醇。

【作用与用途】本品作用同甲状腺素，但效力比其强，常用于黏膜水肿及其他严重甲状腺功能不足状态，也可作甲状腺功能诊断药。

【用法与用量】内服：一天量，牛 0. 4 mg，犬每 1 kg 体重 0. 002~0. 011 mg。

【制剂】片剂：每片 0. 02 mg。

甲巯咪唑（他巴唑）Thiamazole（Tapazole，Methimazole）

【理化性质】本品为白色或淡黄色结晶性粉末，微有特臭，易溶于乙醇和水，在乙醚中微溶。

【作用与用途】本品可间接地抑制甲状腺激素的生成，但作用比丙基硫氧嘧啶约强 10 倍，且药效快而代谢慢，维持作用时间较长。国外主要用于治疗猫的甲状腺功能亢进。

【用法与用量】内服：猫，一次量，5 mg，每天3次。

【制剂】片剂：每片5 mg、10 mg。

碘化钾 Potassium Iodide

【理化性质】本品为白色或无色结晶性粉末，无臭，味咸、苦，微有引湿性，极易溶于水，易溶于乙醇。

【作用与用途】碘为合成甲状腺激素的必需原料，动物缺碘时，其甲状腺呈代偿性肥大（甲状腺肿）。小剂量碘可用于防治甲状腺肿，大剂量碘则可作为抗甲状腺药暂时控制甲状腺功能亢进症，但不能作为治疗该病的常规用药。

【用法与用量】内服，一天量（大剂量），犬每1 kg体重4.4 mg。

【制剂】片剂：每片10 mg。

第十章　体液补充和电解质平衡调节药物

动物体液主要由水、电解质及非电解质组成，组织代谢需要相对稳定的体液环境，即体液的容量和分布、各种电解质浓度及其酸碱度、水摄入量和排出量须维持相对的动态平衡，否则即会破坏动物机体正常生理功能而出现病理状态，即需要应用合适的药物进行治疗。此类药物主要分为四类：水和电解质平衡药、酸碱平衡药、能量补充药和血容量补充药。

第一节　水和电解质平衡药

动物发生体液、电解质平衡紊乱时，及时给予不同质量和一定数量的溶液进行纠正，目的是纠正脱水或水过多、电解质不平衡及补充营养，以维持机体正常生理功能，此类药物称作体液补充及电解质平衡药。

氯化钠 Sodium Chloride[兽]

【理化性质】本品为无色透明的立方形结晶或白色结晶性粉末，无臭，味咸。本品在水中易溶，在乙醇中几乎不溶。

【作用与用途】本品为电解质补充剂。钠是动物体内细胞外液中极为重要的阳离子，是保持外液渗透压和容量的重要成分。钠以碳酸氢钠形式构成缓冲系统，对调节体液的酸碱平衡也具有重要作用。钠离子在细胞外液中的正常浓度，是维持细胞的兴奋性、神经肌肉应激性的必要条件。体内丢失钠可引起低钠综合征，表现为全身虚弱、表情淡漠、肌肉痉挛、循环障碍等，重则昏迷甚至死亡。另外，高渗氯化钠溶液静脉注射后能反射性兴奋迷走神经，使胃肠平滑肌兴奋，蠕动增强。

临床上主要用于调节体内水和电解质平衡，高渗溶液还用于兴奋瘤胃功能。本品小剂量内服，可通过刺激味觉感受器和消化道黏膜而发挥盐类健胃药作用；大剂量内服，解离的盐类离子可刺激胃肠黏膜而促进肠腔蠕动，从而产生导泻作用，但作用不及硫酸钠和硫酸镁等盐类泻药。

【不良反应】

（1）输注或内服过多、过快，可致水、钠潴留，引起水肿，血压升高，心率加快。

（2）过量地给与高渗氯化钠可致高钠血症。

（3）过量给予低渗氯化钠可致溶血、脑水肿等。

【用法与用量】静脉注射：一次量，马、牛 1 000～3 000 mL，羊、猪 250～500 mL，犬 100～500 mL，猫 40～50 mL。

【制剂】氯化钠注射液；复方氯化钠注射液。

【注意事项】

（1）脑、肾、心脏功能不全及血浆蛋白过低患畜慎用，肺水肿患畜禁用。

（2）本品所含有的氯离子比血浆氯离子浓度高，已发生酸中毒动物，如大量应用，可引起高氯性酸中毒。此时可改用碳酸氢钠和生理盐水。

氯化钾 Potassium Chloride[乡]

【理化性质】本品为无色长棱形、立方形结晶或白色结晶性粉末，无臭，味咸涩。本品在水中易溶，在乙醇或乙醚中不溶。

【作用与用途】钾为细胞内主要阳离子，是维持细胞内渗透压的重要成分。钾离子通过与细胞外的氯离子交换参与酸碱平衡的调节；钾离子亦是心肌、骨骼肌、神经系统维持正常功能所必需的。适当浓度的钾离子，可保持神经肌肉的兴奋性，缺钾则导致神经肌肉间的传导阻滞，心肌自律性增高。另外，钾还参与糖和蛋白质的合成及二磷酸腺苷转化为三磷酸腺苷的能量代谢。

临床主要用于低血钾症和强心苷中毒，可用于强心苷中毒引起的阵发性心动过速。

【不良反应】

（1）内服对胃肠道有刺激作用，不宜在空腹时服用。

（2）应用过量或滴注速度过快易引起高血钾症。

【用法与用量】静脉注射：一次量，马、牛 2～5 g，羊、猪 0.5～1 g。

使用时必须用 0.5% 葡萄糖注射液稀释成 0.3% 以下的溶液。

【制剂】氯化钾注射液。

【注意事项】

（1）高浓度溶液或快速静脉注射可能会导致心搏骤停。

（2）肾功能严重减退或尿少时慎用，无尿或血钾过高时禁用。

（3）脱水病例一般先给不含钾的液体，等排尿后再补钾。

【药物相互作用】

（1）糖皮质激素可促进尿钾排泄，与钾盐合用时会降低疗效。

（2）抗胆碱药能增强内服氯化钾的胃肠道刺激作用。

口服补液盐 Oral Rehydration Salts[乡]

【主要成分】氯化钠、氯化钾、碳酸氢钠、葡萄糖。

【理化性质】本品为白色结晶性粉末。

【作用与用途】本品为电解质补充药，补充体液中钠、钾离子及营养物质，调节体液平衡。临床用于纠正腹泻、热应激等引起的电解质紊乱。

【不良反应】按规定用法用量使用尚未见不良反应。

【用法与用量】用前将本品 1 包（大、小各 1 袋）溶于 4 L 水中。混饮：鸡，自由饮用。

【制剂】可溶性粉末，118 g。其中大袋：葡萄糖 88 g，氯化钠 14 g；小袋：氯化钾 6 g，碳酸氢钠 10 g。

【注意事项】忌与酸性药物合用。

第二节 酸碱平衡药

机体正常活动要求保持相对稳定的体液酸碱度，称为酸碱平衡。动物机体在新陈代谢过程中不断产生大量的酸性物质，饲料中也可摄入各种酸碱物质，当肺、肾功能障碍、代谢异常、高热、缺氧、腹泻或其他重症疾病引起酸碱平衡紊乱时，使用酸碱平衡调节药进行对症治疗，可使紊乱恢复正常。同时要进行对因治疗，才能消除引起酸碱平衡紊乱的原因，使动物恢复健康。

碳酸氢钠 Sodium Bicarbonate[乡]

【理化性质】本品又称小苏打，为白色结晶性粉末，无臭，味咸，在潮湿空气中即缓缓分解；水溶液放置稍久，或振荡，或加热，碱性即增强。本品在水中溶解，在乙醇中不溶。

【作用与用途】本品内服后能迅速中和胃酸，减轻胃酸过多引起的疼痛，但作用持续时间短。内服或静脉注射碳酸氢钠能直接增加机体的碱贮备，迅速纠正代谢性酸中毒，并碱化尿液。临床上主要用于严重酸中毒、胃肠卡他；也用于碱化尿液，以防止磺胺类药物的代谢物等对肾脏的损害，以及加速弱酸性药物的排泄。本品还常用于防治禽肾脏肿大、尿酸盐沉积、花斑肾及内脏痛风（0.05%~0.1%混饮）。

【不良反应】

（1）大量静脉注射时可引起代谢性碱中毒、低血钾症，易出现心律失常、肌肉痉挛。

（2）内服时可在胃内产生大量 CO_2，引起胃肠膨气。

【用法与用量】

（1）内服：一次量，马 15~60 g，牛 30~100 g，羊 5~10 g，猪 2~5 g，犬 0.5~2 g。

（2）静脉注射：一次量，马、牛 15~30 g，羊、猪 2~6 g，犬 0.5~1.5 g。

【制剂】碳酸氢钠片；碳酸氢钠注射液。

【注意事项】

（1）患有充血性心力衰竭、肾功能不全和水肿或缺钾等的患畜慎用。

（2）应避免与酸性药物、复方氯化钠、硫酸镁或盐酸氯丙嗪注射液等混合应用。

（3）对组织有刺激性，静注时勿漏出血管外。

（4）用量要适当，纠正严重中毒时，应测定 CO_2 结合力作为用量依据。

【药物相互作用】

（1）与糖皮质激素合用，易发生高钠血症和水肿。

（2）与排钾利尿药合用，可增加发生低氯性碱中毒的危险。

（3）本品可使尿液碱化，使弱有机碱药物排泄减慢，而使弱有机酸药物排泄加快。

（4）可使内服铁剂的吸收减少。

乳酸钠 Sodium Lactate[乡]

【理化性质】本品为无色或几乎无色的澄明黏稠液体。本品能与水、乙醇或甘油任意混合。

【作用与用途】本品为纠正酸血症的药物，其高渗溶液注入体内后，在有氧条件下经肝脏氧化代谢，转化成碳酸根离子，纠正血中过高的酸度，但其作用不及碳酸氢钠迅速和稳定。临床作为酸碱平衡用药，用于酸中毒。主要用于治疗代谢性酸中毒，特别是高血钾症等引起的心律失常并伴有酸血症的患畜。

【用法与用量】静脉注射：一次量，马、牛 200～400 mL，羊、猪 40～60 mL。用时稀释 5 倍。

【制剂】乳酸钠注射液。

【注意事项】

（1）水肿患畜慎用。

（2）患有肝功能障碍、休克、缺氧或心功能不全的动物慎用。

（3）不宜用生理盐水或其他含氯化钠溶液稀释本品，以免成为高渗溶液。

第三节　能量补充药

能量是维持机体生命活动的基本要素。糖类、脂肪和蛋白质在体内经生物转化均可产生能量，体内 50% 的能量被转化成热能以维持体温，其余以 ATP 形式贮存供生理和生产之需。能量代谢过程，包括能量的释放、贮存、利用三个环节，任一环节发生障碍都影响机体的正常功能活动。葡萄糖作为能量补充药之一在兽医临床最为常用。

葡萄糖 Glucose[乡]

【理化性质】本品为无色结晶或白色结晶性或颗粒性粉末，无臭，味甜。本品在水中易溶，在乙醇中微溶。

【作用与用途】本品是机体所需能量的主要来源，在体内被氧化成 CO_2 和水并同时供给热量，或以糖原形式贮存，对肝脏具有保护作用。5% 等渗葡萄糖注射液及葡萄糖氯化钠注射液有补充体液作用，高渗葡萄糖注射液还可提高血液渗透压，使组织脱水并有短暂利尿作用。

葡萄糖可用于如下病症的辅助治疗：①下痢、呕吐、重伤、失血等，当体内损失大量水分时，可静脉输注 5%～10% 葡萄糖溶液。②不能摄食的重病衰竭患畜，可用以补充营养。③仔猪低血糖症、牛酮血症、农药和化学药物及细菌毒素等中毒病解救的辅助治疗。

临床 5% 等渗葡萄糖溶液用于补充营养和水分，10% 高渗葡萄糖溶液用于提高血液渗透压和利尿脱水，葡萄糖氯化钠溶液用于治疗脱水症。

【不良反应】

（1）长期单纯补给葡萄糖可出现低钾、低钠血症等电解质紊乱状态。

（2）输注葡萄糖氯化钠注射液过多、过快，可致水、钠潴留，引起水肿、血压升高、心率加快、胸闷、呼吸困难，甚至急性左心衰竭。

【用法与用量】葡萄糖注射液，以葡萄糖计。

（1）静脉注射：一次量，马、牛 50～250 g，羊、猪 10～50 g，犬 5～25 g。

（2）葡萄糖氯化钠注射液静脉注射：一次量，马、牛 1 000～3 000 mL，羊、猪 250～500 mL，犬 100～500 mL。

【注意事项】

（1）高渗葡萄糖注射液应缓慢注射，以免加重心脏负担，且勿漏出血管外。

（2）低血钾症患畜慎用葡萄糖氯化钠注射液。

（3）葡萄糖氯化钠注射液易致肝、肾功能不全患病动物水、钠潴留，需注意控制剂量。

【制剂】葡萄糖注射液；葡萄糖氯化钠注射液。

第四节　血容量补充药

大量失血、严重创伤、高热、呕吐、腹泻等，往往使机体大量丢失血液（或血浆）、体液，造成血容量不足，严重者可导致休克，迅速扩充血容量是抗休克的基本疗法，目前临床上可选用血浆代用品用于扩充血容量。血浆代用品多为人工合成高分子化合物，有一定的胶体渗透压，扩充血容量的效果与血液制品相似，作用持久，无抗原和不良反应。常用药物有右旋糖酐及其制品，疗效确实，不良反应少。

右旋糖酐是葡萄糖的聚合物，分为不同分子质量的产品。临床上常用的有中分子（平均分子质量 7 万 u）、低分子（平均分子质量 4 万 u），分别称为右旋糖酐 70、右旋糖酐 40。

右旋糖酐 40　Dextran 40[乡]

本品是蔗糖经肠膜状明串珠菌 L. -M-1226 号菌（Leuconostoc mesenteroides）发酵后生成的高分子葡萄糖聚合物，经处理精制而得。

【理化性质】本品为白色粉末，无臭，无味，在热水中易溶，在乙醇中不溶。

【作用与用途】本品能提高血浆胶体渗透压，吸收血管外的水分而扩充血容量，维持血压；可引起红细胞解聚，降低血液黏滞性，从而改善微循环和组织灌注，使静脉回流量和心搏输出量增加；抑制凝血因子 II 的激活，使凝血因子 I 和 VIII 活性降低，有抗血栓形成和渗透性利尿作用。本品因分子质量小，在体内停留时间较短，经肾脏排泄亦快，故扩充血容量作用维持时间较短，维持血压时间仅为 3 h 左右。

本品主要用于补充和维持血容量，治疗失血、创伤、烧伤及中毒性休克。

【不良反应】

（1）偶见发热、荨麻疹等过敏反应。

（2）增加出血倾向。

【用法与用量】静脉注射：一次量，马、牛 500~1 000 mL，羊、猪250~500 mL，每 1 kg 体重，犬每天 20 mL，猫每天 10 mL。

【制剂】右旋糖酐 40 葡萄糖注射液：500 mL：300 g 右旋糖酐 40 g 与25 g 葡萄糖；右旋糖酐 40 氯化钠注射液：500 mL：30 g 右旋糖酐 40 g 与4.5 g 氯化钠。

【注意事项】

（1）静脉注射宜缓慢，用量过大可致出血。如鼻出血、创面渗血、血尿等。有出血倾向的患畜忌用。

（2）充血性心力衰竭或有出血性疾病的患畜禁用，患有肝肾疾病的患畜慎用。

（3）发生发热、荨麻疹等过敏反应时，应立即停止输血，必要时注射苯海拉明或肾上腺素解救。

（4）失血量如超过35%时应用本品可继发严重贫血，需采用输血疗法。

【药物相互作用】与卡那霉素，庆大霉素合用可增加后者毒性。

右旋糖酐 70 （中分子右旋糖酐） Dextran 70

【理化性质】本品为白色非晶体性粉末，无臭，无味，不潮解，但无水物有吸湿性，高热易变色或分解，易溶于热水。

【作用与用途】为血容量补充药，静脉注射后，可维持血管内血浆胶体渗透压，吸收组织间水分发挥扩充血容量作用，由于相对分子质量较大，不易渗出血管外，故扩充血容量作用持久。本品扩充血容量作用与血浆相似。主要用于补充和维持血容量，治疗大量失血、失血性休克，亦用于预防手术后血栓和血栓性静脉炎。

【用法与用量】静脉输注：一次量，马、牛 500～1 000 mL；羊、猪 250～500 mL；骆驼 1 000～2 000 mL，犬、猫每千克体重 20 mL。

【制剂】右旋糖酐 70 葡萄糖注射液：每瓶 500 mL 含右旋糖酐 70 30 g 和葡萄糖 25 g。右旋糖酐 70 氯化钠注射液：每瓶 500 mL 含右旋糖酐 70 30 g 和氯化钠 4.5 g。

【注意事项】

（1）充血性心力衰竭或有出血性疾病的患畜禁用。

（2）患有肝肾疾病、血小板减少症和出血性疾病患畜禁用。

（3）发生发热、荨麻疹等过敏反应时，应停止输液，必要时注射苯海拉明或肾上腺素抢救。

（4）静脉注射应缓慢，用量过大可致出血。

（5）失血量如超过 35%时，应用本品可继发严重贫血，需采用输血疗法。

（6）与卡那霉素、庆大霉素合用可增加其毒性。

第十一章　常用营养药物

第一节　维生素

维生素是维持动物正常代谢和机能所必需的一类有机化合物，现已发现具有维生素样功能的物质有 50 多种，最常见的维生素有 14 种。现知多数维生素是体内某些酶的辅酶（或辅基）中的组分，在物质代谢中起着重要的催化剂作用。每一种维生素对动物机体都有其特定的功能，机体缺乏时可引起一类特殊的疾病，称作"维生素缺乏症"，如代谢功能障碍，生长停顿，生产性能、繁殖力和抗病力下降等，严重的甚至可致死亡。维生素类药物主要用于防治维生素缺乏症，临床上也可用于某些疾病的辅助治疗。

根据溶解性，把维生素分为脂溶性维生素和水溶性维生素两大类。有些物质，虽然已被证明在某些方面具有维生素的生物学作用，且少数动物必须由日粮提供，但并没有证实大多数动物必须由日粮提供，称为类维生素，包括甜菜碱、肌醇、肉毒碱等。

一、脂溶性维生素

脂溶性维生素包括维生素 A、维生素 D、维生素 E、维生素 K 等，它们易溶于大多数有机溶剂，不溶于水。

维生素 A Vitamin A[乡]

本品是用每克含 270 u 以上的维生素 A 醋酸酯结晶加精制植物油制成的油溶液。

【理化性质】本品为淡黄色油溶液或结晶与油的混合物，无臭，在空气中易氧化，遇光易变质。不溶于水，微溶于乙醇。

【作用与用途】本品有四个方面的生理功能：①维持视网膜的感光功

能，缺乏时易引起夜盲症。②维持上皮组织的正常功能，缺乏时，易引起上皮组织干燥、增生和角化过度。③促进生长发育，缺乏时，幼年动物生长停顿、发育不良，骨、齿等硬组织生长迟缓、变形。④促进类固醇的合成，缺乏时，胆固醇和糖皮质类固醇激素的合成减少。

本品主要用于维生素 A 缺乏症，也可用于增加机体对感染的抵抗力，用于体质虚弱的畜禽、妊娠和泌乳母畜，亦可用于皮肤、黏膜炎症以及烧伤的治疗，有促进愈合的作用。

【用法与用量】

(1) 维生素 AD 油：内服，一次量，猪、羊 10~15 mL；马、牛 20~60 mL；犬 5~10 mL；禽 1~2 mL。

(2) 维生素 AD 注射液：肌内注射，一次量，猪、羊、驹、犊 2~4 mL，马、牛 5~10 mL，羔羊、仔猪 0.5~1 mL。

【制剂】①维生素 AD 油：1 g 含维生素 A 5 000 u 与维生素 D 500 u。②维生素 AD 注射液：0.5 mL 含维生素 A 2.5 万 u 与维生素 D 2 500 u、5 mL 含维生素 A 25 万 u 与维生素 D 2.5 万 u。

【注意事项】用时注意补充钙剂。本品大量或长期摄入可发生中毒，表现为食欲减退、体重减轻、皮肤发痒、关节肿痛等。猫表现为局部或全身性骨质疏松为主症的骨质疾患，停药 1~2 周中毒症状可缓解或消失。

维生素 D Vitamin D[乡]

【理化性质】本品常用维生素 D_2、维生素 D_3，均为无色针状结晶或白色结晶性粉末。不溶于水，易溶于乙醇、丙酮等，能溶于植物油，性质稳定。

【作用与用途】本品能调节血钙浓度，促进小肠对钙、磷的吸收，维持体液中钙、磷的正常浓度，从而促进骨骼的正常钙化。对于家禽，维生素 D_3 的效能比维生素 D_2 高 50~100 倍。临床主要用于防治维生素 D 缺乏症，如佝偻病、骨软化病等。

【用法与用量】

(1) 维生素 D_2 胶性钙注射液：用于维生素 D 缺乏症。肌内注射或皮下注射：一次量（按维生素 D_2 计），猪、羊 2~4 mL，马、牛 5~20 mL，犬 0.5~1 mL，用前摇匀。

(2) 维生素 D_3 注射液：用于维生素 D 缺乏症。肌内注射：一次量，每 1 kg 体重，家畜 1 500~3 000 u。

（3）鱼肝油：内服，一次量，鸡 1~2 mL，猪、羊 10~15 mL，马、牛 20~60 mL，犬 5~10 mL；也可用鱼肝油或其 10% 软膏局部用于创伤、烧伤、脓疡等以促进愈合。

（4）维生素 AD 注射液：肌内注射，一次量，猪、羊、驹、犊 2~4 mL，马、牛 5~10 mL，羔羊、仔猪 0.5~1 mL。

（5）维生素 AD 油：内服，一次量，猪、羊 10~15 mL，马、牛 20~60 mL，犬 5~10 mL，禽 1~2 mL。

【制剂】①维生素 D_2 胶性钙注射液：以维生素 D_2 计，每支 1 mL（维生素 D_2 5 000 u）、5 mL（维生素 D_2 2.5 万 u）、20 mL（维生素 D_2 10 万 u）；②维生素 D_3 注射液：每支 0.5 mL 含 15 万 u、1 mL 含 30 万 u 或 60 万 u；③鱼肝油：每毫升含维生素 A 1 500 u、维生素 D 150 u。④维生素 AD 油：1 g 含维生素 A 5 000 u 与维生素 D 500 u。⑤维生素 AD 注射液：0.5 mL 含维生素 A 2.5 万 u 与维生素 D 2 500 u、5 mL 含维生素 A 25 万 u 与维生素 D 2.5 万 u。

【注意事项】长期大量应用易引起高血钙、骨变脆、肾结石等；其代谢缓慢，常见慢性中毒表现，食欲减退、腹泻，猪出现肌震颤和运动失调，常因肾小管过度钙化而产生尿毒症死亡。

维生素 E（生育酚）Vitamin E（Tocopherol）[乡]

【理化性质】本品为微黄色至黄色或黄绿色澄清的黏稠液体，不溶于水，易溶于乙醇。

【作用与用途】本品调节机体的氧化过程，防止维生素 A、维生素 C、不饱和脂肪酸的氧化。用于防治维生素 E 缺乏引起的营养性肌萎缩，细胞通透性障碍（猪的肝变性和坏死，鸡的脑质软化和渗出性素质），不育症（不育或流产，猪、鸡例外）。由于动物缺硒与缺维生素 E 症状相似，故饲料中补硒也可防治维生素 E 缺乏症的症状。维生素 E 也常配合维生素 A、维生素 D、维生素 B 用于畜禽的生长不良、营养不足等综合性缺乏症。

【用法与用量】

（1）亚硒酸钠维生素 E 注射液：肌内注射，一次量，仔猪、羔羊 1~2 mL，驹、犊 5~8 mL。

（2）维生素 E 注射液：肌内注射或皮下注射，一次量，仔猪、羔羊

0.1~0.5 g，驹、犊 0.5~1.5 g，犬 0.03~0.1 g，隔天注射 1 次。

【制剂】①亚硒酸钠维生素 E 注射液：每支 1 mL 含亚硒酸钠 1 mg 与维生素 E 50 mg。②维生素 E 注射液：每支 1 mL 含 50 mg，10 mL 含 500 mg。

【注意事项】饲料中不饱和脂肪酸含量愈高，动物对维生素 E 需要量越大；饲料中矿物质、糖的含量变化，其他维生素的缺乏等均可加重维生素 E 缺乏。

维生素 K Vitamin K[乡]

维生素 K 内容详见止血药维生素 K 项。

二、水溶性维生素

水溶性维生素包括 B 族维生素（维生素 B_1、维生素 B_2、维生素 B_6、维生素 B_{12}、烟酰胺、叶酸、泛酸、生物素等）和维生素 C 等。动物胃肠道内微生物，尤其是反刍动物瘤胃内的微生物能合成部分 B 族维生素，所以成年反刍动物一般不会缺乏，但家禽、犊牛、羔羊等则需要从饲料中获得足够的 B 族维生素才能满足其生长发育需要。水溶性维生素在体内不易贮存，摄入的多余量全部由尿排出，因此毒性很低。

维生素 B_1（盐酸硫胺）Vitamin B_1[乡]

【理化性质】本品为白色细小结晶或晶粉，易溶于水，略溶于乙醇，水溶液呈酸性反应。在酸性溶液中稳定，在碱性溶液中易分解失效。

【作用与用途】本品能促进正常的糖代谢，并且是维持神经传导、心脏和胃肠道正常功能所必需的物质。主要用于维生素 B_1 缺乏症和神经炎、心肌炎、牛酮血症的辅助治疗。

【用法与用量】

（1）维生素 B_1 片：内服，一次量，马、牛 100~500 mg，猪、羊 25~50 mg，犬 10~50 mg，猫 5~30 mg。

（2）维生素 B_1 注射液：肌内注射或皮下注射，一次量，猪、羊 25~50 mg，马、牛 100~500 mg，犬 10~25 mg，猫 5~15 mg。

【制剂】①维生素 B_1 片：每片 10 mg、50 mg。②维生素 B_1 注射液：每支 1 mL 含 10 mg、25 mg，10 mL 含 250 mg。

【注意事项】注射时，偶见过敏反应，甚至休克。吡啶硫胺素、氨丙啉

是维生素 B_1 拮抗物，饲料中此类物质添加过多会引起维生素 B_1 缺乏。

维生素 B_2 （核黄素） Vitamin B_2[乡]

【理化性质】本品为橙黄色晶粉，几乎不溶于水、乙醇，在稀氢氧化钠溶液中溶解。在酸性条件下稳定，耐热，易被碱和光线破坏，应避光密闭保存。

【作用与用途】本品在体内构成黄素酶类的辅酶。黄素酶类在机体生物氧化中起作用，还协助维生素 B_1 参与糖和脂肪的代谢。机体缺乏维生素 B_2 时，表现生长停止、发炎、脱毛、眼炎、食欲减退、慢性腹泻、晶状体混浊、母猪早产等。主要用于维生素 B_2 缺乏症和神经炎的辅助治疗。

【用法与用量】

（1）维生素 B_2 片：内服，一次量，猪、羊 20~30 mg，马、牛 100~150 mg，犬 10~20 mg，猫 5~10 mg。

（2）维生素 B_2 注射液：肌内注射或皮下注射用量同内服量。

【制剂】①维生素 B_2 片：每片 5 mg、10 mg。②维生素 B_2 注射液：每支 2 mL 含 10 mg，5 mL 含 25 mg，10 mL 含 50 mg。

【注意事项】本品对氨苄青霉素、邻氯青霉素、头孢菌素（Ⅰ、Ⅱ）、四环素、金霉素、去甲金霉素、土霉素、红霉素等多种抗生素有灭活作用，以上药物不能与维生素 B_2 混合注射。

烟酰胺与烟酸 （维生素 PP） Nicotinamid and Nicotinic Acid[乡]

【理化性质】烟酰胺与烟酸均为白色晶粉，溶于水和乙醇。化学性质稳定。

【作用与用途】烟酰胺是烟酸在体内的活性形式，在体内与核糖、磷酸、腺嘌呤构成辅酶Ⅰ和辅酶Ⅱ，此二酶参与机体代谢过程。烟酸在体内转化为烟酰胺才能发挥作用。二者缺乏时，犬发生黑舌病，雏鸡出现腿骨弯曲、肿胀，动物出现口炎、皮肤皲裂、腹泻等糙皮病症状，此时可补充烟酸或烟酰胺治疗。

【用法与用量】

（1）烟酰胺片：内服，一次量，每 1 kg 体重，家畜 3~5 mg。

（2）烟酰胺注射液：肌内注射，一次量，每 1 kg 体重，家畜 0.2~0.6 mg，幼畜不得超过 0.3 mg。

【制剂】①烟酰胺片：每片 50 mg、100 mg。②烟酰胺注射液：每支 1 mL 含 50 mg、100 mg。

维生素 B$_6$ Vitamin B$_6$ [乡]

【理化性质】本品为白色结晶，易溶于水，微溶于醇，在酸性溶液中稳定，遇碱、光、高热均易被破坏。

【作用与用途】本品在体内形成有生理活性的磷酸吡哆醛和磷酸吡哆胺，是氨基酸代谢的重要辅酶。当其缺乏时，家畜常出现皮炎、贫血、衰弱和痉挛兴奋等，雏鸡表现为跑动和扑翅等神经兴奋症状。本品主要用于维生素 B$_6$ 缺乏症的治疗，也可用于大量和长期服用异烟肼而引起的神经炎和胃肠道反应。

【用法与用量】

（1）维生素 B$_6$ 片：内服，一次量，猪、羊 0.5~1 g，马、牛 3~5 g，犬 0.02~0.08 g。

（2）维生素 B$_6$ 注射液：肌内注射、静脉注射或皮下注射，用量同内服量。

【制剂】①片剂：每片 10 mg。②注射液：每支 1 mL 含 25 mg、50 mg，2 mL 含 100 mg，10 mL 含 500 mg、1 g。

维生素 B$_{12}$ Vitamin B$_{12}$ [乡]

【理化性质】本品为深红色结晶或晶粉，略溶于水和乙醇，在酸性溶液中稳定，遇碱、光、高热均易被破坏。

【作用与用途】本品是消化道疾病者容易缺乏的维生素，也是红细胞生成不可缺少的重要元素，如果严重缺乏，将导致恶性贫血。本品主要用于维生素 B$_{12}$ 缺乏症的治疗，也可用于大量和长期服用异烟肼而引起的神经炎和胃肠道反应。

【用法与用量】维生素 B$_{12}$ 注射液：肌内注射，一次量，猪、羊 0.3~0.4 mg，马、牛 1~2 mg，犬、猫 0.1 mg。

【制剂】注射液：每支 1 mL 含 0.05 mg、0.1 mg、0.25 mg、0.5 mg 或 1 mg。

【注意事项】肌内注射偶可见引起皮疹、瘙痒、腹泻及过敏性哮喘。

复合维生素 B Compound Vitamin B[乡]

【理化性质】注射液为黄色带绿色荧光的澄明或几乎澄明的溶液；可溶性粉为淡黄色粉末。

【作用与用途】本品用于营养不良、食欲减退、多发性神经炎、糙皮病及缺乏 B 族维生素所致的各种疾病的辅助治疗。

【用法与用量】复合性维生素注射液肌内注射：一次量，猪、羊 2~4 mL，马、牛 10~20 mL，犬、猫、兔 0.5~1 mL。复合维生素可溶性粉：每 1 L 水，禽 0.5~1.5 g，连用 3~5 d。

【制剂】注射液每支 2 mL、10 mL；可溶性粉：含有维生素 B_1、烟酰胺、维生素 B_2、维生素 B_6 及泛酸钙。

泛酸（遍多酸）Pantothen[乡]

【理化性质】本品为黄色油状液体，常用其钙盐，为白色粉末，易溶于水，微溶于醇。

【作用与用途】本品为辅酶 A 的组成成分之一，辅酶 A 参与蛋白质、脂肪、糖代谢，起乙酰化作用。其缺乏时表现为皮炎、脱毛、肾上腺皮质变性。由于神经变性而出现运动障碍，猪、鸡可发生缺乏症，草食动物极少发生。

【用法与用量】混饲：每 1 000 kg 饲料，猪 10~13 g，禽 6~15 g。

【制剂】泛酸钙预混剂；泛酸钙片：每片 20 mg；泛酸钙注射液：每支 1 mL 含 150 mg。

维生素 C（抗坏血酸）Vitamin C（Acidum Ascordicum）[乡]

【理化性质】本品为白色或略带淡黄色的结晶或晶粉，易溶于水、乙醇，性质不稳定。

【作用与用途】本品参与体内氧化还原反应，促进细胞间质的生成、降低毛细血管的通透性和脆性。有解毒作用，其强还原性可保护机体内巯基免遭毒物破坏，因而可用于铅、汞、砷、苯等中毒，磺胺和巴比妥等药物中毒及增强机体对细菌毒素的解毒能力。有抗炎、抗过敏作用，主要通过拮抗缓激肽、组织胺而实现该作用。有增强机体的抗病能力作用。

临床主要用于防治维生素 C 缺乏症，亦可用于家畜传染性疾病、高热、心源性和感染性休克、中毒、药疹、贫血等辅助治疗。

【用法与用量】

（1）维生素 C 片：内服，一次量，猪、羊 0.2~0.5 g，马 1~3 g，犬 0.1~0.5 g。

（2）维生素 C 注射液：静脉注射、肌内注射，一次量，猪、羊 0.2~0.5 g，马 1~3 g，牛 2~4 g，犬 0.02~0.1 g。

（3）维生素 C 可溶性粉：混饮，每 1 L 水，禽 30 mg，自由饮用，连用 5 d。

【制剂】①片剂：每片 100 mg。②注射液：每支 2 mL 含 0.1 g、0.25 g，5 mL 含 0.5 g，10 mL 含 0.5 g 或 1 g，20 mL 含 2.5 g。③可溶性粉：含维生素 C 6%；10%；25%。

【注意事项】

（1）本品对氨苄青霉素、邻氯青霉素、头孢菌素（Ⅰ、Ⅱ）、四环素、金霉素、土霉素、多西环素、红霉素、竹桃霉素、新霉素、卡那霉素、链霉素、氯霉素、林可霉素和多黏菌素等都有不同程度的灭活作用，故不能混合注射。

（2）不能与氨茶碱等强碱性注射液配伍。

（3）在瘤胃内易破坏，故反刍兽不宜内服。

三、其他

二氢吡啶 Dihydropyridine[乡]

【理化性质】本品为淡黄色粉末或针状结晶，遇光后色渐变深，溶于热乙醇，几乎不溶于水。

【作用与用途】本品为组织代谢调节药，能抑制脂类化合物的氧化，促进矿物质的吸收，从而改善动物繁殖性能和促进生产发育。用于改善牛、肉种鸡的繁殖性能。

【不良反应】按规定的用法与用量使用尚未见不良反应。

【用法与用量】混饲：每 1 000 kg 饲料，牛 2~3 kg，肉种鸡 3 kg。

【制剂】预混剂：含二氢吡啶 5%。

【注意事项】

（1）临用前与饲料混合均匀。

（2）休药期：牛、肉鸡 7 d；弃奶期 7 d。

氯化胆碱 Choline chloride[乡]

【理化性质】70%氯化胆碱水溶液为无色透明的黏性液体，稍有特异臭味；50%氯化胆碱粉为白色或黄褐色（视赋形剂不同）干燥的流动性粉末或颗粒，具有吸湿性和特异臭味。

【作用与用途】胆碱是卵磷脂和神经磷脂的构成成分，具有参与细胞结构构成和维持细胞功能的作用。氯化胆碱尚能提供甲基，参与体内蛋氨酸的合成，氯化胆碱还参与脂肪代谢，具有预防脂肪肝的作用。用于促进畜禽增重，提高家禽产蛋率和饲料利用率等。

【用法与用量】混饲：每 1 kg 饲料雏鸡 1.3 g，育成鸡、产蛋鸡、种母鸡 0.5 g，肉鸡 0.85~1.3 g，仔猪 0.6 g，育肥猪 0.5 g。

【制剂】氯化胆碱溶液：70%。

【注意事项】动物机体对氯化胆碱的需要量大于维生素，但在哺乳、生长和肥育期每 1 kg 饲料添加氯化胆碱 2 g 时，猪的日增重降低。

盐酸甜菜碱 Bataine Hydrochloride[乡]

本品为季胺型生物碱，广泛分布于动植物体内，因首先是从甜菜糖蜜中分离出来而得名。现已可人工合成。

【理化性质】本品为白色或淡黄色结晶性粉末，易溶于水，极微溶于乙醇，不溶于三氯甲烷和乙醚。

【作用与用途】本品作为甲基供体来源，高效替代胆碱和部分蛋氨酸，提高养殖效率。本品在动物体内提供甲基给半胱氨酸，生成蛋氨酸，后者经活化变成 S-腺苷蛋氨酸，然后把甲基转移给 DNA、RNA、蛋白质、肌酸、脂类和其他重要的含甲基成分。甲基很不稳定，动物体不能自行合成，只能依靠食物供给。甜菜碱提供甲基的效率是氯化胆碱的 1.2 倍，为蛋氨酸的 3.8 倍。胆碱本身不能作为甲基供体，必须先运输到线粒体，氧化生成甜菜碱，最后释放到细胞液，才能作为甲基供体。研究证明：在每吨猪饲料中添加本品 1.25 kg，对生长发育和饲料效率并无影响，但背脂肪减少了 15%，且可增加里脊肉的断面积，提高胴体肉质；在鸡饲料中添加甜菜碱，可减少饲料中蛋氨酸的添加量，在肉鸡饲养前期每吨饲料中用 750 g 的甜菜碱可代替 1.5 kg 的蛋氨酸，后期用 45 g 甜菜碱可代替 1 g 蛋氨酸。甜菜碱尚有防治猪、鸡和鱼类脂肪肝的作用。盐酸甜菜碱预混剂主要用于鱼、虾的促生长。

【用法与用量】拌饵投喂：每1 000 kg饵料，5 kg。

【制剂】盐酸甜菜碱预混剂（水产用）：以盐酸甜菜碱计含量为10%、30%、50%。

第二节 钙、磷与微量元素

一、钙、磷制剂

钙、磷是机体必需的常量元素之一，除维持动物骨骼和牙齿的正常硬度外，它们还是维持机体正常生理功能不可缺少的物质。在现代畜牧业生产中，钙和磷常以骨粉或钙、磷制剂的形式按适当比例混合添加在动物日粮中，以保证畜禽健康生长。

1. 钙的作用 ①促进骨骼和牙齿钙化，当其供应不足时，幼畜发生佝偻病，成年畜出现骨软症。②维持神经肌肉组织的正常兴奋性。③促进血液凝固。④对抗镁离子作用。⑤能降低毛细血管的通透性和增加致密度，从而减少渗出，用于抗过敏和消炎。

2. 磷的作用 ①构成骨骼牙齿的成分。②磷是磷脂的组成部分，参与维持细胞膜功能。③磷是磷酸腺苷的组成成分，参与机体的能量代谢。④磷是核糖核酸和脱氧核糖核酸的组成部分，参与蛋白质的合成。⑤磷在体液中构成磷酸盐缓冲对，对酸碱平衡的调节起重要作用。

氯化钙 Calcium Chloride[乡]

【理化性质】本品为白色坚硬的碎块或颗粒，易溶于水及乙醇。

【作用与用途】本品主要用于钙缺乏症，如乳牛产后瘫痪、家畜骨软症、佝偻病，也可用于毛细血管渗透性增高导致的各种过敏性疾病如荨麻疹、渗出性水肿、瘙痒性皮肤病等，还可用于硫酸镁中毒的解救。

【用法与用量】

（1）氯化钙注射液：静脉注射，一次量，猪、羊1～5 g，马、牛5～15 g，犬0.1～1 g。

（2）氯化钙葡萄糖注射液：静脉注射，一次量，猪、羊20～100 mL，马、牛100～300 mL，犬5～10 mL。

【制剂】氯化钙注射液：每支 10 mL 含 0.3 g、0.5 g，20 mL 含 0.6 g、1 g；氯化钙葡萄糖注射液：每支 20 mL 含氯化钙 1 g 和葡萄糖 5 g，50 mL 含氯化钙 2.5 g 和葡萄糖 12.5 g，100 mL 含氯化钙 5 g 和葡萄糖 25 g。

【注意事项】

(1) 静脉注射必须缓慢，并观察反应。注射过快可引起心室纤颤或心搏骤停于收缩期。

(2) 应用洋地黄或肾上腺素期间禁用钙剂。

(3) 氯化钙刺激性强，静脉注射勿漏出血管外，外漏时可迅速吸出药液，再在漏药处局部注入 25% 硫酸钠注射液 10~25 mL，以形成无刺激性的硫酸钙，严重时应切开处理。

葡萄糖酸钙 Calcium Gluconate[乡]

【理化性质】本品为白色颗粒或粉末，能溶于水，不溶于乙醇。

【作用与用途】同氯化钙，但含钙量低、刺激性小，注射比氯化钙安全，比氯化钙应用广。

【用法与用量】

(1) 葡萄糖酸钙注射液：用于钙缺乏症及过敏性疾病，静脉注射，一次量，马、牛 20~60 g，猪、羊 5~15 g，犬 0.5~2 g。

(2) 葡萄糖酸钙溶液：内服，一次量，每 100 kg 体重，牛 1~2 g。

【制剂】葡萄糖酸钙溶液：每瓶 10 mL 含 1 g，20 mL 含 1 g，50 mL 含 5 g，100 mL 含 10 g，500 mL 含 50 g；葡萄糖酸钙溶液：以钙计算 2.28%。

碳酸钙 Calcium Carbonate[乡]

【理化性质】本品为白色极细微的晶粉，几乎不溶于水。

【作用与用途】本品主要供内服补钙，用于钙缺乏症。也可作为制酸药，中和胃酸，或用于吸附性止泻药。

【用法与用量】内服：一次量，猪、羊 3~10 g，马、牛 30~120 g，犬 0.5~2 g。

【制剂】粉剂。

乳酸钙 Calcium Lactate[乡]

【理化性质】本品为白色颗粒或粉末。能溶于水，几乎不溶于乙醇。

【作用与用途】本品作用与氯化钙相似，均供内服，用于钙缺乏症。

【用法与用量】内服：一次量，猪、羊 0.5~2 g，马、牛 10~30 g，犬 0.2~0.5 g。

【制剂】粉剂。

磷酸氢钙 Calcium Phosphate Dibasic[乡]

【理化性质】本品为白色粉末，无臭，无味。

【作用与用途】本品主要用于钙磷代谢障碍引起的疾病，如佝偻病和骨软症，也可用于急性低血磷和慢性缺磷症。

【用法与用量】内服：一次量，马、牛 12 g，羊、猪 2 g，犬、猫 0.6 g。

【制剂】磷酸氢钙片：0.15 g；0.3 g；0.5 g。

磷酸二氢钠 Monosodium Orthophosphate[乡]

【理化性质】本品为无色结晶或白色粉末，易溶于水，应密封保存。

【作用与用途】本品为钙磷补充药，用于钙磷缺乏症。

【用法与用量】同磷酸氢钙。

【制剂】磷酸二氢钠粉。

骨粉 Bone Meal[乡]

【理化性质】本品为灰白色粉末，约含 30% 钙、20% 磷。

【作用与用途】本品为钙磷补充剂，可防治骨软症和补充妊娠畜、泌乳畜、幼畜和产蛋家禽的钙磷需要。

【用法与用量】作为钙磷补充剂畜禽可按 0.1%~1% 浓度混饲。治疗马、牛骨软症，每天饲喂 250 g，5~7 d 为 1 个疗程，症状减轻后，每天饲喂 50~100 g，持续 1~2 周。

二、微量元素

微量元素是畜禽需要量微小的一类矿物元素，它们是动物必需的一类营养物质，对生命活动具有重要意义。它们是酶、激素和某些维生素的组成成分，对酶的活化、物质代谢和激素正常分泌均有重要影响，也是生化反应速度的调节物。日粮中微量元素缺乏时，影响动物的代谢，可引起各种疾病。添加一定的微量元素，就能改善动物的代谢，从而提高畜禽的生产性能。但过多易引起中毒。畜禽需要的微量元素主要有硒、钴、铜、锌、锰、铁、碘等。

亚硒酸钠 Sodium Selenite[乡]

【理化性质】本品为白色结晶，在空气中稳定，溶于水，不溶于乙醇。

【作用与用途】硒是体内谷胱甘肽过氧化物酶的辅助因子，在体内有抗氧化和活化含硫氨基酸的作用。缺硒时动物可出现营养性肌肉萎缩（白肌病），常见于羔羊和牛犊；猪可见营养性肝坏死，雏鸡为渗出性素质病（水肿、皮下出血、衰弱、肌坏死）；各种动物缺硒都会发生受精率下降，死胎或产仔虚弱等。

【用法与用量】

（1）亚硒酸钠注射液：肌内注射，一次量，仔猪、羔羊 1~2 mg，马、牛 30~50 mg，驹、犊 5~8 mg。

（2）亚硒酸钠维生素 E 注射液：肌内注射，一次量，治疗：驹、犊 5~8 mL，仔猪、羔羊 1~2 mL。

上述两种注射液用于禽饮水，治疗每毫升注射液加 100 mL 水，预防每 1 mL 注射液加 1 000 mL 水，供鸡自由饮用。

【制剂】①亚硒酸钠注射液：每支 1 mL 含 1 mg、2 mg，5 mL 含 5 mg、10 mg。②亚硒酸钠维生素 E 预混剂：1 000 g 含亚硒酸钠 0.4 g 与维生素 E 5 g。③亚硒酸钠维生素 E 注射液：每支 1 mL 含亚硒酸钠 1 mg 与维生素 E 50 mg，5 mL 含亚硒酸钠 5 mg 与维生素 E 250 mg，10 mL 含亚硒酸钠 10 mg 与维生素 E 500 mg。

【注意事项】硒属剧毒药物，用量不宜过大，混饲一定与饲料混匀，以免中毒。宜密闭保存；猪屠宰前休药期 60 d。

亚硒酸钠维生素 E 预混剂 Sodium Selenite and Vitamin E Premix[乡]

【理化性质】本品为亚硒酸钠、维生素 E 与碳酸钙配制而成，为白色或类白色粉末。

【有效成分】亚硒酸钠、维生素 E。

【适用动物】猪、禽、牛、羊等。

【作用与用途】亚硒酸钠维生素 E 属于硒补充药。硒作为谷胱甘肽过氧化物酶的组成成分，在体内能清除脂质过氧化自由基中间产物，防止生物膜的脂质过氧化，维持细胞膜的正常结构和功能。硒还参与辅酶 A 和辅酶 Q 的合成，在体内三羧酸循环及电子传递过程中起重要作用。硒以硒半胱氨酸和硒蛋氨酸两种形式存在于硒蛋白中，通过硒蛋白影响动物机体的自由基代谢、抗氧化功能、免疫功能、生殖功能、细胞凋亡和内分泌系统等而发挥其生物学功能。

单胃动物内服本品易吸收，反刍动物则吸收率较低。猪内服亚硒酸钠生物利用度可达 77%，而绵羊仅为 29%。

维生素及硒补充药。用于防治幼畜白肌病和雏鸡渗出性素质等。

【不良反应】硒毒性较大，猪单次内服亚硒酸钠的最小致死剂量为 17 mg/kg体重；幼年羔羊一次内服 10 mg 亚硒酸钠将引起精神抑制、共济失调、呼吸困难、频尿、发绀、瞳孔扩大、臌胀和死亡，病理损伤包括水肿、充血和坏死，可涉及许多系统。

【用法与用量】混饲：每 1 000 kg 饲料，畜、禽 500~1 000 g。

【制剂】预混剂：1 000 g 含亚硒酸钠 0.4 g、维生素 E（100%）5 g。

【药物相互作用】

（1）硒与维生素 E 在动物体内防止氧化损伤方面具有协同作用。

（2）硫、砷能影响动物对硒的吸收和代谢。

（3）硒和铜在动物体内存在相互拮抗效应，可诱发饲喂低硒日粮的动物发生硒缺乏症。

氯化钴 Cobalt Chloride

【理化性质】本品为紫红色或红色结晶，易溶于水及乙醇。水溶液红色，醇溶液蓝色。

【作用与用途】钴是维生素 B_{12} 的组成部分，有兴奋骨髓制造红细胞功能的作用。主要用于防治恶性贫血、肝脂肪变性等钴缺乏症，也用于促进食欲，促进增重。钴中毒症状与缺乏症相似。

【用法与用量】

（1）内服：一次量，治疗：羊 0.1 g，羔羊 0.05 g，牛 0.5 g，犊牛 0.2 g。

（2）预防：羊 5 mg，羔羊 2.5 mg，牛 25 mg，犊牛 10 mg。

【制剂】片剂：每片 20 mg、40 mg。

【注意事项】本品只能内服，注射无效。摄入过量导致红细胞增多症。

硫酸铜 Cupri Sulfas[乡]

【理化性质】本品为蓝色透明结晶块或颗粒、粉末，易溶于水，微溶于乙醇。易风化，应密闭保存。

【作用与用途】铜是细胞色素氧化酶等的重要成分，它对血的生成、结缔组织和骨的生长、初生动物髓磷脂的形成都起着重要作用。缺铜会造成贫血和铁吸收受阻，表现为生长障碍、骨畸形、毛色变浅、产蛋下降。本品主要用于铜缺乏症。也作驱虫药用，用于牛、羊莫尼茨绦虫病和捻转胃虫病。

【用法与用量】饲料添加内服：一日量，牛 2 g，犊牛 1 g，羊每 1 kg 体重 1.5~2 mg。用作生长促进剂每 1 000 kg 饲料，猪 600 g（相当于铜约 150 g）。

硫酸锌 Zinc Sulfate

【理化性质】本品为白色或无色透明的棱柱状或细针状结晶或颗粒状的结晶性粉末，无臭，味涩，有风化性。易溶于水，不溶于醇。

【作用与用途】锌在蛋白质的生物合成和利用中起重要作用，它是碳酸酐酶、碱性磷酸酶、乳酸脱氢酶等的组成部分，决定酶的特异性。锌又是维持皮肤、黏膜的正常结构与功能以及促进伤口愈合的必要因素。缺锌时动物生长缓慢，血浆碱性磷酸酶的活性降低，精子的产生及运动性降低；奶牛的乳房及四肢出现皲裂；猪的上皮细胞出现角化、变厚，伤口及骨折愈合不良；家禽发生皮炎和羽毛缺乏。本品主要用于锌缺乏症，也用作收敛药，具有收敛和抗菌作用，用于结膜炎。

【用法与用量】内服：一日量，禽 0.05~0.1 g，猪、羊 0.2~0.5 g，牛 0.05~0.1 g，驹 0.2~0.5 g。

【注意事项】锌对动物毒性较小，但摄入过多也可发生中毒。

硫酸锰 Manganese Sulfate

【理化性质】本品为浅红色晶粉，易溶于水，不溶于醇。

【作用与用途】体内硫酸软骨素的形成需要锰，硫酸软骨素是形成骨基质黏多糖的必要成分。体内缺锰时，骨的形成和代谢发生障碍，主要表现为腿短而弯曲、跛行、关节肿大。雏禽可发生骨短粗病，腿骨变形，膝关节肿大；仔畜可发生运动障碍。此外，体内缺锰时，母畜发情障碍，不易受孕；公畜性欲降低，不能生成精子；鸡的产蛋率下降，蛋壳变薄，孵化率降低。

【用法与用量】混饲：每 1 000 kg 饲料，育成鸡、产蛋鸡 30 g，雏鸡、种母鸡、肉鸡 60 g；仔猪、生长育肥猪 2.5～4.5 g，后备母猪 2 g，妊娠母猪、哺乳母猪 8 g，种公猪 9 g。

第十二章　药物饲料添加剂

为了满足饲养动物的需要，向饲料中添加的少量或微量物质称为饲料添加剂，按其用途可分为营养性添加剂和非营养性添加剂。营养性添加剂包括氨基酸添加剂、矿物质添加剂和维生素添加剂等，它是平衡与完善畜禽日粮营养、提高饲料利用率的重要物质；非营养性添加剂包括药物添加剂、饲料保存剂和其他添加剂等，其中药物添加剂又可分为驱虫保健剂、激素、酶制剂、微生态制剂等。本章主要介绍经农业农村部批准、允许作药物饲料添加剂使用品种，还适当介绍了常用的重要饲料添加剂品种。

饲料药物添加剂曾在畜牧业养殖中广泛使用，甚至滥用。为加强兽药的使用管理、保障动物产品质量安全和公共卫生安全、进一步规范和指导饲料药物添加剂的合理使用、防止滥用饲料药物添加剂，根据《兽药管理条例》规定，近几年农业农村部先后组织开展了一些以前常用药物添加剂安全性评价工作。根据相关评价结果，决定停止硫酸黏菌素预混剂和硫酸黏菌素预混剂（发酵）（2017年4月30日正式禁用）、喹乙醇、氨苯胂酸、洛克沙胂（2019年5月1日正式禁用）用于动物促生长。长远来看，全面限用抗菌促生长是大势所趋。2019年7月农业农村部194号公告，要求自2020年1月1日起，退出除中药外的所有促生长类药物饲料添加剂品种，自2020年7月1日起，饲料生产企业停止生产含有促生长类药物饲料添加剂（中药类除外）的商品饲料。农业农村部2019年12月发布246号公告，废止了仅有促生长用途的药物饲料添加剂质量标准，包含土霉素预混剂、那西肽预混剂等15个品种。同时修订并发布了既有促生长又有防治用途的药物饲料添加剂、抗球虫和中药类药物饲料添加剂品种质量标准和说明书范本，包括金霉素、吉他霉素、二硝托胺、马度米星铵、盐酸氯苯胍、盐酸氨丙啉及其复方制剂、海南霉素钠、氯羟吡啶、地克珠利、盐霉素及盐霉素钠、莫能菌素预混剂等，及中药类药物饲料添加剂，博落回散和山花黄芩提取物。并发布新修订的 5 个进口抗球虫类药物饲料添加剂质量标准和说明书范本，分别是拉沙洛西钠、甲基盐霉素尼卡巴嗪、甲基盐霉素、尼卡巴嗪和莫能菌素预混剂。

第一节 抗菌药物饲料添加剂

金霉素预混剂 Chlortetracyeline Premix [处]

【理化性质】本品为金霉素产生菌的全发酵液与适量碳酸钙配制而成。为金黄色粉末或颗粒，无结块发霉，无臭。酸性溶液中稳定，碱性溶液中不稳定。

【有效成分】金霉素。

【适用动物】猪。

【药理作用】金霉素属于四环素类广谱抗生素，对葡萄球菌、溶血性链球菌、炭疽杆菌、破伤风梭菌和梭状芽孢杆菌等革兰氏阳性菌作用较强，但不如 β-内酰胺类。对大肠埃希菌、沙门氏菌、布鲁氏菌和巴氏杆菌等革兰氏阴性菌较敏感，但不如氨基糖苷类和酰胺醇类抗生素。本品对立克次体、衣原体、支原体、螺旋体、放线菌和某些原虫也有抑制作用。

【作用与用途】抗生素类药。用于治疗断奶仔猪腹泻；治疗猪气喘病、增生性肠炎等。

【用法与用量】以金霉素计。混饲：每 1 000 kg 饲料，猪 400~600 g。连用 7 d。

【药物相互作用】能与镁、钙、铝、铁、锌、锰等多价金属离子形成难溶性的络合物，从而影响药物的吸收。故不宜与含上述多价金属离子的药物、饲料及乳制品共服。

【不良反应】按规定的用法与用量使用尚未见不良反应。

【注意事项】在猪丹毒疫苗接种前 2 d 和接种后 10 d 内，不得使用金霉素。

【休药期】猪 7 d。

吉他霉素预混剂 Kitasamycin Premix [处]

【理化性质】吉他霉素是由北里链霉菌培养液中提取的大环内酯类抗生

素，为白色或微黄色结晶性粉末，无臭、味苦。

【有效成分】吉他霉素。

【适用动物】猪、鸡。

【药理作用】吉他霉素属大环内酯类抗菌药，抗菌谱近似红霉素，作用机理与红霉素相同。敏感的革兰氏阳性菌有金黄色葡萄球菌（包括耐青霉素金黄色葡萄球菌）、肺炎球菌、链球菌、炭疽杆菌、猪丹毒杆菌、李斯特菌、腐败梭菌、气肿疽梭菌等。敏感的革兰氏阴性菌有流感嗜血杆菌、脑膜炎双球菌、巴氏杆菌等。此外，对支原体也有良好作用。对大多数革兰氏阳性菌的抗菌作用略逊于红霉素，对支原体的抗菌作用近似泰乐菌素，对某些革兰氏阴性菌、立克次体、螺旋体也有效，对耐药金黄色葡萄球菌的作用优于红霉素和四环素。

【作用与用途】用于治疗革兰氏阳性菌、支原体及钩端螺旋体等感染。

【用法与用量】以吉他霉素计。混饲，猪80~300 g（8 000万~30 000万单位）；鸡100~300 g（10 000万~30 000万单位）；连用5~7 d。

【药物相互作用】

（1）吉他霉素与其他大环内酯类、林可胺类和氯霉素因作用相同，不宜同时使用。

（2）与β~内酰胺类合用表现为拮抗作用。

【不良反应】动物内服后可出现剂量依赖性胃肠道功能紊乱（呕吐、腹泻、肠疼痛等），发生率较红霉素低。

【注意事项】蛋鸡产蛋期禁用。

【休药期】猪、鸡7 d。

第二节　抗球虫药物饲料添加剂

一、抗球虫药物添加剂

球虫病对雏鸡和幼兔危害最为严重。禽、兔感染球虫病后，慢性者生长发育受阻、生产性能降低，暴发时可造成大批死亡。因此，采用低剂量混入饲料中长期给予抗球虫药预防球虫病就显得非常重要。但是，为保证抗球虫药的用药安全有效，我国对允许作饲料药物添加剂的抗球虫药物品种有明确规定。本节主要介绍经我国农业主管部门批准允许作药物饲料添加剂的抗球虫品种。

二硝托胺预混剂 Dinitolmide Premix [乡]

【理化性质】本品为二硝托胺与轻质碳酸钙配制而成，二硝托胺为3，5-二硝基-2-甲基苯甲酰胺，为淡黄色或淡黄褐色粉末，无臭。在丙酮中溶解，在乙醇中微溶，在三氯甲烷或乙醚中极微溶解，在水中几乎不溶。

【有效成分】二硝托胺。

【适用动物】鸡。

【作用与用途】抗球虫药。用于鸡球虫病。

【不良反应】按规定的用法用量使用尚未见不良反应。

【用法与用量】混饲：每1 000 kg饲料，鸡500 g（以二硝托胺计，每1 000 kg配合饲料，鸡125 g）。

【制剂】预混剂：25%。

【注意事项】

（1）可在商品饲料和养殖过程中应用。

（2）蛋鸡产蛋期禁用。

（3）停药过早，常致球虫病复发，因此肉鸡宜连续应用。

（4）二硝托胺粉末颗粒的大小会影响抗球虫作用，应为极微细粉末。

（5）饲料中添加量超过250 mg/kg饲料（以二硝托胺计）时，若连续饲喂15 d以上可抑制雏鸡增重。

【药物相互作用】不得与尼卡巴嗪等二硝基类抗球虫药合用。

【休药期】鸡3 d。

马度米星铵预混剂 Maduramicin Ammonium Premix [乡]

【理化性质】本品为白色或类白色结晶粉末，有微臭，不溶于水，易溶于甲醇和乙醇。

【有效成分】马度米星铵。

【适用动物】鸡。

【作用与用途】本品为一价单糖苷离子载体抗球虫药，抗球虫谱广，其活性较其他聚醚类抗生素强。对鸡的毒害、巨型、柔嫩、堆型、布氏、变位等艾美耳球虫有高效，而且也能有效控制对其他聚醚类抗球虫药具有耐药性的虫株。马度米星干扰球虫生活史的早期阶段，即球虫发育的子孢子期和第一代裂殖体，不仅能抑制球虫生长，且能杀灭球虫。主要用于预防鸡球虫病。

【不良反应】毒性较大，安全范围窄，较高浓度（7 mg/kg 饲料）混饲即可引起鸡不同程度的中毒甚至死亡。

【用法与用量】以马度米星计。混饲：每 1 000 kg 饲料，鸡 5 g。

【制剂】预混剂：以马度米星计，1%。

【注意事项】

（1）可在商品饲料和养殖过程中使用。

（2）蛋鸡产蛋期禁用。

（3）用药时必需精确计量，并使药料充分拌匀，勿随意加大使用浓度。

（4）鸡饲喂马度米星铵后的粪便切不可再加工作动物饲料，否则会引起动物中毒，甚至死亡。

【药物相互作用】不得与莫能菌素、盐霉素、甲基盐霉素、拉沙洛西钠、海南霉素等其他聚醚类抗球虫药物合用。

【休药期】鸡 5 d。

地克珠利预混剂 Diclazuril Premix[乡]

【理化性质】本品为地克珠利与去蛋白豆粉、麸皮或淀粉等配制而成，为淡黄色至琥珀色粉末。

【有效成分】地克珠利。

【适用动物】禽、兔。

【作用与用途】本品为三嗪类广谱抗球虫药，具有杀球虫作用，对球虫发育的各个阶段均有作用，是目前混饲浓度最低的一种抗球虫药。对鸡的柔嫩、堆型、毒害、布氏、巨型等艾美耳球虫、鸭球虫及兔球虫等均有良好的效果。作用峰期是在子孢子和第一代裂殖体的早期阶段。本品的缺点是长期用药易出现耐药性，故应穿梭用药或短期使用。由于混饲浓度极低（1 g/t 饲料），必须充分混匀。用于预防禽、兔球虫病。

【不良反应】按规定的用法用量使用尚未见不良反应。

【用法与用量】以地克珠利计。混饲：每 1 000 kg 饲料，禽、兔 1 g。

【制剂】预混剂：含地克珠利 0.2%、0.5%、5%。

【注意事项】

（1）可在商品饲料和养殖过程中使用。

（2）家禽产蛋期禁用。

（3）本品药效期短，停药 1 d，抗球虫作用明显减弱，2 d 后作用基本消失。因此，必须连续用药以防球虫病再度暴发。

（4）本品混料浓度极低，药料应充分拌匀，否则影响疗效。

【休药期】禽 5 d，兔 14 d。

盐酸氨丙啉乙氧酰胺苯甲酯预混剂 Amprolium Hydrochloride and Ethopabate Premix[乡]

【理化性质】本品由盐酸氨丙啉、乙氧酰胺苯甲酯与适宜辅料配制而成，盐酸氨丙啉为白色或类白色粉末，在水中易溶，在乙醇中微溶。

【有效成分】盐酸氨丙啉、乙氧酰胺苯甲酯。

【适用动物】鸡。

【作用与用途】本品为广谱抗球虫药，对鸡的各种球虫均有作用，其中对柔嫩与堆型艾美耳球虫的作用最强，对毒害、布氏、巨型、和缓艾美耳球虫的作用较弱。主要作用于球虫第一代裂殖体，阻止其形成裂殖子，作用峰期在感染后的第 3 天。此外，对有性繁殖阶段和子孢了亦有抑制作用。主要用于防治和治疗禽球虫病。盐酸氨丙啉与磺胺喹噁啉或乙氧酰胺苯甲酯合用，可扩大抗球虫范围，增强疗效。

【不良反应】按规定的用法用量使用尚未见不良反应。

【用法与用量】每 1 000 kg 配合饲料，鸡，盐酸氨丙啉 125 g、乙氧酰胺苯甲酯 8 g。

【制剂】预混剂：1 000 g 含盐酸氨丙啉 250 g+乙氧酰胺苯甲酯 16 g。

【注意事项】

（1）可在商品饲料和养殖过程中使用。

（2）蛋鸡产蛋期禁用。

（3）饲料中的维生素 B_1 含量在 10 mg/kg 饲料以上时，能对本品的抗球虫作用产生明显的拮抗作用，抗球虫作用降低。因此，在用氨丙啉治疗时，应适当减少饲料中的维生素 B_1 用量。

【休药期】鸡 3 d。

盐酸氨丙啉乙氧酰胺苯甲酯磺胺喹噁啉预混剂 Amprolium Hydrochloride, Ethopabate and Sulfaquinoxaline Premix [乡]

【理化性质】本品由盐酸氨丙啉、乙氧酰胺苯甲酯、磺胺喹噁啉与适宜辅料配制而成。

【有效成分】盐酸氨丙啉、乙氧酰胺苯甲酯、磺胺喹噁啉。

【适用动物】鸡。

【作用与用途】抗球虫药。用于鸡球虫病。乙氯酰胺苯甲酯对氨丙啉、磺胺喹噁啉的抗球虫活性有增效作用，多配成复方制剂使用。其作用机理与抗菌增效剂相似，能阻断四氢叶酸的合成。乙氧酰胺苯甲酯对巨型和布氏艾美耳球虫及其他小肠球虫具有较强作用，而弥补了氨丙啉对这些球虫作用不强的缺点，而乙氧酰胺苯甲酯的缺点亦可被氨丙啉所补偿。

【不良反应】按规定的用法用量使用尚未见不良反应。

【用法与用量】每 1 000 kg 配合饲料，鸡，盐酸氨丙啉 100 g、乙氧酰胺苯甲酯 5 g、磺胺喹噁啉 60 g。

【制剂】预混剂：1 000 g 含盐酸氨丙啉 200 g+乙氧酰胺苯甲酯 10 g +磺胺喹噁啉 120 g。

【注意事项】

（1）可在商品饲料和养殖过程中使用。

（2）蛋鸡产蛋期禁用。

（3）饲料中的维生素 B_1 含量在 10 mg/kg 饲料以上时，能对本品的抗球虫作用产生明显的拮抗作用。

（4）连续饲喂不得超过 5 d。

【休药期】鸡 7 d。

海南霉素钠预混剂 Hainanmycin Sodium Premix [乡]

【理化性质】本品为海南霉素钠与麸皮配制而成，呈浅褐色粉末。海南霉素钠为白色或类白色粉末，无臭。在甲醇、乙醇或三氯甲烷中极易溶解，在丙酮或乙酸乙酯中易溶，在石油醚中极微溶解，不溶于水。

【有效成分】海南霉素钠。

【适用动物】鸡。

【作用与用途】海南霉素钠属聚醚类抗球虫药，具有广谱抗球虫作用，对鸡柔嫩、毒害、巨型、堆型、和缓艾美耳球虫都有一定的效果。

【不良反应】按规定的用法用量使用尚未见不良反应。

【用法与用量】以海南霉素计。每 1 000 kg 配合饲料，鸡 5~7.5 g。

【制剂】预混剂：100 g 含海南霉素 1 g（100 万 u）、2 g（200 万 u）。

【注意事项】

（1）可在商品饲料和养殖过程中使用。

（2）蛋鸡产蛋期禁用。

（3）鸡使用海南霉素后的粪便切勿用作其他动物饲料，更不能污染水源。

（4）仅用于鸡，其他动物禁用。

【药物相互作用】不得与莫能菌素、盐霉素、甲基盐霉素、马度米星铵、拉沙洛西钠等其他抗球虫药物合用。

【休药期】鸡 7 d。

莫能菌素预混剂 Monensin Premix[乡]

【理化性质】本品为莫能菌素全发酵液干燥品与碳酸钙制备而成，莫能菌素为白色或类白色结晶性粉末，稍有特殊臭味。在甲醇、乙醇或三氯甲烷等有机溶剂中易溶，在丙酮或石油醚中微溶，在水中几乎不溶。

【有效成分】莫能菌素。

【适用动物】鸡。

【作用与用途】莫能菌素为单价离子载体类抗球虫药，具有广谱抗球虫作用。莫能菌素与钠、钾离子有特殊的亲和力，可形成亲脂性络合物，透过球虫生物膜，使球虫体内钠离子量急剧增加，妨碍离子的正常平衡和运转。球虫体内过剩的钠离子不能排出，最后虫体膨胀而死亡。它对鸡的毒害、柔嫩、巨型、变位、堆型、布氏艾美耳球虫等均有很好的杀灭效果。在球虫感染后第 2 d 用药效果最好。莫能菌素在正常畜禽的肠道内吸收很少，经粪便排泄的药物及代谢产物约占给药剂量的 99%。用于防治鸡球虫感染。

【不良反应】饲料中添加量超过 120 mg/kg 饲料时，可引起鸡增长率和饲料转化率下降。

【用法与用量】以莫能菌素计。混饲：每 1 000 kg 饲料，鸡 90~110 g（2017 兽药质量标准、农业部公告 246 号）。

【制剂】预混剂：100 g 含莫能菌素 10 g（1 000 万 u）、20 g（2 000 万 u）、40 g（4 000 万 u）。

【注意事项】

（1）可在商品饲料和养殖过程中使用。

（2）10周龄以上火鸡、珍珠鸡及鸟类对本品较敏感，不宜应用，超过16周龄的鸡禁用。蛋鸡产蛋期禁用。

（3）马属动物禁用。

（4）饲喂前必须将莫能菌素与饲料混匀，禁止直接饲喂未经稀释的莫能菌素。

（5）搅拌配料时防止与人的皮肤、眼睛接触。

【药物相互作用】禁止与泰妙菌素、竹桃霉素同时使用，以免发生中毒。不得与盐霉素、甲基盐霉素、马度米星铵、拉沙洛西钠、海南霉素等其他聚醚类抗球虫药物合用。

【休药期】鸡5 d。

盐霉素预混剂 Salinomycin Premix[乡]

【理化性质】本品为盐霉素全发酵液与碳酸钙制备而成。盐霉素为白色或淡黄色结晶性粉末，微有特臭；在甲醇、乙醇、丙酮、三氯甲烷或乙醚中易溶。

【有效成分】盐霉素。

【适用动物】鸡。

【作用与用途】本品为聚醚类离子载体类抗球虫药，其作用峰期是在球虫生活周期的最初2 d，对子孢子及第一代裂殖体都有抑制作用。其杀球虫作用机理是通过干扰球虫细胞内 K^+、Na^+ 的正常渗透，使大量的 Na^+ 和水分进入细胞内，引起肿胀而死亡。对鸡的毒害、柔嫩、巨型、和缓、堆型、布氏等艾美耳球虫均有作用，尤其对巨型及布氏艾美耳球虫效果最强。对鸡球虫的子孢子及第一、二代裂殖子均有明显作用。临床上主要用于畜禽的球虫病。

【不良反应】按规定的用法用量使用尚未见不良反应。

【用法与用量】以盐霉素计，每1 000 kg配合饲料，鸡60 g。

【制剂】预混剂：100 g含盐霉素10 g（1 000万u）、12 g（1 200万u）、24 g（2 400万u）。

【注意事项】

（1）可在商品饲料和养殖过程中使用。

（2）对成年火鸡、鸭和马毒性大，禁用。

（3）蛋鸡产蛋期禁用。

（4）本品安全范围较窄，应严格控制混饲浓度。

【药物相互作用】禁与泰妙菌素、竹桃霉素及其他抗球虫药配伍使用。

【休药期】鸡 5 d。

盐霉素钠预混剂 Salinomycin Sodium Premix[乡]

【理化性质】本品为盐霉素的钠盐与适宜的载体混合物。盐霉素钠为白色或淡黄色结晶性粉末，微有特臭，在甲醇、乙醇、丙酮、三氯甲烷或乙醚中易溶，在正己烷中微溶，在水中不溶。

【有效成分】盐霉素钠。

【适用动物】鸡。

【作用与用途】同盐霉素，抗球虫药。用于鸡球虫病。

【不良反应】按规定的用法用量使用尚未见不良反应。

【用法与用量】以盐霉素计，每 1 000 kg 配合饲料，鸡 60 g。

【制剂】预混剂：100 g 含盐霉素 10 g（1 000 万 u）、500 g 含盐霉素 50 g（5 000 万 u）。

【注意事项】

（1）可在商品饲料和养殖过程中使用。

（2）蛋鸡产蛋期禁用。

（3）对成年火鸡、鸭和马属动物毒性大，禁用。

（4）本品安全范围较窄，应严格控制混饲浓度。

【药物相互作用】禁与泰妙菌素、竹桃霉素及其他抗球虫药合用。

【休药期】鸡 5 d。

甲基盐霉素预混剂（禽安® Monteban® 100）Narasin Premix

【理化性质】甲基盐霉素为黄色或淡棕色的粉粒，有特臭。本品为甲基盐霉素发酵产物制成的颗粒与适宜的辅料配制而成，为黄色至淡棕色颗粒状粉末。

【有效成分】甲基盐霉素。

【适用动物】鸡。

【作用与用途】单价聚醚类离子载体抗球虫药。甲基盐霉素其抗球虫效应与盐霉素大致相同，对鸡的堆型、布氏、巨型、毒害艾美耳球虫的抗球虫效果有显著差异，能维持畜禽消化道中菌群的平衡，抑制有害细菌生长，提高饲料转化率。用于防治鸡球虫病。

【不良反应】本品毒性较盐霉素更强，对鸡安全范围较窄，使用时必须准确计算用量，超剂量使用会引起鸡的死亡。

【用法与用量】以甲基盐霉素计，每 1 000 kg 配合饲料，防治鸡球虫病：鸡 60~80 g。

【制剂】预混剂：100 g 含甲基盐霉素 10 g。

【注意事项】

（1）可在商品饲料和养殖过程中使用。

（2）使用时必须精确计算用量。

（3）本品限用于肉鸡，蛋鸡、火鸡及其他鸟类不宜使用，马属动物禁用。

（4）本品对鱼类毒性较大，防止使用本品后鸡的粪便及残留药物的用具污染水源。

（5）操作人员须注意防护，应戴手套和口罩，如不慎溅入眼睛，需立即用水冲洗。

【药物相互作用】禁止与泰妙菌素、竹桃霉素合用。不宜与莫能菌素、盐霉素、马度米星铵、拉沙洛西钠、海南霉素等其他聚醚类抗球虫药合用。

【休药期】鸡 5 d。

甲基盐霉素、尼卡巴嗪预混剂 Narasin and Nicarbazin Premix

【理化性质】本品为甲基盐霉素、尼卡巴嗪与米糠、玉米芯等辅料配制而成，为黄色或棕褐色颗粒，微有特臭。

【有效成分】甲基盐霉素、尼卡巴嗪。

【适用动物】鸡。

【作用与用途】甲基盐霉素属单价聚醚类离子载体抗球虫药。甲基盐霉素抗球虫效应与盐霉素大致相同，并能维持畜禽消化道中菌群的平衡。尼卡巴嗪对鸡的多种艾美耳球虫均有良好的防治效果。主要抑制球虫第二个无性增殖期裂殖体的生长繁殖，作用峰期是感染后第 4 d。用于预防鸡球虫感染。

【不良反应】

(1) 本品毒性较大，超剂量使用，会引起鸡的死亡。

(2) 高温季节使用本品时，会出现热应激反应，甚至死亡。

【用法与用量】以本品计，每 1 000 kg 配合饲料，鸡，375~625 g。

【制剂】预混剂：100 g 含甲基盐霉素 8 g+尼卡巴嗪 8 g。

【注意事项】

(1) 可在商品饲料和养殖过程中使用。

(2) 仅用于肉鸡。

(3) 防止与人眼、皮肤接触。

(4) 火鸡及马属动物禁用。

【药物相互作用】禁止与泰妙菌素、竹桃霉素合用。不宜与莫能菌素、盐霉素、马度米星铵、拉沙洛西钠、海南霉素等其他聚醚类抗球虫药物合用。

【休药期】鸡 5 d。

盐酸氯苯胍预混剂 Robenidine Hydrochloride Premix[乡]

【理化性质】盐酸氯苯胍为白色至淡黄色粉末。

【有效成分】盐酸氯苯胍。

【适用动物】鸡、兔。

【作用与用途】盐酸氯苯胍的作用机制是干扰虫体胞浆中的内质网，影响虫体蛋白质代谢，使内质网的高尔基体肿胀，抑制氧化磷酸化反应和 ATP 酶活性。抗球虫药，用于禽、兔球虫病。

【不良反应】按规定的用法用量使用尚未见不良反应。

【用法与用量】以盐酸氯苯胍计，每 1 000 kg 配合饲料，鸡 30~60 g，兔 100~150 g。

【制剂】预混剂：含盐酸氯苯胍 10%。

【注意事项】

(1) 可在商品饲料和养殖过程中使用。

(2) 蛋鸡产蛋期禁用。

(3) 长期或高浓度（60 mg/kg 饲料）混饲，可引起鸡肉、鸡蛋异臭。低浓度（<30 mg/kg 饲料）不会产生上述现象。

(4) 应用本品防治某些球虫病时停药过早，常导致球虫病复发，应连续用药。

【休药期】鸡 5 d，兔 7 d。

氯羟吡啶预混剂 Clopidol Premix[乡]

【理化性质】氯羟吡啶为白色或类白色粉末，无臭，不溶于水、丙酮、乙醚、苯，在甲醇或乙醇中极微溶解，在氢氧化钠试液中微溶。

【有效成分】氯羟吡啶。

【适用动物】鸡、兔。

【作用与用途】本品对鸡柔嫩、毒害、布氏、巨型、堆型、和缓和早熟艾美耳球虫有效，特别是对柔嫩艾美耳球虫作用最强，对兔球虫亦有一定的效果。氯羟吡啶对球虫的作用峰期是子孢子期，即感染后第 1 d，主要对其产生抑制作用。在用药后 60 d 内，可使子孢子在肠上皮细胞内不能发育。因此，必须在雏鸡感染球虫前或感染时给药，才能充分发挥抗球虫作用。本品主要用于预防禽、兔球虫病。

【不良反应】按规定的用法用量使用尚未见不良反应。

【用法与用量】以氯羟吡啶计，每 1 000 kg 配合饲料，鸡 125 g，兔 200 g。

【制剂】氯羟吡啶预混剂：含氯羟吡啶 25%。

【注意事项】

（1）可在商品饲料和养殖过程中使用。

（2）蛋鸡产蛋期禁用。

（3）本品能抑制鸡对球虫产生免疫力，停药过早易导致球虫病爆发。

（4）后备鸡群可以连续喂至 16 周龄。

（5）球虫对本品易产生耐药性。对本品产生耐药球虫的鸡场，不能换用喹啉类抗球虫药，如癸氧喹酯等。

【药物相互作用】不得与氨丙啉、尼卡巴嗪、盐霉素、甲基盐霉素、莫能菌素和拉沙洛西钠等抗球虫药合用。

【休药期】鸡 5 d，兔 5 d。

拉沙洛西钠预混剂（球安 Avatec）Lasalocid Ssodium Premi

【理化性质】本品为浅褐色至褐色粉末：有特臭。拉沙洛西钠为畜禽专用聚醚类抗生素类抗球虫药。拉沙洛西的与二物金属离子形成络合物，干扰球虫体内正常离子的平衡和转运，从而起到抑制球虫的效果。

【有效成分】拉沙洛西钠。

【作用与用途】用于预防肉鸡球虫病。

【不良反应】按推荐剂量使用，未见不良反应。

【用法与用量】以拉沙洛西钠计，混饲：每 1 000 kg 饲料，肉鸡 75~125 g。

【注意事项】

（1）可在商品饲料和养殖过程中使用。

（2）应根据球虫感染严重程度和疗效及时调整用药浓度。

（3）严格按规定浓度使用，饲料中药物浓度超过 150 mg/kg（以拉沙洛西钠计）会导致鸡生长抑制和中毒。高浓度混料对饲养在潮湿鸡舍的雏鸡，能增加热应激反应，使死亡率增高。

（4）拌料时应注意防护，避免本品与眼、皮肤接触。

（5）马属动物禁用。

【休药期】肉鸡 3 日。

尼卡巴嗪预混剂（尼卡球 Koffozin）Nicarbazin Premix

【理化性质】本品为黄色粉末。

【有效成分】尼卡巴嗪

【作用与用途】本品对鸡的多种艾美尔球虫，如柔嫩、脆弱、毒害、巨型、堆型，以及布氏艾美尔球虫有良好的防治效果。主要抑制第二个无性增殖期裂殖体的生长繁殖，其作用峰期是感染后第 4 日。主要用于鸡、火鸡球虫病。球虫对本品不易产生耐药性，故常用于更换给药方案。此外，对其他抗球虫药耐药的球虫，使用尼卡巴嗪多数仍然有效。尼卡巴嗪对蛋的质量和孵化率有一定影响。用于预防鸡球虫病。

【用法与用量】以尼卡巴嗪计，混饲：每 1 000 kg 饲料，鸡 100~125 g。

【不良反应】

（1）夏天高温季节使用本品时，会增加应激和死亡率。

（2）本品能使产蛋率、受精率及鸡蛋质量下降和棕色蛋壳色泽变浅。

【注意事项】

（1）可在商品饲料和养殖过程中使用。

（2）蛋鸡和种鸡禁用。

（3）鸡球虫病爆发时禁用作治疗。

（4）夏天高温季节慎用。

【休药期】鸡 4 d。

第三节　中药类药物饲料添加剂

山花黄芩提取物散[乡]

【理化性质】本品为淡黄色至棕黄色的粉末。

【有效成分】山银花提取物、黄芩提取物。

【适用动物】鸡，猪。

【作用与用途】抗炎、抑菌，促生长。用于促进肉鸡、断奶仔猪生长。

【不良反应】按规定的用法用量使用尚未见不良反应。

【用法与用量】以本品计。混饲：每 1 kg 饲料，鸡 0.5 g。可长期添加使用。

【制剂】预混剂：100 g/袋。

每 1 kg 饲料，断奶仔猪 0.5 g，连用 2 个月。

【注意事项】可在商品饲料和养殖过程中使用。

【休药期】无需制定。

博落回散[乡]

【理化性质】本品为罂粟科植物博落回 Macleaya cordate（Willd）R. Br. 提取物经加工制成的散剂。本品为淡橘黄色至橘黄色的粉末，有刺激性。

【有效成分】博落回提取物。

【适用动物】猪、鸡、肉鸭、淡水鱼类、虾、蟹、龟、鳖等。

【作用与用途】抗菌、消炎、开胃、促生长，用于促进猪、鸡、肉鸭、淡水鱼类、虾、蟹和龟、鳖生长。

【不良反应】按规定的用法用量使用尚未见不良反应。

【用法与用量】以博落回提取物计。每 1 000 kg 配合饲料，猪 0.75～1.875 g；仔鸡 1.125～1.875 g，成年鸡 0.75～1.125 g；肉鸭 0.75～1.125 g；草鱼、青鱼、鲤鱼、鲫鱼、鳊鱼、鳝、鳗、泥鳅、虾、蟹、龟、鳖 1.125～2.25 g，可长期添加使用。

【制剂】预混剂：100 g 含博落回提取物 0. 375 g、1. 25 g、3. 75 g。

【注意事项】可在商品饲料和养殖过程中使用。

【休药期】无需制定。

第四节　酶制剂

一、概述

酶是生物机体自身产生的一种活性物质，是生物机体内各种物质发生化学变化的催化剂，利用微生物发酵是生产酶制剂的主要方法。在生物体内所产生的催化作用具有高度的专一性，即一种酶只能催化一种物质的生化反应，如蛋白酶只能作用于蛋白质，使之分解为肽或氨基酸；而淀粉酶则只作用于淀粉，使之分解为糊精。酶在体内的存在量虽少，但却能产生极高的催化效率。酶促化学反应需要特殊的条件，如胃蛋白酶的最适环境 pH 值为 1. 8~2. 0，而淀粉酶则为 5. 5~6. 0。琥珀酸脱氢酶和精氨酸酶的活性分别需要钙离子、钴离子激活，离子成分不足或缺乏，则酶反应速度降低，甚至停止。另外，酶促化学反应还需要特定的温度，高温可降低酶的活性，甚至使酶完全失活；低温则使酶反应的速度减慢，甚至无法进行酶反应。

二、常用酶制剂及其作用

饲料酶制剂是为了提高动物对饲料的消化、利用或改善动物体内的代谢效能而加入饲料中的酶类物质。目前可以在饲料中添加的酶制剂包括淀粉酶、α-半乳糖苷酶、纤维素酶、β-葡聚糖酶、葡萄糖氧化酶、脂肪酶、麦芽糖酶、甘露聚糖酶、果胶酶、植酸酶、蛋白酶、角蛋白酶、木聚糖酶等。由于饲料原料结构的复杂性，饲料工业生产中更多使用的是复合酶制剂，即含两种或两种以上单酶的产品。在饲料中添加酶制剂主要有以下几个作用。

1. 消除饲料中的抗营养因子　木聚糖、β-葡聚糖、纤维素等非淀粉多糖难以被动物（特别是单胃动物）消化吸收，它们是植物细胞壁的组成成分，并且能使消化道食糜黏度增加，导致日粮养分消化率和饲养效果降低，限制了谷物在饲料中的应用。木聚糖酶、β-葡聚糖酶等非淀粉多糖酶可以分解非淀粉多糖，消除其抗营养作用。植酸酶可以消除植酸抗营养作用，提高磷的利用率。

2. 补充内源酶的不足 动物自身分泌的蛋白酶、淀粉酶等内源酶不足的现象在幼龄动物及其处于应激、疾病等亚健康状态的动物中表现非常明显，消化不良及由此引起的一系列生产性能表现下降，如断奶仔猪腹泻。针对性添加外源酶将有效解决以上现象。

3. 降低环境污染 添加复合酶可减少畜禽粪便排放量。酶制剂可提高饲料中氮、磷的利用率，使粪、尿中的氮、磷含量下降，降低了畜舍内有害气体的浓度，减少了畜禽呼吸道疾病的发病率和因不良环境诱发的其他疾病。

三、酶制剂的合理使用

酶促化学反应是一个十分复杂的生化反应过程，参与反应体系的各种因素都能影响酶的催化作用，从实际应用的效果来看，下列因素是影响酶制剂的主要因素，为此需特别注意。

1. 动物种类 一般认为，酶作为饲料添加剂对于家畜比对于家禽的促生长效果好，提高饲料利用率的有效性方面亦是前者高于后者，这是由其解剖生理功能条件所决定的。

2. 动物年龄 酶制剂对于消化机能不健全的幼畜，特别对于早期断奶的仔猪和犊牛，增进食欲和促生长的效果明显；而对于消化功能比较好的成年动物，则在增进食欲和促生长的效果方面相对降低。

3. 矿物元素 有些矿物元素具有激活酶活性的作用，如 $CoCl_2$、$MnSO_4$、$CuSO_4$、$ZnSO_4$ 等，可提高淀粉酶、蛋白酶的活性，因此产生协同性的促生长作用；钙离子、钴离子可提高琥珀酸脱氢酶和精氨酸酶的活性，亦产生协同增强作用。

4. 日粮组成 一般认为，在日粮营养成分比较全面的条件下，使用酶制剂提高饲料营养价值的效果确切，而在营养水平较低的条件下，即使应用酶制剂，也难以对动物获得满意的促生长效果。

5. 酶制剂的用量 使用过量的酶制剂，不会对动物产生严重的毒副作用，但由于酶在动物体内能产生极高的催化效率，因而对酶制剂的添加剂量需严格控制。

6. 酶制剂的成分 随着生产的发展，酶制剂的品种越来越多，就其成分而言，既有单一性的，也有复合性的，因而使用时需注意适用动物和适用症等。

四、常用酶制剂

纤维素酶 Cellulase

【理化性质】纤维素酶为复合酶，主要由外切 β-葡聚糖酶、内切 β-葡聚糖酶、β-葡萄糖苷酶及高活力的木聚糖酶组成。本品为豆壳粉、草粉、微量元素、纤维素酶等混合而成，为黄褐色粉末。

【有效成分】纤维素酶，主要由外切 β-葡聚糖酶、内切 β-葡聚糖酶、β-葡萄糖苷酶、木聚糖酶等组成。

【适用动物】鸡、鸭、猪、马、牛、羊、驹、犊等。

【作用与用途】补充动物体内同源酶的不足。破坏植物细胞壁结构，可将原料中的纤维分解成容易被动物吸收利用的单糖，使细胞内容物裸露，释放出被包裹的矿物质元素、微量元素及其他营养物质，提高饲料利用率。促进动物生长，调节动物消化系统微生态平衡，提高机体免疫功能。

【不良反应】无。

【用法与用量】混饲：每 1 000 kg 饲料，300~800 g。

【制剂】1 kg/袋、20 kg/桶、25 kg/桶等。

【注意事项】

（1）本品为生物制剂，运输、贮存应避免高温、光照。

（2）避免不必要接触，长期接触会使有的人对该产品敏感。每次接触产品后要用温水、香皂洗手，将本品放在儿童不能触及的地方。

【休药期】无需制定。

植酸酶 Phytase

【理化性质】植酸酶是一种由植酸酶高产菌株发酵而成的酶制剂。本品为植酸酶与适宜载体混合而成，为棕色至黑棕色粉末。

【有效成分】植酸酶。植酸酶酶活≥5 000 u/g。

【适用动物】家禽、猪。

【作用与用途】植酸酶是催化植酸及其盐类水解为肌醇与磷酸（盐）的一类酶的总称，属磷酸单酯水解酶。植酸酶具有特殊的空间结构，能够依次分离植酸分子中的磷，将植酸（盐）降解为肌醇和无机磷，同时释放出与植酸（盐）结合的其他营养物质。在动物饲料中添加植酸酶增加了谷物中磷的利用率。谷物中磷的利用率增加弥补了用于维持饲料营养配比平衡的矿物质磷的缺少，从而降低了粪便中不能利用的磷的含量。广泛应用于家禽和猪的饲料中。

【不良反应】无。

【用法与用量】混饲：每1 000 kg全价饲料，80~100 g，可替代饲料中30%~75%的磷酸氢钙用量（具体替代量根据不同厂家产品及动物和饲料原料构成而不同），同时用石粉补足替换的磷酸氢钙中的含钙量。

【制剂】500 g/袋、25 kg/桶等。

【注意事项】

(1) 本品添加量小，使用时需注意混合均匀。

(2) 使用时，尽量避免过量吸入呼吸道。

(3) 避免与有毒、有害物质混运和贮存。

(4) 避免贮存于25 ℃以上的环境中、避免冷冻。

【休药期】无需制定。

葡萄糖氧化酶 Glucose Oxidase

【理化性质】本品为葡萄糖氧化酶与玉米粉等适宜载体混合而成，为浅黄色粉末。

【有效成分】葡萄糖氧化酶。葡萄糖氧化酶活≥10 000 u/g。

【适用动物】家禽、家畜。

【作用与用途】葡萄糖氧化酶可以在有氧条件下专一性地催化β-D-葡萄糖，生成葡萄糖酸和过氧化氢，营造动物肠道的厌氧和酸性环境，并积累一定过氧化氢，从而影响肠道中微生态区系和消化酶活性。可改善肠道环境，预防肌胃、腺胃炎，提高营养物质消化吸收率；预防和缓解因大肠杆菌、沙门菌和金黄色葡萄球菌等引起的腹泻等症状；预防或降低霉菌毒素中毒风险；提高机体抗应激能力和健康水平，降低疾病感染，减少用药量，降低死亡率。

【不良反应】无。

【用法与用量】以本品计（10 000 u/g）。混饲：每1 000 kg全价饲料，100~300 g。

【制剂】1 kg/袋、25 kg/袋或25 kg/桶。

【注意事项】

(1) 本品为生物活性物质，不可与强酸、强碱等接触，避免高温和阳光直晒。

(2) 每次开袋或开桶后，若未使用完，应扎紧袋口或拧紧桶盖，以免有效活性成分失活。

(3) 避免与有毒、有害物质混运和贮存。

(4) 避免贮存于 25 ℃以上的环境中、避免冷冻。

【休药期】无需制定。

抑肽酶（胰蛋白酶抑制剂）Aprotinin（Trypsinum Inhibere）

【理化性质】本品为白色或类白色粉末，溶于水，在高温、中性、酸性条件下稳定，遇碱液变性。

【作用与用途】本品可抑制胰蛋白酶、糜蛋白酶、纤溶酶原的激活因子和纤溶酶，还有抑制血管舒缓素的作用。可用于防治胰腺炎和各种纤维蛋白溶解而引起的出血和预防术后肠粘连等。

【用法与用量】预防术后肠粘连，可于缝合前腹腔注入 1 万~5 万 u。

【制剂】注射液：每支 5 mL 含 1 万 u。

辅酶 A Coenzymum A

【理化性质】本品为白色或微黄色粉末，有吸湿性，易溶于水。

【作用与用途】本品为体内乙酰化反应的辅酶，对糖、脂肪及蛋白质的代谢起着重要的作用。体内三羧酸循环的进行、肝糖原的贮存、乙酰胆碱的合成、血浆脂肪含量的调节等与辅酶 A 都有密切关系，而且辅酶 A 与机体解毒过程中的乙酰化也有关。可用于治疗白细胞减少症及原发性血小板减少性紫癜。对肝炎、脂肪肝、肾病综合征等可做辅助治疗。

【用法与用量】肌内注射：以生理盐水溶解，一次量，犬 25~50 u，每天 1~2 次。本品与细胞色素 C、三磷酸腺苷合用效果更佳。

【制剂】冻干粉针：每支 50 u、100 u。

三磷酸腺苷 Adenosinum Triphosphas（ATP）

【理化性质】本品为白色无定形粉末，易溶于水，不溶于乙醇。

【作用与用途】本品为体内脂肪、蛋白质、糖、核酸等的合成提供能量，外源性的 ATP 能否发挥这些作用仍需进一步研究。临床上用于进行性肌萎缩、急慢性肝炎、心力衰竭、心肌炎和血管痉挛等，犬较多用。

【用法与用量】肌内注射或静脉注射：（试用量）一次量，马 0.1~0.3 g，犬 10~20 mg。常用本品 0.2 g 与辅酶 A 1 000 u 合用，每天 1~2 次。肌内注射以注射用水溶解，静脉注射可按本品 1 mg 加 5% 葡萄糖注射液 1 mL 溶解后使用，缓慢注射，以免造成血压下降。

【制剂】粉针剂。

五、饲料防霉剂

在自然界中霉菌分布极广，种类繁多，而多数霉菌都能引起饲料的发霉变质，使饲料的营养价值大大降低，适口性变差；发霉严重者不仅毫无营养价值，而且用其饲喂动物还可造成动物生长停滞，内脏受损，甚至中毒死亡。饲料用防霉剂是指能降低饲料中微生物的数量，控制微生物的代谢和生长，抑制霉菌毒素的产生，预防饲料贮存期营养成分的损失，防止饲料发霉变质并延长贮存时间的饲料添加剂。

在饲料中应用防霉剂是防止饲料霉变行之有效的方法。常用饲料防霉剂及用量见表 12-1。

表 12-1　常用饲料防霉剂及用量

有效成分	用途、特点	添加量
丙酸及其盐类	丙酸是一种有腐蚀性的有机酸，为无色透明液体，易溶于水。丙酸盐包括丙酸钠、丙酸钙、丙酸钾和丙酸铵。丙酸及丙酸盐类都是酸性防霉剂，具有较广的抗菌谱，对霉菌有较显著的抑制效果，对需氧芽孢杆菌或革兰氏阴性菌也有较好的抑制效果，但对酵母菌和其他菌的抑制作用较弱。毒性很低，是动物正常代谢的中间产物，各种动物均可使用，为饲料中最常用的一种防霉剂	以丙酸计：一般为 0.3% 左右

有效成分	用途、特点	添加量
苯甲酸及苯甲酸钠	苯甲酸和苯甲酸钠为酸性防霉剂，都能非选择性地抑制微生物细胞呼吸酶的活性，使微生物的代谢受障碍，从而有效地抑制多种微生物的生长和繁殖。在低 pH 值条件下对微生物有广泛的抑制作用，但对产酸菌作用弱。在体内参与代谢，不蓄积、毒性低，对动物的生长和繁殖均无不良影响	以苯甲酸计：最大使用量应小于 0.1%（1 g 苯甲酸钠相当于 0.846 g 苯甲酸）
山梨酸及其盐类	pH 值 6 以下对多种微生物均有抑制效果，多与其他防霉剂共同使用。山梨酸可参与体内代谢，无残留、安全性好	添加量为饲料的 0.05%~0.15%
双乙酸钠	双乙酸钠为一种食品、饲料高效防霉、防腐剂，既可用于食物防腐保鲜，防止谷物霉变，也可用于饲料贮存防霉，并可提高饲料营养价值。对人和家禽没有副作用，安全可靠。价格低、效果好、毒性小，为目前比较理想的饲料防霉剂	添加 0.1%~0.5% 可有效防止饲料毒素的产生。若在青贮料中添加 0.2%~0.4%，可使青贮料贮存期延长 3 周以上
脱氢乙酸及其钠盐	脱氢乙酸为一种高效广谱抗菌剂，具有较强的抑制细菌、霉菌及酵母菌发育作用，尤其对霉菌的作用最强，在酸、碱等条件下均具有一定的抗菌作用。为一种低毒防霉剂，一般无不良影响	添加量为饲料的 0.02%~0.15%
富马酸及其酯类	富马酸酯类包括富马酸二甲酯、富马酸二乙酯和富马酸二丁酯等，其中防霉效果较好的为富马酸二甲酯。富马酸及其酯类也是酸性防霉剂，抗菌谱较广，并可改善饲料的味道及提高饲料利用率	添加量为饲料的 0.025%~0.08%

第五节　微生态制剂

微生态制剂是指能在动物消化道中生长、发育或繁殖，并起有益作用的微生物制剂，是近年来为替代抗生素添加剂而开发的一类新型饲料添加剂。根据其作用特点，可分为益生素、微生物生长促进剂两类。

1. 益生素　益生素即直接饲喂的微生物制品，又名促生素、调痢生等，主要由正常消化道优势菌群的乳酸杆菌、双歧杆菌等种、属菌株组成，可调整消化道内环境和微生物区系平衡，主要用于防治消化道感染及消化道功能紊乱。此类制剂以药用保健为主，兼有促生长、改善饲料报酬作用。

2. 微生物生长促进剂　微生物生长促进剂主要由真菌、酵母、芽孢杆菌等具有很强消化能力的种、属菌株组成，在消化道中能产生多种消化酶、丰富的 B 族维生素、维生素 K 和菌体蛋白等。此类制剂以改善饲料报酬、促进动物生长为主，兼有防治疾病作用。

上述分类是相对而言的，实际上很难明确区分，有些产品兼具益生素和微生物生长促进剂的作用。

一、微生态制剂的主要作用

1. 调整动物消化道内环境，排斥和抑制有害菌和病原菌，恢复和维持正常微生物区系平衡　正常情况下，动物消化道内以乳酸菌群为优势微生物区系的各种菌群之间及其与宿主之间维持着相互依存、相互制约的平衡状态，当动物处于应激（如高热、换料、疾病等）状态时，消化道稳定的内环境发生改变，正常的微生物区系平衡被破坏，条件性致病菌如大肠杆菌、沙门菌等腐败菌乘机大量生长繁殖，引起消化功能紊乱、腹泻、下痢等疾病。活菌制剂可补充有益的微生物，使胃肠道有益微生物以种群优势竞争肠道定居位置，从而排斥和抑制病原微生物，同时代谢产生大量乳酸和挥发性脂肪酸，降低消化道的 pH 值，或产生过氧化氢和少量抗菌物质，使消化道内异常增殖的病原微生物减少，消化道内环境和微生物区恢复平衡。

2. 分泌活性成分，提高机体免疫力　益生菌可直接作用于宿主的免疫系统，刺激胸腺、脾脏和法氏囊等免疫器官的发育，促进巨噬细胞活力，发挥免疫辅助作用。枯草芽孢杆菌形成的芽孢在动物肠道内作为外来异物，能够刺激动物机体的免疫细胞，增强机体的非特异性免疫功能。

3. 合成多种消化酶，提高饲料利用率 许多微生物还有很强的利用纤维素、半纤维素、植酸磷等动物自身不能利用的物质的能力。

二、主要应用的微生态制剂

用作微生态制剂的菌种种类很多，包括地衣芽孢杆菌、枯草芽孢杆菌、两歧双歧杆菌、嗜酸乳杆菌、干酪乳杆菌、乳酸乳杆菌、植物乳杆菌、乳酸片球菌等。常用的包括芽孢杆菌制剂、乳酸杆菌制剂及双歧杆菌制剂等。

1. 芽孢杆菌制剂 芽孢杆菌属为好氧或兼性厌氧菌，在动物消化道中仅零星存在，其活菌制剂进入消化道后不增殖、不定居，但能迅速发育、生长。其营养菌具有蛋白酶、脂肪酶、淀粉酶活性，可降解木聚糖、阿拉伯糖、半乳糖等，有的菌还能合成维生素 B 和维生素 K，具有良好的助消化、促生长作用。用于猪、牛、鸡作助消化促生长添加剂，兼可防治消化道疾病。已作为饲料添加剂应用的有枯草芽孢杆菌、地衣芽孢杆菌等。

2. 乳酸杆菌制剂 乳酸杆菌属为厌氧或兼性厌氧菌，是动物消化道正常微生物区系中的优势菌群，可利用糖类发酵产生大量乳酸、少量乙酸和其他挥发性脂肪酸，可抑制有害菌生长，维持微生物区系的平衡和消化功能的正常。当消化道中乳酸杆菌与大肠杆菌的比率下降，则动物消化机能紊乱，严重者导致动物肠炎、下痢等疾病。乳酸杆菌制剂应用较早，制剂较多，如乳酸杆菌粉、乳酸杆菌提取物等益生素制剂，主要用于防治消化道疾病。已作为饲料添加剂应用的有嗜酸乳杆菌、干酪乳杆菌、乳酸杆菌等。

3. 双歧杆菌制剂 双歧杆菌属（表飞鸣菌）为厌氧无芽孢菌，为幼畜消化道主要菌种，对调整和维持正常微生物区系和稳定的消化道内环境起关键作用，有明显的防治腹泻作用。已作为饲料添加剂的有两歧双歧杆菌。

三、微生态制剂的合理使用

1. 正确选用微生态制剂 不同的微生态制剂产品效能不同，使用时应充分了解其微生物种类和作用。

2. 掌握使用剂量 微生态制剂的使用效果取决于动物摄入活菌的数量，一般认为每克日粮中活菌（或孢子）以 $2 \times 10^5 \sim 2 \times 10^6$ 个为佳。有关微生态制剂用量的报道不多，难以列出各种制剂用量，应按各产品说明使用。

作饲料添加剂的活菌制剂在饲料中的添加率常为 0.02%~0.2%。使用原则是如乳猪、仔鸡、仔鸭、羔羊、牛犊等，添加剂量应大于中青年时期，环境恶劣时也需加大添加量。微生态制剂的添加效果，还受其稳定性、饲料成分、贮存条件和时间等影响，故使用时要注意产品的有效期，并应低温、干燥、避光存放。

3. 注意使用时间 微生态制剂在正常情况下尽管有一定的添加效果，但主要是在消化道内环境失调、抗病力差的幼畜及各种应激状态动物饲料中使用效果显著。例如在养猪生产中，微生态制剂主要是在出生、断奶及刚进入生长肥育圈中三个关键时期使用，以预防肠道疾患。预防仔猪下痢，宜在母猪产前 15 d 使用；用于控制仔猪断奶应激性腹泻，可从仔猪断奶前 2 d 开始饲喂至断奶后第 5 d。

4. 注意使用对象 不同微生物菌株与动物及其消化道特定微生物区系的相互作用有一定的特异性，应用于一种动物的制剂不宜用于另一种动物，如有些微生态制剂仅用于反刍动物，而对单胃动物则无明显添加效果。

5. 避免与不相容的抗生素或合成抗菌药物同时使用 由于微生态制剂是活菌制剂，而抗生素具有杀菌作用。因此，一般情况下，两者在畜禽饲料中不可同时应用，否则，微生态制剂的功效将大大减弱。如果动物出现严重疾病时，需利用抗生素类药物予以治疗，然后再使用微生态制剂重建肠道菌群平衡。

脆弱拟杆菌、粪链球菌、蜡样芽孢杆菌复合菌制剂 Live Bacteroides Fragilis, Streptoccus Faecalis and Bacillus Cereus Preparation

【理化性质】本品系用脆弱拟杆菌、粪链球菌、蜡样芽孢杆菌接种适宜培养基培养，收获培养液，加适宜赋型剂，经减压抽滤干燥后制成混合菌粉。本品为白色或黄色干燥粗粉，外观完整光滑、色泽均匀。

【适用动物】鸡、猪。

【主要成分与含量】制剂中含有脆弱拟杆菌、粪链球菌和蜡样芽孢杆菌，每克制剂应含活脆弱拟杆菌不少于 100 万个，含活粪链球菌 1 000 万个以上，含活蜡样芽孢杆菌 1 000 万个以上。

【作用与用途】对沙门菌及大肠杆菌引起的细菌性下痢，如雏鸡、仔猪等白痢、黄痢均有疗效，并有调整肠道菌群失调、提高机体免疫力、促进生长等作用。

【不良反应】一般无可见的不良反应。

【用法与用量】用凉水溶解后饮用，或拌入饲料中口服，也可直接灌服。按饲料重量添加，预防量添加 0.1% ~ 0.2%、治疗量添加 0.2% ~ 0.4%。

【规格】100 g/袋、250 g/袋、500 g/袋。

【注意事项】

（1）严禁与抗菌药物和抗菌药物饲料添加剂同时使用。

（2）现拌料（或溶解）现吃，限当日用完。

【休药期】无需制定。

【贮藏与有效期】在冷暗干燥处室温保存，有效期 12 个月。

枯草芽孢杆菌活菌制剂（TY7210 株）Live Bacillus Subtilis Preparation（TY7210 Strain）

【理化性质】本品系用枯草芽孢杆菌 TY7210 株接种适宜培养基培养，收获培养液，经无菌分装制成。为土黄色至黄褐色乳状液，久置后，有少量沉淀物。

【适用动物】仔猪、羔羊和家兔等。

【主要成分与含量】制剂中含有枯草芽孢杆菌 TY7210 株，每毫升制剂含活芽孢数不得少于 5 亿。

【作用与用途】用于预防和治疗禽畜细菌性腹泻和促进生长。

【不良反应】一般无可见的不良反应。

【用法与用量】灌服或与少量饲料混合饲喂。

（1）预防用量：仔猪、羔羊和家兔等，每只每次 5 mL，每天 1 次，共服用 1~3 次；鸡，每只每次 0.5 mL，每天 1 次，共服用 1~3 次；牛犊，每头每次 30 mL，每天 1 次，共服用 1~3 次。

（2）治疗用量：仔猪、羔羊和家兔等，每只每次 10 mL，每天 1 次，共服用 3 次；鸡，每只每次 0.5 mL，每天 1 次，共服用 3 次；牛犊，每头每次 60 mL，每天 1 次，共服用 1~3 次；成年牛等大体型动物，每头每次 120 mL，每天 1 次，共服用 1~3 次。

【规格】每天 10 mL、20 mL。

【注意事项】

（1）本品严禁注射。

（2）本品不得与抗菌药物和抗菌药物添加剂同时使用。

（3）打开内包装后，限当日用完。

（4）畜禽出生后立即服用，效果更佳。

【休药期】无需制定。

【贮藏与有效期】在室温下避光保存，有效期为 18 个月。

蜡样芽孢杆菌、粪链球菌活菌制剂 Live Bacillus Cereus and Streptoccus Faecalis Preparation

【理化性质】本品系用无毒性链球菌和蜡样芽孢杆菌分别接种适宜培养基培养，收获纯菌，加入适宜赋形剂经干燥制成粉剂，并按一定比例混合配制而成。本品为灰白色干燥粉末。

【适用动物】鸡、猪、兔。

【主要成分与含量】制剂中含有无毒性链球菌和蜡样芽孢杆菌，每克制剂含菌数、芽孢杆菌不少于 5 亿，链球菌不少于 100 亿。

【作用与用途】本品为畜禽饲料添加剂，可防治幼畜禽下痢，促进生长和增强机体的抗病能力。

【不良反应】一般无可见的不良反应。

【用法与用量】作饲料添加剂，按一定比例拌入饲料：雏鸡料 0.1% ~ 0.2%、成年鸡料 0.1%、仔猪料 0.1% ~ 0.2%、肉猪料 0.1%、兔料 0.1% ~ 0.2%。或仔鸡每天每只 0.1 ~ 0.2 g，仔猪每天每头 0.2 ~ 0.5 g。

【规格】100 g/袋、500 g/袋、1 000 g/袋。

【注意事项】本品勿与抗菌药物和抗菌药物添加剂同时使用，且勿用 50 ℃以上热水溶解。

【贮藏与有效期】避光干燥阴凉处室温保存，有效期为 6 个月。

蜡样芽孢杆菌活菌制剂（DM423）Live Bacillus Cereus Preparation（DM423）

【理化性质】本品系用蜡样芽孢杆菌 DM423 菌株的培养液，加适宜赋形剂，经干燥制成的粉剂或片剂。本品粉剂为灰白色或灰褐色干燥粗粉或颗粒状；片剂外观完整光滑，类白色，色泽均匀。

【适用动物】禽、猪、牛。

【主要成分与含量】制剂中含有蜡样芽孢杆菌 DM423 菌株，每克制剂含活芽孢数不得少于 5 亿。

【作用与用途】用于畜禽腹泻的预防和治疗，并能促进生长。

【不良反应】一般无可见的不良反应。

【用法与用量】口服。按表 12-2 所示药量与少量饲料混合饲喂，病重时可逐头喂服。

表 12-2　蜡样芽孢杆菌活菌制剂用药量

动物种类	治疗用量	预防用量
雏鸡	每羽每次 0.5 g，每天 1 次，连服 3 d	每羽每次 0.25 g，日服 1 次，连服 5~7 d
家禽	为雏鸡的 5~10 倍量，连服 3 d	
仔猪	每 1 kg 体重 0.6 g，每天 1 次，连服 3 d	每 1 kg 体重 0.3 g，每天 1 次，服 3~5 d 后，每周 1 次
大猪	每头每次 2~4 g，每天 2 次，连服 3~5 d	
犊牛	每头每次 3~6 g，每天 2 次，连服 3~5 d	
家兔	每只每次 1~2 g，每天 2 次，连服 3~5 d	按治疗量的一半服
羔羊	每头每次 1 g，每天 2 次，连服 3 d	出生后即灌服，每次 0.5 g，日服 1 次，连服 3~5 d

【规格】①片剂：每片 0.3 g、0.5 g。②粉剂：每袋 50 g、100 g。

【注意事项】本品不得与抗菌药物和抗菌药物添加剂同时使用。

【休药期】无需制定。

【贮藏与有效期】避光，在干燥处室温保存，有效期为 12 个月。

蜡样芽孢杆菌活菌制剂（SA38）Bacillus cereus Preparation（SA38）

【理化性质】本品系用蜡样芽孢杆菌 SA38 菌株的培养液，加适宜赋形剂，经干燥制成的粉剂或片剂，为灰白色或灰褐色的干燥粗粉；片剂外观完整光滑、类白色或白色片。

【适用动物】仔猪、羔羊、犊牛、雏鸡、雏鸭、仔兔。

【主要成分与含量】制剂中含有蜡样芽孢杆菌 SA38 菌株，每克制剂含活芽孢数不得少于 5 亿。

【作用与用途】主要用于预防和治疗仔猪、羔羊、犊牛、雏鸡、雏鸭、仔兔等的腹泻，并能促进生长。

【不良反应】一般无可见的不良反应。

【用法与用量】口服。治疗用量，猪、兔、牛和羊均按每 1 kg 体重 0.1~0.15 g；雏鸡和雏鸭每只 30~50 mg，每天 1 次，连服 3 d。预防用量减半，连服 7 d。

【规格】①片剂：每片 0.3 g、0.5 g。②粉剂：每袋 50 g、100 g。

【注意事项】本品不得与抗菌药和抗菌药物添加剂同时使用。

【休药期】无需制定。

【贮藏与有效期】避光，在干燥处室温保存，有效期为 12 个月。

酪酸菌活菌制剂 Live Clostridium butyricum Preparation

【理化性质】本品是用酪酸菌 RH-2 株接种适宜培养基培养，收获培养物，加入保护剂，经真空冷冻干燥后，混合辅料制成粉剂。本品为灰黄色的干燥粉剂，能通过 60 目筛。

【适用动物】鸡、猪。

【主要成分与含量】每克制剂含酪酸菌活菌≥2.0×10^8 个。

【作用与用途】用于预防猪、鸡由大肠杆菌引起的腹泻，并能促进猪、鸡的生长。

【不良反应】一般无可见的不良反应。

【用法与用量】内服。与饲料混合后口服。用于预防由大肠杆菌引起的腹泻时，猪，每 1 000 kg 饲料添加 0.5~1 kg；鸡，每 1 000 kg 饲料添加 1~2 kg。用于促进猪、鸡生长时，每 1 000 kg 饲料添加 0.5~1 kg。

【规格】每袋 50 g、500 g。

【注意事项】

（1）本品不得与抗菌类药物和抗菌药物添加剂同时服用。

（2）本品口服时严禁用 40 ℃以上热水溶解。

【休药期】无需制定。

【贮藏与有效期】室温、干燥、避光保存，有效期为 12 个月。

乳酸菌复合活菌制剂 Lactobacillus acidophilus Preparation

【理化性质】本品是用嗜酸乳杆菌、粪链球菌和枯草杆菌的培养物，经真空冷冻干燥制成混合菌粉，加载体制成粉剂或颗粒剂和片剂。粉剂为灰白色或灰褐色干燥粗粉或颗粒状，片剂外观完整、光滑，类白色，色泽均匀。

【适用动物】雏鸡、仔猪、犊牛。

【主要成分与含量】制剂中含有嗜酸乳杆菌、粪链球菌和枯草杆菌，每克制剂应含活嗜酸乳杆菌 1 000 万个以上，含活粪链球菌 100 万个以上，含活枯草杆菌 10 000 个左右。

【作用与用途】本品对沙门菌及大肠杆菌引起的细菌性下痢如雏鸡、仔猪、犊牛的白痢、黄痢均有疗效，并有调整肠道菌群失调，促进生长作用。

【不良反应】一般无可见的不良反应。

【用法与用量】口服。用凉水溶解后作饮水或拌入饲料口服或灌服。治疗量：雏鸡每次 0.1 g；成年鸡每次 0.2~0.4 g，每天早晚各 1 次；雏鸡 5~7 d、成年鸡 3~5 d 为 1 个疗程。预防量减半。仔猪每次 1.0~1.5 g；犊牛每次 3~5 g，一般 3~5 d 为 1 个疗程。

【规格】①片剂：每片 0.5 g。②粉剂：每袋 50 g。

【注意事项】

（1）本品严禁与抗菌类药物和抗菌药物添加剂同时服用。

（2）服用本制剂时，不得用含氯气的自来水稀释，要用煮沸后的凉开水稀释，水温不得超过 30 ℃，稀释后限当日用。

【休药期】无需制定。

【贮藏与有效期】在 25 ℃以下保存，有效期为 12 个月。

双歧杆菌、乳酸杆菌、粪链球菌、酵母菌复合活菌制剂 Live Bifidobacterium, Lactobacillus acidophilus, Streptococcus faecalis and Yeast Preparation

【理化性质】本品是用双歧杆菌、乳酸杆菌、粪链球菌和酵母菌分别接种适宜的培养基培养，收获培养物，用羟甲基纤维素钠沉淀，加适宜稳定剂，经真空冷冻干燥后，与载体混合制成粉剂，为乳黄色均匀细粉。

【适用动物】鸡、猪、羊、牛。

【主要成分与含量】制剂中含有双歧杆菌、乳酸杆菌、粪链球菌和贝氏酵母菌，每克制剂中，双歧杆菌和乳酸杆菌均应不少于 1.0×10^7 CFU，粪链球菌和贝氏酵母菌均应不少于 1.0×10^6 CFU。

【作用与用途】用于预防畜禽腹泻。

【不良反应】一般无可见的不良反应。

【用法与用量】将每次用药量拌入少量饲料、奶中饲喂或直接经口喂服，每天2次，连服5~7 d。雏鸡，每次每只0.2 g；成年鸡，每次每只0.5 g；羊、牛、猪，每次每1 kg体重0.5 g。

【规格】每袋50 g、500 g。

【注意事项】

（1）用药时，应现配现用。

（2）服用本制剂时，应停止使用各类抗菌药物。

（3）饮用时，用煮沸后的凉开水稀释，水温不得超过30 ℃，不得用含氯自来水稀释，稀释后限当日用完。

（4）幼禽幼畜出生后立即服用，效果更佳。

【休药期】无需制定。

【贮藏与有效期】2~8 ℃保存，有效期为12个月。

第十三章 解毒药

解毒药是一类对抗毒物作用的药物。目前，只有少数毒物有特殊解毒剂。除使用特殊解毒剂外，还可同时利用下列方法进行解毒。

1. **阻止毒物的进一步吸收** 当动物中毒后，为尽快阻止毒物的吸收，可采用如下方式进行物理性解毒。如局部使用的毒物，一般用肥皂水彻底清洗就可除去毒物；必要时可剪去被毛。犬、猫、猪如果采食中毒在几小时内，催吐就很有效，但当动物缺乏吞咽反射、惊厥发作或为腐蚀性毒物，挥发性碳水化合物时，禁用催吐疗法。昏迷和麻醉动物可用气管导管和大口径胃管洗胃，即将动物头低至 30°，用灌洗液缓慢灌入胃内，然后导出，反复数次，直至返出的液体变清。

当一种毒物不能被物理方法清除时，口服某种物质可将其吸附并阻止其吸收。如利用吸附剂吸附毒物，从而减少吸收达到减轻中毒的目的；使用黏浆剂等黏膜保护剂保护胃肠黏膜，减少毒物与胃肠黏膜接触，从而减少刺激和延缓吸收而达到解毒目的。

2. **促进毒物从体内排出** 为尽快清除胃肠道内毒物，有必要应用泻药和缓泻药。为加快已吸收进入体内的毒物的排出，可应用利尿药如速尿、噻嗪类等，而且在利尿的同时可根据毒物本身的酸碱性，经给予碳酸氢钠或氯化氨以碱化或酸化尿液，从而促进体内的毒物经尿排出体外。

3. **减少体内毒物的浓度** 临床上可通过使毒物中和、氧化、沉淀等化学性解毒方法而降低或消除其毒性，或者使用互相对抗的药物，通过对抗毒物作用症状的发生，以达到解毒目的。

4. **支持疗法** 在毒物代谢和清除之前有必要一直进行支持治疗。依临床症状而定，可进行控制疾病发作、维持呼吸、治疗休克、纠正电解质和体液的丢失、控制心功能障碍和缓解疼痛等。

需要注意的是，中毒病的发生仅靠上述非特异的解毒方法难以达到高效、速效的目的，还必须根据毒物的种类使用专一性的特效解毒药。特效解毒药的作用机理主要包括：①与毒物形成复合物（如肟与有机磷杀虫剂结合，EDTA 螯合铅等）。②通过封闭或竞争受体发挥作用（如维生素 K 与抗凝血药香豆素竞争受体等）。③少数解毒药通过影响毒物代谢（如亚硝酸盐和硫代硫酸盐释放出离子并与氰化物结合等）产生作用。本章将重点介绍特异性解毒药。

第一节　有机磷中毒的解毒药

有机磷类农药可使胆碱酯酶磷酰化，从而使其失去水解乙酰胆碱的能力，造成体内乙酰胆碱大量蓄积，出现一系列胆碱能神经过度兴奋的中毒症状（如流涎、肌肉震颤、腹泻等）。解毒措施为：①对症处理。选用阿托品等对抗胆碱能神经过度兴奋症状。②特效解毒剂。使用胆碱酯酶复活剂，如碘解磷定、氯磷定、双复磷等，使失活的胆碱酯酶重新恢复活性，达到解毒目的。

碘解磷定（派姆）Pyraloxime Methiodide（PAM）[处][乡]

【理化性质】本品为碘化物，为黄色颗粒状结晶或晶粉，无臭、味苦。遇光易变质，应遮光密闭保存。可缓慢地溶于水（1：20），水溶液不稳定，遇碱易破坏；在乙醇中溶解，在乙醚中不溶。其注射液为无色或极微黄色的澄明液体。

【作用与用途】解毒药。能活化被抑制的胆碱酯酶。用于有机磷中毒。对轻度有机磷中毒，可单独应用本品或阿托品以控制症状；中度、重度中毒时则必须合并应用阿托品，因对体内已蓄积的乙酰胆碱几无作用。特点是作用迅速，显效很快，但破坏也较快，一次给药作用只能维持 2 h 左右，故须反复给药。连续给药无蓄积作用。本品不易透过血脑屏障，故对中枢神经中毒症状的疗效不佳。

本品对内吸磷（1059）、对硫磷（1605）、乙硫磷等急性中毒的疗效显著；对乐果、敌敌畏、敌百虫、马拉硫磷等中毒及慢性有机磷中毒的疗效较差。

【不良反应】本品注射速度过快可引起呕吐、心率加快和共济失调。大剂量或注射速度过快还可引起血压波动、呼吸抑制。

【用法与用量】静脉注射：一次量，每 1 kg 体重，家畜 15~30 mg。注射速度宜缓慢。

【制剂】注射液：10 mL 含 0.25 g，20 mL 含 0.5 g。

【注意事项】

（1）有机磷内服中毒的动物先以 2.5%碳酸氢钠溶液彻底洗胃（敌百虫除外）；由于消化道后部也可吸收有机磷，应用本品至少维持 48~72 h，以防延迟吸收的有机磷加重中毒程度，甚至致死。

（2）用药过程中定时测定血液胆碱酯酶水平，作为用药监护指标。血液胆碱酯酶应维持在 50%~60%以上。必要时应及时重复应用本品。

（3）禁与碱性药物配伍。

（4）本品与阿托品有协同作用，与阿托品联合应用时，可适当减少阿托品剂量。

氯磷定 Pyraloxime Chloride （PAM-Cl）

【理化性质】本品为白色的结晶或晶粉，无引湿性。在水中易溶，微溶于乙醇，在氯仿、乙醚中几乎不溶。2.87%水溶液与血液等渗；遇碱分解。

【作用与用途】药理作用、应用及注意事项均同碘解磷定，但它对胆碱酯酶的复活能力较碘解磷定强，1 g 氯磷定的作用相当于碘解磷定的 1.53倍。本品不能透过血脑屏障，必须与阿托品配合应用。除供静脉注射外，还可作肌内注射。

【不良反应】静脉注射后的反应与碘解磷定相同，但比碘解磷定的反应小。

【药物相互作用】在碱性溶液中易水解，故忌与碱性药物配伍。

【用法与用量】同碘解磷定。

【制剂】注射液：2 mL 含 0.5 g，10 mL 含 2.5 g。

双解磷 Trimedoxime （TMB-4）

【作用与用途】同碘解磷定，但强 3.6~6 倍，作用持久，水溶性较好，但副作用大，易损害肝脏。本品不能透过血脑屏障。

【不良反应】可见阵发性抽搐、心律失常、心动过速，并可引起肝损害。

【用法与用量】通常配成 5%溶液供肌内注射或静脉注射用，肌内注射首次用量：猪、羊0.4~0.8g，牛、马3~6g。以后每2h重复用药1次，用量减半。

双复磷 Toxogonin（Obidoxime，DMO₄）

【理化性质】本品为微黄色晶粉。溶于水，脂溶性高。

【作用与用途】本品作用同碘解磷定。作用较双解磷强1倍，作用持久，副作用较小，脂溶性好，能透过血脑屏障，对中枢神经系统的症状消除的作用较强，适用于中枢神经有毒性症状的患畜。

【用法与用量】同双解磷。

阿托品 Atropine

【作用与用途】本品为拮抗胆碱受体的抗胆碱药。有机磷农药类是使胆碱酯酶失活，而使乙酰胆碱过剩积聚而出现中毒。本品是直接拮抗积聚的乙酰胆碱而解毒，使用时，既要防止过量中毒又要避免用量不足。本品的半衰期短，必须反复静脉注射给药或连续静脉滴注，直至恢复正常为止。

本品作为解毒药使用时：①治疗有机磷类与氨基甲酸酯类农药中毒。应与胆碱酯酶复活剂合用，单独使用效果差（除西维因中毒外）。②治疗胃肠型毒蕈（如捕蝇蕈）中毒。③治疗中药乌头中毒。

其余事项内容可参见作用于外周神经系统的药物章中抗胆碱药节阿托品项。

东莨菪碱 Scopolamine

【作用与用途】本品为抗乙酰胆碱解毒剂。可用于有机磷农药类中毒的治疗。

其余事项内容可参见作用于外周神经系统的药物章中抗胆碱药节东莨菪碱项下。

第二节　有机氟中毒的解毒药

含氟农药可分为无机氟农药和有机氟农药两类，前者有氟化钠、氟硅酸钠、氟铝酸钠，后者有氟乙酰胺和氟乙酸钠等。家畜多因误食了喷洒过含氟农药的植物，或饮用了被污染的水而引起中毒。上述氟化物的中毒机制，除氟乙酰胺研究得比较透彻外，其余的尚不清楚，也无特效解毒剂，只能采取一般的对症治疗措施。

乙酰胺（解氟灵）Acetamide[处][乡]

【理化性质】本品为无色透明状结晶，无臭，易潮解，可燃易爆，溶于水、乙醇。

【作用与用途】氟乙酰胺进入体内后，经代谢脱氨生成氟乙酸。后者在组织细胞中三磷酸腺苷存在时和辅酶 A 作用，生成氟乙酰辅酶 A，再与草酰乙酸作用生成氟柠檬酸，氟柠檬酸抑制乌头酸酶，使其不能生成乌头酸，从而使三羧酸循环中断。由此，使柠檬酸堆积，丙酮酸代谢受阻，妨碍了正常的氧化磷酸化作用。进而造成对神经系统、心脏和消化系统的损害作用。临床上用乙酰胺作为氟乙酰胺的解毒药，认为乙酰胺在体内能与氟乙酰胺争夺酰胺酶，使氟乙酰胺不能形成氟乙酸而达到解毒的目的。

【不良反应】本品酸性较强，肌内注射有刺激性。

【用法与用量】以乙酰胺计。静脉注射、肌内注射：一次量，每 1 kg 体重，家畜 50~100 mg。每天用药 2 次，连用 2~3 d。

【注意事项】为减轻局部疼痛，肌内注射时可配合使用适量盐酸普鲁卡因注射液。

【制剂】注射液：5 mL 含 0.5 g、5 mL 含 2.5 g，10 mL 含 1 g、10 mL 含 5 g。

第三节 亚硝酸盐中毒的解毒药

亚硝酸盐中毒是兽医临床上常见的中毒症之一，多发生于牛、马、羊、猪等动物。主要是吃了大量的含硝酸盐过高的饲草或饲料所引起。大家畜（尤其是反刍动物）胃肠道内的细菌，可使饲料中的硝酸盐还原成为亚硝酸盐；猪多由于喂饲腐烂或焖煮的瓜菜，其中硝酸盐已被还原成亚硝酸盐而引起中毒，常在一次大量喂饲之后，全群猪发病或死亡。

常用的解毒剂为美蓝、维生素 C 等。

美蓝（亚甲蓝、甲烯蓝）Melhylerum Coeruleum[处][乡]

【理化性质】本品为深绿色有铜光的柱状结晶或晶粉，无臭，易溶于水和醇，在氯仿中溶解。

【作用与用途】解毒药，用于亚硝酸盐中毒，既有氧化作用，又有还原作用，其作用与剂量有关。亚硝酸盐中毒时，亚硝酸离子可使血液中亚铁血红蛋白氧化为高铁血红蛋白而丧失携氧能力。静脉注射小剂量（每 1 kg 体重 1~2 mg）的美蓝，在体内脱氢辅酶的作用下还原为无色美蓝，后者使高铁血红蛋白还原为亚铁血红蛋白，恢复携氧能力。

氰化物中毒时，氰离子与组织中的细胞色素氧化酶结合，造成组织缺氧。静脉注射大剂量（2.5~10 mg/kg 体重）的美蓝，在体内产生氧化作用，可将正常的亚铁血红蛋白氧化为高铁血红蛋白。高铁血红蛋白与氰离子有高度的亲和力，能与体内游离的氰离子生成氰化高铁血红蛋白，从而阻止氰离子进入组织对细胞色素氧化酶产生抑制作用。尚能与已和细胞色素氧化酶结合的氰离子形成氰化高铁血红蛋白，解除组织缺氧状态。由于氰化高铁血红蛋白不稳定，可再释放出氰离子。若在注射美蓝时，配合应用硫代硫酸钠，后者可与氰离子生成无毒的硫氰化物并由尿排出，但不及亚硝酸钠配合硫代硫酸钠有效。

由于美蓝既有氧化作用又有还原作用，所以临床上既可以用于解救亚硝酸盐中毒，又可用于解救氰化物中毒，但必须注意用量。美蓝也可用于苯胺、乙酰苯胺中毒，以及氨基比林、磺胺类等药物引起的高铁血红蛋白症。

【不良反应】

（1）静脉注射过快可引起呕吐、呼吸困难、血压降低、心率加快和心律紊乱。

（2）用药后尿液呈蓝色，有时可产生尿路刺激症状。

【用法与用量】静脉注射：一次量，每 1 kg 体重，亚硝酸盐中毒家畜，1~2 mg；氰化物中毒家畜，2.5~10 mg。

【制剂】注射液：2 mL 含 20 mg，5 mL 含 50 mg，10 mL 含 100 mg。

【注意事项】

（1）本品刺激性强，禁止皮下注射或肌内注射（可引起组织坏死）。

（2）由于美蓝溶液与多种药物（苛性碱、重铬酸盐、碘化物、生汞、还原剂等）为配伍禁忌，因此不得将本品与其他药物混合注射。

（3）与强碱、氧化剂、还原剂和碘化物有配伍禁忌。

第四节　氰化物中毒的解毒药

氰化物中毒可由食入含有氰苷的植物或误食氰化物所致，而以前者较为多见。如农业上用的除锈剂石灰氮、熏蒸仓库用的杀虫剂氰化钠、工业用的氰化钾等均可引起家畜中毒；植物中的桃仁、杏仁、枇杷仁、甜菜渣、高粱苗等均含有氰苷，家畜食后易在胃肠道内水解释放出氰而致家畜中毒。常用解毒药除本章第三节亚硝酸盐中毒的解毒药中"美蓝"外，还有亚硝酸钠、硫代硫酸钠等。

亚硝酸钠 Sodium Nitrite [处][乡]

【理化性质】本品为无色、白色至微黄色的结晶，无臭，易潮解性，易溶于水，水溶液不稳定，须临用前配用。

【作用与用途】解毒药，能使亚铁血红蛋白氧化为高铁血红蛋白，后者与氰化物具有高度的亲和力，故可用于解救氰化物中毒。但如用量过大，可因高铁血红蛋白生成过多而导致亚硝酸盐中毒，因此必须严格控制用量。若家畜严重缺氧而致黏膜发绀时，可用美蓝解救。

【不良反应】

（1）本品有扩张血管作用，注射速度过快时，可导致血压降低、心动过速、出汗、休克、抽搐。

（2）用量过大时可因形成过多的高铁血红蛋白，而出现紫绀、呼吸困难等亚硝酸盐中毒的缺氧症状。

【用法与用量】静脉注射：一次量，猪、羊 0.1~0.2 g，牛、马 2 g。

【制剂】注射液：10 mL 含 0.3 g。

【注意事项】

（1）治疗氰化物中毒时，宜再静脉注射硫代硫酸钠。

（2）治疗氰化物中毒时，可引起血压下降，应密切注意血压变化。

（3）严格控制用量，注射中出现严重不良反应应立即停止给药，因过量引起的中毒，可用美蓝解救。

（4）马属动物慎用。

硫代硫酸钠（大苏打、次亚硝酸钠）Sodium Thiosulfate

【理化性质】本品为无色透明结晶或结晶性细粒，无臭，易潮解，易溶于水，不溶于醇。

【作用与用途】解毒药，主要用于解救氰化物中毒。本品在体内释放出的硫与氰离子结合生成无毒的硫氰酸盐从尿中排出。

本品具有还原剂特性，并能与多种金属、类金属形成无毒的硫化物，由尿液排出，故也用于砷、铋、汞、铅、碘等中毒的解救，但疗效不及二巯基丙醇。

【用法与用量】以硫代硫酸钠计。静脉注射或肌内注射：一次量，猪、羊 1~3 g，牛、马 5~10 g，猫、犬 1~2 g。

【制剂】

（1）注射液：（1）10 mL 含 0.5 g，20 mL 含 1 g，20 mL 含 10 g。

（2）注射用硫代硫酸钠粉：①有无水物 0.32 g（相当于含结晶水 0.5 g）。②无水物 0.64 g（相当于含结晶水 1.0 g）。临用前以注射用水配制成 5%~10% 的无菌溶液。

【注意事项】

（1）本品解毒作用产生较慢，应先静脉注射亚硝酸钠再缓慢注射本品，但不能将两种药液混合静注，以免引起血压下降。在亚硝酸钠静脉注射后，不需拔出针头，立即由原注射针头注射本品。

（2）对内服中毒动物，还应使用本品的 5% 溶液洗胃，并于洗胃后保留溶液于胃中。

（3）静脉注射速度不宜过快，以免引起血压下降。

（4）不能与其他药物混合注射，避免发生沉淀或降低疗效。

第五节　金属与类金属中毒的解毒药

随着矿冶、化学和原子工业的发展，工厂和实验室的"三废"不断地污染着大气、土壤、水源、食物、农作物和牧场草地，加上农业上用于杀虫、杀菌、杀鼠的含汞、含砷农药，以及某些地区矿物质元素富集，因此金属毒物和环境污染物对人、畜的健康具有潜在的危险性。

二巯基丙醇 Dimercaprol[处][乡]

【理化性质】本品为无色或几乎无色流动的澄明液体，有类似蒜的臭味。溶于水，水溶液不稳定，极易溶于乙醇、甲醇或苯甲酸苄酯。在脂肪油中不溶，但在苯甲酸苄酯中溶解后，加脂肪油稀释，可成油溶液。

【作用与用途】本品为竞争性解毒剂，所含巯基（—SH）易与重金属或类金属离子络合生成无毒的、难以解离的环状化合物，由尿中排出。因二巯基丙醇与重金属或类金属离子的亲和力较重金属或类金属离子与巯基酶的结合力强，所以二巯基丙醇不仅可以阻止重金属或类金属离子与巯基酶的结合，而且还能夺取已与巯基酶结合的重金属或类金属离子，使被抑制的巯基酶恢复活性。

本品对急性金属中毒效果显著，慢性中毒较差；在临床上主要用于解救汞、砷、锑的中毒，也可用于解救铋、锌、铜等中毒，但对铅中毒疗效差。

【不良反应】

（1）二巯基丙醇对肝、肾具有损害作用；有收缩小动脉作用，可引起暂时性心动过速、血压上升。

（2）过量使用可引起动物呕吐、震颤、抽搐、昏迷甚至死亡。由于药物排出迅速，多数不良反应为时短暂。

【用法与用量】肌内注射：每 1 kg 体重，一次量，家畜 2.5~5 mg。

【制剂】注射液：2 mL 含 0.2 g，5 mL 含 0.5 g，10 mL 含 1 g。

【注意事项】

（1）本品为竞争性解毒剂，应及早足量使用。当重金属中毒严重或解救迟时疗效不佳。

（2）本品仅供肌内注射，由于注射后会引起剧烈疼痛，务必做深部肌内注射。

（3）肝、肾功能不良动物慎用。

（4）碱化尿液可减少复合物重新解离，从而使肾损害减轻。

（5）本品可与镉、硒、铁、铀等金属形成有毒复合物，其毒性作用高于金属本身，故本品应避免与硒或铁盐同时应用。在最后一次使用本品，至少经过 24 h 后才能应用硒、铁制剂。

（6）二巯基丙醇对机体其他酶系统也有一定抑制作用，故应控制剂量。

二巯丙磺钠 Sodium Dimercaptopropane Sulfonate[处][乡]

【理化性质】本品为白色结晶性粉末，易溶于水，水溶液微有硫化氢臭味。

【作用与用途】水溶性大，吸收好，作用快，不良反应较少。其作用原理和临床应用均与二巯基丙醇相同，但对急性、亚急性汞中毒的效果较二巯基丙醇好。常用于汞、砷、铬、铋、铜等中毒的解救。

【不良反应】静脉注射速度快时可引起呕吐、心动过速等。

【用法与用量】静脉注射、肌内注射：每 1 kg 体重，一次量，猪、羊 7~10 mg，牛、马 5~8 mg。

【制剂】注射液：5 mL 含 0.5 g，10 mL 含 1 g。

【注意事项】

（1）本品为无色澄明液体，混浊变色时不能使用。

（2）一般多采用肌内注射，静脉注射速度宜慢。

二巯基丁二酸钠 Sodium Dimercaptosuccinate

【理化性质】本品为带硫臭的白色粉末，易潮解，水溶液不稳定。

【作用与用途】作用与二巯基丙醇相仿，但对锑中毒的解救效力较二巯基丙醇强。主要用于锑、汞、铅、砷等中毒。

【用法与用量】静脉注射：每 1 kg 体重，一次量，家畜 20 mg。临用前用灭菌生理盐水稀释成 5%~10% 溶液，急性中毒，每天 4 次，连用 3 d；慢性中毒，每天 1 次，5~7 d 为 1 个疗程。

【制剂】粉针：0.5 g、1 g。

依地酸钙钠 Calcium Disodium Edetate

【理化性质】本品为白色结晶或颗粒性粉末，无味无臭。易潮解，易溶于水，不溶于醇醚。

【作用与用途】本品属氨羧络合剂，内服不易吸收。静脉注射后几乎全部分布于血液和细胞外液而不能进入细胞内，脑脊液中分布极微；能与多种 2 价和 3 价重金属离子络合形成无活性可溶的环状络合物，由组织释放到细胞外液，经肾小球滤过后，由尿排出，起解毒作用。本品与各种金属的络合能力不同，其中与铅络合最好，而与其他金属的络合效果较差，对汞和砷无效。

本品主要用于治疗铅中毒，对无机铅中毒有特效，但对四乙基铅中毒无效；对钴、铜、铬、镉、锰及放射性元素（如镭、钇、铀、钍等）均有解毒作用，但对锶无效。

本品对贮存于骨内的铅有明显的络合作用，而对软组织和红细胞中的铅，则作用较小。由于本品具有动员骨铅，并与之络合的作用，而肾脏又不可能迅速排出大量的络合铅，所以超剂量应用本品，不仅对铅中毒的治疗效果不佳，而且可引起肾小管上皮细胞损害、水肿，甚至急性肾功能衰竭。本品对各种肾病患畜和肾毒性金属中毒动物应慎用，对少尿、无尿和肾功能不全的动物应禁用。不应长期连续使用本品。动物实验证明，本品可增加小鼠胚胎畸变率，但增加饲料和饮水中的锌含量，则可预防之。本品对犬有严重的肾毒性，致死剂量为每 1 kg 体重 12 g。

【不良反应】部分患畜可有短暂的头晕、恶心、关节酸痛、腹痛、乏力等。个别患畜于注入 4~8 h 后可出现全身反应，症状为疲软、乏力、头昏、前额痛、过度口渴、突然发热及寒战，继以食欲减退等。少数有尿频、尿急、蛋白尿、低血压和心电图 T 波倒置。也有报告出现类组胺反应（流涕、流泪等）和维生素 B_6 缺乏样皮炎者。也有患畜用本品后出现高血钙症。

【用法与用量】

（1）静脉注射：一次量，马、牛 3~6 g，猪、羊 1~2 g。每天 2 次，连用 4 d。

（2）皮下注射：每 1 kg 体重，犬、猫 25 mg。

【制剂】注射液：2 mL 含 0.4 g，5 mL 含 1 g。

【注意事项】

（1）肌内注射时，可加入 2%普鲁卡因 2 mL，以减轻局部疼痛。

（2）对本品过敏者（本品与乙二胺有交叉过敏反应）及少尿或无尿及肾功能不良者禁用。

青霉胺 Penicillamine

【理化性质】本品为青霉素分解产物，是含有巯基的氨基酸。临床上用的为 D-盐酸青霉胺，是白色或近白色细微晶粉。易潮解，极易溶于水，在乙醇中微溶，在氯仿或乙醚中不容。1%水溶液的 pH 值为 4.0~6.0。

【作用与用途】本品作用比二巯丙醇强。对铅、汞中毒亦有解毒作用，但不及依地酸钙钠及二巯丙磺钠。本品为青霉素的代谢产物，系含有巯基的氨基酸，对铜、汞、铅等重金属离子有较强的络合作用，性质稳定、溶解度高，内服吸收迅速，在体内不易破坏，与金属离子的络合物可随尿迅速排出，因而可促进金属毒物的消除。主要用于锑、汞、铅、砷等中毒的解救。

本品广泛用于肝豆状核变性病（由铜在各组织中沉积所引起），用药后，可使尿铜排出增加 5~20 倍，症状也可改善。此外，尚可治疗某些免疫性疾病，如类风湿性关节炎、与自体免疫有关的慢性活动性肝炎等。

【不良反应】

（1）常见的有厌食、呕吐等，大剂量、长时间使用易出现口腔炎和溃疡。偶可引起乏力、腹泻等反应。

（2）药物不良反应大多在停药后自动缓解和消失。过敏反应用皮质激素和抗组胺药治疗有效。

【用法与用量】内服：每 1 kg 体重，一次量，家畜 5~10 mg，每天 4 次，5~7 d 为 1 个疗程；停药后 2 d 可继续用下 1 个疗程，一般用 1~3 个疗程。

【注意事项】

（1）对青霉素过敏者禁用。

（2）肾脏病患忌用。本品对肾脏有刺激性，用药时可出现蛋白尿及肾病综合征，故用药中应经常检查尿蛋白。

【制剂】片剂：0.1 g。

去铁胺 Deferoxamine

【理化性质】本品为白色结晶性粉末，溶于水（1:4）。

【作用与用途】本品属羟肟酸络合剂，羟肟酸基团与游离或结合于蛋白的 3 价铁（Fe^{3+}）和 3 价铝（Al^{3+}）形成稳定、无毒的水溶性铁胺和铝胺复合物（在酸性 pH 条件下结合作用加强），由尿液排出。本品能清除铁蛋白和含铁血黄素中的铁离子，但对转铁蛋白中的铁离子清除作用不强，更不能清除血红蛋白、肌球蛋白和细胞色素中的铁离子，主要作为急性铁中毒的解毒药。由于本品与其他金属的亲和力小，故不适用于其他金属中毒的解毒。

本品在胃肠道中吸收甚少，可通过皮下注射、肌内注射或静脉注射吸收，并迅速分布到各组织中。在血浆和组织中很快被酶代谢。

【不良反应】

（1）肌内注射局部有疼痛。皮肤潮红、心动过速、低血压甚至休克，可发生在过敏和静脉滴注速度过快。应及时用抗组胺药或抗休克药，可使反应缓解。

（2）长期用药可发生视力减退、视网膜色素异常，个别发生白内障。耳鸣和听力减退，可在视力受影响时同时出现，亦可急性起病。眼和耳的损害，可在停药后，获得部分和完全恢复。

（3）本品可激发和加重隐匿性肾盂肾炎，还可增加小肠结肠炎耶尔森菌所引起的肠道感染。发生肠炎时应停药，并用抗菌药治疗。

【用法与用量】

（1）肌内注射，参考一次量，每 1 kg 体重，开始量 20 mg，维持量 10 mg，日总量不超过 120 mg。

（2）静脉注射：剂量同肌内注射。注射速度应保持每小时每 1 kg 体重 15 mg。

【制剂】注射用去铁胺。注射剂：0.5 g。

【注意事项】

（1）用药后可出现腹泻、心动过速、腿肌震颤等症状。

（2）严重肾功能不全动物禁用，老年动物慎用。

第六节　对乙酰氨基酚中毒的解毒药

对乙酰氨基酚又称为扑热息痛，是苯胺类解热镇痛抗炎药；为非那西汀在体内的代谢物。对前列腺素的合成和释放有较强的一致作用，并能阻断痛觉冲动传导。主要作用中小动物的解热镇痛。本药自胃肠道吸收迅速，90%药物在肝脏内与葡萄糖醛酸和硫酸物结合，自尿中排出；仅 2%~4%经肝内细胞色素 P-450 混合功能氧化酶系统代谢，成为有毒的中间代谢产物而与谷胱甘肽结合。后者消耗殆尽后，未结合的代谢物与肝细胞蛋白质结合，导致肝细胞坏死。

乙酰半胱氨酸 Acetylcysteine

【作用与用途】本品为对乙酰氨基酚的特异解毒剂，在我国过去一直用为祛痰药，它亦可降低对乙酰氨基酚的血药水平，开始应用得越早越好，以减少肝脏损害。静脉注射与口服给药无显著差异。对 10 h 内的中毒和 10~24 h 内的中毒同样有效。对乙酰氨基酚（扑热息痛）引起的肝功能减退者则应延长给药间隔时间。

【不良反应】口服后，偶见呕吐、罕见支气管痉挛和皮疹等过敏反应。静脉注射和过量，可引起血管扩张、皮肤潮红、恶心呕吐、支气管痉挛和水肿、血压降低。

【用法与用量】

灌服或静脉滴注：首次 140 mg/kg，后续 70 mg/kg，每 4 h 1 次。

【制剂】颗粒剂：100 mg。泡腾片：600 mg。注射液：20 mL 含 4 g。

【注意事项】

（1）严重支气管哮喘慎用。

（2）用药注意：①在中毒后 8~12 h 使用，效果最好，超过 15 h 疗效降低，24 h 后可能无效。②与铁、铜等金属及橡胶、氧气接触时间较长，易失效。

【药物相互作用】

（1）本品禁与青霉素、头孢菌素类混合使用；与碘化钠、糜蛋白酶、胰蛋白酶有配伍禁忌。

（2）药用炭易吸附本品，故口服本品时，不得再给药用炭。

本品作为作用于呼吸系统的药物的作用，见祛痰药、乙酰半胱氨酸项下内容。

第十四章　抗过敏药与抗休克药

第一节　抗过敏药

一、概述

过敏反应亦称为变态反应，是机体受抗原性物质（如细菌、病毒、寄生虫等）刺激后引起的组织损伤或生理功能紊乱，为异常的免疫反应。用于防治变态反应性疾病的药物为抗变态反应药，亦称抗过敏药。主要包括以下几种。

（一）抗组胺药

本类如苯海拉明、异丙嗪、息斯敏等，能与组胺竞争效应细胞上的 H_1 受体，使组胺不能同 H_1 受体结合而抑制其引起的过敏反应。抗组胺药对伴有组胺释放的过敏反应有效，适用于药物过敏、荨麻疹、血清病、血管神经性水肿及过敏性皮炎等，也可作为湿疹、过敏性休克、霉菌性皮肤病的辅助治疗。但抗组胺药不影响组胺的代谢或释放，也不具有与组胺相反的作用，故使用时宜配合对因治疗措施。此外，过敏反应的发生多是组胺、5-羟色胺、缓激肽、慢反应物质等过敏反应介质释放和综合作用的结果，故抗组胺药不能完全缓解过敏反应的全部症状。

抗组胺类抗过敏药物分为第一代抗组胺药物、第二代抗组胺药物和第三代抗组胺药物，目前以苯海拉明、扑尔敏和异丙嗪等为代表的第一代抗组胺药物，因具有较强的中枢神经抑制作用而逐渐被无镇静作用或镇静作用轻微的第二代抗组胺药物所取代。而部分第二代抗组胺药物由于发现有较明显的心脏毒性而逐渐减少使用（如特非那丁、阿司米唑等），非索非那丁、左旋西替利嗪等第三代抗组胺药物已经问世。

（二）糖皮质激素

本类如强的松、地塞米松等，对免疫反应的多个环节具有抑制作用，如抑制巨噬细胞的吞噬功能，减少循环中的淋巴细胞、抑制抗体的生成等。糖皮质激素在药理剂量能抑制感染性和非感染性炎症，还具有抗毒素、抗休克等作用。可用于各种过敏反应，临床上较多用于支气管哮喘、药物过敏、血清病等。但对急性病例如过敏性休克，在应用前应先用拟肾上腺素药。

（三）拟肾上腺素药和氨茶碱

拟肾上腺素药和氨茶碱分别参见拟肾上腺素药和平喘药。前者常用的有肾上腺素和异丙肾上腺素等，可激活腺苷酸环化酶，通过 cAMP 增加而抑制组胺的释放，亦能减少慢反应物质的生成。凡伴有组织胺、慢反应物质释放的过敏反应，拟肾上腺素药都有一定的疗效。但由于肾上腺素等对心脏有较强烈的作用，故仅用于过敏性休克和急性支气管哮喘的急救。其他的一般过敏反应，仍应选用抗组胺药物。氨茶碱有抑制磷酸二酯酶的作用，能减少 cAMP 的分解而使其含量增加，从而抑制组胺释放和慢反应物质的生成，起到抗过敏的效果。

（四）钙剂

本类如氯化钙、葡萄糖酸钙等，可致密毛细血管，降低其通透性；能减轻皮肤、黏膜的过敏性炎症及水肿等症状。临床可作为各种过敏反应的辅助治疗。

（五）其他

其他如维生素 C 等，亦有抗过敏作用，可参阅其他有关章节。
本节主要介绍抗组胺药。

二、抗组胺药

本类药均能选择性地阻断组胺 H_1 受体而产生抗组胺效应。

马来酸氯苯那敏（扑尔敏）Chlorphenamine Maleate[处][乡]

【理化性质】本品为白色结晶性粉末，无臭，味苦。在水、乙醇、氯仿中易溶，乙醚中微溶。

【作用与用途】本品为抗组胺药，用于过敏性疾病，如荨麻疹、过敏性皮炎、血清病等。

【不良反应】

（1）片剂有轻度中枢抑制作用和胃肠道反应。

（2）注射剂：①轻度中枢抑制作用。②大剂量静注时常出现中毒症状，以中枢神经系统过度兴奋为主。

【用法与用量】用马来酸氯苯那敏计。

（1）内服：一次量，马、牛 80～100 mg，羊、猪 10～20 mg，犬 2～4 mg，猫 1～2 mg。

（2）肌内注射：一次量，马、牛 60～100 mg，羊、猪 10～20 mg。

【制剂】片剂：4 mg。注射液：1 mL 含 10 mg，2 mL 含 20 mg。

【注意事项】

（1）片剂：①对于过敏性疾病，本品仅是对症治疗，同时还须对因治疗，否则病状会复发。②小动物在进食后或进食时内服可减轻对胃肠道的刺激性。

（2）注射液：①对于过敏性疾病，本品仅是对症治疗，同时还须对因治疗，否则病状会复发。②对严重的急性过敏性病例，一般先给予肾上腺素，然后再注射本品。全身治疗一般需持续 3 d。③局部刺激性较强，不宜皮下注射。

（3）本品的片剂和注射液均可增强抗胆碱药、氟哌啶醇、吩噻嗪类及拟交感神经药等的作用。

苯海拉明（苯那君）Diphenhydramine，Benadryl[处][乡]

【理化性质】本品其盐酸盐为白色晶粉，无臭，味苦，极易溶于水，在乙醇或三氯甲烷中易溶，在丙酮中略溶，在乙醚中极微溶解。

【作用与用途】本品能对抗或减弱组胺对血管、胃肠和支气管平滑肌的作用，还有较强的中枢神经系统抑制作用，显效快而维持时间短。适用于皮肤黏膜的过敏性疾病，如荨麻疹、血清病、湿疹、接触性皮炎所致的皮肤瘙痒、水肿、神经性皮炎；小动物运输晕动、止吐；由饲料过敏引起的腹泻和蹄叶炎，有机磷中毒的辅助治疗。对过敏性胃肠痉挛和腹泻也有一定疗效，但对过敏性支气管痉挛的效果差，须与氨茶碱、麻黄碱、维生素C等合用。本品尚有止吐作用（详见作用于消化系统的药物）。

【不良反应】

（1）本品有较强的中枢抑制作用。

（2）大剂量静脉注射时常出现中毒症状，以中枢神经系统过度兴奋为主。中毒时可静脉注射短效巴比妥类（如硫喷妥钠）进行解救，但不可使用长效或中效巴比妥。

【用法与用量】盐酸苯海拉明计。

（1）内服：一次量，牛 0.6~1.2 g，马 0.2~1 g，羊、猪 0.08~0.12 g，犬 0.03~0.06 g。

（2）肌内注射：一次量，马、牛 0.1~0.5 g；羊、猪 0.04~0.06 g；每 1 kg体重，犬 0.5~1 mg。

【制剂】注射液：1 mL 含 20 mg，5 mL 含 100 mg。

【注意事项】同马来酸氯苯那敏，且副作用更强；对严重的剂型过敏性病例，一般先给予肾上腺素，然后再注射本品。全身治疗一般需持续 3 d。

【药物相互作用】

（1）本品可干扰口服抗凝药（如华法林）的活性，降低其疗效。

（2）可抑制 β-受体拮抗药代谢，使其毒性增加。

（3）本品可增强乙醇及其他中枢神经抑制药的作用。

（4）本品能掩盖氨基苷类抗生素等药物的耳毒性。

扑敏宁（去敏宁、吡苄明、曲吡那敏）Tripelennamine

【理化性质】本品其盐酸盐为白色晶粉，味苦，易溶于水。

【作用与用途】本品为乙二胺类抗组胺药。抗组胺作用较苯海拉明强而持久，对中枢神经的抑制作用较弱，但对胃肠道有一定刺激性。用于过敏性鼻炎、过敏性皮炎、湿疹、哮喘等。

【不良反应】副作用较少，偶有轻度嗜睡和粒细胞减少，局部应用可引起皮炎。

【用法与用量】

（1）内服：一次量，每 1 kg 体重，大动物 1~2 mg，犬、猫、兔 1 mg，每天 2~3 次。

(2) 肌内注射：一次量，每 1 kg 体重，猪、羊、牛、马 1 mg。

【制剂】片剂：25 mg、50 mg。注射液：1 mL 含 25 mg。

异丙嗪（非那根）Promethazine，Phenergan[处][乡]

【理化性质】本品其盐酸盐为白色或几乎白色粉末，味苦，在空气中日久变蓝色。易溶于水，水液呈弱酸性在乙醇或三氯甲烷中易溶，在丙酮或乙醚中几乎不溶。

【作用与用途】本品抗组胺作用较苯海拉明持久，作用持续 24 h 以上，副作用较小；对中枢神经系统有较强的抑制作用，可加强镇静药、镇痛药和麻醉药的作用，还有降温和止吐作用。应用与苯海拉明相似。小动物在饲喂后或饲喂时内服，可避免对胃肠道产生刺激作用，亦可延长吸收时间。

【不良反应】有较强的中枢抑制作用。

【用法与用量】以盐酸异丙嗪计，内服：一次量，牛、马 0.25 ~ 1 g，羊、猪 0.1~0.5 g，犬 0.05~0.1 mg。

以盐酸异丙嗪计，肌内注射：一次量，牛、马 250~500 mg，羊、猪 50~100 mg，犬 25~100 mg。

【制剂】①片剂：12.5 mg、25 mg。②注射液：2 mL 含 50 mg，10 mL 含 0.25 g。

【注意事项】

(1) 本品禁与碱性溶液或生物碱合用。

(2) 本品有较强刺激性，不可做皮下注射。

【药物相互作用】

(1) 能增强麻醉药、镇痛药和局部麻醉药的作用，应避免与哌替啶、阿托品多次合用。

(2) 与溴苄胺或胍乙啶合用降压作用增强。

克敏嗪（去氯羟嗪、克喘嗪）Decloxizine

【理化性质】本品其盐酸盐为白色或微黄色粉末，无臭，味苦，具有引湿性，易溶于水及乙醇。

【作用与用途】本品为哌嗪类抗组胺药。除具有抗组胺作用外，尚有平喘和镇咳作用，适用于支气管哮喘、血管神经性水肿等。

【不良反应】可有困倦、口干、痰液变稠、大便秘结等，停药后可消失。

【用法与用量】内服：一次量，牛、马 0.5~1.0 g，猪、羊 50~100 mg，犬 25~50 mg，每天 2~3 次。

【制剂】片剂：25 mg、50 mg。

【药物相互作用】与中枢抑制药合用，可相互增强中枢抑制作用。

息斯敏（氯雷他定）Astemizole

【理化性质】本品为白色或类白色粉末，不溶于水。

【作用与用途】本品抗组胺作用强而持久，无中枢镇静作用。主要用于过敏性鼻炎、过敏性结膜炎和其他过敏反应症状。

【不良反应】

（1）偶有嗜睡、口干等现象。长期服用可增进食欲而使体重增加。

（2）服用过量可引起心律失常。

【用法与用量】内服：一次量，犬 5~10 mg，每天 1 次。

【制剂】①片剂：每片 10 mg。②混悬液：30 mL 含 60 mg。

【注意事项】

（1）应避免与影响肝脏代谢酶、易致电解质紊乱（如低血钾）的药物合用。

（2）服用过量可引起严重的心律失常，本品给药不宜超过推荐剂量。药用炭可有效地减少本品在胃肠道的吸收，中毒后应尽快服用，也可催吐或洗胃。

（3）为避免失误影响而保证本品吸收，需于喂料前 1~2 h 或喂料后 2 h 服用。

【药物相互作用】

（1）本品不能与抑制肝脏代谢酶的药物合用，如抗真菌药、大环内酯类抗生素；5-羟色胺等。

（2）避免与其他可能导致心律失常的药物合用，如抗心律失常药等。

（3）与利尿药合用时，应注意电解质失衡引起的低血钾。

（4）不宜与抗过敏药特非那定同时使用。

第二节　抗休克药

休克是由于维持生命的重要器官（如脑、心等）得不到足够的血液灌流，进而引起以微循环障碍为特征的急性循环不全的综合病症。对休克的治疗，应根据不同病因和休克的不同阶段采取相应的措施，除进行对因治疗外，还要注意补充血容量、纠正酸中毒、应用糖皮质激素和血管活性药物。因毛细血管灌注不良（即微循环血流障碍）是休克的主要原因，故应用血管活性药物以调整血管机能并改善微循环，是治疗休克的重要措施。

一、抗休克的血管活性药物

（一）扩血管药

多巴胺（3-羟酪胺）Dopamine

【理化性质】本品的盐酸盐为白色或类白色有光泽的结晶，露置空气中及遇光色渐变深，易溶于水，常无臭，味微苦。

【作用与用途】本品为 β 受体兴奋药，主要激动 β 受体，也有一定的 α 受体激动作用。可增强心肌收缩、增加心血输出量；能轻度收缩外周血管、升高动脉血压；扩张内脏血管（冠状动脉、肾、肠系膜血管），增加心肾血流量，明显增加尿量，且不影响心率。因其有改善末梢循环、明显增加尿量、对心率无明显影响等优点，已成为目前较理想的抗休克药物。临床在补充血容量基础上可用于各种休克，包括中毒性、心源性、出血性、中枢性休克，尤其适用于伴有肾功能不全、心输出量降低的休克治疗。

【不良反应】大剂量时可使呼吸加速、心律失常，停药后即迅速消失。过量可致快速型心律失常。

【用法与用量】静脉滴注：一次量，每 1 kg 体重，犬 2 mg，治疗心肌衰竭 3~10 μg/min，治疗急性少尿性肾衰 1.0~1.5 μg/min。加入 500 mL 注射用生理盐水或 5%葡萄糖溶液中缓慢滴注。

【注意事项】

（1）使用本品前，应先输液以补充血容量，纠正酸中毒。

（2）给药速度不宜过快，剂量不可过大，否则会引起心律失常及呼吸加快。

（3）给药期间，应注意观察心率、血压和尿量等情况。对血管闭塞患畜慎用。

【制剂】注射液：2 mL 含 20 mg。

多巴酚丁胺（杜丁胺）Dobutamine

【理化性质】本品的盐酸盐为白色或类白色晶粉，几乎无臭，味微苦，置空气中及遇光色渐变深。在水、无水乙醇中略溶，在氯仿中几乎不溶。

【作用与用途】本品为选择性 β_1 受体激动剂，能增强心肌收缩力，增加心输出量，对心率影响较小。对心肌梗死后心输出量低的休克，其疗效优于异丙肾上腺素；对心输出量低和心率慢的心力衰竭，其改善右心室功能的效果优于多巴胺。多用于犬、猫扩张型心肌病的治疗。

【不良反应】可有心悸、气短等。

【用法与用量】静脉滴注：每 1 kg 体重，犬 5 ~ 20 μg/min，剂量超过 20 μg/min 时会产生心动过速；每 1 kg 体重，猫 5 ~ 15 μg/min。

【制剂】注射液：5 mL 含 25 mg，2 mL 含 20 mg。

【注意事项】

（1）如出现心率加快 10 ~ 15 次/min 以上，应认为过量，宜减量或暂停给药。

（2）剂量超过 20 μg/（kg·min），可使心率增加 10%，超过 40 μg/（kg·min）可能会导致中毒。

（3）连用 3 d 后可因 β 受体下调而逐渐失效。

异丙肾上腺素（喘息定）Isoprenaline（Isoproterenol）

本品主要激动 β 受体，用于感染性、心源性休克，亦用于治疗犬的喘息症（详见拟肾上腺素药）。

（二）缩血管药

去甲肾上腺素 Noradrenaline

【作用与用途】本品以兴奋 α 受体为主，对 β 受体作用很弱。与肾上腺素相比，其强心作用不明显，除舒张冠状血管外，对其他血管有强烈的收缩作用，升压作用较强。临床上主要利用其升高血压作用，静脉滴注治疗过敏性休克和急性循环衰竭等引起的血压降低。

【不良反应】

（1）静脉滴注时间过长、剂量过高或药液外漏，可引起局部缺血坏死。

（2）静脉滴注时间过程或剂量过大，可使肾脏血管剧烈收缩，导致急性肾功能衰竭。

【用法与用量】以重酒石酸去甲肾上腺素计。静脉滴注：一次量，牛、马 8~12 mg，猪、羊 2~4 mg。临用前稀释成每毫升中含 4~8 μg 的药液。

【制剂】注射液：1 mL 含 2 mg，2 mL 含 10 mg。

【注意事项】

（1）出血性休克禁用，器质性心脏病、少尿、无尿及严重微循环障碍等禁用。

（2）因静脉注射后药物在体内迅速被组织摄取，作用仅维持几分钟，故应采用静脉滴注，以维持有效血药浓度。

（3）限用于休克早期的应急抢救，并在短时间内小剂量静脉滴注。若长期大剂量应用可导致血管持续地强烈收缩，加重组织缺血、缺氧、使休克的微循环障碍恶化。

（4）静脉滴注时严防药液外漏，以免引起局部组织坏死。

（5）不宜与偏碱性药物如磺胺嘧啶钠、氨茶碱等配伍注射。

（6）使用剂量不宜过大，否则血管会持续收缩，引起急性肾功能衰竭。

（7）不宜做皮下注射或肌内注射，静脉注射时不可漏出血管外，否则会引起组织坏死。

（8）本品遇光即渐变色，应避光贮存，如注射液呈棕色或有沉淀，即不宜再用。

去氧肾上腺素（新福林、苯肾上腺素）Phenylephrine

【理化性质】常用本品的盐酸盐。其为白色或类白色的结晶性粉末，无臭，味苦。在水或乙醇中易溶，在氯仿或乙醚中不溶。

【作用与用途】本品为 α 受体兴奋剂，有明显的血管收缩作用。作用与去甲肾上腺素相似，但弱而持久，并可减慢心率，尚有短暂的扩瞳作用（较阿托品弱）。临床用于感染性休克、中毒性及过敏性休克，也用于治疗各种原因引起的低血压，还可用于散瞳检查。

【用法与用量】静脉注射：一次量，每 1 kg 体重，犬、猫 0.15 mg，缓慢滴入；或将 5~10 mg 药稀释于 100 mL 的 5% 葡萄糖中静脉注射。

【制剂】注射液：1 mL 含 10 mg。滴眼液：2%、5%。

【注意事项】

（1）甲状腺功能亢进症、高血压、心动徐缓、动脉硬化、器质性心脏病患畜慎用。

（2）本药能明显减少肾血流量，应加注意。

间羟胺（阿拉明）Metaraminol（Aramine）

【理化性质】常用其重酒石酸盐。本品为白色结晶性粉末，几乎无臭。易溶于水，在乙醇中微溶，在氯仿或乙醚中不溶。5% 水溶液的 pH 值为 3.2~3.5。

【作用与用途】本品主要激动 α 受体，升压作用较去甲肾上腺素弱而持久；有中等程度的加强心脏收缩力作用，能增加脑、肾及冠状血管的血流量，很少引起心律失常。可用于各种休克症，如心源性、感染性休克等的治疗。

【用法与用量】肌内注射或静脉注射：一次量，牛、马 50~100 mg，犬 2~10 mg，静脉滴注时可用 500 mL 5% 葡萄糖注射液或灭菌生理盐水稀释。

【注意事项】

（1）静脉注射时不可外漏，以免引起组织坏死。

（2）不宜与碱性药物混合滴注，以免引起分解。

（3）有蓄积作用，如用药后升压不明显，须观察 10 min 后，再决定是否增加药量。

（4）连续使用可引起耐受性，作用明显降低。

【制剂】注射液：1 mL 含 10 mg，5 mL 含 50 mg。

二、糖皮质激素

本类药的抗休克作用，并不是由于某一特异性作用，而是由其抗炎、抗毒素、抗过敏等综合作用的结果（详见影响代谢的药物）。可用于各种休克，主要是中毒性休克，其次是过敏性休克、低血容量性休克。本类药中，以强的松、强的松龙、地塞米松最为常用（参见第八章）。

第十五章 常用中兽药制剂

第一节 中兽药的概述

中兽医学有自己完整而独特的理论体系。该体系的核心是"整体观念"和"辨证施治"。"整体观念"有两个含义：一是畜禽体本身是一个有机的整体，诊疗疾病时必须从整体出发，不能"头痛医头，脚痛医脚"；二是畜禽体与外界环境是一个统一体，在诊疗疾病时必须考虑自然环境、季节、气候等条件的影响。"辨证施治"是诊疗疾病的过程。"辨证"就是分析、辨别、认识疾病，正确分清病型。"施治"则是根据辨证的结果，确定相应的治疗法则和选用适当而有效的治疗方法。"辨证施治"既不同于"对症治疗"，也不同于现代医学的"辨病治疗"。它强调一个疾病的不同发展阶段可出现不同的几个症候群，治疗时应采用不同的法则，而不同的疾病在发展演变过程中可出现同样的症候群，治疗时可采用同一个法则。即所谓的"同病异治"和"异病同治"。

中药在兽医临床上的使用已有几千年的历史，并且有丰硕的成果，但在 20 世纪 80 年代以前，由于我国养禽业不发达，中兽医多偏重家畜，而且主要是大家畜。近十年来随着集约化养禽业的不断发展，经过广大兽医科学工作者和养禽工作者的大胆探索与不断创新，中药防治家禽疾病获得了重大突破和喜人的发展。应用中药不仅可以治疗疾病而且可以预防疾病；不仅可以治疗普通病而且可以防治传染病，甚至在家禽烈性传染病的防治中也取得了令人信服的效果；还从个体治疗转向群防群治，适应集约化饲养的需要。特别是对中药非特异性免疫防治家禽传染病方面的探索和突破，不仅证明中药具有科学性而且具有现代性，并且将会在国内外医学和兽医领域引起巨大的科学技术变革。

使用中药防治畜禽疾病具有双向调节作用，扶正祛邪作用，且低毒无害，不易产生耐药性、药源性疾病和毒副作用，在畜禽产品中很少有药物残留等，这些都是西药所无法比拟的优点。

中药有单味中药和成方制剂两大类。单味中药即单方；成方制剂是根据临床常见的病症定下的治疗法则，将两味以上的中药配伍，经过加工制成不同的剂型以提高疗效，方便使用。单味中药在兽医临床上使用较少，而且在大量的中药书籍中都有详尽介绍，本书不再赘述。

成方制剂常用的有散剂、丸剂、片剂、水剂、针剂、冲剂、酊剂等。由于近年来中药在兽医临床上特别是养鸡业中有效而广泛的应用，生产兽用中成药的经济效益显著，市场上各种中成药制剂应有尽有，百花齐放。在这些名目繁杂的产品中，真正的纯中药制剂，其基础配方大都来自《中国兽药典》和《兽药规范》收载的品种，只是在应用范围上从家畜扩大到家禽，很多是另取新名作为新药报批，从而出现了治疗同一病症的同一类产品大量重复上市，如治疗鸡呼吸道疾病的产品就有十几种，但因基础配方和选材不同，治疗效果差异很大。另外，由于我国兽药生产管理上存在的某些问题，导致市场上出现"同名异方"或"同方异名"的产品很多。如"清瘟败毒散"，原本为《中国兽药典》收载的药品，主要针对家畜高热性疾病，配方是固定的，但由于其用于治疗家禽多种高热性传染病疗效也很显著，得到了兽医工作者的广泛公认，最近市场上就出现了非药典配方的"清瘟败毒散"，价格比正品低，疗效远不如正品，扰乱了市场，欺骗了用户。又如《中国兽药典》收载的"麻杏石甘散"治疗大家畜的肺热咳喘效果显著，而对家禽呼吸道传染病用于缓解症状有一定作用。市场上就出现许多种由该配方组成的新产品，但产品名称各不相同，并且都在使用说明中标明用于治疗鸡的呼吸道传染病有特效。上述问题的出现给临床选药带来了很大困难。为此作者在对市场上出现的各类产品进行收集分类、筛选、整理的基础上，将其中临床效果确切、有代表性的部分产品与《中国兽药典》和《兽药规范》上收载的兽医临床上目前仍比较常用的部分产品，汇总在一起以中药成方制剂的目次进行编排，供临床应用时参考。

中兽医讲"有成方，没成病"，意思是说配方是固定的，而疾病是在不断发展变化的。因此应用中成药制剂在集约化饲养场进行传染病的群体治疗时要认真进行辨证，因为在一个患病群体中具体到每头（只）来讲发病总是有先有后，出现的症候不尽相同，应通过辨证分清哪种症候是主要的，做好对症选药（在不同配方的同类产品中进行选择），这样才能取得满意的疗效。

第二节 常用中兽药制剂

一、解表剂

麻黄桂枝散

【成分】麻黄 45 g，桂枝 30 g，细辛 5 g，羌活 25 g，防风 25 g，桔梗 30 g，苍术 30 g，荆芥 25 g，紫苏叶 25 g，薄荷 25 g，槟榔 20 g，甘草 15 g，皂角 20 g，枳壳 30 g。

【性状】本品为黄棕色的粉末，气香，味甘、辛。

【功能】解表散寒，疏理气机。

【主治】风寒感冒。

【用法与用量】牛 300~400 g。

荆防败毒散

【成分】荆芥 45 g，防风 30 g，羌活 25 g，独活 25 g，柴胡 30 g，前胡 25 g，枳壳 30 g，茯苓 45 g，桔梗 30 g，川芎 25 g，甘草 15 g，薄荷 15 g。

【性状】本品为淡灰黄色至淡灰棕色的粉末，气微香，味甘苦、微辛。

【功能】辛温解表，疏风祛湿。

【主治】风寒感冒，流感。

【用法与用量】马、牛 250~400 g，羊、猪 40~80 g，兔、鸡 1~3 g。

茵陈木通散

【成分】茵陈 15 g，连翘 15 g，桔梗 12 g，川木通 12 g，苍术 18 g，柴胡 12 g，升麻 9 g，青皮 15 g，陈皮 15 g，泽兰 12 g，荆芥 9 g，防风 9 g，槟榔 15 g，当归 18 g，牵牛子 18 g。

【性状】本品为暗黄色的粉末，气香，味甘、苦。

【功能】解表疏肝，清热利湿。

【主治】温热病初起。

【用法与用量】马、骡 150 g~250 g，羊、猪 30 g~60 g。

银翘散

【成分】金银花 60 g，连翘 45 g，薄荷 30 g，荆芥 30 g，淡豆豉 30 g，牛蒡子 45 g，桔梗 25 g，淡竹叶 20 g，甘草 20 g，芦根 30 g。

【性状】本品为棕褐色粉末，气香，味微甘、苦、辛。

【功能】辛凉解表，清热解毒。

【主治】风热感冒，咽喉肿痛，疮痈初起。

【用法与用量】马、牛 250~400 g，羊、猪 50~80 g，兔、禽 1~3 g。

银翘片

【成分】同银翘散。

【用法与用量】羊、猪 15~30 片，鸡 1~2 片。

【规格】每 1 片相当于原生药 0.335 g。

桑菊散

【成分】桑叶 45 g，菊花 45 g，连翘 45 g，薄荷 30 g，苦杏仁 20 g，桔梗 30 g，甘草 15 g，芦根 30 g。

【性状】本品为黄棕色至棕褐色的粉末，气微香，味微甜。

【功能】疏风清热，宣肺止咳。

【主治】外感风热。

【用法与用量】马、牛 200~300 g，羊、猪 30~60 g，犬、猫 5~15 g。

柴葛解肌散

【成分】柴胡 30 g，葛根 30 g，甘草 15 g，黄芩 25 g，羌活 30 g，白芷 15 g，白芍 30 g，桔梗 20 g，石膏 60 g。

【性状】本品为灰黄色的粉末，气微香，味辛、甘。

【功能】解肌清热。

【主治】感冒发热。

【用法与用量】马、牛 200~300 g，羊、猪 30~60 g。

荆防解毒散

【成分】金银花 30 g，连翘 30 g，生地黄 15 g，牡丹皮 15 g，赤芍 15 g，

荆芥 15 g，薄荷 15 g，防风 15 g，苦参 30 g，蝉蜕 30 g，甘草 15 g。

【性状】本品为灰褐色的粉末，气香，味苦、辛。

【功能】疏风清热，凉血解毒。

【主治】血热，风疹，遍身黄。

【用法与用量】马、牛 200~300 g，羊、猪 30~60 g。

（南）柴胡注射液

【成分】北柴胡或者南柴胡。

【性状】本品为无色或微乳白色的澄明液体，气芳香。

【功能】解热。

【主治】感冒发热。

【用法与用量】肌内注射：马、牛 20~40 mL，羊、猪 5~10 mL，犬、猫 1~3 mL。

【规格】每毫升相当于原生药 1 g。

八姊金花散

【成分】金银花 150 g，大青叶 100 g，板蓝根 150 g，蒲公英 100 g，紫花地丁 50 g，连翘 50 g，甘草 50 g，天花粉 50 g，白芷 50 g，防风 50 g，赤芍 50 g，浙贝母 50 g，乳香 50 g，没药 50 g。

【性状】本品为灰褐色的粉末，气微香。

【功能】清热解毒，疏风解表。

【主治】风热感冒，肺热咳嗽。

【用法与用量】每 1 kg 体重，兔 1 g。

玉屏风口服液

【成分】黄芪 600 g，防风 200 g，白术（炒）200 g。

【性状】本品为棕红色至棕褐色的液体，味甜、微苦、涩。

【功能】益气固表，提高机体免疫力。

【主治】表虚不固，易感风邪。

【用法与用量】混饮：每 1 L 水，鸡 2 mL，连用 3~5 d。

【规格】每毫升相当于原生药 1 g。

板青颗粒

【成分】板蓝根 600 g，大青叶 900 g。

【性状】本品为浅黄色或黄褐色颗粒，味甜、微苦。

【功能】清热解毒，凉血。

【主治】风热感冒，咽喉肿痛，热病发斑。

【用法与用量】马、牛 50 g，鸡 0.5 g。

【规格】每克相当于原生药 1 g。

板蓝根片

【成分】板蓝根 300 g，茵陈 150 g，甘草 50 g。

【性状】本品为棕色片，味微甘、苦。

【功能】清热解毒，除湿利胆。

【主治】感冒发热，咽喉肿痛，肝胆湿热。

【用法与用量】马、牛 20~30 片，羊、猪 10~20 片。

【规格】每片相当于原生药 0.5 g。

忍冬黄连散

【成分】忍冬藤 500 g，黄芩 250 g，连翘 250 g。

【性状】本品为黄棕色的粉末，气香，味微苦。

【功能】清热解毒，辛凉解表。

【主治】感冒发热。

【用法与用量】每 1 kg 体重，鸡 1~2 g。

苦木注射液

【成分】本品为苦木经加工制成的注射液。

【性状】本品为橙黄色的澄明液体。

【功能】清热，解毒。

【主治】风热感冒，肺热。

【用法与用量】肌内注射：小猪 10 mL，连用 3 d。

【规格】本品每支含总苦木生物碱不得少于 0.5 mg。

金芩芍注射液

【成分】金银花 150 g，黄芩 70 g，白芍 60 g。

【性状】本品为棕红色至棕褐色的澄明液体。

【功能】疏散风热，清热解毒。

【主治】外感风热，温病初起。

【用法与用量】肌内注射：一次量，猪，5~10 mL，每天 2 次，连用 3~5 d。

【规格】每毫升相当于原生药 0.28 g。

注射用双黄连

【成分】金银花 2 500 g，黄芩 2 500 g，连翘 5 000 g。

【性状】本品为棕黄色的粉末，味苦，涩，有引湿性。

【功能】清热解毒，辛凉解表。

【主治】外感风热或风热闭肺证，证见发热、咳嗽、气喘、痰多等。

【用法与用量】肌内注射：一次量，猪 1.0~1.5 g，每天 2 次，连用 2~3 d，临用前以适量注射用水充分溶解。

【规格】1 g、2 g、5 g。

贯连散

【成分】绵马贯众 1 960 g，黄连 590 g，柴胡 390 g，甘草 390 g，海藻 66 g。

【性状】本品为黄褐色的粉末。

【功能】清热解毒，益气升阳。

【主治】用于预防鸡温热感冒。

【用法与用量】混饲：每 1 kg 饲料，鸡 2.5~5 g，连用 3~5 d。

茵陈金花散

【成分】茵陈 70 g，金银花 50 g，黄芩 60 g，黄柏 40 g，柴胡 40 g，龙胆 60 g，防风 60 g，荆芥 60 g，甘草 40 g，板蓝根 120 g。

【性状】本品为淡黄色的粉末，气香，味微苦。

【功能】清热解毒，疏风散热。

【主治】外感风热，咽喉肿痛。

【用法与用量】一次量，每 1 kg 体重，鸡 0.5 g，每天 2 次，连用 3 d。

穿板鱼连丸

【成分】穿心莲 363 g，板蓝根 163 g，鱼腥草 120 g，连翘 100 g，石菖蒲 40 g，广藿香 40 g，蟾酥 9 g，冰片 60 g，芦根 65 g，石膏 40 g。

【性状】本品为浅棕色至棕色的水丸，气微香，味苦、辛，稍有麻舌感。

【功能】清热解毒，利咽消肿。

【主治】肺经热盛，风热感冒。

【用法与用量】一次量，鸡 1~2 丸，每天 2 次。

【规格】每丸相当于原生药 0.2 g。

柴辛注射液

【成分】柴胡 2 500 g，细辛 500 g。

【性状】本品为无色至微黄色的澄明液体。

【功能】解表退热，祛风散寒。

【主治】感冒发热。

【用法与用量】肌内注射：马、牛 10~20 mL，羊、猪 3~5 mL，犬、猫 1~3 mL。

【规格】每毫升相当于原生药 3 g。

银柴注射液

【成分】金银花 400 g，柴胡 200 g，黄芩 200 g，板蓝根 200 g，栀子 200 g。

【性状】本品为棕红色的澄明液体。

【功能】辛凉解表，清热解毒。

【主治】外感发热。

【用法与用量】肌内注射：一次量，猪 10 mL，每天 2 次，连用 3~5 d。

【规格】每毫升相当于原生药 1.2 g。

鱼腥草芩蓝口服液

【成分】鱼腥草 1 000 g，黄芩 250 g，板蓝根 250 g，连翘 100 g，金银

花 100 g。

【性状】本品为黄棕色至棕褐色的液体，微苦、涩。

【功能】清热解毒。

【主治】外感发热。

【用法与用量】混饮：每 1 L 水，鸡，1 mL，连用 4 d。

【规格】每毫升相当于原生药 1.7 g。

麻黄止咳平喘口服液

【成分】麻黄，苦杏仁，石膏，甘草，金银花等。

【性状】本品为棕红色的液体，味苦。

【功能】清热解毒，宣肺化痰。

【主治】热邪犯肺卫所致发热、咳嗽、气喘、口渴喜饮。

【用法与用量】每 1 kg 体重，鸡，0.4~0.6 mL，连用 5 d。

【规格】每毫升相当于原生药 1.769 g。

二、清热剂

清瘟败毒散

【成分】生石膏 120 g，生地黄 30 g，水牛角 60 g，黄连 20 g，栀子 30 g，牡丹皮 20 g，黄芩 25 g，赤芍 25 g，玄参 25 g，知母 30 g，连翘 30 g，桔梗 25 g，甘草 15 g，淡竹叶 25 g。

【性状】本品为灰黄色的粉末；气微香，味苦、微甜。

【功能】泻火解毒，凉血。

【主治】热毒发斑，高热神昏。

【用法与用量】马、牛 300~450 g，羊、猪 50~100 g，兔、禽 1~3 g。

苍术香连散

【成分】黄连 30 g，木香 20 g，苍术 60 g。

【性状】本品为棕黄色的粉末，气香，味苦。

【功能】清热燥湿。

【主治】下痢、湿热泄泻。

【用法与用量】马、牛 90~120 g，羊、猪 15~30 g。

白头翁散

【成分】白头翁 60 g，黄连 30 g，黄柏 45 g，秦皮 60 g。

【性状】本品为浅灰黄色的粉末，气香，味苦。

【功能】清热解毒，凉血止痢。

【主治】湿热泄泻，下痢脓血。

【用法与用量】马、牛 150~250 g，羊、猪 30~45 g，兔、禽 2~3 g。

止痢散

【成分】雄黄 40 g，藿香 110 g，滑石 150 g。

【性状】本品为浅棕红色的粉末，气香，味辛、微苦。

【功能】清热解毒，化湿止痢。

【主治】仔猪白痢。

【用法与用量】仔猪 2~4 g。

鸡痢灵散

【成分】雄黄 10 g，广藿香 10 g，白头翁 15 g，滑石 10 g，诃子 15 g，马齿苋 15 g，马尾连 15 g，黄柏 10 g。

【性状】本品为棕黄色的粉末，气微，味苦。

【功能】清热解毒，涩肠止痢。

【主治】雏鸡白痢。

【用法与用量】雏鸡 0.5 g。

清胃散

【成分】生石膏 60 g，大黄 45 g，知母 30 g，黄芩 30 g，陈皮 25 g，枳壳 25 g，天花粉 30 g，甘草 30 g，玄明粉 45 g，麦冬 30 g。

【性状】本品为浅黄色的粉末，气微香，味咸、微苦。

【功能】清热泻火，理气开胃。

【主治】胃热食少，粪干。

【用法与用量】马、牛 250~350 g，猪、羊 50~80 g。

清热健胃散

【成分】龙胆 30 g，黄柏 30 g，知母 20 g，陈皮 25 g，厚朴 20 g，大黄 20 g，山楂 20 g，六神曲 20 g，麦芽 30 g，碳酸氢钠 50 g。

【性状】本品为黄棕色的粉末，气香，味苦。

【功能】清热，燥湿，消食。

【主治】胃热不食，宿食不化。

【用法与用量】马、牛 200~300 g。

七味胆膏散

【成分】胆膏 50 g，连翘 150 g，木鳖子 125 g，麦冬 100 g，香附 200 g，关木通 50 g，丹参 80 g。

【性状】本品为褐黄色的粉末，气腥，味苦。

【功能】清热解毒，止泻止痢。

【主治】羔羊腹泻，痢疾。

【用法与用量】羔羊 1~5 g。

洗心散

【成分】天花粉 25 g，木通 20 g，黄芩 45 g，黄连 30 g，连翘 30 g，茯苓 20 g，黄柏 30 g，桔梗 25 g，白芷 15 g，栀子 30 g，牛蒡子 45 g。

【性状】本品为棕黄色的粉末，气微香，味苦。

【功能】清心，泻火，解毒。

【主治】心经积热，口舌生疮。

【用法与用量】马、牛 250~350 g，羊、猪 40~60 g。

白龙散

【成分】白头翁 600 g，龙胆 300 g，黄连 100 g。

【性状】本品为浅棕黄色的粉末，气微，味苦。

【功能】清热燥湿，凉血止痢。

【主治】湿热泻痢，热毒血痢。

【用法与用量】马、牛 40~60 g，羊、猪 10~20 g，兔、禽 1~3 g。

解暑抗热散

【成分】滑石粉 51 g，甘草 8.6 g，碳酸氢钠 40 g，冰片 0.4 g。

【性状】本品为类白色至浅黄色粉末，气清香。

【功能】清热解暑。

【主治】热应激，中暑。

【用法与用量】混饲：每 1 kg 饲料，鸡 10 g。

雏痢净

【成分】白头翁 30 g，黄连 15 g，黄柏 20 g，马齿苋 30 g，乌梅 15 g，诃子 9 g，木香 20 g，苍术 60 g，苦参 10 g。

【性状】本品为棕黄色的粉末，气微，味苦。

【功能】清热解毒，涩肠止泻。

【主治】雏鸡白痢。

【用法与用量】雏鸡 0.3~0.5 g。

普济消毒散

【成分】大黄 30 g，黄芩 25 g，黄连 20 g，甘草 15 g，马勃 20 g，薄荷 25 g，玄参 25 g，牛蒡子 45 g，升麻 25 g，柴胡 25 g，桔梗 25 g，陈皮 20 g，连翘 30 g，荆芥 25 g，板蓝根 30 g，青黛 25 g，滑石 80 g。

【性状】本品为灰黄色的粉末，气香，味苦。

【功能】清热解毒，疏风消肿。

【主治】热毒上冲，头面、腮颊肿痛，疮黄疔毒。

【用法与用量】马、牛 250~400 g，羊、猪 40~80 g，犬、猫 5~15 g，兔、禽 1~3 g。

香薷散

【成分】香薷 30 g，黄芩 45 g，黄连 30 g，甘草 15 g，柴胡 25 g，当归 30 g，连翘 30 g，栀子 30 g，天花粉 30 g。

【性状】本品为黄色的粉末，气香，味苦。

【功能】清热解暑。

【主治】伤暑，中暑。

【用法与用量】马、牛 250~300 g，羊、猪 30~60 g，兔、禽 1~3 g。

喉炎净散

【成分】板蓝根 840 g，蟾酥 80 g，人工牛黄 60 g，胆膏 120 g，甘草 40 g，青黛 24 g，玄明粉 40 g，冰片 28 g，雄黄 90 g。

【性状】本品为棕褐色的粉末，气特异，味苦，有麻舌感。

【功能】清热解毒，通利咽喉。

【主治】鸡喉气管炎。

【用法与用量】鸡 0.05~0.15 g。

二紫散

【成分】紫菀 25 g，紫花地丁 15 g，麻黄 20 g，连翘 20 g，金银花 15 g，蒲公英 5 g。

【性状】本品为黄棕色的粉末，气微香，味微苦。

【功能】清热解毒，宣肺止咳。

【主治】肺热引起的鼻塞、流涕、呼吸困难。

【用法与用量】鸡，0.5 g，连用 3~5 d。

七味石榴皮散

【成分】白头翁 15 g，石榴皮 15 g，艾叶 10 g，陈皮 10 g，焦山楂 10 g，甘草 5 g，绿豆 15 g。

【性状】本品为黄褐色的粉末，气香，味苦、酸、涩。

【功能】清热解毒，利水消肿，涩肠止泻。

【主治】猪大肠杆菌病。

【用法与用量】混饲：每 1 kg 饲料，猪 10 g，连用 5 d。

七清败毒片

【成分】黄芩 100 g，虎杖 100 g，板蓝根 100 g，大青叶 40 g，白头翁 80 g，苦参 80 g，绵马贯众 60 g。

【性状】本品为棕褐色片。

【功能】清热解毒，燥湿止痢。

【主治】湿热泻痢。

【用法与用量】一次量，鸡每 1 kg 体重 2 片，每天 2 次，连用 3 d。

【规格】每片相当于原生药 0.2 g。

七清败毒颗粒

【成分】黄芩 100 g，虎杖 100 g，板蓝根 100 g，绵马贯众 60 g，大青叶 40 g，白头翁 80 g，苦参 80 g。

【性状】本品为黄棕色至棕褐色颗粒，味苦。

【功能】清热解毒，燥湿止泻。

【主治】湿热泄泻，雏鸡白痢。

【用法与用量】每 1 L 水，禽 2.5 g。

【规格】每克相当于原生药 1 g。

三子散

【成分】诃子 200 g，川楝子 200 g，栀子 200 g。

【性状】本品为姜黄色的粉末，气微，味苦、涩、微酸。

【功能】清热解毒。

【主治】三焦热盛，疮黄肿毒，脏腑实热。

【用法与用量】马、牛 120~300 g，驼 250~450 g，羊、猪 10~30 g。

三花当归灌注液

【成分】蒲公英 500 g，金银花 500 g，野菊花 250 g，当归 250 g。

【性状】本品为棕红色至棕褐色的澄明液体。

【功能】清热解毒，活血通乳、散结消肿。

【主治】奶牛临床型乳腺炎。

【用法与用量】乳室内灌注：奶牛，每个乳区 20~30 mL，连用 2~3 d。

【规格】每毫升相当于原生药 1.5 g。

三味拳参口服液

【成分】拳参 700 g，穿心莲 500 g，苦参 800 g。

【性状】本品为深棕色液体。

【功能】清热解毒，燥湿止痢。

【主治】湿热泄泻。

【用法与用量】混饮：每 1 L 水，鸡 5 mL。

【规格】每毫升相当于原生药 2 g。

三味拳参片

【成分】拳参 140 g，穿心莲 100 g，苦参 160 g。

【性状】本品为灰黄色片。

【功能】清热解毒，燥湿止痢。

【主治】湿热泄泻。

【用法与用量】每 1 kg 体重，鸡 2 片。

【规格】每片相当于原生药 0.4 g。

三味拳参散

【成分】拳参 1400 g，穿心莲 1000 g，苦参 1600 g。

【性状】本品为灰色的粉末，气微香，味苦。

【功能】清热解毒，燥湿止痢。

【主治】湿热泄泻。

【用法与用量】混饲：每 1 kg 饲料，鸡 5 g。

【规格】每 1 g 相当于原生药 2.69 g。

三黄双丁片

【成分】黄连 100 g，黄芩 100 g，黄柏 100 g，野菊花 100 g，紫花地丁 100 g，蒲公英 100 g，甘草 50 g，石膏 150 g，雄黄 10 g，冰片 35 g，肉桂油 5 g。

【性状】本品为棕黄色片，气芳香，味苦，微辛。

【功能】清热燥湿，泻火解毒。

【主治】肺热咳喘。

【用法与用量】一次量，每 1 kg 体重，鸡 5 片，每天 2 次，连用 3~5 d。

【规格】每片相当于原生药 0.2 g。

三黄双丁散

【成分】同三黄双丁片。

【性状】本品为棕黄色的粉末，气芳香，味苦微辛。

【功能】同三黄双丁片。

【主治】同三黄双丁片。

【用法与用量】一次量，每 1 kg 体重，鸡 1 g，每天 2 次，连用 3~5 d。

三黄苦参散

【成分】黄连 30 g，黄柏 15 g，黄芩 45 g，穿心莲 45 g，板蓝根 45 g，甘草 10 g，雄黄 5 g，木香 45 g，苦参 60 g。

【性状】本品为黄褐色的粉末，味苦。

【功能】清热燥湿、止痢。

【主治】雏鸡白痢。

【用法与用量】雏鸡 0.4 g。

三黄金花散

【成分】黄芪 200 g，黄连 80 g，蒲公英 200 g，板蓝根 200 g，金银花 100 g，黄芩 100 g，金荞麦 200 g，茵陈 100 g，茯苓 200 g，党参 200 g，大青叶 200 g，红花 200 g，藿香 100 g，甘草 150 g，石膏 50 g。

【性状】本品为棕褐色的粉末，味苦、甘。

【功能】清热解毒，益气健脾。

【主治】发热、神昏、衄血、发斑、泄泻及鸡传染性法氏囊病见上述证候者。

【用法与用量】每 1 kg 体重，鸡 1.5~2.4 g。

三黄翁口服液

【成分】黄柏 200 g，黄芩 200 g，大黄 200 g，白头翁 200 g，陈皮 200 g，地榆 200 g，白芍 200 g，苦参 200 g，青皮 200 g，板蓝根 200 g。

【性状】本品为棕黄色至棕褐色的液体。

【功能】清热解毒，燥湿止痢。

【主治】湿热泻痢。

【用法与用量】混饮：每 1 L 水，鸡 1.25 mL，连用 3~5 d。

【规格】每毫升相当于原生药 2 g。

三黄散

【成分】黄芩 30 g，黄柏 30 g，大黄 30 g。

【性状】本品为灰黄色的粉末，味苦。

【功能】清热泻火，燥湿止痢。

【主治】湿热下痢。

【用法与用量】马、牛 30~50 g，驼 60~100 g，羊、猪 10~20 g，犬、猫 5~10 g，兔、鸡 2.5~5 g。

三黄痢康散

【成分】黄芩 154 g，黄连 154 g，黄柏 77 g，栀子 154 g，当归 77 g，白术 39 g，大黄 77 g，诃子 77 g，白芍 77 g，肉桂 39 g，茯苓 38 g，川芎 38 g。

【性状】本品为黄棕色的粉末。

【功能】清热燥湿，健脾止泻。

【主治】湿热泻痢。

【用法与用量】鸡 1 g。

大蒜苦参注射液

【成分】大蒜 1 000 g，苦参 1 000 g。

【性状】本品为棕黄色或淡棕黄色的澄明液体。

【功能】清热燥湿，止泻止痢。

【主治】仔猪黄痢，仔猪白痢。

【用法与用量】肌内注射：每 1 kg 体重，仔猪 0.2~0.25 mL。

【规格】每毫升相当于原生药 2 g。

马连苍术散

【成分】马齿苋 200 g，黄连 200 g，黄芩 200 g，苦参 100 g，苍术 300 g。

【性状】本品为灰黄色至棕黄色的粉末，味苦。

【功能】清热解毒，燥湿止痢。

【主治】仔猪白痢。

【用法与用量】一次量，每 1 kg 体重，仔猪 1 g，每天 2 次，连用 3 d。

鸡痢灵片

【成分】雄黄 10 g，藿香 10 g，白头翁 10 g，滑石 10 g，马尾连 15 g，诃子 15 g，马齿苋 15 g，黄柏 10 g。

【性状】本品为棕黄色片，气微，味苦、涩。

【功能】清热解毒，涩肠止痢。

【主治】雏鸡白痢。

【用法与用量】雏鸡 2 片。

【规格】每片相当于原生药 0.25 g。

双丁注射液

【成分】蒲公英 1 200 g，紫花地丁 600 g。

【性状】本品为棕褐色的澄明液体。

【功能】清热解毒，消痈散结。

【主治】奶牛临床型乳腺炎。

【用法与用量】肌内注射：每 1 kg 体重，奶牛 0.1 mL，连用 5 d。

【规格】每毫升相当于原生药 1.8 g。

公英青蓝合剂

【成分】蒲公英 200 g，大青叶 200 g，板蓝根 200 g，金银花 100 g，黄芩 100 g，黄柏 100 g，石膏 50 g，藿香 50 g，甘草 100 g。

【性状】本品为棕褐色的液体，味苦。

【功能】清热解毒。

【主治】传染性法氏囊病的辅助治疗。

【用法与用量】混饮：每 1 L 水，鸡 4 mL，连用 3 d。

【规格】每毫升相当于原生药 1.1 g。

公英青蓝颗粒

【成分】同公英青蓝合剂。

【性状】本品为黄棕色的颗粒，味苦、微甘。

【功能】同公英青蓝合剂。

【主治】同公英青蓝合剂。

【用法与用量】混饮：每 1 L 水，鸡 4 g，连用 3 d。

【规格】每克相当于原生药 1.22 g。

双黄连片

【成分】金银花 375 g，黄芩 375 g，连翘 750 g。

【性状】本品为灰黄褐色的片，味苦。

【功能】辛凉解表，清热解毒。

【主治】感冒发热。

【用法与用量】鸡 2~5 片。

【规格】每片相当于原生药 0.3 g。

双黄连口服液

【成分】同双黄连片。

【性状】本品为黄色至淡棕黄色的粉末。

【功能】辛凉解表，清热解毒。

【主治】感冒发热。

【用法与用量】犬、猫 1~1.5 mL，鸡 0.5~1 mL。

【规格】每毫升相当于原生药 1.5 g。

双黄连可溶性粉

【成分】同双黄连片。

【性状】本品为黄色至淡棕黄色的粉末。

【功能】辛凉解表，清热解毒。

【主治】感冒发热。

【用法与用量】每 1 L 水，仔猪 1 g，连用 3 d。

【规格】每克相当于原生药 3 g。

双黄连注射液

【成分】同双黄连片。

【性状】本品为棕红色的澄明液体。

【功能】清热解毒，疏风解表。

【主治】外感风热，肺热咳喘。

【用法与用量】肌内注射，牛 20~40 mL，猪 10~20 mL。

【规格】每毫升相当于原生药 1.5 g。

双黄连散

【成分】同双黄连片。

【性状】本品为黄褐色的粉末，气香，味苦。

【功能】同双黄连片。

【主治】同双黄连片。

【用法与用量】犬、猫 1.5~7.5 g，鸡 0.75~1.5 g。

双黄苦苋散

【成分】黄芩 150 g，黄连 200 g，葛根 100 g，苦参 150 g，救必应 50 g，广藿香 80 g，滑石 50 g，马齿苋 100 g，山楂 50 g，六神曲 50 g。

【性状】本品为黄棕褐色的粉末，味苦。

【功能】清热解毒，燥湿止痢。

【主治】湿热泻痢。

【用法与用量】猪 10~20 g，小猪酌减。

双黄败毒颗粒

【成分】黄连 316 g，黄芩 316 g，黄芪 916 g，茯苓 468 g，茵陈 468 g，蛇床子 468 g，黄精 468 g，连翘 468 g，五倍子 396 g，栀子 316 g，莪术 200 g，三棱 200 g。

【性状】本品为棕色至棕褐色的颗粒，气香，味甘、苦。

【功能】清热解毒，益气固本，燥湿利胆。

【主治】热毒壅盛所致的发热，神昏，咳喘，腹泻等症。

【用法与用量】混饮：一次量，每 1 kg 体重，鸡 0.5 g，连用 3~5 d。

【规格】每克相当于原生药 5 g。

双黄穿苦丸

【成分】黄连 30 g，黄芩 30 g，穿心莲 25 g，苦参 20 g，马齿苋 15 g，苍术 15 g，广藿香 15 g，雄黄 10 g，金荞麦 30 g，六神曲 30 g。

【性状】本品为黑色的水丸，除去包衣后显棕褐色，味苦。

【功能】清热解毒，燥湿止痢。

【主治】鸡白痢。

【用法与用量】一次量，每 1 kg 体重，鸡 3~4 丸，每天 2~3 次。

【规格】每丸相当于原生药 0.22 g。

双黄穿苦片

【成分】同双黄穿苦丸。

【性状】本品为棕褐色的片，味苦。

【功能】清热解毒，燥湿止痢。

【主治】鸡白痢。

【用法与用量】一次量，每 1 kg 体重，鸡 3~4 片，每天 2~3 次。

【规格】每片相当于原生药 0.22 g。

双黄穿苦散

【成分】双黄穿苦丸。

【性状】本品为棕褐色的粉末，味苦。

【功能】同双黄穿苦丸。

【主治】同双黄穿苦丸。

【规格】每 1 g 相当于原生药 1.33 g。

【用法与用量】一次量，每 1 kg 体重，鸡 0.5~0.7 g，每天 2~3 次。

甘矾解毒片

【成分】白矾 100 g，雄黄 20 g，甘草 100 g。

【性状】本品为淡黄色至橘黄色的片，气特异，味涩、微甜。

【功能】清瘟解毒，燥湿止痢。

【主治】鸡白痢。

【用法与用量】鸡 6 片，分 2 次服。

【规格】每片相当于原生药 0.2 g。

甘胆口服液

【成分】板蓝根 100 g，人工牛黄 34 g，甘草 40 g，冰片 20 g，猪胆粉 20 g，玄明粉 30 g。

【性状】本品为棕褐色的液体，有少量轻摇易散的沉淀。

【功能】清热解毒，凉血宣肺，止咳平喘。

【主治】鸡传染性支气管炎与鸡毒支原体感染引起的肺热咳喘。

【用法与用量】混饮：每 1.5 L 饮水，鸡 1 mL，连用 3~5 d。

【规格】每毫升相当于原生药 2.44 g。

石香颗粒

【成分】苍术 360 g，关黄柏 240 g，石膏 240 g，广藿香 240 g，木香 240 g，甘草 120 g。

【性状】本品为棕色至棕褐色的颗粒，气微香，味苦。

【功能】清热泻火，化湿健脾。

【主治】高温引起的精神委顿、食欲减退、生产性能下降。

【用法与用量】每 1 kg 体重，猪、鸡 0.15 g，连用 7 d；预防量减半。

【规格】每克相当于原生药 1.44 g。

石穿散

【成分】石膏 500 g，板蓝根 300 g，穿心莲 300 g，葛根 200 g，黄连 200 g，地黄 200 g，白头翁 300 g，白芍 200 g，木香 150 g，秦皮 200 g，连翘 150 g，黄芪 200 g，甘草 100 g。

【性状】本品为浅黄色的粉末，气清香，味苦。

【功能】清热解毒，凉血止痢。

【主治】鸡传染性法氏囊病的辅助治疗。

【用法与用量】一次量，每 1 kg 体重，鸡 0.6~0.9 g，每天 2 次。

龙胆泻肝散

【成分】龙胆 45 g，车前子 30 g，柴胡 30 g，当归 30 g，栀子 30 g，生地黄 45 g，甘草 15 g，黄芩 30 g，泽泻 45 g，木通 20 g。

【性状】本品为淡黄褐色的粉末，气清香，味苦、微甘。

【功能】泻肝胆实火，清三焦湿热。

【主治】目赤肿痛，淋浊，带下。

【用法用量】马、牛 250~350 g，羊、猪 30~60 g。

龙硝散

【成分】龙胆 20 g，芒硝 150 g，石膏 150 g，鸭脚木皮 200 g，救必应 200 g，茶叶 80 g，鬼画符 50 g，碳酸氢钠 150 g。

【性状】本品为浅灰褐色的粉末，味咸、苦。

【功能】泻热通便，健胃消食。

【主治】胃肠实热，消化不良。

【用法与用量】牛 100~200 g，猪 20~50 g。

归芪乳康散

【成分】黄芪 40 g，当归 35 g，鱼腥草 35 g，皂角刺 30 g，蒲公英 40 g，路路通 60 g，紫花地丁 40 g，陈皮 40 g，泽泻 45 g。

【性状】本品为棕黄色的粉末。

【功能】清热解毒，消肿散结。

【主治】奶牛临床型乳腺炎。

【用法与用量】一次量，奶牛 360 g，每天 2 次。

四味穿心莲片

【成分】穿心莲 90 g，辣蓼 30 g，大青叶 40 g，葫芦茶 40 g。

【性状】本品为灰绿色片，气微，味苦。

【功能】清热解毒，祛湿止泻。

【主治】湿热泻痢。

【用法与用量】鸡 3~6 片。

【规格】每片相当于原生药 0.25 g。

四味穿心莲散

【成分】穿心莲 450 g，辣蓼 150 g，大青叶 200 g，葫芦茶 200 g。

【性状】本品为灰绿色的粉末，气微，味苦。

【功能】清热解毒，除湿化滞。

【主治】泻痢，积滞。

【用法与用量】鸡 0.5~1.5 g。

四黄止痢颗粒

【成分】黄连 200 g，黄柏 200 g，大黄 100 g，黄芩 200 g，板蓝根 200 g，甘草 100 g。

【性状】本品为黄色至黄棕色的颗粒。

【功能】清热泻火，止痢。

【主治】湿热泻痢，鸡大肠杆菌病。

【用法与用量】每 1 L 水，鸡 0.5~1 g。

【规格】每克相当于原生药 1 g。

四季青注射液

【成分】本品为四季青叶提取制成的灭菌溶液。

【性状】本品为棕红色的澄明液体。

【功能】清热解毒。

【主治】腹泻、仔猪血痢、肺炎及泌尿系统感染等。

【用法与用量】肌内注射：一次量，马、牛 30~50 mL；羊、猪 10~20 mL。

【规格】每毫升相当于原生药 2 g。

四黄二术散

【成分】蒲公英 20 g，金银花 10 g，黄连 10 g，黄柏 20 g，黄芩 20 g，大青叶 20 g，苍术 10 g，石膏 20 g，车前草 10 g，黄芪 20 g，白术 20 g，木香 10 g，甘草 10 g。

【性状】本品为浅黄色至黄棕色粉末，气香，味苦。

【功能】清热解毒，燥湿止痢。

【主治】三焦实热，肠黄泻痢。

【用法与用量】鸡 1~2 g，连用 2~4 d。

四黄白莲散

【成分】大黄 230 g，白头翁 91 g，穿心莲 91 g，大青叶 91 g，金银花 91 g，三叉苦 91 g，辣蓼 91 g，黄芩 91 g，黄连 18 g，黄柏 28 g，龙胆 28 g，肉桂 28 g，小茴香 28 g，冰片 3 g。

【性状】本品为棕色的粉末，气芳香，味苦、辛。

【功能】清热解毒，燥湿止痢。

【主治】湿热泻痢，鸡大肠杆菌病见上述证候者。

【用法与用量】一次量，鸡，每 1 kg 体重 0.5 g，每天 2 次。

四黄豆根散

【成分】大黄 100 g，黄柏 100 g，黄芩 100 g，黄连 70 g，北豆根 50 g。

【性状】本品为黄棕色的粉末，气香，味苦、微涩。

【功能】清热燥湿，泻火解毒。

【主治】湿热泻痢，疮黄肿毒。

【用法与用量】马、牛150 g~250 g，羊、猪30~50 g。

白马黄柏散

【成分】白头翁300 g，马齿苋400 g，黄柏300 g。

【性状】本品为棕黄色的粉末，气微，味苦。

【功能】清热解毒，凉血止痢。

【主治】热毒血痢，湿热肠黄。

【用法与用量】马、牛100~150 g，羊、猪30~50 g，兔、禽1.5~6 g。

白龙苍术散

【成分】龙胆100 g，黄连50 g，白头翁150 g，黄芩75 g，白术75 g，黄柏75 g，秦皮75 g，金银花75 g，苍术100 g，大黄75 g，干姜50 g，木香50 g，甘草50 g。

【性状】本品为浅灰黄色的粉末，气香，味苦。

【功能】清热解毒，燥湿止痢。

【主治】湿热泻痢。

【用法与用量】每1 kg体重，仔猪1~2 g，连用5 d。

白头翁口服液

【成分】白头翁300 g，黄连150 g，秦皮300 g，黄柏225 g。

【性状】本品为棕红色的液体，味苦。

【功能】清热解毒，凉血止痢。

【主治】湿热泄泻，下痢脓血。

【用法与用量】马、牛150~250 mL，羊、猪30~45 mL，兔、禽2~3 mL。

【规格】每毫升相当于原生药1 g。

白头翁痢康散

【成分】白头翁150 g，黄连30 g，薏苡仁50 g，半夏50 g，黄芪100 g，黄芩150 g，白扁豆75 g，补骨脂25 g，车前草80 g，陈皮50 g，艾叶150 g，

甘草 60 g，益母草 150 g，党参 100 g，桔梗 80 g，青蒿 50 g，滑石粉 30 g，蒲公英 50 g。

【性状】本品为灰黄色的粉末，气微香，味苦、微甘。

【功能】清热解毒，凉血止痢，健脾利湿。

【主治】湿热泻痢，鸡白痢。

【用法与用量】每 1 kg 饲料，鸡 5 g。

白莲藿香片

【成分】白头翁 15 g，穿心莲 15 g，广藿香 15 g，苦参 15 g，黄柏 10 g，黄连 10 g，雄黄 10 g，滑石 10 g。

【性状】本品为黄褐色的片，气微，味苦。

【功能】清热解毒，凉血止痢。

【主治】雏鸡白痢。

【用法与用量】一次量，雏鸡 1 片，每天 2~3 次。

【规格】每片相当于原生药 0.25 g。

白莲藿香散

【成分】同白莲藿香片。

【性状】本品为黄褐色的粉末，气微味苦。

【功能】清热解毒，凉血止痢。

【主治】同白莲藿香片。

【用法与用量】一次量，雏鸡 0.25 g，每天 2~3 次。

白榆散

【成分】白头翁 40 g，黄连 10 g，黄柏 20 g，秦皮 20 g，厚朴 10 g，山药 40 g，诃子（煨）20 g，山楂（炭）60 g，地锦草 40 g，辣蓼 20 g，马齿苋 40 g，穿心莲 40 g，金樱子 40 g，石榴皮 20 g，地榆 60 g，苍术 20 g，赤石脂 40 g。

【性状】本品为棕色的粉末，气微香，味微苦。

【功能】清热燥湿，涩肠止泻。

【主治】腹泻。

【用法与用量】鸡 1.5 g，连用 5 d。

加味白头翁散

【成分】白头翁 60 g, 黄连 30 g, 黄柏 45 g, 秦皮 60 g, 地锦草 60 g, 木香 30 g, 藿香 20 g。

【性状】本品为灰褐色的粉末, 气香, 味苦。

【功能】清热凉血, 止血止痢。

【主治】湿热泄泻, 下痢脓血。

【用法与用量】混饲: 每 1 kg 饲料, 鸡 16 g。

地丁菊莲注射液

【成分】穿心莲 250 g, 紫花地丁 500 g, 野菊花 250 g。

【性状】本品为棕黄色或棕红色的澄明液体。

【功能】清热解毒, 燥湿止痢。

【主治】仔猪白痢。

【用法与用量】肌内注射: 仔猪 5~10 mL。

【规格】每毫升相当于原生药 1 g。

冰雄散

【成分】冰片 15 g, 雄黄 15 g, 桔梗 30 g, 黄芩 20 g, 苦杏仁 20 g, 鱼腥草 30 g, 石膏 15 g, 连翘 35 g, 板蓝根 35 g, 甘草 15 g, 青黛 15 g, 白矾 5 g。

【性状】本品为黄褐色的粉末, 气清香, 味苦。

【功能】清热解毒, 止咳化痰。

【主治】肺热咳喘。

【用法与用量】每 1 kg 饲料, 鸡 1 g, 连用 3~4 d。

连参止痢颗粒

【成分】黄连 400 g, 苦参 90 g, 白头翁 300 g, 诃子 90 g, 甘草 120 g。

【性状】本品为黄色至黄棕色的颗粒, 味苦。

【功能】清热燥湿, 凉血止痢。

【主治】沙门菌感染所致的泻痢。

【用法与用量】一次量, 每 1 kg 体重, 猪、鸡 1 g, 每天 2 次。

【规格】每克相当于原生药 1 g。

鸡痢灵丸

【成分】雄黄 10 g, 藿香 10 g, 白头翁 15 g, 滑石 10 g, 诃子 15 g, 马齿苋 15 g, 马尾连 15 g, 黄柏 10 g。

【性状】本品为炭衣水泛丸, 除去包衣后显棕黄色, 气微香, 味苦、涩。

【功能】清热解毒, 涩肠止痢。

【主治】雏鸡白痢。

【用法与用量】雏鸡 4 丸。

【规格】每丸相当于原生药 0.125 g。

肝胆颗粒

【成分】板蓝根 1 500 g, 茵陈 1 500 g。

【性状】本品为棕色的颗粒, 味微苦。

【功能】清热解毒, 保肝利胆。

【主治】肝炎。

【用法与用量】混饮: 每 1 L 水, 鸡 1 g。

【规格】每克相当于原生药 3 g。

青蒿末

【成分】青蒿。

【性状】本品为淡棕色的粉末, 气香特异, 味微苦。

【功能】清热解暑, 退虚热, 杀原虫。

【主治】鸡球虫感染所致的湿热泻痢。

【用法与用量】鸡 1~2 g。

苦参注射液

【成分】本品为苦参提取物制成的灭菌水溶液。每毫升含苦参总生物碱以苦参碱计, 应为标示量的 90%~110%。

【性状】本品为黄色至棕黄色澄明液体。

【功能】清热燥湿。

【主治】湿热泻痢。

【用法与用量】肌内注射：每1 kg体重，猪0.2 mL，连用4 d。

【规格】每毫升含苦参总生物碱0.02 g。

苦参麻黄注射液

【成分】苦参1 500 g，麻黄500 g。

【性状】本品为浅黄色至黄色澄明液体。

【功能】清热燥湿，宣肺利水。

【主治】仔猪白痢。

【用法与用量】肌内注射：仔猪2.5~5 mL。

【规格】每毫升相当于原生药2 g。

板二黄丸

【成分】黄芪600 g，白术450 g，淫羊藿400 g，板蓝根600 g，连翘300 g，盐黄柏350 g，山楂300 g，地黄350 g。

【性状】本品为浓缩水丸，除去包衣后显棕褐色，味苦、微甘。

【功能】清热解毒，益气健脾。

【主治】用于鸡传染性法氏囊病的预防。

【用法与用量】一次量，每1 kg体重，鸡2~3丸，每天2次，连用5 d。

【规格】每丸相当于原生药0.61 g。

板二黄片

【成分】同板二黄丸。

【性状】本品为棕褐色的片，味苦、微甘。

【功能】同板二黄丸。

【主治】同板二黄丸。

【用法与用量】一次量，每1 kg体重，鸡2~3片，每天2次，连用5 d。

【规格】每片相当于原生药0.61 g。

板二黄散

【成分】同板二黄丸。

【性状】本品为棕褐色的粉末，味苦、微甘。

【功能】同板二黄丸。

【主治】同板二黄丸。

【用法与用量】一次量，每 1 kg 体重，鸡 0.6~0.8 g，每天 2 次，连用 5 d。

板芪苓花散

【成分】党参 70 g，黄芪 150 g，板蓝根 150 g，金银花 80 g，大青叶 100 g，苍术 60 g，猪苓 100 g，茯苓 80 g，当归 70 g，红花 30 g，栀子 70 g，甘草 40 g。

【性状】本品为浅褐色的粉末，气清香，味苦、微甘。

【功能】清热解毒，益气活血。

【主治】鸡传染性法氏囊病辅助治疗。

【用法与用量】每 1 kg 饲料，鸡 20 g。

板青败毒口服液

【成分】金银花 500 g，大青叶 500 g，板蓝根 400 g，蒲公英 240 g，白英 240 g，连翘 240 g，甘草 240 g，天花粉 150 g，白芷 150 g，防风 100 g，赤芍 60 g，浙贝母 140 g。

【性状】本品为深褐色黏稠的液体，气香，味甜。

【功能】清热解毒，疏风活血。

【主治】用于鸡传染性法氏囊病的辅助治疗。

【用法与用量】每 1 L 水，鸡 2 mL，连用 3 d。

【规格】每毫升相当于原生药 2.47 g。

板金止咳散

【成分】板蓝根 250 g，金银花 75 g，连翘 120 g，苦杏仁 75 g，桔梗 100 g，甘草 100 g。

【性状】本品为浅褐色至黄褐色的粉末，气微香。

【功能】清热解毒，止咳平喘。

【主治】肺热咳喘。

【用法与用量】鸡 2~4 g。

板金痢康散

【成分】板蓝根 150 g，金银花 60 g，黄芩 100 g，黄柏 100 g，白头翁

150 g，穿心莲 100 g，黄芪 100 g，白术 60 g，苍术 100 g，木香 30 g，甘草 50 g。

【性状】本品为灰黄色的粉末，气清香，味苦。

【功能】清热解毒，燥湿止痢。

【主治】湿热下痢。

【用法与用量】鸡 1~2 g。

板黄败毒片

【成分】板蓝根 120 g，黄芪 40 g，黄柏 40 g，连翘 60 g，泽泻 40 g。

【性状】本品为灰褐色的片。

【功能】清热解毒，渗湿利水。

【主治】湿热泻痢。

【用法与用量】鸡 1~2 片，连用 3 d。

【规格】每片相当于原生药 0.3 g。

板黄败毒散

【成分】同板黄败毒片。

【性状】本品为灰褐色的粉末，气微香。

【功能】清热解毒，渗湿利水。

【主治】湿热泻痢。

【用法与用量】一次量，每 1 kg 体重，羊、猪 1 g，每天 2 次，连用 3 d。

板翘芦根片

【成分】板蓝根 300 g，连翘 200 g，黄连 70 g，黄芩 50 g，甘草 80 g，黄柏 70 g，地黄 50 g，芦根 100 g，石膏 80 g。

【性状】本品为淡黄褐色至棕褐色的片，气微，味苦。

【功能】清热解毒，凉血止痢。

【主治】湿热泻痢。

【用法与用量】一次量，雏鸡 1 片，每天 3 次。

【规格】每片相当于原生药 0.33 g。

板翘芦根散

【成分】同板翘芦根片。

【性状】本品为棕褐色的粉末，味苦、辛。

【功能】清热止痢。

【主治】热毒下痢。

【规格】每1g相当于原生药2.22g。

【用法与用量】一次量，雏鸡0.15g，每天3次。

板蓝根注射液

【成分】板蓝根。

【性状】本品为棕黄色至棕色的澄明液体。

【功能】清热解毒。

【主治】家畜流感、仔猪白痢、肺炎及某些发热性疾患。

【用法与用量】肌内注射：一次量，马、牛40~80mL，羊、猪10~25mL。

【规格】每毫升相当于原生药0.5g。

郁黄口服液

【成分】郁金250g，诃子220g，栀子50g，黄芩50g，大黄50g，白芍30g，黄柏50g，黄连50g。

【性状】本品为棕黄色的液体。

【功能】清热燥湿，涩肠止泻。

【主治】湿热泻痢。

【用法与用量】鸡1mL，雏鸡酌减。

【规格】每毫升相当于原生药1g。

金石翁芍散

【成分】金银花110g，生石膏130g，赤芍110g，白头翁110g，连翘65g，绵马贯众65g，苦参65g，麻黄110g，黄芪85g，板蓝根85g，甘草65g。

【性状】本品为灰黄色的粉末，气香，味苦、微甘。

【功能】除湿止痢，清热解毒。

【主治】鸡大肠杆菌病和鸡白痢。

【用法与用量】2~3周龄雏鸡1g，连用3~5d。

金黄连板颗粒

【成分】金银花 375 g，黄芩 375 g，连翘 750 g，黄连 125 g，板蓝根 375 g。

【性状】本品为黄褐色的颗粒，味苦。

【功能】清热，燥湿，解毒。

【主治】湿热泻痢。

【用法与用量】混饮：每 1 L 水，鸡 1 g，连用 3~5 d。

【规格】每克相当于原生药 1.67 g。

金葛止痢散

【成分】葛根 30 g，黄连 10 g，黄芩 10 g，甘草 10 g，金银花 30 g。

【性状】本品为浅棕黄色的粉末，气微香，味苦、微甘。

【功能】清热燥湿，止泻止痢。

【主治】湿热泄泻。

【用法与用量】鸡 1 g。

鱼金注射液

【成分】鱼腥草 4 000 g，金银花 2 000 g。

【性状】本品为几乎无色的澄明液体。

【功能】清热解毒，消肿排脓。

【主治】咽痛，肺痈，肠黄，痢疾，乳房肿痛。

【用法与用量】肌内注射：一次量，马、牛 20 ~ 40 mL，羊、猪 10~20 mL，每天 2~4 次。

【规格】每毫升相当于原生药 6 g。

鱼腥草末

【成分】鱼腥草。

【性状】本品为淡棕色的粉末，具鱼腥气，味微涩。

【功能】清热止痢。

【主治】湿热泄痢。

【用法与用量】鸡 2~4 g。

鱼腥草注射液

【成分】鱼腥草。

【性状】本品为无色的澄明液体。

【功能】清热解毒，消肿排脓，利尿通淋。

【主治】肺痈，痢疾，乳痈，淋浊。

【用法用量】肌内注射：马、牛 20~40 mL，羊、猪 5~10 mL，犬 2~5 mL，猫 0.5~2 mL。

【规格】每毫升相当于原生药 2 g。

胆膏

【成分】新鲜胆汁加工制成的浸膏。

【性状】本品为黑色的稠膏状物，气腥，味极苦。

【功能】清热解毒，镇痉止咳，利胆消炎。

【主治】风热目赤，久咳不止，幼畜惊风，各种热性病。

【用法与用量】马、牛 3~6 g，羊、猪 1.5~3 g，羔羊、仔猪 0.1~0.3 g。

【规格】每毫升相当于胆汁 5 mL。

穿心莲末

【成分】穿心莲经加工制成的散剂。

【性状】本品为浅绿色至绿色的粉末，气微，味极苦。

【功能】清热解毒。

【主治】湿热下痢。

【用法与用量】鸡 1~3 g。

穿心莲注射液

【成分】穿心莲经水醇法提取制成的灭菌水溶液。

【性状】本品为黄色至黄棕色的澄明液体。

【功能】清热解毒。

【主治】肠炎，肺炎，仔猪白痢。

【用法与用量】肌内注射：马、牛 30~50 mL，羊、猪 5~15 mL，犬、猫 1~3 mL。

【规格】每毫升相当于原生药 1 g。

穿甘苦参散

【成分】穿心莲 150 g，甘草 125 g，吴茱萸 10 g，苦参 75 g，白芷 50 g，板蓝根 50 g，大黄 30 g。

【性状】本品为浅黄棕色至黄棕色的粉末。

【功能】清热解毒，燥湿止泻。

【主治】湿热泻痢。

【用法与用量】每 1 kg 饲料，鸡 3~6 g，连用 5 d。

穿白地锦草散

【成分】白头翁 180 g，地锦草 180 g，黄连 100 g，穿心莲 180 g，大青叶 60 g，地榆 60 g，炒山楂 60 g，炒麦芽 60 g，六神曲 60 g，甘草 60 g。

【性状】本品为淡棕灰色的粉末，气清香，味苦。

【功能】清热解毒，燥湿止痢。

【主治】湿热下痢。

【用法与用量】鸡 1~2 g。

穿白痢康片

【成分】穿心莲 200 g，白头翁 100 g，黄芩 50 g，功劳木 50 g，秦皮 50 g，广藿香 50 g，陈皮 50 g。

【性状】本品为黄棕色至棕褐色的片，味苦。

【功能】清热解毒，燥湿止痢。

【主治】湿热泻痢，雏鸡白痢。

【用法与用量】雏鸡 1 片。

【规格】每片相当于原生药 0.2 g。

穿白痢康丸

【成分】同穿白痢康片。

【功能】清热解毒，燥湿止痢。

【主治】湿热泻痢，雏鸡白痢。

【用法与用量】一次量，雏鸡 4 丸，每天 2 次。

【规格】每丸重 0.03 g。

穿白痢康散

【成分】同穿白痢康片。

【性状】本品为黄棕色至棕褐色的粉末。

【功能】清热解毒，燥湿止痢。

【主治】湿热泻痢，雏鸡白痢。

【用法与用量】雏鸡 0.24 g。

穿苦功劳片

【成分】穿心莲 500 g，苦参 125 g，功劳木 125 g，木香 125 g。

【性状】本品为黄棕褐色的片，气微香，味苦。

【功能】清热燥湿，理气止痢。

【主治】雏鸡白痢。

【用法与用量】雏鸡 0.5~1 片。

【规格】每片相当于原生药 0.8 g。

穿苦功劳散

【成分】同穿白功劳片。

【性状】本品为黄棕褐色的粉末，气微香，味苦。

【规格】每 1 g 相当于原生药 2.57 g。

【功能】清热燥湿，理气止痢。

【主治】雏鸡白痢。

【用法与用量】雏鸡 0.15~0.3 g。

穿苦颗粒

【成分】黄芪 200 g，穿心莲 800 g，吴茱萸 80 g，大黄 320 g，苦参 600 g，白芷 200 g，蒲公英 200 g，白头翁 200 g，甘草 200 g。

【性状】本品为棕黄色至棕褐色的颗粒。

【功能】清热解毒，燥湿止泻。

【主治】湿热泻痢。

【用法与用量】每 1 L 水，鸡 0.5 g，连用 3~5 d。

【规格】每克相当于原生药 2.8 g。

穿虎石榴皮散

【成分】虎杖 98 g，穿心莲 294 g，地榆 98 g，石榴皮 147 g，石膏 196 g，黄柏 98 g，甘草 49 g，肉桂 20 g。

【性状】本品为绿黄棕色的粉末，气香，味微苦、涩。

【功能】清热解毒，涩肠止泻。

【主治】泻痢。

【用法与用量】每 1 kg 饲料，鸡 10 g，连用 5 d。

金根注射液

【成分】金银花 1 500 g，板蓝根 750 g。

【性状】本品为红棕色澄明液体。

【功能】清热解毒，化湿止痢。

【主治】湿热泻痢，仔猪黄痢、白痢。

【用法与用量】肌内注射：一次量，哺乳仔猪 2～4 mL，断奶仔猪 5~10 mL，每天 2 次，连用 3 d。

【规格】每毫升相当于原生药 2.25 g。

穿参止痢散

【成分】穿心莲 70 g，苦参 30 g。

【性状】本品为灰绿色的粉末，气微香，味苦。

【功能】清热解毒，燥湿止痢。

【主治】鸡大肠杆菌病，鸡白痢。

【用法与用量】每 1 kg 饲料，鸡 4 g。

莲矾散

【成分】穿心莲 360 g，白矾 300 g，青蒿 150 g，甘草 90 g。

【性状】本品为灰绿色的粉末，气香，味苦、咸而涩。

【功能】清热，止泻。

【主治】热痢。

【用法与用量】鸡，1 g。

莲黄颗粒

【成分】穿心莲 180 g，黄芩 180 g，白头翁 180 g，诃子 120 g，马齿苋 240 g，秦皮 120 g，地榆 120 g，甘草 120 g。

【性状】本品为棕黄色至棕褐色的颗粒。

【功能】清热燥湿，凉血止痢。

【主治】热毒下痢。

【用法与用量】一次量，鸡 0.25～0.5 g，每天 2 次，连用 3～5 次。

【规格】每克相当于原生药 1.26 g。

翁连片

【成分】黄连 200 g，功劳木 200 g，穿心莲 200 g，白头翁 200 g，苍术 150 g，木香 150 g，白芍 150 g，乌梅 150 g，甘草 100 g。

【性状】本品为淡棕褐色至黄褐色的片，味苦、微酸。

【功能】清热燥湿，涩肠止痢。

【主治】鸡白痢。

【用法与用量】仔鸡 1 片。

【规格】每片相当于原生药 0.4 g。

翁连散

【成分】同翁连片。

【性状】本品为淡棕褐色至黄褐色的粉末，味苦、微酸。

【功能】清热燥湿，涩肠止痢。

【主治】仔猪下痢。

【用法与用量】仔猪 2～4 g。

【规格】每 1 g 相当于原生药 1.83 g。

翁柏解毒丸

【成分】白头翁 120 g，黄柏 60 g，苦参 60 g，穿心莲 60 g，木香 30 g，滑石 120 g。

【性状】本品为黑色的浓缩水丸，去衣后呈黄棕色至棕褐色；气微味苦。

【功能】清热解毒，燥湿止痢。

【主治】湿热泻痢，鸡白痢。

【用法与用量】一次量，鸡3~6丸，雏鸡1~2丸，每天2次。

【规格】每丸相当于原生药0.3g。

翁柏解毒片

【成分】同翁柏解毒丸。

【性状】本品为黄棕色至棕褐色的片，气微味苦。

【功能】清热解毒，燥湿止痢。

【主治】湿热泻痢，鸡白痢。

【用法与用量】一次量，鸡3~6片，雏鸡1~2片，每天2次。

【规格】每片相当于原生药0.3g。

翁柏解毒散

【成分】同翁柏解毒丸。

【性状】本品为黄棕色至棕褐色的粉末，气微味苦。

【功能】清热解毒，燥湿止痢。

【主治】湿热泻痢，鸡白痢。

【用法与用量】一次量，鸡0.6~1.2g，雏鸡0.2~0.4g，每天2次。

【规格】每1g相当于原生药1.5g。

黄马白凤丸

【成分】黄连75g，白头翁75g，木香45g，山楂60g，穿心莲60g，马齿苋60g，凤尾草60g，黄芩90g，六神曲60g。

【性状】本品为水丸，去衣后为棕褐色，气微香，味苦、微酸。

【功能】清热解毒，燥湿止痢。

【主治】湿热泻痢。

【用法与用量】一次量，每1kg体重，鸡8~16丸，每天2~3次。

【规格】每丸相当于原生药0.09g。

黄马白凤片

【成分】同黄马白凤丸。

【性状】本品为棕褐色的片，气微香，味苦，微酸。

【功能】同黄马白凤丸。

【主治】同黄马白凤丸。

【用法与用量】一次量，每 1 kg 体重，鸡 2 片，每天 2~3 次。

【规格】每片相当于原生药 0.585 g。

黄马白凤散

【成分】同黄马白凤丸。

【性状】本品为棕褐色的粉末，气微香，味苦、微酸。

【功能】同黄马白凤丸。

【主治】同黄马白凤丸。

【用法与用量】一次量，每 1 kg 体重，鸡 0.4~0.8 g，每天 2~3 次。

【规格】每 1 g 相当于原生药 1.86 g。

黄马莲散

【成分】黄芩 100 g，马齿苋 100 g，穿心莲 200 g，山楂 50 g，地榆 100 g，蒲公英 100 g，甘草 50 g，鱼腥草 200 g。

【性状】本品为灰褐色的粉末，气微香，味微苦。

【功能】清热解毒，燥湿止痢。

【主治】湿热下痢。

【用法与用量】鸡 1 g。

黄白散

【成分】黄连 100 g，黄芩 200 g，黄柏 300 g，诃子 200 g，白头翁 100 g，苦参 100 g。

【性状】本品为棕黄色的粉末，气微，味苦。

【功能】清热解毒，燥湿止痢。

【主治】仔猪黄、白痢。

【用法与用量】哺乳母猪 30~50 g。

黄花白莲颗粒

【成分】黄连 200 g，黄柏 200 g，金银花 300 g，菊花 200 g，白头翁

200 g, 苍术 200 g, 石榴皮 200 g, 蒲公英 200 g, 地榆 200 g, 板蓝根 200 g, 穿心莲 300 g, 茯苓 100 g, 五倍子 200 g。

【性状】本品为棕黄色至棕褐色的颗粒, 微苦。

【功能】清热解毒, 利湿止痢。

【主治】湿热下痢。

【用法与用量】混饮: 每1 L水, 鸡1 g, 连用3~5 d。

【规格】每克相当于原生药2.7 g。

黄芩解毒散

【成分】黄芩 500 g, 地锦草 400 g, 女贞子 220 g, 铁苋菜 400 g, 马齿苋 350 g, 老鹳草 400 g, 玄参 100 g, 地榆 200 g, 金樱子 200 g。

【性状】本品为灰棕色的粉末, 气微, 味微苦。

【功能】清热解毒, 涩肠止泻。

【主治】仔猪腹泻, 鸡大肠杆菌病。

【用法与用量】每1 kg饲料, 猪、鸡5~10 g, 连用5~7 d; 预防量减半。

黄金二白散

【成分】黄芩 60 g, 黄柏 60 g, 金银花 40 g, 白头翁 45 g, 白芍 45 g, 栀子 50 g, 连翘 40 g。

【性状】本品为黄褐色的粉末, 味苦。

【功能】清热解毒, 燥湿止痢。

【主治】湿热泻痢, 鸡白痢。

【用法与用量】混饲: 每1 kg饲料, 鸡6~12 g。

黄栀口服液

【成分】黄连 300 g, 黄芩 600 g, 栀子 450 g, 穿心莲 250 g, 白头翁 250 g, 甘草 100 g。

【性状】本品为深棕色的液体, 味甘、苦。

【功能】清热解毒, 凉血止痢。

【主治】湿热下痢。

【用法与用量】混饮: 每1 L水, 猪 1.0~1.5 mL, 鸡 1.5~2.5 mL。

【规格】每毫升相当于原生药 1.95 g。

黄藤素注射液

【成分】黄藤素制成的灭菌水溶液。

【性状】本品为黄色的澄明液体。

【功能】清热解毒。

【主治】菌痢，肠炎。

【用法与用量】皮下注射或肌内注射，羊、猪 10 mL。

【规格】每毫升含黄藤素 0.01 g。

梅香片

【成分】刺苋 200 g，辣蓼 200 g，苦参 100 g，十大功劳 100 g，穿心莲 150 g，苍术 100 g，乌梅 100 g，滑石 100 g，广藿香 80 g，桃金娘根 100 g。

【性状】本品为棕褐色的片，味苦、涩。

【功能】清热解毒，燥湿止痢。

【主治】湿热下痢。

【用法与用量】仔猪 3~6 片。

【规格】每片相当于原生药 0.54 g。

梅香散

【成分】同梅香片。

【性状】本品为棕褐色的粉末，气香，味苦、涩。

【功能】清热解毒，燥湿止痢。

【主治】湿热下痢。

【用法与用量】每 1 kg 体重，猪 0.15~0.3 g。

救黄丸

【成分】黄连 200 g，穿心莲 200 g，救必应 200 g，黄柏 150 g，广藿香 100 g，苍术 150 g，雄黄 60 g，乌梅 200 g，白矾 60 g，甘草 100 g。

【性状】本品为水丸，去衣后呈淡棕褐色至黄褐色，气微，味苦。

【功能】清热燥湿，止痢。

【主治】湿热泄泻，下痢。

【用法与用量】雏鸡 2~4 丸。

【规格】每丸相当于原生药 0.25 g。

救黄片

【成分】同救黄丸。

【性状】本品为淡棕褐色至黄褐色的片，气微味苦。

【功能】清热燥湿，止痢。

【主治】湿热泄泻，下痢。

【用法与用量】雏鸡 2~4 片。

【规格】每片相当于原生药 0.25 g。

救黄散

【成分】同救黄丸。

【性状】本品为淡棕褐色至黄褐色的粉末，气微味苦。

【功能】清热燥湿，止痢。

【主治】湿热泄泻，下痢。

【用法与用量】雏鸡 0.5~1 g。

银黄可溶性粉

【成分】金银花 375 g，黄芩 375 g。

【性状】本品为棕黄色的粉末。

【功能】清热解毒，宣肺燥湿。

【主治】鸡大肠杆菌病。

【用法与用量】混饮，每 1 L 饮水，鸡 1 g，连用 5 d。

【规格】每克相当于原生药 0.75 g。

银黄提取物口服液

【成分】金银花提取物（以绿原酸计）2.4 g，黄芩提取物（以黄芩苷计）24 g。

【性状】本品为棕黄色至棕红色的澄清液体。

【功能】清热疏风，利咽解毒。

【主治】风热犯肺，发热咳嗽。

【用法与用量】每1L水，猪、鸡1 mL，连用3 d。

【规格】每毫升含有金银花提取物0.002 4 g，含有黄芩提取物0.024 g。

银黄提取物注射液

【成分】同银黄提取物口服液。

【性状】本品为棕黄色至棕红色的澄清液体。

【功能】清热疏风，利咽解毒。

【主治】风热犯肺，发热咳嗽。

【用法用量】每1 kg体重，猪、鸡0.1 mL，连用3 d。

【规格】每毫升含有金银花提取物0.002 4 g，含有黄芩提取物0.024 g。

银黄板翘散

【成分】黄连50 g，金银花50 g，板蓝根45 g，连翘30 g，牡丹皮30 g，栀子30 g，知母30 g，玄参20 g，水牛角浓缩粉15 g，白矾10 g，雄黄10 g，甘草15 g。

【性状】本品为棕黄色的粉末，味微苦。

【功能】清热，解毒，凉血。

【主治】用于鸡传染性支气管炎引起的发热、咳嗽、气喘、腹泻、精神沉郁等症。

【用法与用量】鸡1~2 g。

银黄注射液

【成分】金银花375 g，黄芩375 g。

【性状】本品为浅棕至红棕色的澄清液体。

【功能】清热解毒，宣肺燥湿。

【主治】热毒壅盛，用于猪肺疫、猪喘气病的治疗。

【用法与用量】肌内注射：一次量，每1 kg体重，猪0.15 mL，每天2次，连用5 d。

【规格】每毫升相当于原生药0.75 g。

清热散

【成分】大青叶60 g，板蓝根60 g，石膏60 g，大黄30 g，玄明粉60 g。

【性状】本品为黄色的粉末，味苦、微涩。

【功能】清热解毒，泻火通便。

【主治】发热，粪干。

【用法与用量】猪 30~60 g。

清瘟止痢散

【成分】大青叶 150 g，板蓝根 150 g，紫草 100 g，拳参 150 g，绵马贯众 150 g，地黄 100 g，玄参 100 g，黄连 100 g，白头翁 100 g，木香 100 g，柴胡 100 g，甘草 100 g。

【性状】本品为棕褐色的粉末，气微香，味微苦、辛。

【功能】清热解毒，凉血止痢。

【主治】热毒血痢。

【用法与用量】混饲：每 1 kg 饲料，鸡 5 g。

清瘟败毒丸

【成分】石膏 120 g，地黄 30 g，水牛角 60 g，黄连 20 g，栀子 30 g，牡丹皮 20 g，黄芩 25 g，赤芍 25 g，玄参 30 g，知母 30 g，连翘 30 g，桔梗 25 g，甘草 15 g，淡竹叶 25 g。

【性状】本品为灰黄色的水丸，味苦、微甜。

【功能】泻火解毒，凉血。

【主治】热毒发斑，高热神昏。

【用法与用量】每 1 kg 体重，鸡 2~3 丸，犬、猫 2 丸。

【规格】每丸相当于原生药 0.3 g。

清瘟败毒片

【成分】同清瘟败毒丸。

【功能】同清瘟败毒丸。

【主治】同清瘟败毒丸。

【用法与用量】每 1 kg 体重，鸡 2~3 片，犬、猫 2 片。

【规格】每片相当于原生药 0.3 g。

清瘟败毒散

【成分】同清瘟败毒丸。

【功能】同清瘟败毒丸。

【主治】同清瘟败毒丸。

【用法与用量】马、牛 300~450 g，羊、猪 50~100 g，兔、禽 1~3 g。

清瘟解毒口服液

【成分】地黄 150 g，栀子 250 g，黄芩 225 g，连翘 200 g，玄参 150 g，板蓝根 200 g。

【性状】本品为棕黑色的液体，气微，味苦。

【功能】清热解毒。

【主治】外感发热。

【用法与用量】鸡 0.6~1.8 mL，连用 3 d。

【规格】每毫升相当于原生药 1.18 g。

博落回注射液

【成分】博落回。果实经提取分离制成的生物碱硫酸盐的灭菌水污液。

【性状】本品为棕红色的澄明液体。

【功能】抗菌消炎。

【主治】仔猪白痢、黄痢。

【用法与用量】肌内注射，一次量，猪，体重 10 kg 以下，2~5 mL；体重 10~50 kg，5~10 mL。每天 2~3 次。

【规格】每毫升含博落回总生物碱 5 mg。

葛根连芩散

【成分】葛根 350 g，黄连 175 g，黄芩 175 g，苦参 100 g，白头翁 100 g，甘草 100 g。

【性状】本品为棕黄褐色的粉末，味苦。

【功能】清热解毒，燥湿止痢。

【主治】湿热痢疾。

【用法与用量】一次量，每 1 kg 体重，猪 0.2~0.4 g，每天 2 次，连用 3 d。

【规格】每 1 g 相当于原生药 1.8 g。

葛根连柏散

【成分】葛根 60 g，黄连 20 g，黄柏 48 g，赤芍 36 g，金银花 36 g。

【性状】本品为浅黄色的粉末，味苦。

【功能】清热解毒，燥湿止痢。

【主治】温病发热，湿热泻痢。

【用法与用量】混饲：每 1 kg 饲料，鸡 8 g，连用 3~5 d。

蒲青止痢散

【成分】蒲公英 40 g，大青叶 40 g，板蓝根 40 g，金银花 20 g，黄芩 20 g，黄柏 20 g，甘草 20 g，藿香 10 g，石膏 10 g。

【性状】本品为灰黄色至棕黄色的粉末，气微香，味微苦。

【功能】清热解毒，燥湿止痢。

【主治】鸡大肠杆菌病所致的湿热泻痢。

【用法与用量】混饲：每 1 kg 饲料，鸡 10~20 g。

锦板翘散

【成分】地锦草 100 g，板蓝根 60 g，连翘 40 g。

【性状】本品为黄褐色的粉末，气微。

【功能】清热解毒，凉血止痢。

【主治】血痢，肠黄。

【用法与用量】马、牛 200~300 g，羊、猪 50~100 g，禽 3~6 g。

廖苋散

【成分】辣蓼 90 g，马齿苋 60 g，黄芩 18 g，木香 15 g，秦皮 30 g，白芍 27 g，干姜 9 g，甘草 9 g。

【性状】本品为灰褐色的粉末，气清香，味苦。

【功能】清热解毒，燥湿止痢。

【主治】湿热泻痢。

【用法与用量】鸡 0.9~1.2 g，连用 3 d。

翘叶清瘀散

【成分】连翘 816 g，大青叶 136 g，红花 396 g，鸡血藤 816 g，金银花 816 g，浙贝母 388 g。

【性状】本品为红棕色的粉末，气微香，味微苦、涩。

【功能】清热解毒，活血化瘀，消痈散结。

【主治】奶牛急性乳腺炎。

【用法与用量】一次量，奶牛 300 g，每天 2 次，连用 3~5 d。

痢喘康散

【成分】白头翁 20 g，黄柏 20 g，黄芩 20 g，陈皮 20 g，板蓝根 10 g，半夏 20 g，大黄 20 g，白芍 10 g，石膏 30 g，桔梗 20 g，甘草 10 g。

【性状】本品为黄棕色的粉末。

【功能】燥湿止痢，化痰止咳。

【主治】湿热下痢，肺热咳喘。

【用法与用量】鸡 2~4 g。

清解合剂

【成分】石膏 670 g，金银花 140 g，玄参 100 g，黄芩 80 g，生地黄 80 g，连翘 70 g，栀子 70 g，龙胆 60 g，甜地丁 60 g，板蓝根 60 g，知母 60 g，麦冬 60 g。

【性状】本品为红棕色液体，味甜、微苦。

【功能】清热解毒。

【主治】鸡大肠杆菌引起的热毒症。

【用法与用量】混饮：每 1 L 水，鸡 2.5 mL。

【规格】每毫升相当于原生药 1.51 g。

紫花诃子散

【成分】紫花地丁 86 g，金银花 86 g，诃子 86 g，红花 28 g，王不留行 43 g，鸡血藤 43 g，甘草 29 g，丹参 43 g。

【性状】本品为黄棕至淡红棕色的粉末，气微香，味微酸、涩、微苦。

【功能】清热解毒，活血消痈，软坚散结。

【主治】奶牛慢性乳腺炎。

【用法与用量】一次量，奶牛 250~300 g，每天 2 次，连用 5~7 d。

黄连解毒散

【成分】黄连 30 g，黄芩 60 g，黄柏 60 g，栀子 45 g。

【性状】本品为黄褐色的粉末，味苦。

【功能】泻火解毒。

【主治】三焦实热，疮黄肿毒。

【用法用量】马、牛 150~250 g，羊、猪 30~50 g，兔、禽 1~2 g。

黄连解毒片

【成分】同黄连解毒散。

【功能】泻火解毒。

【主治】三焦实热，疮黄肿毒。

【用法用量】鸡 1~2 片。

【规格】每片相当于原生药 0.3 g。

黄连解毒微粉

【成分】同黄连解毒散。

【功能】泻火解毒。

【主治】三焦实热，疮黄肿毒。

【用法与用量】混饲：每 1 kg 饲料，鸡 10 g，连用 7 d。

加味知柏散

【成分】知母（酒炒）120 g，黄柏（酒炒）120 g，木香 20 g，醋乳香 25 g，醋没药 25 g，连翘 20 g，桔梗 20 g，金银花 30 g，荆芥 15 g，防风 15 g，甘草 15 g。

【性状】本品为黄色的粉末，气香，味微苦。

【功能】滋阴降火，解毒散瘀，化痰止涕。

【主治】脑颡鼻脓，额窦炎。

【用法与用量】马、骡 250~400 g。

黄芩可溶性粉

【成分】黄芩。

【性状】本品为黄色的粉末，气微，味苦。

【功能】清热燥湿，泻火解毒。

【主治】肺热咳喘。

【用法与用量】混饮：每 1 L 饮水，鸡 35 mg，连用 5 d。

【规格】本品按干燥品计，含黄芩苷不得少于 85.0%。

黄芩地锦草散

【成分】黄芩 800 g，地锦草 1 600 g，秦皮 800 g，地榆 800 g。

【性状】本品为棕褐色的粉末，味微苦。

【功能】清热燥湿，凉血止痢。

【主治】湿热泄泻。

【用法与用量】混饲：每 1 kg 饲料，仔猪 2 g，连用 3 d。

清暑散

【成分】香薷 30 g，白扁豆 30 g，麦冬 25 g，薄荷 30 g，木通 25 g，猪牙皂 20 g，藿香 30 g，茵陈 25 g，菊花 30 g，石菖蒲 25 g，金银花 60 g，茯苓 25 g，甘草 15 g。

【性状】本品为黄棕色的粉末，气香窜，味辛、甘、微苦。

【功能】清热祛暑。

【主治】伤暑，中暑。

【用法与用量】马、牛 250~350 g，羊、猪 50~80 g，兔、禽 1~3 g。

金荞麦片

【成分】金荞麦。

【性状】本品为棕褐色片，气微香，味微涩。

【功能】清热解毒，活血祛瘀，清肺排脓。

【主治】鸡葡萄球菌病，细菌性下痢，呼吸道感染。

【用法与用量】鸡 3~5 片。

【规格】每片相当于原生药 0.3 g。

莲胆散

【成分】穿心莲 230 g，桔梗 100 g，猪胆粉 30 g，板蓝根 50 g，麻黄 100 g，甘草 80 g，金荞麦 100 g，防风 70 g，火炭母 150 g，岗梅 50 g，薄荷 40 g。

【性状】本品为灰绿色的粉末，气微香，味甘、苦。

【功能】清热解毒，宣肺平喘，利咽祛痰。

【主治】鸡大肠杆菌病。

【用法与用量】混饲：每 1 kg 饲料，鸡 5~10 g。

穿苦黄散

【成分】穿心莲 60 g，苦参 100 g，黄芩 80 g。

【性状】本品为浅黄绿色的粉末，气微，味微苦。

【功能】清热解毒，燥湿止痢。

【主治】湿热泻痢。

【用法与用量】每 1 kg 饲料，鸡 5 g，连用 3~5 d。

秦艽散

【成分】秦艽 30 g，黄芩 20 g，瞿麦 25 g，当归 25 g，红花 15 g，蒲黄 25 g，大黄 20 g，白芍 20 g，甘草 15 g，栀子 25 g，淡竹叶 15 g，天花粉 25 g，车前子 25 g。

【性状】本品为灰黄色的粉末，气香，味苦。

【功能】清热利尿，祛瘀止血。

【主治】膀胱积热，努伤尿血。

【用法与用量】马、牛 250~350 g，羊、猪 30~60 g。

茵栀解毒颗粒

【成分】茵陈 360 g，栀子 180 g，虎杖 200 g，黄芩 180 g，钩藤 200 g。

【性状】本品为黄棕色至棕褐色的颗粒，味甜，微苦而涩。

【功能】清热解毒，疏肝解痉。

【主治】雏鸭病毒性肝炎。

【用法与用量】雏鸭 0.3~0.6 g，连用 2~3 d。

【规格】每克本品相当于原生药 1.6 g。

金叶清瘟散

【成分】金银花 320 g，大青叶 320 g，板蓝根 240 g，柴胡 240 g，鹅不食草 128 g，蒲公英 160 g，紫花地丁 160 g，连翘 160 g，甘草 160 g，天花粉 120 g，白芷 20 g，防风 80 g，赤芍 48 g，浙贝母 112 g，乳香 16 g，没药 16 g。

【性状】本品为灰褐色的粉末，气微香，味苦。

【功能】清瘟败毒，凉血消斑。

【主治】热毒壅盛。

【用法与用量】每 1 kg 饲料，禽 5~10 g。

板蓝根当归散

【成分】板蓝根 60 g，当归 60 g，苍术 40 g，黄连 60 g，金银花 100 g，六神曲 70 g，麦芽 90 g，诃子 20 g。

【性状】本品为淡棕黄色的粉末，气微，味苦。

【功能】清热解毒，健脾燥湿。

【主治】湿热内蕴所致的产蛋下降。

【用法与用量】每 1 kg 饲料，鸡 20 g，连用 7 d。

郁金散

【成分】郁金 30 g，诃子 15 g，黄芩 30 g，大黄 60 g，黄连 30 g，黄柏 30 g，栀子 30 g，白芍 15 g。

【性状】本品为灰黄色的粉末，气清香，味苦。

【功能】清热解毒，燥湿止泻。

【主治】肠黄，湿热泻痢。

【用法与用量】马、牛 250~350 g，羊、猪 45~60 g。

芩连注射液

【成分】黄芩 250 g，连翘 500 g，龙胆 250 g。

【性状】本品为淡棕黄色至棕黄色的澄明液体。

【功能】清肺热，利肝胆。

【主治】肺热咳喘，湿热黄疸。

【用法与用量】肌内注射：猪 10 mL。

【规格】每毫升相当于原生药 1 g。

芩黄口服液

【成分】黄芩 600 g，板蓝根 600 g，甘草 400 g，山豆根 400 g，麻黄 66 g，桔梗 66 g。

【性状】本品为棕褐色的液体。

【功能】清热解毒，止咳平喘。

【主治】用于鸡传染性气管炎的预防与辅助性治疗。

【用法与用量】混饮：每 1 L 饮水 1.25 mL，连用 2~3 d。

【规格】每毫升相当于原生药 2.132 g。

芩黄颗粒

【成分】同芩黄口服液。

【性状】本品为棕褐色的颗粒。

【功能】清热解毒，止咳平喘。

【主治】用于鸡传染性气管炎的预防与辅助性治疗。

【用法与用量】混饮：每 1 L 饮水 1 g，连用 2~3 d。

【规格】每克相当于原生药 2.132 g。

芪板青颗粒

【成分】黄芪 250 g，板蓝根 250 g，金银花 250 g，蒲公英 500 g，大青叶 250 g，甘草 150 g。

【性状】本品为棕黄色的颗粒，味微甜。

【功能】清热解毒。

【主治】用于鸡传染性法氏囊病的辅助治疗。

【用法与用量】混饮：每 1 L 水，鸡 5 g。

【规格】每克相当于原生药 1.65 g。

芪蓝囊病饮

【成分】黄芪 300 g，板蓝根 200 g，大青叶 200 g，地黄 200 g，赤芍 100 g。

【性状】本品为棕褐色的液体，久置后可见少量沉淀。

【功能】解毒凉血，益气养阴。

【主治】鸡传染性法氏囊病。

【用法与用量】鸡 1 mL，连用 3~5 d。

【规格】每毫升相当于原生药 1 g。

复明蝉蜕散

【成分】蝉蜕 35 g，龙胆 35 g，生地黄 25 g，菊花 25 g，珍珠母 50 g，决明子 30 g，栀子 25 g，黄芩 40 g，白芷 25 g，防风 25 g，苍术 35 g，蒺藜 25 g，青葙子 25 g，木贼 35 g，旋复花 25 g。

【性状】本品为黄褐色的粉末，气香，味苦。

【功能】清肝明目，退翳消肿。

【主治】目赤肿痛，睛生云翳。

【用法与用量】马、牛 200~300 g。

拨云散

【成分】炉甘石 9 g，硼砂 9 g，大青盐 9 g，黄连 9 g，铜绿 9 g，硇砂 3 g，冰片 3 g。

【性状】本品为黄色的粉末，气凉窜，味苦、咸、微涩。

【功能】退翳明目。

【主治】云翳遮睛。

【用法与用量】外用少许点眼。

决明散

【成分】煅石决明 30 g，决明子 30 g，栀子 20 g，大黄 25 g，黄芪 30 g，郁金 20 g，黄芩 30 g，马尾连 25 g，醋没药 20 g，白药子 20 g，黄药子 20 g。

【性状】本品为棕黄色的粉末，气香，味苦。

【功能】清肝明目，消瘀退翳。

【主治】肝经积热，云翳遮睛。

【用法与用量】马、牛 250~300 g。

三、泻下剂

大承气散

【成分】大黄 60 g，厚朴 30 g，枳实 30 g，玄明粉 180 g。

【性状】本品为棕褐色粗粉，气微辛香，味咸、微苦、涩。

【功能】攻下热结，通肠。

【主治】结症，便秘。

【用法与用量】内服：马、牛 300~500 g，羊、猪 60~120 g。

大戟散

【成分】京大戟 30 g，滑石 90 g，甘遂 30 g，牵牛子 60 g，黄芪 45 g，玄明粉 200 g，大黄 60 g。

【性状】本品为黄色的粉末，气辛香，味咸、涩。

【功能】泻下，逐水。

【主治】水草肚胀，宿草不转。

【用法与用量】牛 150~300 g，加猪油 250 g 内服。

无失散

【成分】槟榔 20 g，牵牛子 45 g，郁李仁 60 g，木香 25 g，木通 20 g，青皮 30 g，三棱 25 g，大黄 75 g，玄明粉 200 g。

【性状】本品为棕黄色的粉末，气香，味咸。

【功能】泻下通肠。

【主治】结症，便秘。

【用法与用量】马、牛 250~500 g，羊、猪 50~100 g。

当归苁蓉散

【成分】当归（麻油炒）180 g，肉苁蓉 90 g，番泻叶 45 g，瞿麦 15 g，六神曲 60 g，木香 12 g，厚朴 45 g，枳壳 30 g，醋香附 45 g，通草 12 g。

【性状】本品为黄棕色的粉末，气香，味甘、微苦。

【功能】润燥滑肠，理气通便。

【主治】老、弱、孕畜便秘。

【用法与用量】马、骡 350~500 g，加麻油 250 g。

三白散

【成分】玄明粉 400 g，石膏 300 g，滑石 300 g。

【性状】本品为白色的粉末，气微，味咸。

【功能】清胃泻火，通便。

【主治】胃热食少，大便秘结，小便短赤。

【用法与用量】猪 30~60 g。

通肠散

【成分】大黄 150 g，枳实 60 g，厚朴 60 g，槟榔 30 g，玄明粉 200 g。

【性状】本品为黄色至黄棕色的粉末，气香，味微咸、苦。

【功能】通肠泻热。

【主治】便秘，结症。

【用法与用量】马、牛 200~350 g，羊、猪 30~60 g。

四、补益剂

白术散

【成分】白术 30 g，当归 25 g，川芎 15 g，党参 30 g，甘草 15 g，砂仁 20 g，熟地黄 30 g，陈皮 25 g，紫苏梗 25 g，黄芩 25 g，白芍 20 g，阿胶（炒）30 g。

【性状】本品为棕褐色的粉末，气微香，味甘、微苦。

【功能】补气，养血，安胎。

【主治】胎动不安。

【用法与用量】马、牛 250~350 g，羊、猪 60~90 g。

健鸡散

【成分】党参 20 g，黄芪 20 g，茯苓 20 g，六神曲 10 g，麦芽 10 g，炒山楂 10 g，甘草 5 g，炒槟榔 5 g。

【性状】本品为浅黄灰色的粉末，气香，味甘。

【功能】益气健脾，消食开胃。

【主治】食欲减退，生长迟缓。

【用法与用量】每 1 kg 饲料，鸡 20 g。

降脂增蛋散

【成分】刺五加 50 g，仙茅 50 g，何首乌 50 g，当归 50 g，艾叶 50 g，党参 80 g，白术 80 g，山楂 40 g，六神曲 40 g，麦芽 40 g，松针 200 g。

【性状】本品为黄绿色的粉末，气香，味微苦。

【功能】补肾益脾，暖宫活血；可降低鸡蛋胆固醇。

【主治】产蛋下降。

【用法与用量】每 1 kg 饲料，鸡 5~10 g。

六味地黄散

【成分】熟地黄 80 g，酒萸肉 40 g，山药 40 g，牡丹皮 30 g，茯苓 30 g，泽泻 30 g。

【性状】本品为灰棕色的粉末，味甜、酸。

【功能】滋阴补肾。

【主治】肝肾阴虚，腰胯无力，盗汗，滑精，阴虚发热。

【用法与用量】马、牛 100~300 g，羊、猪 15~50 g。

巴戟散

【成分】巴戟天 30 g，小茴香 30 g，槟榔 12 g，肉桂 25 g，陈皮 25 g，肉豆蔻（煨）20 g，肉苁蓉 25 g，川楝子 20 g，补骨脂 30 g，葫芦巴 30 g，木通 15 g，青皮 15 g。

【性状】本品为褐色的粉末，气香，味甘、苦。

【功能】补肾壮阳，祛寒止痛。

【主治】腰胯风湿。

【用法与用量】马、牛 250~350 g，羊、猪 45~60 g。

四君子散

【成分】党参 60 g，白术（炒）60 g，茯苓 60 g，甘草（炙）30 g。

【性状】本品为灰黄色的粉末，气微香，味甘。

【功能】益气健脾。

【主治】脾胃气虚，食少，体瘦。

【用法与用量】马、牛 200～300 g，羊、猪 30～45 g。

补中益气散

【成分】黄芪（炙）75 g，党参 60 g，白术（炒）60 g，甘草（炙）30 g，当归 30 g，陈皮 20 g，升麻 20 g，柴胡 20 g。

【性状】本品为淡黄棕色的粉末，气香，味辛、甘、微苦。

【功能】补中益气，升阳举陷。

【主治】脾胃气虚，久泻，脱肛，子宫脱垂。

【用法与用量】马、牛 250～400 g，羊、猪 45～60 g。

补肾壮阳散

【成分】淫羊藿 35 g，熟地黄 30 g，胡芦巴 25 g，远志 35 g，丁香 20 g，巴戟天 30 g，锁阳 35 g，菟丝子 35 g，五味子 35 g，蛇床子 35 g，韭菜子 35 g，覆盆子 35 g，沙苑子 35 g，肉苁蓉 30 g，莲须 30 g，补骨脂 20 g。

【性状】本品为棕色的粉末，气清香，味微苦、涩，有麻舌感。

【功能】温补肾阳。

【主治】性欲减退，阳痿，滑精。

【用法与用量】马、牛 250～350 g。

参苓白术散

【成分】党参 60 g，茯苓 30 g，白术（炒）60 g，山药 60 g，甘草 30 g，炒白扁豆 60 g，莲子 30 g，薏苡仁（炒）30 g，砂仁 15 g，桔梗 30 g，陈皮 30 g。

【性状】本品为浅棕黄色的粉末，气微香，味甘、淡。

【功能】补脾肾，益肺气。

【主治】脾胃虚弱，肺气不足。

【用法与用量】马、牛 250～350 g，羊、猪 45～60 g。

百合固金散

【成分】百合 45 g，白芍 25 g，当归 25 g，甘草 20 g，玄参 30 g，川贝母 30 g，生地黄 30 g，熟地黄 30 g，桔梗 25 g，麦冬 30 g。

【性状】本品为黑褐色的粉末，味微甘。

【功能】养阴清热，润肺化痰。

【主治】肺虚咳喘，阴虚火旺，咽喉肿痛。

【用法与用量】马、牛 250~300 g，羊、猪 45~60 g。

壮阳散

【成分】熟地黄 45 g，补骨脂 40 g，阳起石 20 g，淫羊藿 45 g，锁阳 45 g，菟丝子 40 g，五味子 30 g，肉苁蓉 40 g，山药 40 g，肉桂 25 g，车前子 25 g，续断 40 g，覆盆子 40 g。

【性状】本品为淡灰色的粉末，味辛、甘、咸、微苦。

【功能】温补肾阳。

【主治】性欲减退，阳痿，滑精。

【用法与用量】马、牛 250~350 g，羊、猪 50~80 g。

强壮散

【成分】党参 200 g，六神曲 70 g，麦芽 70 g，炒山楂 70 g，黄芪 200 g，茯苓 150 g，白术 100 g，草豆蔻 140 g。

【性状】本品为浅灰黄色的粉末，气香，味微甘、微苦。

【功能】益气健脾，消积化食。

【主治】食欲减退，体瘦毛焦，生长迟缓。

【用法与用量】马、牛 250~400 g，羊、猪 30~50 g。

伤力散

【成分】党参 50 g，白术（炒焦）40 g，茯苓 30 g，黄芪 50 g，山药 50 g，当归 50 g，陈皮 50 g，秦艽 30 g，香附 40 g，甘草 40 g。

【性状】本品为淡黄色的粉末，气香，味辛、微苦。

【功能】补虚益气。

【主治】劳伤气虚。

【用法与用量】马、牛 250~350 g。

七补散

【成分】党参 30 g，白术（炒）30 g，茯苓 30 g，甘草 25 g，黄芪（炙）30 g，山药 25 g，酸枣仁（炒）25 g，当归 30 g，秦艽 30 g，陈皮 20 g，川楝

子 25 g，醋香附 25 g，麦芽 30 g。

【性状】本品为淡灰褐色的粉末，气清香，味辛、甘。

【功能】培补脾肾，益气养血。

【主治】劳伤，虚损，体弱。

【用法与用量】马、牛 250~400 g，羊、猪 45~80 g。

理中散

【成分】党参 60 g，干姜 30 g，甘草 30 g，白术 60 g。

【性状】本品为淡黄色至黄色的粉末，气香，味辛、微甜。

【功能】温中散寒，补气健脾。

【主治】脾胃虚寒，食少，泄泻，腹痛。

【用法与用量】马、牛 200~300 g，羊、猪 30~60 g。

健脾散

【成分】当归 20 g，白术 30 g，青皮 20 g，陈皮 25 g，厚朴 30 g，肉桂 30 g，干姜 30 g，茯苓 30 g，五味子 25 g，石菖蒲 25 g，砂仁 20 g，泽泻 30 g，甘草 20 g。

【性状】本品为浅棕色的粉末，气香，味辛。

【功能】温中健脾，利水止泻。

【主治】胃寒食少，冷肠泄泻。

【用法与用量】马、牛 250~350 g，羊、猪 45~60 g。

防己散

【成分】防己 25 g，黄芪 30 g，茯苓 25 g，肉桂 30 g，胡芦巴 20 g，厚朴 15 g，补骨脂 30 g，泽泻 45 g，猪苓 25 g，川楝子 25 g，巴戟天 25 g。

【性状】本品为淡棕色的粉末，气香，味微苦。

【功能】补肾健脾，利尿除湿。

【主治】肾虚浮肿。

【用法与用量】马、牛 250~300 g，羊、猪 45~60 g。

黄芪多糖注射液

【成分】本品为豆科植物蒙古黄芪或膜荚黄芪的干燥根经提取制成的灭

菌溶液, 含黄芪多糖以葡萄糖 ($C_6H_{12}O_6$) 计, 应为标示量的 90.0% ~ 110.0%。

【性状】本品为黄色至黄褐色澄明液体, 长久贮存或冷冻后有沉淀析出。

【功能】益气固本, 诱导产生干扰素, 调节机体免疫功能, 促进抗体形成。

【主治】鸡传染性法氏囊等病毒性疾病。

【用法与用量】肌内注射、皮下注射: 每 1 kg 体重, 鸡 2 mL, 连用 2 d。

【规格】每毫升以葡萄糖 ($C_6H_{12}O_6$) 计, 含多糖 0.01 g。

黄芪多糖粉

【成分】本品为黄芪经提取加工制成的粉末。

【性状】本品为浅黄色或黄色的粉末, 有较强吸湿性, 味微甜。

【功能】益气固本, 增强机体抵抗力。

【主治】用于鸡传染性法氏囊病的预防性治疗。

【用法与用量】混饮: 每 1 L 水, 鸡 200 mg, 自由饮用, 连用 5~7 d。

【规格】每克含黄芪多糖不得少于 0.45 g。

黄芪多糖口服液

【成分】黄芪。

【性状】本品为黄色至红棕色液体。

【功能】扶正固本, 调节机体免疫功能。

【主治】可辅助用于鸡传染性法氏囊病的预防和治疗; 配合疫苗使用提高抗犬瘟热病毒抗体和抗细小病毒抗体的效价。

【用法与用量】混饮: 每 1 L 饮水, 鸡, 0.7~1 mL, 连用 5~7 d; 灌服: 每 1 kg 体重, 犬, 0.5~0.8 mL, 连用 6 d。

【规格】每毫升相当于原生药 1.5 g。

八珍片

【成分】党参 60 g, 白术 (炒) 60 g, 茯苓 60 g, 甘草 (炙) 30 g, 熟地黄 45 g, 当归 45 g, 白芍 45 g, 川芎 30 g。

【性状】本品为灰褐色片。

【功能】益气健脾、补血养血。

【主治】脾胃虚弱，血虚体弱。

【用法与用量】一次量，每 1 kg 体重，仔猪 3 片，每天 2 次，连用 3 d。

【规格】每片相当于原生药 0.3 g。

八珍散

【成分】党参 60 g，白术（炒）60 g，茯苓 60 g，炙甘草 30 g，熟地黄 45 g，当归 45 g，白芍 45 g，川芎 30 g。

【性状】本品为灰褐色的粉末，气微香，味甘。

【功能】益气健脾、补血养血。

【主治】脾胃虚弱，血虚体弱。

【用法与用量】马、牛 200~300 g，羊、猪 30~45 g。

万乳康

【成分】盐酸左旋咪唑 4 g，淫羊藿 50 g，黄芪 50 g。

【性状】本品为绿黄色的粉末，气香，味甘，微苦。

【功能】增强免疫功能。

【主治】防治奶牛隐性乳腺炎。

【用法与用量】牛 130 g，2~3 个月给药 1 次，连服 2 次。

五味贞芪散

【成分】女贞子 100 g，淫羊藿 100 g，松针 650 g，五味子 100 g，黄芪 50 g。

【性状】本品为黄褐色的粉末，气微，味甘、微苦。

【功能】补肾益气。

【主治】主治高温引起的产蛋下降。

【用法与用量】混饲：每 1 kg 饲料，鸡 5 g，连用 5~7 d。

五味健脾合剂

【成分】白术（炒）200 g，党参 200 g，六神曲 267 g，山药 200 g，炙甘草 133 g。

【性状】本品为红棕色的液体，味甜、微苦。

【功能】健脾益气，开胃消食。

【主治】用于促进肉鸡生长。

【用法与用量】混饮：每1 L水，鸡1 mL。

【规格】每毫升相当于原生药1 g。

四物散

【成分】熟地黄60 g，当归45 g，白芍45 g，川芎21 g。

【性状】本品为灰色的粉末，气清香，味微苦。

【功能】补血，调血。

【主治】血虚，气滞血瘀。

【用法与用量】马、牛180~240 g，羊、猪30~60 g。开水冲药，候温灌服。

扶正解毒散

【成分】板蓝根60 g，黄芪60 g，淫羊藿30 g。

【性状】本品为灰黄色的粉末，气微香。

【功能】扶正祛邪，清热解毒。

【主治】鸡法氏囊病。

【用法与用量】鸡0.5~1.5 g。

芪芍增免散

【成分】黄芪300 g，白芍300 g，麦冬150 g，淫羊藿150 g。

【性状】本品为暗黄绿色的粉末，气微香，味微苦。

【功能】益气养阴。

【主治】用于提高鸡免疫力，可配合疫苗使用。

【用法与用量】每1 kg饲料，鸡10 g，连用15 d。

芪贞增免颗粒

【成分】黄芪180 g，淫羊藿90 g，女贞子90 g。

【性状】本品为黄棕色的颗粒，味甜。

【功能】滋补肝肾，益气固表。

【主治】鸡免疫力低下。

【用法与用量】混饮：每 1 L 水，鸡 1 g，连用 3~5 d。

【规格】每克相当于原生药 1.2 g。

芪参散

【成分】黄芪 300 g，人参 200 g，甘草 200 g。

【性状】本品为灰白色或灰黄色的粉末。

【功能】扶正固本。

【主治】增强水产动物的免疫功能，提高抗应激能力。

【用法与用量】拌饵投料，每 1 kg 体重，水产动物 0.7~1.4 g，连用
5~7 d。

杜仲山楂散

【成分】女贞子 200 g，杜仲 200 g，山楂 100 g，黄芪 100 g，玄明粉 400 g。

【性状】本品为棕黄色的粉末，味微咸。

【功能】补肾益肝，开胃健脾。

【主治】脾肾虚弱，生长迟缓。

【用法与用量】混饲：每 1 kg 饲料，猪 5~10 g。

补益清宫散

【成分】党参 40 g，黄芪 50 g，当归 50 g，川芎 30 g，桃仁 30 g，红花
20 g，炮姜 20 g，甘草（炙）20 g，益母草 100 g，白芍 30 g，柴胡 30 g，三棱
25 g。

【性状】本品为灰棕色的粉末，气清香，味辛。

【功能】补气养血，活血化瘀。

【主治】产后气血不足，胎衣不下，恶露不尽，血瘀腹痛。

【用法与用量】马、牛 300~500 g，羊、猪 30~100 g。

益母增蛋散

【成分】黄芪 60 g，熟地黄 60 g，当归 80 g，淫羊藿 150 g，女贞子 150 g，
板蓝根 80 g，丹参 50 g，紫花地丁 50 g，山楂 80 g，地榆 50 g，甘草 40 g。

【性状】本品为黄棕色的粉末，气微香，味甘、苦。

【功能】滋阴和血，补肾养肝，解毒开胃。

【主治】鸡输卵管炎及其引起的产蛋功能低下。

【用法与用量】混饲：每 1 kg 饲料，鸡 5~10 g。

蛋鸡宝

【成分】党参 100 g，黄芪 200 g，茯苓 100 g，白术 100 g，麦芽 100 g，山楂 100 g，六神曲 100 g，菟丝子 100 g，蛇床子 100 g，淫羊藿 100 g。

【性状】本品为灰棕色的粉末，气微香，味甘、微辛。

【功能】益气健脾，补肾壮阳。

【主治】产蛋率低，产蛋高峰期短。

【用法与用量】混饲：每 1 kg 饲料，鸡 20 g。

芪苓绞股蓝散

【成分】黄芪 200 g，茯苓 150 g，紫草 150 g，绞股蓝 350 g，泽泻 150 g。

【性状】本品为紫褐色的粉末，气微香，味甘。

【功能】益气活血，渗湿健脾，利水消肿。

【主治】肉鸡腹水综合征。

【用法与用量】混饲：每 1 kg 饲料，鸡 4 g。

母仔安散

【成分】铁苋菜 20 g，苍术 20 g，泽泻 20 g，山药 10 g，白芍 10 g。

【性状】本品为灰棕色的粉末，味微酸，涩。

【功能】健脾益气，燥湿止痢。

【主治】预防仔猪黄痢、白痢。

【用法与用量】一次量，产后带仔母猪 50 g，每天 2 次，从产仔当日起，连服 3 d。

归芪益母口服液

【成分】黄芪，益母草，当归。

【性状】本品为棕黄色至棕褐色液体，久置后有少量沉淀。

【功能】补气养血，活血化瘀。

【主治】产后奶牛气虚血瘀证，证见神疲乏力，食欲减退，阴唇肿胀，恶露不尽，腹痛不安或胎衣不下。

【用法与用量】灌服：一次量，产后奶牛，500 mL，每天1次，连用5 d。

【规格】每毫升相当于原生药0.5 g。

地黄散

【成分】地黄。

【性状】本品为棕黄色至棕褐色的粉末。

【功能】增强鸡的免疫力。

【主治】用于提高鸡对鸡新城疫疫苗及禽流感疫苗的免疫应答。

【用法与用量】混饮：每1 L水，鸡1 g，连用7 d。

芪草乳康散

【成分】黄芪，益母草，王不留行。

【性状】本品为灰黄绿色的粉末，气微香，味微甜。

【功能】补气固表，活血通乳。

【主治】奶牛隐性乳腺炎。

【用法与用量】混饲：奶牛150 g，连用5 d。

芪藿散

【成分】黄芪，淫羊藿。

【性状】本品为浅棕色的粉末。

【功能】补益正气，增强免疫。

【主治】用于提高猪对猪瘟疫苗、鸡对鸡新城疫疫苗的免疫应答。

【用法与用量】配合疫苗使用，混饲：仔猪0.7~1 g，连用3 d；雏鸡0.075 g，连用3 d。

藿芪灌注液

【成分】淫羊藿，黄芪，菟丝子，阳起石，丹参等。

【性状】本品为棕红色液体。

【功能】补肝益肾，壮阳催情。

【主治】奶牛卵巢静止和持久黄体。

【用法与用量】子宫灌注：每次100 mL，隔天1次，4次为1个疗程。

人参茎叶总皂苷颗粒

【成分】人参茎叶总皂苷。

【性状】本品为浅黄色颗粒，味微苦。

【功能】增强免疫功能。

【主治】用于提高鸡对新城疫、传染性支气管炎疫苗的免疫应答。

【用法与用量】疫苗免疫前给药。混饮：每1 kg体重，鸡50 mg，连用7 d。

五加芪粉

【成分】黄芪，刺五加。

【性状】本品为棕黄色至棕褐色粉末，味微甘。

【功能】补中益气。

【主治】用于增强鸡对病毒灭活疫苗的免疫应答；增强猪对猪瘟疫苗的早期免疫应答。

【用法与用量】混饮：每1 L水，鸡0.2 g，疫苗免疫后连用7 d；混饲：每1 kg饲料，猪0.4 g，疫苗免疫后连用7 d。

紫锥菊颗粒

【成分】紫锥菊。

【性状】本品为黄绿色至浅黄棕色颗粒，味甜、微苦。

【功能】促进免疫功能。

【主治】用于增强猪对猪瘟疫苗和鸡对鸡新城疫疫苗的免疫应答。

【用法与用量】混饮：每1 L水，猪0.5 g，连用7 d；鸡1 g，连用10 d。

玉屏风颗粒

【成分】黄芪，白术（炒），防风。

【性状】本品为浅黄色至棕黄色颗粒，味微苦、涩。

【功能】益气固表，提高机体免疫力。

【主治】用于提高猪对猪瘟疫苗的免疫应答。

【用法与用量】混饲：每1 kg饲料，仔猪1 g，连用7 d。

扶正解毒颗粒

【成分】板蓝根，黄芪，淫羊藿。

【性状】本品为棕黄色至深褐色颗粒，气微香。

【功能】扶正祛邪，清热解毒。

【主治】鸡传染性法氏囊病。

【用法与用量】混饮：每1 L水，鸡2~4 g，连用5 d。

北芪五加颗粒

【成分】黄芪，刺五加。

【性状】本品为棕色颗粒，味甜、微苦。

【功能】益气健脾。

【主治】用于增强猪对猪瘟疫苗和鸡对鸡新城疫疫苗的免疫应答。

【用法与用量】混饲：每1 kg饲料，猪4 g，连用7 d；混饮：每1 L水，鸡2 g，连用7 d。

芪术玄参微粉

【成分】黄芪，白术，防风，玄参，甘草。

【性状】本品为淡灰色的粉末，气香，味微苦。

【功能】补益正气，增强免疫功能。

【主治】提高鸡对新城疫、传染性法氏囊病疫苗的免疫应答。

【用法与用量】混饲：每1 kg饲料，鸡5 g，鸡新城疫疫苗免疫后使用，连用3 d；鸡传染性法氏囊病疫苗免疫前7日使用，连用3 d。

黄藿口服液

【成分】黄芪，淫羊藿。

【性状】本品为棕褐色液体，久置后有少量沉淀析出，味苦。

【功能】益气固本，补肾壮阳。

【主治】蛋鸡产蛋性能低。

【用法与用量】混饮：每1 L水，鸡2 mL，连续用药1周，间隔1周后再用药1周。

五、消导剂

木香槟榔散

【成分】木香 15 g，槟榔 15 g，枳壳（炒）15 g，陈皮 15 g，醋青皮 50 g，醋香附 30 g，三棱 15 g，醋莪术 15 g，黄连 15 g，黄柏（酒炒）30 g，大黄 30 g，炒牵牛子 30 g，玄明粉 60 g。

【性状】本品为灰棕色的粉末，气香，味苦、微咸。

【功能】行气导滞，泻热通便。

【主治】痢疾腹痛，胃肠积滞，瘤胃臌气。

【用法与用量】马、牛 300~450 g，羊、猪 60~90 g。

木槟硝黄散

【成分】槟榔 30 g，大黄 90 g，玄明粉 110 g，木香 30 g。

【性状】本品为棕褐色的粉末，气香，味微涩、苦、咸。

【功能】泻热通便，理气止痛。

【主治】实热便秘，胃肠积滞。

【用法与用量】马 150~200 g，牛 250~400 g，羊、猪 60~90 g。

消食平胃散

【成分】槟榔 25 g，山楂 60 g，苍术 30 g，陈皮 30 g，厚朴 20 g，甘草 15 g。

【性状】本品为浅黄色至棕色的粉末，气香，味微甜。

【功能】消食开胃。

【主治】寒湿困脾，胃肠积滞。

【用法与用量】马、牛 150~250 g，羊、猪 30~60 g。

山大黄末

【成分】山大黄。

【性状】本品为黄棕色的粉末，气香，味苦。

【功能】健胃消食，清热解毒，破瘀消肿。

【主治】食欲减退，胃肠积热，湿热黄疸，热毒痈肿，跌打损伤，瘀血肿痛，烧伤。

【用法与用量】马、牛 30~100 g，驼 50~150 g，羊、猪 10~20 g。外用适量，调敷患处。

健胃散

【成分】山楂 15 g，麦芽 15 g，六神曲 15 g，槟榔 3 g。

【性状】本品为淡棕黄色至淡棕色的粉末，气微香，味微苦。

【功能】消食下气，开胃宽肠。

【主治】伤食积滞，消化不良。

【用法与用量】马、牛 150~250 g，羊、猪 30~60 g。

猪健散

【成分】龙胆草 30 g，苍术 30 g，柴胡 10 g，干姜 10 g，碳酸氢钠 20 g。

【性状】本品为浅棕黄色的粉末，气香，味咸、苦。

【功能】消食健胃。

【主治】消化不良。

【用法与用量】猪 10~20 g。

健猪散

【成分】大黄 400 g，玄明粉 400 g，苦参 100 g，陈皮 100 g。

【性状】本品为棕黄色至黄棕色的粉末，味苦、咸。

【功能】消食导滞，通便。

【主治】消化不良，粪干便秘。

【用法与用量】猪 15~30 g。

大黄末

【成分】大黄。

【性状】本品为黄棕色粉末，气清香，味苦、微涩。

【功能】健胃消食，泻热通肠，凉血解毒，破积行瘀。

【主治】食欲减退，实热便秘，结症，疮黄疔毒，目赤肿痛，烧伤烫伤，跌打损伤。鱼肠炎，烂鳃、腐皮。

【用法与用量】马、牛 50~150 g，骆驼 100~200 g，羊、猪 10~20 g，

犬、猫 3~10 g，兔、禽 1~3 g。外用适量，调敷患处。

大黄酊

【成分】大黄。

【性状】本品为红棕色的液体，味苦、涩。

【功能】健胃。

【主治】食欲减退，大便秘结。

【用法与用量】马、牛 30~100 mL，羊、猪 5~15 mL，犬、猫 1~3 mL。

【规格】每毫升相当于原生药 0.2 g。

大黄芩鱼散

【成分】鱼腥草 135 g，大黄 540 g，黄芩 325 g。

【性状】本品为黄棕色的粉末，气微香，味苦、微涩。

【功能】健胃，通便。

【主治】食欲减退，大便秘结。

【用法与用量】马、牛 30~100 g，羊、猪 5~15 g，犬、猫 1~3 g。

龙胆末

【成分】龙胆经加工制成的酊剂。

【性状】本品为淡黄棕色的粉末，气微，味甚苦。

【功能】健胃。

【主治】食欲减退。

【用法与用量】马、牛 30~60 g，驼 50~100 g，羊、猪 5~15 g，犬 1~5 g，猫 0.5 g~1 g，兔、禽 1.5~3 g。

复方大黄酊

【成分】大黄 100 g，陈皮 20 g，草豆蔻 20 g。

【性状】本品为黄棕色液体，气香，味苦、微涩。

【功能】健脾消食，理气开胃。

【主治】慢草不食，食滞不化。

【用法与用量】马、牛 30~100 mL，羊、猪 5~20 mL，犬、猫 1~4 mL。

【规格】每毫升相当于原生药 0.14 g。

复方龙胆酊（苦味酊）

【成分】龙胆 100 g，陈皮 40 g，草豆蔻 10 g。

【性状】本品为黄棕色的液体，气香，味苦。

【功能】健脾开胃。

【主治】脾不健运，食欲减退，消化不良。

【用法与用量】马、牛 50~100 mL，羊、猪 5~20 mL，犬、猫 1~4 mL。

【规格】每毫升相当于原生药 0.15 g。

龙胆酊

【成分】龙胆经加工制成的酊剂。

【性状】本品为黄棕色的液体，味苦。

【功能】健胃。

【主治】食欲减退。

【用法与用量】马、牛 50~100 mL，驼 60~150 mL，羊、猪 5~10 mL，犬、猫 1~3 mL。

【规格】每毫升含有原生药 0.1 g。

龙胆碳酸氢钠片

【成分】龙胆 100 g，碳酸氢钠 150 g。

【性状】本品为棕黄色片，气微，味苦。

【功能】清热燥湿，健胃。

【主治】食欲减退。

【用法与用量】猪、羊 10~30 片，犬、猫 2~5 片。

【规格】每片含龙胆 0.1 g，碳酸氢钠 0.15 g。

胃肠活

【成分】黄芩 20 g，陈皮 20 g，青皮 15 g，大黄 25 g，白术 15 g，木通 15 g，槟榔 10 g，知母 20 g，玄明粉 30 g，六神曲 20 g，石菖蒲 15 g，乌药 15 g，牵牛子 20 g。

【性状】本品为灰褐色的粉末，气清香，味咸、涩、微苦。

【功能】理气，消食，清热，通便。

【主治】消化不良，食欲减退，便秘。

【用法与用量】猪 20~50 g。

钩吻末

【成分】钩吻加工制成的散剂。

【性状】本品为棕褐色的粉末，气微，味辛、苦。

【功能】健胃，杀虫。

【主治】消化不良，虫积。

【用法与用量】猪 10~30 g。

【注意】有大毒（对牛、羊、猪毒性较小），孕畜慎用。

多味健胃散

【成分】木香 25 g，槟榔 20 g，白芍 25 g，厚朴 20 g，枳壳 30 g，黄柏 30 g，苍术 50 g，大黄 50 g，龙胆 30 g，焦山楂 40 g，香附 50 g，陈皮 50 g，大青盐（炒）40 g，苦参 40 g。

【性状】本品为灰黄至棕黄色的粉末，气香，味苦、咸。

【功能】健胃理气，宽中除胀。

【主治】食欲减退，消化不良，肚腹胀满。

【用法与用量】马、牛 200~250 g，羊、猪 30~50 g。

保健锭

【成分】樟脑 30 g，薄荷脑 5 g，大黄 15 g，陈皮 8 g，龙胆 15 g，甘草 7 g。

【性状】本品为黄褐色扁圆形的块体，有特殊芳香气，味辛、苦。

【功能】健脾开胃，通窍醒神。

【主治】消化不良，食欲减退。

【用法与用量】马、牛 12~40 g，羊、猪 4~12 g，兔、禽 0.5~2 g。

【规格】每克相当于原生药 0.8 g。

肥猪菜

【成分】白芍 20 g，前胡 20 g，陈皮 20 g，滑石 20 g，碳酸氢钠 20 g。

【性状】本品为浅黄色的粉末，气香，味咸、涩。

【功能】健脾开胃。

【主治】消化不良，食欲减退。

【用法与用量】猪 25~50 g。

奶牛反刍散

【成分】陈皮 60 g，槟榔 60 g，香附 30 g，莱菔子 40 g，草豆蔻 30 g，枳壳 30 g，山楂 60 g，麦芽 60 g，六神曲 60 g，玄明粉 120 g。

【性状】本品为黄褐色的粉末，气香，味微苦。

【功能】理气宽中，消积导滞。

【主治】主治前胃弛缓，瘤胃积食，反刍无力。

【用法与用量】牛 250~500 g。

利胃散

【成分】龙胆 5 g，肉桂 2 g，干酵母 28 g，碳酸氢钠 40 g，硅酸铝 25 g。

【性状】本品为灰白色的粉末。

【功能】健胃。

【主治】用于增强食欲，辅助消化，促进生长。

【用法与用量】混饲：每 1 kg 饲料，鱼 3.2 g。

曲麦散

【成分】六神曲 60 g，麦芽 30 g，山楂 30 g，厚朴 25 g，枳壳 25 g，陈皮 25 g，青皮 25 g，苍术 25 g，甘草 15 g。

【性状】本品为黄褐色的粉末，气微香，味甜、苦。

【功能】消积破气，化谷宽肠。

【主治】胃肠积滞，料伤五攒痛。

【用法与用量】马、牛 250~500 g，羊、猪 40~100 g。

建曲

【成分】辣蓼 6.6 g，苍耳草 6.6 g，青蒿 6.6 g，苦杏仁 4 g，赤小豆 4 g，麦芽 9 g，山楂（炒）9 g，陈皮 6 g，广藿香 6 g，苍术 6 g，厚朴 3 g，川木香 3 g，白芷 3 g，槟榔 3 g，枳壳（麸炒）3 g，紫苏 6 g，薄荷 3 g，谷芽 9 g，官桂 1.5 g，香附 6 g，甘草 1.5 g，麦麸 21.2 g，面粉 10.6 g。

【性状】本品为方形块状物，外表面粗糙，黄褐色，有白霉，断面疏松，黄褐色，气清香，味微苦。

【功能】消积导滞，理气和中。

【主治】食滞腹胀。

【用法与用量】猪 20~30 g。

促反刍散

【成分】马钱子 35 g，龙胆 271 g，干姜 239 g，碳酸氢钠 255 g。

【性状】本品为淡棕褐色的粉末，气香，味微苦、辛。

【功能】健胃，消食，促反刍。

【主治】前胃弛缓，瘤胃积食，反刍减少。

【用法与用量】牛 80~100 g，羊 15~30 g。

健胃消积散

【成分】枳实 250 g，山楂 750 g。

【性状】本品为黄棕色的粉末，气清香，味酸甜。

【功能】消食导滞。

【主治】食积腹胀。

【用法与用量】马、牛 200~250 g，羊 30~50 g。

消积散

【成分】山楂（炒）15 g，麦芽 30 g，六神曲 15 g，莱菔子（炒）15 g，大黄 10 g，玄明粉 15 g。

【性状】本品为黄棕色至红棕色的粉末，气香，味微酸、涩。

【功能】消积导滞，下气消胀。

【主治】伤食积滞。

【用法与用量】马、牛 250 g~500 g，羊、猪 60 g~90 g。

健脾理中散

【成分】苍术 2 g，甘草 4 g，紫苏叶 4 g，广藿香 4 g，木香 4 g，青蒿 8 g，厚朴 12 g，陈皮 24 g，六神曲 24 g，山楂 24 g，麦芽 32 g。

【性状】本品为灰棕色的粗粉，气香，味淡。

【功能】健脾消食，理气化湿。

【主治】消化不良，食滞腹胀。

【用法与用量】马、牛 200～300 g，羊、猪 20～30 g。

多味健胃散

【成分】木香 25 g，槟榔 20 g，白芍 25 g，厚朴 20 g，枳壳 30 g，黄柏 30 g，苍术 50 g，大黄 50 g，龙胆 30 g，焦山楂 40 g，香附 50 g，陈皮 50 g，大青盐（炒）40 g，苦参 40 g。

【性状】本品为灰黄至棕黄色的粉末，气香，味苦、咸。

【功能】健胃理气，宽中除胀。

【主治】食欲减退，消化不良，肚腹胀满。

【用法与用量】马、牛 200～250 g，羊、猪 30～50 g。

消食健胃散

【成分】苍术 70 g，香附 70 g，六神曲 40 g，煅牡蛎 50 g，乌药 50 g，枳实 40 g，山豆根 50 g，大黄 70 g，陈皮 30 g，碳酸氢钠 30 g。

【性状】本品为灰棕色的粉末，气香，味苦、微涩。

【功能】理气健脾，和胃消食。

【主治】消化不良。

【用法与用量】马、牛 200～250 g。

山花黄芩提取物散

【成分】山银花提取物，黄芩提取物。

【性状】本品为灰黄至棕黄色的粉末，气香，味苦。

【功能】抗炎、抑菌，促生长。

【主治】肉鸡生长缓慢。

【用法与用量】混饲：每 1 kg 配合饲料，鸡 0.5 g，可长期添加使用。

曲明散

【成分】大青叶 10 g，玄明粉 20 g，大黄 20 g，建曲 30 g，陈皮 20 g。

【性状】本品为淡黄色的粉末，味苦、咸。

【功能】清热通肠，理气消食。

【主治】肠黄，食欲减退。

【用法与用量】猪 20~40 g。

博落回散

【成分】博落回提取物。

【性状】本品为棕红色的粉末。

【功能】抗菌、消炎、开胃、促生长。

【主治】猪、鸡、肉鸭生长缓慢。

【用法与用量】每 1 000 kg 配合饲料，猪 0.75~1.875 g；仔鸡 1.125~1.875 g，成年鸡 0.75~1.125 g；肉鸭 0.75~1.125 g。

【注意】口服能引起严重心律失常至心源性脑缺血综合征。

六、理气剂

橘皮散

【成分】青皮 25 g，陈皮 30 g，厚朴 25 g，肉桂 30 g，细辛 12 g，小茴香 45 g，当归 25 g，白芷 15 g，槟榔 12 g。

【性状】本品为棕褐色的粉末，气香，味甘、淡。

【功能】理气止痛，温中散寒。

【主治】冷痛。

【用法与用量】马、牛 200~350 g。

厚朴散

【成分】厚朴 30 g，陈皮 30 g，麦芽 30 g，五味子 30 g，肉桂 30 g，砂仁 30 g，牵牛子 15 g，青皮 30 g。

【性状】本品为深灰黄色的粉末，气香，味辛、微苦。

【功能】行气消食，温中散寒。

【主治】脾虚气滞，胃寒少食。

【用法与用量】马、牛 200~250 g，羊、猪 30~60 g。

陈皮酊

【成分】陈皮加工制成的酊剂。

【性状】本品为橙黄色的液体，气香。

【功能】理气健胃。

【主治】食欲减退。

【用法与用量】马、牛 30~100 mL，羊、猪 10~20 mL，犬、猫 1~5 mL。

【规格】每毫升相当于原生药 0.1 g。

温脾散

【成分】当归 25 g，厚朴 30 g，青皮 25 g，陈皮 30 g，益智 30 g，牵牛子（炒）15 g，细辛 12 g，苍术 30 g，甘草 20 g。

【性状】本品为黄褐色的粉末，气香，味甘。

【功能】温中散寒，理气止痛。

【主治】胃寒草少，冷痛。

【用法与用量】马 200~250 g。

三香散

【成分】丁香 25 g，木香 45 g，藿香 45 g，青皮 30 g，陈皮 45 g，槟榔 15 g，牵牛子（炒）45 g。

【性状】本品为黄褐色的粉末，气香，味辛、微苦。

【功能】破气消胀，宽肠通便。

【主治】胃肠臌气。

【用法与用量】马、牛 200~250 g，羊、猪 30~60 g。

蜘蛛香胶囊

【成分】蜘蛛香。

【性状】本品为硬胶囊，内容物为灰棕色或棕色的颗粒和粉末，气特异，味微苦、辛。

【功能】行气止痛，健脾止泻。

【主治】犬细小病毒性肠炎。

【用法与用量】内服：每 1 kg 体重，犬 50 mg，每天 2 次，连用 5 d。

七、理血剂

槐花散

【成分】炒槐花 60 g，侧柏叶（炒）60 g，荆芥炭 60 g，枳壳（炒）60 g。

【性状】本品为黑棕色的粉末，气香，味苦、涩。

【功能】清肠止血，疏风行气。

【主治】肠风下血。

【用法与用量】马、牛 200~500 g，羊、猪 30~50 g。

跛行镇痛散

【成分】当归 80 g，红花 60 g，桃仁 70 g，丹参 80 g，桂枝 70 g，牛膝 80 g，土鳖虫 20 g，醋乳香 20 g，醋没药 20 g。

【性状】本品为黄褐色至红褐色的粉末，气香窜、微腥，味微苦。

【功能】活血，散瘀，止痛。

【主治】跌打损伤，腰肢疼痛。

【用法与用量】马、牛 200~400 g。

十黑散

【成分】知母 30 g，黄柏 25 g，栀子 25 g，地榆 25 g，槐花 20 g，蒲黄 25 g，侧柏叶 20 g，棕榈 25 g，杜仲 25 g，血余炭 15 g。

【性状】本品为深褐色粗粉，味焦苦。

【功能】清热泻火，凉血止血。

【主治】膀胱积热，尿血，便血。

【用法与用量】内服：马、牛 200~250 g，羊、猪 60~90 g。

当归散

【成分】当归 30 g，红花 25 g，牡丹皮 20 g，白芍 20 g，醋没药 25 g，大黄 30 g，天花粉 25 g，枇杷叶 20 g，黄药子 25 g，白药子 25 g，桔梗 25 g，甘草 15 g。

【性状】本品为淡棕色的粉末，气清香，味辛、苦。

【功能】活血止痛，宽胸利气。

【主治】胸膊痛，束步难行。

【用法与用量】马、牛 250~400 g。

益母生化合剂

【成分】益母草 480 g，当归 300 g，川芎 120 g，桃仁 120 g，炮姜 60 g，

甘草（炙）60 g。

【性状】本品为淡橙黄色至棕黄色的液体，气香，味微甜。

【功能】活血祛瘀，温经止痛。

【主治】产后恶露不行，血瘀腹痛。

【用法与用量】马、牛 200~300 mL，羊、猪 30~50 mL。

【规格】每毫升相当于原生药 1.14 g。

益母生化散

【成分】益母草 120 g，当归 75 g，川芎 30 g，桃仁 30 g，炮姜 15 g，甘草（炙）15 g。

【性状】本品黄绿色的粉末，气清香，味甘、微苦。

【功能】活血祛瘀，温经止痛。

【主治】产后恶露不行，血瘀腹痛。

【用法与用量】马、牛 250~350 g，羊、猪 30~60 g。

红花散

【成分】红花 20 g，醋没药 20 g，桔梗 20 g，六神曲 30 g，枳壳 30 g，当归 30 g，山楂 30 g，厚朴 20 g，陈皮 25 g，甘草 15 g，白药子 25 g，黄药子 25 g，麦芽 30 g。

【性状】本品为灰褐色的粉末，气微香，味甘、微苦。

【功能】活血理气，消食化积。

【主治】料伤五攒痛。

【用法与用量】马 250~400 g。

消肿解毒散

【成分】制大黄 100 g，醋三棱 150 g，金钱草 300 g，泽兰 120 g，丹参 120 g，硼砂 250 g，虎杖 120 g。

【性状】本品为淡棕黄色的粉末，气微香，味微苦。

【功能】化瘀，利湿，解毒。

【主治】肝肾肿大。

【用法与用量】混饲：每 1 kg 饲料，禽 3 g，连用 10 d。

益母红灌注液

【成分】益母草，淫羊藿，红花，延胡索，青皮等。

【性状】本品为棕色至棕褐色的液体，加热后应澄清。

【功能】活血祛瘀，理气止痛，催情。

【主治】主治母猪产后恶露不尽，血瘀腹痛，发情迟缓。

【用法与用量】子宫灌注。用时将药液温浴至接近体温的温度，用输精器注入子宫内；每次 100 mL，隔天 1 次；2~3 次为 1 个疗程。

【规格】每毫升相当于原生药 0.61 g。

八、治风剂

五虎追风散

【成分】僵蚕 15 g，天麻 30 g，全蝎 15 g，蝉蜕 150 g，制天南星 30 g。

【性状】本品为淡棕黄色的粉末，气香，味微苦。

【功能】熄风解痉。

【主治】破伤风。

【用法与用量】马、牛 180~240 g，羊、猪 30~60 g。

天麻散

【成分】天麻 30 g，党参 45 g，防风 25 g，荆芥 30 g，薄荷 30 g，制何首乌 30 g，茯苓 45 g，甘草 25 g，川芎 25 g，蝉蜕 30 g。

【性状】本品为棕黄色的粉末，气微香，味甘、微辛。

【功能】疏散风邪，益气和血。

【主治】脾虚湿邪，慢性脑水肿。

【用法与用量】马、牛 250~300 g。

五味石榴皮散

【成分】石榴皮 30 g，红花 25 g，益智仁 35 g，肉桂 30 g，荜茇 25 g。

【性状】本品为棕褐色的粉末，气香，味辛、微酸。

【功能】温脾暖胃。

【主治】胃寒，冷痛。

【用法与用量】马、牛 60~120 g。

千金散

【成分】蔓荆子 20 g，旋覆花 20 g，僵蚕 20 g，天麻 25 g，乌梢蛇 25 g，南沙参 25 g，桑螵蛸 20 g，何首乌 25 g，制天南星 25 g，防风 25 g，阿胶 20 g，川芎 15 g，羌活 25 g，蝉蜕 30 g，细辛 10 g，全蝎 20 g，升麻 25 g，藿香 20 g，独活 25 g。

【性状】本品为淡棕黄色至浅灰褐色的粉末，气香窜，味淡、辛、咸。

【功能】熄风解痉。

【主治】破伤风。

【用法与用量】马、牛 250~450 g，羊、猪 30~100 g。

破伤风散

【成分】甘草 500 g，蝉蜕 120 g，钩藤 90 g，川芎 30 g，荆芥 45 g，防风 60 g，大黄 60 g，关木通 45 g，黄芪 50 g。

【性状】本品为黄褐色的粉末，气香，味甜、微苦。

【功能】祛风止痉。

【主治】破伤风。

【用法与用量】马、牛 500~700 g，羊、猪 150~300 g。

九、温里剂

四逆汤

【成分】淡附片 300 g，干姜 200 g，炙甘草 300 g。

【性状】本品为棕黄色的液体，气香，味甜、辛。

【功能】温中祛寒，回阳救逆。

【主治】四肢厥冷，脉微欲绝，亡阳虚脱。

【用法与用量】马、牛 100~200 mL，羊、猪 30~50 mL，每 1 kg 体重，禽 0.5~1 mL。

【规格】每毫升相当于原生药 0.8 g。

茴香散

【成分】小茴香 30 g，肉桂 20 g，槟榔 10 g，白术 25 g，木通 10 g，巴戟

天 20 g，当归 20 g，牵牛子 10 g，藁本 20 g，白附子 15 g，川楝子 20 g，肉豆蔻 15 g，荜澄茄 20 g。

【性状】本品为棕黄色的粉末，气香，味微咸。

【功能】暖腰肾，祛风湿。

【主治】寒伤腰胯。

【用法与用量】马、牛 200~300 g，羊、猪 30~60 g。

姜酊

【成分】姜流浸膏加工制成的酊剂。

【性状】本品为淡黄色的液体，气香，味辣。

【功能】温中散寒，健脾和胃。

【主治】脾胃虚寒，食欲减退，冷痛。

【用法与用量】马、牛 40~60 mL，羊、猪 15~30 mL，犬、猫 2~5 mL。

【规格】每毫升相当于姜流浸膏 0.2 mL。

复方豆蔻酊

【成分】草豆蔻 20 g，小茴香 10 g，桂皮 25 g。

【性状】本品为黄棕色或红棕色的液体，气香，味微辛。

【功能】温中健脾，行气止呕。

【主治】寒湿困脾，翻胃少食，脾胃虚寒，食积腹胀，伤水冷痛。

【用法与用量】马、牛 50~100 mL，羊、猪 10~20 mL，犬、猫 2~6 mL。

【规格】每毫升相当于原生药 0.055 g。

肉桂酊

【成分】肉桂加工制成的酊剂。

【性状】本品为黄棕色的液体，气香，味辛。

【功能】温中健胃。

【主治】食欲不振，胃寒，冷痛。

【用法与用量】马、牛 30~100 mL，羊、猪 10~20 mL。

【规格】每毫升相当于原生药 0.2 g。

颠茄酊

【成分】颠茄草加工制成的酊剂。

【性状】本品为棕红色或棕绿色的液体，气微臭。

【功能】解痉止痛。

【主治】冷痛。

【用法与用量】马 10~30 mL，驹 0.5~1 mL，牛 20~40 mL，羊、猪 2~5 mL，犬、猫 0.2~1 mL。

【规格】本品含生物碱以莨菪碱计，应为 0.028%~0.032%。

阳和散

【成分】熟地黄 90 g，鹿角胶 30 g，白芥子 20 g，肉桂 20 g，炮姜 20 g，麻黄 10 g，甘草 20 g。

【性状】本品为灰色的粉末，气香，味微苦。

【功能】温阳散寒，和血通脉。

【主治】阴证疮疽。

【用法与用量】马、牛 200~300 g，羊、猪 30~50 g。

桂心散

【成分】肉桂 25 g，青皮 20 g，白术 30 g，厚朴 30 g，益智 20 g，干姜 25 g，当归 20 g，陈皮 25 g，砂仁 25 g，五味子 25 g，肉豆蔻 25 g，甘草 25 g。

【性状】本品为褐色的粉末，气香，味辛、甘。

【功能】温中散寒，理气止痛。

【主治】胃寒草少，胃冷吐涎，冷痛。

【用法与用量】马、牛 250~350 g，羊、猪 45~60 g。

十、祛湿剂

藿香正气口服液

【成分】苍术 80 g，陈皮 80 g，厚朴（姜制）80 g，白芷 120 g，茯苓 120 g，大腹皮 120 g，生半夏 80 g，甘草浸膏 10 g，广藿香油 0.8 mL，紫苏叶油 0.4 mL。

【性状】本品为棕色的澄清液体，味辛、微甜。

【功能】解表祛暑，化湿和中。

【主治】外感风寒，内伤湿滞，夏伤暑湿，胃肠型感冒。

【用法与用量】每 1 L 饮水，鸡 2 mL，连用 3~5 d。

【规格】每毫升相当于原生药 0.67 g。

藿香正气散

【成分】广藿香 60 g，紫苏叶 45 g，茯苓 30 g，白芷 15 g，大腹皮 30 g，陈皮 30 g，桔梗 25 g，白术（炒）30 g，厚朴 30 g，法半夏 20 g，甘草 15 g。

【性状】本品为灰黄色的粉末，气香，味甘、微苦。

【功能】解表化湿，理气和中。

【主治】外感风寒，内伤食滞，泄泻腹胀。

【用法与用量】马、牛 300~450 g，羊、猪 60~90 g，犬、猫 3~10 g。

五皮散

【成分】桑白皮 30 g，陈皮 30 g，大腹皮 30 g，生姜皮 15 g，茯苓皮 30 g。

【性状】本品为褐黄色的粉末，气微香，味辛。

【功能】行气，化湿，利水。

【主治】水肿。

【用法与用量】马、牛 120~240 g，羊、猪 45~60 g。

滑石散

【成分】滑石 60 g，泽泻 45 g，灯芯草 15 g，茵陈 30 g，知母（酒制）25 g，黄柏（酒制）30 g，猪苓 25 g，瞿麦 25 g。

【性状】本品为淡黄色的粉末，气辛香，味淡、微苦。

【功能】清热利湿，通淋。

【主治】膀胱热结，排尿不利。

【用法与用量】马、牛 250~300 g，羊、猪 40~60 g。

五苓散

【成分】茯苓 100 g，泽泻 200 g，猪苓 100 g，肉桂 50 g，白术（炒）100 g。

【性状】本品为淡黄色的粉末，气微香，味甘、淡。

【功能】温阳化气，利湿行水。

【主治】水湿内停，排尿不利，泄泻，水肿，宿水停脐。

【用法与用量】马、牛 150~250 g，羊、猪 30~60 g。

猪苓散

【成分】猪苓 30 g，泽泻 45 g，肉桂 45 g，干姜 60 g。

【性状】本品为淡棕色粉末，气香，味辛。

【功能】利水止泻，温中散寒。

【主治】冷肠泄泻。

【用法与用量】马、牛 200~250 g。

平胃散

【成分】苍术 80 g，厚朴 50 g，陈皮 50 g，甘草 30 g。

【性状】本品为棕黄色的粉末，气香，味苦、微甜。

【功能】燥湿健脾，理气开胃。

【主治】湿困脾土，食少，粪稀软。

【用法与用量】马、牛 200~250 g，羊、猪 30~60 g。

杨树花片

【成分】杨树花经加工制成的片剂。

【性状】本品为灰褐色片，味苦、微涩。

【功能】化湿止痢。

【主治】痢疾；肠炎。

【用法与用量】鸡 3~6 片。

【规格】每片相当于原生药 0.3 g。

杨树花口服液

【成分】杨树花经提取制成的合剂。

【性状】本品为红棕色的澄明液体。

【功能】化湿止痢。

【主治】痢疾；肠炎。

【用法与用量】马、牛 50~100 mL，羊、猪 10~20 mL，兔、禽 1~2 mL。

【规格】每毫升相当于原生药 1 g。

马钱子酊（番木鳖酊）

【成分】马钱子流浸膏加工而成的酊剂。

【性状】本品为棕色的液体，味苦。

【功能】健胃。

【主治】脾虚不食，宿草不转。

【用法与用量】马 10~20 mL，牛 10~30 mL，羊、猪 1~2.5 mL，犬、猫 0.1~0.6 mL。

二苓车前子散

【成分】猪苓 20 g，茯苓 20 g，泽泻 20 g，白术 20 g，桂枝 10 g，丹参 20 g，滑石 40 g，车前子 20 g，葶苈子 20 g，陈皮 20 g，附子 10 g，山楂 20 g，六神曲 30 g，炙甘草 10 g。

【性状】本品为黄色至黄棕色的粉末，气微香，味甘、微辛。

【功能】温阳健脾，渗湿利水。

【主治】肉鸡腹水综合征。

【用法与用量】混饲：每 1 kg 饲料，鸡 20 g。

二苓石通散

【成分】猪苓 10 g，泽泻 10 g，苍术 30 g，桂枝 20 g，陈皮 30 g，姜皮 20 g，木通 20 g，滑石 30 g，茯苓 20 g。

【性状】本品为灰黄色的粉末，气微香。

【功能】利水消肿。

【主治】肉鸡腹水。

【用法与用量】每 1 kg 饲料，鸡 5 g，连用 3~5 d。

八正散

【成分】木通 30 g，瞿麦 30 g，篇蓄 30 g，车前子 30 g，滑石 60 g，甘草 25 g，栀子（炒）30 g，酒大黄 30 g，灯芯草 15 g。

【性状】本品为淡灰黄色的粉末，气微香，味淡、微苦。

【功能】清热泻火，利尿通淋。

【主治】湿热下注，热淋，血淋，石淋，尿血。

【用法与用量】马、牛 250~300 g，羊、猪 30~60 g。

木通海金沙散

【成分】木通 40 g，海金沙 30 g，诃子 60 g，甘草 30 g，车前子 30 g，猪苓 60 g，地榆 40 g，乌梅 50 g，连翘 40 g，苍术 60 g。

【性状】本品为黄棕色的粉末，味酸、微苦、涩。

【功能】清热利湿，排石通淋。

【主治】痛风。

【用法与用量】鸡 1 g。

化湿止泻散

【成分】茯苓 150 g，薏苡仁 150 g，泽泻 60 g，车前子 150 g，藿香 100 g，苍术（炒）150 g，炒白扁豆 150 g，葛根 100 g，黄柏 100 g，穿心莲 150 g，石榴皮 50 g，赤石脂 150 g，山楂 90 g，麦芽 100 g，木香 100 g。

【性状】本品为浅黄棕色至黄棕色粉末，气微，味苦、微酸。

【功能】利湿健脾，涩肠止泻。

【主治】腹泻。

【用法与用量】鸡 1 g。

仔痢宁散

【成分】苍术 300 g，泽泻 200 g，白术 100 g，白芍 100 g，沸石 300 g。

【性状】本品为灰白色或黄白色的粉末，味苦、涩。

【功能】燥湿健脾，和中止泻。

【主治】仔猪白痢。

【用法与用量】一次量，产后带仔母猪 50 g，每天 2 次，连用 3~5 d。

通肠芍药散

【成分】大黄 30 g，槟榔 20 g，山楂 45 g，枳实 25 g，赤芍 30 g，木香 20 g，黄芩 30 g，黄连 25 g，玄明粉 90 g。

【性状】本品为灰黄色至黄棕色的粉末，气微香，味酸、苦、微咸。

【功能】清热通肠，行气导滞。

【主治】湿热积滞，肠黄泻痢。

【用法与用量】牛 300~350 g。

豆苓散

【成分】赤小豆 40 g，商陆 15 g，茯苓 15 g，白术 15 g，陈皮 15 g，山楂 15 g，黄芪 25 g，龙胆草 10 g，蟾酥 5 g，冰片 10 g，大黄 10 g，甘草 20 g。

【性状】本品为浅黄色的粉末，气芳香，味甘、微辛。

【功能】健脾除湿，行气利水。

【主治】仔猪水肿病。

【用法与用量】一次量，每 1 kg 体重，仔猪 1~2 g，每天 2~3 次；预防量减半。

金钱草散

【成分】金钱草 60 g，车前子 9 g，木通 9 g，石韦 9 g，瞿麦 9 g，忍冬藤 15 g，滑石 15 g，冬葵果 9 g，大黄 18 g，甘草 9 g，虎杖 9 g，徐长卿 9 g。

【性状】本品为棕黄色的粉末，气微，味淡、微甘。

【功能】清热利湿，消肿。

【主治】鸡痛风症。

【用法与用量】混饲：每 1 kg 饲料，鸡 5~10 g。

健脾止泻散

【成分】猪苓 30 g，干姜 30 g，青皮 30 g，陈皮 30 g，茯苓 30 g，肉桂 20 g，车前子 30 g，厚朴 30 g，苍术 40 g，甘草 30 g，泽泻 50 g。

【性状】本品为淡黄色的粉末，气微香，味甘、淡。

【功能】温中健脾，渗湿利水。

【主治】寒湿泄泻。

【用法与用量】马、牛 200~300 g，羊、猪 30~60 g。

香葛止痢散

【成分】藿香 15 g，葛根 10 g，板蓝根 15 g，紫花地丁 10 g。

【性状】本品为浅灰黄色至浅黄棕色的粉末，气香。

【功能】清热解毒，燥湿醒脾，和胃止泻。

【主治】仔猪黄痢、白痢。

【用法与用量】每 1 kg 体重，带仔或产前一周母猪 0.5 g，分 2 次服用，连用 5 d。

风湿活血散

【成分】羌活 15 g，独活 15 g，广防己 15 g，防风 10 g，荆芥 10 g，当归 10 g，红花 10 g，威灵仙 10 g，桂枝 15 g，秦艽 10 g，槲寄生 10 g，续断 20 g，苍术 10 g，川楝子 10 g，香加皮 15 g。

【性状】本品为红棕色的粉末，气微香，味苦。

【功能】祛风除湿，舒筋活络。

【主治】风寒湿痹，筋骨疼痛。

【用法与用量】马、牛 250~400 g。

独活寄生散

【成分】独活 25 g，桑寄生 45 g，秦艽 25 g，防风 25 g，细辛 10 g，当归 25 g，白芍 15 g，川芎 15 g，熟地黄 45 g，杜仲 30 g，牛膝 30 g，党参 30 g，茯苓 30 g，肉桂 20 g，甘草 15 g。

【性状】本品为黄褐色的粉末，气香，味辛、甘、微苦。

【功能】益肝肾，补气血，祛风湿。

【主治】痹证日久，肝肾两亏，气血不足。

【用法与用量】马、牛 250~350 g，羊、猪 60~90 g。

防风散

【成分】防风 30 g，独活 25 g，连翘 15 g，升麻 25 g，柴胡 20 g，淡附片 15 g，乌药 20 g，羌活 25 g，当归 25 g，甘草 15 g，葛根 20 g，山药 25 g。

【性状】本品为浅灰黄色的粉末，气辛香，味辛、苦、微甘。

【功能】祛风湿，调气血。

【主治】腰胯风湿。

【用法与用量】马、牛 250~300 g。马、骡 150~250 g，羊、猪 30~60 g。

十一、化痰止咳平喘剂

二母冬花散

【成分】知母 30 g，浙贝母 30 g，款冬花 30 g，桔梗 25 g，苦杏仁 20 g，马兜铃 20 g，黄芩 25 g，桑白皮 25 g，白药子 25 g，金银花 30 g，郁金 20 g。

【性状】本品为淡棕黄色粗粉，气香，味微苦。

【功能】清热润肺，止咳化痰。

【主治】肺热咳嗽。

【用法与用量】马、牛 250～300 g，羊、猪 40～80 g。

二陈散

【成分】姜半夏 45 g，陈皮 50 g，茯苓 30 g，甘草 15 g。

【性状】本品为淡棕黄色的粉末，气微香，味甘、微辛。

【功能】燥湿化痰，理气和胃。

【主治】湿痰咳嗽，呕吐，腹胀。

【用法与用量】马、牛 150～200 g，羊、猪 30～45 g。

止咳散

【成分】知母 25 g，枳壳 20 g，麻黄 15 g，桔梗 30 g，苦杏仁 25 g，葶苈子 25 g，桑白皮 25 g，陈皮 25 g，生石膏 30 g，前胡 25 g，射干 25 g，枇杷叶 20 g，甘草 15 g。

【性状】本品为棕褐色的粉末，气清香，味甘、微苦。

【功能】清肺化痰，止咳平喘。

【主治】肺热咳喘。

【用法与用量】马、牛 250～300 g，羊、猪 45～60 g。

清肺散

【成分】板蓝根 90 g，葶苈子 50 g，浙贝母 50 g，桔梗 30 g，甘草 25 g。

【性状】本品为浅棕黄色的粉末，气清香，味微甘。

【功能】清肺平喘，化痰止咳。

【主治】肺热咳喘，咽喉肿痛。

【用法与用量】马、牛 200~300 g，羊、猪 30~50 g。

清肺颗粒

【成分】板蓝根 900 g，葶苈子 500 g，浙贝母 300 g，桔梗 300 g，甘草 250 g。

【性状】本品为黄色至黄棕色颗粒，气香，微苦。

【功能】清肺平喘，化痰止咳。

【主治】肺热咳喘，咽喉肿痛。

【用法与用量】一次量，猪 20~40 g，每天 2 次，连用 3~5 d。

【规格】每克相当于原生药 1 g。

定喘散

【成分】桑白皮 25 g，苦杏仁（炒）20 g，莱菔子 30 g，葶苈子 30 g，紫苏子 20 g，党参 30 g，白术（炒）20 g，关木通 20 g，大黄 30 g，郁金 25 g，黄芩 25 g，栀子 25 g。

【性状】本品为黄褐色的粉末，气微香，味甘、苦。

【功能】清肺，止咳，定喘。

【主治】肺热咳嗽，气喘。

【用法与用量】马、牛 200~350 g，羊、猪 30~50 g，兔、禽 1~3 g。

理肺止咳散

【成分】百合 45 g，麦冬 30 g，清半夏 25 g，紫菀 30 g，甘草 15 g，远志 25 g，知母 25 g，北沙参 30 g，陈皮 25 g，茯苓 25 g，浮石 20 g。

【性状】本品为浅黄色至黄色的粉末，气微香，味甘。

【功能】润肺化痰，止咳。

【主治】劳伤久咳，阴虚咳嗽。

【用法与用量】马、牛 250 g~300 g，羊、猪 40~60 g。

理肺散

【成分】蛤蚧 1 对，知母 20 g，浙贝母 20 g，秦艽 20 g，紫苏子 20 g，百合 30 g，山药 20 g，天冬 20 g，马兜铃 25 g，枇杷叶 20 g，防己 20 g，白药子 20 g，栀子 20 g，天花粉 20 g，麦冬 25 g，升麻 20 g。

【性状】本品为淡黄褐色的粉末，气微香，味微苦。

【功能】润肺化痰，止咳定喘。

【主治】劳伤咳喘，鼻流脓涕。

【用法与用量】马、牛 250~300 g。

镇喘散

【成分】香附 300 g，黄连 200 g，干姜 300 g，桔梗 150 g，山豆根 100 g，皂角 40 g，甘草 100 g，人工牛黄 40 g，蟾酥 30 g，雄黄 30 g，明矾 50 g。

【性状】本品为红棕色的粉末，气特异，味微甘、苦，略带麻舌感。

【功能】清热解毒，止咳平喘，通利咽喉。

【主治】鸡慢性呼吸道病，喉气管炎。

【用法与用量】鸡 0.5~1.5 g。

辛夷散

【成分】辛夷 60 g，知母（酒制）30 g，黄柏（酒制）30 g，北沙参 30 g，木香 15 g，郁金 30 g，明矾 20 g。

【性状】本品为黄色至淡棕黄色的粉末，味微辛、苦、涩。

【功能】滋阴降火，疏风通窍。

【主治】脑颡鼻脓。

【用法与用量】马、牛 200~300 g，羊、猪 40~60 g。

止喘注射液

【成分】麻黄 100 g，苦杏仁 120 g，连翘 200 g，洋金花 30 g。

【性状】本品为浅黄色至棕黄色澄明液体。

【功能】宣肺平喘，祛痰止咳。

【主治】肺热咳喘。

【用法与用量】肌内注射：一次量，每 1 kg 体重，猪 0.1~0.2 mL。

【规格】每毫升相当于原生药 0.45 g。

甘草颗粒

【成分】甘草浸膏加工制成的颗粒。

【性状】本品为黄棕色至棕褐色的颗粒，味甜、略苦涩。

【功能】祛痰止咳。

【主治】咳嗽。

【用法与用量】猪 6~12 g，禽 0.5~1 g。

加味麻杏石甘散

【成分】麻黄 30 g，苦杏仁 30 g，石膏 30 g，浙贝母 30 g，金银花 60 g，桔梗 30 g，大青叶 90 g，连翘 30 g，黄芩 50 g，白花蛇舌草 30 g，枇杷叶 30 g，山豆根 30 g，甘草 30 g。

【性状】本品为黄色至黄棕色的粉末，气微香，味苦、微涩。

【功能】清热解毒，止咳化痰。

【主治】肺热咳喘。

【用法与用量】鸡，0.5~1.0 g，连用 3~5 d。

金花平喘散

【成分】洋金花 200 g，麻黄 100 g，苦杏仁 150 g，石膏 400 g，明矾 150 g。

【性状】本品为浅棕黄色的粉末，气清香，味苦、涩。

【功能】平喘，止咳。

【主治】气喘，咳嗽。

【用法与用量】马、牛 100~150 g，羊、猪 10~30 g。

青黛紫菀散

【成分】板蓝根 55 g，青黛 40 g，冰片 15 g，硼砂 30 g，玄明粉 40 g，黄连 50 g，紫菀 40 g，胆矾 45 g，朱砂 10 g。

【性状】本品为棕黄色的粉末，气香，味苦、咸。

【功能】清热化痰，止咳平喘。

【主治】咳嗽痰多，气喘等症。

【用法与用量】每 1 kg 饲料，鸡 10 g，连用 3 d。

板术射干散

【成分】板蓝根 80 g，苍术 60 g，射干 60 g，冰片 13 g，蟾酥 6 g，桔梗 50 g，硼砂 12 g，青黛 15 g，雄黄 14 g。

【性状】本品为淡棕色的粉末，有冰片特有的香气，味甘、略带麻舌感。

【功能】清咽利喉，止咳化痰，平喘。

【主治】肺热咳喘。

【用法与用量】每 1 kg 饲料，鸡 5 g，连用 3 d。

板陈黄注射液

【成分】板蓝根 250 g，麻黄 200 g，陈皮 50 g。

【性状】本品为棕黄色至棕红色的澄明液体。

【功能】清热解毒，止咳平喘，理气化痰。

【主治】肺热咳喘。

【用法与用量】肌内注射：一次量，每 1 kg 体重，猪 0.2~0.4 mL，每天 2 次，连用 2 d。

【规格】每毫升相当于原生药 0.5 g。

板青连黄散

【成分】板蓝根 50 g，大青叶 40 g，连翘 20 g，麻黄 20 g，甘草 20 g。

【性状】本品为绿棕色的粉末，气微，味微甘。

【功能】清热解毒，宣肺平喘。

【主治】肺热咳喘。

【用法与用量】每 1 kg 饲料，鸡 4 g。

鱼枇止咳散

【成分】鱼腥草 240 g，枇杷叶 240 g，麻黄 100 g，蒲公英 240 g，甘草 80 g。

【性状】本品为棕色的粉末，气微，味淡。

【功能】清热解毒，止咳平喘。

【主治】肺热咳喘。

【用法与用量】混饲：每 1 kg 饲料，鸡 5 g，连用 5~7 d。

柏麻口服液

【成分】黄柏 100 g，麻黄 50 g，苦杏仁 75 g，苦参 100 g，大青叶 50 g。

【性状】本品为棕色的液体，味苦。

【功能】清热平喘，燥湿止痢。

【主治】用于鸡传染性支气管炎的辅助治疗。

【用法与用量】每 1 L 水，鸡 9 mL，连用 3~5 d。

【规格】每毫升相当于原生药 1 g。

复方麻黄散

【成分】麻黄 300 g，桔梗 300 g，薄荷 120 g，黄芪 30 g，氯化铵 300 g。

【性状】本品为棕色的粉末，气微，味咸。

【功能】化痰，止咳。

【主治】肺热咳喘。

【用法与用量】混饲：每 1 kg 饲料，鸡 8 g。

穿鱼金荞麦散

【成分】蒲公英 80 g，桔梗 80 g，甘草 50 g，桂枝 50 g，麻黄 50 g，板蓝根 50 g，野菊花 50 g，苦杏仁 35 g，冰片 5 g，穿心莲 100 g，鱼腥草 120 g，辛夷 50 g，金荞麦 100 g，黄芩 80 g。

【性状】本品为黄绿色至黄褐色的粉末，气微香，味苦。

【功能】清热解毒，止咳平喘，利窍通鼻。

【主治】肺热咳喘。

【用法与用量】每 1 kg 饲料，鸡 10 g，连用 5~7 d。

桔百颗粒

【成分】桔梗 375 g，陈皮 250 g，百部 250 g，黄芩 250 g，连翘 250 g，远志 250 g，桑白皮 250 g，甘草 150 g。

【性状】本品为棕黄色至棕褐色的颗粒。

【功能】清热化痰，止咳平喘。

【主治】肺热咳喘。

【用法与用量】混饮：每 1 L 水，鸡 1 g，连用 5 d。

【规格】每 1 g 相当于原生药 2.025 g。

桔梗栀黄散

【成分】桔梗 60 g，山豆根 30 g，栀子 40 g，苦参 30 g，黄芩 40 g。

【性状】本品为灰棕色至黄棕色的粉末，气微香，味苦。

【功能】清肺止咳，消肿利咽。

【主治】肺热咳喘，咽喉肿痛。

【用法与用量】马、牛 50~150 g，羊、猪 10~30 g，兔、禽 2~3 g。

桑仁清肺口服液

【成分】桑白皮 100 g，知母 80 g，苦杏仁 80 g，前胡 100 g，石膏 120 g，连翘 120 g，枇杷叶 60 g，海浮石 40 g，甘草 60 g，橘红 100 g，黄芩 140 g。

【性状】本品为棕黄色至棕褐色的液体。

【功能】清肺，止咳，平喘。

【主治】肺热咳喘。

【用法与用量】混饮：每 1 L 水，鸡 1.25 mL，连用 3~5 d。

【规格】每毫升相当于原生药 1 g。

远志酊

【成分】远志。流浸膏加工制成的酊剂。

【性状】本品为棕色的液体，气香，味甜、微苦、辛。

【功能】祛痰镇咳。

【主治】痰喘，咳嗽。

【用法与用量】马、牛 10~20 mL，羊、猪 3~5 mL，犬、猫 1~5 mL。

【规格】每毫升相当于远志流浸膏 0.2 mL。

白矾散

【成分】白矾 60 g，浙贝母 30 g，黄连 20 g，白芷 20 g，郁金 25 g，黄芩 45 g，大黄 25 g，葶苈子 30 g，甘草 20 g。

【性状】本品为黄棕色的粉末，气香，味甘、涩、微苦。

【功能】清热化痰，下气平喘。

【主治】肺热咳喘。

【用法与用量】马、牛 250~350 g，羊、猪 40~80 g，兔、禽 1~3 g。

半夏散

【成分】姜半夏 30 g，升麻 45 g，防风 25 g，枯矾 45 g。

【性状】本品为灰白色的粉末，气清香，味辛、涩。

【功能】温肺散寒，燥湿化痰。

【主治】肺寒吐沫。

【用法与用量】马 150~180 g，另用生姜 30 g、蜂蜜 60 g 为引。

银翘清肺散

【成分】金银花 50 g，连翘 100 g，板蓝根 150 g，陈皮 100 g，紫菀 75 g，黄芪 75 g，葶苈子 100 g，玄参 150 g，黄柏 75 g，麻黄 100 g，甘草 50 g。

【性状】本品为灰黄绿色的粉末，气微香，味苦。

【功能】清热解毒，止咳化痰。

【主治】鸡传染性气管炎、传染性支气管炎所致的肺热咳喘。

【用法与用量】鸡 2 g，连用 3~6 d。

麻杏二膏丸

【成分】麻黄 350 g，苦杏仁 350 g，鱼腥草 600 g，葶苈子 300 g，甘草 300 g，石膏 600 g，桑白皮 300 g，黄芩 600 g，胆膏 100 g。

【性状】本品为浓缩水丸，除去包衣后显黄褐色至棕褐色，味苦、辛。

【功能】清热宣肺，止咳平喘。

【主治】肺热咳喘。

【用法与用量】一次量，每 1 kg 体重，鸡 2~3 丸，每天 2 次，连用 5 d。

【规格】每丸相当于原生药 0.69 g。

麻杏二膏片

【成分】同麻杏二膏丸。

【性状】本品为棕褐色的片，味苦、辛。

【功能】清热宣肺，止咳平喘。

【主治】肺热咳喘。

【用法与用量】一次量，每 1 kg 体重，鸡 2~3 片，每天 2 次，连用 5 d。

【规格】每片相当于原生药 0.69 g。

麻杏二膏散

【成分】同麻杏二膏丸。

【性状】本品为棕褐色的粉末，味苦、辛。

【功能】清热宣肺，止咳平喘。

【主治】肺热咳喘。

【用法与用量】一次量，每 1 kg 体重，鸡 0.6~0.8 g，每天 2 次，连用 5 d。

【规格】每克相当于原生药 2.3 g。

麻杏石甘片

【成分】麻黄 30 g，苦杏仁 30 g，石膏 150 g，甘草 30 g。

【性状】本品为淡灰黄色片，气微香，味辛、苦、涩。

【功能】清热，宣肺，平喘。

【主治】肺热咳喘。

【用法与用量】兔 5~10 片，鸡 3~5 片。

【规格】每片相当于原生药 0.3 g。

麻杏石甘散

【成分】同麻杏石甘片。

【性状】本品为深褐色的粉末。

【功能】同麻杏石甘片。

【用法与用量】马、牛 200~300 g，羊、猪 30~60 g，兔、禽 1~3 g。

【主治】同麻杏石甘片。

麻杏石甘口服液

【成分】同麻杏石甘片。

【性状】本品为深褐色的液体。

【功能】同麻杏石甘片。

【用法与用量】混饮：每 1 L 水，鸡 1~1.5 mL。

【规格】每毫升相当于原生药 2.4 g。

麻杏石甘注射液

【成分】同麻杏石甘片。

【性状】本品为棕色的澄明液体。

【功能】同麻杏石甘片。

【用法与用量】肌内注射：每 1 kg 体重，鸡 0.15 mL。

【规格】每毫升相当于原生药 2 g。

麻杏石甘颗粒

【成分】同麻杏石甘片。

【性状】本品为棕黄色至棕褐色的颗粒。

【功能】同麻杏石甘片。

【主治】同麻杏石甘片。

【用法与用量】混饮：每 1 L 水，鸡 1 g，连用 3~5 d。

【规格】每克相当于原生药 2.4 g。

麻黄鱼腥草散

【成分】麻黄 50 g，黄芩 50 g，鱼腥草 100 g，穿心莲 50 g，板蓝根 50 g。

【性状】本品为黄绿色至灰绿色的粉末，气微，味微涩。

【功能】宣肺泄热，平喘止咳。

【主治】肺热咳喘，鸡支原体病。

【用法与用量】混饲：每 1 kg 饲料，鸡 15~20 g。

清肺止咳散

【成分】桑白皮 30 g，知母 25 g，苦杏仁 25 g，前胡 30 g，金银花 60 g，连翘 30 g，桔梗 25 g，甘草 20 g，橘红 30 g，黄芩 45 g。

【性状】本品为黄褐色粉末，气微香，味苦、甘。

【功能】清泻肺热，化痰止痛。

【主治】肺热咳喘，咽喉肿痛。

【用法与用量】马、牛 200~300 g，羊、猪 30~50 g，兔、禽 1~3 g。

麻杏苦参散

【成分】麻黄 100 g，苦参 50 g，黄芩 40 g，百部 40 g，板蓝根 45 g，山豆根 20 g，甘草 80 g。

【性状】本品为棕黄色的粉末，气微，味苦。

【功能】清肺祛痰，止咳平喘。

【主治】上呼吸道感染引起的发热、气喘、咳嗽、痰多等症。

【用法与用量】混饲：每 1 kg 饲料，猪 8~10 g。

麻黄葶苈散

【成分】板蓝根 80 g，麻黄 100 g，桔梗 80 g，苦杏仁 100 g，穿心莲 80 g，鱼腥草 120 g，黄芪 100 g，葶苈子 100 g，茯苓 60 g，石膏 200 g。

【性状】本品为黄棕色的粉末，气香，味微苦。

【功能】清热泻肺，化痰平喘。

【主治】肺热咳喘。

【用法与用量】混饲：每 1 kg 饲料，鸡 20 g，连用 5 d。

镇咳涤毒散

【成分】麻黄 100 g，甘草 100 g，穿心莲 100 g，山豆根 100 g，蒲公英 100 g，板蓝根 100 g，石膏 100 g，连翘 70 g，黄芩 50 g，黄连 30 g。

【性状】本品为浅棕黄色至棕黄色的粉末，气微香，味苦。

【功能】清热解毒，止咳平喘。

【主治】用于鸡传染性支气管炎、鸡传染性喉气管炎的辅助治疗。

【用法与用量】混饲：每 1 kg 饲料，鸡 8 g。

镇喘片

【成分】香附 300 g，黄连 200 g，干姜 300 g，桔梗 150 g，山豆根 100 g，皂角 40 g，甘草 100 g，人工牛黄 40 g，蟾酥 30 g，雄黄 30 g，明矾 50 g。

【性状】本品为红棕色的片，气特异，味微甘、苦，略带麻舌感。

【功能】清热解毒，止咳化痰，平喘。

【主治】肺热咳嗽，气喘。

【用法与用量】鸡 2~5 片。

【规格】每片相当于原生药 0.268 g。

银翘豆根散

【成分】金银花 50 g，板蓝根 50 g，连翘 50 g，黄芪 50 g，山豆根 50 g。

【性状】本品为浅黄色至浅黄棕色的粉末，味苦。

【功能】清热解毒，扶正祛邪。

【主治】肺热咳嗽，咽喉肿痛。

【用法与用量】一次量，每 1 kg 体重，猪 0.5 g，每天 2 次，连用 3 d。

黄芪红花散

【成分】黄芪 200 g，红花 50 g，丹参 200 g，板蓝根 200 g，地榆 200 g，北豆根 100 g，野菊花 100 g，桔梗 100 g，何首乌 50 g，车前子 50 g，甘草 50 g。

【性状】本品为黄褐色的粉末，气香，味甘、微苦。

【功能】清肺化痰，活血祛瘀。

【主治】肺热咳喘。

【用法与用量】鸡 1~3 g。

加减清肺散

【成分】板蓝根 150 g，金银花 50 g，连翘 70 g，黄芪 100 g，山豆根 100 g，知母 90 g，百部 50 g，桔梗 80 g，葶苈子 100 g，玄参 50 g，紫菀 70 g，浙贝母 50 g，黄柏 100 g，陈皮 50 g，苍术 70 g，泽泻 100 g。

【性状】本品为浅黄色至浅黄棕色的粉末，气微，味苦。

【功能】清热解毒，利咽止咳。

【主治】鸡传染性支气管炎、传染性喉气管炎所致的肺热咳喘。

【用法与用量】混饲：每 1 kg 饲料，鸡 20 g。

百部射干散

【成分】虎杖 91 g，紫菀 114 g，百部 114 g，射干 68 g，白前 114 g，半夏 34 g，黄芪 114 g，党参 91 g，甘草 68 g，桔梗 91 g，荆芥 91 g，干姜 10 g。

【性状】本品为黄棕色的粉末，气香，味微苦、涩。

【功能】清肺，止咳，化痰。

【主治】肺热咳喘，痰多。

【用法与用量】混饲：每 1 kg 饲料，鸡 10 g，连用 5 d。

十二、和解剂

小柴胡散

【成分】柴胡 45 g，黄芩 45 g，半夏（姜制）30 g，党参 45 g，甘草 15 g。

【性状】本品为黄色的粉末，气微香，味甘、微苦。

【功能】和解少阳，解热。

【主治】少阳证，寒热往来，不欲饮食，口津少，反胃呕吐。

【用法与用量】马、牛 100~250 g，羊、猪 30~60 g。

十三、固涩剂

乌梅散

【成分】乌梅 15 g，柿饼 24 g，黄连 6 g，姜黄 6 g，诃子 9 g。

【性状】本品为棕黄色的粉末，气微香，味苦。

【功能】清热解毒，涩肠止泻。

【主治】幼畜奶泻。

【用法与用量】犊、驹 30~60 g，羔羊、仔猪 9~15 g。

牡蛎散

【成分】煅牡蛎 60 g，黄芪 60 g，麻黄根 30 g，浮小麦 120 g。

【性状】本品为浅黄白色的粉末，气微，味甘、微涩。

【功能】敛汗固表。

【主治】体虚自汗。

【用法与用量】马、牛 200~300 g。

四神散

【成分】肉豆蔻（制）30 g，盐补骨脂 60 g，制吴茱萸 15 g，五味子 30 g。

【性状】本品为褐色的粉末，气微香，味苦、咸而带酸、辛。

【功能】温肾暖脾，固肠止泻。

【主治】脾肾虚寒泄泻。

【用法与用量】马、牛 120~180 g，羊、猪 30~60 g。

金锁固精散

【成分】沙苑子（炒）60 g，芡实（盐炒）60 g，莲须 60 g，龙骨（煅）30 g，牡蛎（煅）30 g，莲子 30 g。

【性状】本品为类白色的粉末，气微，味淡、微涩。

【功能】固肾涩精。

【主治】肾虚滑精。

【用法与用量】马、牛 250~350 g，羊、猪 40~60 g。

十四、胎产剂

保胎无忧散

【成分】当归 50 g，川芎 20 g，熟地黄 50 g，白芍 30 g，黄芪 30 g，党参 40 g，白术（炒焦）60 g，枳壳 30 g，陈皮 30 g，黄芩 30 g，紫苏梗 30 g，艾叶 20 g，甘草 20 g。

【性状】本品为淡黄色的粉末，气香，味甘、微苦。

【功能】养血，补气，安胎。

【主治】胎动不安。

【用法与用量】马、牛 200~300 g，羊、猪 30~60 g。

催情散

【成分】淫羊藿 6 g，阳起石（酒淬）6 g，当归 4 g，香附 5 g，益母草 6 g，菟丝子 5 g。

【性状】本品为淡灰色的粉末，气香，味微苦、微辛。

【功能】催情。

【主治】不发情。

【用法与用量】猪 30~60 g。

生乳散

【成分】黄芪 30 g，党参 30 g，当归 45 g，通草 15 g，川芎 15 g，白术 30 g，续断 25 g，木通 15 g，甘草 15 g，王不留行 30 g，路路通 25 g。

【性状】本品为淡棕褐色的粉末，气香，味甘、苦。

【功能】补气养血，通经下乳。

【主治】气血不足的缺乳和乳少症。

【用法与用量】马、牛 250~300 g，羊、猪 60~90 g。

促孕灌注液

【成分】淫羊藿 400 g，益母草 400 g，红花 200 g。

【性状】本品为棕黄色的液体，加热后应澄明。

【功能】补肾壮阳，活血化瘀，催情促孕。

【主治】卵巢静止和持久黄体性的不孕症。

【用法与用量】子宫内灌注，马、牛 20~30 mL。

【规格】每毫升相当于原生药 1 g。

催奶灵散

【成分】王不留行 20 g，黄芪 10 g，皂角刺 10 g，当归 20 g，党参 10 g，川芎 20 g，漏芦 5 g，路路通 5 g。

【性状】本品为灰黄色的粉末，气香，味甘。

【功能】补气养血，通经下乳。

【主治】产后乳少，乳汁不下。

【用法与用量】马、牛 300~500 g，羊、猪 40~60 g。

山楂子宫灌注液

【成分】本品为山楂经提取制成的灭菌水溶液。

【性状】本品为棕红色澄清液体。

【功能】活血化瘀，祛腐排脓，净宫。

【主治】牛子宫内膜炎。

【用法与用量】子宫内灌注，牛 100~250 mL，隔天使用。

山楂乳房灌注液

【成分】本品为山楂经提取制成的灭菌水溶液。

【性状】本品为淡黄色澄明液体，味微酸。

【功能】化瘀止痛，消肿通乳。

【主治】牛乳腺炎。

【用法与用量】取本品 2~3 mL（一个乳区用量）与 2 倍注射用生理盐水混合，用导乳针导入乳池后注射，每天 2 次，连用 2~5 d，必要时治疗期限可适当延长。

通乳散

【成分】当归 30 g，王不留行 30 g，黄芪 60 g，路路通 30 g，红花 25 g，

通草20 g，漏芦20 g，瓜蒌25 g，泽兰20 g，丹参20 g。

【性状】本品为红棕色至棕色的粉末，气微香，味微苦。

【功能】通经下乳。

【主治】产后乳少，乳汁不下。

【用法与用量】马、牛250~350 g，羊、猪60~90 g。

助孕散

【成分】淫羊藿30 g，赤芍10 g，当归30 g，肉桂10 g，补骨脂30 g，益母草10 g，三棱30 g，菟丝子10 g，阳起石30 g，莪术10 g。

【性状】本品为黄棕色的粉末，气清香，味微甘、涩。

【功能】温补肾阳，活血化瘀。

【主治】卵巢功能障碍性不孕。

【用法与用量】奶牛1 500 g，连用5 d。

泰山盘石散

【成分】党参30 g，黄芪30 g，当归30 g，续断30 g，黄芩30 g，川芎15 g，白芍30 g，熟地黄45 g，白术30 g，砂仁15 g，甘草（炙）12 g。

【性状】本品为淡棕色的粉末，气微香，味甘。

【功能】补气血，安胎。

【主治】气血两虚所致胎动不安，习惯性流产。

【用法与用量】马、牛250~350 g，羊、猪60~90 g，犬、猫5~15 g。

加味激蛋散

【成分】松针300 g，玄明粉300 g，麦芽200 g，虎杖33.4 g，丹参26.6 g，菟丝子20 g，当归20 g，川芎20 g，牡蛎20 g，地榆16.7 g，肉苁蓉20 g，丁香6.6 g，白芍26.7 g。

【性状】本品为黄灰色的粉末，气香，味微苦。

【功能】消食，活血，补肾。

【主治】产蛋功能低下。

【用法与用量】混饲：每1 kg饲料，鸡25 g，连用5 d。

激蛋散

【成分】虎杖100 g，丹参80 g，菟丝子60 g，当归60 g，川芎60 g，牡蛎 60 g，地榆 50 g，肉苁蓉 60 g，丁香 20 g，白芍 50 g。

【性状】本品为黄棕色的粉末，气香，味微苦、酸、涩。

【功能】清热解毒，活血祛瘀，补肾强体。

【主治】输卵管炎，产蛋功能低下。

【用法与用量】混饲：每 1 kg 饲料，鸡 10 g。

银藿散

【成分】蒲公英 40 g，忍冬藤 80 g，淫羊藿 40 g，黄芪 45 g，党参 45 g，当归 40，赤芍 40 g，玄参 30 g，瓜蒌 30 g，莪术 35 g，漏芦 40 g，柴胡 35 g。

【性状】本品为灰褐色的粉末，气香，味微甜。

【功能】益气活血，通经下乳。

【主治】奶牛隐性乳腺炎。

【用法与用量】牛 250 g，连用 10~15 d。

蒲芪青王散

【成分】黄芪 170 g，蒲公英 213 g，王不留行 106 g，漏芦 106 g，当归 85 g，青皮 128 g，路路通 64 g，赤芍 85 g，肉桂 43 g。

【性状】本品为黄绿色的粉末，气香，味微苦。

【功能】通经下乳，消肿散结。

【主治】乳痈。

【用法与用量】奶牛 300 g。

芪参催乳颗粒

【成分】黄芪，党参，白术，升麻，漏芦，丝瓜络，甘草。

【性状】本品为黄棕色至棕褐色颗粒。

【功能】补中益气，健脾利湿，通经下乳。

【主治】用于改善母猪产后泌乳，促进产后体能恢复。

【用法与用量】混饲：母猪，每天 50 g，连用 7 d。

十五、驱虫剂

驱虫散

【成分】鹤虱 30 g，使君子 30 g，槟榔 30 g，芜荑 30 g，雷丸 30 g，绵马

贯众 60 g，干姜（炒）15 g，淡附片 15 g，乌梅 30 g，诃子 30 g，大黄 30 g，百部 30 g，木香 15 g，榧子 30 g。

【性状】本品为褐色的粉末，气香、味苦、涩。

【功能】驱虫。

【主治】胃肠道寄生虫病。

【用法与用量】马、牛 250~350 g，羊、猪 30~60 g。

肝蛭散

【成分】绵马贯众 60 g，槟榔 24 g，苏木 25 g，肉豆蔻 25 g，茯苓 25 g，龙胆 25 g，木通 25 g，甘草 25 g，厚朴 25 g，泽泻 25 g。

【性状】本品为黄棕色的粉末，气香，味苦、涩、微甘。

【功能】杀虫，利水。

【主治】肝片吸虫病。

【用法与用量】牛 250~300 g，羊 40~60 g。

肥猪散

【成分】绵马贯众 30 g，制何首乌 30 g，麦芽 500 g，黄豆（炒）500 g。

【性状】本品为浅黄色的粉末，气微香，味微甜。

【功能】开胃，驱虫，催肥。

【主治】食少，瘦弱，生长缓慢。

【用法与用量】猪 50~100 g。

三味抗球颗粒

【成分】苦参 450 g，仙鹤草 300 g，钩藤 300 g。

【性状】本品为黄棕色至棕褐色的颗粒，味甜，微苦。

【功能】燥湿杀虫，止血止痢。

【主治】用于鸡球虫病。

【用法与用量】每 1 L 水，鸡 1.25 g，连用 3 d。

【规格】每 1 g 相当于原生药 1.5 g。

五味常青颗粒

【成分】青蒿 100 g，柴胡 90 g，苦参 185 g，常山 250 g，白茅根 90 g。

【性状】本品为棕褐色的颗粒，味甜，微苦。

【功能】抗球虫。

【主治】鸡球虫病。

【用法与用量】混饮：每1 L水，鸡1 g。

【规格】每1 g本品相当于原生药2.04 g。

鸡球虫散

【成分】青蒿3 000 g，仙鹤草500 g，何首乌500 g，白头翁300 g，肉桂260 g。

【性状】本品为浅棕黄色的粉末，气香。

【功能】抗球虫，止血。

【主治】鸡球虫病。

【用法与用量】每1 kg饲料，鸡10~20 g。

驱球止痢合剂

【成分】常山480 g，白头翁400 g，仙鹤草400 g，马齿苋400 g，地锦草320 g。

【性状】本品为深棕色的黏稠液体，味甜、微苦。

【功能】清热凉血，杀虫止痢。

【主治】球虫病。

【用法与用量】混饮：每1 L水，兔、禽4~5 mL。

【规格】每毫升本品相当于原生药4 g。

驱球止痢散

【成分】同驱球止痢合剂。

【性状】本品为灰棕色至深棕色的粉末，气微香。

【功能】清热凉血，杀虫止痢。

【主治】球虫病。

【用法与用量】混饲：每1 kg饲料，兔、禽，2~2.5 g。

【规格】每1 g相当于原生药4 g。

驱球散

【成分】常山2 500 g，柴胡900 g，苦参1 850 g，青蒿1 000 g，地榆

（炭）900 g，白茅根 900 g。

【性状】本品为灰黄色或灰绿色的粉末，气微香，味苦。

【功能】驱虫，止血，止痢。

【主治】球虫病。

【用法与用量】鸡、兔 0.5 g，连用 5~8 d。

青蒿常山颗粒

【成分】青蒿 300 g，常山 300 g，白头翁 200 g，黄芪 200 g。

【性状】本品为棕黄色至棕褐色的颗粒。

【功能】清热，凉血，止痢。

【主治】鸡球虫病。

【用法与用量】每 1 L 饮水，鸡 1.5 g。

苦参地榆散

【成分】苦参 40 g，地榆 30 g，仙鹤草 30 g。

【性状】本品为黄褐色的粉末，气微香，味苦。

【功能】清热燥湿，止血止痢。

【主治】鸡球虫病，鸡白痢。

【用法与用量】预防，每 1 kg 饲料，鸡 10 g；治疗量加倍。

贯楝散

【成分】绵马贯众 350 g，苦楝皮 250 g，山楂 50 g，金银花 30 g，榧子 180 g，芒硝 120 g，大青盐 30 g。

【性状】本品为棕色的粉末，味苦、咸。

【功能】杀虫消积。

【主治】虫积腹痛。

【用法与用量】每 1 kg 体重，猪 1 g。

铁风抗球散

【成分】铁苋菜 100 g，凤尾草 100 g。

【性状】本品为黄绿色至棕绿色的粉末，气微，味淡、微苦。

【功能】清热凉血，止血止痢。

【主治】用于鸡球虫病的预防。

【用法与用量】每 1 kg 饲料，鸡 10 g，连续添加 10 d。

常青克虫散

【成分】地锦草 160 g，墨旱莲 80 g，常山 100 g，青蒿 80 g，槟榔 60 g，仙鹤草 60 g，鸦胆子 20 g，柴胡 80 g，黄柏 90 g，黄芩 60 g，白芍 60 g，木香 30 g，山楂 60 g，甘草 60 g。

【性状】本品为浅灰黄色的粉末，气清香，味苦。

【功能】清热，燥湿，杀虫，止血。

【主治】鸡球虫病。

【用法与用量】鸡 1~2 g。

常青球虫散

【成分】常山 700 g，白头翁 700 g，仙鹤草 400 g，苦参 700 g，马齿苋 400 g，地锦草 100 g，青蒿 350 g，墨旱莲 350 g。

【性状】本品为灰棕色至深棕色的粉末，气微香。

【功能】清热燥湿，凉血止痢。

【主治】球虫病。

【用法与用量】每 1 kg 饲料，兔、禽 1~2 g，连用 7 d。

常青散

【成分】常山 300 g，青蒿 300 g，苦参 100 g，黄芪 100 g，仙鹤草 100 g。

【性状】本品为棕黄色的粉末，气香，味微苦。

【功能】杀虫止痢，清热燥湿，凉血止血。

【主治】用于预防鸡球虫病。

【用法与用量】每 1 kg 饲料，鸡 10 g，连用 5 d。

十六、疮黄剂

公英散

【成分】蒲公英 60 g，金银花 60 g，连翘 60 g，丝瓜络 30 g，通草 25 g，木芙蓉 25 g，浙贝母 30 g。

【性状】本品为黄棕色的粉末，味微甘、苦。

【功能】清热解毒，消肿散痈。

【主治】乳痈初起，红肿热痛。

【用法与用量】马、牛 250~300 g，羊、猪 30~60 g。

茵陈蒿散

【成分】茵陈 120 g，栀子 60 g，大黄 45 g。

【性状】本品为浅棕黄色的粉末，气微香，味微苦。

【功能】清热，利湿，退黄。

【主治】湿热黄疸。

【用法与用量】马、牛 200~300 g，羊、猪 30~45 g。

如意金黄散

【成分】天花粉 60 g，黄柏 30 g，大黄 30 g，姜黄 30 g，白芷 30 g，厚朴 12 g，苍术 12 g，甘草 12 g，陈皮 12 g，生天南星 12 g。

【性状】本品为黄色的粉末，气微香，味苦、微甘。

【功能】清热除湿，消肿止痛。

【主治】红肿热痛，痈疽黄肿，烫火伤。

【用法与用量】外用适量。红肿热痛，用醋或鸡蛋清调敷；烫火伤，用麻油调敷。

消疮散

【成分】金银花 60 g，皂角刺（炒）30 g，白芷 25 g，天花粉 30 g，当归 30 g，甘草 15 g，赤芍 25 g，乳香 25 g，没药 25 g，防风 25 g，浙贝母 30 g，陈皮 60 g。

【性状】本品为淡黄色至淡黄棕色的粉末，气香，味甘。

【功能】清热解毒，消肿排脓，活血止痛。

【主治】疮痈肿毒初起，红肿热痛，属于阳证未溃者。

【用法与用量】马、牛 250~400 g，羊、猪 40~80 g，犬、猫 5~15 g。

加减消黄散

【成分】大黄 30 g，玄明粉 40 g，知母 25 g，浙贝母 30 g，黄药子 30 g，

栀子 30 g，连翘 45 g，白药子 30 g，郁金 45 g，甘草 15 g。

【性状】本品为淡黄色的粉末，气微香，味苦、咸。

【功能】清热泻火，消肿解毒。

【主治】脏腑壅热，疮黄肿毒。

【用法与用量】马、牛 250~400 g，羊、猪 30~60 g。

消黄散

【成分】知母 30 g，浙贝母 25 g，黄芩 45 g，甘草 20 g，黄药子 30 g，白药子 30 g，大黄 45 g，郁金 45 g。

【性状】本品为黄色的粉末，气微香，味咸、苦。

【功能】清热解毒，散瘀消肿。

【主治】三焦热盛，热毒，黄肿。

【用法与用量】马、牛 250~350 g，羊、猪 30~60 g。

雄黄散

【成分】雄黄 200 g，白及 200 g，白蔹 200 g，龙骨（煅）200 g，大黄 200 g。

【性状】本品为橙黄色的粉末，气香，味涩、微苦、辛。

【功能】清热解毒，消肿止痛。

【主治】热性黄肿。

【用法与用量】外用适量。热醋或热水调成制状，待温，敷患处。

清热解毒散

【成分】大黄 60 g，黄芩 45 g，黄连 18 g，黄柏 30 g，北豆根 30 g，蒲公英 75 g，甘草 60 g，石膏 60 g，黄药子 24 g，茵陈 2 g，四季青 18 g，柴胡 21 g，麻黄 20 g。

【性状】本品为淡黄色的粉末，气微，味苦。

【功能】清热解毒，消肿止痛。

【主治】三焦火盛，肺热咳嗽，湿热黄疸，咽喉肿痛，口舌生疮。

【用法与用量】马、牛 150~300 g，驼 250~400 g，羊、猪 10~20 g。

十七、安神剂

朱砂散

【成分】朱砂 5 g，党参 60 g，茯苓 45 g，黄连 60 g。

【性状】本品为淡棕黄色的粉末，味辛、苦。

【功能】清心安神，扶正祛邪。

【主治】心热风邪，脑黄。

【用法与用量】马、牛 150~200 g，羊、猪 10~30 g。

镇痫散

【成分】当归 6 g，川芎 3 g，白芍 6 g，全蝎 1 g，蜈蚣 1 g，僵蚕 6 g，钩藤 6 g，朱砂 0.5 g。

【性状】本品为褐色粉末，气微香，味辛、酸、微咸。

【功能】活血熄风，解痉安神。

【主治】幼畜惊痫。

【用法与用量】驹、犊 30~45 g。

镇心散

【成分】朱砂 10 g，茯苓 25 g，党参 30 g，防风 25 g，甘草 15 g，远志 25 g，栀子 30 g，郁金 25 g，黄芩 30 g，黄连 30 g，麻黄 15 g。

【性状】本品为棕褐色的粉末，气微香，味苦、微甜。

【功能】镇心安神，清热祛风。

【主治】惊狂，神昏，脑黄。

【用法与用量】马、牛 250~300 g。

消暑安神散

【成分】刺五加 80 g，酸枣仁 80 g，远志 60 g，茯苓 30 g，麦芽 30 g，陈皮 30 g，甘草 30 g，金银花 30 g，延胡索 15 g，厚朴 30 g，木香 20 g，秦皮 30 g，黄连 15 g，黄芪 80 g，白头翁 80 g，六神曲（炒）30 g，龙胆 50 g，山楂（炒）30 g，黄芩 30 g，党参 50 g，黄柏 30 g，苦参 30 g，艾叶 30 g，白术 80 g。

【性状】本品为灰黄色的粉末，气香，味苦。

【功能】养心安神，清热解毒，益气健脾。

【主治】热应激。

【用法与用量】每 1 kg 体重，猪 0.2~0.5 g，鸡 1~2 g，每天 2 次。

枣胡散

【成分】酸枣仁，延胡索，川芎，茯苓，知母等。

【性状】本品为淡黄色至棕黄色的粉末，气微香，味微甘、微酸。

【功能】镇静安神，健脾消食。

【主治】仔猪断奶应激。

【用法与用量】混饲：每 1 kg 体重，断奶仔猪 1 g，连用 14 d。

十八、开窍剂

通关散

【成分】猪牙皂 500 g，细辛 500 g。

【性状】本品为浅黄色的粉末，气香窜，味辛。

【功能】通关开窍。

【主治】中暑，昏迷，冷痛。

【用法与用量】外用少许，吹入鼻孔取嚏。

蟾胆片

【成分】蟾酥 3 g，胆膏 20 g，珍珠母 300 g，冰片 3 g。

【性状】本品为淡黄色的片。

【功能】清热解毒，消肿散结，通窍止痛，止咳平喘。

【主治】用于鸡慢性呼吸道病的辅助治疗。

【用法与用量】一次量，每 1 kg 体重，鸡 0.5~1 片，每天 2 次，连用 5 d。

【规格】每片相当于原生药 0.326 g。

十九、外用剂

青黛散

【成分】青黛 200 g，黄连 200 g，黄柏 200 g，薄荷 200 g，桔梗 200 g，

儿茶 200 g。

【性状】本品为灰绿色的粉末，气清香，味苦、微涩。

【功能】清热解毒，消肿止痛。

【主治】口舌生疮，咽喉肿痛。

【用法与用量】将药适量装入纱布袋内，噙于马、牛口中。

擦疥散

【成分】狼毒 120 g，猪牙皂（炮）120 g，巴豆 30 g，雄黄 9 g，轻粉 5 g。

【性状】本品为棕黄色的粉末，气香窜，味苦、辛。

【功能】杀疥螨。

【主治】疥癣。

【用法与用量】外用适量。将植物油烧热，调成流膏状，涂擦患处。

桃花散

【成分】陈石灰 480 g，大黄 90 g。

【性状】本品为粉红色的细粉，味微苦、涩。

【功能】收敛，止血。

【主治】疮疡不敛，外伤出血。

【用法与用量】外用适量，撒布创面。

生肌散

【成分】血竭 30 g，赤石脂 30 g，醋乳香 30 g，龙骨（煅）30 g，冰片 10 g，醋没药 30 g，儿茶 30 g。

【性状】本品为淡灰红色的粉末，气香，味苦、涩。

【功能】生肌敛疮。

【主治】疮疡。

【用法与用量】外用适量，撒布患处。

白及膏

【成分】白及 210 g，乳香 30 g，没药 30 g。

【性状】本品为灰黄色的软膏。

【功能】散瘀止痛。

【主治】骨折，闭合性损伤。

【用法与用量】外用适量，敷患处。

防腐生肌散

【成分】枯矾 30 g，陈石灰 30 g，血竭 15 g，乳香 15 g，没药 25 g，煅石膏 25 g，铅丹 3 g，冰片 3 g，轻粉 3 g。

【性状】本品为淡暗红色的粉末，气香，味辛、涩、微苦。

【功能】防腐生肌，收敛止血。

【主治】痈疽溃烂，疮疡流脓，外伤出血。

【用法与用量】外用适量，撒布创面。

松节油搽剂

【成分】松节油 650 g，软皂 75 g，樟脑 50 g，蒸馏水 225 mL。

【性状】本品为乳白色的稠厚混悬液，有松节油及樟脑特臭，与水振摇起多量的泡沫。

【功能】局部刺激药。

【主治】肌肉风湿，腱鞘炎，关节炎，挫伤等。

【用法与用量】外用，涂擦患处。

紫草膏

【成分】紫草 60 g，金银花 60 g，当归 60 g，白芷 60 g，麻油 500 g，白蜡 25 g，冰片 6 g。

【性状】本品为棕褐色的软膏，具特殊的油腻气味。

【功能】清热解毒，生肌止痛。

【主治】烫伤，火伤。

【用法与用量】外用适量，涂患处。

香连溶液

【成分】黄连，香薷，苦参，徐长卿，艾叶。

【性状】本品为黄棕色至红棕色澄清液体，气清香。

【功能】杀菌。

【主治】用于奶牛乳腺炎。

【用法与用量】乳头浸泡：1∶5 倍稀释，浸泡时间 2~3 s。

二十、水产用制剂

虾蟹脱壳促长散

【成分】露水草 50 g，龙胆 150 g，泽泻 100 g，沸石 350 g，夏枯草 100 g，筋骨草 150 g，酵母 50 g，稀土 50 g。

【性状】本品为灰棕色的粉末。

【功能】促脱壳，促生长。

【主治】虾、蟹脱壳迟缓。

【用法与用量】每 1 kg 饲料，虾、蟹 0.1 g。

七味板蓝根散

【成分】板蓝根 30 g，穿心莲 30 g，黄芪 20 g，大黄 20 g，地榆 15 g，黄芩 15 g，乌梅 20 g。

【性状】本品为灰黄色的粉末，气香，味苦。

【功能】清热解毒，益气固表。

【主治】甲鱼白底板病，腮腺炎。

【用法与用量】拌饵投料，每 1 kg 体重，甲鱼 0.4~0.8 g，连用 5~7 d。

三黄散

【成分】黄芩 30 g，黄柏 30 g，大黄 30 g，大青叶 10 g。

【性状】本品为黄色至黄棕色或黄绿色的粉末，气微香，味苦。

【功能】清热解毒。

【主治】细菌性败血症、烂腮、肠炎和赤皮。

【用法与用量】拌饵投料：每 1 kg 体重，鱼 0.5 g，连用 4~6 d。

大黄末

【成分】本品为大黄经加工制成的粉末。

【性状】本品为黄棕色的粉末，气微香，味苦、味涩。

【功能】健胃消食，泻热通肠，凉血解毒，破积行瘀。

【主治】细菌性烂腮、赤皮、腐皮和烂尾病。

【用法与用量】全池泼撒，每立方米水体 2.5~4 g，连用 3 d。

大黄芩蓝散

【成分】大黄 10 g，大青叶 30 g，地榆 20 g，板蓝根 20 g，黄芩 20 g。

【性状】本品为棕黄色至棕褐色的粉末，气微香，味微苦、涩。

【功能】清热解毒，凉血止血。

【主治】细菌感染引起的出血、烂鳃、肠炎与赤皮。

【用法与用量】拌饵投喂，每 1 kg 体重，鱼 0.5 g，连用 5 d。

大黄侧柏叶合剂

【成分】大黄 200 g，侧柏叶 50 g，五倍子 14 g，大蒜 200 g。

【性状】本品为红棕色的液体，久置可能有少量沉淀，具大蒜特异臭气，味苦。

【功能】清热解毒。

【主治】用于淡水鱼细菌性败血症的防治。

【用法与用量】拌饵投喂，每 1 kg 饵料，淡水鱼 0.5 mL，连用 7~15 d。

【规格】每毫升相当于原生药 0.464 g。

大黄五倍子散

【成分】大黄 600 g，五倍子 400 g。

【性状】本品为黄棕色至灰棕色的粉末，味苦、涩。

【功能】清热解毒，收湿敛疮。

【主治】细菌性肠炎、烂腮、烂肢、疖疮与腐皮病。

【用法与用量】拌饵投料，每 1 kg 体重，鱼、鳖 0.5~1.0 g，连用 5~7 d。

大黄碳酸氢钠片

【成分】大黄 150 g，碳酸氢钠 150 g。

【性状】本品为黄橙色或棕褐色片。

【功能】清热解毒。

【主治】烂腮。

【用法与用量】拌饵投喂：每 1 kg 体重，鱼、虾 1 片，连用 3 d。

【规格】每片含碳酸氢钠 0.15 g。

山青五黄散

【成分】山豆根 15 g，青蒿 20 g，大黄 10 g，黄芪 10 g，黄芩 8 g，柴胡 12 g，川芎 12 g，常山 8 g，陈皮 10 g，黄柏 5 g，黄连 5 g，甘草 15 g。

【性状】本品为灰黄色至棕黄色的粉末。

【功能】清热泻火，理气活血。

【主治】细菌性烂腮、肠炎、赤皮和败血症。

【用法与用量】拌饵投喂，每 1 kg 体重，鱼 2.5 g，连用 5 d。

五倍子末

【成分】本品为五倍子经加工制成的散剂。

【性状】本品为灰褐色或灰褐色的粉末，气特异，味涩。

【功能】敛疮止血。

【主治】水产动物水霉病、鳃霉病。

【用法与用量】

（1）拌饵投喂：每 1 kg 体重，水产动物 0.1~0.2 g，每天 3 次，连用 5~7 d。

（2）泼撒：每立方米水体，水产动物 0.3 g，每天 1 次，连用 2 次。

（3）浸浴：每立方米水体，水产动物 2~4 g，浸 30 min。

石知散

【成分】石膏 300 g，知母 100 g，黄芩 300 g，黄柏 100 g，大黄 200 g，连翘 100 g，地黄 100 g，玄参 100 g，赤芍 50 g，甘草 50 g。

【性状】本品为灰黄色的粉末，气微香，味苦。

【功能】泻火解毒，清热凉血。

【主治】鱼细菌性败血症病。

【用法与用量】拌料投喂，每 1 kg 体重，鲤科鱼类 0.5~1 g，连用 3~5 d。

龙胆泻肝散

【成分】龙胆 45 g，车前子 30 g，柴胡 30 g，当归 30 g，栀子 30 g，生地黄 45 g，甘草 15 g，黄芩 30 g，泽泻 45 g，木通 20 g。

【性状】本品为淡黄褐色的粉末，气清香，味苦、微甘。

【功能】泻肝胆实火，清三焦湿热。

【主治】鱼类、虾、蟹等水产动物的脂肪肝、肝中毒、急性或亚急性肝坏死及胆囊肿大、胆汁变色等病症。

【用法与用量】拌饵投喂，每 1 kg 体重，水产动物 1~2 g，连用 5~7 d。

加减消黄散

【成分】大黄 30 g，玄明粉 40 g，知母 25 g，浙贝母 30 g，黄药子 30 g，栀子 30 g，连翘 45 g，白药子 30 g，郁金 45 g，甘草 15 g。

【性状】本品为淡黄色的粉末，气微香，味苦、咸。

【主治】细菌性肠炎、赤皮、出血与烂鳃。

【用法与用量】拌饵投喂，治疗，一次量，每 1 kg 体重，鱼 0.2 g，每天 2 次，连用 5~7 d；预防，每 1 kg 体重，鱼 0.1 g，连用 2 d，每月用药 1~2 次。

扶正解毒散

【成分】板蓝根 60 g，黄芪 60 g，淫羊藿 30 g。

【性状】本品为灰黄色的粉末，气微香。

【功能】扶正祛邪，清热解毒。

【主治】用于鱼类感染性疾病的辅助性防治。

【用法与用量】拌饵投喂，每 1 kg 体重，鱼 0.3 g~0.4 g，连用 7 d；预防，每 1 kg 体重，鱼 0.2 g，连用 2 d。

连翘解毒散

【成分】连翘 20 g，黄芩 20 g，半夏 10 g，知母 25 g，羌活 10 g，独活 5 g，金银花 15 g，滑石 35 g，甘草 10 g。

【性状】本品为灰黄色的粉末，气香，味微苦。

【功能】清热解毒，祛风除湿。

【主治】黄鳝、鳗鲡发狂病。

【用法与用量】全池泼撒：每立方米水体，黄鳝 7.5 g，鳗鲡 0.3 g。

驱虫散

【成分】南鹤虱，使君子，槟榔，芜荑，雷丸等。

【性状】本品为褐色的粉末，气香，味苦、涩。

【功能】驱虫。

【主治】寄生虫病。

【用法与用量】拌饵投喂，一次量，每 1 kg 体重，鱼 0.2 g，每天 2 次，连用 5~7 d。

黄连白贯散

【成分】大青叶 150 g，白头翁 100 g，绵马贯众 50 g，大黄 60 g，黄连 40 g，连翘 60 g，大蓟 40 g。

【性状】本品为浅棕黄色至棕黄色的粉末，味苦。

【功能】清热解毒，凉血止血。

【主治】细菌性败血症、肠炎、赤皮病、打印病与烂尾病。

【用法与用量】拌饵投喂，一次量，每 1 kg 体重，鱼 0.4 g，每天 2 次，连用 3~5 d。

青板黄柏散

【成分】板蓝根 50 g，黄芩 25 g，黄柏 40 g，五倍子 30 g，大青叶 55 g。

【性状】本品为黄色至黄绿色的粉末，气清香，味苦。

【功能】清热解毒。

【主治】细菌性败血症、肠炎、烂鳃、竖鳞与腐皮。

【用法与用量】拌饵投喂：每 1 kg 体重，鱼 0.3 g，连用 3~5 d。

青莲散

【成分】鱼腥草 200 g，大青叶 200 g，穿心莲 150 g，黄柏 150 g。

【性状】本品为灰绿色或灰黄绿色的粉末，气微香，味微苦。

【功能】清热解毒，凉血。

【主治】细菌感染引起的肠炎、出血与败血症。

【用法与用量】拌饵投喂，一次量，每 1 kg 体重，鱼 0.1 g，每天 2 次，连用 5~7 d。

苦参末

【成分】本品为苦参经加工制成的粉末。

【性状】本品为浅黄色至棕黄色的粉末，气微，味极苦。

【功能】清热燥湿，驱虫杀虫。

【主治】鱼类车轮虫、指环虫、三代虫等寄生虫病及细菌性肠炎、出血性败血症。

【用法与用量】拌饵投料：每1 kg体重，鱼1~2 g，连用5~7 d。

板蓝根大黄散

【成分】板蓝根125 g，大黄125 g，穿心莲50 g，黄连50 g，黄柏50 g，黄芩50 g，甘草50 g。

【性状】本品为棕黄色的粉末，气微，味苦。

【功能】清热解毒。

【主治】鱼类细菌性败血症、细菌性肠炎。

【用法与用量】拌饵投喂：一次量，每1 kg体重，鱼1~1.5 g，每天2次，连用3~5 d。

板黄散

【成分】板蓝根150 g，大黄44 g。

【性状】本品为黄色至淡棕黄色的粉末，气香，味淡。

【功能】清热解毒，保肝利胆。

【主治】肝胆综合征。

【用法与用量】拌饵投喂，一次量，每1 kg体重，鱼0.2 g，每天3次，连用5~7 d。

板蓝根末

【成分】板蓝根加工而成的散剂。

【性状】本品为灰黄色至棕黄色的粉末，味微甜后苦涩。

【功能】清热，解毒，凉血。

【主治】细菌性肠炎、烂鳃和败血症。

【用法与用量】拌饵投喂，每1 kg体重，鱼0.5~1 g，连用3~5 d。

虎黄合剂

【成分】虎杖375 g，绵马贯众250 g，黄芩225 g，青黛150 g。

【性状】本品为棕褐色至棕红色的液体，味苦，微辛。

【功能】清热，解毒，杀虫。

【主治】嗜水气单胞菌感染。

【用法与用量】拌饵投喂，每 1 kg 体重，蟹 0.25~0.5 mL，连用 7 d。

虾康颗粒

【成分】黄芩 160 g，金银花 160 g，大黄 100 g，板蓝根 100 g，山楂 80 g，黄芪 84 g，大蒜 106 g，刺梨汁 84 g。

【性状】本品为浅黄色至黄棕色的颗粒，气香特异，味微甘、稍涩。

【功能】清热解毒，益气补中，增强抗病力，助消化，促生长。

【主治】用于对虾生长期病毒性与细菌性疾病的预防和治疗。

【用法与用量】混饲：每 1 000 kg 饲料，预防 5 kg；治疗 10 kg。

穿梅三黄散

【成分】大黄 50 g，黄芩 30 g，黄柏 10 g，穿心莲 5 g，乌梅 5 g。

【性状】本品为灰黄色粉末，气微香，味微苦。

【功能】清热解毒。

【主治】细菌性败血症，肠炎，烂鳃与赤皮病。

【用法与用量】拌饵投喂：每 1 kg 体重，鱼 0.6 g，连用 3~5 d。必要时 15 d 后可重复用药。

根莲解毒散

【成分】板蓝根 160 g，黄芪 70 g，穿心莲 160 g，甘草 80 g，鱼腥草 160 g，陈皮 60 g，大青叶 120 g，山楂 60 g，蒲公英 80 g。

【性状】本品为青灰色的粉末，气微香，味微苦。

【功能】清热解毒，扶正健脾，理气化食。

【主治】细菌性败血症、赤皮和肠炎。

【用法与用量】混饲：每 1 kg 饲料，鱼、虾、蟹 5~10 g。

柴黄益肝散

【成分】柴胡 300 g，大青叶 350 g，大黄 150 g，益母草 50 g。

【性状】本品为黄棕色或棕褐色的粉末。

【功能】清热解毒，保肝利胆。

【主治】鱼肝脏肿大、肝出血和脂肪肝。

【用法与用量】拌饵投喂，每 1 kg 体重，鱼 1~2 g，连用 5~7 d，预防连用 2~3 d，间隔 15 d 重复投喂。

黄连解毒散

【成分】黄连 30 g，黄芩 60 g，黄柏 60 g，栀子 45 g。

【性状】本品为黄褐色的粉末，味苦。

【功能】泻火解毒。

【主治】用于鱼类细菌性、病毒性疾病的辅助性防治。

【用法与用量】拌饵投喂，每 1 kg 体重，鱼 0.3 g~0.4 g，连用 7 d；预防，每 1 kg 体重，鱼 2 g，连用 1~2 d。

银翘板蓝根散

【成分】板蓝根 260 g，金银花 160 g，黄芪 120 g，连翘 120 g，黄柏 100 g，甘草 80 g，黄芩 60 g，茵陈 60 g，当归 40 g。

【性状】本品为棕黄色的粉末，气香，味苦。

【功能】清热解毒。

【主治】对虾白斑病，河蟹勔抖病。

【用法与用量】拌饵投喂，每 1 kg 体重，对虾、河蟹 0.16~0.24 g，连用 4~6 d。

脱壳促长散

【成分】蜕皮激素 0.7 g，黄芪 100 g，甘草 75 g，山楂 50 g，酵母 24.3 g，石膏 200 g，沸石 400 g，淀粉 150 g。

【性状】本品为灰黄色的粉末。

【功能】促脱壳，促生长。

【主治】虾、蟹脱壳迟缓。

【用法与用量】混饲：每 1 kg 饲料，虾、蟹 2 g。

清热散

【成分】大青叶 60 g，板蓝根 60 g，石膏 60 g，大黄 30 g，玄明粉 60 g。

【性状】本品为黄色的粉末，味苦、微涩。

【功能】清热解毒，凉血消斑。

【主治】鱼病毒性出血病。

【用法与用量】拌饵投喂，每 1 kg 体重，草鱼、青鱼 0.3~0.4 g，连用 7 d。

博落回散

【成分】博落回提取物。

【性状】本品为棕红色的粉末。

【功能】抗菌、消炎、开胃、促生长。

【主治】淡水鱼类、虾、蟹和龟、鳖生长缓慢。

【用法与用量】以博落回提取物计，每 1 kg 体重用量 1.13~2.25 g，可长期添加使用。

【注意事项】口服能引起严重心律失常及心源性脑缺血综合征。

蒲甘散

【成分】黄连 30 g，黄柏 200 g，大黄 86 g，甘草 200 g，蒲公英 300 g，苦参 184 g。

【性状】本品为灰黄色至黄色的粉末，气清香，味苦。

【功能】清热解毒。

【主治】细菌感染引起的败血症、肠炎、烂鳃、竖鳞与腐皮。

【用法与用量】拌饵投喂，每 1 kg 体重，鱼 0.3 g，连用 5 d。

蚌毒灵散

【成分】黄芩 60 g，黄柏 20 g，大青叶 10 g，大黄 10 g。

【性状】本品为灰黄色的粉末，气微，味苦。

【功能】清热解毒。

【主治】蚌瘟病。

【用法与用量】挟袋法：每 10 只手术蚌 5 g；泼撒法：每立方米水体 1 g。

六味地黄散

【成分】熟地黄 80 g，酒萸肉 40 g，山药 40 g，牡丹皮 30 g，茯苓 30 g，

泽泻 30 g。

【性状】本品为灰棕色的粉末，味甜、酸。

【功能】滋阴补肾。

【主治】机体抵抗力弱。

【用法与用量】拌饵投料，每 1 kg 体重，水产动物 0.1 g，连用 5 d。

苍术香连散

【成分】黄连 30 g，木香 20 g，苍术 60 g。

【性状】本品为棕黄色的粉末，气香，味苦。

【功能】清热燥湿。

【主治】细菌性肠炎。

【用法与用量】拌饵投料：每 1 kg 体重，鱼 0.3~0.4 g，连用 7 d。

大黄解毒散

【成分】大黄 20 g，玄参 35 g，黄柏 30 g，绵马贯众 20 g，甘草 5 g，地肤子 25 g，鹤虱 30 g，苦参 40 g，槟榔 20 g。

【性状】本品为黄色至褐色的粉末，气微香，味苦。

【功能】清热燥湿，杀虫。

【主治】败血症。

【用法与用量】每 1 kg 饲料，鱼 1~1.5 g。

六味黄龙散

【成分】龙胆 30 g，黄柏 30 g，陈皮 25 g，厚朴 20 g，大黄 20 g，碳酸氢钠 50 g。

【性状】本品为淡黄色至深黄色的粉末，气香，味苦。

【功能】清热燥湿，健脾理气。

【主治】预防虾白斑综合征。

【用法与用量】全池泼撒，每立方米水体，虾 2 g，连用 3 d。

双黄白头翁散

【成分】白头翁 135 g，大黄 540 g，黄芩 325 g。

【性状】本品为黄色至黄棕色的粉末，味微苦。

【功能】清热解毒、凉血止痢。

【主治】细菌性肠炎。

【用法与用量】拌饵投喂：每 1 kg 体重，鱼 0.8 g，连用 5 d。

双黄苦参散

【成分】大黄 300 g，黄芩 175 g，苦参 25 g。

【性状】本品为黄棕色的粉末，味微苦。

【功能】清热解毒。

【主治】细菌性肠炎、烂鳃与赤皮。

【用法与用量】拌饵投喂：每 1 kg 体重，鱼 2 g，连用 3~5 d。

地锦草末

【成分】地锦草加工制成的粉末。

【性状】本品为绿褐色的粉末，气微，味微涩。

【功能】清热解毒，凉血止血。

【主治】防治由弧菌、气单胞菌等引起鱼肠炎、败血症等细菌性疾病。

【用法与用量】拌饵投喂：每 1 kg 体重，鱼 5 g~10 g，连用 5~7 d。

地锦鹤草散

【成分】地锦草 35 g，仙鹤草 35 g，辣蓼 20 g。

【性状】本品为灰褐色的粉末，气香，味微酸。

【功能】清热解毒，止血止痢。

【主治】烂鳃、赤皮、肠炎、白头白嘴等细菌性疾病。

【用法与用量】拌饵投喂：治疗，每 1 kg 体重，鱼 0.5~1 g，连用 3~5 d。预防，疾病流行季节拌饵投喂，每 1 kg 体重，鱼 0.5 g，隔 15 d 重复投喂 1 次。

清健散

【成分】柴胡 50 g，黄芪 50 g，连翘 50 g，山楂 50 g，麦芽 50 g，甘草 50 g，金银花 15 g，黄芩 50 g。

【性状】本品为淡棕色至淡黄棕色的粉末，气微香，味淡、微甜。

【功能】清热解毒，益气健胃。

【主治】细菌性肠炎。

【用法与用量】拌饵投喂，每 1 kg 体重，鱼 0.4 g，连用 6 d。

肝胆利康散

【成分】茵陈 30 g，大黄 30 g，郁金 25 g，连翘 15 g，柴胡 15 g，栀子 15 g，白芍 15 g，牡丹皮 15 g，藿香 15 g。

【性状】本品为黄棕色的粉末，味微苦。

【功能】清肝利胆。

【主治】肝胆综合征。

【用法与用量】拌饵投喂，每 1 kg 体重，鱼 0.1 g，连用 10 d。

驱虫散

【成分】鹤虱 30 g，使君子 30 g，槟榔 30 g，芜荑 30 g，雷丸 30 g，绵马贯众 60 g，干姜（炒）15 g，淡附片 15 g，乌梅 30 g，诃子 30 g，大黄 30 g，百部 30 g，木香 15 g，榧子 30 g。

【性状】本品为褐色的粉末，气香、味苦、涩。

【主治】辅助性用于寄生虫的驱除。

【用法与用量】拌饵投喂，一次量，每 1 kg 体重，鱼 0.2 g，每天 2 次，连用 5~7 d。

川楝陈皮散

【成分】川楝子 200 g，陈皮 100 g，柴胡 80 g。

【性状】本品为浅黄色至深棕色的粉末，气香，味苦。

【功能】驱虫，消食。

【主治】绦虫病、线虫病。

【用法与用量】拌饵投喂，每 1 kg 体重，淡水鱼 0.1 g，连用 3 d。

百部贯众散

【成分】百部 100 g，绵马贯众 150 g，食盐 100 g，樟脑 25 g，苦参 75 g。

【性状】本品为黄褐色的粉末，有刺激性气味，味苦咸、微涩。

【功能】杀虫，止血。

【主治】黏孢子虫病。

【用法与用量】全池泼撒，每立方米水体，淡水鱼 3 g，连用 5 d。

雷丸槟榔散

【成分】槟榔 15 g，雷丸 15 g，木香 5 g，绵马贯众 5 g，苦楝皮 20 g，鹤虱 10 g，苦参 20 g。

【性状】本品为棕褐色的粉末，气微香，味涩、苦。

【功能】驱杀虫。

【主治】车轮虫病和锚头鳋病。

【用法与用量】拌饵投喂，一次量，每 1 kg 体重，鱼 0.3~0.5 g，隔天 1 次，连用 2~3 次。

二十一、蚕用制剂

仁香散

【成分】艾叶 10 g，广藿香 10 g，苦杏仁 30 g，丁香 20 g。

【性状】本品为黄棕色至棕色的粉末，气芳香，味辛、苦。

【功能】芳香化浊。

【主治】用于预防家蚕白僵病、曲霉病。

【用法与用量】蚕体、蚕座撒布：以 80 倍量中性陶土粉末稀释，混匀后均匀撒布于蚕体、蚕座，撒布量以覆盖至薄霜状为宜。

蚕用蜕皮液

【成分】筋骨草或紫背金盘加工制成的水溶液。

【性状】本品为深褐色的液体，气香，味苦。

【功能】调节家蚕生长发育。

【主治】用于促进家蚕上蔟整齐。

【用法与用量】见有 5% 熟蚕时，取本品 4~5 mL，加凉开水 750~1 000 mL，均匀喷洒在 5~6 kg 桑叶上，供 1 万头蚕采食。

【规格】每毫升约相当于原生药 5 g。

二十二、蜂用制剂

蜂螨酊

【成分】百部 1 000 g，马钱子（制）1 000 g，烟叶 1 000 g。

【性状】本品为黄棕色的液体。

【功能】杀灭蜂螨。

【主治】蜜蜂寄生螨。

【用法与用量】加 3~5 倍水稀释喷雾，每标准群 100~200 mL。

【规格】每毫升约相当于原生药 2 g。

黑风散

【成分】胡椒 64 g，三七 30 g，肉桂 16 g。

【性状】本品为深灰色的粉末。

【功能与主治】防治蜜蜂麻痹、蜂副伤寒病症。

【用法与用量】取本品 3 g，放入 90 ℃的（1∶1）100 mL 糖浆中搅拌均匀，喂蜂 40 框。

第十六章 药物制剂常用附加剂

第一节 液体制剂常用附加剂

一、非水溶剂

乙醇 Ethyl Alcohol

【理化性质】本品为无色澄清液体，微有特臭，易挥发，易燃烧。能与水、甘油、丙二醇、挥发油等任意比例混合。

【作用与用途】本品在一定浓度时为优良的溶剂、助溶剂、防腐剂和吸收促进剂。中药提取过程中，低于 20% 的乙醇也可起到防腐的作用。在中性或碱性溶液中，含量需大于 25% 才能防腐。乙醇浓度超过 10%，肌内注射疼痛，一般用复合溶剂来规避。

丙三醇 Glycerin

【理化性质】本品俗称甘油，为无色、澄清的黏稠液体。有甜味，有吸湿性，水溶液 pH 值偏中性，与水或乙醇能任意比例混溶。

【作用与用途】本品常用作溶剂和助溶剂，其对很多药物有较大的溶解度，常与乙醇、丙二醇、水等复合应用。也可用作乳剂的助悬剂、纳米乳的助乳化剂。内服毒性低，含量 30% 以上的甘油溶液有防腐作用。

丙二醇 Propylene Glycol

【理化性质】本品为无色、无臭、澄明的黏稠液体。有类似于甘油的甜味，有吸湿性。本品几乎无毒，与水、乙醇、甘油和三氯甲烷能以任意比例混溶。

【作用与用途】本品在药剂中常作溶剂、湿润剂和保湿剂，也可用作乳剂和混悬剂的助溶剂。丙二醇含量 ≥10% 的溶液剂，也有防腐的作用。广泛用于药物制剂、食品和化妆品中，相对无毒，但含丙二醇 35% 处方能致溶血。

正丁醇 Butyl Alcohol

【理化性质】本品为无色澄清的液体，有特殊刺鼻的酒味。在水中溶解，与乙醇、乙醚任意比例混溶。

【作用与用途】在药剂中常作溶剂，对于大多的甾体皂苷等具有较好的溶解和选择性，也用作消泡剂，也可用作乳剂和混悬剂的助溶剂。

聚乙二醇类 Polyethylene glycol（PEG）

【理化性质】本品常用平均相对分子质量来命名、区别，如 PEG200、PEG300、PEG400、PEG600、PEG1 000、PEG1 500、PEG4 000、PEG6 000 等。其常温物理性状随相对分子质量的增大，逐渐由液体到固体。PEG200、PEG300、PEG400、PEG600 等相对分子质量低的品种，常温为无色或淡黄色、有特臭的中等黏度澄清透明液体，有吸湿性，比甘油更不易挥发，化学性质稳定，不易被水解破坏，能以任何比例与水混合；PEG1 000、PEG1 500、PEG4 000、PEG6 000 等相对分子质量高的品种，常温为白色或近白色的糊状至蜡片状固体，特别是相对分子质量大于 6 000 的品种，常温为白色蜡片状固体或结晶性粉末。聚乙二醇类均有较强的吸湿性，易溶于水，可与乙醇、丙二醇、丙三醇等有机溶剂任意比例混合。

【作用与用途】本品在药剂中常作溶剂、湿润剂、保湿剂、润滑剂和助悬剂。广泛用于药物制剂、食品和化妆品行业。相对毒性较低，相对分子质量低于 600 的聚乙二醇，可用作注射剂的溶剂，也可用作润湿剂和保湿剂等；相对分子质量大于 1 000 的聚乙二醇，可用作润滑剂、助悬剂和难溶性药物的固体分散溶剂等。注射剂中最大用量不超过 30%，用量大于 40% 有溶血现象。

苯甲酸苄酯 Benzyl Benzoate

【理化性质】本品为无色、油状透明液体或叶片状结晶。味辛辣，有烧灼感。不溶于水和甘油，可与乙醇、脂肪酸和挥发油相混合。

【作用与用途】本品用作油注射剂的潜溶剂。有些药物不溶于油而溶于本品，可借此达到与油相混溶的目的，如二巯丙醇先用本品溶解后，再用植物油稀释可制成相应的注射液。用于油注射剂时，苯甲酸苄酯含量70%以上进行肌内注射，无不良反应。

α-吡咯烷酮 α-Pyrrolidone

【理化性质】本品为无色澄清透明液体。凝固点为25.6℃，沸点245℃。与水、低级醇、低级酮、醚、氯仿及苯等能互溶。

【作用与用途】本品为高沸点的极性溶剂，药剂中常在土霉毒注射液等中作溶剂使用。

N，N-二甲基乙酰胺 N，N-Dimethyl Acetamide（DMA）

【理化性质】本品为无色透明液体，与水、乙醇、芳香化合物等有机溶剂能任意比例混溶，能在有机溶剂或矿物油中溶解。

【作用与用途】本品溶解范围较广泛，溶液剂中常用作潜溶剂。注射剂量每天每1 kg体重不大于30 mg。

二甲基亚砜 Dimethyl Sulfoxide

【理化性质】本品为无色、无臭黏性液体或晶体（温度≤18.5℃），有轻微苦味，有强吸湿性。能与水、乙醇、乙醚混溶，与烷烃不混溶。本品溶解范围广，有"万能溶剂"之称。

【作用与用途】本品为吸收促进剂和高极性溶剂。作溶剂，溶解范围广。静脉注射可引起溶血，皮下注射或肌内注射、内服或经皮给药易于吸收，体内分布广泛。含量低于5%无透皮作用，5%以上随浓度增加，其促进吸收的作用增强，常用其30%～50%水溶液。

甘油三乙酯 Triacetin

【理化性质】本品为无色澄清稍具黏性的油状液体，在水中易溶，能与乙醇、三氯甲烷、乙醚混溶。

【作用与用途】本品用于兽药溶液剂产品，常作溶剂、增塑剂和保湿剂等。

甘油缩甲醛 Glycerol Formal

【理化性质】本品为无色、澄清透明略黏稠液体，有特臭。沸点191～

195 ℃，能溶于水、醇和氯仿。10%水溶液的 pH 值为 4~6.5。

【作用与用途】本品用于兽药溶液剂产品，常作溶剂、助溶剂、增溶剂使用，也有防腐作用。作为溶剂，适用于伊维菌素或阿维菌素注射液、长效土霉素注射液、氟苯尼考注射液、泰乐菌素、扑热息痛、盐酸苯并咪唑、磺胺类、吡喹酮类、氟喹诺酮类、地克珠利等溶液剂。肌内注射或皮下注射剂中用量不超过 10%（*W/V*），内服溶液剂用量不超过 20%（*W/V*）。

小白鼠内服半数致死量（LD_{50}）为 8 mL/kg，经静脉注射给药 LD_{50} 为 7.5 mL/kg；大鼠经内服 LD_{50} 为 8.6 mL/kg，经静脉注射给药 LD_{50} 为 3.5 mL/kg。

N，N-二甲基甲酰胺 N，N-Dimethyl Formamide（DMF）

【理化性质】本品为无色或微黄色、略带微弱氨臭的澄明油状液体，与水、乙醇能以任意比例混溶，但不溶于卤化烃类。性质稳定，由于能溶解很多难溶的有机物，特别是一些高聚物，所以有"万用溶剂"之称。

【作用与用途】本品常作溶液剂药物的溶剂使用，用量不超过复溶剂的 50%。

碳酸丙烯酯 Propylene Carbonate

【理化性质】本品为无色或淡黄色透明液体。

【作用与用途】本品常作溶液剂药物的溶剂使用，对二氧化碳的吸收能力很强，性质稳定，可作为二氧化碳吸收剂。

二、注射用油（酯）

玉米油 Corn Oil

【理化性质】本品为微黄色、略有异臭的澄清油状液体。略有坚果气味，味甜，似烹调过的甜玉米。几乎不溶于水、乙醇等，与苯、乙醚和己烷混溶。在空气中暴露时间过长，可变稠和致酸败。玉米油可干热灭菌。

【作用与用途】本品应用于内服、肌内注射或皮下注射和局部给药的制剂中。作为药用辅料，一般认为玉米油相对无毒、无刺激性。

【注意事项】本品应密闭、遮光，置阴凉、干燥处保存。避免过度受热。

大豆油 Soybean Oil

【理化性质】本品为淡黄色的澄清油状液体，无臭或几乎无臭。不溶于水，极微溶于乙醇。

【作用与用途】本品在药剂（内服溶液剂、皮下注射或肌内注射剂和局部用药制剂）中，可用作溶剂和分散剂。通常认为大豆油相对无毒、无刺激性。含有大豆油的乳剂还可用作口服给药的载体。此外大豆油还可用于许多药物给药系统的制备，如脂质体、微球、干乳、自乳化、纳米乳和纳米囊等。

花生油 Peanut Oil

【理化性质】本品为无色或淡黄色的油状液体，有淡淡的或清淡的坚果气味。对温度敏感，3 ℃开始变混浊，更低温度下成固体。微溶于乙醇，可溶于油。暴露于空气中可缓慢变稠、酸败，凝固的花生油使用时，应完全熔化并混合均匀再使用。花生油可干热灭菌。

【作用与用途】本品应用于内服溶液剂、肌内注射或皮下注射剂和局部给药的制剂中。通常认为花生油相对无毒、无刺激性。

【注意事项】本品应密闭、遮光贮藏，贮藏温度不超过 40 ℃。若用于注射剂，应在玻璃容器中储藏。氢氧化物类的碱会使花生油皂化。

棉籽油 Cottonseed Oil

【理化性质】本品为淡黄色或明亮的金黄色的、无臭的油状澄清液体。几乎无味，或有淡淡的坚果味。温度低于 10 ℃可从油中析出固体脂肪颗粒，在-5~0 ℃，由液体变为固体或几乎凝固。凝固的棉籽油使用时，应完全熔化并混合均匀再使用。

【作用与用途】本品可用于内服溶液剂、肌内注射或皮下注射剂和局部给药的制剂中作辅料。一般认为棉籽油相对无毒、无刺激性。

蓖麻油 Castor Oil

【理化性质】本品为几乎无色或淡黄色黏稠的澄明油状液体，有微臭。密度 0.955~0.968 g/cm^3（25 ℃）。初尝无味，后有辣味。溶于乙醇、冰醋酸、甲醇和乙醚等，几乎不溶于水，除非与其他植物油混合，不溶于矿物油。

【作用与用途】本品应用于内服溶液剂、肌内注射或皮下注射剂和局部给药的制剂中。作为药用辅料，通常认为蓖麻油相对无毒、无刺激性。

【注意事项】内服大量蓖麻油可产生呕吐、急性腹痛和泄泻。

油酸乙酯 Ethyl Oleate

【理化性质】本品为近乎无色或浅黄色的油状液体。略有臭味，似橄榄油味。黏度小，5 ℃时溶液性状仍为澄清透明，贮存放置后变色。可与乙醇、脂肪油及液体石蜡等有机溶剂混合，易被空气氧化。

【作用与用途】本品可迅速被机体吸收，是溶液剂的优良溶剂。可作为内服溶液剂、皮下注射或肌内注射剂的溶剂。本品毒性较低，组织刺激性很小。

三、增溶剂

吐温类 Tween

【理化性质】本品基本上都是有特臭的黄色油状液体。温度较低时，呈半凝胶状。加热或高温后混浊，放凉后可澄清，不影响质量。有较强的亲水性，易溶于水，溶于乙醇、醋酸乙酯，几乎不溶于液体石蜡和脂肪油。吐温类品种主要有吐温20、吐温60、吐温80等，其中吐温80最常用。

【作用与用途】本品常用作增溶剂、非离子表面活性剂、润湿剂和乳化剂等。作乳化剂时，吐温80为水包油型（O/W）乳剂的乳化剂。吐温和司盘混合应用，要比单一应用效果好。可通过改变两种类型的配比，得到不同HLB值的复合乳化剂，从而制得不同组成的油包水型（W/O）或水包油型（O/W）的乳剂。吐温20为月桂酯，吐温60为硬脂酸酯，吐温80为油酸酯，均有乳化作用。它们都有溶血作用，以吐温80最弱。通常认为吐温类无刺激性，无毒或毒性很低。

聚氧乙烯单硬脂酸酯 Polyoxyethylene Monostearate（PMG）

【理化性质】本品为白色至微黄色膏状或蜡状物。溶解于水、乙醇，不溶于油性溶剂，HLB值15，羟值60~85，皂化值40~55，碘价21~27，水溶液的发泡力和渗透力强。

【作用与用途】本品为非离子表面活性剂。溶液剂中可用作增溶剂和乳化剂使用。聚氧乙烯单硬脂酸酯 Myrj49、Myrj51、Myri53 用作维生素 A、维生素 D 和维生素 E 的增溶剂。

胆酸钠 Sodium Cholate

【理化性质】本品为淡黄色或棕黄色粉末，有新鲜胆汁臭味，初甜后苦。有引湿性。在水、乙醇中易溶，在乙醚中不溶。

【作用与用途】本品对泼尼松、地塞米松和去氧皮质酮有增溶作用。常用浓度约 10%（*W/V*）。

蓖麻油类（聚氧乙烯蓖麻油和聚氧乙烯氢化蓖麻油）

【理化性质】聚氧乙烯蓖麻油（Polyoxyethylene Castor Oil）和聚氧乙烯氢化蓖麻油（Polyoxyethylene Hydrogenated Castor Oil）均为淡黄色黏稠液体或膏状物。低温时凝固成膏状物，加热后即恢复原状，性能不变。易溶于水，溶于油脂、矿物油、脂肪酸及大多数有机溶剂。耐硬水、耐酸、耐无机盐，遇强碱会引起水解。聚氧乙烯蓖麻油 HLB 值为 13，聚氧乙烯氢化蓖麻油 HLB 值为 14~16。

【作用与用途】聚氧乙烯蓖麻油和聚氧乙烯氢化蓖麻油均为非离子型表面活性剂。药物制剂中可用作溶液剂的增溶剂，也可作乳剂的乳化剂。使用时可将本产品与需增溶物质按 1∶（1~3）的比例混合并搅拌均匀直至透明。

蔗糖的高级脂肪酸酯（蔗糖酯和蔗糖月桂酸酯）

【理化性质】蔗糖酯（Sucrose Esters of Fatty Acids）和蔗糖月桂酸酯（Lauric Acid Sucrose Ester）为白色至黄色的粉末或无色至微黄色的黏稠液体或粉末。无臭或稍有特殊的气味。易溶于乙醇、丙酮，单酯可溶于热水，但二酯和三酯不溶于水。单酯含量高则亲水性强，二酯和三酯含量越多，亲油性越高。

【作用与用途】本品具有表面活性、降低溶液表面张力的作用，可作增溶剂、乳化剂等使用。蔗糖酯和蔗糖月桂酸酯均可用作维生素 A、维生素 D、维生素 E 的增溶剂。作乳化剂使用时，与其他乳化剂复合使用乳化效果更好。蔗糖酯和蔗糖月桂酸酯安全无毒。

阿洛索 OT Aerosol OT

【理化性质】本品又称磺基琥珀酸二异辛酯（Di-isooctyl Sodium Sulfosuccinate），为白色蜡样柔软性固体。味苦，有辛醇样的特臭，微有吸湿性。易溶于极性或非极性溶剂中，在水中的溶解度约为 1.2%（W/V），水溶液显中性。可与醇、甘油混溶，易溶于液体石蜡、苯甲酸、油酸和乙酸甲酯等有机溶剂。

【作用与用途】在药剂中常用作乳化剂，也可作湿润剂。

对动物的毒性很低，小鼠内服的 LD_{50} 为 4.8 g/kg，大鼠内服的 LD_{50} 为 1.9 g/kg，鼠以 200~900 mg/（kg·d）的剂量喂食 6 个月，未见异常现象。

色氨酸 Tryptophan

【理化性质】本品为白色或微黄色结晶或结晶性粉末，无臭。在水中微溶，在乙醇中极微溶，在三氯甲烷中不溶，在甲酸中易溶，在氢氧化钠试液或稀盐酸中溶解。

【作用与用途】本品在液体制剂中常做增溶剂和冻干保护剂等。

酪氨酸 Tyrosine

【理化性质】本品为白色结晶或结晶性粉，无臭。在水中极微溶，在无水乙醇、甲醇或丙酮中不溶，在稀盐酸和稀硝酸中溶解。

【作用与用途】本品在液体制剂中常作助溶剂和稳定剂等。

四、乳化剂

十二烷基硫酸钠 Sodium Lauryl Sulfate

【理化性质】本品为白色或淡黄色结晶或粉末，有特征性微臭。为阴离子表面活性剂，在水中易溶，在乙醚中几乎不溶。

【作用与用途】本品在乳剂、乳膏剂中广泛用作乳化剂。也可用作去垢剂、分散剂、起泡剂、润湿剂等；作乳化剂时，用于制备内服或外用的水包油型（O/W）乳剂，常用量约为 1%（W/V）。本品还可作增溶剂用于黄体酮的增溶。

【注意事项】本品不能用于注射。

大豆磷脂 Soya Lecithin

【理化性质】本品为黄色至棕色的半固体、块状物。在乙醇和乙醚中易溶，在丙酮中不溶。

【作用与用途】大豆磷脂具有较好的乳化力，主要应用于含药脂质体的药物剂型。常规用量在 2.0%。也做溶液剂的助溶剂、增溶剂使用。有专门用于注射剂的大豆磷脂。

泊洛沙姆 Poloxamer

【理化性质】本品通常为白色、无臭无味的液体、半固体到蜡状固体。为非离子高分子表面活性剂，规格和型号多，常用的有泊洛沙姆 124、泊洛沙姆 188、泊洛沙姆 237、泊洛沙姆 338、泊洛沙姆 407。常温存在形态随聚合度的增大可从液体、半固体到蜡状固体。能溶于乙醇、乙酸乙酯，不同型号在水中均易溶，溶解度随分子中氧乙烯含量的增加而增加。

【作用与用途】本品是一种非离子表面活性剂，为新型的药用辅料，能增加药物的溶解度。药剂中作乳化剂、增溶剂、吸收促进剂和稳定剂等使用。药物固体分散技术中，与水溶性分散溶剂复合使用，可增加难溶性药物在溶剂中的溶解度和分散度。通常采用溶剂—熔融法制备固体分散体。

平平加 0 Peregal 0

【理化性质】本品为白色至微黄色膏状物或蜡片状固体。溶于水、乙醇、丙二醇和丙三醇等。其 10% 的水溶液澄清透明，pH 值呈中性。对酸、碱溶液和硬度较大的水均稳定。实际生产应用中，平平加 0 分不同型号，平平加 0~20，不同型号性质有差异。

【作用与用途】本品为非离子型表面活性剂，药剂中作乳化剂使用，对液体石蜡和硬脂酸等乳化作用都很强。作乳化剂使用常用量为 0.02% ~ 0.1%。

司盘类 Span

【理化性质】本类大多为有特臭的白色或黄色油状液体，或为乳白色蜡状固体。味柔和。不溶于水，可在水中分散。多数溶于液体石蜡和脂肪油等溶剂中。根据司盘不同品种分子结构中 R 基上取代基的不同，司盘类可分为司盘 20、司盘 40、司盘 60、司盘 65、司盘 80、司盘 85 等。

【作用与用途】该类化合物常用作油包水型（W/O）乳剂的乳化剂。对皮肤无刺激性，常用于医药和食品，与吐温类混合使用，对乳剂的乳化效果更好。毒性小，无副作用。

油酸类 Oleic Acid

【理化性质】本类均为淡黄色的膏状物。在热水中有良好溶解性，水溶液淡黄透明，呈碱性。溶于乙醇，溶液呈中性，不溶于苯和醚，在空气中缓慢被氧化，颜色变暗。具有一般盐的性质，不能挥发，在水中能完全离解为离子，加入无机酸（强酸）后又可以使盐重新变为羟酸游离出来。这类物质有油酸钾（Potassium Oleate）、油酸钠（Sodium Oleate）、油酸三乙醇胺（Triethanolamine Oleate）等品种。

【作用与用途】属于阴离子表面活性剂，有优良的乳化力，药剂中用作乳化剂。

甲基纤维素 Methyl Cellulose

【理化性质】本品为白色或者淡黄色、无臭、无定形颗粒或粉末。几乎不溶解于乙醇。水溶液为黏稠的胶体，在 pH 值为 2~12 时稳定，但易长霉菌，且与尼泊金酯类复配有结合现象，使用时可增加尼泊金酯的用量。因其是非离子型增稠剂和乳化剂，所以可与其他乳化剂配伍，但遇盐会析出。

【作用与用途】本品在溶液剂中作乳化剂使用。作油包水型（W/O）乳剂的乳化剂；也可用作增稠剂和黏合剂。1%~5% 的水溶液可作黏合剂，5% 的溶液黏合力约与 10% 的淀粉浆相当，制成的颗粒硬度基本无差异。

甘氨酸 Glycine

【理化性质】本品为白色或类白色结晶性粉末，无臭。在水中易溶，在乙醇或乙醚中几乎不溶。

【作用与用途】本品在溶液剂中作乳化剂使用。

明胶 Gelatin

【理化性质】本品为白色或浅黄褐色，无臭、无味、半透明、微带光泽的脆片或粉末。不溶于冷水，在水中吸水膨胀不溶解，但能吸收 5 倍量的冷水而膨胀软化。溶于热水（水温大于约 35 ℃），冷却后形成凝胶。能溶于乙酸、甘油、丙二醇等多元醇的水溶液。不溶于乙醇、乙醚、氯仿及其他多数非极性有机溶剂。

【作用与用途】本品在药剂中用作乳化剂和增稠剂。明胶有很强的乳化能力，可制得很小油粒的乳剂。也用作胶凝剂、稳定剂、澄清剂和发泡剂。

阿拉伯胶 Acacia Gum

【理化性质】本品有两种规格，一种为白色球形颗粒状，形如桃，易溶于水；另一种为白色细粉末状。无臭，味淡而黏滑。不溶于醇，可在两倍量的冷水中缓慢溶解，水溶液随放置时间延长而黏度降低，易染菌。

【作用与用途】在药剂中可用作乳化剂、增稠剂、混悬稳定剂等。用作乳化剂，适用于制造水包油型（O/W）内服乳剂的乳化剂。也可用作黏合剂，一般配成 10%~25% 的水溶液作为黏合剂，黏结力强。

单硬脂酸甘油酯 Glyceryl Monostearate

【理化性质】本品为白色蜡状薄片或珠粒固体，能溶于热有机溶剂，如乙醇、液体石蜡及脂肪油，不溶于水。

【作用与用途】本品在药剂中用作乳化剂和辅助乳化剂，用作油包水型（W/O）乳剂的乳化剂；可配合其他的表面活性剂复合使用，也可用作水包油型（O/W）乳剂的乳化剂。乳化用量为 3%~15%。

油酰聚氧乙烯甘油酯 Oleoyl Macrogolglycerides

【理化性质】本品为淡黄色油状液体，极易溶于二氯甲烷，几乎不溶于水。

【作用与用途】为混合型乳化剂。为甘油单酯、二酯、三酯和聚乙二醇的单酯、二酯的混合物，是由不饱和油脂与聚乙二醇部分醇溶，或由甘油和聚乙二醇与脂肪酸酯化，或由甘油酯与脂肪酸聚氧乙烯酯混合制得。乳化用量为 3%~15%。

卡泊沫 Cabopol

【理化性质】本品为白色、疏松粉末，吸湿性较强，略有特臭。溶于水、乙醇和甘油，其水溶液显酸性。有多种型号，卡泊沫 1342 与阴离子表面活性剂有较好的相容性，适用于含溶解盐的溶液；卡泊沫 910 对离子的敏感度低、黏度低，可形成稳定的悬浮体；卡泊沫 941 可产生低黏度的稳定乳剂，溶液透明度好；卡泊沫 934P 纯度高、安全性好，可供药用内服，用作药剂的增稠、助悬和乳化；卡泊沫 940 可与水或醇-水形成澄清透明的溶液，是卡泊沫所有型号中增稠效果最好的；卡泊沫 934 高黏度时稳定性好，适用于黏稠度要求高的配方。

【作用与用途】本品在药剂中可作黏合剂、增稠剂、助悬剂和乳化剂使用。作乳化剂使用时，适用于油包水型（W/O）乳剂的乳化剂；用作水包油型（O/W）乳剂的乳化剂，配合氢氧化钠使用；用作内服或外用助悬剂常用量为 0.5%~5%。

脱氧胆酸钠 Solium Deoxycholate

【理化性质】本品为白色或类白色粉末。在水和乙醇中易溶，在乙醚中不溶。

【作用与用途】本品为乳化剂。

蛋黄卵磷脂 Egg Yolk Lecithin

【理化性质】本品为乳白色或淡黄色粉末或蜡状固体，具有轻微的特臭，触摸时有轻微滑腻感。在水和丙酮中不溶，在乙醇、乙醚、三氯甲烷或石油醚中溶解。

【作用与用途】本品常作为乳化剂和增溶剂。亦有供注射用蛋黄卵磷脂，作为乳化剂、增溶剂、脂质体膜材等。

聚氧乙烯（35）蓖麻油 Polyoxyl（35）Castor Oil

【理化性质】本品为白色、类白色或淡黄色糊状物或黏稠液体，微有特殊气味。在乙醇中极易溶解。

【作用与用途】本品为一种非离子性表面活性剂，常作为乳化剂和增溶剂。主要用水相乳化剂。

五、助悬剂

聚乙二醇 400 Polyethylene glycol 400

【理化性质】本品为无色、有轻微特臭的黏稠澄明液体，略有吸湿性。

在水或乙醇中易溶，在乙醚中不溶。

【作用与用途】常作助溶剂、助悬剂和溶剂使用。在纳米乳（微乳）制备过程中，常作乳化助剂。应用时，常与其他溶剂联合使用。毒性较低，注射毒性比内服毒性大。10%~40%的本品溶液红细胞可不受损害，但大于40%的本品溶液，红细胞均受损害。

【注意事项】添加0.9%的氯化钠于40%以下的聚乙二醇400溶液中，可防止红细胞溶血。

异丙醇 Isopropyl Alcohol

【理化性质】本品为无色、透明、易流动、易挥发、可燃的液体。有类似乙醇的气味，略有苦味。可与水和乙醇混溶，与水能形成共沸物。易燃，蒸气与空气形成爆炸性混合物。

【作用与用途】本品用作助悬剂，更可作树脂、香精油等的溶剂，在许多情况下可代替乙醇使用。异丙醇也是一种杀菌剂，浓度大于70%（*V/V*）时，比95%的乙醇抗菌效果还要好。另有一定的防腐效果。在化妆品和局部用药药剂中的应用广泛。

正丁醇 n-butanol；n-butyl alcohol

【理化性质】本品也叫1-丁醇（1-butanol），为无色澄清透明液体。有乙醇气味，相对密度为0.810 9，熔点为-90.2 ℃，沸点为117.7 ℃，能与乙醇、乙醚等有机溶剂混溶。

【作用与用途】本品在药剂中用作助悬剂和助乳化剂。

羧甲基纤维素钠 Sodium Carboxymethylcellulose（CMC-Na）

【理化性质】本品为无臭、无味的白色或乳白色纤维状粉末或颗粒，有引湿性。易于分散在水中呈澄明胶状液体，在乙醇等有机溶媒中不溶。水溶液的黏度与温度、pH值和聚合度有关，水溶液遇强碱（pH值>12）黏度会迅速下降。

【作用与用途】本品在溶液剂中常用作助悬剂、增稠剂、助乳化剂。溶解时先用冷水湿润为松散的颗粒状，再慢慢加入热水中不停搅拌溶胀；放置12 h以上，再搅拌使完全溶解。在固体制剂中也可用作润滑剂和黏合剂。作制粒用黏合剂，常用5%~10%浓度。

羟乙基纤维素 Hydroxyethyl Cellulose

【理化性质】本品为白色或淡黄白色粉末或颗粒，在水中或热水中形成胶状溶液。在丙酮、乙醇或甲苯中几乎不溶。

【作用与用途】本品可作为增稠剂、薄膜包衣剂、助悬剂、稳定剂等。

西黄蓍胶 Tragacanth

【理化性质】为白色或黄白色粉末或半透明薄片，遇水膨胀成有黏性胶状物。本品黏度在 pH 值为 5 时最大，pH 值低于 4.5 或 pH 值高于 6 时黏度则显著下降。

【作用与用途】本品可作为润滑剂、助悬剂、黏合剂及浮化剂等，其黏性较大，但乳化力较差，故常与阿拉伯胶配合应用。

硫酸铝 Aluminum Sulfate

【理化性质】本品为无色或白色结晶或结晶性粉末。在水中溶解，在乙醇中几乎不溶。

【作用与用途】本品常作为助悬剂。

六、抗氧剂

二丁基羟基甲苯 Butylated Hydroxytoluene

【理化性质】本品为无色、白色或类白色结晶或结晶性粉末。在丙酮中极易溶解，在乙醇中易溶，在水和丙二醇中不溶。

【作用与用途】本品为药剂中常用的油溶性抗氧化剂，一般与 BHA 配合使用，并以柠檬酸或其他有机酸为增效剂。溶液剂中常用浓度为 0.005%～0.15%。

亚硫酸氢钠 Sodium Hydrogen Sulphite

【理化性质】本品为白色结晶性粉末，有刺鼻的二氧化硫气味，长时间暴露于空气中会析出二氧化硫，能缓慢被氧化成硫酸氢钠，与强酸作用释放出二氧化硫，温度高于 65 ℃时分解释放出二氧化硫。易溶于水，难溶于醇，水溶液呈酸性。

【作用与用途】本品在药剂中常用作抗氧剂，具还原性，适用于偏酸性药物。常用于液体灭菌制剂。溶液剂中常用浓度为 0.05%~1%。

甲醛合次硫酸氢钠(吊白块) Sodium Formaldehyde Sulphoxylate

【理化性质】本品为白色结晶或白色硬块，无臭或略带韭菜气味，在80 ℃以上或遇稀酸即分解，但在 pH 值为 3 以上时较为稳定。易溶于水，微溶于乙醇。水溶液偏碱性，2%水溶液 pH 值为 9.7~10.5。

【作用与用途】本品具有强还原性，在长效土霉素、呋噻米等注射液中作抗氧剂，常用浓度为 0.005%~0.15%。

亚硫酸钠 Sodium Sulfite

【理化性质】本品为无色透明性结晶体或白色结晶性粉末。其晶体存在形式有六角棱柱形（无水）或单斜形（$Na_2SO_3 \cdot 6H_2O$），有二氧化硫气味，味清凉且咸。在空气中，含结晶水的亚硫酸钠容易被氧化成硫酸钠，加热则分解为硫酸钠和硫化钠。溶于水、甘油，不溶于乙醇，其水溶液呈碱性。在 pH 值为 7~10 时较为稳定，在酸存在下，则分解产生二氧化硫。

【作用与用途】本品具有强还原性。用于偏碱性溶液剂中作抗氧化剂。溶液剂常用浓度为 0.01%~0.2%。

焦亚硫酸钠 Sodium Metabisulphite

【理化性质】本品也叫偏重亚硫酸钠，为无色棱柱状结晶或白色结晶性粉末。略有二氧化硫臭气，相对密度为 1.4，味酸咸。有吸湿性，能溶解于水和甘油，微溶于乙醇。在水中的溶解度为：常温 30%（W/V），100 ℃ 时50%（W/V）。水溶液显酸性，pH 值为 4.0~5.5（1%溶液），在酸性溶液中稳定有效；与强酸接触则放出二氧化硫而生成相应的盐类；久置空气中，则氧化成 $Na_2S_2O_4$，故该产品不能久存。

【作用与用途】本品具有强还原性。在药剂中，用作酸性药物的抗氧剂，也有一定的防腐作用。溶液剂中用作抗氧化剂的常用量为 0.025%~0.1%。

【注意事项】本品的热稳定性差（40 ℃以下），应在阴凉处避光密闭保存。

硫代硫酸钠 Sodium Thiosulfate

【理化性质】本品为无色、透明的结晶或结晶性细粒。无臭，味咸。在干燥空气中有风化性，在湿空气中有潮解性。水溶液显微弱的碱性反应。易溶于水，不溶于醇，在酸性溶液中分解，具有强烈的还原性。在 33 ℃以上的干燥空气中易风化，在潮湿空气中有潮解性。

【作用与用途】本品具有强还原性。在药物制剂中，用作偏碱性溶液剂药物的抗氧剂，也有一定的防腐作用。作抗氧剂常用量为 0.1%~0.5%。

硫脲 Thiourea

【理化性质】本品为白色有光泽的斜方柱状或针状结晶，味苦。能溶解于水、乙醇，水溶液呈中性。本品易与金属形成化合物，其溶液稳定性跟纯度有关。

【作用与用途】本品具有还原性，药剂中可用作抗氧剂，也可作某些药物的助溶剂，包合制剂技术中可作包合材料用。药剂中用作抗氧剂浓度为 0.001%~0.05%（W/V）。

维生素 C Vitamin C

【理化性质】本品为白色结晶或略带淡黄色的结晶性粉末，无臭，味酸。久置色渐变微黄。在干燥状态和弱酸环境中稳定，在水溶液中很快被氧化，若 pH 值大于 7，则被氧化更快。在水中易溶，水溶液显酸性反应，其 0.5%（W/V）的水溶液 pH 值为 3。在乙醇中略溶，在氯仿或乙醚中不溶。

【作用与用途】本品为强还原剂，在酸性溶液中稳定。其在水中容易被氧化，氧化速度主要与溶液中的氧气浓度和溶液 pH 值有关。用作溶液剂的抗氧化剂浓度常为 0.02%~0.5%（W/V）。

【注意事项】本品应避光、密闭保存在非金属容器中。

叔丁基对羟基茴香醚 Butylated Hydoxyanisole（BHA）

【理化性质】本品为白色至微黄色的结晶性粉末，有轻微特异芳香气味和刺激性，见光色泽会变深。不溶于水，易溶于乙醇、丙二醇、丙三醇和油脂（花生油、棉籽油、液体石蜡等）中。对热稳定，碱性条件下不易被破坏。

【作用与用途】本品具有还原性，用于脂溶性药物溶液剂的抗氧剂。常用浓度为 0.005%~0.02%（W/V），但若用量大于 0.02% 则抗氧效果会降低。

没食子酸丙酯 Propyl Gallate

【理化性质】本品也叫三羟基苯甲酸丙酯（n-Propyl-3,4,5-trihydroxybenzoate），为白色至淡褐色的结晶性粉末或乳白色的针状结晶，无臭，略有苦味，但水溶液无味。对热稳定，光照能加速其分解，有吸湿性。易溶于乙醇、丙酮、乙醚、花生油、棉籽油等。遇铜、铁离子显紫色或者暗紫色。

【作用与用途】本品为油性抗氧化剂。抗氧化作用比 BHT 和 BHA 强，柠檬酸能明显增强它的抗氧化作用。用作溶液剂的抗氧化剂，常用浓度为 0.05%~0.1%。

【注意事项】本品与碱、铁盐有配伍禁忌，应在非金属容器中密闭贮存。

α-生育酚 α-Tocopherol

【理化性质】本品为淡黄色至黄褐色黏稠透明液体，几乎无臭。对热稳定，暴露于空气或光线下，可被缓慢氧化成暗褐色。不溶于水，溶于乙醇、丙酮、乙醚和植物油（花生油、蓖麻油和棉子油等）。

【作用与用途】本品具还原性，为天然抗氧化剂。常用作油性药物的抗氧化剂，一般用浓度为 0.05%~0.075%。

【注意事项】本品禁与铜、铁盐配伍，应在非金属容器中避光、密闭贮存。

抗坏血酸棕榈酸酯 Ascorbyl Palmitate

【理化性质】本品也叫维生素 C 棕榈酸酯（L-Ascorbic Acid 6-Palmitate），为白色或微黄色粉末。有特异柑橘臭味。极微溶解于水和有机溶剂，可溶解于乙醇。

【作用与用途】本品具有还原性，可用于脂溶性药物溶液剂的抗氧化剂，常用浓度为 0.01%~0.02%。

硫甘油 Thioglycerin

【理化性质】本品为略带硫化物味的无色或黄色黏稠液体。微溶于水，与乙醇可任意比例互溶。在碱性溶液中不稳定，10%的水溶液 pH 值为 3.5~7.0。

【作用与用途】本品具有还原性，药剂中常用作抗氧化剂，也可用作防腐剂，硫甘油的稀溶液能促进伤口愈合。用作抗氧剂常用浓度为 0.1%~0.5%（*W/V*）。

硫代乙二醇 2-Mercaptoethanol

【理化性质】本品也叫 2-巯基乙醇和 β-巯基乙醇，为无色澄清、透明液体，有特臭。能与水、醇、醚任意混合，兼有硫和醇的特性。在空气中可缓慢分解，其水溶液在空气中可被氧化成二氧化硫。

【作用与用途】本品具有还原性，用作肌内注射或皮下注射的注射剂的抗氧化剂，常用浓度为 0.1%~0.6%（*W/V*）。

七、抑菌防腐剂

苯甲酸钠 Sodium Benzoate

【理化性质】本品为白色颗粒或结晶性粉末，无臭，略带安息香的气味，因此也叫安息香酸钠。易溶于水，稳定性好，水溶液略显碱性。苯甲酸钠与苯甲酸作用相同，制剂 pH 值在 5 以上时用量不少于 0.5%。

【作用与用途】本品在药剂中常用作防腐剂和助溶剂。药剂中用作防腐剂时，苯甲酸用于酸性溶液剂，浓度为 0.2%~0.3%（*W/V*）；苯甲酸钠用于中性或微碱性溶液剂，浓度为 0.5%（*W/V*）。固体制剂中常作为助流剂。

山梨酸钾 Potassium Sorbate

【理化性质】本品为无色或白色的片状结晶或结晶性粉末，无臭，有吸湿性。暴露于空气中，能氧化变色。易溶于水。

【作用与用途】本品在药剂中常作抑菌防腐剂用，其抑菌防腐作用在酸性条件下才有效；但其稳定性差，常与其他抑菌剂联合、协同应用。药物制剂中，常用浓度为 0.1%~0.3%（以山梨酸计）。

尼泊金类 Nipagin

【理化性质】本品为抑菌防腐剂，特别对弱酸性和中性药液的防腐效果较好。包括尼泊金甲酯（Methylparaben）、尼泊金乙酯（Ethyl Paraben）、尼泊金丙酯（Propylparaben）、尼泊金丁酯（Butylparaben）等。在水及丙三醇中的溶解度按上述顺序依次递减，在有机溶剂中依次递增。尼泊金甲酯为白色针状结晶，尼泊金乙酯为无色结晶或白色结晶性粉末，尼泊金丙酯和丁酯均为无色结晶或白色粉末，它们均易溶于乙醇。

【作用与用途】尼泊金甲酯对霉菌有较强的抑制作用，且抑制作用可靠，对细菌的抑制作用则较弱。这类化合物对绿脓杆菌、肺炎杆菌、金黄色葡萄球菌、沙门杆菌等也有抑制作用。由于它们具有性质稳定、毒性低的特点，因此在药物制剂、化妆品和食品防腐方面应用很广。尼泊金丁酯应用很少。尼泊金酯类适用于酸性或中性溶液。防腐用量：尼泊金甲酯为 0.1%～0.25%，尼泊金乙酯为 0.05%～0.15%，尼泊金丙酯为 0.02%～0.075%，尼泊金丁酯为 0.01%～0.15%。一般两种或两种以上的尼泊金酯混合使用，较单独使用更有效，常用浓度为 0.1%～0.2%。

氯甲酚 Chlorccresol

【理化性质】本品为几乎无色或无色的结晶或结晶性粉末，有酚的臭味。微溶于水，易溶于沸水和乙醇，能溶解于甘油、丙二醇、花生油、蓖麻油和棉籽油等有机溶剂及植物油，能在皂液和碱溶液中溶解。水溶液暴露于空气中和光线下，会逐渐变黄色。

【作用与用途】本品为低毒的强力杀菌剂，在酸性溶液中作用不受影响，在偏碱性的溶液中作用较小，有油和脂肪存在时作用会降低，也可作为消毒剂使用。加热时，含氯甲酚 0.2% 的可杀灭细菌，含氯甲酚 0.1% 则为抑菌。

氯己定（洗必泰）Chlorhexidinie

【理化性质】本品为白色或几乎白色的结晶性粉末。

【作用与用途】本品对革兰氏阳性菌、革兰氏阴性菌和真菌均有较强的杀灭作用，对绿脓杆菌也有抑制作用。药剂中用作消毒剂，或溶液剂的防腐剂。用作溶液剂的防腐剂，常用浓度为 0.01%（W/V）。

山梨酸 Sorbic Acid

【理化性质】本品为略带特异性臭味的白色或乳白色针状晶体或结晶性粉末。对光、热均稳定，但若长时间暴露在空气中，易氧化变色。微溶于水（20 ℃，约 0.2%），易溶于热水（1：27），溶于乙醇（20 ℃，约12.9%），在甘油中的溶解量为 0.31%（20 ℃），在丙二醇中的溶解量为5.5%（20 ℃）。饱和水溶液 pH 值为 3.6。水溶液 pH 值呈酸性反应。

【作用与用途】本品在药剂中用作防腐剂。对霉菌和细菌均有较强的抑制作用，尤其适合于含吐温的液体药剂的防腐，并在酸性溶液中防腐效果最好。据报道，药液 pH 值大于 6.5 时无效，pH 值 4.5 时最适。山梨酸的毒性比苯甲酸低，广泛用于液体内服制剂防腐。溶液剂防腐常用浓度为0.15%~0.2%。

苯甲酸 Benzoic Acid

【理化性质】本品为白色、无臭、有丝光的片状或针状结晶。微溶于水，溶解于热水，易溶于乙醇（1：3，20 ℃）、甘油等有机溶剂及油脂中。水溶液 pH 值呈酸性反应。

【作用与用途】本品有良好的抑霉作用，药剂中常用作防腐剂。制剂溶液的 pH 值对它的防腐作用影响很大，制剂溶液的 pH 值在 4 以下时防腐作用最好。苯甲酸抑霉常用浓度为 0.1%~0.3%。

马来酸 Maleic Acid

【理化性质】本品为白色或类白色结晶性粉末。在水和丙酮易溶。水溶液 pH 值呈酸性反应。

【作用与用途】本品有良好的抑霉作用，药剂中常用作防腐剂。

辛酸 Caprylic Acid 及辛酸钠 Sodium Caprylate

【理化性质】本品为无色或微黄色的透明油状液体。在乙醇和丙酮中极易溶解，在碱金属氢氧化物的稀溶液中溶解，在水中极微溶解，水溶液 pH 值呈酸性反应。辛酸钠为白色或类白色结晶性粉末。在水和冰醋酸中易溶，在乙醇中略溶，在丙酮中几乎不溶。

【作用与用途】本品有良好的抑菌作用，药剂中常用作抑菌剂和稳定剂。

苯扎氯铵 Benzalkonium Chloride

【理化性质】本品为白色蜡状固体或黄色胶状体。在水和乙醇中极易溶，在乙醇中微溶。水溶液 pH 值呈中性或弱碱性反应。

【作用与用途】本品在药剂中常用作抑菌剂。一种阳离子表面活性剂，属非氧化性杀菌剂，具有广谱、高效的杀菌能力。另有同类抑菌剂苯扎溴铵。

苯甲醇 Benzyl Alcohol

【理化性质】本品为无色液体，具有微弱香气，有引湿性。微溶于水，与乙醇、三氯甲烷或乙醚混溶。

【作用与用途】本品在药剂中常用作抑菌剂。常用浓度为 0.5%~1%。

羟苯基酯类

【理化性质】本类包括羟苯乙酯、羟苯甲酯、羟苯丁酯、羟苯丙酯、羟苯苄酯及其相应的钠盐类，大多为白色或类白色结晶性粉末。在水、乙醇等中的溶解度有差异。

【作用与用途】本类药品药剂中常用作抑菌剂及防腐剂。

硫酸羟喹啉 Oxyquinoline Sulfate

【理化性质】本品为黄色结晶性粉末。在水中极易溶解，在甲醇中易溶，在乙醇中微溶，在丙酮或乙醚中不溶。

【作用与用途】本品用于液体制剂的防腐剂。

氯甲酚 Chlorocresol

【理化性质】本品为白色或类白色结晶性粉末或块状结晶，有酚的特臭。遇光或在空气中颜色渐深。在乙醇中极易溶解，在乙醚、石油醚中溶解，在水中微溶；在碱性溶液中易溶。

【作用与用途】本品常作为抑菌剂。

麝香草酚 Thymol

【理化性质】本品为无色结晶或白色结晶性粉末。在乙醇、三氯甲烷或乙醚中极易溶解，在冰醋酸中易溶，在液状石蜡、碱性溶液中溶解，在水中微溶。

【作用与用途】本品常作为抑菌剂。

八、pH 值调节剂

二氧化碳 Caebon Dioxide

【理化性质】本品为无色气体，无臭，水溶液显弱酸性反应。

【作用与用途】本品在药剂中常用作 pH 值调节剂，也可作为空气取代剂和气雾剂抛射剂。

丙氨酸 Alanine

【理化性质】本品为白色或类白色结晶或结晶性粉末，有香气。在水中易溶，在乙醇、丙酮或乙醚中不溶。

【作用与用途】本品用于液体制剂的 pH 值调节剂或疏松剂。

丙酸 Propionic Acid

【理化性质】本品为无色至微黄色油状液体，有刺激性及油酯酸败臭气味。本品与水、乙醇和乙醚混溶。

【作用与用途】本品用于液体制剂的 pH 值调节剂，也做助溶剂和抑菌剂等。

盐酸 Hydrochloric Acid

【理化性质】本品为无色澄清透明液体，有刺激性和腐蚀性。一般含 HCl 应为 36% ~ 38%（W/W），相对密度约为 1.18；稀盐酸含 HCl 应为 9.5% ~ 10.5%（W/W），相对密度约为 1.05。

【作用与用途】本品在药剂中常用作 pH 值调节剂，也可以用来酸化溶剂或药物来促进溶解，增加溶液剂的稳定性。依据产品质量控制要求，先配成一定浓度的稀溶液，适量添加。

氢氧化钠（钾）Sodium Hydroxide（Potassium Hydroxide）

【理化性质】本品为白色或者近白色的熔融块、小片或棒状固体。本品若暴露于空气中，会快速与空气中的二氧化碳起反应而变成碳酸钠（碳酸钾）及水。易溶于水、乙醇、甘油和丙二醇等，并产生大量热，加酸中和时也产生大量热，其水溶液显强碱性。

【作用与用途】药剂中常用作 pH 值调节剂。依据产品质量控制要求，先配成一定浓度的稀溶液，适量添加。

碳酸钠 Sodium Carbonate

【理化性质】本品为无色结晶或白色结晶性粉末，无臭，不溶于乙醇。水溶液显强碱性。

【作用与用途】本品在药剂中主要用于调节溶液剂的 pH 值和制备各种酸的钠盐。

碳酸氢钾 Potassium Bicarbonate

【理化性质】本品为白色或类白色结晶性粉末或无色结晶。不溶于醇，易溶于水，水溶液显碱性。若暴露于潮湿空气中，会缓慢分解。

【作用与用途】本品用于调节溶液（剂）的 pH 值。

无水碳酸氢钠 Sodium Bicarbonate

【理化性质】本品为白色结晶性粉末，无臭。不溶于醇，易溶于水，水溶液显碱性。若暴露于潮湿空气中，会缓慢分解。

【作用与用途】本品用于调节溶液（剂）的 pH 值，亦作抗胃酸剂和治疗全身酸中毒，并用于碱化尿液。

无水枸橼酸 Anhydrous Citric Acid

【理化性质】本品为无色、无臭的半透明结晶、白色颗粒或白色结晶性粉末。味极酸，在干燥空气中微有风化性。水溶液呈酸性反应。

【作用与用途】本品用于调节溶液（剂）的 pH 值，也可用于稳定剂和酸化剂。

稀硫酸 Dilute Sulfuric Acid

【理化性质】本品为无色、无臭的黏稠油状液体，相对密度为 1.84，腐蚀性很强。本品与水、醇混合时，会产生大量的热。

【作用与用途】本品用于调节溶液剂的 pH 值。

【注意事项】本品使用时，必须将酸加入稀释剂中；避免皮肤接触以免被烧伤。

稀醋酸 Diluted acetic Acid

【理化性质】本品为无色澄明液体，有刺激性特臭和辛辣的酸味。能与水、乙醇或甘油混溶。

【作用与用途】本品用于调节溶液剂的 pH 值，也作为缓冲剂。

稀磷酸 Diluted Phosphoric Acid

【理化性质】本品为无色澄清液体，与水、丙二醇、丙三醇和乙醇等溶时会放出热量。

【作用与用途】本品用于调节溶液剂的 pH 值。

【注意事项】长期有冷外贮藏会析出结晶。

浓氨溶液 Strong Ammonia Solution

【理化性质】本品为氨（NH_3）的水溶液，溶液中氨气含量为 27% ~ 30%（W/W），溶液为无色澄清透明液体，有强烈的刺激性和强腐蚀性。若暴露于空气中，氨气将会迅速失去。易与醇混合。

【作用与用途】本品用作药剂的 pH 值调节剂。

【注意事项】严防气体刺激鼻子和眼睛。

醋酸 Acetic Acid 与醋酸钠 Sodium Acetate

【理化性质】醋酸常温为无色、有强烈刺激性的澄清透明液体；与水、乙醇、甘油和多数挥发油、脂肪油等均能任意比例混合。温度低于 -2 ℃时会冻结成无色、透明固体。醋酸钠为无色透明结晶或结晶性粉末，无臭，有酸性气味。醋酸钠在温度高于 60 ℃时会熔融。

【作用与用途】醋酸和醋酸钠在药剂上用作 pH 值调节剂。

马来酸 Maleic Acid

【理化性质】本品为白色结晶固体，无臭，有强酸味，对人有强烈的刺激性。溶于水、乙醇和乙醚等。

【作用与用途】在药物制剂中常用作溶液剂的 pH 值调节剂。

乳酸 Lactic Acid

【理化性质】本品为无色或微黄色，近乎无臭的黏稠液体。暴露于空气中吸收水分，当稀释成 50% 以上时，开始形成乳酸酐。能与水、丙二醇、丙三醇、乙醇和乙醚等混溶，不溶于氯仿。

【作用与用途】本品在药剂生产中用作 pH 值调节剂。

磷酸 Phosphoric Acid

【理化性质】本品为无色、无臭的黏稠状透明液体。若加热到 200 ℃，会变成焦磷酸，更高温度变为偏磷酸。本品与水、丙二醇、丙三醇和乙醇等混溶时会放出热量。稀磷酸水溶液中磷酸的含量为 9.5%~10.5%（W/V）。

【作用与用途】本品在药剂中用作 pH 值调节剂。

【注意事项】长期冷处贮藏常会析出结晶。

琥珀酸 Succinic Acid

【理化性质】本品为白色结晶。在甲醇中易溶，在乙醇或水中溶解，在丙酮中略溶。

【作用与用途】本品在药剂中用作 pH 值调节剂和缓冲剂。

酒石酸 Tartaric Acid

【理化性质】本品为无色、透明的大块结晶，无臭，有酸味。在空气中稳定，易溶于甲醇，溶解于水、乙醇、丙二醇、甘油和乙醚等。

【作用与用途】本品在药剂中用作 pH 值调节剂，也可被碳酸氢钠中和，作为泡腾剂。本品也可用作温和还原剂，许多金属的酒石酸盐不溶，但有的和过量的酒石酸会形成可溶的络合物。

枸橼酸 Citric Acid 和枸橼酸钠 Sodium Citrate

【理化性质】

（1）枸橼酸：为无色透明结晶或白色颗粒状粉末，无臭，有强酸味。含水物在空气中会被风化，在湿度大的环境里略潮解，50 ℃可失去结晶水。

溶解于水、丙二醇、甘油和乙醇，易溶于甲醇，和钙盐或钡盐结合会生成难溶性的枸橼酸盐。

（2）枸橼酸钠：为无色或白色结晶性粉末，无臭，味咸，略有吸湿性，干热空气中可被风化，易溶于水，不溶于醇。

【作用与用途】枸橼酸用作药剂的 pH 值调节剂，用于糖浆或泡腾剂；枸橼酸钠可作 pH 值调节的缓冲剂。

磷酸二氢钠 Monobasic Sodium phosphate 和磷酸氢二钠 Dibasic Sodium phosphate

【理化性质】磷酸二氢钠为无色晶体或白色结晶性粉末，味咸、酸，稍有吸湿性。磷酸氢二钠为无色晶体或白色结晶性粉末，易吸潮。它们均易溶于水，不溶于乙醇、丙二醇、丙三醇等有机溶剂。磷酸二氢钠水溶液呈酸性，磷酸氢二钠水溶液呈碱性。

【作用与用途】磷酸二氢钠在药剂中常用作酸化剂、缓冲剂；磷酸氢二钠在药剂中常作络合剂、缓冲剂、碱化剂等。应用时，两者常复合使用。

磷酸氢二铵 Diammonium Hydrogen Phoshate

【理化性质】本品为无色或白色结晶或结晶性粉末。在水中易溶，在丙酮或乙醇中不溶。

【作用与用途】本品在溶液剂中作缓冲剂；固体制剂中常作泡腾剂。

三乙醇胺 Triethanolamine

【理化性质】本品为无色至淡黄色，略有氨臭的澄清黏稠状液体。与水、甲醇、丙酮等有机溶剂能任意比例混溶，水溶液显较强的碱性。

【作用与用途】本品在溶液剂中作 pH 值调节剂、助溶剂和乳化剂使用。常用浓度不超过 10%。作乳化剂时，常与脂肪酸或油酸联合使用。

乙醇胺 Monoethamine

【理化性质】本品为无色较稠的澄清透明液体，有氨气味。对光敏感，相对密度为 1.02～1.04。与水、丙二醇、甘油、丙酮和乙醇等可任意比例混溶，和乙醚、己烷和植物油不能混合，可溶解大部分精油。

【作用与用途】本品在药剂上可用作 pH 值调节剂；也可作为脂肪、油类等物质的溶剂，制备各种类型乳剂。

乙二胺 Ethylene Diamine

【理化性质】本品为无色、强碱性的澄清透明液体；有氨气味，溶于水、丙二醇、甘油和乙醇等，微溶于醚。

【作用与用途】本品在药剂上可用作 pH 值调节剂、溶剂、乳化剂等。

硼酸 Boric Acid

【理化性质】本品为无色、鳞片状、略显珍珠光泽的结晶或白色粉末，无臭。触摸略感润滑，在空气中稳定。

【作用与用途】本品在药剂中用作 pH 值调节剂，也可用作缓冲剂和弱的杀菌剂。

四硼酸二钠 Borax

【理化性质】本品也称为硼砂（Sodium Borate），为无色半透明结晶或白色结晶性粉末，无臭，裸露于热空气中即被风化。溶解于水、甘油，不溶于乙醇。水溶液显碱性。

【作用与用途】本品在药物制剂中常用作 pH 值调节剂，也可用作 pH 值缓冲剂。

氨丁三醇 Trometamol

【理化性质】本品为白色结晶，在水中易溶，在乙醇中溶解。

【作用与用途】本品在药物制剂中常用作酸碱平衡调节剂。

谷氨酸钠 Sodium Glutamate

【理化性质】本品为白色或类白色的结晶性粉末。易溶于水，微溶于醇（乙醇、丙二醇、甘油等），味鲜美。

【作用与用途】本品在药剂中用作 pH 值调节剂，也常作矫味剂使用。

硫酸铵 Ammonium Sulfate

【理化性质】本品为无色或白色结晶或颗粒。在水中易溶，在乙醇中不溶。

【作用与用途】本品在药剂中常用作 pH 值缓冲剂。

九、局部止痛剂

苯甲醇 Benzyl Alcohol

【理化性质】本品为无色澄清透明液体，有微弱的芳香气味及灼味。遇空气会逐渐氧化生成苯甲醛及苯甲酸，与氧化剂有配伍禁忌。与水、乙醇、挥发油或脂肪油可任意比例混合，水溶液呈中性。

【作用与用途】本品除有局部麻醉和镇痛作用之外，也有止痒和防腐作用。用于注射剂中皮下注射或肌内注射局部止痛，常用量为 1%~3%（中草药注射液常用量为 1%~2%），作药剂防腐常用量为 0.5%~1%。浓溶液注射会导致水肿和疼痛。

盐酸普鲁卡因 Procaine Hydrochloride

【理化性质】本品为白色结晶或结晶性粉末，无臭，味微苦，随后有麻痹感。在水中易溶，在乙醇中略溶，在氯仿中微溶，在乙醚中几乎不溶。

【作用与用途】本品为局麻药，用于浸润局麻，神经传导阻滞。应用于某些注射剂，作局部止痛用。用作肌内注射或皮下注射剂时，局部止痛用量为 0.5%~2%。

三氯叔丁醇 Chlorobutanol

【理化性质】本品为白色结晶，有微似樟脑的特臭，易挥发。在乙醇、氯仿、乙醚或挥发油中易溶，在水中微溶。

【作用与用途】本品具有温和的镇静和止痛作用，药剂中可用作注射剂的局部止痛剂。仅适用于弱酸性溶液剂，且不能热压灭菌。三氯叔丁醇也具有杀灭细菌和霉菌的作用，因此在溶液剂中也可用作防腐剂。不能与硝酸银、维生素 C 和碱性药物配伍。药剂中常用浓度为 0.3%~0.5%（W/V）。

盐酸利多卡因 Lidocaine Hydrochloride

【理化性质】本品为白色结晶性粉末，无臭，味苦，继有麻木感。在水或乙醇中易溶，在氯仿中溶解，在乙醚中不溶。

【作用与用途】本品为局部麻醉药和抗心律失常药，注射剂中用作局部麻醉剂。药剂中常用浓度为 0.5%~1.0% （*W/V*）。

氯化镁 Magnesium Sulfate

【理化性质】本品为无色针状结晶，无臭，味苦咸，有风化性。易溶于水，在甘油里溶解缓慢，但能溶解于甘油。在乙醇中微溶，水溶液呈中性。

【作用与用途】本品在注射剂中作止痛剂。注射剂止痛常用浓度为 5%（$MgCl_2 \cdot 6H_2O$）。

氨基甲酸乙酯 （乌拉坦）Ethyl Carbamate（Urethane）

【理化性质】本品为无色、无臭结晶或白色颗粒状粉末，冷咸味；能溶解于水，其水溶液显中性，也能溶解于乙醇、甘油、丙二醇等溶剂。

【作用与用途】在一些药物注射剂中起止痛、助溶作用。

十、增溶剂

门冬氨酸 Aspartic Acid

【理化性质】本品为白色或类白色结晶或结晶性粉末，无臭。

【作用与用途】本品常可用作增溶剂，也可作为冻干保护剂等。

门冬酰胺 Asparagine

【理化性质】本品为白色或类白色结晶或结晶性粉末，无臭。在热水中易溶，在甲醇、乙醇或乙醚中几乎不溶；在稀盐酸或氢氧化钠试液中易溶。

【作用与用途】本品常可用作增溶剂，也可作为冻干保护剂等。

乙酰胺 Acetamide

【理化性质】本品为无色晶体或白色结晶性粉末，无臭，有吸湿性。能溶于水和乙醇，几乎不溶于乙醚，水溶液呈中性反应。能与强酸作用而生成盐，如盐酸化乙酰胺，氨基上的氢原子能被金属取代。在有酸或碱存在时，与水共沸生成氨和相应的酸。

【作用与用途】本品可用作多种无机化合物和有机化合物的溶剂，药剂中可用作咖啡因、核黄素等的助溶剂。

牛磺酸 Taurine

【理化性质】本品为白色或类白色结晶或结晶性粉末，无臭；在水中溶解，在乙醇、乙醚或丙酮中不溶。

【作用与用途】本品常用于液体制剂的增溶剂。

月桂酰聚氧乙烯（12、32、6 或 8）甘油酯

【理化性质】本品为淡黄色蜡状固体。在水中几乎不溶，但可分散。

【作用与用途】本品常用于液体制剂的增溶剂和乳化剂。

油酸钠 Sodium Oleste

【理化性质】本品为白色或微黄色粉末状或块状物。本品在温水中易溶，在乙醇中略溶解。

【作用与用途】本品在药剂上可用作一些药物的助溶剂或起泡剂，为阴离子型表面活性剂，由憎水基和亲水基两部分构成的化合物，有优良的乳化力、渗透力和去污力。

组氨酸 Histidine

【理化性质】本品为白色或类白色结晶或结晶性粉末，无臭。在水中溶解，在乙醇中微溶，在乙醚中不溶。

【作用与用途】本品常用作增溶剂，也可作为冻干保护剂等。

亮氨酸 Leucine

【理化性质】本品为白色或类白色结晶或结晶性粉末，无臭。在甲醇中溶解，在水中略溶，在乙醇和乙醚中微溶。

【作用与用途】本品常用作增溶剂，也可作抗氧剂等。

精氨酸 Arginine

【理化性质】本品为白色结晶或结晶性粉末，无臭，有特殊气味。在水中易溶，在乙醇中几乎不溶，在稀盐酸中易溶。

【作用与用途】本品常用作增溶剂，也可作冻干保护剂等。

缬氨酸 Valine

【理化性质】本品为白色结晶或结晶性粉末，无臭。在水中溶解，在乙醇中几乎不溶。

【作用与用途】本品常用作增溶剂，也可作冻干保护剂等。

烟酰胺 Nicotinamide

【理化性质】本品为白色的结晶性粉末，无臭或几乎无臭，味苦。本品在水或乙醇中易溶，在甘油中溶解。

【作用与用途】本品在药剂上可用作一些药物的助溶剂，如咖啡因、氨茶碱、氯霉素、核黄素、水杨酰胺等，配合适量烟酰胺可起到很好的助溶效果。

尿素 Urea

【理化性质】本品为无色棱柱状结晶或白色结晶性粉末，几乎无臭，味咸凉。放置较久后，渐渐产生微弱的氨臭，水溶液显中性反应。在水、乙醇或沸乙醇中易溶，在乙醚或氯仿中不溶。

【作用与用途】本品为药剂中常用的助溶剂，内服用作利尿剂。常作为渗透促进剂，也作氯霉素、碘胺类等的助溶剂。

十一、螯合剂

乙二胺四乙酸 Edetic Acid

【理化性质】本品为白色结晶粉末，熔点 240 ℃（分解）；水中溶解度为 0.05%（W/V），不溶于一般有机溶液，能溶于沸水，可溶于氢氧化钠等碱性溶液。

【作用与用途】本品能与碱土金属和重金属离子形成稳定的螯合物，药剂中常用作螯合剂、络合剂，也具有抗革兰氏阴性菌、绿脓假单胞菌、一些酵母菌和真菌的活性，但这种抗菌活性不足以单独用作防腐剂，可与其他防腐剂联合配伍使用，乙二胺四乙酸表现出显著的抗菌协同作用。药剂中，一般用作螯合剂的浓度为 0.1%~0.3%（W/V），用作抗菌增效剂的浓度为 0.01%~0.1%（W/V）。

【注意事项】本品与强氧化剂、强碱和高价金属离子有配伍禁忌。

依地酸钙二钠 Edetate Calcium Disodium

【理化性质】本品也叫乙二胺四乙酸钙二钠（EDTA Calcium Complex Disodium），EDTA 钙钠，为白色或乳白色结晶或颗粒性粉末。无臭、无味或微臭微咸，易吸潮。易溶于水，几乎不溶于醇。

【作用与用途】本品是良好的络合剂、螯合剂、抗氧增效剂、稳定剂及水质软化剂等，可作静脉注射用。药物制剂中常用浓度为 0.01%～0.1%（W/V）。

【注意事项】本品与强氧化剂、强碱和高价金属离子有配伍禁忌。

依地酸二钠 Disodium Edetate

【理化性质】本品也叫乙二胺四乙酸二钠（Ethylene Diamine Tetraacetic Acid Disodium），为无臭、无味或略带酸味的白色或乳白色结晶或颗粒性粉末，易吸潮。易溶于水，水溶液显酸性，微溶于乙醇、丙二醇和丙三醇等醇类，在其他有机溶剂中一般不溶。同类还有依地酸三钠、依地酸二钾、依地酸钠等。

【作用与用途】本品为优良的金属离子络合剂、螯合剂、抗氧增效剂、稳定剂及水质软化剂。不能作静脉注射用。药剂中常用浓度为 0.01%～0.1%（W/V）。

【注意事项】本品与强氧化剂、强碱和高价金属离子有配伍禁忌。

二羟乙基甘氨酸 Diethylolglycine

【理化性质】本品为白色结晶或结晶性粉末。易溶于水。

【作用与用途】本品与一些金属阳离子形成不溶性的盐，在药剂中用作螯合剂的是 N，N-二羟乙基甘氨酸，也可用作 pH 值缓冲剂；生化诊断试剂方面，也用作分子生物 pH 值缓冲剂。

酒石酸钠 Sodium Tratrate

【理化性质】本品为无色透明结晶或白色结晶性粉末。易溶于水，在乙醇中几乎不溶。

【作用与用途】本品与一些金属阳离子形成不溶性的盐，在药剂中用作螯合剂。也可用作 pH 值缓冲剂、酸味调整剂、抗氧化剂和抗氧化增效剂。

没食子酸

【理化性质】本品为白色或淡黄色结晶性粉末，无臭。在热水、甲醇、乙醇和丙酮中易溶，在水、乙醚中微溶。

【作用与用途】本品可增强药物稳定性，防止氧化与分解，常用作螯合剂和抗氧剂。

十二、缓释剂及其他

乙交酯丙交酯共聚物（5050、7525、8515）

【理化性质】本品为白色至淡黄色粉末或颗粒，几乎无臭。能溶于三氯甲烷、二氯甲烷、丙酮等，在乙酸乙酯中微溶，在水、乙醇、乙醚中不溶。

【作用与用途】本品可作为无除菌工艺的无菌制剂，如注射用微胶囊、体内植入，以及微球及埋植剂等缓释制剂的辅料。

十六醇 Cetyl Alcohol

【理化性质】本品为白色粉末、颗粒、片状或块状物，有油脂味，融化后为透明的油状液体。在乙醇和乙醚中溶解，在水中几乎不溶。

【作用与用途】本品为乳液剂的基质，也可作阻滞剂或乳化剂。此外还有十八醇、十六十八醇。十八醇的增稠乳剂的性能比十六醇强，是一种乳化稳定剂。十六十八醇为二者混合物，可增加 W/O 型和 O/W 型乳剂的黏度，还可使乳剂稳定并有共同乳化的作用，用于制备非水性的乳膏。

第二节 固体制剂和固体分散、包合技术中常用附加剂

一、固体制剂中常用附加剂

（一）填充剂

葡萄糖类 Glucose

【理化性质】葡萄糖类通常为无色结晶，或白色结晶性或颗粒性粉末。无臭，味甜。在水中易溶，在乙醇中微溶。目前，药剂中常用的有口服葡萄糖、无水葡萄糖和注射葡萄糖等品种。不同品种，通用属性相同，只是级别和含水量不一样。

【作用与用途】本品无毒、安全性好。药物固体制剂中用作填充剂、矫味剂、甜味剂、赋形剂等，应用广泛。

乳糖 Lactose

【理化性质】本品为白色的结晶性颗粒或粉末。无臭，味微甜。在水中易溶，在乙醇、氯仿或乙醚中不溶。

【作用与用途】本品无毒、安全性好。药物固体制剂中广泛用作填充剂、矫味剂、甜味剂、赋形剂等。

水溶性淀粉 Water-soluble Starch

【理化性质】本品为白色或淡黄色粉末。无异味。易溶于水，不溶于乙醇、丙二醇、甘油和植物油等有机溶剂。其水溶液显中性反应。

【作用与用途】本品无毒、安全性好。药物固体制剂中广泛用作填充剂、矫味剂、赋形剂等。

可溶性淀粉 Soluble Starch

【理化性质】本品为白色或类白色粉末。在冷水或乙醇中不溶。

【作用与用途】本品在兽药固体制剂生产中，常用作稀释剂或崩解剂

等。

小麦淀粉 Wheat Starch

【理化性质】本品为白色或类白色粉末，无异味。在水和乙醇中均不溶解。

【作用与用途】本品无毒、安全性好。药物固体制剂中广泛用作填充剂、崩解剂、赋形剂等。

无水硫酸钠 Anhydrous Sodium Sulfate

【理化性质】本品为白色粉末。无臭，味苦、咸，有吸湿性。在水中易溶，水溶液呈中性。不溶于乙醇、丙二醇、甘油和植物油等有机溶剂。

【作用与用途】本品在药物固体制剂中用作填充剂、崩解剂、助流剂、赋形剂等。但用量不宜超过 30%，否则内服会有致泻作用。

无水磷酸氢钙 Anhydrous Calcium Hydrogen Phosphate

【理化性质】本品为白色或类白色粉末，无臭；在水和乙醇中几乎不溶，在稀盐酸或稀硝酸中溶解。

【作用与用途】本品在药物固体制剂中用作稀释剂。

马铃薯淀粉 Potato Starch

【理化性质】本品为白色或类白色粉末，在水和乙醇中均不溶解。

【作用与用途】本品无毒、安全性好。常作为制剂中的填充剂、稀释剂和黏合剂使用。

木薯淀粉 Tapioca Starch

【理化性质】本品为白色或类白色粉末，在冷水或乙醇中不溶。

【作用与用途】本品在药物固体制剂中用作填充剂或崩解剂。

玉米淀粉 Maize Starch

【理化性质】本品为白色或类白色粉末，在冷水或乙醇中不溶。

【作用与用途】本品在药物固体制剂中用作填充剂或崩解剂。

氯化钠 Sodium Chloride

【理化性质】本品为无色、透明的立方形结晶或白色结晶性粉末，无臭，味咸；在水中易溶，在乙醇中几乎不溶。

【作用与用途】本品无毒、安全性好。药物固体制剂中可用作填充剂、矫味剂、助流剂等，也可作为机体电解质补充药，药剂中广泛用于调节体内水与电解质的平衡。内服用量不宜过大，否则，会导致腹泻。

磷酸钙 Calcium Phoshate

【理化性质】本品为白色或类白色粉末；在水中几乎不溶，在稀盐酸或稀硝酸中溶解。

【作用与用途】本品在药物固体制剂中用作填充剂。

水溶性麦芽糊精 Water-soluble Maltodextrin

【理化性质】本品为白色或微带浅黄色的无定形粉末，具有麦芽糊精固有的特殊气味，无异味，不甜或微甜，无臭；溶解性好，易溶于水。本品吸湿性低、流动性好，是生产粉状、颗粒状固体药物制剂的常用填充剂和载体，有不易吸潮、不易结块的特点。

【作用与用途】本品安全性高、无毒，且溶解性好、易溶于水，因此在固体水溶性药物制剂中常被用作填充剂、载体等。在口服溶液剂中也可作增稠剂使用，增加口服液的黏稠度。

利多粉

【理化性质】本品为白色蜂窝状颗粒或结晶性粉末，无味或微甜；物理性质稳定，几乎不吸潮，不回潮，不变色；分散性、流动性好，不易结块；易溶于水，水溶液呈中性反应。"利多粉"是商品名，它本身是由无机盐、可溶性淀粉等经过高温处理制成的复合物。

【作用与用途】本品稳定性好，易溶于水，且不易结块，在药物固体制剂中可用作填充剂、赋形剂和稀释剂等。其毒性较低，使用安全。

辅美粉

【理化性质】本品为无臭、白色至黄色疏松性结晶粉末，是由多种无机盐、可溶性淀粉及其他药用辅料等经高温处理而制成的复合物；吸湿性很低，易溶于水；稳定性、流动性、分散性好。

【作用与用途】本品在兽药固体制剂生产中，常被用作药物的填充剂和载体。

壳聚糖 Chitosan

【理化性质】本品为类白色粉末，无臭无味；微溶于水，几乎不溶于乙醇。

【作用与用途】本品常作为崩解剂，也做增稠剂使用。具有天然高分子的生物官能性和相容性、血液相容性、安全性、微生物降解性等优良性。

加益粉

【理化性质】本品为疏松、结晶性粉末。目前有单一的黄色、白色等不同颜色的品种。它是由多种矿物质、无机盐、变性淀粉及其他辅料等经特殊工艺处理而制成的复合物，具有不易吸潮、不结块、水溶性好、流动性好、色泽均匀、性质稳定等特点。

【作用与用途】本品在兽药固体制剂生产中，常用作药物的填充剂和载体。

低取代羟丙纤维素 Low-Substituted Hydroxypropyl Cellulose

【理化性质】本品为白色或类白色粉末，无臭无味。在乙醇、丙酮和乙醚中不溶。

【作用与用途】本品在兽药固体制剂生产中，常用作崩解剂和填充剂。

硅化微晶纤维素 Silicified Microcrystalline Cellulose

【理化性质】本品为白色至极微黄白色颗粒或粉末，无臭无味。在水、稀酸、5%氢氧化钠溶液、丙酮、乙醇和甲苯中不溶。

【作用与用途】本品在兽药固体制剂生产中，常用作填充剂和润滑剂。

氧化锌 Zinc Oxide

【理化性质】本品为白色至极微黄白色的无沙性细微粉末，无臭无味；在空气中能缓缓吸收二氧化碳。在水、乙醇中不溶，在稀酸中溶解。

【作用与用途】本品兽药固体制剂生产中，常用作填充剂和抑菌剂。

氧化镁 Magnesium Oxide

【理化性质】本品为白色粉末，无臭、无味；在空气中能缓缓吸收二氧化碳；在水、乙醇中不溶，在稀酸中溶解。

【作用与用途】本品兽药固体制剂生产中，常用作填充剂。也作 pH 值调节剂。

预胶化羟丙基淀粉 Pregelatinized Hydroxypropyl Starch

【理化性质】本品为白色、类白色或淡黄色粉末或颗粒，或为半透明的长条状物或块状物；在水中溶胀。

【作用与用途】本品在兽药固体制剂生产中，常用作黏合剂和填充剂。

羧甲纤维素钙 Carboxymethylcellose Calcium

【理化性质】本品为白色或黄白色粉末，有引湿性。在水中溶胀并形成混悬液，在丙酮、乙醇或甲苯中不溶。

【作用与用途】本品在兽药固体制剂生产中，常用作崩解剂和填充剂。

（二）抗结块剂

三硅酸镁 Magnesium Trisilicate

【理化性质】本品为白色或类白色粉末，无臭无味，微有吸湿性，在水和乙醇中不溶。

【作用与用途】本品常作抗结块剂和吸附剂使用。三硅酸镁作为片剂辅料，不但具有崩解、黏合作用，而且还有润滑、解除黏冲的效用。也用作液体制剂的助滤剂、助悬剂。

柠檬酸亚铁铵 Ammonium Ferric Citrate

【理化性质】本品为结构和组成尚未测定的铁、氨和柠檬酸的复合盐。棕色或绿色的碎片、颗粒或粉末，无臭或稍有氨臭，味咸，微带铁味。极易溶于水（1 g 本品可溶于 0.5 mL 水中），不溶于乙醇，溶液呈酸性。在空气中易潮解，对光不稳定，在日光作用下，还原为亚铁，遇碱性溶液有沉淀析出。棕色品铁含量较高（16.5%～22.5%），绿色品铁含量较低（14.5%～16.0%）。5%溶液的 pH 值为 5.0~8.0。

【作用与用途】药物制剂中，可少量添加，用作固体粉剂药物的抗结块剂、助流剂等。

二氧化硅类（380 目、300 目、200 目）

【理化性质】本品为白色或乳白色的均匀粉末，表面积大，具有极强的吸附作用。不溶于水，但少量可在水中均匀分散，自然状态下长时间不沉淀。

【作用与用途】本品在药剂中主要用作抗结块剂、助流剂、抗黏剂、润滑剂等；对药物有较大的吸附力，其亲水性能强，少量添加可增加兽药粉剂药物的流动性，防止结块。在兽药口服粉剂中的用量一般为 0.15%～1.0%，若用于水溶性的口服粉剂，目数越细越好。

硬脂酸钙

【理化性质】本品为白色细微粉末，无毒，不溶于水，微溶于热的乙醇，有吸水性；遇强酸分解为硬脂酸和相应的钙盐，在空气中具有吸湿性。

【作用与用途】本品具有助流作用，可以增加固体粉剂药物及其制剂的流动性，防止结块现象产生。

十二烷基硫酸镁 Magnesium Lauryl Sulfate

【理化性质】本品为白色结晶性粉末，在水中的溶解度比十二烷基硫酸钠大。在甲醇或乙醇中易溶，在温水中溶解，有吸湿性。

【作用与用途】少量添加本品，用于水溶性和非水溶性兽药粉剂药品中，具有抗结块和润滑作用。

亮氨酸 Leucine

【理化性质】本品为白色有光泽六面体结晶或白色结晶性粉末，略有苦味；145~248 ℃升华，熔点 293~295 ℃（分解）。在烃类存在下，在无机酸水溶液中性能稳定。每克溶于 40 mL 水和约 100 mL 醋酸，微溶于乙醇，溶于稀盐酸和碱性氢氧化物和碳酸盐溶液，不溶于乙醚。

【作用与用途】本品可用于水溶性和非水溶性兽药粉剂药品中，具有抗结块和润滑作用。

聚乙二醇类 （PEG4000、PEG6000、PEG12000、PEG20000 等）

【理化性质】聚乙二醇类是相对分子质量分别为 3 000~3 700 和 6 000~7 500 的聚乙二醇类的不同品种，其共有的理化性质是均为乳白色结晶性粉末或片状结晶性粉末，熔点是 53~56 ℃ 和 60~63 ℃，能溶解于水，形成澄清透明的溶液，可溶解于丙二醇、丙三醇等醇类有机溶剂。

【作用与用途】本类物质可用于水溶性和非水溶性兽药粉剂药品中，具有抗结块和润滑作用。

微粉硅胶

【理化性质】本品为白色或乳白色的均匀粉末，表面积大，具有极强的吸附作用；不溶于水，但少量可在水中均匀分散，自然状态下长时间不沉淀；较高浓度的气相微粉硅胶粉在水中形成均匀的乳浊液。

【作用与用途】药剂中主要用作抗结块剂、助流剂、抗黏剂、润滑剂等。对药物有较大的吸附力，其亲水性能强，少量添加可增加兽药粉剂药物的流动性，防止结块。在兽药片剂、口服粉剂中的用量一般为 0.1%~0.3%。

二、固体分散和包合技术中常用附加剂

（一）固体分散技术常用附加剂

固体分散技术是一种新的药物制剂技术，常用附加剂有水溶性附加剂、非水溶性附加剂和肠溶性附加剂三类。在兽药制剂生产中，目前应用较广的是水溶性附加剂，包括聚乙二醇类、聚乙烯吡咯烷酮（PVP）类和糖类等。

聚乙二醇类 Polyethylene glycol （PEG）

【理化性质】聚乙二醇类常用平均相对分子质量来命名区别，如 PEG-4000、PEG-6000 等。其常温物理性状随相对分子质量的增大，逐渐由液体到固体。固体分散技术中常用的是相对分子质量大于 4 000 的高相对分子质量品种，常温为白色或近白色的蜡片状固体，特别是相对分子质量大于 6 000的品种，常温可为白色蜡片状固体或结晶性粉末。聚乙二醇类均有较

强的吸湿性，易溶于水，可溶解于丙二醇、丙三醇等有机溶剂。

【作用与用途】本类药物在药物固体分散技术中常用于难溶性药物的分散。载体在胃肠道易于吸收，能显著增加药物的溶出速率，多用熔融法制备固体分散体。注射剂中最大用量不超过30%，用量大于40%会有溶血现象。

聚乙烯吡咯烷酮 Polyvinylpyrrolidone（PVP）

【理化性质】本品为白色或微黄色粉末，有微臭。PVP在水、醇、胺及卤代烃中易溶，不溶于丙酮、乙醚等。具有优良的溶解性、生物相溶性、生理惰性、成膜性、膜体保护能力和与多种有机、无机化合物复合的能力，对酸、盐及热较稳定。熔点130℃。

【作用与用途】本品在药物固体分散技术中常用于难溶性药物分散溶剂的复合溶剂和增溶剂。由于熔点高，宜用于溶剂法制备固体分散体，不宜用熔融法。

泊洛沙姆 Poloxamer

【理化性质】本品通常为白色、无臭无味的液体、半固体到蜡状固体。为非离子高分子表面活性剂，规格和型号多，常用的有泊洛沙姆124、泊洛沙姆188、泊洛沙姆237、泊洛沙姆338、泊洛沙姆407。常温存在形态随聚合度的增大可从液体、半固体到蜡状固体。能溶于乙醇、乙酸乙酯，不同型号在水中均易溶，溶解度随分子中氧乙烯含量的增加而增大。

【作用与用途】本品是一种非离子表面活性剂，为新型的药用辅料，能增加药物的溶解度。药剂中作乳化剂、增溶剂、吸收促进剂和稳定剂等使用。药物固体分散技术中，与水溶性分散溶剂复合使用，可增加难溶性药物在溶剂中的溶解度和分散度。通常采用溶剂-熔融法制备固体分散体。

糖类（葡萄糖、蔗糖、半乳糖、右旋糖酐等）

【作用与用途】在药物固体分散技术中，糖类常用的有葡萄糖、蔗糖、半乳糖、右旋糖酐等。

在药物固体分散技术中，少量添加，可增加药物固体分散后其复合物的硬度，易于成形和粉碎。多用于配合PEG类高分子化合物作联合载体。因糖类溶解迅速，可克服PEG溶解时形成富含药物的表面层妨碍对基质进一步溶蚀的缺点。

（二）包合技术常用附加剂

β-环糊精 Beta-cyclodextrin

【理化性质】本品为白色粉状结晶性粉末，无臭，微甜。为低聚糖同系物，由 7 个葡萄糖单体经 *α*-1，4 糖苷键结合生成的环状的。在分子环状结构中有空穴，空穴内径 0.7~0.8 nm。溶于水（每 100 mL1.8 g，20 ℃），难溶于甲醇、乙醇、丙酮，熔点 290~305 ℃，旋光度 [*α*] $D^{25°}$ +165.5°。在碱性水溶液中稳定，遇酸则缓慢水解，其碘络合物呈黄色，结晶形状呈板状。可与多种化合物形成包结复合物，使其稳定、增溶、缓释、乳化、抗氧化、抗分解、保温、防潮，并具有掩蔽异味等作用，为新型药用分子包裹材料。

【作用与用途】本品在药物包合技术中常用作难溶性药物的分散、包被载体。*β*-环糊精作为新型药用辅料，还可用于增强药物的稳定性，防止药物氧化与分解，用于提高药物的溶解和生物利用度，降低药物的毒副作用，掩盖药物的异味和臭气。

微晶蜡 Microcrystalline Wax

【理化性质】本品为白色或类白色蜡状固体。在无水乙醇中微溶，在水中不溶。

【作用与用途】本品常作为包衣剂，控制释放载体等。

醋酸羟丙基纤维素琥珀酸酯 Hypromellose Acetate Succinate

【理化性质】本品为白色或淡黄白色粉末或颗粒，无臭无味。在水、乙醇中不溶，在甲醇、丙酮中溶解，冷水溶胀成澄清或微混浊的胶体溶液。

【作用与用途】本品常作为包衣剂，控制释放载体等。

三、包衣材料及其他

乙基纤维素 Ethylcellulose

【理化性质】本品为白色或类白色颗粒或粉末。在甲苯和乙醚中易溶，在水中不溶。

【作用与用途】本品因其水不溶性，主要用作片剂黏合剂和薄膜包衣材料等，也可用作骨架材料阻滞剂，制备多种类型的骨架缓释片；用作混合材料制备包衣缓释制剂、缓释小丸；也可用作包囊辅料制备缓释微囊，使药效持续释放，避免一些水溶性药物过早发生作用；还可以用于各种药物剂型中作分散剂、稳定剂、保水剂，防止药品变潮变质，增进药片的安全贮存。

乙基纤维素水分散体 Ethylcellulose Aqueous Dispersion

【理化性质】本品为乳白色混悬液，水溶性很差。分两类，一类是加增塑剂，有氨味的水分散体（简称 RT-EAD，或者 B 型）；另一类为不含增塑剂，无氨味，主要成分以鲸蜡醇作为稳定剂，十二烷基硫酸钠为乳化剂的类型（简称 ECD-RA）。

【作用与用途】乙基纤维素水分散体是常用的缓控释包衣材料，被广泛应用于制备包衣缓控释片剂、微丸、颗粒剂以及制备骨架型缓释片，采用不同配比的乙基纤维素水分散体/羟丙基甲基纤维素（RT-EAD/HPMC），可形成不同溶解度的包衣薄膜，以调节释药速率。

丙烯酸乙酯-甲基丙烯酸甲酯共聚物水分散体 Ethyl Acrylate and Methyl Methacrylate Copolymer Dispersion

【理化性质】本品为乳白色低黏度的液体，具有微弱的特殊气味。能和水以任何比例混溶，呈乳白色。

【作用与用途】本品为新型缓释包衣材料，骨架缓释片黏合剂和阻滞剂。

羟丙甲纤维素邻苯二甲酸酯 Hypromellose Phthalate

【理化性质】本品为白色或类白色颗粒或粉末，无臭无味，在水、乙醇中几乎不溶，在丙酮、甲苯中微溶。

【作用与用途】本品常作为包衣材料等。

四、矫味剂及甜味剂

三氯蔗糖 Sucralose

【理化性质】本品为白色或类白色结晶性粉末；遇光和热颜色易变深。

【作用与用途】本品是我国批准使用的唯一以蔗糖为原料的功能性甜味剂，这种甜味剂具有无能量、甜度高、甜味纯正、高度安全等特点，常作为矫味剂和甜味剂使用。

D-木糖 Xylose

【理化性质】本品为白色或类白色晶体，或无色针状物，略有甜味。甜度约为蔗糖的 40%。

【作用与用途】本品常作为甜味剂和稀释剂。

木糖醇 Xylitol

【理化性质】本品为白色结晶或结晶性粉末，无臭，微甜，有吸湿性。在水中极易溶解，在乙醇中微溶。

【作用与用途】本品常作为甜味剂。

麦芽酚 Maltol

【理化性质】本品为白色结晶性粉末，具有焦糖或奶油香气。溶于乙醇或丙二醇，在水和甘油中略溶。

【作用与用途】本品常作为芳香剂和矫味剂，是一种广谱的香味增效剂，具有增香、固香、增甜的作用。

丁香油 Clove Oil

【理化性质】本品为淡黄或无色的澄明油状物，有丁香的特殊芳香气，味辛辣。露置空气中或贮存日久，则渐渐浓厚而色变棕黄；遇铁质颜色会更深，不溶于水，易溶于醇、醚或冰醋酸中。

【作用与用途】本品常作为芳香剂和矫味剂。严格来说丁香油又可分为丁香叶油、丁香茎油、丁香花蕾油。一般来说丁香油大多为丁香叶油。

薄荷脑 I-Menthol

【理化性质】本品为无色针状或棱柱状结晶或白色结晶性粉末，有薄荷的特殊芳香气，味初辛后清凉。露置空气中或贮存日久，渐变质。溶于乙醇、乙醚和三氯甲烷中，在水中极微溶解。

【作用与用途】本品常作为芳香剂和矫味剂。

阿司帕坦 Aspartame

【理化性质】本品为白色结晶性粉末，味甜。在水中极微溶解，在乙醇、正己烷或二氯甲烷中不溶。

【作用与用途】本品常作为甜味剂和矫味剂。甜味纯正，具有和蔗糖极其近似的清爽甜味，甜度是蔗糖的 180 倍，无苦涩后味和金属味，是迄今开发成功的甜味最接近蔗糖的甜味剂。与蔗糖或其他甜味剂混合使用有协同效应，如加 2%~3% 于糖精中，可明显掩盖糖精的不良口感。与香精混合，具有极佳的增效性，尤其是对酸性的柑橘、柠檬、柚子等，能使香味持久，可减少芳香剂用量。

海藻糖

【理化性质】本品为白色或类白色结晶性粉末，味甜；无水海藻糖在水中易溶，在甲醇、乙醇中几乎不溶。二水海藻糖在水中易溶，在甲醇中微溶，在乙醇中几乎不溶。

【作用与用途】本品在固体制剂中常用作润矫味剂、甜味剂、冷冻干燥辅料、稀释剂，液体制剂中则作为增稠剂和保湿剂等。

淀粉水解寡糖 Dextrates

【理化性质】本品为白色、具流动性的多孔球形结晶性颗粒，无臭、味甜。在水中易溶，在稀酸中溶解，在乙醇、丙二醇中不溶。

【作用与用途】本品为制剂中的甜味剂。

五、黏合剂及其他

甲基纤维素 Methyl Cellulose

【理化性质】本品为白色或类白色纤维状或颗粒状粉末，无臭无味。在水中溶胀呈澄清或微混浊的胶状溶液；在无水乙醇、三氯甲烷或乙醚中不溶。

【作用与用途】本品常作为黏合剂，也作为液体制剂中的助悬剂等。

海藻酸 Aliginic Acid

【理化性质】本品为白色至微黄色的粉末，无臭，几乎无味。在水、甲醇、丙酮、三氯甲烷中不溶，在氢氧化钠试液中溶解。

【作用与用途】本品常作为黏合剂和崩解剂等。

磷酸淀粉钠 Sodium Starch Phosphate

【理化性质】本品为白色粉末，无臭。在水或乙醇中不溶。

【作用与用途】本品常作为黏合剂和崩解剂等。

可可脂

【理化性质】本品为淡黄白色固体，有轻微的可可香味（压榨品）或味平淡（溶剂提取品）；在乙醚或三氯甲烷中易溶，在煮沸的无水乙醇中溶解，在乙醇中几乎不溶。

【作用与用途】本品常作为润滑剂和栓剂基质。

硬脂酸锌 Zinc Stearate

【理化性质】本品为白色或类白色细粉。在水和乙醇中几乎不溶。

【作用与用途】本品常作为润滑剂等。

滑石粉 Talc

【理化性质】本品为白色或类白色、无砂性的微细粉末，有滑腻感。在水和稀盐酸中均不溶。

【作用与用途】本品常作为润滑剂等。

焦糖 Caramel

【理化性质】本品为暗棕色稠状液体，微有特臭，味淡。与水混溶，在浓度小于55%的乙醇中溶解。

【作用与用途】本品为固体药物的着色剂。

附　　录

附录一　常用药物的配伍禁忌简表

类别	药物	禁忌配伍的药物	变化
抗生素	青霉素	酸性药液如盐酸氯丙嗪、四环素类抗生素的注射液	沉淀、分解失效
		碱性药液如磺胺药、碳酸氢钠的注射液	沉淀、分解失效
		高浓度乙醇、重金属盐	破坏失效
		氧化剂如高锰酸钾	破坏失效
		快效抑菌剂如四环素、甲砜霉素	疗效降低
	红霉素	碱性溶液如磺胺、碳酸氢钠注射液	沉淀、析出游离碱
		氯化钠、氯化钙	混浊、沉淀
		林可霉素	出现拮抗作用
	链霉素	较强的酸、碱性液	破坏、失效
		氧化剂、还原剂	破坏、失效
		利尿酸	肾毒性增大
		多黏菌素 E	骨骼肌松弛
	多黏菌素 E	骨骼肌松弛药	毒性增强
		先锋霉素 I	毒性增强
	四环素类抗生素如四环素、土霉素、金霉素、多西环素	中性及碱性溶液如碳酸氢钠注射液	分解失效
		生物碱沉淀剂	沉淀、失效
		阳离子（一价、二价或三价离子）	形成不溶性难吸收的络合物

续表

类别	药物	禁忌配伍的药物	变化
抗生素	氯霉素	铁剂、叶酸、维生素 B_{12} 青霉素类抗生素	抑制红细胞生成 疗效减低
	先锋霉素Ⅱ	强效利尿药	增大对肾脏的毒性
合成抗菌药	磺胺类药物	酸性药物 普鲁卡因 氯化铵	析出沉淀 疗效降低或无效 增加对肾脏的毒性
	氟喹诺酮类药物如诺氟沙星、环丙沙星、氧氟沙星、洛美沙星、恩诺沙星等	酰胺醇类、呋喃类药物 金属阳离子 强酸性药液或强碱性药液	疗效降低 形成不溶性难吸收的络合物 析出沉淀
消毒防腐药	漂白粉	酸类	分解释放出氯
	乙醇	氯化剂、无机盐等	氧化、沉淀
	硼酸	碱性物质 鞣酸	生成硼酸盐 疗效减弱
	碘及其制剂	氨水、铵盐类 重金属盐 生物碱类药物 淀粉 甲紫 挥发油	生成爆炸性碘化氮 沉淀 析出生物碱沉淀 呈蓝色 疗效降低 分解、失效
	阳离子表面活性消毒药	阴离子如肥皂类、合成洗涤剂 高锰酸钾、碘化物	作用相互拮抗 沉淀
	高锰酸钾	氨及其制剂 甘油、乙醇 鞣酸、甘油、药用炭	沉淀 失效 研磨时爆炸
	过氧化氢溶液	碘及其制剂、高锰酸钾、碱类、药用炭	分解、失效
	过氧乙酸	碱类如氢氧化钠、氨溶液	中和失效
	氨溶液	酸及酸性盐 碘溶液如碘酊	中和失效 生成爆炸性的碘化氮

续表

类别	药物	禁忌配伍的药物	变化
抗螨虫药	左旋咪唑	碱类药物	分解、失效
	敌百虫	碱类、新斯的明、肌松药	毒性增强
	硫双二氯酚	乙醇、稀碱液、四氯化碳	毒性增强
抗球虫药	氨丙啉	维生素 B_1	疗效降低
	二甲硫胺	维生素 B_1	疗效降低
	莫能菌素或盐霉素或马杜霉素或拉沙里菌素	泰牧霉素、竹桃霉素	抑制动物生长，甚至中毒死亡
中枢兴奋药	咖啡因（碱）	盐酸四环素、盐酸土霉素、鞣酸、碘化物	析出沉淀
	尼可刹米	碱类	水解、混浊
	山梗菜碱	碱类	沉淀
镇静药	氯丙嗪	碳酸氢钠、巴比妥类钠盐氧化剂	析出沉淀变红色
	溴化钠	酸类、氧化剂生物碱类	游离出溴析出沉淀
	巴比妥钠	酸类氯化铵	析出沉淀析出氨、游离出巴比妥酸
镇痛药	吗啡	碱类巴比妥类	析出沉淀毒性增强
	哌替啶	碱类	析出沉淀
解热镇痛药	阿司匹林	碱类药物如碳酸氢钠、氨茶碱、碳酸钠等	分解、失效
	水杨酸钠	铁等金属离子制剂	氧化、变色
	安乃近	氯丙嗪	动物体温剧降
	氨基比林	氧化剂	氧化、失效

类别	药物	禁忌配伍的药物	变化
麻醉药与化学保定药	水合氯醛	碱性溶液	分解、失效
	戊巴比妥钠	酸类药液	沉淀
	苯巴比妥钠	酸类药液	沉淀
	普鲁卡因	磺胺药 氧化剂	疗效降低或失效 氧化、失效
	琥珀胆碱	水合氯醛、氯丙嗪、普鲁卡因、氨基糖苷类抗生素	肌松过度
	盐酸二甲苯胺噻唑	碱类药液	沉淀
植物神经药物	硝酸毛果芸香碱	碱性药物、鞣质、碘及阳离子表面活性剂	沉淀或分解失效
	硫酸阿托品	碱性药物、鞣质、碘及碘化物、硼砂	分解或沉淀
	肾上腺素、去甲肾上腺素	碱类、氧化物、碘酊 三氯化铁 洋地黄制剂	易氧化变棕色、失效 失效 心律不齐
强心药	毒毛旋花子苷 K	碱性药液如碳酸氢钠、氨茶碱	分解、失效
	洋地黄毒苷	钙盐 钾盐 酸或碱性药物 鞣酸、重金属盐	增强洋地黄毒性 对抗洋地黄作用 分解、失效 沉淀
止血药	安络血	脑垂体后叶素、青霉素G、盐酸氯丙嗪 抗组胺药、抗胆碱药	变色、分解、失效 止血作用减弱
	止血敏	磺胺嘧啶钠、盐酸氯丙嗪	混浊、沉淀
	维生素 K_3	还原剂、碱类药液 巴比妥类药物	分解、失效 加速维生素 K_3 代谢
抗凝血药	肝素钠	酸性药液 碳酸氢钠、乳酸钠	分解、失效 加强肝素钠抗凝血
	枸橼酸钠	钙制剂如氯化钙、葡萄糖酸钙	作用减弱

续表

类别	药物	禁忌配伍的药物	变化
抗贫血药	硫酸亚铁	四环素类药物 氧化剂	妨碍吸收 氧化变质
祛痰药	氯化铵	碳酸氢钠、碳酸钠等碱性药物 磺胺类药物	分解 增强磺胺肾毒性
	碘化钾	酸类或酸性盐	变色游离出碘
平喘药	氨茶碱	酸性药液如维生素C，四环素类药物盐酸盐、盐酸氯丙嗪等	中和反应、析出茶碱沉淀
	麻黄素（碱）	肾上腺素、去甲肾上腺素	增强毒性
健胃与助消化药	胃蛋白酶	强酸、碱、重金属盐、鞣酸溶液	沉淀
	乳酶生	酊剂、抗菌剂、鞣酸蛋白、铋制剂	疗效降低
	干酵母	磺胺类药物	疗效降低
	稀盐酸	有机酸盐如水杨酸钠	沉淀
	人工盐	酸性药液	中和、疗效降低
	胰酶	酸性药物如稀盐酸	疗效降低或失效
	碳酸氢钠	酸及酸性盐类 鞣酸及其含有物 生物碱类、镁盐、钙盐 次硝酸铋	中和失效 分解 沉淀 疗效减弱
泻药	硫酸钠	钙盐、钡盐、铅盐	沉淀
	硫酸镁	中枢抑制药	增强中枢抑制
利尿药	呋喃苯胺酸（速尿）	氨基苷类抗生素如链霉素、卡那霉素、新霉素、庆大霉素 头孢噻啶 骨骼肌松弛剂	增强耳中毒 增强肾毒性 骨骼肌松弛加重
脱水药	甘露醇	生理盐水或高渗盐	疗效降低
	山梨醇	生理盐水或高渗盐	疗效降低

类别	药物	禁忌配伍的药物	变化
糖皮质激素	盐酸可的松、强的松、氢化可的松、强的松龙	苯巴比妥钠、苯妥英钠 强效利尿药 水杨酸钠 降血糖药	代谢加快 排钾增多 消除加快 疗效降低
生殖系统药	促黄体素	抗胆碱药、抗肾上腺素药 抗惊厥药、麻醉药、安定药	疗效降低 疗效降低
	绒毛膜促性腺激素		水解、失效
影响组织代谢药	维生素 B_1	生物碱、碱 氧化剂、还原剂 氨苄青霉素、头孢菌素 I 和 II、氯霉素、多黏菌素	沉淀 分解、失效 破坏、失效
	维生素 B_2	碱性药液 氨苄青霉素、头孢菌素 I 和 II、氯霉素、多黏菌素、四环素、金霉素、土霉素、红霉素、新霉素、链霉素、卡那霉素、林可霉素	破坏、失效 破坏、灭活
	维生素 C	氧化剂 碱性药液如氨茶碱 钙制剂溶液 氨苄青霉素、头孢菌素 I 和 II、四环素、土霉素、多西环素、红霉素、新霉素、链霉素、卡那霉素、林可霉素	破坏、失效 氧化、失效 沉淀 破坏、灭活
	氯化钙	碳酸氢钠、碳酸钠溶液	沉淀
	葡萄糖酸钙	碳酸氢钠、碳酸钠溶液 水杨酸盐、苯甲酸盐溶液	沉淀 沉淀
解毒药	碘解磷定	碱性药物	水解为氰化物
	亚甲蓝	强碱性药物、氧化剂、还原剂及碘化物	破坏、失效
	亚硝酸钠	酸类 碘化物 氧化剂、金属盐	分解成亚硝酸 游离出碘 被还原

续表

类别	药物	禁忌配伍的药物	变化
解毒药	硫代硫酸钠	酸类 氧化剂如亚硝酸钠	分解沉淀 分解失效
	依地酸钙钠	铁制剂如硫酸亚铁	干扰作用

注：

氧化剂：漂白粉、双氧水、过氧乙酸、高锰酸钾等。

还原剂：碘化物、硫代硫酸钠、维生素 C 等。

重金属盐：汞盐、银盐、铁盐、铜盐、锌盐等。

酸类药物：稀盐酸、硼酸、鞣酸、醋酸、乳酸等。

碱类药物：氢氧化钠、碳酸氢钠、氨水等。

生物碱类药物：阿托品、安钠咖、肾上腺素、毛果芸香碱、氨茶碱、普鲁卡因等。

有机酸盐类药物：水杨酸钠、醋酸钾等。

生物碱沉淀剂：氢氧化钾、碘、鞣酸、重金属等。

药液显酸性的药物：氯化钙、葡萄糖、硫酸镁、氯化铵、盐酸、肾上腺素、硫酸阿托品、水合氯醛、盐酸氯丙嗪、盐酸金霉素、盐酸土霉素、盐酸四环素、盐酸普鲁卡因、糖盐水、葡萄糖酸钙注射液等。

药液显碱性的药物：安钠咖、碳酸氢钠、氨茶碱、乳酸钠、磺胺嘧啶钠、乌洛托品等。

附录二 兽药停药期规定

附录二中字母 A 表示兽药质量标准 2017 版，B 表示兽药典 2015 版。

	兽药名称	执行标准	停药期
1	乙酰甲喹片	A	牛、猪 35 d
2	二氢吡啶	A	牛、肉鸡 7 d，弃奶期 7 d
3	二硝托胺预混剂	B	鸡 3 d，产蛋期禁用
4	土霉素片	B	牛、羊、猪 7 d，禽 5 d，产蛋期 2 d，弃奶期 3 d
5	土霉素注射液	A	牛、羊、猪 28 d，弃奶期 7 d

	兽药名称	执行标准	停药期
6	马杜霉素预混剂	部颁标准	鸡 5 d，产蛋期禁用
7	双甲脒溶液	B	牛、羊 21 d，猪 8 d，弃奶期 48 h，禁用于产奶羊
8	巴胺磷溶液	A	羊 14 d
9	四环素片	A	牛 12 d、猪 10 d、鸡 4 d，产蛋期禁用，产奶期禁用
10	甲砜霉素片	B	28 d，弃奶期 7 d
11	甲砜霉素散	B	28 d，弃奶期 7 d，鱼 500 ℃·d（例如，25 ℃气温需要停药 20 d）
12	甲基前列腺素 F_{2a} 注射液	A	牛 1 d，猪 1 d，羊 1 d
13	甲硝唑片	A	牛 28 d
14	甲磺酸达氟沙星注射液	A	猪 25 d
15	甲磺酸达氟沙星粉	A	鸡 5 d，产蛋鸡禁用
16	甲磺酸达氟沙星溶液	A	鸡 5 d，产蛋鸡禁用
17	甲磺酸培氟沙星可溶性粉	部颁标准	28 d，产蛋鸡禁用
18	甲磺酸培氟沙星注射液	部颁标准	28 d，产蛋鸡禁用
19	甲磺酸培氟沙星颗粒	部颁标准	28 d，产蛋鸡禁用
20	伊维菌素注射液	B	牛、羊 35 d，猪 28 d，泌乳期禁用
21	吉他霉素片	B	猪、鸡 7 d，产蛋期禁用
22	吉他霉素预混剂	B	猪、鸡 7 d，产蛋期禁用
23	地西泮注射液	B	28 d
24	地克珠利预混剂	B	鸡 5 d，兔 14 d，产蛋期禁用
25	地克珠利溶液	B	鸡 5 d，兔 14 d，产蛋期禁用
26	地美硝唑预混剂	A	猪、鸡 28 d，产蛋期禁用
27	地塞米松磷酸钠注射液	B	牛、羊、猪 21 d，弃奶期 3 d

	兽药名称	执行标准	停药期
28	安乃近片	B	牛、羊、猪28 d，弃奶期7 d
29	安乃近注射液	B	牛、羊、猪28 d，弃奶期7 d
30	安钠咖注射液	B	牛、羊、猪28 d，弃奶期7 d
31	那西肽预混剂	B	鸡7 d，产蛋期禁用
32	吡喹酮片	B	28 d，弃奶期7 d
33	芬苯达唑片	B	牛、羊21 d，猪3 d，弃奶期7 d
34	芬苯达唑粉（苯硫苯咪唑粉剂）	B	牛、羊14 d，猪3 d，弃奶期5 d
35	苄星邻氯青霉素注射液	部颁标准	牛28 d，产犊后4 d禁用，泌乳期禁用
36	阿苯达唑片	B	牛14 d、羊4 d、猪7 d、禽4 d，弃奶期60 h、奶牛泌乳期禁用。牛羊妊娠期前45天忌用
37	阿莫西林可溶性粉	B	鸡7 d，产蛋期禁用
38	阿维菌素片	A	羊35 d，猪28 d，泌乳期禁用
39	阿维菌素注射液	A	羊35 d，猪28 d，泌乳期禁用
40	阿维菌素粉	A	羊35 d，猪28 d，泌乳期禁用
41	阿维菌素胶囊	A	羊35 d，猪28 d，泌乳期禁用
42	阿维菌素透皮溶液	A	牛、猪42 d，泌乳期禁用
43	乳酸环丙沙星可溶性粉	A	禽8 d，产蛋鸡禁用
44	乳酸环丙沙星注射液	A	牛14 d，猪10 d，禽28 d，弃奶期84 h
45	乳酸诺氟沙星可溶性粉	部颁标准	禽8 d，产蛋鸡禁用
46	注射用三氮脒	B	牛、羊28 d，弃奶期7 d
47	注射用苄星青霉素（注射用苄星青霉素G）	兽药规范1978版	牛、羊4 d，猪5 d，弃奶期3 d

	兽药名称	执行标准	停药期
48	注射用乳糖酸红霉素	B	牛 14 d，羊 3 d，猪 7 d，弃奶期 3 d
49	注射用苯巴比妥钠	B	28 d，弃奶期 7 d
50	注射用苯唑西林钠	B	牛、羊 14 d，猪 5 d，弃奶期 3 d
51	注射用青霉素钠	B	0 d，弃奶期 3 d
52	注射用青霉素钾	B	0 d，弃奶期 3 d
53	注射用氨苄青霉素钠	兽药典 2000 版	牛 6 d，猪 15 d，弃奶期 2 d
54	注射用盐酸土霉素	B	牛、羊、猪 8 d，弃奶期 2 d，泌乳牛、羊禁用
55	注射用盐酸四环素	B	牛、羊、猪 8 d，弃奶期 2 d，泌乳牛、羊禁用
56	注射用酒石酸泰乐菌素	B	牛 28 d，猪 21 d，弃奶期 4 d
57	注射用喹嘧胺	B	28 d，弃奶期 7 d
58	注射用氯唑西林钠	A	牛 10 d，弃奶期 2 d
59	注射用硫酸双氢链霉素	A	牛、羊、猪 18 d，弃奶期 3 d
60	注射用硫酸卡那霉素	B	牛、羊、猪 28 d，弃奶期 7 d
61	注射用硫酸链霉素	B	牛、羊、猪 18 d，弃奶期 3 d
62	环丙氨嗪预混剂（1%）	A	鸡 3 d
63	苯丙酸诺龙注射液	B	28 d，弃奶期 7 d
64	苯甲酸雌二醇注射液	B	28 d，弃奶期 7 d
65	复方甲苯咪唑粉	B	鳗 150 ℃·d
66	复方阿莫西林粉	A	鸡 7 d，产蛋期禁用
67	复方氨苄西林片	A	鸡 7 d，产蛋期禁用

续表

	兽药名称	执行标准	停药期
68	复方氨苄西林粉	A	鸡7 d，产蛋期禁用
69	复方氨基比林注射液	B	28 d，弃奶期7 d
70	复方磺胺对甲氧嘧啶片	B	28 d，弃奶期7 d
71	复方磺胺对甲氧嘧啶钠注射液	B	28 d，弃奶期7 d
72	复方磺胺甲噁唑片	B	28 d，弃奶期7 d
73	复方磺胺氯达嗪钠粉	B	猪4 d，鸡2 d，产蛋期禁用
74	复方磺胺嘧啶钠注射液	B	牛、羊12 d，猪20 d，弃奶期2 d
75	枸橼酸乙胺嗪片	B	28 d，弃奶期7 d
76	枸橼酸哌嗪片	B	牛、羊28 d，猪21 d，禽14 d
77	氟苯尼考注射液	B	猪14 d，鸡28 d，鱼375 ℃·d，产蛋期禁用
78	氟苯尼考粉	B	猪20 d，鸡5 d，鱼375 ℃·d
79	氟苯尼考溶液	B	鸡5 d，产蛋期禁用
80	氟胺氰菊酯条	A	流蜜期禁用
81	洛克沙砷预混剂	A	猪、鸡5 d，产蛋鸡禁用
82	恩诺沙星片	B	鸡8 d，产蛋鸡禁用
83	恩诺沙星可溶性粉	B	鸡8 d，产蛋鸡禁用
84	恩诺沙星注射液	B	牛、羊14 d，猪10 d，兔14 d
85	恩诺沙星溶液	B	禽8 d，产蛋鸡禁用
86	氧阿苯达唑片	B	羊4 d
87	氨苯胂酸预混剂	A	猪、鸡5 d，产蛋鸡禁用
88	氨苯砷注射液	兽药典2000版	28 d，弃奶期7 d
89	海南霉素钠预混剂	A	鸡7 d，产蛋期禁用

	兽药名称	执行标准	停药期
90	烟酸诺氟沙星可溶性粉（蚕用）	A	28 d，产蛋鸡禁用，无需制定
91	烟酸诺氟沙星注射液（犬用）	A	28 d，无需制定
92	盐酸二氟沙星片	A	鸡1 d，产蛋期禁用
93	盐酸二氟沙星注射液	A	猪45 d
94	盐酸二氟沙星粉	A	鸡1 d，产蛋期禁用
95	盐酸二氟沙星溶液	A	鸡1 d，产蛋期禁用
96	盐酸大观霉素可溶性粉	B	鸡5 d，产蛋期禁用
97	盐酸左旋咪唑	B	牛2 d，羊3 d，猪3 d，禽28 d，泌乳期禁用
98	盐酸左旋咪唑注射液	B	牛14 d，羊、猪、禽28 d
99	盐酸多西环素片	B	牛、羊、猪、禽28 d，泌乳期、产蛋期禁用
100	盐酸异丙嗪片	B	牛、羊、猪28 d，弃奶期7日
101	盐酸异丙嗪注射液	B	同上
102	盐酸沙拉沙星可溶性粉	A	鸡0 d，产蛋期禁用
103	盐酸沙拉沙星注射液	A	猪0 d，鸡0 d，产蛋期禁用
104	盐酸沙拉沙星溶液	A	鸡0 d，产蛋期禁用
105	盐酸沙拉沙星片	A	鸡0 d，产蛋期禁用
106	盐酸林可霉素片	B	猪6 d
107	盐酸林可霉素注射液	B	猪2 d
108	盐酸环丙沙星、盐酸小檗碱预混剂	部颁标准	500 ℃·d
109	盐酸环丙沙星可溶性粉	A	畜禽，弃奶期7 d，28 d，产蛋鸡禁用
110	盐酸环丙沙星注射液	A	同上
111	盐酸苯海拉明注射液	B	28 d，弃奶期7 d

续表

	兽药名称	执行标准	停药期
112	盐酸氨丙啉、乙氧酰胺苯甲酯、磺胺喹噁啉预混剂	B	鸡 7 d，产蛋鸡禁用
113	盐酸氨丙啉、乙氧酰胺苯甲酯预混剂	B	鸡 3 d，产蛋期禁用
114	盐酸氯苯胍片	B	鸡 5 d，兔 7 d，产蛋期禁用
115	盐酸氯苯胍预混剂	B	鸡 5 d，兔 7 d，产蛋期禁用
116	盐酸赛拉唑注射液	兽药典 2000 版	28 d，弃奶期 7 d
117	盐酸赛拉嗪注射液	兽药典 2000 版	牛、羊 14 d，鹿 15 d
118	盐霉素钠预混剂	兽药典 2000 版	鸡 5 d，产蛋期禁用
119	诺氟沙星、盐酸小檗碱预混剂	部颁标准	500 ℃·d
120	酒石酸吉他霉素可溶性粉	B	鸡 7 d，产蛋期禁用
121	酒石酸泰乐菌素可溶性粉	B	鸡 1 d，产蛋期禁用
122	维生素 C 磷酸酯镁、盐酸环丙沙星预混剂	A	500 ℃·d
123	喹乙醇预混剂	A	猪 35 d，禁用于禽、鱼、35 kg 以上的猪
124	奥芬达唑片（苯亚砜哒唑）	B	牛、羊、猪 7 d，产奶期禁用
125	普鲁卡因青霉素注射液	B	牛 10 d，羊 9 d，猪 7 d，弃奶期 2 d
126	氯羟吡啶预混剂	B	鸡 5 d，兔 5 d，产蛋期禁用
127	氯氰碘柳胺钠注射液	B	28 d，弃奶期 28 d
128	氯硝柳胺片	B	牛、羊 28 d、禽 28 d
129	氰戊菊酯溶液	A	28 d
130	硝氯酚片	B	28 d
131	硝碘酚腈注射液（克虫清）	A	羊 30 d，弃奶期 5 d

	兽药名称	执行标准	停药期
132	硫氰酸红霉素可溶性粉	B	鸡 3 d，产蛋期禁用
133	硫酸卡那霉素注射液（单硫酸盐）	B	28 d，弃奶期 7 日
134	硫酸安普霉素可溶性粉	B	猪 21 d，鸡 7 d，产蛋期禁用
135	硫酸安普霉素预混剂	B	猪 21 d
136	硫酸庆大-小诺米星注射液	A	猪、鸡 40 d
137	硫酸庆大霉素注射液	B	猪、牛、羊 40 d
138	硫酸黏菌素可溶性粉	部颁标准	7 d，产蛋期禁用
139	硫酸黏菌素预混剂	A	牛、猪、鸡 7 d，产蛋期禁用
140	硫酸新霉素可溶性粉	B	鸡 5 d，火鸡 14 d，产蛋期禁用
141	越霉素 A 预混剂	A	猪 15 d，鸡 3 d，产蛋期禁用
142	碘硝酚注射液	B	羊 90 d，弃奶期 90 d
143	碘醚柳胺混悬液	B	牛、羊 60 d，泌乳期禁用
144	精制马拉硫磷溶液	A	28 d
145	精制敌百虫片	A	28 d
146	蝇毒磷溶液	A	28 d
147	醋酸地塞米松片	B	马、牛 0 d
148	醋酸泼尼松片	B	0 d
149	醋酸氟孕酮阴道海绵	A	羊 30 d，泌乳期禁用
150	醋酸氢化可的松注射液	B	0 d
151	磺胺二甲嘧啶片	B	牛 10 d，猪 15 d，禽 10 d，弃奶期 7 d
152	磺胺二甲嘧啶钠注射液	B	28 d，弃奶期 7 d
153	磺胺对甲氧嘧啶、二甲氧苄啶片	A	28 d，弃奶期 7 d

	兽药名称	执行标准	停药期
154	磺胺对甲氧嘧啶、二甲氧苄啶预混剂	A	28 d，产蛋期禁用
155	磺胺对甲氧嘧啶片	B	28 d
156	磺胺甲噁唑片	B	28 d，弃奶期 7 d
157	磺胺间甲氧嘧啶片	兽药典 2000 版	28 d
158	磺胺间甲氧嘧啶钠注射液	B	28 d，弃奶期 7 d
159	磺胺脒片	兽药典 2000 版	28 d
160	磺胺喹噁啉、二甲氧苄啶预混剂	B	鸡 10 d，产蛋期禁用
161	磺胺喹噁啉钠可溶性粉	B	鸡 10 d，产蛋期禁用
162	磺胺氯吡嗪钠可溶性粉	B	火鸡 4 d、肉鸡 1 d，羊、兔 28 d，产蛋期禁用
163	磺胺嘧啶片	B	牛、羊 28 d，猪 5 d，弃奶期 7 d
164	磺胺嘧啶钠注射液	B	牛 10 d，羊 18 d，猪 10 d，弃奶期 3 d
165	磺胺噻唑片	B	28 d，弃奶期 7 d
166	磺胺噻唑钠注射液	B	28 d，弃奶期 7 d
167	磷酸左旋咪唑片	B	牛 2 d，羊 3 d，猪 3 d，禽 28 d，泌乳期禁用
168	磷酸左旋咪唑注射液	B	牛 14 d，羊 28 d，猪 28 d，泌乳期禁用
169	磷酸哌嗪片（驱蛔灵片）	B	牛、羊 28 d，猪 21 d，禽 14 d
170	磷酸泰乐菌素预混剂	B	鸡、猪 5 d，产蛋期禁用

中华人民共和国农业部公告第 278 号（2003）。

附录三 允许作治疗使用，但不得在动物性食品中检出残留的兽药

药物名称	标志残留物	动物种类	靶组织
氯丙嗪 Chlorpromazine	Chlorpromazine	所有食品动物	所有可食组织
地西泮（安定） Diazepam	Diazepam	所有食品动物	所有可食组织
地美硝唑 Dimetridazole	Dimetridazole	所有食品动物	所有可食组织
苯甲酸雌二醇 Estradiol Benzoate	Estradiol	所有食品动物	所有可食组织
潮霉素 B Hygromycin B	Hygromycin B	猪/鸡	可食组织(鸡蛋)
甲硝唑 Metronidazole	Metronidazole	所有食品动物	所有可食组织
苯丙酸诺龙 Nadrolone Phenylpropionate	Nadrolone	所有食品动物	所有可食组织
丙酸睾酮 Testosterone propinate	Testosterone	所有食品动物	所有可食组织
塞拉嗪 Xylzaine	Xylazine	产奶动物	奶

附录四 禁止使用，并在动物性食品中不得检出残留的兽药

药物名称	禁用动物种类	靶组织
氯霉素 Chloramphenicol 及其盐、酯 （包括：琥珀氯霉素 Chloramphenico Succinate）	所有食品动物	所有可食组织
克伦特罗 Clenbuterol 及其盐、酯	所有食品动物	所有可食组织
沙丁胺醇 Salbutamol 及其盐、酯	所有食品动物	所有可食组织
西马特罗 Cimaterol 及其盐、酯	所有食品动物	所有可食组织
氨苯砜 Dapsone	所有食品动物	所有可食组织
己烯雌酚 Diethylstilbestrol 及其盐、酯	所有食品动物	所有可食组织
呋喃他酮 Furaltadone	所有食品动物	所有可食组织
呋喃唑酮 Furazolidone	所有食品动物	所有可食组织
林丹 Lindane	所有食品动物	所有可食组织
呋喃苯烯酸钠 Nifurstyrenate Sodium	所有食品动物	所有可食组织
安眠酮 Methaqualone	所有食品动物	所有可食组织
洛硝达唑 Ronidazole	所有食品动物	所有可食组织
玉米赤霉醇 Zeranol	所有食品动物	所有可食组织
去甲雄三烯醇酮 Trenbolone	所有食品动物	所有可食组织
醋酸甲孕酮 Mengestrol Acetate	所有食品动物	所有可食组织
硝基酚钠 Sodium Nitrophenolate	所有食品动物	所有可食组织
硝呋烯腙 Nitrovin	所有食品动物	所有可食组织
毒杀芬（氯化烯）Camahechlor	所有食品动物	所有可食组织
呋喃丹（克百威）Carbofuran	所有食品动物	所有可食组织
杀虫脒（克死螨）Chlordimeform	所有食品动物	所有可食组织
双甲脒 Amitraz	所有食品动物	所有可食组织
酒石酸锑钾 Antimony Potassium tartrate	所有食品动物	所有可食组织
锥虫砷胺 Tryparsamile	所有食品动物	所有可食组织
孔雀石绿 Malachite Green	所有食品动物	所有可食组织
五氯酚酸钠 Pentachlorophenol Sodium	所有食品动物	所有可食组织
氯化亚汞（甘汞）Calomel	所有食品动物	所有可食组织
硝酸亚汞 Mercurous Nitrate	所有食品动物	所有可食组织
醋酸汞 Mercurous Acetate	所有食品动物	所有可食组织
吡啶基醋酸汞 Pyridyl Mercurous Acetate	所有食品动物	所有可食组织
甲基睾丸酮 Methyltestosterone	所有食品动物	所有可食组织
群勃龙 Trenbolone	所有食品动物	所有可食组织

附录五　常用医用计量单位换算表

类别	缩写符号	中文名称	与主单位的关系
长度	m	米	1（主单位）
	dm	分米	1/10
	cm	厘米	1/100
	mm	毫米	1/1 000
	μm	微米	1/1 000 000
	nm	纳米	1/1 000 000 000
质量	kg	千克	1（主单位）
	g	克	1/1 000
	mg	毫克	1/1 000 000
	μg	微克	1/1 000 000 000
	ng	纳克	1/1 000 000 000 000
	pg	皮克	1/1 000 000 000 000 000
	t	吨	1 000
容量	L	升	1（主单位）
	mL	毫升	1/1 000
	μL	微升	1/1 000 000
	gal	加仑	4.546 升（英）、3.785 升（美）
热量	J	焦耳	1（主单位）
	MJ	兆焦耳	10^6 焦耳
	cal	卡	4.184 焦耳
	kcal	千卡，大卡	4 184 焦耳
	Mcal	兆卡	4 184 000 焦耳
浓度	ppm	百万分之一	10^{-6}，0.000 1%（1 毫克/千克）
	ppb	十亿分之一	10^{-9}，0.000 000 1%（1 微克/吨）
	ppt	万亿分之一	10^{-12}，0.000 000 000 1%（1 微克/吨）

附录六　家畜体重估测法（仅供参考）

1. 黄牛　$\dfrac{\text{胸围的平方}(\text{cm}^2)\times\text{体斜长}(\text{cm})}{10\ 800}=\text{体重}(\text{kg})$

2. 水牛　$\dfrac{\text{胸围的平方}(\text{cm}^2)\times\text{体斜长}(\text{cm})}{12\ 700}=\text{体重}(\text{kg})$

注：肥壮牛在估重数上加 10 kg，瘦弱牛减 10kg。

3. 役牛、肉种牛　$\dfrac{\text{胸围的平方}(\text{cm}^2)\times\text{体斜长}(\text{cm})\times\text{系数}}{100}=\text{体重}(\text{kg})$

注：①系数：本地牛为 2，肉种牛为 2.5。

②肥壮牛在估重数上加 10%，瘦弱牛减 10%。

4. 役马　$\dfrac{\text{胸围的平方}(\text{cm}^2)\times\text{体斜长}(\text{cm})}{10\ 800}+22.5\ \text{或}\ 45=\text{体重}(\text{kg})$

注：22.5 指中等马，45 指肥壮马，瘦弱马为 10~22.5。此公式适用于 3 周岁以上的马，不满 3 周岁时将 22.5 改为 15。

5. 成年马　体高(cm)×系数＝体重(kg)

注：系数：役马——瘦弱 2.10，中等 2.33，肥壮 2.58。

重型役马——瘦弱 3.06，肥壮 3.39。

6. 猪　①　$\dfrac{\text{胸围的平方}(\text{cm}^2)\times\text{体长}(\text{cm})}{15\ 200}=\text{体重}(\text{kg})$

体重在 60 kg 以下时，在所算得的体重上加 3 kg；60~180 kg 时不加不减；200 kg 左右时减 9 kg；250 kg 以上时减 30 kg。

②体重(kg)＝$\dfrac{\text{胸围的平方}(\text{cm}^2)\times\text{体长}(\text{cm})}{\text{系数}}$

注：系数：营养优良 142，中等用 156，营养差用 162。

7. 羊　$\dfrac{\text{胸围的平方}(\text{cm}^2)\times\text{体长}(\text{cm})}{300}=\text{体重}(\text{kg})$

8. 骆驼　67.01+58.16×胸围的平方(cm²)×体长(cm)±45.69＝体重(kg)

注：上等膘取"+"，下等膘取"-"。

胸围是从肩胛后角绕胸围 1 周的长度。

体斜长是从肩胛结节至坐骨结节的直线长度，两侧同时测量，取其平均值。

体长是从两耳连线的中点起，沿着背中线至尾根的长度。

附录七　不同动物用药量换算表（仅供参考）

1. 各种畜禽与人用药剂量比例简表（均按成年）

动物种类	成人	牛	羊	猪	马	鸡	猫	犬
比例	1	5~10	2	2	5~10	1/6	1/4	1/4~1

2. 不同畜禽用药剂量比例简表

畜别	马（400 kg）	牛（300 kg）	驴（200 kg）	猪（50 kg）	羊（50 kg）	鸡（1岁以上）	犬（1岁以上）	猫（1岁以上）
比例	1	1~1½	1/3~1/2	1/8~1/5	1/6~1/5	1/40~1/20	1/16~1/10	1/32~1/16

3. 家畜年龄与用药比例

畜别	年龄	比例	畜别	年龄	比例	畜别	年龄	比例
猪：	1岁半以上	1	羊：	2岁以上	1	牛：	3~8岁	1
	9~18个月	1/2		1~2岁	1/2		10~15岁	3/4
	4~9个月	1/4		6~12个月	1/4		15~20岁	1/2
	2~4个月	1/8		3~6个月	1/8		2~3岁	1/4
	1~2个月	1/16		1~3个月	1/16		4~8个月	1/8
							1~4个月	1/16

畜别	年龄	比例	畜别	年龄	比例
马：	3~12岁	1	犬：	6个月以上	1
	15~20岁	3/4		3~6个月	1/2
	20~25岁	1/2		1~3个月	1/4
	2岁	1/4		1个月以下	1/16~1/8
	1岁	1/12			
	2~6个月	1/24			

4. 给药途径与剂量比例关系表

途径	内服	直肠给药	皮下注射	肌内注射	静脉注射	气管注射
比例	1	1.5~2	1/3~1/2	1/3~1/2	1/4~1/3	1/4~1/3

附录八　不同动物对矿物质元素的需要量和饲料中最高限量

元素		仔猪	生长肥育猪	蛋鸡	肉用仔鸡	奶牛	肉牛	羊
钠（%）	需要量	0.08~1	0.09	0.12	0.12~0.15			0.04~1
	最高限量		2					
氯化钠（%）	需要量		0.2	0.2	0.2	0.25	0.5	0.5
	最高限量	8	8	2	2	4	9	9
钾（%）	需要量	0.26	0.23~0.28	0.4	0.4	0.7	0.6~0.8	
	最高限量	2	2	2	2	3	3	
钙（%）	需要量	1~6	0.46~0.55	0.8~3.5	0.9~1	0.5	0.4	0.4
	最高限量			4	1.2	2	2	2
磷（%）	需要量	0.54~0.8	0.4	0.5~0.7	0.65	0.4	0.3	0.16~0.33
	最高限量	1.5	1.5	0.8	1.0	1	1	0.6
镁（mg/kg）	需要量	300	400	500	500	600	600~1 000	600
	最高限量	3 000	3 000	3 000	3 000	5 000	5 000	5 000
铁（mg/kg）	需要量	78~165	37~55	50~80	80	50~100	40~60	30~40
	最高限量	3 000	3 000	1 000	1 000	1 000	1 000	500
铜（mg/kg）	需要量	5~6.5	10	4~8	8	10	6	5~6
	最高限量	250	250	300	300	100	100	8

元素		仔猪	生长肥育猪	蛋鸡	肉用仔鸡	奶牛	肉牛	羊
锌 (mg/kg)	需要量	110~78	55~37	35~65	40	40	20	100
	最高限量	2 000	2 000	1 000	1 000	1 000	1 000	300
锰 (mg/kg)	需要量	4.5~3.0	20~40	30~60	60	10~40	10	1~25
	最高限量	400	400	1 000	1 000	1 000	1 000	1 000
钴 (mg/kg)	需要量	0.1				0.1	0.1	0.07
	最高限量	50	50	20	20	20	10	10
硒 (mg/kg)	需要量	0.15~0.14	0.15~0.10	0.15~0.10	0.15	0.1~0.2	0.1	0.1~0.2
	最高限量	4	4	4	4	3	3	2
碘 (mg/kg)	需要量	0.03~0.14	0.13	0.3~0.35	0.35	0.2	0.1	0.2~0.4
	最高限量	400	400	300	300	20	20	20
钼 (mg/kg)	需要量	<1	<1	<1	<1	0.01	0.01	0.05~1
	最高限量	5	5			6	6	10
硫 (%)	需要量					0.2	0.05~0.1	0.1~0.24
	最高限量					0.4	0.4	0.4

附录九　常见农药及毒物中毒急救一览表

中毒分类		洗胃溶液			导泻剂	急救主要药	注意事项
		清水或微温水	高锰酸钾（稀释后使用）	低浓度 NaHCO₃			
有机磷类	马拉硫磷、倍硫磷、二溴磷、甲基吡啶磷	可用	因高锰酸钾会增加毒性,故禁用	最好	硫酸钠溶于水后灌服	用阿托品或碘解磷定注射	(1)应及时使用足量碘解磷定与氯解磷定,但不能并用,以免浓度过量。(2)皮肤接触宜用凉肥皂水反复洗
	二嗪农	可用	禁用	最好	同上	阿托品注射	禁用氯解磷定及碘解磷定
	敌敌畏	可用	可用	可用	同上	阿托品,碘解磷定效差	
	敌百虫	最好	可用	禁用	同上	碘解磷定效差	碱性药会增加毒性,故禁用
有机氯类	狄氏剂、艾氏剂、毒杀粉、林丹	可用	不用	最好	同上	注意给氧,静脉滴注氨素碱;给予维生素 B₁,维生素 B₂,维生素 C	在抢救中禁用肾上腺素
有机氮类	杀虫脒	最好	可用	可用	内服硫酸钠	亚甲蓝加入葡萄糖注射液后静脉滴注	

续表

中毒分类		洗胃溶液			导泻剂	急救主要用药	注意事项
		清水或微温水	高锰酸钾(稀释后使用)	低浓度NaHCO₃			
有机氟氯类	氟乙酰胺、氟乙酸钠等	最好	氟乙酰胺可用;氟乙酸钠等改用氯化钙溶液	不用	内服硫酸镁	用乙酰胺静脉、肌内注射	
氨基甲酸酯类	呋喃丹、西维因、速灭威等	最好	不用	可用	内服硫酸钠	阿托品或东莨菪碱注射	禁用碘解磷定及氯磷定,以免降低阿托品疗效
无机砷类	砒霜等	可用	用药用炭混悬液	可用	慎用	用二巯丙磺钠静脉、肌内注射;或用二巯基丙醇肌内注射	二巯丙醇应深部肌内注射,严禁静脉注射
氰化物	氰化钾、氢氰酸等	最好	可用	不用	不用	用亚硝酸钠静脉注射或用硫代硫酸钠静脉、肌内注射	
灭鼠药	磷化锌	硫酸铜或高锰酸钾反复洗胃		禁用	硫酸钠	内服硫酸铜溶液,液状石蜡	禁用碘解磷定、氯磷定、硫酸镁
	安妥	最好	可用	禁用	不用	对症疗法,葡萄糖酸钙加硫代硫酸钠静脉注射	
	敌鼠钠	最好	可用	禁用	硫酸钠	维生素K₁肌内、静脉注射	除维生素K外,其他止血剂无效

K_1

续表

中毒分类	洗胃溶液			导泻剂	急救主要用药	注意事项
	清水或微温水	高锰酸钾（稀释后使用）	低浓度NaHCO₃			
除虫菊酯类　溴氰菊酯（敌杀死）、杀灭菊酯（速灭杀丁）等	最好	禁用	最好	不用	无特效药。发生抽搐可用地西泮或苯巴比妥	(1) 及时洗胃，洗胃不能用热水，以免加速毒物吸收。(2) 反复洗胃，直至洗出液与进入液颜色一致并无味为止
巴比妥类中毒	最好	可用	不用	硫酸钠加活性炭	保持呼吸通畅，用碳酸氢钠静脉注射	
食物中毒	最好	可用	不用	硫酸钠		抗休克
亚硝酸盐中毒	最好	可用	不用	同上	亚甲蓝静脉注射，配伍维生素C	
扑热息痛中毒	最好	可用	不用	同上	N-乙酰半胱氨酸内服或注射	
左咪唑中毒	最好	可用	不用	同上	阿托品肌内注射，用法用量同有机磷类	
右旋糖酐铁注射液	不用	不用	不用	不用	肌内注射去铁敏	

附录十 兽用处方药目录

一、抗微生物药

药物分类	药物类别	药物名称
抗生素类	β-内酰胺类	注射用青霉素钠，注射用青霉素钾
		氨苄西林混悬注射液，氨苄西林可溶性粉，注射用氨苄西林钠，复方氨苄西林钠，氨苄西林钠可溶性粉
		注射用氯唑西林钠
		阿莫西林注射液，注射用阿莫西林钠，阿莫西林片，阿莫西林可溶性粉，阿莫西林克拉维酸钾注射液，阿莫西林硫酸黏菌素注射液，复方阿莫西林粉
		注射用苯唑西林钠
		注射用卡比青霉素，普鲁卡因青霉素注射液
		注射用苄星青霉素
	头孢菌素类	注射用头孢噻呋，盐酸头孢噻呋注射液，注射用头孢喹肟钠
		头孢氨苄注射液
		硫酸头孢喹肟注射液，注射用头孢噻呋
	氨基糖苷类	注射用硫酸链霉素，注射用硫酸双氢链霉素，硫酸双氢链霉素注射液
		硫酸卡那霉素注射液，注射用硫酸卡那霉素
		硫酸庆大霉素注射液，硫酸庆大-小诺霉素注射液
		硫酸安普霉素注射液，硫酸安普霉素可溶性粉，硫酸安普霉素预混剂
		硫酸新霉素溶液，硫酸新霉素可溶性粉，硫酸新霉素预混剂，硫酸新霉素粉（水产用）
		盐酸大观霉素可溶性粉，盐酸大观霉素·盐酸林可霉素可溶性粉

续表

药物分类	药物类别	药物名称
抗生素类	四环素类	土霉素注射液、长效土霉素注射液、盐酸土霉素注射液、注射用盐酸土霉素、长效盐酸土霉素注射液
		四环素片、注射用盐酸四环素
		盐酸多西环素粉（水产用）、盐酸多西环素可溶性粉、盐酸多西环素片、盐酸多西环素注射液
	大环内酯类	红霉素片、注射用乳糖酸红霉素、硫氰酸红霉素
		泰乐菌素可溶性粉、注射用酒石酸泰乐菌素、酒石酸泰乐菌素可溶性粉、酒石酸泰乐菌素磺胺二甲嘧啶可溶性粉、磷酸泰乐菌素磺胺二甲嘧啶预混剂
		替米考星注射液、替米考星可溶性粉、替米考星预混剂、磷酸替米考星预混剂
		酒石酸吉他霉素可溶性粉
	酰胺醇类	氟苯尼考粉（水产用）、氟苯尼考粉、氟苯尼考注射液、氟苯尼考可溶性粉、氟苯尼考预混剂、氟苯尼考预混剂（50%）
	林可胺类	甲砜霉素注射液、甲砜霉素粉、甲砜霉素粉（水产用）、甲砜霉素可溶性粉、甲砜霉素片、甲砜霉素颗粒
		盐酸林可霉素可溶性粉、盐酸林可霉素注射液、盐酸林可霉素片、盐酸林可霉素预混剂、盐酸林可霉素可溶性粉、硫酸大观霉素预混剂
	多肽类	硫酸黏菌素预混剂、硫酸黏菌素预混剂（发酵）、硫酸黏菌素可溶性粉
	其他	延胡索酸妙菌素可溶性粉

续表

药物分类	药物类别	药物名称
合成抗菌药	磺胺类	复方磺胺嘧啶预混剂、复方磺胺嘧啶粉(水产用)
		复方磺胺对甲氧嘧啶预混剂、复方磺胺对甲氧嘧啶粉
		磺胺间甲氧嘧啶粉、磺胺间甲氧嘧啶二甲嘧啶预混剂、复方磺胺间甲氧嘧啶可溶性粉、复方磺胺间甲氧嘧啶钠可溶性粉(水产用)、磺胺间甲氧嘧啶钠可溶性粉、复方磺胺间甲氧嘧啶钠可溶性粉
		复方磺胺二甲嘧啶粉(水产用)、复方磺胺二甲嘧啶可溶性粉、复方磺胺二甲嘧啶钠可溶性粉
		复方磺胺甲噁唑粉、复方磺胺甲噁唑片
		复方磺胺氯达嗪钠粉、磺胺氯吡嗪钠可溶性粉、复方磺胺氯哒嗪钠预混剂
		磺胺喹噁啉二甲氧嘧啶预混剂、磺胺喹噁啉钠可溶性粉、盐酸氢丙啶磺胺喹噁啉钠可溶性粉、复方磺胺喹噁啉钠可溶性粉
	喹诺酮类	联磺甲氧苄啶预混剂、磺胺氯达嗪钠乳酸甲苄啶可溶性粉
		恩诺沙星注射液、恩诺沙星片(水产用)、恩诺沙星溶液、恩诺沙星可溶性粉、恩诺沙星可溶性粉悬浮液、盐酸恩诺沙星可溶性粉
		乳酸环丙沙星可溶性粉、乳酸环丙沙星注射液、盐酸环丙沙星注射液、盐酸环丙沙星可溶性粉、盐酸环丙沙星盐酸小檗碱预混剂、维生素C磷酸酯镁盐酸环丙沙星预混剂
		盐酸沙拉沙星注射液、盐酸沙拉沙星片、盐酸沙拉沙星溶液、甲磺酸达氟沙星溶液、盐酸沙拉沙星粉
		甲磺酸达氟沙星可溶性粉、甲磺酸达氟沙星注射液、甲磺酸培氟沙星可溶性粉、盐酸培氟沙星颗粒
		甲磺酸达氟沙星片、盐酸二氟沙星注射液、盐酸二氟沙星可溶性粉、盐酸二氟沙星溶液
		诺氟沙星(水产用)、诺氟沙星盐酸小檗碱预混剂(水产用)、乳酸诺氟沙星可溶性粉(水产用)、乳酸诺氟沙星注射液、烟酸诺氟沙星注射液、烟酸诺氟沙星可溶性粉、烟酸诺氟沙星溶液、烟酸诺氟沙星预混剂(水产用)

续表

药物分类	药物类别	药物名称
合成抗菌药	喹诺酮类	喹酸散、噁喹酸混悬液、噁喹酸溶液
		氟甲喹可溶性粉、氟甲喹粉
		盐酸洛美沙星片、盐酸洛美沙星可溶性粉、盐酸洛美沙星注射液
		氧氟沙星片、氧氟沙星可溶性粉、氧氟沙星注射液、氧氟沙星溶液(酸性)、氧氟沙星溶液(碱性)
	其他	延胡索酸泰妙菌素可溶性粉

二、抗寄生虫药

药物类别	药物名称
抗蠕虫药	阿苯达唑硝氯酚片
	甲苯咪唑溶液(水产用)
	硝氯酚伊维菌素片
	阿维菌素注射液、乙酰氨基阿维菌素注射液
	碘硝酚注射液
	精制敌百虫片、精制敌百虫粉、精制敌百虫粉(水产用)、敌百虫溶液(水产用)
抗原虫药	注射用三氮脒
	注射用喹嘧胺
	盐酸吖啶黄注射液
	甲硝唑片
	地美硝唑预混剂
杀虫药	辛硫磷溶液(水产用)

续表

三、中枢神经系统药物

药物类别	药物名称
中枢兴奋药	安钠咖注射液
	尼可刹米注射液
	樟脑磺酸钠注射液
	硝酸士的宁注射液
	盐酸苯噁唑唑注射液
镇静药与抗惊厥药	盐酸氯丙嗪片、盐酸氯丙嗪注射液
	地西泮片、地西泮注射液
	苯巴比妥片、注射用苯巴比妥钠
	复方水杨酸钠注射液（含巴比妥）
麻醉性镇痛药	盐酸吗啡注射液
	盐酸哌替啶注射液
	注射用硫喷妥钠
	注射用异戊巴比妥钠
全身麻醉药与化学保定药	盐酸氯胺酮注射液、复方氯胺酮注射液
	盐酸赛拉嗪注射液
	盐酸赛拉唑注射液
	氯化琥珀胆碱注射液

续表

四、外周神经系统药物

药物类别	药物名称
拟胆碱药	氯化氨甲酰甲胆碱注射液
	甲硫酸新斯的明注射液
抗胆碱药	硫酸阿托品片,硫酸阿托品注射液
	氢溴酸东莨菪碱注射液
拟肾上腺素药	重酒石酸去甲肾上腺素注射液
	盐酸肾上腺素注射液
局部麻醉药	盐酸普鲁卡因注射液
	盐酸利多卡因注射液

五、抗炎药

药物类别	药物名称
糖皮质激素类	氢化可的松注射液,醋酸氢化可的松注射液
	醋酸可的松注射液
	醋酸泼尼松片
	地塞米松磷酸钠注射液,醋酸地塞米松片
	倍他米松片

续表

六、泌尿生殖系统药物

药物类别	药物名称
性激素类	丙酸睾酮注射液
	注射用复方绒促性素 A 型，注射用复方绒促性素 B 型
	苯甲酸雌二醇注射液
	黄体酮注射液
激素类	注射用促黄体释放激素 A2，注射用促黄体释放激素 A3
	注射用复方鲑鱼促性腺激素释放激素类似物
	三合激素注射液
同化激素类	苯丙酸诺龙注射液

七、抗过敏药

药物类别	药物名称
抗组胺药	盐酸苯海拉明注射液
	盐酸异丙嗪注射液
	马来酸氯苯那敏注射液

八、局部用药物

药物类别	药物名称
青霉素类	注射用氯唑西林钠，苄星氯唑西林注射液，氯唑西林钠乳房注入剂（泌乳期），氨苄西林钠乳剂（泌乳期），氨苄西林氯唑西林钠乳房注入剂
头孢菌素类	头孢氨苄乳剂
林可胺类	盐酸林可霉素硫酸新霉素乳房注入剂（泌乳期），盐酸林可霉素乳房注入剂
	盐酸吡利霉素乳房注入剂

续表

九、解毒药

药物类别	药物名称
金属络合剂	二巯丙醇注射液,二巯丙磺钠注射液
胆碱酯酶复活剂	碘解磷定注射液
高铁血红蛋白还原剂	亚甲蓝注射液
氰化物解毒剂	亚硫酸钠注射液
其他解毒剂	乙酰胺注射液

附录十一 基层兽医用药目录

一、抗微生物药

药物分类	药物类别	药物名称
抗生素类	β-内酰胺类	注射用青霉素钠,注射用青霉素钾
		氨苄西林混悬注射液,氨苄西林可溶性粉,注射用氨苄西林钠
		注射用氯唑西林钠
		阿莫西林注射液,注射用阿莫西林钠,阿莫西林片,阿莫西林可溶性粉,阿莫西林克拉维酸钾注射液,阿莫西林硫酸黏菌素注射液
		注射用苯唑西林钠
		注射用普鲁卡因青霉素,普鲁卡因青霉素注射液
		注射用苄星青霉素

续表

药物分类	药物类别	药物名称
抗生素类	头孢菌素类	注射用头孢噻呋、盐酸头孢噻呋、盐酸头孢噻呋注射液、注射用头孢噻呋钠
	氨基糖苷类	注射用硫酸链霉素、注射用硫酸双氢链霉素、硫酸双氢链霉素注射液
		硫酸卡那霉素注射液、注射用硫酸卡那霉素
		硫酸庆大霉素注射液
		硫酸安普霉素注射液、硫酸安普霉素可溶性粉
		硫酸新霉素溶液、硫酸新霉素可溶性粉、硫酸新霉素粉（水产用）
		盐酸大观霉素可溶性粉、盐酸大观霉素、注射用盐酸林霉素可溶性粉
	四环素类	土霉素注射液、盐酸土霉素注射液、盐酸土霉素、长效盐酸土霉素注射液
		四环素片、注射用盐酸四环素
	大环内酯类	盐酸多西环素粉（水产用）、盐酸多西环素可溶性粉、盐酸多西环素片、盐酸多西环素注射液
		红霉素片、注射用乳糖酸红霉素、硫氰酸红霉素
		泰乐菌素注射液、注射用酒石酸泰乐菌素、酒石酸泰乐菌素可溶性粉、酒石酸泰乐菌素预混剂—甲喹啶可溶性粉
	酰胺醇类	替米考星注射液、替米考星可溶性粉、替米考星溶液
		酒石酸吉他霉素可溶性粉
	林可胺类	氟苯尼考粉（水产用）、氟苯尼考粉、氟苯尼考注射液（水产用）、氟苯尼考可溶性粉
		甲砜霉素注射液、甲砜霉素粉、甲砜霉素片、甲砜霉素可溶性粉、甲砜霉素颗粒
	其他	盐酸林可霉素注射液、盐酸林可霉素片、盐酸林可霉素可溶性粉
		延胡索酸妙菌素可溶性粉

续表

药物分类	药物类别	药物名称
合成抗菌药	磺胺类	复方磺胺嘧啶粉(水产用)
		复方磺胺对甲氧嘧啶粉
		磺胺间甲氧嘧啶钠可溶性粉、复方磺胺间甲氧嘧啶可溶性粉、磺胺间甲氧嘧啶钠粉(水产用)、磺胺间甲氧嘧啶钠可溶性粉、复方磺胺间甲氧嘧啶钠可溶性粉
		复方磺胺二甲嘧啶粉(水产用)、复方磺胺二甲嘧啶可溶性粉
		复方磺胺氯达嗪钠粉、磺胺氯吡嗪钠可溶性粉
		磺胺喹噁啉钠可溶性粉
	喹诺酮类	恩诺沙星注射液、恩诺沙星粉(水产用)、恩诺沙星片、恩诺沙星可溶性粉、恩诺沙星溶液、恩诺沙拉沙星溶液、盐酸沙拉沙星溶液、盐酸恩诺沙星可溶性粉悬液、盐酸恩诺沙星可溶性粉
		盐酸沙拉沙星注射液、盐酸沙拉沙星片、盐酸沙拉沙星可溶性粉、盐酸沙拉沙星溶液
		甲磺酸达氟沙星注射液、甲磺酸达氟沙星溶液、甲磺酸达氟沙星粉
		盐酸二氟沙星片、盐酸二氟沙星注射液、盐酸二氟沙星溶液、盐酸二氟沙星溶液
		噁喹酸散、噁喹酸混悬液、噁喹酸溶液
		氟甲喹可溶性粉、氟甲喹粉
	其他	乙酰甲喹片、乙酰甲喹注射液

续表

药物类别	药物名称

二、抗寄生虫药

药物类别	药物名称
抗螨虫药	阿苯达唑氯硝酚片
	甲苯咪唑溶液（水产用）
	硝氯酚伊维菌素片
	阿维菌素注射液
	碘硝酚注射液
	精制敌百虫片,精制敌百虫粉（水产用）
抗原虫药	注射用三氮脒
	注射用喹嘧胺
	盐酸吖啶黄注射液
	甲硝唑片
	地美硝唑预混剂

三、中枢神经系统药物

药物类别	药物名称
中枢兴奋药	安钠咖注射液
	尼可刹米注射液
	樟脑磺酸钠注射液
	硝酸士的宁注射液
	盐酸苯噁唑注射液
杀虫药	辛硫磷溶液（水产用）

续表

药物类别	药物名称
镇静药与抗惊厥药	盐酸氯丙嗪片,盐酸氯丙嗪注射液
	地西泮片,地西泮注射液
	苯巴比妥片,注射用苯巴比妥钠
麻醉性镇痛药	盐酸吗啡注射液
	盐酸哌替啶注射液
	注射用硫喷妥钠
全身麻醉药与化学保定药	注射用异戊巴比妥钠
	盐酸氯胺酮注射液,复方氯胺酮注射液
	盐酸赛拉嗪注射液
	盐酸赛拉唑注射液
	氯化琥珀胆碱注射液

四、外周神经系统药物

药物类别	药物名称
拟胆碱药	氯化氨甲酰胆碱注射液
	甲硫酸新斯的明注射液
抗胆碱药	硫酸阿托品片,硫酸阿托品注射液
	氢溴酸东莨菪碱注射液

续表

药物类别	药物名称
拟肾上腺素药	重酒石酸去甲肾上腺素注射液
	盐酸肾上腺素注射液
局部麻醉药	盐酸普鲁卡因注射液
	盐酸利多卡因注射液

五、抗浆药

药物类别	药物名称
糖皮质激素类	氢化可的松注射液,醋酸氢化可的松注射液
	醋酸可的松注射液
	醋酸泼尼松片
	地塞米松磷酸钠注射液,醋酸地塞米松片
	倍他米松片

六、泌尿生殖系统药物

药物类别	药物名称
性激素类	丙酸睾酮注射液
	注射用复方苯丙酸诺龙促性素 A 型,注射用复方苯丙酸诺龙促性素 B 型
	苯甲酸雌二醇注射液
	黄体酮注射液
激素类	注射用促黄体释放激素 A2,注射用促黄体释放激素 A3
	注射用复方鱼促性腺激素类似物
同化激素类	苯丙酸诺龙注射液

续表

七、抗过敏药

药物类别	药物名称
抗组胺药	盐酸苯海拉明注射液
	盐酸异丙嗪注射液
	马来酸氯苯那敏注射液

八、局部用药物

药物类别	药物名称
青霉素类	注射用氯唑西林钠，苄星氯唑西林注射液，氯唑西林钠氨苄西林钠液（泌乳期），氨苄西林钠乳房注入剂（泌乳期），氨苄西林氯唑西林钠乳房注入剂（泌乳期），氨苄西林氯唑西林
头孢菌素类	头孢氨苄乳剂
林可胺类	盐酸林可霉素硫酸新霉素乳房注入剂（泌乳期），盐酸林可霉素乳房注入剂
	盐酸吡利霉素乳房注入剂

九、解毒药

药物类别	药物名称
金属络合剂	二巯丙醇注射液、二巯丙磺钠注射液
胆碱酯酶复活剂	碘解磷定注射液
高铁血红蛋白还原剂	亚甲蓝注射液
氧化物解毒剂	亚硫酸钠注射液
其他解毒剂	乙酰胺注射液

中文索引

一画

α-生育酚　641

α-吡咯烷酮　627

乙二胺　651

乙二胺四乙酸　655

乙交酯丙交酯共聚物（5050、
　7525、8515）　657

乙型丙内酯　68

乙氧酰胺苯甲酯　221

乙基纤维素　666

乙基纤维素水分散体　667

乙酰半胱氨酸　483

乙酰氨基阿维菌素　243

乙酰胺　653

乙酰胺（解氟灵）　474

乙醇　625

乙醇（酒精）　41

乙醇胺　650

乙醚（麻醉乙醚）　334

二画

β-环糊精　666

二丁基羟基甲苯　638

二甲氧苄啶（敌菌净）　181

二甲基亚砜　627

二甲硅油　305

二甲硫胺　218

二母冬花散　584

二陈散　584

二苓车前子散　580

二苓石通散　580

二氟沙星（双氟哌酸、帝氟沙
　星）　157

二氢吡啶　430

二氧化硅类（380目、300目、
　200目）　663

二氧化氯　57

二氧化碳　646

二氧丙嗪（克咳敏）　316

二羟乙基甘氨酸　656

二羟丙茶碱（喘定）　317

二硝托胺（球痢灵）　211

二硝托胺预混剂　442

二紫散　506

二氯异氰尿酸钠（优氯净）　55

二巯丙磺钠　479

二巯基丁二酸钠　479

二巯基丙醇　478

二嗪农（螨净）　265

十一烯酸　36

十二烷基硫酸钠　632

十二烷基硫酸镁　663

十六醇　657

十黑散　572

丁香油　668

丁胺卡那霉素（阿米卡星）　128

七补散　552

七味石榴皮散　506

七味板蓝根散　611

七味胆膏散　504

七清败毒片　506

七清败毒颗粒　507

八正散　580

八姊金花散　498

八珍片　554

八珍散　555

人工盐　294

人参茎叶总皂苷颗粒　560

D-木糖　668

N，N-二甲基乙酰胺　627

N，N-二甲基甲酰胺　628

三画

三乙醇胺　650

三子散　507

三甲双酮　352

三白散　549

三花当归灌注液　507

三味抗球颗粒　601

三味拳参口服液　507

三味拳参片　508

三味拳参散　508

三香散　571

三黄双丁片　508

三黄双丁散　508

三黄苦参散　509

三黄金花散　509

三黄翁口服液　509

三黄散　509，611

三黄痢康散　510

三硅酸镁　662

三氮脒（贝尼尔）　232

三氯异氰尿酸　56

三氯苯达唑　262

三氯叔丁醇　652

三氯蔗糖　667

三碘季铵酚（弛肌碘）　360

三磷酸腺苷　458

干酵母　297

士的宁（番木鳖碱）　332

土霉素（氧四环素）　138

大观霉素（壮观霉素）　130

大豆油　629

大豆磷脂　633

大承气散　548

大黄五倍子散　612

大黄末　563，611

大黄芩鱼散　564

大黄芩蓝散　612

大黄侧柏叶合剂　612

大黄酊　564

大黄解毒散　620

大黄碳酸氢钠片　612

大戟散　548

大蒜苦参注射液　510

万乳康　555

口服补液盐　417

山大黄末　562

山花黄芩提取物散　453，569

山青五黄散　613

山莨菪碱　362

山梗菜碱（洛贝林）　331

山梨酸　644

山梨酸钾　642

山梨醇　323

山楂子宫灌注液　598

山楂乳房灌注液　598

千金散　575

川楝陈皮散　622

门冬氨酸　653

门冬酰胺　653

小麦淀粉　659

小柴胡散　595

马杜霉素（马度米星）　225

马来酸　644，648

马来酸氯苯那敏（扑尔敏）　486

马连苍术散　510

马波沙星（麻波沙星）　162

马度米星铵预混剂　442

马钱子酊（番木鳖酊）　580

马铃薯淀粉　659

四画

天麻散　574

无水枸橼酸　647

无水硫酸钠　659

无水碳酸氢钠　647

无水磷酸氢钙　659

无失散　548

木香槟榔散　562

木通海金沙散　581

木槟硝黄散　562

木薯淀粉　659

木糖醇　668

五加芪粉　560

五皮散　578

五苓散　578

五虎追风散　574

五味石榴皮散　574

五味贞芪散　555

五味健脾合剂　555

五味常青颗粒　601

五倍子末　613

止咳散　584

止喘注射液　586

止痢散　503

中性吖啶黄　62

牛至油　187

牛磺酸　654

毛果芸香碱（匹罗卡品）　356

升华硫　272

仁香散　623

化湿止泻散　581

公英青蓝合剂　511

公英青蓝颗粒　511

公英散　604

月苄三甲氯铵　67

月桂酰聚氧乙烯（12、32、6 或 8）
　甘油酯　654

风湿活血散　583

乌梅散　596

乌洛托品　186

六味地黄散　550，619

六味黄龙散　620

巴比妥（佛罗拿）　343

巴胺磷　266

巴戟散　550

巴喹普林　182

双丁注射液　511

双甲脒（特敌克）　270

双歧杆菌、乳酸杆菌、粪链球
　菌、酵母菌复合活菌制剂　468

双氢链霉素　133

双复磷　473

双脒苯脲　232

双黄白头翁散　620

双黄连口服液　512

双黄连片　511

双黄连可溶性粉　512

双黄连注射液　512

双黄连散　512

双黄苦苋散　513

双黄苦参散　621

双黄败毒颗粒　513

双黄穿苦丸　513

双黄穿苦片　514

双黄穿苦散　514

双氯芬酸钠（双氯灭痛）　379

双酰胺氧醚（地芬尼泰）　262

双解磷　472

水合氯醛　337

水杨酸（柳酸）　36

水杨酸钠　375

水溶性麦芽糊精　660

水溶性淀粉　658

五画

玉米油　628

玉米淀粉　659

玉屏风口服液　498

玉屏风颗粒　560

正丁醇　626，637

去甲肾上腺素　364，491

去铁胺　481

去氧肾上腺素（新福林、苯肾上
　腺素）　492

甘矾解毒片　514

甘油（丙三醇）　308

甘油三乙酯　627

甘油缩甲醛　627

甘草颗粒　586

甘胆口服液　514

甘氨酸　634

甘露醇　322

可可脂　670

可待因（甲基吗啡）　315

可溶性淀粉　658

丙二醇　625

丙三醇　625

丙氨酸　646

丙烯酸乙酯-甲基丙烯酸甲酯
共聚物水分散体　667

丙酸　646

左旋咪唑（左咪唑、左噻咪唑）
251

石知散　613

石香颗粒　515

石穿散　515

右旋糖酐 40　421

右旋糖酐 70（中分子右旋糖酐）
422

右旋糖酐铁注射液（20%）　291

布洛芬　381

龙胆末　564

龙胆泻肝散　515，613

龙胆酊　293，565

龙胆碳酸氢钠片　565

龙硝散　515

戊二醛　46

戊二醛苯扎溴铵溶液　46

戊二醛癸甲溴铵溶液　47

戊巴比妥钠　338，344

戊四氮（可拉佐、卡地阿唑）
330

平平加 0　633

平胃散　579

扑敏宁（去敏宁、吡苄明、曲吡
那敏）　487

扑痫酮（去氧苯巴比妥）　351

东莨菪碱　362，473

卡比西林（羧苄青霉素）　87

卡巴匹林　378

卡那霉素　127

卡泊沫　635

卡洛芬　382

北芪五加颗粒　561

归芪乳康散　516

归芪益母口服液　558

甲灭酸（扑湿痛）　385

甲地孕酮（去氢甲孕酮）　406

甲状腺粉（干甲状腺）　413

甲苯咪唑　246

甲砜霉素（硫霉素）　146

甲氧苄啶　180

甲氧氟烷（甲氧氟氯乙烷）　336

甲氧氯普胺　304

甲基纤维素　634，669

甲基吡啶磷（蝇必净）　266

甲基盐霉素　224

甲基盐霉素、尼卡巴嗪预混剂
449

甲基盐霉素预混剂（禽安）
448

甲酚皂溶液（甲酚、来苏儿）　32

甲硝唑　185

甲紫（龙胆紫）　60

甲氯灭酸（甲氯芬那酸、
抗炎酸）　385

甲巯咪唑（他巴唑）　413

甲酰胆碱（氯化碳酰胆碱）　355

甲碘安（三碘甲状腺氨酸钠）　413

甲醛合次硫酸氢钠(吊白块)　639

甲醛溶液（福尔马林）　43

叶酸　292

四君子散　550

四环素　140

四味穿心莲片　516

四味穿心莲散　516

四物散　556

四季青注射液　517

四逆汤　575

四神散　596

四黄二术散　517

四黄止痢颗粒　516

四黄白莲散　517

四黄豆根散　517

四硼酸二钠　651

生肌散　609

生乳散　597

白及膏　609

白马黄柏散　518

白术散　549

白龙苍术散　518

白龙散　504

白头翁口服液　518

白头翁散　503

白头翁痢康散　518

白矾散　590

白莲藿香片　519

白莲藿香散　519

白陶土（高岭土）　310

白榆散　519

他唑巴坦　102

仔痢宁散　581

印防己毒素（苦味毒）　332

半夏散　590

头孢三嗪（头孢曲松）　95

头孢他啶　95

头孢呋辛　93

头孢吡肟（马斯平）　100

头孢孟多　92

头孢哌酮钠　99

头孢唑啉（先锋霉素Ⅴ）　92

头孢氨苄（先锋霉素Ⅳ）　90

头孢羟氨苄　91

头孢喹肟（头孢喹诺）　98

头孢噻呋（头孢替呋）　96

头孢噻肟（头孢氨噻肟）　94

司可巴比妥钠（速可眠）　345

司盘类　633

尼可刹米（可拉明）　330

尼卡巴嗪　211

尼卡巴嗪、乙氧酰胺苯甲酯
　预混剂　277

尼卡巴嗪预混剂　452

尼泊金类　643

奶牛反刍散　567

加兰他敏　358

加米霉素　112

加味白头翁散　520

加味知柏散　542

加味麻杏石甘散　587

加味激蛋散　599

加益粉　661

加减消黄散　605，614

加减清肺散　595

孕马血清（马促性腺激素）　410

对乙酰氨基酚（扑热息痛）　389

台盼蓝　235

母仔安散　558

六画

吉他霉素（北里霉素、柱晶
　白霉素）　107

吉他霉素预混剂　440

地丁菊莲注射液　520

地西泮（安定、苯甲二氮卓）　347

地芬诺酯（苯乙哌啶、止泻宁）
　310

地克珠利（杀球灵）　212

地克珠利预混剂　443

地美硝唑预混剂　236

地高辛（狄戈辛）　284

地诺前列素　325

地黄散　559

地锦草末　621

地锦鹤草散　621

地塞米松　400

亚甲蓝（美蓝）　61

亚硒酸钠　435

亚硒酸钠维生素 E 预混剂　435

亚硝酸钠　476

亚硫酸钠　639

亚硫酸氢钠　638

西咪替丁　299

西黄蓍胶　638

百合固金散　551

百部贯众散　622

百部射干散　595

灰黄霉素　189

达氟沙星（达诺沙星、单诺
　沙星）　161

托曲珠利（甲基三嗪酮）　213

托芬那酸　387

过氧化氢溶液（双氧水）　48

过硫酸氢钾复合物粉　49

过醋酸（过氧乙酸）　36

当归苁蓉散　548

当归散　572

吐温类　630

曲安西龙（去炎松、氟羟氢化
　泼尼松）　402

曲麦散　567

曲明散　569

吖啶黄　234

回苏灵　331

肉桂酊　576

朱砂散　607

延胡索乙素（四氢巴马汀）　354

伤力散　552

伊曲康唑　195

伊维菌素（害获灭）　237

创必龙　65

多巴胺（3-羟酪胺）　490

多巴酚丁胺（杜丁胺）　491

多西环素（强力霉素、脱氧土霉
　素）　142

多拉菌素　241

多味健胃散　566，569

多黏菌素 B 135

多黏菌素 E（黏菌素、抗敌素）
136

色甘酸钠（咽泰） 318

色氨酸 632

庆大小诺霉素 134

庆大霉素 124

米尔贝肟（美贝霉素肟） 243

米诺环素 144

壮阳散 552

次硝酸铋 308

次氯酸钠 56

次氯酸钠溶液 57

次碳酸铋 309

决明散 547

安乃近 391

安宁（甲丙氨酯、眠尔通） 348

安体舒通（螺旋内酯） 321

安络血（安特诺新） 287

安普霉素（阿普拉霉素） 132

冰雄散 520

异丙肾上腺素（喘息定、治
喘灵） 364

异丙肾上腺素（喘息定） 491

异丙嗪（非那根） 488

异丙醇 637

异戊巴比妥钠（阿米妥钠） 345

阳和散 577

防己散 553

防风散 583

防腐生肌散 610

如意金黄散 605

红花散 573

红霉素 103

纤维素酶 456

七画

麦芽酚 668

麦角 325

麦角新碱 325

远志酊 590

壳聚糖 661

花生油 629

芩连注射液 545

芩黄口服液 546

芩黄颗粒 546

芬太尼 352

芬布芬 383

芬苯达唑 248

苍术香连散 502，620

芪术玄参微粉 561

芪芍增免散 556

芪贞增免颗粒 556

芪芩绞股蓝散 558

芪板青颗粒 546

芪参散 557

芪参催乳颗粒 600

芪草乳康散 559

芪蓝囊病饮 546

芪藿散 559

苄达明（炎痛静、消炎灵） 379

克林霉素 118

克拉维酸（棒酸） 101

克拉霉素 115

克敏嗪(去氯羟嗪，克喘嗪)　488
克霉唑（三苯甲咪唑、抗真菌 I 号）　193
杜仲山楂散　557
杨树花口服液　579
杨树花片　579
豆苓散　582
两性霉素 B（芦山霉素）　191
扶正解毒散　556，614
扶正解毒颗粒　561
连参止痢颗粒　520
连翘解毒散　614
抑肽酶（胰蛋白酶抑制剂）　458
抗坏血酸棕榈酸酯　641
呋塞咪(速尿、呋喃苯胺酸)　320
助孕散　599
吡利霉素　119
吡罗昔康　374
吡啶斯的明　358
吡喹酮　255
吲哚美辛（消炎痛）　379
牡蛎散　596
利凡诺（雷佛奴尔、乳酸依沙吖啶）　61
利多粉　660
利尿酸（依他尼酸）　321
利胃散　567
利福昔明　149
低取代羟丙纤维素　661
低精锌胰岛素(中效胰岛素)　412
谷氨酸钠　651
妥布霉素　134

肝胆利康散　622
肝胆颗粒　521
肝素钠　289
肝蛭散　601
卵泡刺激素（促卵泡素）　409
辛夷散　586
辛酸　644
辛酸钠　644
间羟胺（阿拉明）　493
沙拉沙星　160
沃尼妙林　151
泛酸（遍多酸）　429
没食子酸　657
没食子酸丙酯　641
补中益气散　551
补肾壮阳散　551
补益清宫散　557
尿素　655
阿司匹林（乙酰水杨酸）　377
阿司帕坦　669
阿朴吗啡（去水吗啡）　302
阿托品　360，473
阿苯达唑（丙硫咪唑、抗蠕敏、肠虫清）　245
阿苯达唑伊维菌素预混剂　278
阿奇霉素　116
阿拉伯胶　635
阿洛索 OT　632
阿莫西林（羟氨苄青霉素）　85
阿维拉霉素　119
阿维菌素(阿灭丁、爱比菌素)　239
阿福拉纳米尔贝肟咀嚼片　274

陈皮酊　570

忍冬黄连散　499

鸡球虫散　602

鸡痢灵丸　521

鸡痢灵片　510

鸡痢灵散　503

驱虫散　600，614，622

驱球止痢合剂　602

驱球止痢散　602

驱球散　602

八画

环丙沙星（环丙氟哌酸）　155

环丙氨嗪　271

环丙烷　336

环氧乙烷　68

青板黄柏散　615

青莲散　615

青蒿末　521

青蒿常山颗粒　603

青蒿琥酯　234

青霉素 G（苄青霉素）　79

青霉胺　480

青黛散　608

青黛紫菀散　587

苦木注射液　499

苦参末　615

苦参地榆散　603

苦参注射液　521

苦参麻黄注射液　522

苯扎氯铵　645

苯巴比妥（鲁米那）　344

苯丙酸诺龙　408

苯甲酸　36，644

苯甲酸苄酯　626

苯甲酸钠　642

苯甲醇　371，645，652

苯妥英钠（大仑丁）　351

苯唑西林　83

苯海拉明（苯那君）　302，486

苯酚（石炭酸）　31

林可霉素（洁霉素）　117

板二黄丸　522

板二黄片　522

板二黄散　522

板术射干散　587

板芪苓花散　523

板陈黄注射液　588

板青连黄散　588

板青败毒口服液　523

板青颗粒　499

板金止咳散　523

板金痢康散　523

板黄败毒片　524

板黄败毒散　524

板黄散　616

板翘芦根片　524

板翘芦根散　524

板蓝根大黄散　616

板蓝根片　499

板蓝根末　616

板蓝根当归散　545

板蓝根注射液　525

松节油搽剂　610

松馏油　70

枣胡散　608

郁金散　545

郁黄口服液　525

奋乃静（羟哌氯丙嗪）　347

拉沙里菌素（拉沙洛西）　225

拉沙洛西钠预混剂　451

拨云散　547

非罗考昔　395

非泼罗尼　272

非班太尔　250

叔丁基对羟基茴香醚　640

虎黄合剂　616

肾上腺素　363

明胶　634

咖啡因（咖啡碱）　328

罗本考昔　396

垂体后叶素(脑垂体后叶素)　323

制霉菌素　191

依地酸二钠　656

依地酸钙二钠　656

依地酸钙钠　479

金石翁芍散　525

金叶清瘟散　545

金花平喘散　587

金芩芍注射液　500

金荞麦片　543

金根注射液　530

金钱草散　582

金黄连板颗粒　526

金葛止痢散　526

金锁固精散　596

金霉素（氯四环素）　141

金霉素预混剂　440

乳酶生（表飞鸣）　297

乳酸　34，295，649

乳酸钙　433

乳酸钠　419

乳酸菌复合活菌制剂　467

乳糖　658

肥猪菜　566

肥猪散　601

鱼石脂（依克度）　69，305

鱼枇止咳散　588

鱼金注射液　526

鱼腥草末　526

鱼腥草芩蓝口服液　501

鱼腥草注射液　527

单硬脂酸甘油酯　635

炉甘石　40

法莫替丁（愈疡宁）　300

油酰聚氧乙烯甘油酯　635

油酸乙酯　630

油酸钠　654

油酸类　634

泊洛沙姆　633，665

注射用双黄连　500

定喘散　585

建曲　567

降脂增蛋散　550

参苓白术散　551

组氨酸　654

九画

贯连散　500

贯楝散　603

毒毛旋花子苷K（毒毛苷）　286

荆防败毒散　496

荆防解毒散　497

茵陈木通散　496

茵陈金花散　500

茵陈蒿散　605

茵栀解毒颗粒　544

茴香散　575

茶苯海明（晕海宁）　303

药用炭　309

枯草芽孢杆菌活菌制剂
　（TY7210株）　464

柏麻口服液　588

枸橼酸　649

枸橼酸钠　649

枸橼酸苹果酸粉（速可净）　37

枸橼酸钠（柠檬酸钠）　288

柠檬酸亚铁铵　662

厚朴散　570

胃肠活　565

胃蛋白酶　296

虾康颗粒　617

虾蟹脱壳促长散　611

哌拉西林钠　87

哌替啶（杜冷丁）　352

哌嗪　253

咳必清（喷托维林）　315

咪康唑　195

骨粉　434

钩吻末　566

氟灭酸　386

氟甲喹　154

氟尼辛葡甲胺　388

氟苯尼考（氟甲砜霉素、氟洛
　芬尼）　147

氟苯达唑（氟苯咪唑、氟
　苯诺）　247

氟苯哌丁酮　350

氟哌啶　348

氟哌啶醇　349

氟康唑　196

氟烷（三氟乙烷、福来生）　335

氢化可的松　397

氢化泼尼松（强的松龙、泼尼松
　龙）　400

氢氧化钠（钾）　646

氢氧化钠（烧碱）　38

氢氧化钾（苛性钾）　39

氢氧化铝　298

氢氯噻嗪（双氢克尿噻）　319

氢溴酸槟榔碱　258，356

香连溶液　610

香葛止痢散　582

香薷散　505

重组溶葡萄球菌酶　120

重酒石酸间羟胺（阿拉明）　365

复方大黄酊　294，564

复方马度米星铵预混剂（马度米星
　铵尼卡巴嗪预混剂）　276

复方龙胆酊（苦味酊）　565

复方戊二醛溶液　47

复方卡铁注射液　290

复方豆蔻酊　576

复方麻黄散　589

复方氯羟吡啶预混剂　276

复方煤焦油酸溶液　33

复方磺胺间甲氧嘧啶预混剂　280

复方磺胺氯吡嗪钠预混剂　279

复合甲醛溶液　45

复合次氯酸钙粉　59

复合酚　32

复合维生素 B　429

复合碘溶液　51

复明蝉蜕散　547

保胎无忧散　597

保泰松　392

保健锭　566

促反刍散　568

促孕灌注液　597

促肾上腺皮质激素

　（促皮质素）　403

促性腺激素释放激素

　（黄体生成素释放激素）　411

胆茶碱　318

胆酸钠　631

胆膏　527

独活寄生散　583

亮氨酸　654，663

度米芬（消毒宁）　65

美西林　88

美洛昔康　373

美蓝（亚甲蓝、甲烯蓝）　474

美解眠（贝美格）　331

姜酊　294，576

洗心散　504

洗必泰（氯己定）　63

洛哌丁胺（易蒙停）　311

洋地黄（毛地黄叶）　283

洋地黄毒苷（狄吉妥辛）　285

浓辛硫磷溶液　267

浓氨溶液　648

穿心莲末　527

穿心莲注射液　527

穿甘苦参散　528

穿白地锦草散　528

穿白痢康丸　528

穿白痢康片　528

穿白痢康散　529

穿苦功劳片　529

穿苦功劳散　529

穿苦黄散　544

穿苦颗粒　529

穿板鱼连丸　501

穿虎石榴皮散　530

穿鱼金荞麦散　589

穿参止痢散　530

穿梅三黄散　617

癸甲溴铵溶液　67

癸氧喹酯　221

绒毛膜促性腺激素　410

结晶磺胺　179

（南）柴胡注射液　498

十画

秦艽散　544

泰万菌素　109

泰山盘石散　599

泰乐菌素（泰农）　105

泰地罗新　113

泰妙菌素（泰妙灵、支原净）　150

泰拉霉素　111

蚕用蜕皮液　623

盐酸　646

盐酸丁卡因（盐酸地卡因）　369

盐酸万古霉素　121

盐酸卡波卡因（甲哌卡因）　370

盐酸利多卡因（盐酸赛罗
　卡因）　369

盐酸利多卡因　652

盐酸环丙沙星盐酸小檗碱预
　混剂　188

盐酸苯肾上腺素（新福林、去氧
　肾上腺素）　366

盐酸美索卡因　370

盐酸美散痛（盐酸美沙酮）　353

盐酸埃托啡（盐酸乙烯啡）　354

盐酸氨丙啉乙氧酰胺苯甲酯
　预混剂　444

盐酸氨丙啉乙氧酰胺苯甲酯
　磺胺喹噁啉预混剂　445

盐酸甜菜碱　431

盐酸氯苯胍预混剂　450

盐酸氯普鲁卡因（纳塞卡因）　368

盐酸普鲁卡因（盐酸奴佛

卡因）　367

盐酸普鲁卡因　652

盐霉素（优素精）　223

盐霉素钠预混剂　448

盐霉素预混剂　447

莲矾散　530

莲胆散　544

莲黄颗粒　531

莫西菌素　242

莫能菌素　222

莫能菌素预混剂　446

桂心散　577

桔百颗粒　589

桔梗栀黄散　589

桃花散　609

根莲解毒散　617

破伤风散　575

柴辛注射液　501

柴黄益肝散　617

柴葛解肌散　497

蚌毒灵散　619

恩诺沙星（乙基环丙沙星、乙基
　环丙氟哌酸）　158

铁风抗球散　603

氧化钙（生石灰）　39

氧化锌　70，661

氧化镁　299，662

氧阿苯达唑　246

氧苯达唑（奥苯达唑）　249

氧氟沙星（氟嗪酸）　165

氨丁三醇　651

氨丙啉（安宝乐）　216

氨苄西林（氨苄青霉素） 83

氨苯蝶啶（三氨蝶啶） 322

氨茶碱 317

氨基丁三醇前列腺素 $F_{2\alpha}$
注射液 327

氨基比林（匹拉米洞） 391

氨基甲酸乙酯（乌拉坦） 653

氨溴索（溴环己胺醇） 314

敌敌畏 263

倍他米松 402

倍硫磷 267

健鸡散 549

健胃消积散 568

健胃散 563

健猪散 563

健脾止泻散 582

健脾理中散 568

健脾散 553

息斯敏（氯雷他定） 489

翁连片 531

翁连散 531

翁柏解毒丸 531

翁柏解毒片 532

翁柏解毒散 532

胰岛素 411

胰高血糖素 412

胰酶 296

脆弱拟杆菌、粪链球菌、蜡样
芽孢杆菌复合菌制剂 463

高锰酸钾 48

益母生化合剂 572

益母生化散 573

益母红灌注液 574

益母增蛋散 557

烟酰胺 655

烟酰胺与烟酸（维生素PP） 427

酒石酸 649

酒石酸钠 656

酒石酸泰万菌素预混剂
（爱乐新） 111

消肿解毒散 573

消毒净 65

消食平胃散 562

消食健胃散 569

消疮散 605

消积散 568

消黄散 606

消暑安神散 607

海他西林（缩酮氨苄青霉素） 88

海南霉素钠 226

海南霉素钠预混剂 445

海藻酸 669

海藻糖 669

诺氟沙星（氟哌酸） 164

通关散 608

通肠芍药散 581

通肠散 549

通乳散 598

桑仁清肺口服液 590

桑菊散 497

预胶化羟丙基淀粉 662

十一画

理中散 553

理肺止咳散　585

理肺散　585

黄马白凤丸　532

黄马白凤片　532

黄马白凤散　533

黄马莲散　533

黄白散　533

黄花白莲颗粒　533

黄芩可溶性粉　543

黄芩地锦草散　543

黄芩解毒散　534

黄芪多糖口服液　554

黄芪多糖注射液　553

黄芪多糖粉　554

黄芪红花散　595

黄连白贯散　615

黄连素（小檗碱）　187

黄连解毒片　542

黄连解毒散　542，618

黄连解毒微粉　542

黄体生成素（促黄体激素）　409

黄体酮（孕酮）　406

黄金二白散　534

黄栀口服液　534

黄藤素注射液　535

黄藿口服液　561

萘普生（消痛灵）　384

萘磺苯酰脲（那加诺、那加宁）　229

菌毒清（辛氨乙甘酸溶液）　66

梅香片　535

梅香散　535

酚酞　308

酚磺乙胺（止血敏）　288

硅化微晶纤维素　661

辅美粉　660

辅酶 A　458

救黄丸　535

救黄片　536

救黄散　536

常山酮（速丹）　220

常青克虫散　604

常青球虫散　604

常青散　604

银柴注射液　501

银黄可溶性粉　536

银黄板翘散　537

银黄注射液　537

银黄提取物口服液　536

银黄提取物注射液　537

银翘片　497

银翘豆根散　594

银翘板蓝根散　618

银翘清肺散　591

银翘散　497

银藿散　600

脱壳促长散　618

脱氧胆酸钠　636

猪苓散　579

猪健散　563

麻杏二膏丸　591

麻杏二膏片　591

麻杏二膏散　591

麻杏石甘口服液　592

麻杏石甘片 592

麻杏石甘注射液 592

麻杏石甘散 592

麻杏石甘颗粒 593

麻杏苦参散 593

麻黄止咳平喘口服液 502

麻黄鱼腥草散 593

麻黄桂枝散 496

麻黄葶苈散 594

麻黄碱 365

麻黄碱（麻黄素） 318

羟乙基纤维素 638

羟丙甲纤维素邻苯二甲

　酸酯 667

羟苯基酯类 645

羟保泰松 393

烯丙孕素内服溶液

　（四烯雌酮） 407

清肺止咳散 593

清肺散 584

清肺颗粒 585

清胃散 503

清热健胃散 504

清热散 537，618

清热解毒散 606

清健散 621

清暑散 543

清解合剂 541

清瘟止痢散 538

清瘟败毒丸 538

清瘟败毒片 538

清瘟败毒散 502，538

清瘟解毒口服液 539

液状石蜡（石蜡油） 306

淀粉水解寡糖 669

蛋鸡宝 558

蛋黄卵磷脂 636

维生素 A 423

维生素 B_{12} 292，428

维生素 B_1（盐酸硫胺） 406

维生素 B_2（核黄素） 427

维生素 B_6 428

维生素 C（抗坏血酸） 429

维生素 C 640

维生素 C 磷酸酯镁盐酸环丙

　沙星预混剂 157

维生素 D 424

维生素 E（生育酚） 425

维生素 K 426

维生素 K_3（亚硫酸氢钠

　甲萘醌） 286

维他昔布 394

十二画

琥珀胆碱（司可林） 359

琥珀酸 649

替米考星 108

替泊沙林 394

越霉素 A 254

博落回注射液 539

博落回散 453，570，619

联磺甲氧苄啶预混剂 278

葛根连芩散 539

葛根连柏散 540

葡萄糖　419

葡萄糖类　658

葡萄糖氧化酶　457

葡萄糖酸钙　433

葡萄糖酸氯己定溶液
（泌乳期）　64

葡聚糖铁钴注射液
（铁钴注射液）　291

植酸酶　456

棉籽油　629

硬脂酸钙　663

硬脂酸锌　670

硝唑尼特　235

硝氯酚　259

硝碘酚腈　260

硫双二氯酚（别丁）　257

硫甘油　642

硫代乙二醇　642

硫代硫酸钠　640

硫代硫酸钠（大苏打、次亚
硝酸钠）　477

硫柳汞　69

硫萨利妥钠(丙烯硫喷妥钠)　340

硫脲　640

硫喷妥钠（戊硫巴比妥钠）
339

硫酸亚铁　290

硫酸钠（芒硝）　306

硫酸铝　638

硫酸铜　301，437

硫酸铵　651

硫酸羟喹啉　645

硫酸喹啉脲（阿卡普林）　233

硫酸锌　437

硫酸锰　437

硫酸镁　350

硫酸镁（泻盐）　307

硫糖铝　299

雄黄散　606

翘叶清瘀散　541

紫花诃子散　541

紫草膏　610

紫锥菊颗粒　560

喹烯酮　184

喹嘧胺（安锥赛）　230

跛行镇痛散　572

喉炎净散　506

黑风散　624

链霉素　122

氰戊菊酯（速灭杀丁）　269

氯己定（洗必泰）　643

氯化钙　432

氯化钠　415，660

氯化胆碱　431

氯化钴　436

氯化钾　416

氯化氨甲酰甲胆碱（比赛
可灵）　357

氯化铵　312

氯化氮氨啡啶（锥灭定、
沙莫林）　229

氯化镁　653

氯丙嗪（冬眠灵）　303

氯灭酸（抗风湿灵）　386

氯甲酚　643，645

氯甲酚溶液　33

氯芬新　270

氯苯胍　218

氯前列醇钠　326

氯唑西林（邻氯青霉素）　82

氯胺-T（氯亚明）　55

氯胺酮（开他敏）　341

氯羟吡啶（克球粉、球定、
可爱丹）　219

氯羟吡啶预混剂　451

氯硝柳胺（灭绦灵）　256

氯硝柳胺哌嗪　258

氯氰碘柳胺钠　261

氯醛糖　340

氯磷定　472

稀盐酸　295

稀硫酸　647

稀醋酸　648

稀磷酸　648

焦亚硫酸钠　639

焦糖　670

奥比沙星　163

奥芬达唑　249

奥美拉唑　301

奥美普林（二甲氧甲基苄啶）　182

舒巴坦　101

禽宁　276

痢菌净（乙酰甲喹）　183

痢喘康散　541

普多沙星　164

普济消毒散　505

温脾散　571

滑石粉　670

滑石散　578

强壮散　552

十三画

蓖麻油　307，629

蓖麻油类（聚氧乙烯蓖麻油和
聚氧乙烯氢化蓖麻油）　631

蒲甘散　619

蒲芪青王散　600

蒲青止痢散　540

槐花散　571

酮洛芬　381

酮康唑　193

酪氨酸　632

酪酸菌活菌制剂　467

碘　50

碘化钾　313，414

碘伏（碘附）　51

碘硝酚　254

碘解磷定（派姆）　471

碘酸混合溶液　52

碘醚柳胺　261

硼酸　34，651

雷丸槟榔散　623

雷尼替丁（呋喃硝胺）　300

蜂螨酊　624

锦板翘散　540

催奶灵散　598

催产素（缩宫素）　324

催情散　597

微粉硅胶　664
微晶蜡　666
解暑抗热散　505
雏痢净　505
痰易净（乙酰半胱氨酸）　313
新肿凡纳明　231
新洁尔灭（苯扎溴铵）　62
新斯的明　357
新霉素　125
羧甲纤维素钙　662
羧甲基纤维素钠　637
溴己新（必嗽平）　314
溴化钙　346
溴化钠　345
溴化钾　346
溴化铵　346
溴丙胺太林（普鲁本辛）　300
溴酚磷（蛭得净）　259
溴氰菊酯　268
溴氯海因　58

十四画

聚乙二醇 400　636
聚乙二醇类　626，664
聚乙烯吡咯烷酮　665
聚甲醛（多聚甲醛）　45
聚氧乙烯（35）蓖麻油　636
聚氧乙烯单硬脂酸酯　630
聚维酮碘（吡咯烷酮碘）　51
蔗糖的高级脂肪酸酯（蔗糖酯和蔗糖月桂酸酯）　631
碳酸丙烯酯　628

碳酸钙　433
碳酸钠　647
碳酸钠（苏打）　41
碳酸氢钠　418
碳酸氢钠（小苏打）　298
碳酸氢钾　647
雌二醇　405
蜡样芽孢杆菌、粪链球菌活菌制剂　465
蜡样芽孢杆菌活菌制剂（DM423）　465
蜡样芽孢杆菌活菌制剂（SA38）　466
蝇毒磷　265
蜘蛛香胶囊　571
睾酮　407
廖苋散　540
精制马拉硫磷　264
精制敌百虫　252
精氨酸　654
精蛋白锌胰岛素（长效胰岛素）　412
漂白粉　53
赛杜霉素钠　227
赛拉唑（盐酸二甲苯胺噻唑、静松灵）　342
赛拉菌素　240
赛拉嗪（盐酸二甲苯胺噻嗪、隆朋）　342

十五画

樟脑磺酸钠（水溶性樟脑）　329

醋酸　35，648

醋酸钠　648

醋酸可的松（皮质素）　398

醋酸泼尼松（强的松）　399

醋酸氟轻松（肤轻松）　403

醋酸羟丙基纤维素琥珀酸酯　666

镇心散　607

镇咳涤毒散　594

镇喘片　594

镇喘散　586

镇痫散　607

镇痛新（戊唑星）　353

潮霉素 B 预混剂　254

缬氨酸　655

十六画

薄荷脑　668

颠茄酊　310，362，576

橙皮酊　293

橘皮散　570

磺胺二甲嘧啶　169

磺胺甲噁唑（新诺明）　170

磺胺甲氧嗪（磺胺甲氧达嗪）　177

磺胺对甲氧嘧啶（磺胺-5-甲氧
　嘧啶）　174

磺胺对甲氧嘧啶二甲氧苄啶
　预混剂　281

磺胺邻二甲氧嘧啶（周效磺胺）
　177

磺胺间二甲氧嘧啶（磺胺二甲
　氧嘧啶）　176

磺胺间甲氧嘧啶（磺胺-6-甲氧
　嘧啶、泰灭净）　172

磺胺间甲氧嘧啶预混剂　216

磺胺脒（磺胺胍）　178

磺胺喹噁啉　214

磺胺喹噁啉二甲氧苄啶预混剂
　280

磺胺氯达嗪　175

磺胺氯吡嗪（三字球虫粉）　215

磺胺嘧啶　167

磺胺嘧啶银（烧伤宁）　179

磺胺噻唑　178

噻孢霉素（头孢菌素Ⅰ、头孢
　噻吩）　89

凝血酸（止血环酸）　287

糖类（葡萄糖、蔗糖、半乳糖、
　右旋糖酐等）　665

激活碘粉　53

激蛋散　599

十七画

磷酸　649

磷酸二氢钠　434，650

磷酸氢二钠　650

磷酸钙　660

磷酸氢二铵　650

磷酸氢钙　434

磷酸淀粉钠　670

擦疥散　609

十八画

鞣酸蛋白　309

十九画

藿芪灌注液　559

藿香正气口服液　577

藿香正气散　578

蟾胆片　608

二十一画

麝香草酚　645

英文索引

A

Acacia Gum 635

Acetamide 474, 653

Acetic Acid 35, 648

Acetylcysteine 483

Acridine Yellow Neutral 62

Acriflavine 234

Active Iodine Powder 53

Adenosinum Triphosphas
(ATP) 458

Adrenosem 287

Aerosol OT 632

Aether (Anaesthetic Ether) 334

Afoxolaner and Milbemycin
Oxime Chewable Tablets 274

Alanine 646

Albendazole (Zentel) 245

Albendazole and Ivermectin
Premix 278

Albendazole Oxide 246

Albumini Tannas (Tannalbin)
309

Alcohol (Ethanol) 41

Aliginic Acid 669

Altrenogest Oral Solution 407

Aluminium Hydroxide 298

Aluminum Sulfate 638

Ambroxol 314

Amikacin 128

Aminophenazone (Aminopyrine,
Pyramidon) 391

Aminophylline 317

Amitraz (Taktic) 270

Ammonium Bromide 346

Ammonium Chloride 312

Ammonium Ferric Citrate 662

Ammonium Sulfate 651

Amoxicillin 85

Amphotericin B 191

Ampicillin 83

Amprolium Hydrochloride
and Ethopabate Premix 444

Amprolium Hydrochloride,
Ethopabate and Sulfaquinoxaline
Premix 445

Amprolium （Amprol） 216

Anhydrous Calcium Hydrogen
Phosphate 659

Anhydrous Citric Acid 647

Anhydrous Sodium Sulfate 659

Anisodamine 362

Antisterone（Spironolactone） 321

Apomorphine 302

Apramycin 132

Aprotinin（Trypsinum Inhibere） 458

Arecoline Hydrobromide 258

Arecolini Hydrobromidum 356

Arginine 654

Artesunate 234

Artificial Salt 294

Ascorbyl Palmitate 641

Asparagine 653

Aspartame 669

Aspartic Acid 653

Aspirin（Acetylsalicylic Acid） 377

Astemizole 489

Atropine 360, 473

Aureomycin（Chlortetracycline） 141

Avermectin （Abamectin） 239

Avilamycin 119

Azamethiphos （Alfcron） 266

Azaperone 350

Azithromycin 116

B

Bacillus cereus Preparation
（SA38） 466

Baquiloprim 182

Barbital （Veronal） 343

Bataine Hydrochloride 431

Belladonnae Tincture 310

Benzalkonium Chloride 645

Benzoic Acid 36, 644

Benzydamin （Benzyrin） 379

Benzyl Alcohol 371, 645, 652

Benzyl Benzoate 626

Berberine 187

Beta-cyclodextrin 666

Beta-propiolactone 68

Betamethasone 402

Bismuth Subcarbonate 309

Bismuth Subnitrate 308

Bithionol （Bitin） 257

Bleaching Powder 53

Bone Meal 434

Borax 651

Boric Acid 34, 651

Bromhexine （Bisolvon） 314

Bromo-Geramine （Benzalkonium
Bromide） 62

Bromochlorodimethyl
Hydantoin 58

Bromophenophos （Acidist） 259

Butyl Alcohol 626

Butylated Hydoxyanisole
（BHA） 640

Butylated Hydroxytoluene 638

C

Cabopol   635
Caebon Dioxide   646
Caffeine (Coffein)   328
Calamina   40
Calcium Bromide   346
Calcium Carbonate   433
Calcium Chloride   432
Calcium Disodium Edetate   479
Calcium Gluconate   433
Calcium Lactate   433
Calcium Oxide   39
Calcium Phoshate   660
Calcium Phosphate Dibasic   434
Caprylic Acid   644
Caramel   670
Carbamylcholine(Carbachol)   355
Carbamylmethylcholine
　(Bethanecholine)   357
Carbasalate   378
Carbenicillin   87
Carbetapentan(Pentoxyverine)   315
Carbo Medicinalis   309
Carbocaine Hydrochloride
　(Mepivacaine)   370
Carboxymethylcellose
　Calcium   662
Carprofen   382
Castor Oil   307, 629
Cefadroxil   91
Cefalexin (Cephalexin)   90

Cefamandole   92
Cefazolin   92
Cefepime (Maxipime)   100
Cefoperazone Sodium   99
Cefotaxime   94
Cefquinome   98
Ceftazidime   95
Ceftiofur   96
Ceftriaxone (Rocephin)   95
Cefuroxime   93
Cellulase   456
Cephalothin (Cefaloin)   89
Cetyl Alcohol   657
Chitosan   661
Chlofenamic Acid   386
Chloral Hydrate   337
Chloralose   340
Chloramine-T   55
Chlorccresol   643
Chlorhexidine Gluconate Solution
　(Lactating Cow)   64
Chlorhexidine (Hibitane)   63
Chlorhexidinie   643
Chlorine Dioxide   57
Chlorobutanol   652
Chlorocresol Solution   33
Chlorocresol   645
Chloroprocaine Hydrochloride
　(Nesacaine)   368
Chlorphenamine Maleate   486
Chlorpromazine(Wintermine)   303
Chlortetracyeline Premix   440

Choline chloride   431

Cimetidine   299

Ciprofloxacin Hydrochloride and
　　Berberine Hydrochloride
　　Premix   188

Ciprofloxacin   155

Citric Acid and Malic Acid
　　Powder   37

Citric Acid   649

Clarithromycin   115

Clavulanic Acid   101

Clindamycin   118

Clopidol（Metichlorpindol,
　　Coyden）   219

Clopidol Premix   451

Cloprostenol Sodium   326

Closantel Sodium   261

Clotrimazole   193

Clove Oil   668

Cloxacillin   82

Cobalt Chloride   436

Codeine（Paveral）   315

Coenzymum A   458

Complex Iodine Solution   51

Composite Calcium Hypochlorite
　　Powder   59

Composite Phenol   32

Compound Clopidol Premix   276

Compound Formaldehyde Solution
　　45

Compound Glutaral Solution   47

Compound Maduramicin Ammonium

Premix（Maduramicin Ammonium
　　and Nicarbazin Premix）   276

Compound Peroxymonosulphate
　　Powder   49

Compound Sulfachloropyrazin
　　Sodium Premix   279

Compound sulfamonomethoxine
　　Premix   280

Compound Tar Acid Solution   33

Compound Vitamin B   429

Copper Sulphate   301

Corn Oil   628

Corticotrophin（Adrenocorticotropic
　　Hormone, ACTH）   403

Cortisone Acetate   398

Cottonseed Oil   629

Coumaphos   265

Cupri Sulfas   437

Cyclopropane   336

Cyromazine   271

D

Danofloxacin   161

Deciquan Solution   67

Decloxizine   488

Decoquinate   221

Deferoxamine   481

Deltamethrin   268

Destomycin A   254

Dexamethasone   400

Dextran 40   421

Dextran 70   422

Dextrates　669

Diammonium Hydrogen Phoshate
　650

Diamphenethide(Diamfenetide)　262

Diaveridine （DVD）　181

Diazepam(Valium, stesolid)　347

Dibasic Sodium Phosphate　650

Dichlorvos （DDVP）　263

Diclazuril Premix　443

Diclazuril　212

Diclofenac Sodium　379

Diethylolglycine　656

Difloxacin　157

Digitalis （Folia Digitalis）　283

Digitoxin　285

Digoxin　284

Dihydrochlorothiazide　319

Dihydropyridine　430

Dihydrostreptomycin　133

Dilute Hydrochloric Acid　295

Dilute Sulfuric Acid　647

Diluted acetic Acid　648

Diluted Phosphoric Acid　648

Dimefline　331

Dimenhydrinate(Dramamine)　303

Dimercaprol　478

Dimethiamin　218

Dimethicone （Simethicone）　305

Dimethyl Sulfoxide　627

Dimetridazole Premix　236

Diminazene Aceturate(Triazoamidine,
　Berenil)　232

Dimpylate　265

Dinitolmide Premix　442

Dinitolmide （Zoalene）　211

Dinoprost （PGF_{2a}）　325

Dioxopromethazine　316

Diphenhydramine(Benadryl)　302

Diphenhydramine, Benadryl　486

Diphenoxylate　310

Diprophylline　317

Disodium Edetate　656

Disophenol　254

Dobutamine　491

Domiphen Bromide　65

Dopamine　490

Doramectin　241

D oxycycline （ Deoxyoxy－tetracy-
　cline）　142

Droperidol　348

E

Edetate Calcium Disodium　656

Edetic Acid　655

Egg Yolk Lecithin　636

Enrofloxacin　158

Ephedrine　318, 365

Epinephrine （Adrenaline）　363

Eprinomectin　243

Ergometrine　325

Ergot　325

Erythromycin　103

Estradiol　405

Etacrynic Acid （Acidum

Ethacrynicum)　321

Etamsylate　288

Ethopabate　221

Ethyl Acrylate and Methyl Methacrylate

　　Copolymer Dispersion　667

Ethyl Alcohol　625

Ethyl Carbamate(Urethane)　653

Ethyl Oleate　630

Ethylcellulose Aqueous Dispersion

　667

Ethylcellulose　666

Ethylene Diamine　651

Ethylene Oxide　68

Etorphine Hydrochloride　354

F

Famotidine　300

Fe-Co Dextran　291

Febantel　250

Fenbendazole　248

Fenbufen　383

Fentanyl　352

Fenthion　267

Fenvalerate (Sumicidin)　269

Ferrous Sulfata　290

Fipronil　272

Firocoxib　395

Florfenicol　147

Flubendazole (Flubenol)　247

Fluconazole　196

Flufenamic Acid　386

Flumequine　154

Flunixin Meglumine　388

Fluocinolone Acetonide　403

Folic Acid　292

Follicle Stimulating Hormone

　(FSH)　409

Formaldehyde Solution

　(Formalin)　43

Furosemide　320

G

Galanthaminum(Nivolinum)　358

Gallamine Triethiodide

　(Pyrolaxon)　360

Gamithromycin　112

Gelatin　634

Gentamicin　124

Gentamycin Micronomicin　134

Glucagon　412

Glucose Oxidase　457

Glucose　419, 658

Glutaral and Benzalkonium

　Bromide Solution　46

Glutaral and Deciquam

　Solution　47

Glutaraldehyde　46

Glycerinum (Glycerol)　308

Glycerin　625

Glycerol Formal　627

Glyceryl Monostearate　635

Glycine　634

Gonadotrophinum Chorionicum

　(Human Chorionic Gonadotropin,

HCG) 410

Gonadotropin Peleasing Hormone
(GnRH) 411

Grisefulvin 189

H

Hainanmycin Sodium Premix 445

Hainanmycin Sodium 226

Halimide 67

Halofuginone (Stenorol) 220

Haloperidol 349

Halothane (Fluothane) 335

Heparin Sodium 289

Hetacillin 88

Histidine 654

Holine Theophyllinate 318

Hydrochloric Acid 646

Hydrocortisone 397

Hydrogen Peroxide Solution 48

Hydroxyethyl Cellulose 638

Hygromycin B Premix 254

Hypromellose Acetate
Succinate 666

Hypromellose Phthalate 667

I

I-Menthol 668

Ibuprofen 381

Ichthammol 69

Ichthammol (Ichthyol) 305

Imidocarb 232

Indomethacine (Indocin) 379

Injectio Iron Cacodylatis
Compositus 290

Insulin 411

Iodine and Acid Mixed
Solution 52

Iodine 50

Iodophor 51

Iron Dextran Injection 291

Isometamidium Chloride
(Trypamidium, Samorin) 229

Isophane Insulin (NPH Insulin)
412

I soprenaline (Isoproternol) 364,
491

Isopropyl Alcohol 637

Itraconazole 195

Ivermectin (Ivomec) 237

K

Kanamycin 127

Kaolinum 310

Ketamine (Ketalar) 341

Ketoconazole (Nizoral) 193

Ketoprofen 381

Kitasamycin (Leucomycin,
Kitamycin) 107

Kitasamycin Premix 440

L

Lactasin (Biofermin) 297

Lactic Acid 34, 295, 649

Lactobacillus acidophilus

Preparation 467

Lactose 658

Lasalocid Ssodium Premi 451

Lasalocid 225

Leucine 654, 663

Levamisole (Levasole) 251

Lidocaine Hydrochloride

(Lignocaine, Xylocaine) 369

Lidocaine Hydrochloride 652

Lincomycin 117

Liquid Paraffin 306

Live Bacillus Cereus and

Streptoccus Faecalis

Preparation 465

Live Bacillus Cereus Preparation

(DM423) 465

Live Bacillus Subtilis Preparation

(TY7210 Strain) 464

Live Bacteroides Fragilis,

Streptoccus Faecalis and

Bacillus Cereus Preparation 463

Live Bifidobacterium, Lactobacillus

acidophilus, Streptococcus faecalis

and Yeast Preparation 468

Live Clostridium butyricum

Preparation 467

Lobeline 331

Loperamide 311

Low-Substituted Hydroxypropyl

Cellulose 661

Lufenuron 270

Luteinizing Hormone (LH, ICSH)

409

M

Maduramicin Ammonium Premix

442

Maduramicin 225

Magnesium Ascorbic Acid

Phosphate and Ciprofloxacin

Hydrochloride Premix 157

Magnesium Lauryl Sulfate 663

Magnesium Oxide 299, 662

Magnesium Sulfate 307, 350, 653

magnesium Trisilicate 662

Maize Starch 659

Maleic Acid 644, 648

Maltol 668

Manganese Sulfate 437

Mannitol 322

Maquindox 183

Marbofloxacin 162

Mebendazole 246

Mecillinam 88

Meclofenamic Acid 385

Mefenamic Acid 385

Megestrol 406

Megimide (Bemegride) 331

Melhylerum Coeruleum 474

Meloxicam 373

Meprobamate (Miltown) 348

Mercaptoethanol 642

Mesocaine Hydrochloride
(Trimecaine) 370

Metamizole Sodium(Analgin) 391

Metaraminol (Aramine) 493

Metaraminoli Bitartras (Aramine)
365

Methadone Hydrochloride
(Dolophine) 353

Methenamine 186

Methoxyflurane(Penthrane) 336

Methyl Cellulose 634, 669

Methylenum (Coeruleum, Methylene
Blue) 61

Methylrosanilinium Chloride 60

Metoclopramide Hydrochloride
(Paspertinum) 304

Metronidazole 185

Miconazole 195

Microcrystalline Wax 666

Milbemycin oxime 243

Minocycline Hydrochloride 144

Monensin Premix 446

Monensin 222

Monobasic Sodium phosphate 650

Monoethamine 650

Monosodium Orthophosphate 434

Moxidectin 242

Mucomyst (Acetylcysteine) 313

Myristy Lpicolinie Bromide 65

N

Nandrolone Phenylpropionate 408

Naproxen (Naprosyn) 384

Narasin and Nicarbazin
Premix 449

Narasin Premix 448

Narasin 224

n-butanol; n-butyl alcohol 637

Neoarsphenamine 231

Neomycin 125

Neostigmine (Prostigmin) 357

Nicarbazin and Ethopabate
Premix 277

Nicarbazin Premix 452

Nicarbazine 211

Niclofolan 259

Niclosamide Piperazine 258

Niclosamide (Yomesan) 256

Nicotinamid and Nicotinic
Acid 427

Nicotinamide 655

Nikethamide (Coramine) 330

Nipagin 643

Nitazoxanide (NTZ) 235

Nitroxinil 260

Noradrenaline (Norepinephrine)
364

Noradrenaline 491

Norfloxacin 164

Nystatin 191

N, N-Dimethyl Acetamide
(DMA) 627

N, N-Dimethyl Formamide
(DMF) 628

O

Octicine Solution   66

Ofloxacin   165

Oleic Acid   634

Oleoyl Macrogolglycerides   635

Omeprazole   301

Oral Rehydration Salts   417

Orbifloxacin   163

Oregano   187

Ormetoprim (OMP)   182

Oxacillin   83

Oxfendazole   249

Oxibendazole   249

Oxyphenbutazone(Tanderil)   393

Oxyquinoline Sulfate   645

Oxytetramycin (Oxytetracycline,

　　Terramycin)   138

P

Pancreatin   296

Pantothen   429

Paracetamol(Acetaminophen)   389

Paraformaldehyde   45

Peanut Oil   629

Penicillamine   480

Penicillin G(Benzylpenicillin)   79

Pentazocine (Talwin)   353

Pentetrazde (Cardiazol)   330

Pentobarbital Sodium (Nembutal)

　　338

Pentobarbital   344

Pepsin   296

Peracetic Acid   36

Peregal 0   633

Perphenazine (Trilafon)   347

Pethidine (Dolantin)   352

Phenobarbital (Luminal)   344

Phenolphthalein   308

Phenol   31

Phenylbutazone   392

Phenylephrine   492

Phenylephrini Hydrochloridum

　　(Neosynephrine)   366

Phosphoric Acid   649

Phytase   456

Picrotoxin (Cocculin)   332

Pilocarpine   356

Pine Tar Oil   70

Piperacillin Sodium   87

Piperazine   253

Pirlimycin   119

Piroxicam   374

Pitocin (Oxytocin)   324

Pituitrin (Hypophysine)   323

Poloxamer   633, 665

Polyethylene glycol 400   636

Polyethylene glycol (PEG)   626,

　　664

Polymycin B   135

Polymycin E (Colistin)   136

Polyoxyethylene Monostearate

　　(PMG)   630

Polyoxyl (35) Castor Oil   636

Polyvinylpyrrolidone(PVP)   665

Potassium Bicarbonate   647

Potassium Bromide   346

Potassium Chloride   416

Potassium Hydroxide   39

Potassium Iodide   313, 414

Potassium Permanganate   48

Potassium Sorbate   642

Potato Starch   659

Povidone-Iodine （Isodine
  Betadine）   51

Pradofloxacin   164

Praziquantel （Droncit）   255

Prednisolone （Hydroprednisone）
  400

Prednisone Acetate   399

Pregelatinized Hydroxypropyl
  Starch   662

Pregnant Mare Serum （PMS）
  410

Primidon （Mysoline）   351

Procaine Hydrochloride （Novocaine
  Hydrochloride）   367

Procaine Hydrochloride   652

Progesterone （Progestin）   406

Promethazine, Phenergan   488

Propantheline Bromide   300

Propetamphose   266

Propionic Acid   646

Propyl Gallate   641

Propylene Carbonate   628

Propylene Glycol   625

Prostaglandin $F_{2\alpha}$ Tromethamine
  Injection   327

Protamine Zinc Insulin   412

Purified Malathion   264

Purified Metrifonate （Trichlorfon,
  Neguvon）   252

Pyraloxime Chloride(PAM-Cl)   472

Pyraloxime Methiodide(PAM)   471

Pyridostigminum(Mestinonum)   358

Q

Quinapyramine （Antrycide）   230

Quinocetone   184

Quinurone Sulfate(Acaprin)   233

R

Rafoxanide   261

Ranitidine   300

Recombinant Lysostaphin   120

Rifaximin   149

Rivanol(Ethacridine Lactate)   61

Robenacoxib   396

Robenidine Hydrochloride Premix
  450

Robenidine   218

S

Sacharomyces Siccum   297

Salicylic Acid   36

Salinomycin Premix   447

Salinomycin Sodium Premix   448

Salinomycin （Coxistac, Biocox）

223

Sarafloxacin　160

Scopolamine　362, 473

Secobarbitalum Natricum　345

Selamectin　240

Semduramicin Sodium　227

Silicified Microcrystalline
Cellulose　661

Soaponated Cresol Solution　32

Sodium Acetate　648

Sodium Amobarbital　345

Sodium Benzoate　642

Sodium Bicarbonate　298, 418,
647

Sodium Bromide　345

Sodium Camphorsulfonate　329

Sodium Caprylate　644

Sodium Carbonate　41, 647

Sodium Carboxymethylcellulose
(CMC-Na)　637

Sodium Chloride　415, 660

Sodium Cholate　631

Sodium Citrate　288, 649

Sodium Cromoglicate　318

Sodium Dichloroisocyanurate　55

Sodium Dimercaptopropane
Sulfonate　479

Sodium Dimercaptosuccinate　479

Sodium Formaldehyde
Sulphoxylate　639

Sodium Glutamate　651

Sodium Hydrogen Sulphite　638

Sodium Hydroxide　38

Sodium Hydroxide (Potassium
Hydroxide)　646

Sodium Hypochlorite Solution　57

Sodium Hypochlorite　56

Sodium Lactate　419

Sodium Lauryl Sulfate　632

Sodium Metabisulphite　639

Sodium Nitrite　476

Sodium Oleste　654

Sodium Phenytoin(Dalantin)　351

Sodium Salicylate　375

Sodium Selenite and Vitamin
E Premix　435

Sodium Selenite　435

Sodium Starch Phosphate　670

Sodium Sulfate (Mirabilitum
Depuratum)　306

Sodium Sulfite　639

Sodium Thiopental (Pentothal)
339

Sodium Thiosulfate　477, 640

Sodium Tratrate　656

Solium Deoxycholate　636

Soluble Starch　658

Sorbic Acid　644

Sorbitol　323

Soya Lecithin　633

Soybean Oil　629

Span　633

Spectinomycin(Actinospectacin)　130

Streptomycin　122

Strong Ammonia Solution   648

Strong Phoxim Solution   267

Strophanthin K   286

Strychnine   332

Succinic Acid   649

Succinylcholine (Scoline)   359

Sucralfate   299

Sucralose   667

Sulbactam   101

Sulfachloropyrazine (ESb3)   215

Sulfachlorpyridazine   175

Sulfadiazine Silver(SD-Ag)   179

Sulfadiazine (Sulfapyrimidine, SD)   167

Sulfadimethoxine (SDM)   176

Sulfadimidine (SM₂)   169

Sulfadimoxine (SDM')   177

Sulfaguanidine (SG, Sulfamidine) 178

Sulfamethoxazole (SMZ)   170

Sulfamethoxazole, Sulfadiazine and Trimethoprim Premix   278

Sulfamethoxydiazine and Diaveridine Premix   281

Sulfamethoxydiazine(SMD)   174

Sulfamethoxypyridazine (SMP)   177

Sulfamonomethoxine (SMM, DS-36)   172

Sulfamonomethoxine Premix   216

Sulfanilanide Crystalline   179

Sulfaquinoxaline and Diaveridine Premix   280

Sulfaquinoxaline (SQ)   214

Sulfathiazole   178

Sulfur Sublimat   272

Suramin(Naganol, Naganin)   229

T

Talc   670

Tapioca Starch   659

Tartaric Acid   649

Taurine   654

Tazobactam   102

Tepoxalin   394

Testosterone   407

Tetracaine Hydrochloride (Dicaine Hydrochloride)   369

Tetracycline   140

Tetrahydropalmatine   354

Thiamazole (Tapazole, Methimazole)   413

Thiamphenicol   146

Thiamylalum Natricum(Surital Sodium)   340

Thioglycerin   642

Thiomersalatum   69

Thiourea   640

Thymol   645

Thyroideum   413

Tiamulin   150

Tildipirosin   113

Tilmicosin   108

Tinctura Auranti   293

Tinctura Belladonnae   362

Tinctura Gentianae 293

Tinctura Rhei Composita 294

Tinctura Zingiberis 294

Tobramycin 134

Tolfcnamic Acid 387

Toltrazuril 213

Toxogonin (Obidoxime, DMO_4)
473

Tragacanth 638

Tranexamic Acid 287

Triacetin 627

Triamcinolone(Fluoxyprednisolone)
402

Triamterene 322

Trichloroisocyanuric Acid (TCCA)
56

Triclabendazole 262

Triclobisonium 65

Triethanolamine 650

Triiodothyroninum Natricum
(Sodium Liothyronine T3) 413

Trimedoxime (TMB-4) 472

Trimethadione (Tridione) 352

Trimethoprime (TMP) 180

Tripelennamine 487

Triqun 276

Trometamol 651

Trypan Blue 235

Tryptophan 632

Tulathromycin 111

Tween 630

Tylosin 105

Tylvalosin Tartrate Premix
(Aivlosin) 111

Tylvalosin 109

Tyrosine 632

U

Undecylenic Acid 36

Urea 655

V

Valine 655

Valnemulin 151

Vancomycin Hydrochloride 121

Vitacoxib 394

Vitamin A 423

Vitamin B_{12} 292, 428

Vitamin B_1 426

Vitamin B_2 427

Vitamin B_6 428

Vitamin C (Acidum Ascordicum)
429

Vitamin C 640

Vitamin D 424

Vitamin E (Tocopherol) 425

Vitamin K 426

Vitamin K_3 (Menadione Sodium
Bisulfite) 286

W

Water-soluble Maltodextrin 660

Water-soluble Starch 658

Wheat Starch 659

X

Xylazine Hydrochloride（Rompum）
342

Xylazole Hydrochloride   342

Xylitol   668

Xylose   668

Z

Zinc Oxide   70, 661

Zinc Stearate   670

Zinc Sulfate   437

α−Pyrrolidone   627

α−Tocopherol   641

2−Mercaptoethanol   642